Hubert Hinzen
Maschinenelemente 3
De Gruyter Studium

Weitere empfehlenswerte Titel

Maschinenelemente
Hubert Hinzen, 2022
Band 1: Betriebsfestigkeit, Federn, Verbindungselemente, Schrauben
ISBN 978-3-11-074630-3, e-ISBN 978-3-11-074645-7,
e-ISBN (EPUB) 978-3-11-074657-0

Band 2: Lager, Welle-Nabe-Verbindungen, Getriebe
ISBN 978-3-11-074698-3, e-ISBN 978-3-11-074707-2,
e-ISBN (EPUB) 978-3-11-074713-3

Basiswissen Maschinenelemente
Hubert Hinzen, 2020
ISBN 978-3-11-069233-4, e-ISBN 978-3-11-069214-3,
e-ISBN (EPUB) 978-3-11-069261-7

Toleranzdesign
im Maschinen- und Fahrzeugbau
Bernd Klein, 2021
ISBN 978-3-11-072070-9, e-ISBN 978-3-11-072072-3,
e-ISBN (EPUB) 978-3-11-072075-4

Automatisierungstechnik
Methoden für die Überwachung und Steuerung kontinuierlicher
und ereignisdiskreter Systeme
Jan Lunze, 2020
ISBN 978-3-11-068072-0, e-ISBN 978-3-11-068352-3,
e-ISBN (EPUB) 978-3-11-068357-8

Hubert Hinzen

Maschinenelemente 3

Verspannung, Schlupf und Wirkungsgrad, Bremsen,
Kupplungen, Antriebe

3., überarbeitete Auflage

DE GRUYTER
OLDENBOURG

Autor
Prof. Dr.-Ing. Hubert Hinzen
Hochschule Trier
FB Technik
Schneidershof
54293 Trier
hubert.hinzen@t-online.de

ISBN 978-3-11-074715-7
e-ISBN (PDF) 978-3-11-074739-3
e-ISBN (EPUB) 978-3-11-074748-5

Library of Congress Control Number: 2022932911

Bibliografische Information der Deutschen Nationalbibliothek
Die Deutsche Nationalbibliothek verzeichnet diese Publikation in der Deutschen
Nationalbibliografie; detaillierte bibliografische Daten sind im Internet über
http://dnb.dnb.de abrufbar.

© 2022 Walter de Gruyter GmbH, Berlin/Boston
Coverabbildung: Hubert Hinzen
Satz: le-tex publishing services GmbH, Leipzig
Druck und Bindung: CPI books GmbH, Leck

www.degruyter.com

Vorwort

Von einem dritten Band dieser Lehrbuchreihe erwartet man vor allen Dingen weitere Maschinenelemente. Dazu sei aber an die Grundsatzüberlegung erinnert, die schon bei den beiden ersten Bänden eine wesentliche Rolle gespielt haben: Die Maschinenelemente sind ein Baukasten, aus dem ein komplette Maschine zusammengesetzt wird. Für den Studenten ist es didaktisch sinnvoll, sich zunächst einmal auf der Basis der Grundlagenfächer mit den überschaubaren Komponenten der Maschine zu beschäftigen, bevor er sich mit dem möglicherweise sehr komplexen Zusammenspiel einer vollständigen Maschine befasst.

Damit ist aber ursächlich die Frage verbunden, wo die Maschinenelemente anfangen (irgendwo bei Technischem Zeichnen und Mechanik) und wo sie in viele weiterführende Fächer des Maschinenbaus übergehen. Eigentlich sind zwischen diesen beiden Anknüpfungspunkten beliebig viele Maschinenelemente angesiedelt, aber diese Vielfalt würde den Umfang dieses Fachs völlig überfordern. In den beiden vorherigen Bänden wurde bereits ausgeführt, dass die erforderliche Auswahl vor allen Dingen dem Aspekt Rechnung tragen muss, den Studenten dazu zu befähigen, sich eigenständig mit weiterer Fachliteratur zu beschäftigen.

Der vorliegende dritte Band präsentiert natürlich weitere Maschinenelemente, widmet sich aber vorrangig auch der Zielvorstellung, das Zusammenspiel der einzelnen Maschinenelemente vertiefend darzustellen.

Die traditionelle Sichtweise, die Maschinenelemente als eine Art Katalog zu begreifen, hat sich in der jüngeren Vergangenheit deutlich gewandelt: Während die Kataloge der Hersteller heute in ständig aktualisierter Form im Internet präsent ist, verlagert sich die Aufgabe eines Lehrbuchs vielmehr dahingehend, die dadurch entstandene zuweilen schwer überschaubare Vielfalt in eine didaktisch optimierte Struktur zu fassen. Die Hersteller haben vor allen Dingen ihr eigenes Produkt im Fokus und geben darüber bereitwillig und umfassend Auskunft. Der Versuch, aus Angaben allgemeingültige Aussagen für Lehrzwecke heraus zu destillieren, ist nicht immer unproblematisch.

Die Vergrößerung der Anzahl der Maschinenelemente betrifft hier vor allen Dingen die Kapitel 10 (Bremsen) und 11 (Kupplungen). Mit der zunehmenden Erweiterung wird es aber aus didaktischer Sicht immer sinnvoller, sich mit Sachverhalten zu beschäftigen, die nicht nur auf ein einzelnes Maschinenelement beschränkt bleiben. So entstand Kapitel 8 (Verformung und Verspannung) als Erweiterung von Kapitel 2 (Federn). Dabei wird die Betrachtung der Federwege auf kleinste Verformungen ausgedehnt, womit auch grundsätzliche Fragen von Werkzeug- und Präzisionsmaschinen behandelt werden. Kapitel 9 greift Fragestellungen zu Reibung, Schlupf, Wirkungsgrad und Verschleiß auf, die zuvor in einer ganzen Reihe von Anwendungen bereits angegangen wurden, jetzt aber aus übergeordneter Perspektive allgemeingültig betrachtet

https://doi.org/10.1515/9783110747393-201

und ergänzt werden. Kapitel 12 (Getriebe als Bestandteil des Antriebssystems) ist schließlich als Fortführung von Kapitel 7 (Getriebe) aus Band 2 zu sehen: Wenn das Getriebe in seinen Grundfunktionen verstanden worden ist, kann es im Zusammenspiel mit weiteren Komponenten des Antriebes betrachtet werden.

Die Beliebtheit des Fachs Maschinenelemente leidet bekanntlich darunter, dass man vor lauter Bäume den Wald nicht mehr sieht: Der Student tut sich schwer, die schier unendlich große Vielfalt von Einzelaussagen zu überblicken. Die bereits in den ersten beiden Bänden gepflegte Vorgehensweise, diese einzelnen Aussagen in eine überschaubare Struktur einzuordnen, wird auch hier konsequent fortgeführt. So wird beispielsweise in Kapitel 11 eine Schaltkupplung als „schaltbare Welle-Nabe-Verbindung" gesehen und dabei auch gleich das Orientierungsschema für die drei Versagenskriterien aus Kapitel 6 übernommen und weiter differenziert. Weiterhin wird eine Bremse als eine Schaltkupplung verstanden, von der das „Abtriebsteil" stets mit der festen Umgebung verbunden ist. Insofern ist es vorteilhaft, zunächst einmal die Bremse zu betrachten, bevor das feststehende Abtriebsteil der Bremse in Bewegung gesetzt wird, was das ganze System schließlich zur Schaltkupplung macht.

Auch Band 3 versucht vorzugsweise, von Problemstellungen auszugehen, die allgemein bekannt sind und deshalb nicht ausführlich erläutert werden müssen. Wenn es darum geht, mit einem Getriebe die Leistungsfähigkeit eines Motors optimal an die Bedürfnisse einer Arbeitsmaschine anzukoppeln, so ist jedermann aus eigener Erfahrung mit der Handhabung einer Fahrradgangschaltung vertraut. Die Analyse dieser an sich bekannten Gangschaltung ist also zunächst einmal der geeignete Einstieg in die Problematik, bevor die Frage angegangen wird, mit welchem Übersetzungsverhältnis beispielsweise ein Asynchronmotor optimal an ein Kranhubwerk angebunden werden soll.

Es ist natürlich naheliegend, so manchen Sachverhalt mit den Ergebnissen von Industriekooperationen des Autors zu erläutern. Auch viele Übungsaufgaben des vorliegenden Bandes sind daraus entstanden, wobei diese Ergebnisse in anonymisierter, wettbewerbsneutraler Form aufbereitet worden sind. Leider ist diese Vorgehensweise aber wegen der gebotenen Vertraulichkeiten nicht immer möglich und so blieben einige Sachverhalte aus dem Vorlesungsteil ohne erläuternde Übungsaufgaben.

Auch der vorliegende dritte Band ist so strukturiert, dass er wie eigentlich jedes Buch sinnvollerweise von vorne nach hinten gelesen wird. Im Gegensatz zu Band 1 und 2 ist diese Abfolge hier aber nicht mehr zwingend erforderlich, so dass Band 3 durchaus auch selektiv genutzt werden kann. Aus ähnlichen Gründen wird hier auch nicht mehr eine Klassifizierung nach B (Basis), E (Erweiterung) und V (Vertiefung) vorgenommen.

Vielfach wird auf Gleichungen, Bilder und Tabellen vorangegangener Kapitel verwiesen, in dem auf deren Nummerierung Bezug genommen wird. So weit sich diese Hinweise auf die beiden ersten Bände beziehen, ist damit die Nummerierung der jeweils fünften Auflage gemeint. Bei Verwendung früherer Auflagen können sich dabei gewisse Verschiebungen ergeben.

Besonderer Dank gilt den Studenten der der Hochschule Trier, die mit ihren neugierigen Fragen zu immer neuen Sichtweisen angeregt haben und damit dazu beigetragen haben, die Lehre im Laufe der Semester immer weiter zu optimieren. Die im Rahmen der studentischen Übungen angefertigten Konstruktionen trugen schließlich wesentlich dazu bei, das Bildmaterial für das vorliegende Buch zu erstellen. Weiterhin gilt mein Dank den Kollegen der Nachbardisziplinen, die das Fach Maschinenelemente mit immer neuen Problemstellungen herausgefordert haben und damit die Vielfalt der Anwendungsbeispiele ständig erweitert haben. Schließlich gilt mein Dank auch dem Verlag, der die fortwährende Weiterentwicklung des Lehrstoffs mit immer weiteren Auflagen unterstützt.

Die Lösungen zu den Aufgaben werden am Ende des Buches tabellarisch zusammen gestellt und darüber hinaus in ausführlicher Form auf der Internetseite des Buches in der Titeldatenbank des Verlages bereitgestellt. Der Web-Server hat die Adresse

www.degruyter.com/oldenbourg

Die entsprechende Seite des Buches lässt sich über die Funktion „Titelsuche" finden.

Inhaltsverzeichnis

8   Verformung und Verspannung

Die Betrachtung der Verformung von Bauteilen begleitet die Maschinenelemente von Anfang an. Bereits das Spannungs-Dehnungs-Diagramm der Werkstoffkunde (vgl. Bild 0.4) führt in diesen Sachverhalt ein und die Biegespannung wird erst dann verständlich, wenn die Balkenkrümmung als Verformung in die Überlegung miteinbezogen wird (vgl. Bilder 0.8 und 0.9). Für Federn werden die Konstruktionsdaten so angelegt, dass bewusst große Verformungen entstehen und damit große Energien gespeichert werden können. Aber bereits im Zusammenhang mit Bild 2.1 wurde festgestellt, dass eigentlich jedes Bauteil eine Feder ist, selbst wenn die Verformungen durch konstruktive Maßnahmen minimiert werden.

Bild 8.1 stellt noch einmal die wichtigsten Gleichungen zur Beschreibung von Federn zusammen, wobei die obere Bildzeile zunächst einmal nach Längensteifigkeit (für Zug und Druck) und Schubsteifigkeit unterscheidet. Neben dieser besonders gut überschaubaren „elementaren Form" von Verformung ist für praktische Belange sehr viel häufiger die „abgewandelte Form" in der unteren Bildzeile als Biegesteifigkeit und Torsionssteifigkeit von Bedeutung, wobei stets nach dem Grundsatz verfahren wird, dass die Steifigkeit das Verhältnis von Belastung zu der dadurch an der Lasteinleitungsstelle verursachten Verformung ausdrückt.

Beim Anziehen einer Schraube (Kap. 4.4) wurde weiterhin in die Fragestellung der Verspannung eingeführt. Im Verspannungsdiagramm lässt sich das möglicherweise komplexe Zusammenspiel von Kräften und Verformungen übersichtlich darstellen. Wird eine hohe Präzision angestrebt, so wird diese Problematik um zwei wesentliche Aspekte erweitert:

- Die Verformungen nach Kap. 2 (Federn) und 4 (Schrauben) konnten noch als lineares Problem analysiert werden. Werden jedoch bei der Analyse der Maschinenpräzision kleinste Verformungen betrachtet, so müssen auch die nichtlinearen Anteile berücksichtigt werden.
- Bei den bisherigen Überlegungen gingen die Verformungen in eine Richtung, waren also „eindimensional". Bei differenzierter Betrachtung ist die Verformung in der Ebene und schließlich im Raum zu berücksichtigen, sie wird „mehrdimensional". Zur Erleichterung des Verständnisses versuchen die nachfolgenden Ausführungen, ein zunächst eindimensionales Problem in ein mehrdimensionales zu überführen.

Weiterhin wird in Abschnitt 8.3 demonstriert, dass sich Bewegungen im Mikrometerbereich mit Piezoelementen realisieren lassen.

Bereits bei der Diskussion der Deformationen eines Wälzlagers wurde festgestellt, dass bei einer angestellten Lagerung die Steifigkeit durch Verspannung erhöht werden kann (Kap. 5.2.1.3). Die in diesem Zusammenhang geführte qualitative Erläuterung soll in Abschnitt 8.5 dieses Kapitels quantifiziert werden. Dieser Sachverhalt gilt jedoch nicht nur für

https://doi.org/10.1515/9783110747393-001

Normalspannung	Tangentialspannung
Zug/Druck	Querkraftschub

Zug/Druck: 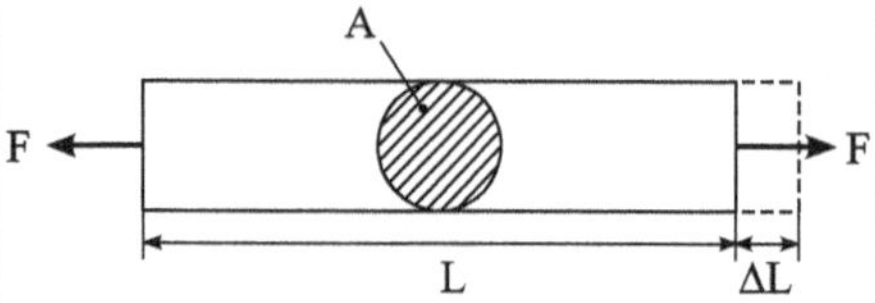
$$c = \frac{F}{f} = E * \frac{A}{L} \qquad \text{Gl. 2.3}$$

Querkraftschub: 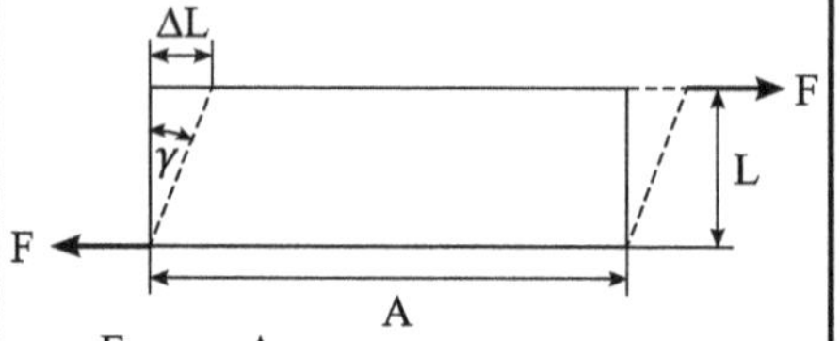
$$c = \frac{F}{f} = G * \frac{A}{L} \qquad \text{Gl. 2.4}$$

Biegung

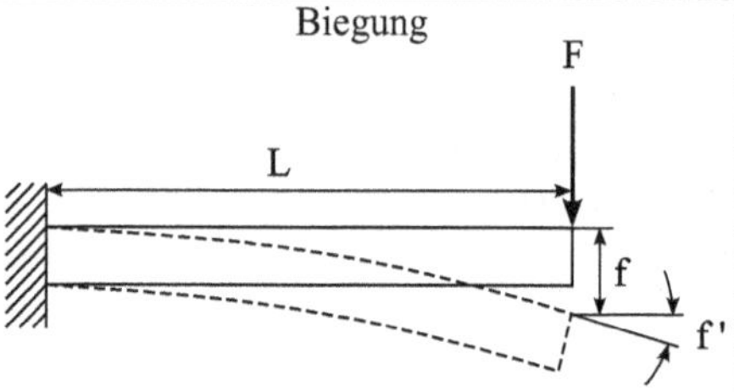

Federweg einseitig eingespannter Balken, durch Kraft F (linear anwachsendes Moment) belastet:

$$f = \frac{L^3}{3 * I_{ax} * E} * F \quad \text{Gl. 2.7} \Rightarrow c = \frac{3 * I_{ax} * E}{L^3}$$

Neigung einseitig eingespannter Balken, durch Kraft F (linear anwachsendes Moment) belastet:

$$f' = \frac{L^2}{2 * I_{ax} * E} * F \qquad \text{Gl. 2.39}$$

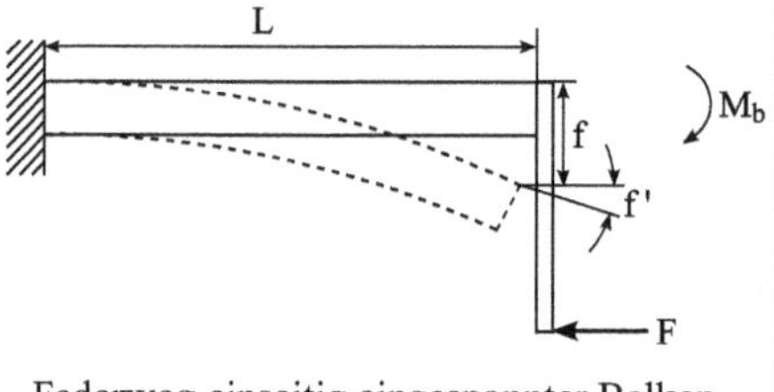

Torsion

$$c = G * \frac{I_t}{L} \qquad \text{Gl. 2.6}$$

Federweg einseitig eingespannter Balken, durch (konstantes) Biegemoment M_b belastet:

$$f = \frac{L^2}{2 * I_{ax} * E} * M_b \qquad \text{Gl. 2.37}$$

Neigung einseitig eingespannter Balken, durch (konstantes) Biegemoment M_b belastet:

$$f' = \frac{L}{I_{ax} * E} * M_b \qquad \text{Gl. 2.40}$$

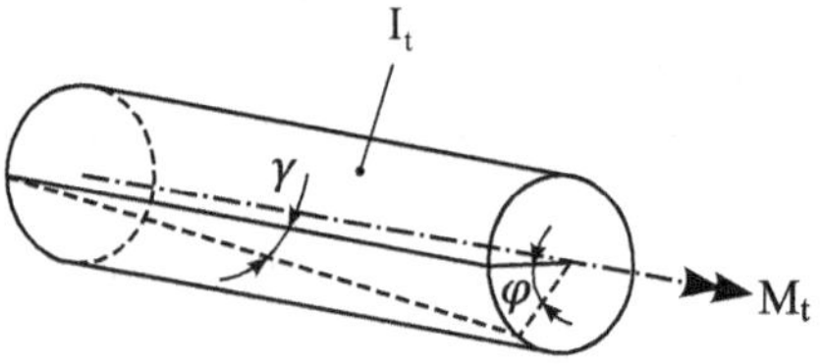

Bild 8.1: Steifigkeit in Funktion der Belastungsart

das eindimensionale Problem der Verspannung einer Axiallagerung, sondern wird auch für die Verspannung eines einzelnen Radiallagers genutzt, womit das Problem in Abschnitt 8.5.2 eine zweite Dimension erhält.

Die folgenden Betrachtungen sind an der Schnittstelle zwischen klassischer Festigkeitslehre und der Finite-Elemente-Methode (FEM) angesiedelt. Aber während die FEM wegen ihres numerischen Aufwandes sehr bald in EDV-Programme gefasst wird und dann vorzugsweise als Problem der Datenverarbeitung wahrgenommen wird, versuchen die nachfolgenden Ausführungen, den Rechenaufwand so gering zu halten, dass er auch noch manuell gehandhabt werden kann. Diese Vorgehensweise soll das ursächliche Verständnis der Mechanik erleichtern.

8.1 Zusammenspiel verschiedenartiger Steifigkeiten

Bei der Zusammensetzung der Einzelsteifigkeiten zur Gesamtsteifigkeit wird eine bereits aus Kap. 2 bekannte Gesetzmäßigkeit ausgenutzt: Man betrachtet die Gesamtsteifigkeit eines möglicherweise komplexen Systems als eine Vielfachanordnung von parallel- und hintereinandergeschalteten Einzelsteifigkeiten. Bei Parallelschaltung addieren sich die Einzelsteifigkeiten, bei Hintereinanderschaltung addieren sich die Nachgiebigkeiten.

Parallelschaltung von Steifigkeiten	**Hintereinanderschaltung** von Steifigkeiten
Kennzeichen: gleiche Verformung der Einzelsteifigkeiten Aufteilung der Belastung	Kennzeichen: Summierung der Verformungen gleiche Belastung der Einzelsteifigkeiten
Gesamtsteifigkeit ist die **Summe der Einzelsteifigkeiten**	Gesamtnachgiebigkeit ist die **Summe der Einzelnachgiebigkeiten**

Die bisherigen Betrachtungen gingen davon aus, dass gleichartige Federn parallel- oder hintereinandergeschaltet wurden. Vor allen Dingen bei Hintereinanderschaltung können jedoch auch verschiedenartige Federn miteinander kombiniert werden, wobei die Verformungen der einzelnen Federn (Federwege, Neigungen, Verformungswinkel) durch geometrische Beziehungen miteinander gekoppelt werden müssen. Einige Aufgaben mögen in diese Problematik einführen, wobei die Kopplung der Verformungen auf einfachen geometrischen Beziehungen beruht, die für den Einzelfall formuliert werden müssen. Insofern erübrigt sich hier eine allgemeingültige Erläuterung.

> Aufgaben A.8.1 und A.8.2

Die Problematik der Koppelung verschiedenartiger Federverformungen in komplexerer Form kann auch am Beispiel der Schenkelfeder analysiert werden. Kapitel 2.2.4.3 (Band 1) betrachtete zunächst einmal nur den gewendelten Bereich einer Schenkelfeder, was für die weitaus meisten Anwendungsfälle der Praxis ausreicht. Wenn aber darüber hinaus auch noch die Verformungen der aus dieser Wendel herausragenden Schenkel einbezogen werden sollen, so ist es angebracht, Bild 2.33 um eine weitere Komponente zu ergänzen, was auf die Darstellung nach Bild 8.2 führt.

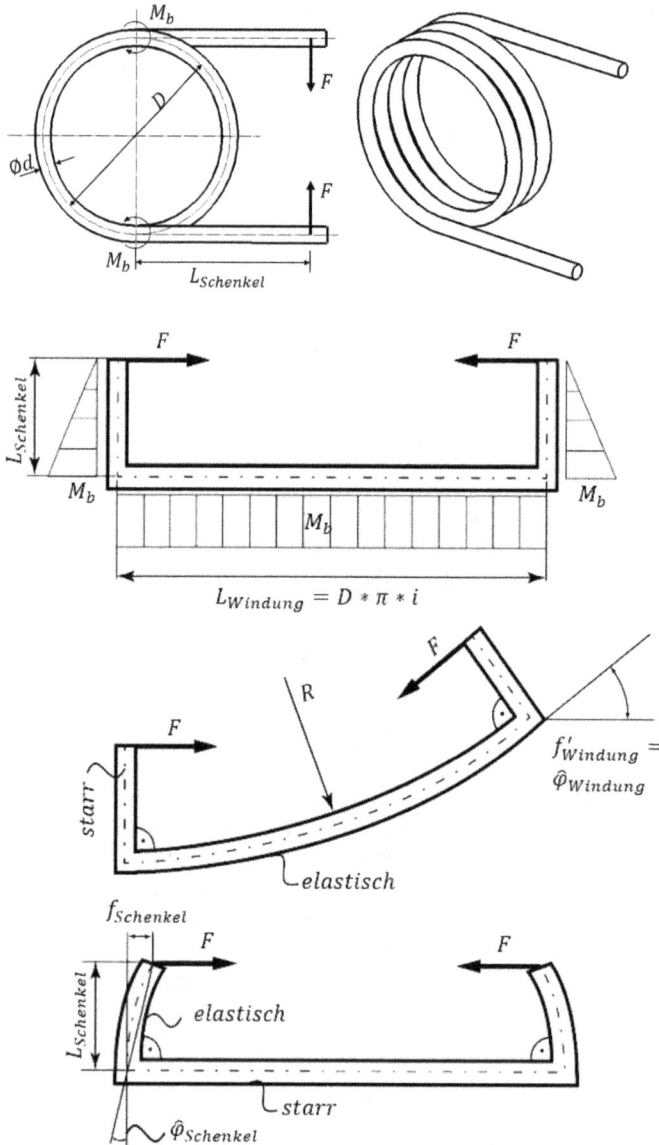

Bild 8.2: Belastung und Verformung Schenkelfeder

Zur Formulierung der Verformung des gewendelten Abschnitts wurde dessen Verformung in der Modellvorstellung des dritten Viertels von Bild 8.2 als Biegefeder betrachtet, die entlang ihrer gesamten Länge mit einem konstanten Biegemoment belastet wird, wofür in Gleichung 2.40 (s. auch Zusammenstellung in Bild 8.1) bereits der folgende Ausdruck verwendet worden und in Gl. 2.52 ausgeführt worden ist:

$$f' = \frac{L}{I_{ax} \cdot E} \cdot M \quad \text{hier:} \quad \widehat{\varphi}_{Windung} = \frac{L_{Windung}}{I_{ax} \cdot E} \cdot M \qquad \text{Gl. 2.52}$$

Die in dieser Gleichung aufgeführte Neigung f' am Balkenende ist gleichbedeutend mit dem Verdrehwinkel φ (in Bogenmaß), den die Schenkelfeder bei Belastung mit dem Moment M als Torsionsmoment erfährt. Die Steifigkeit der Feder ergibt sich durch Umstellen dieser Gleichung:

$$\frac{M}{\widehat{\varphi}_{Windung}} = \frac{I_{ax} \cdot E}{L_{Windung}} = c_{T\_Windung} \qquad \text{Gl. 2.53}$$

Für Federdrähte mit dem meist verwendeten kreisrunden Querschnitt mit $I_{ax} = \pi \cdot d^4/64$ kann diese Gleichung spezifiziert werden zu

$$c_{T\_Windung} = \frac{M}{\widehat{\varphi}_{Windung}} = \frac{\pi \cdot d^4}{64 \cdot L_{Windung}} \cdot E \qquad \text{Gl. 2.54}$$

Die Balkenlänge $L_{Windung}$ ergibt sich als Kreisumfang von i „abgewickelten" Windungen:

$$L_{Windung} = D \cdot \pi \cdot i \qquad \text{Gl. 2.55}$$

Dadurch erhält die Federsteifigkeit des gewendelten Abschnitts der Schenkelfeder die Form

$$c_{T\_Windung} = \frac{d^4}{64 \cdot D \cdot i} \cdot E \qquad \text{Gl. 2.56}$$

Nach dem letzten Viertel von Bild 8.2 federn aber auch die aus dem Federkörper herausragenden Schenkel nach Gl. 2.7 bzw. 2.36 (linker Schenkel):

$$f = \frac{1}{3} \cdot \frac{L^3}{I_{ax} \cdot E} \cdot F \quad \text{hier:} \quad f_{Schenkel} = \frac{1}{3} \cdot \frac{L_{Schenkel}^3}{I_{ax} \cdot E} \cdot F$$

Die belastende Kraft kommt hier als $F = M/L_{Schenkel}$ zustande.

$$f_{Schenkel} = \frac{1}{3} \cdot \frac{L_{Schenkel}^3}{I_{ax} \cdot E} \cdot \frac{M}{L_{Schenkel}} = \frac{1}{3} \cdot \frac{L_{Schenkel}^2}{I_{ax} \cdot E} \cdot M \qquad \text{Gl. 8.1}$$

Dieser Federweg wird von der Federachse aus unter dem Winkel $\varphi_{Schenkel}$ gesehen (rechte Seite):

$$\widehat{\varphi}_{Schenkel} = \frac{f_{Schenkel}}{L_{Schenkel}} = \frac{\frac{1}{3} \cdot \frac{L_{Schenkel}^2}{I_{ax} \cdot E} \cdot M}{L_{Schenkel}} = \frac{1}{3} \cdot \frac{L_{Schenkel}}{I_{ax} \cdot E} \cdot M \qquad \text{Gl. 8.2}$$

Die durch die Durchbiegung eines einzelnen Schenkels bedingte Torsionssteifigkeit bezogen auf die Federachse ergibt sich dann zu.

$$c_{T\_Schenkel} = \frac{M}{\varphi_{Schenkel}} = \frac{M}{\frac{1}{3} \cdot \frac{L_{Schenkel}}{I_{ax} \cdot E} \cdot M} = \frac{3 \cdot I_{ax} \cdot E}{L_{Schenkel}} \qquad \text{Gl. 8.3}$$

Diese Aussage ist allerdings nur wirklich genau, wenn der Schenkel radial zur Federachse angeordnet ist. Dies ist bei der Konstruktion nach Bild 8.2 oben nicht genau der Fall. Für praktische Belange ist der dadurch bedingte Unterschied allerdings vernachlässigbar, zumal dieser Verformungsanteil nur für lange Schenkel wirklich in Erscheinung tritt. Setzt man auch hier für einen kreisrunden Querschnitt ist $I_{ax} = \pi \cdot d^4/64$, so folgt

$$c_{T\_Schenkel} = \frac{3 \cdot \frac{\pi}{64} \cdot d^4 \cdot E}{L_{Schenkel}} = \frac{3 \cdot \pi \cdot d^4}{64 \cdot L_{Schenkel}} \cdot E \qquad \text{Gl. 8.4}$$

Bei differenzierter Analyse handelt es sich also um eine Hintereinanderschaltung mehrerer Biegebalken, wobei gegebenenfalls noch eine unterschiedliche Konstruktion der beiden Schenkel berücksichtigt werden muss:

$$\frac{1}{c_{Tges}} = \frac{1}{c_{T\_Windung}} + \frac{1}{c_{T\_Schenkel\_1}} + \frac{1}{c_{T\_Schenkel\_2}} \qquad \text{Gl. 8.5}$$

Bild 8.3 dokumentiert beispielhaft das Zusammenspiel der einzelnen Anteile der Steifigkeit einer Schenkelfeder.

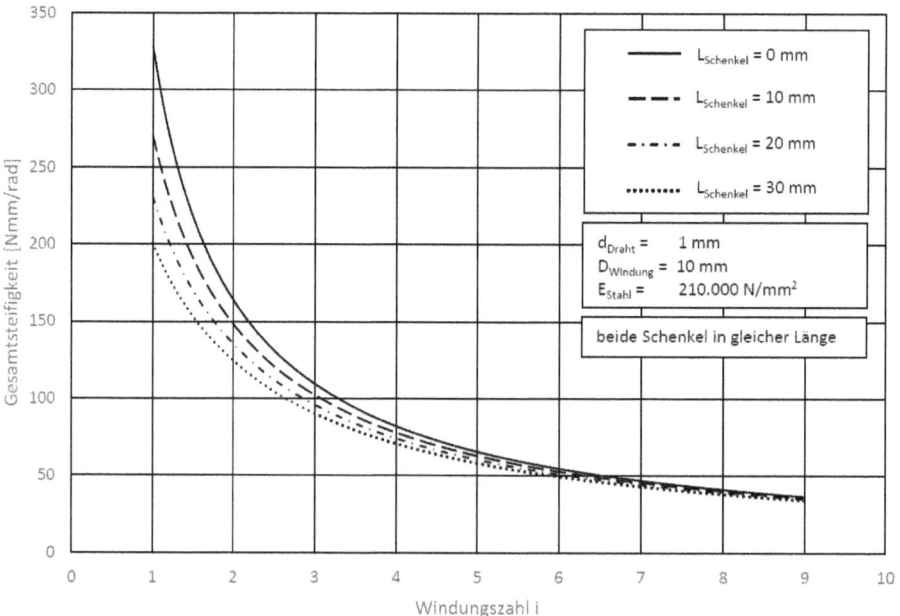

Bild 8.3: Gesamtsteifigkeit Schenkelfeder

Wird nur die Verformung des Windungsbereichs betrachtet ($L_{Schenkel} = 0$), so ergibt sich nach Gl. 2.56 eine Hyperbel. Mit zunehmendem $L_{Schenkel}$ senkt sich diese Hyperbel im linken Bereich etwas ab. Aus dieser Gegenüberstellung geht hervor, dass die Verformung der Schenkel nur dann eine Rolle spielt, wenn eine geringe Windungszahl mit langen Schenkeln kombiniert wird.

Aufgaben A.8.3 und A.8.4

8.2 Besondere Steifigkeitsprobleme von Werkzeugmaschinen

Bei Federn wird in aller Regel versucht, dem Bauteil eine möglichst geringe Steifigkeit zu verleihen, um bewusst große Verformungen hervorzurufen und dabei möglichst viel Arbeit speichern zu können. Beim Werkzeug- und Präzisionsmaschinenbau trifft genau die umgekehrte Forderung zu: Eine möglichst hohe Steifigkeit soll bei den unvermeidlich auftretenden Kräften die Verformungen minimieren, um damit die Bearbeitungsgenauigkeit zu optimieren (vgl. auch Betrachtung im Zusammenhang mit Bild 2.1).

Die vorangegangenen Übungen „Verformung Aufhängevorrichtung" (A.8.1) und „Verformung Rohr und Flacheisen" (A.8.2) waren so angelegt, dass elementare Verformungsgleichungen der Festigkeitslehre kombiniert mit überschaubaren geometrischen Zusammenhängen sehr genaue Zahlenwerte für die Verformungen lieferten. Das folgende Beispiel einer Schwenkbohrmaschine (oder Säulenbohrmaschine) nach Bild 8.4a nutzt ähnliche Zusammenhänge, auch wenn dieser Ansatz wegen der nicht mehr eindeutigen Randbedingungen nicht mehr zu exakten Zahlenwerten führt, die Aussage also zunehmend unschärfer wird. Die Bohrkraft besteht eigentlich nur aus einer axial gerichteten Komponente (hier beispielhaft 800 N). Der waagerechte Ausleger wird über seine gesamte Erstreckung L_1 als „einseitig eingespannter Biegebalken" betrachtet, was einen Federweg nach Gl. 2.7 und eine Neigung nach Gl. 2.39 zur Folge hat (s. auch Zusammenstellung in Bild 8.1). Die senkrechte Säule wird über ihre gesamte Länge L_2 mit konstantem Moment belastet, wodurch ein Federweg nach Gl. 2.37 und eine Neigung nach Gl. 2.40 verursacht wird.

An der Stelle, wo der Zerspanungsprozess des Bohrens mit der Bearbeitungskraft von 800 N stattfindet und wo die Verformung wegen der angestrebten hohen Bearbeitungspräzision möglichst gering sein soll, entstehen die Verformungen f nach Bild 8.4b und Neigungen f' nach Bild 8.4c.

- Die Verformung f_x in x-Richtung geht nur auf die Federung am oberen Ende der senkrechten Säule nach links zurück. Sie wächst linear mit dem Biegemoment auf die Säule (also der Auslegerlänge) und quadratisch mit der Verformungslänge der senkrechten Säule (Gl. 2.37 in Bild 8.1).
- Die Verformung f_y in y-Richtung hat zwei Anteile: Zunächst einmal wird der waagerechte Ausleger als einseitig eingespannter Biegebalken nach oben gebogen. Die Verformung wächst in der dritten Potenz mit der Länge des waagerechten Auslegers, ist also besonders hoch (Gl. 2.7 in Bild 8.1). Weiterhin erfährt die senkrechte Säule an ihrem oberen Ende eine

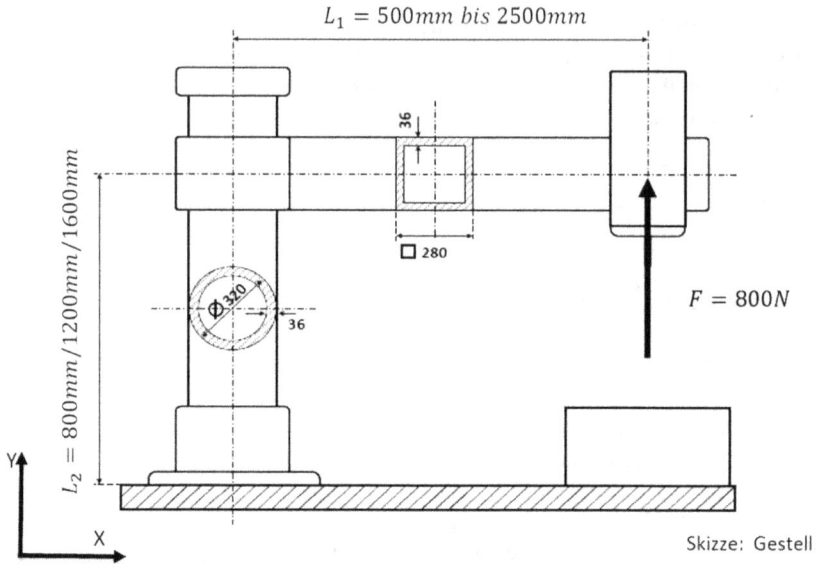

Bild 8.4a: Bohrmaschinengestell

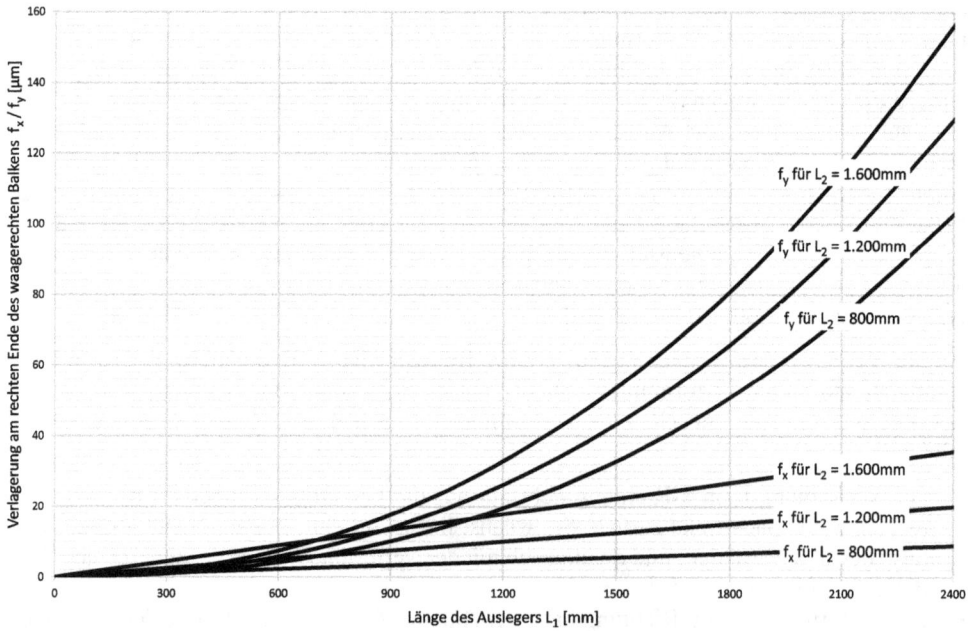

Bild 8.4b: Wegverformungen Bohrmaschinengestell

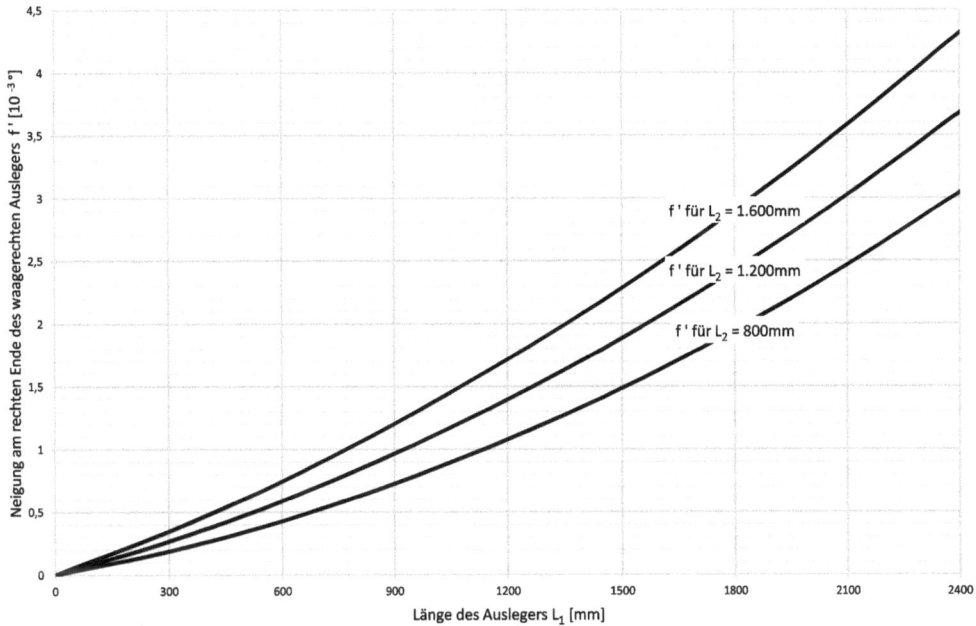

Bild 8.4c: Winkelverformungen Bohrmaschinengestell

Neigung, mit der auch der waagerechte Balken nach oben geneigt wird und somit zu einem weiteren Verformungsanteil an seinem rechten Ende führt. Dieser Anteil wächst nach Gl. 2.40 sowohl mit dem Biegemoment auf die Säule (also linear mit dem waagerechten Ausleger) als auch linear mit der Länge der senkrechten Säule. Die gesamte Verformung in y-Richtung ist u. U. regelungstechnisch kompensierbar, wenn die Vorschubbewegung des Bohrens entsprechend kompensiert wird.

• Die Neigung f′ am rechten Ende des waagerechten Auslegers ist die Summe der Neigungen des waagerechten Auslegers (quadratisch mit der Länge des waagerechten Auslegers nach Gl. 2.39) und der senkrechten Säule (linear mit der Länge der senkrechten Säule und linear mit dem Moment, also der Länge des waagerechten Auslegers nach Gl. 2.40). Diese Verformung ist beim Bohren besonders kritisch, weil sie regelungstechnisch kaum kompensiert werden kann.

Aus dieser Gegenüberstellung wird schon ein Zielkonflikt sichtbar, mit dem jeder Werkzeugmaschinenkonstrukteur konfrontiert wird:

• Wird eine hohe Bearbeitungsgenauigkeit, also möglichst geringe Verformungen angestrebt, so sind die Hebelarme und verformbare Längen zu minimieren. In diesem Fall wird die Werkzeugmaschine möglichst knapp um ein vorgegebenes Werkstück herum konstruiert. Das führt jedoch zu einer starken Einschränkung der Werkzeugabmessungen und damit zu einer „Ein-Zweck-Maschine" (s. auch Kap. 8.6).

• Wird eine Mehrzweckmaschine angestrebt, so müssen wegen der variierenden Werkstückabmessungen großzügigere Hebelarme und verformbare Längen vorgesehen werden, was aber zwangsläufig größere Verformungen und damit eine Einbuße an Bearbeitungsgenauigkeit nach sich zieht.

Aufgaben A.8.5 und A.8.6

Die Bohrbearbeitung kann als ebenes Problem betrachtet werden. Bei der Fräsbearbeitung (s. folgende Übungsaufgaben) kommen noch weitere Probleme hinzu:

- Die Bearbeitungskraft besteht in allgemeinen Fall aus drei räumlichen Komponenten. Die Übungsaufgaben versuchen, den Rechenaufwand überschaubar zu halten, indem nur eine einzige Komponente der Bearbeitungskraft angesetzt wird.
- Die Verformung ist ebenfalls ein räumliches Problem und besteht aus drei Komponenten.
- Je nach Richtung der Bearbeitungskraft kommt es nicht nur zu Biege- sondern auch zu Torsionsverformungen nach Gl. 2.6 aus der rechten Spalte von Bild 8.1

Aufgaben A.8.7–A.8.9

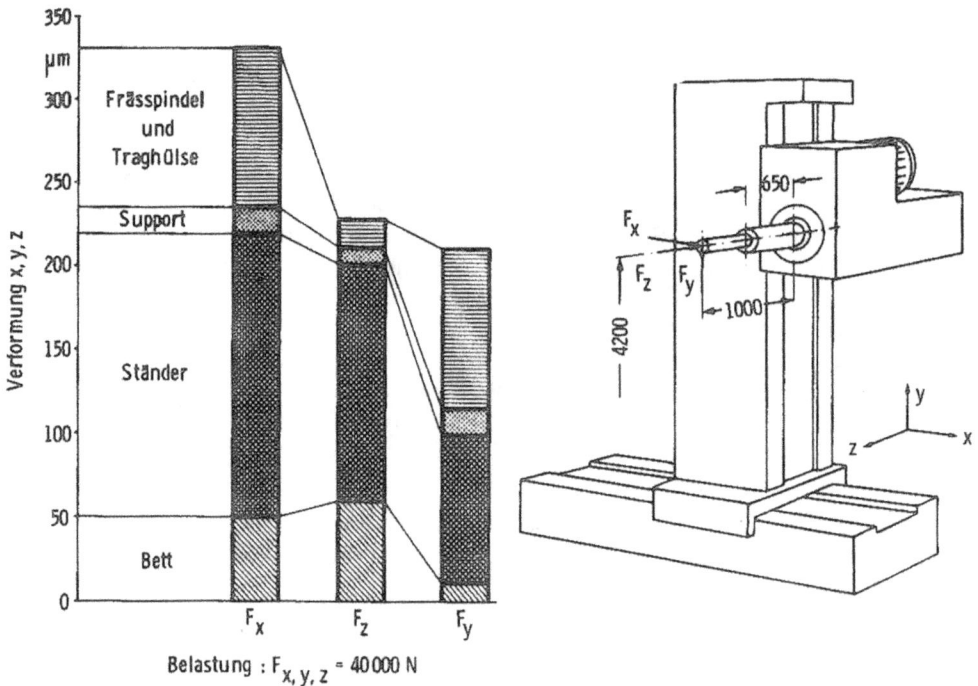

Bild 8.5: Steifigkeitsbetrachtung Bohr- und Fräswerk

Bild 8.5 nach [8.14] erweitert die zuvor betrachtete Reduzierung der Werkzeugmaschine auf zwei hintereinandergeschaltete Balken um weitere Verformungsanteile. Wird an der Spindelnase dieses Bohr- und Fräswerks eine Bearbeitungskraft von 40.000 N aufgebracht, so stellen sich die nach x-, y- und z-Richtung differenzierten Verformungsanteile ein. Die in der linken Hälfte des Bildes dargestellte Verformungsanalyse lässt folgende Aussagen zu:

- Die **Frässpindel** mit Traghülse wird in x- und y-Richtung auf Biegung beansprucht und zeigt in diesen Richtungen eine relativ große Verformung. Greift die gleiche Kraft in z-Richtung an, so wird auf Zug/Druck belastet, was eine sehr viel geringere Verformung zur Folge hat.
- Für den **Support** ist die Richtung der angreifenden Kraft von relativ geringer Bedeutung, die daraus resultierende Verformung ist etwa gleich groß und insgesamt wegen der gedrungenen, massiven Bauweise relativ gering.
- Der **Ständer** erfährt eine Kraft in x- und z-Richtung als kombinierte Torsions- und Biegebelastung. Für den Fall der Belastung in y-Richtung fehlt der Torsionsanteil und die Biegung hat einen relativ geringen Hebelarm, sodass die daraus resultierende Verformung deutlich kleiner ausfällt.
- Das **Bett** wird durch eine Kraft in y-Richtung im Wesentlichen auf Zug und Druck beansprucht, was eine relativ geringe Deformation zur Folge hat. Greift die gleiche Kraft jedoch in x- oder z-Richtung an, so wird daraus eine Biegebelastung mit deutlich höherem Verformungsanteil.

8.2.1 Steifigkeitsoptimierung bei Biegung und Torsion

Ein Vergleich der Zahlenwerte der Verformungen der verschiedenen Belastungsarten aus Bild 8.1 macht schnell deutlich, dass die auf Biegung und Torsion zurückzuführenden Deformationsanteile in der Regel dominant sind und deshalb eine besondere Aufmerksamkeit verdienen. Es ist also angebracht, dem axialen Flächenmoment und dem Torsionsflächenmoment eine besondere Betrachtung zu widmen. Tabelle 8.1 stellt einen diesbezüglichen Vergleich an: Sämtliche dort skizzierten Querschnitte verfügen über die gleiche Fläche, erfordern also gleichen Materialeinsatz und damit gleiches Gewicht. Die einzelnen Spalten dieser Gegenüberstellung unterscheiden sich aber in der Anordnung bzw. der Formgebung der Fläche. Da eine Angabe des Flächenmomentes in [mm^4] nicht besonders anschaulich ist, wird in der ersten Spalte das Flächenmoment für einen quadratischen Hohlquerschnitt mit der Außenkantenlänge a und der Wandstärke s als Referenz betrachtet und zu 100 % gesetzt.

Tabelle 8.1: Flächenträgheitsmomente im Vergleich

	$\square$ (a)	$\square$ (0,7a)	$\bigcirc$ (1,25a)	$\bigcirc$ (a)	$\bigcirc$ (1,5a)	I (1,3a)
Biegung um y	100%	145%	119%	73%	82%	203%
Biegung um z	100%	54%	119%	73%	155%	64%
Torsion	100%	81%	158%	96%	144%	0,4%
A = konst.			s/a = 0.05 = konst.			

Axiales Flächenmoment:

- Wird in Spalte 2 unter Beibehaltung der Wandstärke s die horizontale Kantenlänge auf 0,7 · a reduziert und zur Aufrechterhaltung des Flächeninhaltes die vertikale Kantenlänge vergrößert, so steigt das Flächenmoment um die (horizontale) x-Achse auf 145 %, während es um die z-Achse auf 54 % abfällt.
- Wird in der dritten Spalte unter Beibehaltung der Wandstärke s der konstante Flächeninhalt als Kreis ausgeführt, so entspricht der Kreisdurchmesser aus geometrischen Gründen dem 1,25-fachen der Außenkantenlänge des ursprünglichen Quadrats. Damit geht eine Steigerung des axialen Flächenmomentes auf 119 % einher, wobei wegen der Rotationssymmetrie nicht nach y- und z-Achse unterschieden wird.
- Wird hingegen in Spalte 4 die ursprüngliche Außenkantenlänge a in den Außenkreisdurchmesser überführt, so entsteht geometrisch eine Wandstärke vom 1,3-fachen der ursprünglichen Wandstärke, was eine Verringerung des axialen Flächenmomentes auf 73 % nach sich zieht.
- Spalte 5 überführt den Hohlkreisquerschnitt aus Spalte 3 in eine Ellipse mit der großen Außenachse von 1,5 · a. Dadurch wird das axiale Flächenmoment um die y-Achse deutlich reduziert, um die z-Achse aber deutlich erhöht.
- Die Version in der letzten Spalte zu einem Doppel-T-Profil zeigt sehr deutliche Auswirkungen: Um die y-Achse wird das Flächenmoment mehr als verdoppelt, während es um die z-Achse auf zwei Drittel seines Ursprungswertes zurückfällt. Der Vorteil des hohen Flächenmomentes im Sinne einer möglichst steifen Konstruktion ist also nur dann nutzbar, wenn die Richtung der Belastung bekannt ist und sich auch nicht wesentlich ändert.

Torsionsflächenmoment:

- Die höchsten Flächenmomente ergeben sich bei möglichst dünnwandigem, vorzugsweise rotationssymmetrischem Querschnitt.
- Das offene Doppel-T-Profil ist besonders verdrehweich.

Sowohl für Biegung als auch für Torsion gilt, dass dünnwandige Querschnitte, bei denen das Material möglichst weit außen angeordnet ist, besonders steif sind. Dieses Bestreben findet allerdings dort seine Grenzen, wo es zu Einbeulungen (lokalem Knicken) kommt.

In manchen Fällen ist es erstrebenswert, dass sich die Biegesteifigkeit bei wechselnder Belastungsrichtung nicht oder nur wenig ändert (z. B. Säulenbohrmaschine). Für diese Überlegung ist es angebracht, den Quotienten aus dem größten und kleinsten Flächenträgheitsmoment zu bilden, welches in einem Querschnitt auftreten kann. Betrachtet man unter diesem Aspekt einige übliche Querschnittsformen, so ergibt sich in Anlehnung an [8.10] eine Gegenüberstellung nach Bild 8.6.

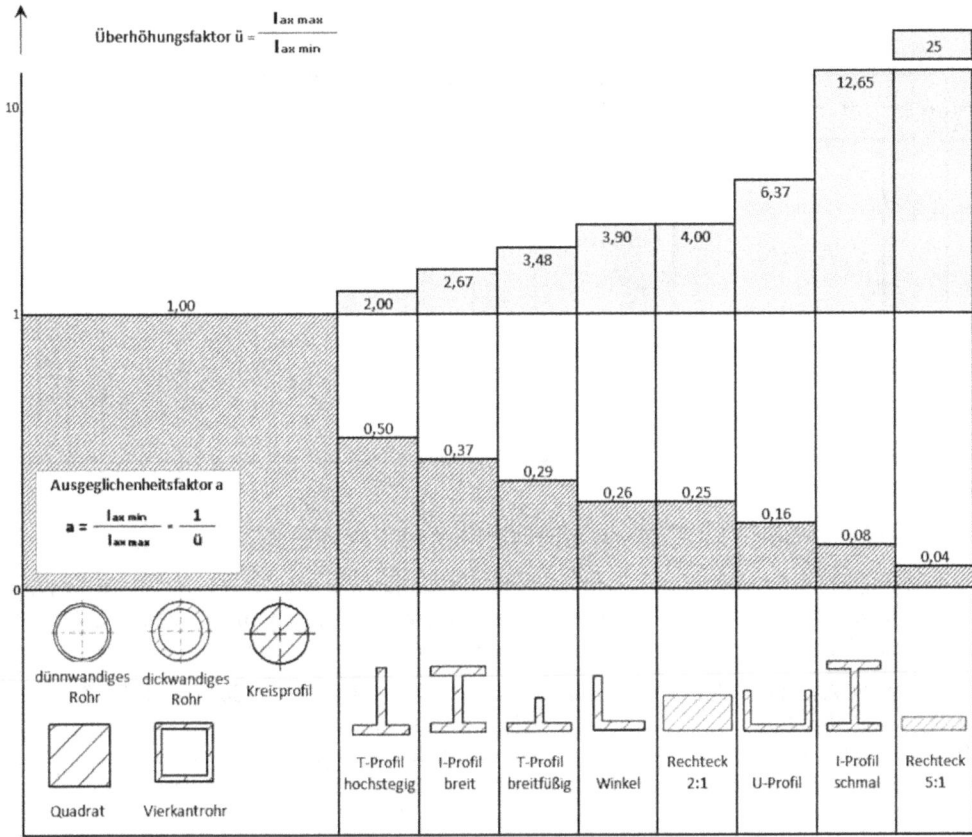

Bild 8.6: Überhöhungsfaktor/Ausgeglichenheitsfaktor Flächenmoment

8.2.2   Anordnung von Kraftwirkungslinien, Gestellbauformen

Die Steifigkeit des in Bild 8.4a vorgestellten C-Gestells lässt sich dadurch steigern, dass das offene Gestell zu einem geschlossenen O-Gestell nach Bild 8.7 erweitert wird.

Wenn als Bearbeitungsoperation der einfache Lastfall des Bohrens angenommen wird, bei dem nur eine Axialkraft in Bohrerrichtung auftritt, so lässt sich die Verformung des C-Gestells als statisch bestimmtes Problem durch die Überlagerung der Verformung zweier Biegebalken darstellen.

Im Falle des O-Gestells ist das Verformungsverhalten nicht so einfach zu überblicken. Für den nach vorheriger Überlegung hier vorliegenden Modellfall der symmetrischen Lasteinleitung ist jedoch auch ohne exakte Verformungsanalyse nachzuvollziehen, dass die Deformation an der Krafteinleitungsstelle nur aus einer Vertikalkomponente besteht, während keine Horizontalverformung und auch kein Winkelfehler des Bohrers auftritt. Die verbleibende Vertikaldeforma-

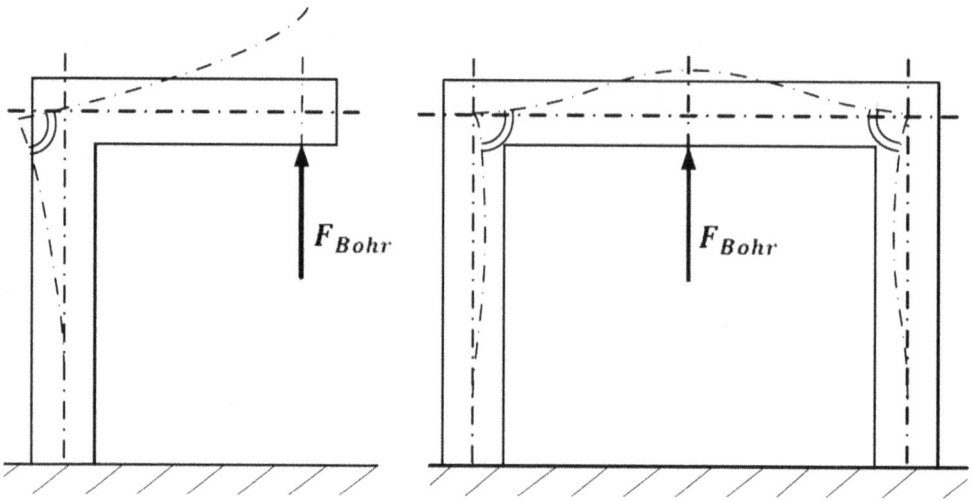

Bild 8.7: Verformungen am Werkzeugmaschinengestell

tion ist relativ unkritisch, da sie regelungstechnisch kompensiert werden kann, die Vorschubbewegung muss lediglich um den Deformationsbetrag korrigiert werden. Die für das C-Gestell
typischen Winkelfehler hingegen sind regelungstechnisch nur sehr schwer zu kompensieren.

Ein weiterer Aspekt in der obigen Gegenüberstellung von C- und O-Gestell ist die Zugänglichkeit der Maschine. Beim C-Gestell ist der Arbeitsraum von drei Seiten zugänglich, was
die Bedienung der Maschine erleichtert und die Zuführung großer Werkstücke ermöglicht.
Bild 8.8 zeigt einige ausgeführte Beispiele von C- und O-Gestellen für Pressen.

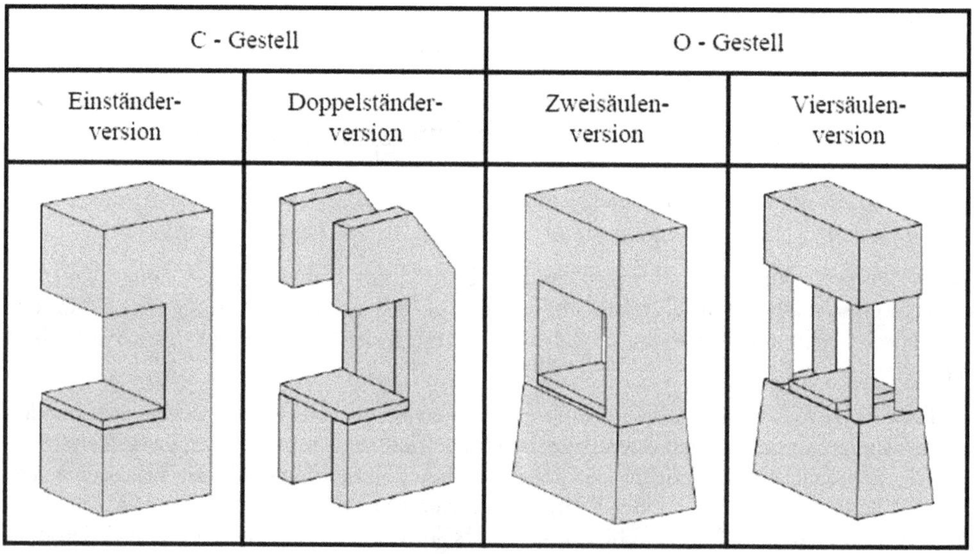

C - Gestell		O - Gestell	
Einständer-version	Doppelständer-version	Zweisäulen-version	Viersäulen-version

Bild 8.8: Grundbauformen Pressengestelle

Während sich bei den o. g. einfachen Modellfällen die Belastung und die damit verbundene Deformation noch einfach überblicken lässt, sind die Verhältnisse bei praktisch auftretenden Belastungen häufig viel komplexer. In diesen Fällen lassen sich mit der elementaren Festigkeitslehre nur grobe Näherungen berechnen. Für eine genauere Verformungsanalyse macht man deshalb häufig von der Finite-Elemente-Methode Gebrauch.

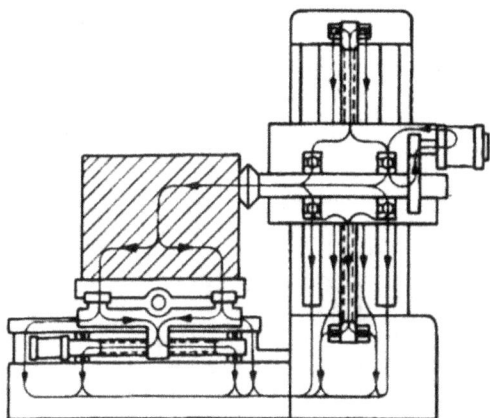

Bild 8.9 nach [8.14] versucht, die Steifigkeit eines Bohr- und Fräswerks um die Komponenten des Antriebes zu erweitern. Dies kann zuweilen eine sehr komplexe Betrachtung erforderlich machen, da sich der Kraftfluss durch die konstruktive Anordnung der Bauteile häufig in vielfältiger Weise verzweigt und dann wieder zusammengeführt wird. Die weiteren Abschnitte dieses Kapitels versuchen diese Verformungsanteile zu analysieren und Kapitel 9.3 erörtert die Verspannung sich bewegender Systeme.

Bild 8.9: Modellhafter Kraftfluss einer Fräsmaschine

8.2.3   Das Problem der Nichtlinearität

Die bisherigen Betrachtungen (einschließlich die von Kap. 2) gingen stets von einem linearen Zusammenhang zwischen Belastung und Verformung aus. Besonders bei Werkzeugmaschinen sind die Verformungen so klein, dass die nichtlinearen Anteile nicht mehr vernachlässigt werden können. In diesem Zusammenhang sei an die Formulierung aus Kap. 2.1.1.2 erinnert, indem zur Erfassung dieser Anteile auf die differenzielle Formulierung zurückgegriffen worden ist:

$$c = \frac{dF}{df} \qquad \delta = \frac{df}{dF} \qquad\qquad \text{Gl. 8.6}$$

Tatsächlich ist die aus dem Spannungs-Dehnungs-Diagramm vertraute Hook'sche Gerade zwar linear, die daraus resultierende Steifigkeit eines realen Bauteils der Werkzeugmaschine in vielen Fällen jedoch progressiv. Neben dem Begriff der Steifigkeit wird auch noch der Begriff der „Nachgiebigkeit" δ als Kehrwert der Steifigkeit verwendet.

8.2.4   Verrippungen

Ein weiteres wichtiges Hilfsmittel zur Erhöhung der Steifigkeit ist das Anbringen von Rippen, was anhand der Biegesteifigkeit eines verrippten Ständers einer Werkzeugmaschine in Bild 8.10 (nach [8.14]) demonstriert wird. Zu diesem Zweck seien folgende Verrippungsvarianten miteinander verglichen:

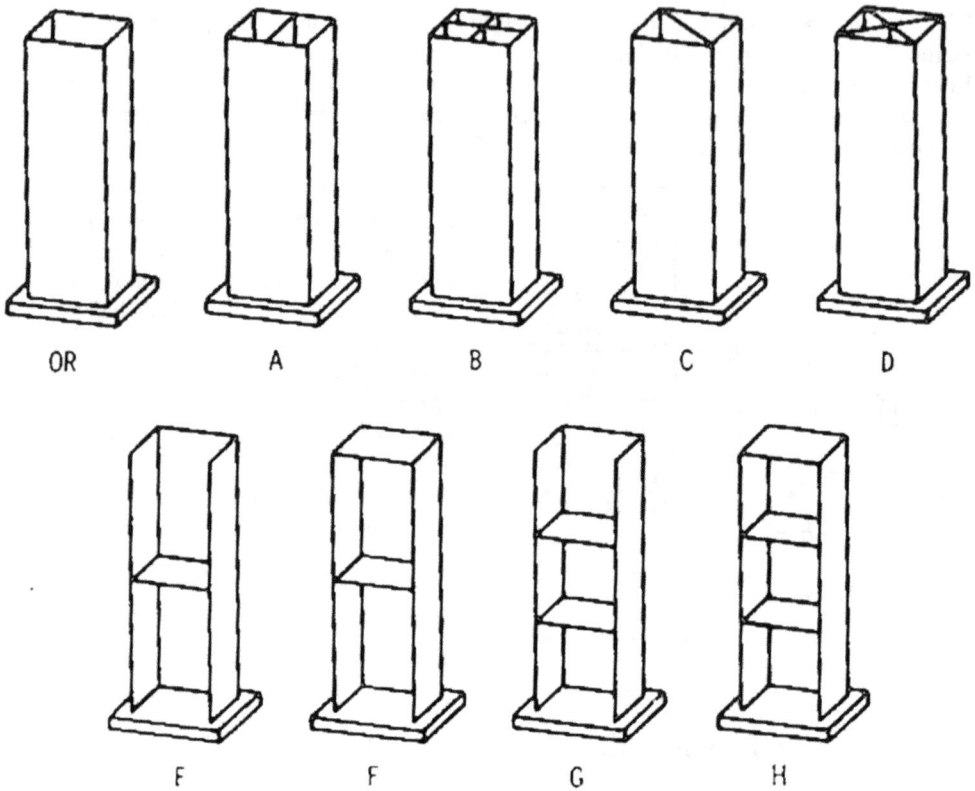

Bild 8.10: Verrippungen eines Werkzeugmaschinenständers

Ausgangspunkt der Betrachtungen ist der Fall OR (ohne Rippen). Im Fall A ist eine Rippe in Lastrichtung, im Fall B zwei Rippen kreuzweise, im Fall C eine und in D zwei diagonale Rippen kreuzweise angebracht. Bei den Beispielen E-H sind entsprechend der Skizze Querrippen angebracht, wobei die vordere Deckplatte in dieser Darstellung weggelassen worden ist. Eine messtechnische Untersuchung ergab die in Bild 8.11 dokumentierte Änderung der Biegesteifigkeit. Um das Problem der Nichtlinearität in dieser vergleichenden Gegenüberstellung zu umgehen, wird die Steifigkeitsbetrachtung auf den Fall reduziert, dass der Ständer als senkrecht stehender Kragbalken mit einer horizontal wirkenden Kraft von 3.000 N belastet wird, die jeweils zur Hälfte an den beiden Eckpunkten eingeleitet wird.

Längsrippen erhöhen die Steifigkeit, wobei die Diagonalanordnung besonders effektiv ist. Die Kopfplatte hat hingegen nur einen sehr geringen Einfluss. Bei Querrippen kommt es zu einer Steifigkeitseinbuße, die auf den Schweißeinbrand zurückzuführen ist.

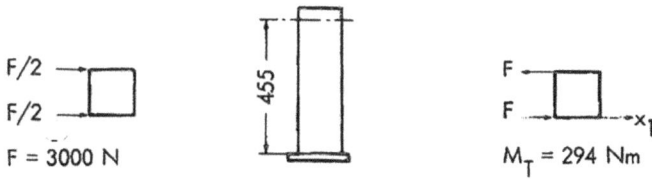

Bild 8.11: Verformungen eines verrippten Werkzeugmaschinenständers

8.2.5   Fugensteifigkeit

Die bisherigen Betrachtungen konzentrierten sich auf die Verformung des eigentlichen Federkörpers. Tatsächlich treten aber auch an der Krafteinleitungsstelle weitere Verformungen auf, die aber normalerweise so gering sind, dass sie vernachlässigt werden können. Da die Verformung von Werkzeugmaschinengestellen als Feder aber sehr gering ist, gewinnen die Verformungen an den Krafteinleitungsstellen relativ dazu eine besondere Bedeutung. Vor allen Dingen große Werkzeugmaschinengestelle werden aus mehreren Teilen gefertigt und anschließend zusammengefügt. Soll diese Verbindung lösbar sein, so kommt insbesondere das Verschrauben infrage. In der Kontaktzone treten dann Verformungen nach Bild 8.12 auf, die neben dem plastischen „Setzen" der Schraube (Kap. 4.4.2) auch noch elastische Anteile aufweisen können.

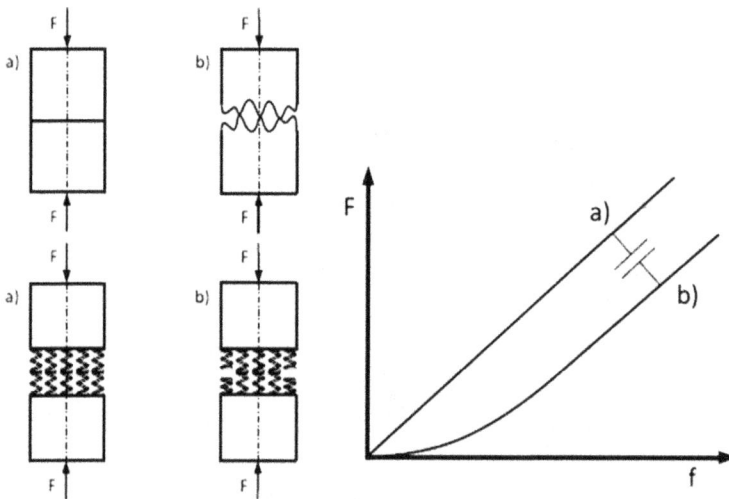

Bild 8.12: Fugensteifigkeit und Vorspannung

Wenn die aufeinanderliegenden Bauteile perfekte Oberflächen aufweisen würden, so könnten die Randzonen als mikroskopische Federn betrachtet werden (a). Die fertigungsbedingten Rauheiten (b) haben aber zur Folge, dass zunächst geringe Normalkraftbelastungen über wenige lokale Kontakte mit einer eher geringen Steifigkeit übertragen werden. Erst mit zunehmender Belastung stehen größere Kontaktflächen zur Verfügung, sodass die Trennfuge zunehmend an Steifigkeit gewinnt. Erst wenn alle Rauheitsspitzen vollständig eingeebnet sind, hat das Vorhandensein der Fuge keinen Einfluss mehr auf die Gesamtsteifigkeit. Die Steifigkeit ist also zu Beginn der Belastung zunächst gering und weist eine deutliche Progressivität auf. Um die für das Werkzeugmaschinengestell erwünschte hohe Steifigkeit über den ganzen Bereich zu erzielen, werden die Teile unter einer hohen Schraubenvorspannung zusammengepresst. Diese Schraubenvorspannung ist zuweilen viel höher als es eigentlich für die Funktionsfähigkeit („Restklemmkraft") erforderlich wäre.

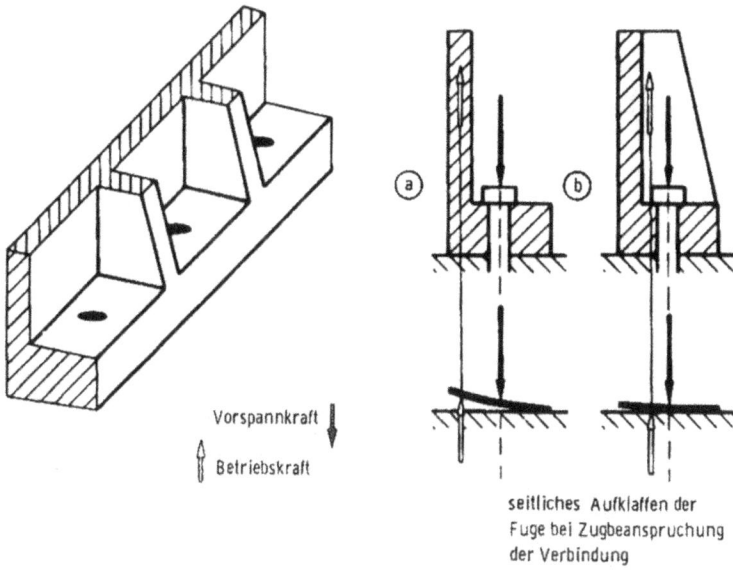

Vorspannkraft

Betriebskraft

seitliches Aufklaffen der
Fuge bei Zugbeanspruchung
der Verbindung

Bild 8.13: Steigerung
der Fugensteifigkeit
durch Minimierung
der Hebelarme

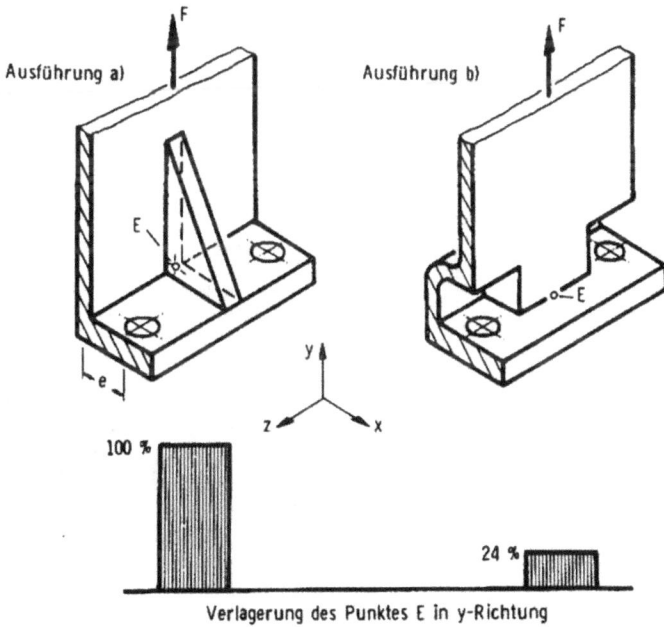

Ausführung a)

Ausführung b)

E

e

100 %

24 %

Verlagerung des Punktes E in y-Richtung

Bild 8.14: Steigerung der Fugensteifigkeit durch Anpassen
der Anschlusskonstruktion

Bei der Schraubverbindung in Bild 8.13 (nach [8.14]) wird angestrebt, die Betriebskraft so in
die Schraube einzuleiten, dass möglichst kein Hebelarm entsteht, der ein Klaffen der Trennfu-

ge begünstigt. Durch Anordnen von zusätzlichen Rippen wird die Wirkungslinie der Betriebskraft möglichst nahe an die Schraube herangerückt.

Die Konstruktion in Bild 8.14 ist nach [8.14] so gestaltet, dass die Betriebskraft möglichst
zentrisch in die Schrauben eingeleitet wird, wodurch im vorliegenden Fall die Verformung auf
etwa ein Viertel reduziert wird.

Weiterhin lässt sich die Fugensteifigkeit dadurch erhöhen, dass statt weniger großer Schrauben viele kleinere Schrauben angebracht werden. Durch diese Maßnahme werden die Trenn-
fugenanteile vergrößert, die tatsächlich unter Druck aufeinanderliegen und sich damit an der
Gesamtsteifigkeit der Verbindung beteiligen. Bild 8.15 nach [8.14] zeigt beispielhaft die Auswirkungen dieser Maßnahme.

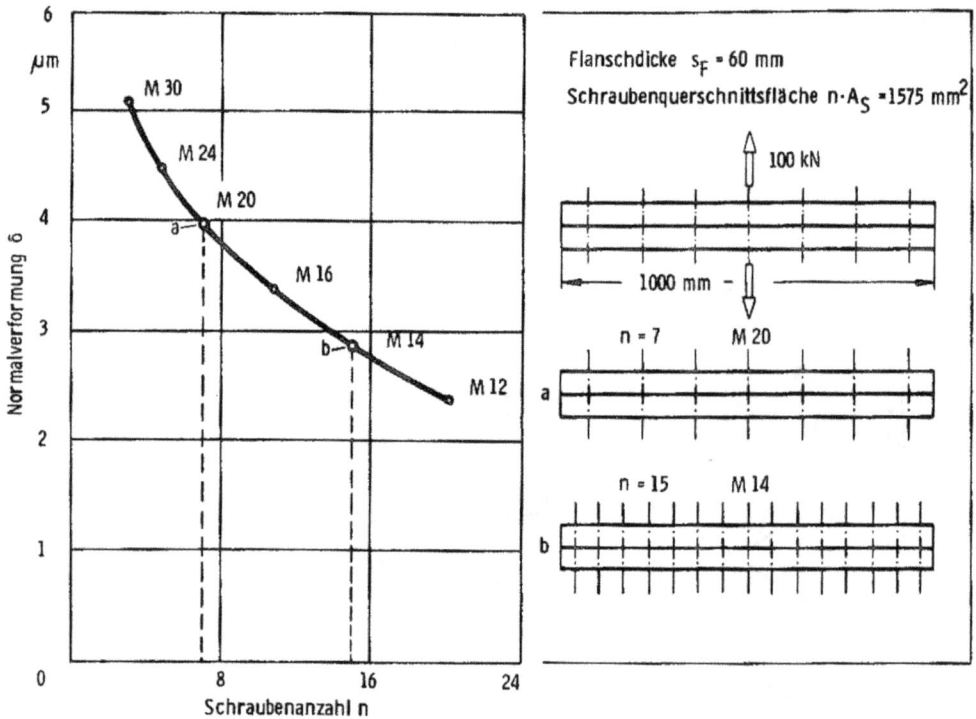

Bild 8.15: Steigerung der Fugensteifigkeit durch Verwendung vieler kleiner Schrauben

8.3 Unsymmetrisch belasteter Biegebalken

Mit dem Begriff „Biegefeder" ist in Bild 8.16 zunächst einmal der aus der Mechanik bekannte einseitig eingespannte Biegebalken gemeint, der bereits in Bild 8.1 aufgegriffen worden ist.

Die doppelseitig gelenkig abgestützte Biegefeder nach Bild 8.17 (vgl. auch Bild 2.29 Mitte) kann als Parallelschaltung von zwei einseitig eingespannten Biegebalken aufgefasst werden, die in Bildmitte zusammengefügt werden und jeweils eine Federlänge von L/2 aufweisen und mit der Kraft F/2 belastet werden. An der Verbindungsstelle dieser beiden Federhälften liegt zwar die für einen einseitig eingespannten Biegebalken charakteristische waagerechte Tangente vor, aber die aufwendige feste Einspannung braucht nicht konstruktiv ausgeführt zu werden.

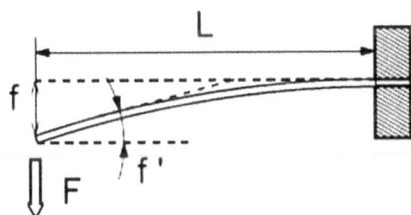

Bild 8.16: Einseitig eingespannte Biegefeder

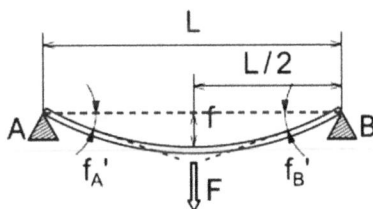

Bild 8.17: Doppelseitig gelenkig abgestützte Biegefeder, symmetrisch belastet

Federweg	$f = \dfrac{1}{3} \cdot \dfrac{L^3}{I_{ax} \cdot E} \cdot F$ Gl. 2.7	$f = \dfrac{1}{3} \cdot \dfrac{\left(\frac{L}{2}\right)^3}{I_{ax} \cdot E} \cdot \dfrac{F}{2} = \dfrac{1}{48} \cdot \dfrac{L^3}{I_{ax} \cdot E} \cdot F$ Gl. 8.7
Steifigkeit	$c = \dfrac{F}{f} = \dfrac{3 \cdot I_{ax} \cdot E}{L^3}$	$c = \dfrac{F}{f} = \dfrac{48 \cdot I_{ax} \cdot E}{L^3}$
Neigung	$f' = \dfrac{1}{2} \cdot \dfrac{L^2}{I_{ax} \cdot E} \cdot F$ Gl. 2.39	$f'_A = f'_B = \dfrac{1}{2} \cdot \dfrac{\left(\frac{L}{2}\right)^2}{I_{ax} \cdot E} \cdot \dfrac{F}{2} = \dfrac{1}{16} \cdot \dfrac{L^2}{I_{ax} \cdot E} \cdot F$ Gl. 8.8

Wird die doppelseitig abgestützte Feder von Bild 8.17 nach Bild 8.18 unsymmetrisch und nach Bild 8.19 fliegend belastet, so liefert die Festigkeitslehre (s. [8.1], S. 18 ff) die Gleichungen 8.9–8.17. Auch hier können die Neigungen an den Auflagerstellen A und B beschrieben werden. Bei fliegender Lagerung kann zusätzlich noch die an der Krafteinleitungsstelle vorliegende Schiefstellung f'_F von Interesse sein.

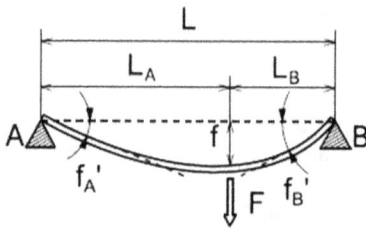

Bild 8.18: Beidseitig abgestützte Biegefeder, außermittig belastet

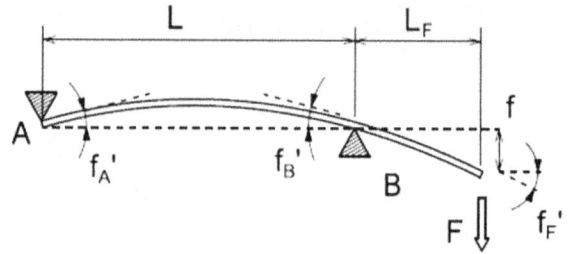

Bild 8.19: Beidseitig abgestützte Biegefeder, fliegend belastet

Federweg	$f = \dfrac{1}{3} \cdot \dfrac{1}{I_{ax} \cdot E} \cdot \dfrac{L_A^2 \cdot L_B^2}{L} \cdot F$ Gl. 8.9	$f = \dfrac{1}{3} \cdot \dfrac{1}{I_{ax} \cdot E} \cdot (L_F^2 \cdot L + L_F^3) \cdot F$ Gl. 8.13
Steifigkeit	$c = \dfrac{F}{f} = \dfrac{3 \cdot I_{ax} \cdot E \cdot L}{L_A^2 + L_B^2}$ Gl. 8.10	$c = \dfrac{F}{f} = \dfrac{3 \cdot I_{ax} \cdot E}{L_F^2 \cdot L + L_F^3}$ Gl. 8.14
Neigung	$f'_A = f \cdot \dfrac{1}{2 \cdot L_A} \cdot \left(1 + \dfrac{L}{L_B}\right)$ Gl. 8.11 $f'_B = f \cdot \dfrac{1}{2 \cdot L_B} \cdot \left(1 + \dfrac{L}{L_A}\right)$ Gl. 8.12	$f'_A = \dfrac{1}{6} \cdot \dfrac{1}{I_{ax} \cdot E} \cdot L \cdot L_F \cdot F$ Gl. 8.15 $f'_B = \dfrac{1}{3} \cdot \dfrac{1}{I_{ax} \cdot E} \cdot L \cdot L_F \cdot F = 2 \cdot f'_A$ Gl. 8.16 $f'_F = \dfrac{1}{6} \cdot \dfrac{1}{I_{ax} \cdot E} \cdot \left(2 \cdot L_F + 3 \cdot \dfrac{L_F^2}{L}\right) \cdot F$ Gl. 8.17

Aufgaben A.8.10 und A.8.11

8.4   Abgestufter Biegebalken

Die bisherigen Betrachtungen gingen stets davon aus, dass der Biegebalken an jeder beliebigen Stelle ein konstantes Flächenmoment aufweist. Der vorliegende Abschnitt greift den einseitig eingespannten Biegebalken noch einmal auf und zerlegt ihn in mehrere Abschnitte unterschiedlichen Flächenmomentes, wodurch sich eine Hintereinanderschaltung von Biegebalken ergibt. Dadurch wird es möglich, einen einseitig eingespannten, abgestuften Biegebalken in seiner Verformung zu beschreiben. Bild 8.20 zeigt beispielhaft einen aus vier Abschnitten bestehenden Biegebalken:

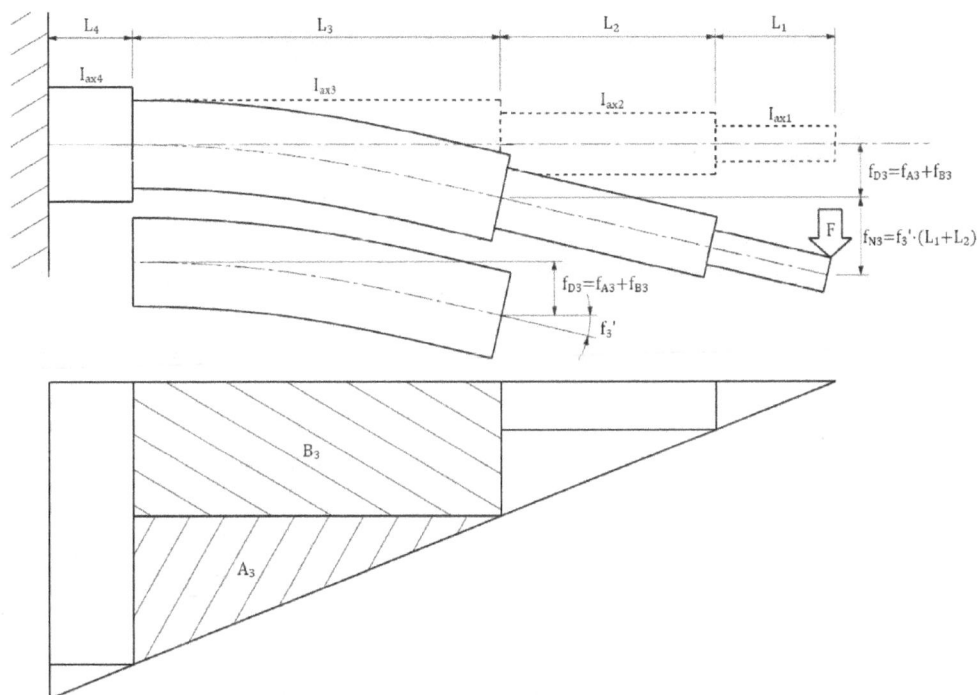

Bild 8.20: Biegebalken mit vier Abschnitten unterschiedlichen Flächenmomentes

Über dem gesamten Biegebalken stellt sich die unten im Bild dargestellte dreieckförmige Biegemomentenverteilung ein. In dieser Darstellung werden die Abschnitte 1, 2 und 4 als starr angenommen und nur die Deformation von Abschnitt 3 betrachtet. Zur Ermittlung der Gesamtdeformation des Balkens müssen dann vier Einzelfälle überlagert werden:

Abschnitt 1 elastisch und Abschnitte 2, 3 und 4 starr
Abschnitt 2 elastisch und Abschnitte 1, 3 und 4 starr
Abschnitt 3 elastisch und Abschnitte 1, 2 und 4 starr
Abschnitt 4 elastisch und Abschnitte 1, 2 und 3 starr

Für die weitere Analyse wird zunächst die Auslenkung $f_{D3} = f_{A3} + f_{B3}$ betrachtet, die aufgrund der Deformation im Abschnitt 3 zustande kommt. Im diesem Bereich ergibt sich die schraffiert dargestellte Momentenbelastung, die sich ihrerseits wiederum aus dem dreieckförmigen Anteil A_3 und dem rechteckförmigen Anteil B_3 zusammensetzt:

	Anteil A: dreieckförmige Momentenfläche	Anteil B: rechteckförmige Momentenfläche
Durchbiegung f_{D3} am rechten Ende von Abschnitt 3	nach Gl. 2.7 $$f_{A3} = \frac{L_3^3}{3 \cdot I_{ax3} \cdot E} \cdot F$$	nach Gl. 2.37 $$f_{B3} = \frac{L_3^2}{2 \cdot I_{ax3} \cdot E} \cdot M_b$$ $$f_{B3} = \frac{L_3^2}{2 \cdot I_{ax3} \cdot E} \cdot F \cdot (L_1 + L_2)$$
Summe f_{D3}	$$f_{A3} + f_{B3} = \left(\frac{L_3^3}{3} + \frac{L_3^2 \cdot L_2 + L_1}{2} \right) \cdot \frac{F}{I_{ax3} \cdot E}$$ $$f_{A3} + f_{B3} = \left(\frac{L_3}{3} + \frac{(L_2 + L_1)}{2} \right) \cdot L_3^2 \cdot \frac{F}{I_{ax3} \cdot E} \qquad \text{Gl. 8.18}$$	

Die Durchbiegung f_{D3} tritt sowohl am rechten Ende von Abschnitt 3 als auch als Verformungsanteil am rechten Ende des Gesamtbalkens auf. Weiterhin kommt es am rechten Ende des Gesamtbalkens zu einer Verformung aufgrund der Neigung am rechten Ende des dritten Balkenabschnitts, die sich als Summe von Anteil A und Anteil B darstellen lässt:

	Anteil A: dreieckförmige Momentenfläche	Anteil B: rechteckförmige Momentenfläche
Neigung f_3' am rechten Ende von Abschnitt 3	nach Gl. 2.39 $$f_{A3}' = \frac{L_3^2}{2 \cdot I_{ax3} \cdot E} \cdot F$$	nach Gl. 2.40 $$f_{B3}' = \frac{L_3}{I_{ax3} \cdot E} \cdot M_b$$ $$f_{B3}' = \frac{L_3}{I_{ax3} \cdot E} \cdot F \cdot (L_1 + L_2)$$
Summe f_3'	$$f_3' = f_{A3}' + f_{B3}' = \left(\frac{L_3^2}{2} + (L_1 + L_2) \cdot L_3 \right) \cdot \frac{F}{I_{ax3} \cdot E}$$ $$f_3' = \left(\frac{L_3}{2} + L_1 + L_2 \right) \cdot L_3 \cdot \frac{F}{I_{ax3} \cdot E} \qquad \text{Gl. 8.19}$$	

Diese Neigung f_3' tritt sowohl am rechten Ende des Abschnitts 3 als auch anteilmäßig an der Krafteinleitungsstelle am rechten Ende des Gesamtbalkens auf. Durch diese Neigung f_3' wird eine zusätzliche neigungsbedingte Durchbiegung f_{N3} am rechten Ende des Gesamtbalkens hervorgerufen:

$$f_{N3} = f_3' \cdot (L_1 + L_2) = \left(\frac{L_3}{2} + L_1 + L_2 \right) \cdot L_3 \cdot (L_1 + L_2) \cdot \frac{F}{I_{ax3} \cdot E} \qquad \text{Gl. 8.20}$$

Damit ergibt sich die durch Abschnitt 3 hervorgerufene Gesamtdurchbiegung am rechten Ende des Gesamtbalkens als Summe der bereits am Ende des Abschnitts 3 vorliegenden Durchbiegungen f_{D3} nach Gl. 8.18 und dem neigungsbedingten Anteil f_{N3} nach Gl. 8.20:

$$f_3 = f_{D3} + f_{N3} = \left[\left(\frac{L_3}{3} + \frac{L_1 + L_2}{2} \right) \cdot L_3^2 + \left(\frac{L_3}{2} + L_1 + L_2 \right) \cdot L_3 \cdot (L_1 + L_2) \right] \cdot \frac{F}{I_{ax3} \cdot E}$$

$$f_3 = f_{D3} + f_{N3} = \left[\left(\frac{L_3^2}{3} + \frac{L_3 \cdot (L_1 + L_2)}{2} \right) + \left(\frac{L_3}{2} + L_1 + L_2 \right) \cdot (L_1 + L_2) \right] \cdot L_3 \cdot \frac{F}{I_{ax3} \cdot E}$$
$$\text{Gl. 8.21}$$

Diese Gleichung findet sich zunächst einmal in der dritten Zeile des folgenden Schemas wieder. Für die Abschnitte 1, 2 und 4 lassen sich die Durchbiegungen in ähnlicher Weise ableiten:

$$f_{ges} = f_1 + f_2 + f_3 + f_4 \qquad \text{Gln. 8.22}$$

$$f_1 = \left[\left(\frac{L_1^2}{3} + \frac{0 \cdot L_1}{2} \right) + 0 \cdot \left(\frac{L_1}{2} + 0 \right) \right] \cdot L_1 \cdot \frac{F}{I_{ax1} \cdot E}$$

$$f_2 = \left[\left(\frac{L_2^2}{3} + \frac{L_1 \cdot L_2}{2} \right) + L_1 \cdot \left(\frac{L_2}{2} + L_1 \right) \right] \cdot L_2 \cdot \frac{F}{I_{ax2} \cdot E}$$

$$f_3 = \left[\left(\frac{L_3^2}{3} + \frac{(L_1 + L_2) \cdot L_3}{2} \right) + (L_1 + L_2) \cdot \left(\frac{L_3}{2} + L_1 + L_2 \right) \right] \cdot L_3 \cdot \frac{F}{I_{ax3} \cdot E}$$

$$f_4 = \left[\left(\frac{L_4^2}{3} + \frac{(L_1 + L_2 + L_3) \cdot L_4}{2} \right) + (L_1 + L_2 + L_3) \cdot \left(\frac{L_4}{2} + L_1 + L_2 + L_3 \right) \right] \cdot L_4 \cdot \frac{F}{I_{ax4} \cdot E}$$

Bei der Vervollständigung dieses Schemas für die Verformungen in den anderen Abschnitten kann man sich zunutze machen, dass sich die in den bisherigen Gleichungen beobachteten Gesetzmäßigkeiten zu einer Reihenentwicklung ergänzen lassen. Um diese Reihenentwicklung besser zu erkennen, wurden in der ersten Zeile einige an sich überflüssige, nur aus einer „0" bestehende Summanden ergänzt. Für die Neigungen lässt sich eine ähnliche Zusammenstellung formulieren:

$$f'_{ges} = f'_1 + f'_2 + f'_3 + f'_4 \qquad\qquad\qquad\text{Gln. 8.23}$$

$$f'_1 = \frac{L_1^2}{2 \cdot I_{ax1} \cdot E} \cdot F = \left(\frac{L_1}{2} + 0\right) \cdot L_1 \cdot \frac{F}{I_{ax1} \cdot E}$$

$$f'_2 = \frac{L_2^2}{2 \cdot I_{ax2} \cdot E} \cdot F + \frac{L_1 \cdot L_2}{I_{ax2} \cdot E} \cdot F = \left(\frac{L_2}{2} + L_1\right) \cdot L_2 \cdot \frac{F}{I_{ax2} \cdot E}$$

$$f'_3 = \frac{L_3^2}{2 \cdot I_{ax3} \cdot E} \cdot F + \frac{(L_1 + L_2) \cdot L_3}{I_{ax3} \cdot E} \cdot F = \left(\frac{L_3}{2} + L_1 + L_2\right) \cdot L_3 \cdot \frac{F}{I_{ax3} \cdot E}$$

$$f'_4 = \frac{L_4^2}{2 \cdot I_{ax4} \cdot E} \cdot F + \frac{(L_1 + L_2 + L_3) \cdot L_4}{I_{ax4} \cdot E} \cdot F = \left(\frac{L_4}{2} + L_1 + L_2 + L_3\right) \cdot L_4 \cdot \frac{F}{I_{ax4} \cdot E}$$

Mit den Gln. 8.22 und 8.23 lässt sich die Verformung eines vierfach gestuften Biegebalkens ermitteln. Darüber hinaus kann dieses Gleichungssystem auch für beliebig viele Abstufungen erweitert werden, sodass schließlich auch das Verformungsverhalten eines Biegebalkens mit sich stetig veränderndem Querschnitt näherungsweise beschrieben werden kann. Diese Näherung wird umso genauer, in je mehr Abschnitte der Biegebalken zerlegt wird. Der dafür erforderliche Rechenaufwand wird aber sehr schnell so groß, dass dafür sinnvollerweise automatisierte Rechenverfahren angewendet werden. Damit ist ein erster wesentlicher Schritt zur sog. „Finite-Elemente-Berechnung" getan, aus der schließlich für den gesamten Biegebalken eine an der Krafteinleitungsstelle wirksame lineare Gesamtsteifigkeit $c_{ges} = F/f_{ges}$ ermittelt werden kann.

Aufgaben A.8.12–A.8.15

8.5 Verspannen von Werkzeugmaschinengestellen

Das Verspannungsschaubild von Schraubverbindungen dient vor allen Dingen dazu, die Aufteilung der Betriebskraft in einen Anteil für die Schraube und einen weiteren Anteil für die Zwischenlage zu klären (vgl. Kap. 4.5.2). Beim Verschrauben und dem damit verbundenen Verspannen von Werkzeugmaschinengestellen steht aber vor allen Dingen der Aspekt im Vordergrund, die Verformung zu analysieren und schließlich zu reduzieren. Die Minimierung der häufig dominanten, durch Biegung bedingten Verformung ist aber wegen seiner Komplexität für eine Eingangsbetrachtung eher ungeeignet. Stattdessen wird die von der Schraubverbindung her bekannte Verspannung im Zug-/Druckverband am Beispiel einer Spindelpresse mit direktem elektromotorischen Antrieb nach Bild 8.21 betrachtet, weil sie sich als „eindimensionales" Problem übersichtlicher darstellen lässt.

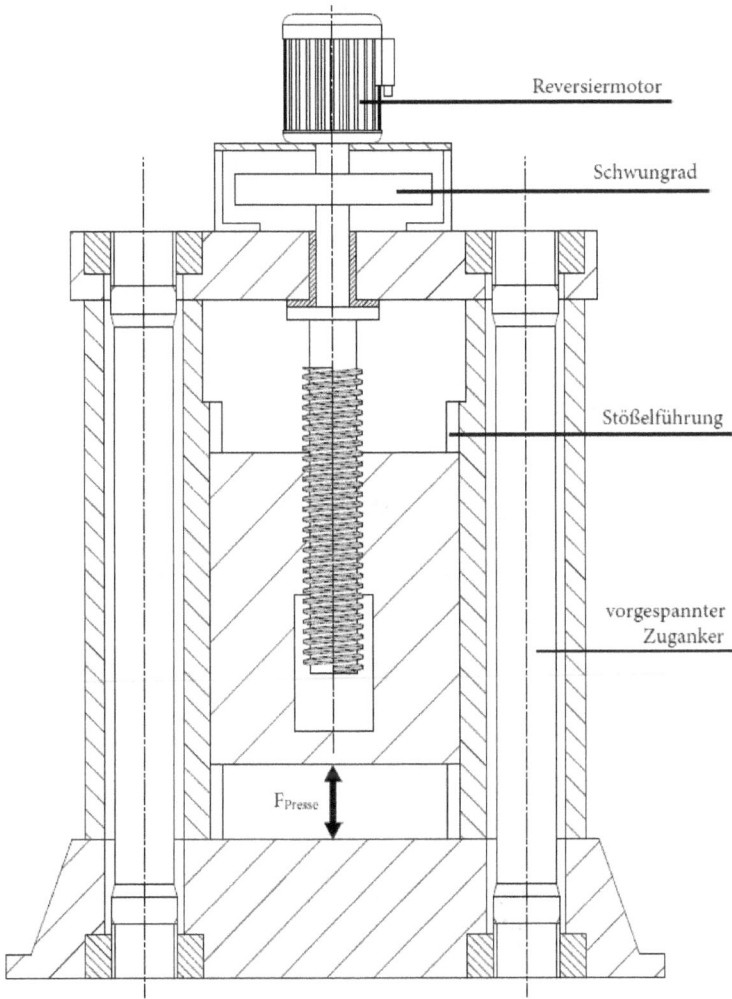

Bild 8.21: Einscheibenspindelpresse

Die Säulen sind als rohrförmige Hohlkörper in Gusswerkstoff ausgeführt, weil damit eine freizügige Formgestaltung möglich ist, was vor allen Dingen die Anbindung an die Nachbarbauteile konstruktiv erleichtert. Da aber dieser Werkstoff hinsichtlich seiner Belastbarkeit und seiner Steifigkeit nicht optimal ist, werden stählerne Zuganker eingeführt und vorab so verspannt, dass der Gusswerkstoff vorzugsweise im vorteilhaften Druckspannungsbereich verbleibt. Dieser Sachverhalt lässt sich anschaulich im Verspannungsdiagramm nach Bild 8.22 darstellen, welches sich aber in Erweiterung der von Schrauben gewohnten Form (beispielsweise Bild 4.29) über zwei Quadranten erstreckt.

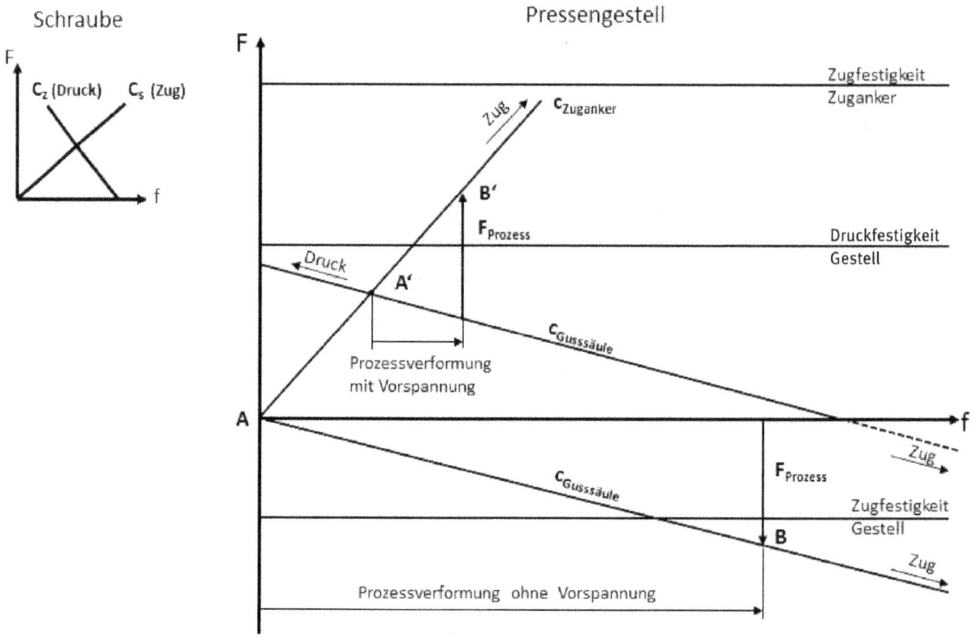

Bild 8.22: Verspannungsschaubild Pressengestell

Die Verspannung eines Pressengestells lässt sich im Verspannungsschaubild anschaulich darstellen, so, wie es bei Schrauben gebräuchlich ist. Oben links in Bild 8.22 wird das aus Kap. 4.4.1 (Band 1) bekannte Verspannungsschaubild noch einmal in Erinnerung gerufen, Da die Schraube stets auf Zug und die Zwischenlage stets auf Druck beansprucht wird, verbleibt das Verspannungsschaubild für Schrauben stets im oberen Quadranten.

In Erweiterung dazu hat das Verspannen des Werkzeugmaschinengestells zwei wesentliche Konsequenzen, wobei das Verspannungsdiagramm um einen unteren Quadranten ergänzt werden muss:

Festigkeitsentlastung des Grundwerkstoffes	**Steigerung der Steifigkeit:**
Wird das Werkzeugmaschinengestell nicht vorgespannt, so muss das Gestell selber (als Zwischenlage) die Belastung $F_{Prozess}$ als Zug aufnehmen, wodurch es im unteren Quadranten von A nach B belastet wird. Im hier dargestellten Fall steigt die Belastung des Grundwerkstoffs dadurch deutlich über die Zugfestigkeit von Guss hinaus, was zum Versagen des Bauteils führt. Im vorgespannten Zustand wird die Kombination Zuganker (als „Schraube") und Gusssäule (als „Zwischenlage") durch eine gleich große Bearbeitungskraft $F_{Prozess}$ von A' nach B' belastet, wobei das Gussgestell innerhalb seiner Druckfestigkeitsgrenze und der Zuganker innerhalb seiner Zugfestigkeitsgrenze verbleibt. Wenn die Vorspannung hoch genug ist, wird der Gusswerkstoff auch bei der höchsten auftretenden Belastung stets im Druckbereich belastet. Bei Verwendung von Polymerbeton als Gestellwerkstoff wird die Vorspannung besonders wichtig, weil er nur über eine sehr niedrige Zugfestigkeit verfügt.	Die Verformung, die ein vorgespanntes Gestell unter dem Einfluss der wirkenden Kraft $F_{Prozess}$ von A' nach B' erfährt, ist wesentlich geringer als die Verformung, die sich bei einem nicht vorgespannten Gestell unter gleicher Belastung von A nach B einstellen würde. Ein vorgespanntes Gestell verhält sich also gegenüber der Bearbeitungskraft wesentlich steifer als ein nicht vorgespanntes. Auf diese Weise kann der Nachteil des geringen Elastizitätsmoduls bestimmter Gestellwerkstoffe durch den hohen Elastizitätsmodul der vorgespannten Zuganker teilweise wieder ausgeglichen werden. Das Verspannen von Bauteilen zur Steifigkeitserhöhung spielt im Werkzeugmaschinenbau eine besonders bedeutende Rolle.
Dieser Aspekt tritt bei hochbelasteten Maschinen z. B. bei Pressen in den Vordergrund.	Dieser Aspekt ist bei hochpräzisen Maschinen (beispielsweise Schleifmaschinen) besonders wichtig.

Zur Vermeidung hoher Anzugsmomente werden solche Zuganker vorzugsweise thermisch vorgespannt: Die für die Vorspannung erforderliche Längenänderung wird vor der Montage durch Erwärmen herbeigeführt und der so erwärmte Zuganker wird ohne mechanische Beanspruchung montiert, wobei die Muttern nur auf Anschlag gedreht werden, ohne dabei ein Moment aufzunehmen. Mit dem Abkühlen des Zugankers baut sich die gewünschte Verspannung auf. Der Vorteil dieser Methode liegt auch darin, dass der Zuganker nicht durch das Anzugsmoment auf Torsion beansprucht wird.

An dieser Stelle wird das Prinzip nur anhand einer „eindimensionalen", im Verspannungsdiagramm darstellbaren Gestellverspannung erläutert. Wie vor allen Dingen Kap. 8.7 weiter unten zeigt, lässt sich das Prinzip der Verspannung auch mehrdimensional zur Steigerung der Steifigkeit anwenden.

Aufgaben A.8.16 und A.8.17

8.6 Verspannung mit Piezoelementen

Neben der Hauptarbeitsbewegung vollzieht eine Werkzeugmaschine auch Vorschub- und Zu-
stellbewegungen, die bei automatisierter Maschine von Antrieben ausgeführt werden, die mit
einem Motor und hochuntersetzendem Getriebe ausgestattet sind. Die Arretierung in Arbeits-
position wird entweder durch eine gesonderte Klemmeinrichtung vorgenommen oder aber der
Antrieb selber wird selbsthemmend ausgeführt. Bei hochgenauen Werkzeugmaschinen reicht
die Präzision solcher Mechanismen aber häufig nicht mehr aus, sodass ein völlig neuer kon-
struktiver Ansatz erforderlich wird, der hier zunächst nach Bild 8.23 für die eindimensionale
Korrektur einer Außenrundschleifmaschine erläutert wird, bevor er dann weiter unten auf eine
mehrdimensionale Anwendung erweitert wird.

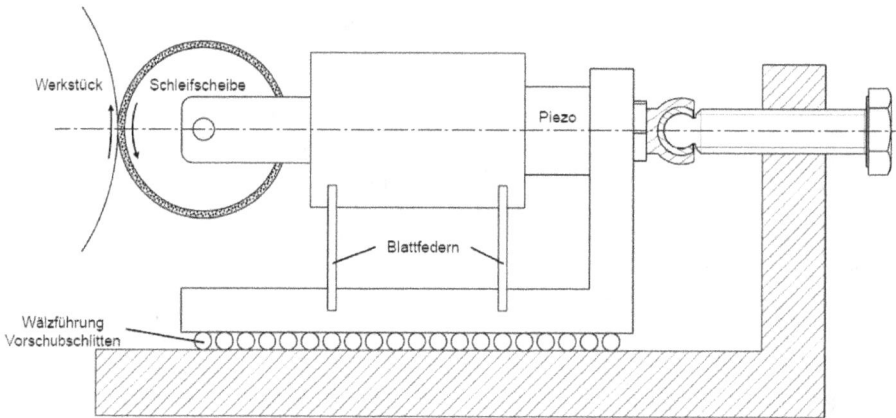

Bild 8.23: Piezokorrektur Umfangsschleifen

Das links angedeutete, sich um eine ortsfeste Achse drehende Werkstück wird außen rund geschliffen, wobei ein möglichst genauer Durchmesser erzielt werden soll. Dazu muss die rechts
neben dem Werkstück befindliche, rotierende Schleifscheibe möglichst präzise in horizontaler
Richtung positioniert werden können. Zu diesem Zweck wird die Schleifscheibe mit ihrem
Antrieb zunächst einmal in einem horizontal verfahrbaren Schlitten angeordnet (hier durch
Rollen unten im Bild prinzipiell angedeutet), dessen Horizontalbewegung durch einen Mechanismus ausgeführt wird, der hier durch eine Schraube am rechten Bildrand angedeutet wird.
Diese Anordnung überbrückt zwar größere Verfahrwege, ist aber für höchste Genauigkeitsan-
sprüche noch nicht optimal.

Aus diesem Grund wird in „Hintereinanderschaltung" ein weiterer horizontal wirkender Ver-
fahrmechanismus installiert, der die Schleifscheibe mit ihrem Antrieb an den Zustellschlitten
über Blattfedern anbindet. Die parallele Anordnung mehrerer Blattfedern ermöglicht eine ausschließlich horizontale Bewegung, die sehr präzise über ein Piezoelement eingeleitet wird,
welches als motorisches Stellglied den vollautomatischen Betrieb der Maschine erleichtert.

Aufgrund ihrer hohen Steifigkeit und ihrer hochpräzisen Einstellbarkeit sind Piezoaktuatoren für diesen Anwendungsfall in idealer Weise geeignet. Die Funktion piezokeramischer Aktuatoren beruht auf der Deformation piezokeramischer Materialien (Blei-Zirkonat-Titanat) unter Einwirkung elektrischer Felder (reziproker piezoelektrischer Effekt): Wird an ein gepoltes piezokeramisches Material eine elektrische Spannung angelegt, so dehnt sich dieses in Polungsrichtung aus, wobei relative Dehnungen von 0,15 % erreicht werden.

Es muss allerdings noch das Zusammenspiel zwischen den Steifigkeiten von Piezoelement und Feder geklärt werden: Während die Steifigkeit der Feder c_{Feder} durch deren Werkstoff- und Konstruktionsdaten frei wählbar ist, ist die des Piezoelementes c_{Piezo} durch die physikalischen Eigenschaften des Elementes und die Konstruktionsdaten weitgehend vorgegeben, wobei besonders zu berücksichtigen ist, dass der Stellbereich des Piezos Δf_{Piezo} stark eingeschränkt ist (im Bereich von hundertstel Millimetern).

Da das Piezoelement keine Zugkräfte aufnehmen kann, muss es gegenüber den Blattfedern vorgespannt werden. Das Zusammenspiel zwischen dieser Vorspannung, der durch das Piezoelement eingeleiteten Verlängerung und des für die Genauigkeit des Schleifvorganges entscheidenden horizontalen Verfahrweges der Schleifscheibe lässt sich in einem Verspannungsdiagramm nach Bild 8.24 klären:

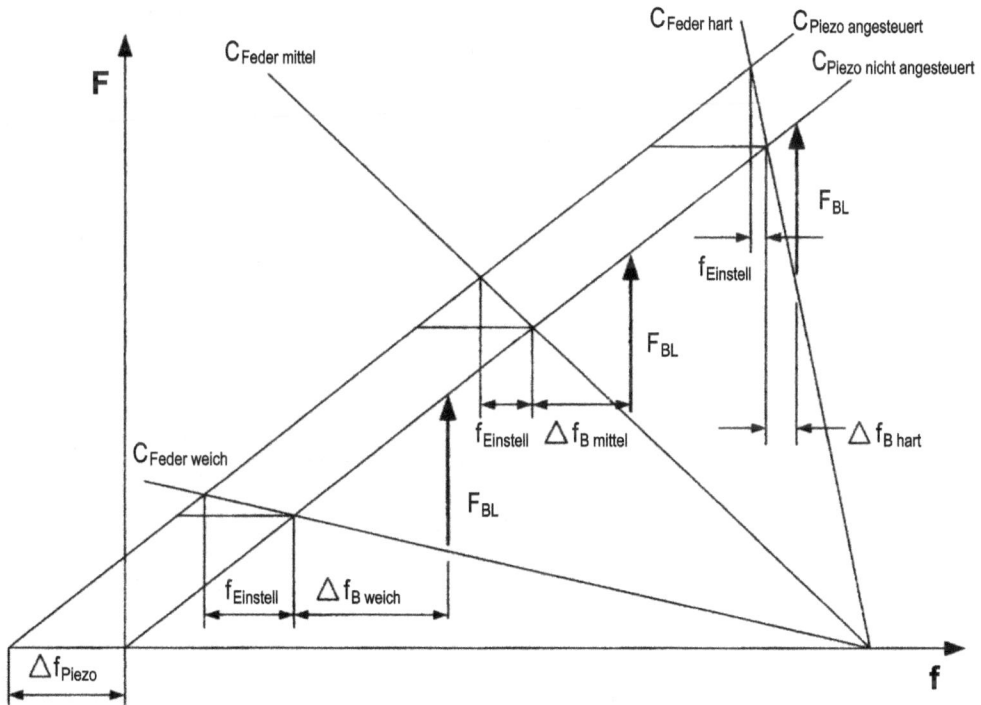

Bild 8.24: Verspannung Piezoelement, Variation der Federsteifigkeit

Eine Auslenkung des Piezoelementes bedeutet im Verspannungsschaubild eine horizontale Verschiebung der Federkennlinie des Piezos um den Betrag Δf_{Piezo}. Die Steifigkeit der Blattfedern wird hier gezielt variiert, wobei sich folgende Schlussfolgerungen ergeben:

- **Einstellbereich**: Ist die Feder besonders weich (flache Kennlinie $c_{Feder\ weich}$), so entspricht die Auslenkung an der Schleifscheibe $f_{Einstell}$ nahezu der Auslenkung des Piezoelementes Δf_{Piezo}. Ist die Feder hingegen besonders hart (steile Kennlinie $c_{Feder\ hart}$), so bleibt von der Auslenkung des Piezoelementes Δf_{Piezo} für die Auslenkung an der Schleifscheibe $f_{Einstell}$ nur noch wenig übrig. Die weiche Feder ist also zu bevorzugen, um den begrenzten Stellbereich des Piezos möglichst vollständig auszunutzen.

- **Steifigkeit gegenüber der Bearbeitungskraft**: Eine zusätzlich angreifende Schleifprozesskraft (in Analogie zur Betriebskraft der Schraube) F_{BL}, hat eine Verformung Δf_B zur Folge, die im Sinne einer möglichst hohen Bearbeitungspräzision möglichst gering ausfallen soll. Bei einer weichen Feder stellt sich eine große Deformation der Schleifspindel $\Delta f_{B\ weich}$ ein, die wegen ihrer Größe die Maßhaltigkeit des Schleifprozesses nachteilig beeinflusst. Bei steifer Feder fällt die Deformation $\Delta f_{B\ hart}$ jedoch deutlich geringer aus. Die harte Feder ist also zu bevorzugen, um die präzisionsfördernde Steifigkeit der Schleifspindelaufhängung zu maximieren.

Diese beiden gegensätzlichen Forderungen stellen einen Zielkonflikt dar: In einer ersten Näherung kann man grob darauf abzielen, die Federsteifigkeit durch entsprechende Auslegung der Biegefedern etwa der Piezosteifigkeit anzugleichen. Die endgültige Dimensionierung erfordert eine Berechnung, die in den Übungsaufgaben beispielhaft ausgeführt wird.

Aufgaben A.8.18 und A.8.19

Bei einer hochgenauen Schleifmaschine für die Halbleiterindustrie wird die gleiche Vorgehensweise nicht nur in einer Richtung, sondern im dreidimensionalen Raum angewandt (s. auch [8.4]–[8.7]). Das Flachschleifen ist von besonderer Wichtigkeit bei der Bearbeitung von Siliziumhalbleiterscheiben (Wafer), aus denen später integrierte Schaltkreise hergestellt werden. Die Wafer werden sowohl auf der Vorder- als auch auf der Rückseite geschliffen, wobei sich drei wesentliche Anwendungsbereiche unterscheiden lassen:

- Zur weiteren Verarbeitung sollen die Vorder- und Rückseite so geschliffen werden, dass sie möglichst parallel zueinander sind.
- Im weiteren Verlauf der Bearbeitung sollen aufgebrachte Schichten in definierten Beträgen wieder abgearbeitet werden.
- Der Wafer ist zunächst einmal einige Zehntelmillimeter dick, um ihn ohne Bruchgefahr handhaben zu können. Abschließend wird der Wafer auf das geforderte dünne Endmaß von möglicherweise unter einem Zehntelmillimeter gebracht, möglicherweise wird der Schaltkreis in einer Scheckkarte untergebracht, die auch noch eine Biegebelastung schadlos überstehen soll.

Bei dieser Schleifoperation sind i. a. folgende Forderungen zu erfüllen:

- Die so bearbeitete Fläche soll **möglichst eben** sein bzw. der Wafer soll nach diesem Bearbeitungsprozess an allen Stellen die gleiche Dicke aufweisen. Dies wird vor allen Dingen durch den sog. TTV-Wert (total thickness variation) charakterisiert, der als die Differenz zwischen größter und geringster Dicke eines einzelnen Wafers definiert ist. Da die Forderungen auf TTV-Werte von unter einem μm hinauslaufen, ist nicht nur die Schleifbearbeitung, sondern auch die messtechnische Erfassung besonders anspruchsvoll.

- Die Oberfläche des Wafers soll eine **möglichst geringe Rauheit** aufweisen. Die im Maschinenbau sonst üblichen R_t- und R_z-Werte sind hier wenig aussagekräftig, da sie viel zu stark vom verwendeten Messinstrument abhängen. Diese Abhängigkeit wird durch Angabe des R_a-Wertes weitgehend unterdrückt. Die geforderten R_a-Werte liegen teilweise im Bereich von 0,01 μm, sodass sie sinnvollerweise in Nanometer (1 μm $= 1000$ nm) angegeben werden.
- Die Oberfläche soll durch den Schleifprozess **so wenig wie möglich geschädigt** werden. Diese Forderung ist insofern widersprüchlich, als dass durch die Fertigungstechnologie des Schleifens die Oberfläche spanend bearbeitet werden muss und dabei zwangsläufig Mikrorisse entstehen. In der Halbleitertechnik wird die geschädigte Oberflächenschicht als „damage-depth" bezeichnet. Der Zahlenwert hängt jedoch extrem stark vom verwendeten Messverfahren ab und soll deshalb an dieser Stelle nicht weiter diskutiert werden.
- Das Fertigungsverfahren bzw. die Maschine soll **möglichst produktiv** sein.

Den o. g. Forderungen wird je nach Anwendungsfall unterschiedliche Priorität eingeräumt. Da der Werkstoff Silizium bereits sehr hart ist, muss das Werkzeug noch erheblich härter sein. Aus diesem Grunde kommt nur noch Diamant als Werkzeug in Frage. Die im klassischen Maschinenbau üblichen Flachschleifverfahren (Umfangschleifen mit Langtisch, Stirnschleifen mit Topfschleifscheibe und Langtisch) sind hier aus verschiedenen Gründen völlig überfordert. Alleine die Tatsache, dass sich die Schleifscheibe bei der Bearbeitung eines einzigen Wafers schon im Sub-Mikrometer-Bereich verbraucht, lässt die o. g. Maßhaltigkeitsforderungen als unrealistisch erscheinen. Außerdem haben diese Maschinen noch zu viele Freiheitsgrade, von denen jeder mit einem Verlust an Maßhaltigkeit behaftet ist. Das in Bild 8.25 vorgestellte „Rotationsschleifverfahren" hat sich neben dem Läppen als die optimale Technologie zur Flachbearbeitung von Halbleiterwafern herauskristallisiert.

Bei diesem Verfahren wird eine sog. Topfschleifscheibe verwendet, deren nach unten gerichteter Rand mit abrasivem Schleifbelag belegt ist. Dieses Werkzeug wird oberhalb des Wafers angeordnet. Sowohl die Topfschleifscheibe als auch die Spannfläche, auf der der Wafer mittels Vakuum festgehalten wird, sind drehbar in je einer hochpräzisen Spindel gelagert und werden in Rotation versetzt, wobei die beiden Rotationsachsen so zueinander angeordnet sind, dass sich die Mitte des Wafers unter dem abrasiven Rand der Topfschleifscheibe befindet. Wird nun die rotierende Topfschleifscheibe abwärts bewegt, so wird auf der Oberseite des ebenfalls rotierenden Wafers ein flächiger Materialabtrag hervorgerufen. Die abwärts gerichtete Vorschubbewegung wird gestoppt, wenn der Wafer die geforderte Materialstärke erreicht hat. Die Vorteile dieses Verfahrens gegenüber Schleifverfahren sind offensichtlich:

- Die auf die Maschine einwirkenden Kräfte sind relativ gering.
- Die Anzahl der Maschinenfreiheitsgrade wird auf das absolut notwendige Minimum reduziert und damit deren Präzision optimiert.
- Lokale Werkzeugfehler bilden sich nicht auf dem Werkstück ab.

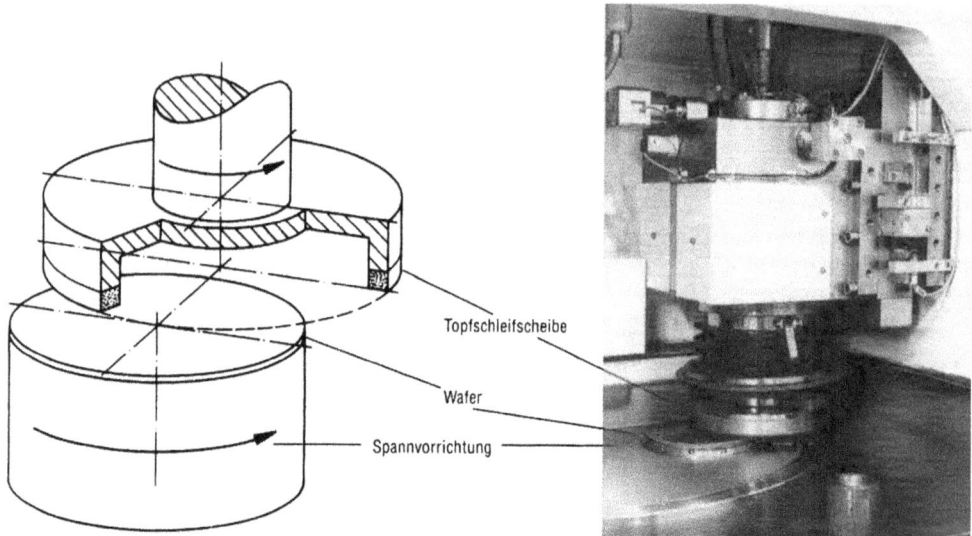

Bild 8.25: Rotationsschleifen

Bei aller Einfachheit des Prinzips erfordert die Realisierung dieses Schleifprozesses ein aufwendiges maschinelles Umfeld. So sind z. B. in aller Regel zwei aufeinanderfolgende Bearbeitungsschritte notwendig: Beim Schruppvorgang wird mit einer relativ grobkörnigen Schleifscheibe ein Großteil des geforderten Materials abgetragen, während der abschließende Schlichtarbeitsgang mit einer feinkörnigen Schleifscheibe die endgültige Maßhaltigkeit ergibt, wobei in vielen Fällen auch eine besonders hochwertige Oberfläche angestrebt wird. Für eine hochgenaue Bearbeitung im Sub-Mikrometer-Bereich ergeben sich aber folgende Probleme hinsichtlich der Werkstückmaßhaltigkeit.

- Da die Steifigkeit nicht beliebig gesteigert werden kann, müssen aufgrund der unvermeidlichen Bearbeitungskräfte Verformungen und damit Maßhaltigkeitsfehler am Werkstück entstehen.
- Aufgrund äußerer Einflüsse und der beim Schleifen generierten Prozesswärme kommt es zu thermische Deformationen.
- Unvermeidliche Montagefehler bilden sich als Maßhaltigkeitsfehler auf dem Werkstück ab.

Diese drei Einflussgrößen lassen sich aber genau zuordnen:

- Fehler in axialer Richtung können durch die axial gerichtete Vorschubbewegung kompensiert werden.
- Fehler senkrecht dazu können durch Parallelverschiebung der Rotationsachsen von Werkzeug- und Werkstückspindel kompensiert werden, was in diesem Fall durch die Stellung des Indexiertisches ausgeführt wird.
- Fehler in der Achsparallelität der Rotationsachsen von Werkzeug- und Werkstückspindel können durch den nachfolgend beschriebenen Regelkreis minimiert werden.

Die Schiefstellung der Achsen von Werkstück und Werkzeug hat einen Maßhaltigkeitsfehler des fertig geschliffenen Wafers zur Folge: Die rechnerische Simulation dieses Fehlers erlaubt es, eine gezielte Korrektur an der Achslage der Schleifspindel vorzunehmen, der den nächsten Schleifprozess genauer werden lässt (Post-Prozess-Regelung). Wird der Schleifprozess mit dieser Regelstrategie ständig überwacht, so wird die Bearbeitungspräzision fortlaufend optimiert und jeder sich längerfristig einstellende Maßhaltigkeitsfehler gezielt minimiert (s. [8.4]–[8.7]).

Diese Regelstrategie erfordert ein Stellglied, welches die vom Regler vorgegebene Korrektur der Winkellage der Schleifspindel ausführt, um so den für den letzten Schleifvorgang ermittelten Achslagenrestfehler beim bevorstehenden Schleifprozess zu eliminieren. Da lediglich die relative Lage der beiden Rotationsachsen zueinander maßgebend ist, kann eine Korrektur sowohl werk**zeug**seitig als auch werk**stück**seitig ausgeführt werden. Aus Gründen der mechanischen Konstruktion ist es jedoch einfacher, das Stellglied an der Schleifspindel anzuordnen. Bild 8.26 zeigt prinzipiell die fortschreitende Perfektionierung dieses Stellgliedes:

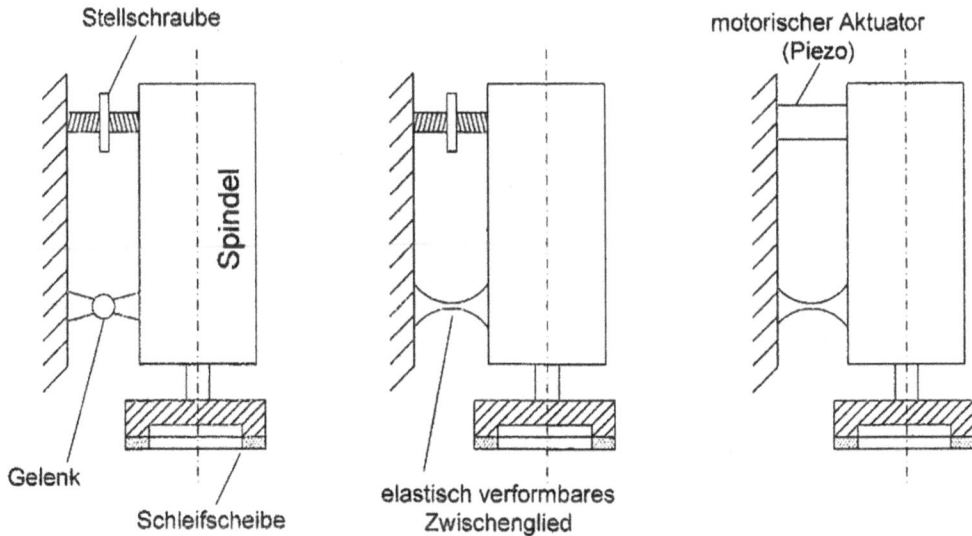

Bild 8.26: Stellglied Spindelneigung

- In der Version a wird die Spindel mittels eines Gelenks an den Vorschubschlitten des Maschinengestells angebunden und die Neigungsbewegung wird über eine Stellschraube manuell ausgeführt. Da das steife, spielfreie Gelenk reibungsbehaftet ist und damit der Stick-Slip-Effekt auftritt, ist eine extrem feinfühlige Achsverstellung nicht möglich.
- Aus diesem Grund wurde in Variante b das Gelenk durch ein elastisch verformbares Zwischenelement (Biegegelenk) ersetzt, bei dem weder nennenswerte Reibeinflüsse noch ein Stick-Slip-Effekt stören können.
- In einer endgültigen Ausbaustufe c gibt es auch keine mechanische Stellschraube mehr. Um den Regelkreis vollautomatisch zu betreiben, wird sie durch ein motorisches Stellglied in Form eines Piezoelementes ersetzt.

Da der einzelne Piezoaktuator nur Druckkräfte übertragen kann, werden weitere Überlegungen nach Bild 8.27 erforderlich.

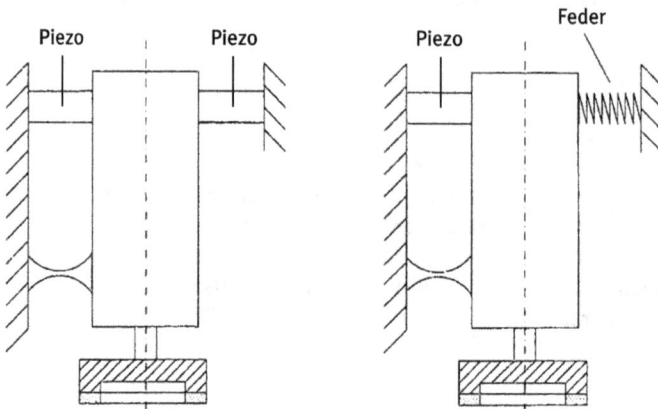

Anordnung paarweise:
- aufwendig
- schaltungstechnisch problematisch (Gefahr der gegenseitigen Zerstörung)

Verspannung Piezoelement – Feder
- konstruktiv einfach
- schaltungstechnisch unproblematisch
- gewisser Steifigkeitsverlust

Bild 8.27: Anordnung Piezoelemente

Aus dieser Gegenüberstellung ergibt sich die letztgenannte Konstruktionsvariante als Favorit. Durch die mechanische Vorspannung der Feder kann im Einstellmechanismus kein Spiel auftreten. Die Steifigkeit der Federn kann konstruktiv durch eine Säule von Tellerfedern realisiert werden, was eine maßgeschneiderte Anpassung an sich ändernde Anforderungen ermöglicht. Über Bild 8.27 hinaus muss die tatsächliche Konstruktion vor allem die Forderung erfüllen, dass die Spindelverstellung in zwei senkrecht zueinander stehenden Richtungen ausgeführt werden muss (s. auch Bild 8.25).

Aufgabe A.8.20

8.7   Verformungsverhalten von Lagern

Kennzeichnendes Merkmal einer Maschine ist ihre Bewegung und insofern spielen Lagerungen im Maschinenbau eine bedeutende Rolle: Bereits in Kapitel 1 wurden Lagerungen betrachtet, um die Belastung von Achsen und Wellen zu klären. Kapitel 5 widmete sich schließlich den wichtigsten Bauformen von Lagern, wobei vor allen Dingen die Belastbarkeit und die Gebrauchsdauer analysiert wurden. Geht es darüber hinaus um eine möglichst hohe Präzision des

Lagers, was z. B. bei Werkzeugmaschinen von besonderer Bedeutung ist, so stellen sich auch hier die Fragen nach Verformungen und Steifigkeit.

8.7.1 Verformungsverhalten von Wälzlagern

Bild 8.28 greift noch einmal die Darstellung von Bild 5.25 auf, bei dem es um den Zusammenhang von Belastung und Verformung an einem einzelnen Wälzelement ging. Die dabei entstehende parabelförmige Flächenpressungsverteilung als „Hertz'sche Pressung" lässt sich aus einer Analyse der elastischen Verformungen für den Kontakt beliebig gekrümmter Flächen berechnen. Wird diese Betrachtung vereinfachend auf eine aus Kugeln oder Zylindern bestehende Wälzlagergeometrie spezifiziert, so ergibt sich zunächst einmal die linke Spalte der folgenden Zusammenstellung:

	Hertz'sche Pressung	Verformung (Annäherung der beiden Körper)	
Kugel – Kugel (Punktberührung)	$\sigma_{Hz} = \dfrac{1}{\pi} \cdot \sqrt[3]{\dfrac{6 \cdot F \cdot E^2}{d_0^2 \cdot (1 - \nu^2)}}$ Gl. 8.24	$\delta = \sqrt[3]{\dfrac{9 \cdot F^2 \cdot (1 - \nu^2)^2}{4 \cdot d_0 \cdot E^2}}$	Gl. 8.26
Zylinder – Zylinder (Linienberührung)	$\sigma_{Hz} = -\sqrt{\dfrac{F \cdot E}{\pi \cdot d_0 \cdot L \cdot (1 - \nu^2)}}$ Gl. 8.25	$\delta = \dfrac{2 \cdot F \cdot (1 - \nu^2)}{\pi \cdot L \cdot E} \cdot \left(\ln \dfrac{d_1}{b} + \ln \dfrac{d_2}{b} + 0,814 \right)$ b: Breite der Kontaktfläche $b = \sqrt{\dfrac{4 \cdot d_0 \cdot F \cdot (1 - \nu^2)}{\pi \cdot E \cdot L}}$	Gl. 8.27 Gl. 8.28

Dabei steht d_0 für den „Ersatzkrümmungsdurchmesser", der aus den Durchmessern der beiden beteiligten Durchmesser d_1 und d_2 resultiert (+ für Krümmung konvex-konvex und − für konvex-konkav):

$$d_0 = \frac{d_1 \cdot d_2}{d_1 \pm d_2} \qquad \text{Gl. 8.29}$$

Darüber hinaus beschreiben in der rechten Spalte die Gleichungen 8.26–8.28 die Verformungen am Hertz'schen Kontakt und ermöglichen damit die Formulierung von dessen Steifigkeit. Das reale Wälzlager wird schließlich als eine Zusammensetzung von untereinander gleichen Wälzelementen betrachtet.

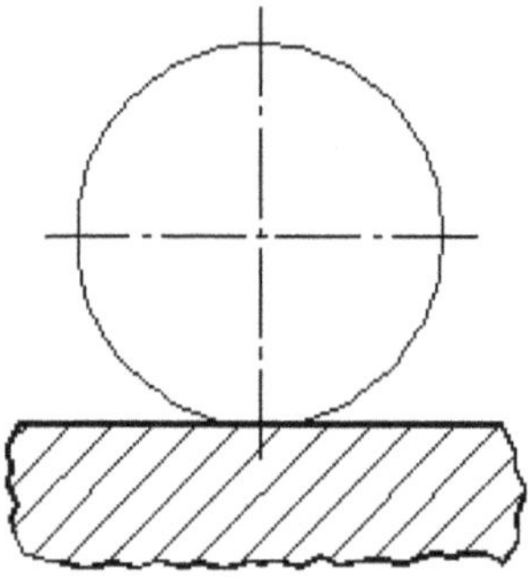 Wälzkontakt unbelastet	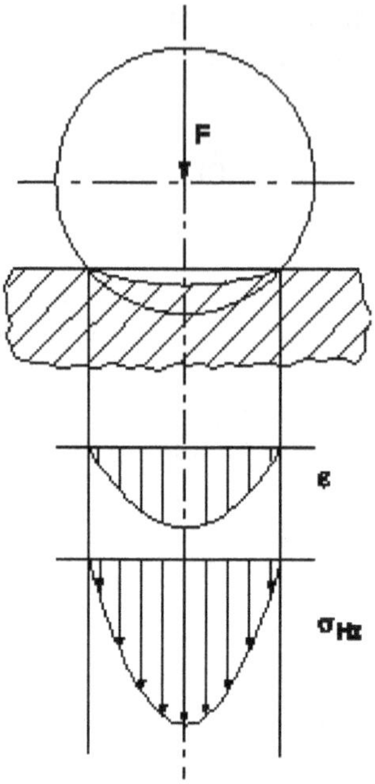 Wälzkontakt belastet	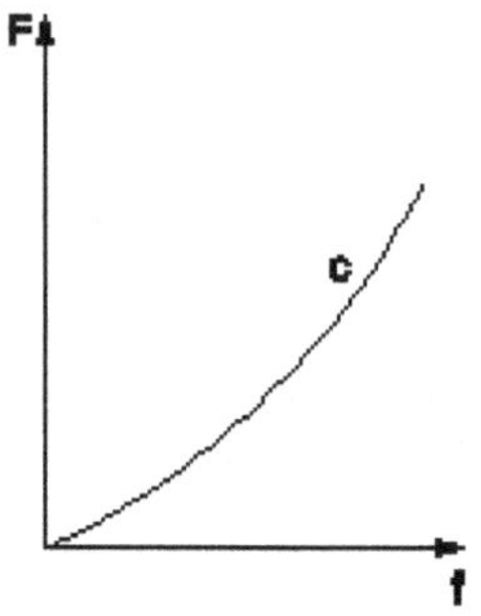 Federkennlinie Wälzkontakt
Ist der Wälzkontakt unbelastet, so findet die Berührung tatsächlich in einem Punkt (Kugel) bzw. auf einer Linie (Rolle) statt. In diesem Zustand kann jedoch keine Kraft übertragen werden, weil dann die Flächenpressung $p = F/A$ wegen der punkt- bzw. linienförmigen Fläche unendlich große Werte annehmen würde.	Der Wälzkontakt wird sich unter Einwirkung der Kraft elastisch zu einer Fläche ausweiten, wobei sowohl der Wälzkörper als auch die Ringe eine Deformation erfahren, die hier völlig übertrieben dargestellt ist. Da sich der Rand der Kontaktzone nicht verformt, kann auch hier kein Druck übertragen werden. Da in der Mitte die Verformung am größten ist, wird hier aufgrund der Proportionalität zwischen Verformung und Spannung die größte Spannung hervorgerufen. Am Wälzkontakt muss Kräftegleichgewicht herrschen: $F = \int \sigma_{Hz}$.	Die Verformung am Wälzkörper steigt mit der zu übertragenden Kraft. Der Zusammenhang zwischen Kraft F und dadurch bedingter Verformung f kann als Federsteifigkeit c aufgefasst werden. Da bei zunehmender Belastung des Wälzkontaktes immer mehr Fläche an der Lastübertragung teilnimmt, ist die Steifigkeitskennlinie progressiv, so dass eine Federsteifigkeit $c = dF/df$ zu formulieren ist.

Bild 8.28: Belastung und Verformung im Wälzkontakt

8.7.1.1 Verformungsverhalten von Axialwälzlagern

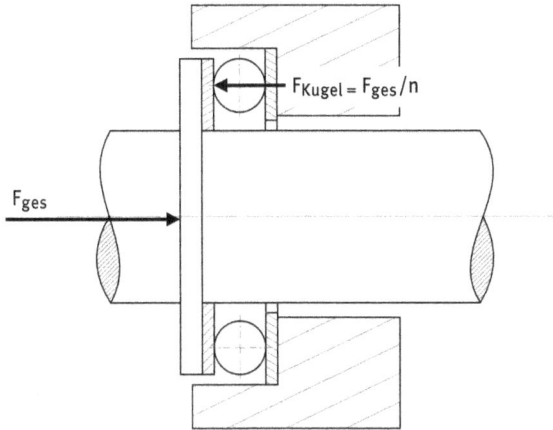

Bei einem einzelnen Axiallager ist das Zusammenspiel der einzelnen Wälzelemente relativ einfach zu überblicken, weil sie als Einzelsteifigkeiten parallel zueinander angeordnet sind: Die Gesamtkraft verteilt sich gleichmäßig auf alle Wälzelemente. Die Steifigkeit des gesamten Lagers entspricht also der vielfachen Steifigkeit eines einzelnen Wälzelementes.

Bild 8.29: Steifigkeitsbetrachtung am axialen Wälzlager

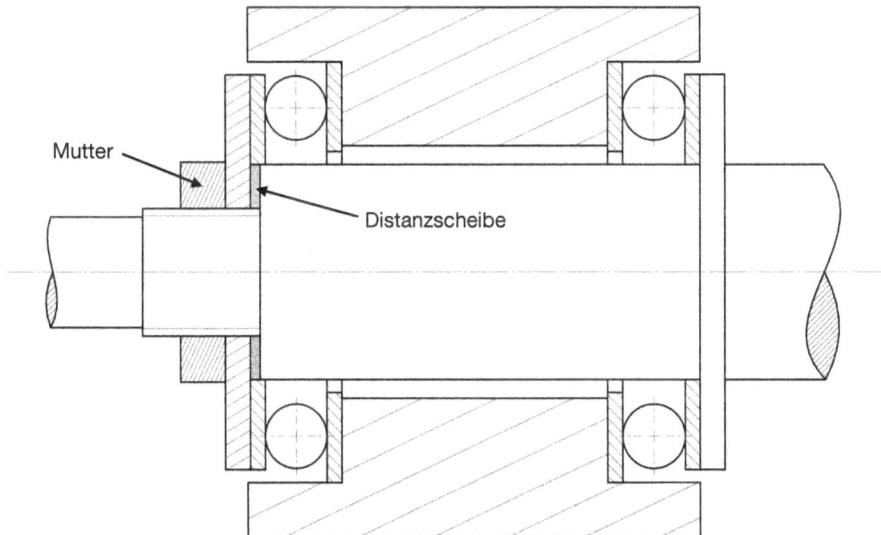

Bild 8.30: Verspannen eines axialen Wälzlagers

Axialwälzlager werden in aller Regel paarweise spiegelbildlich zueinander nach Bild 8.30 angeordnet, sodass Kräfte in beide Richtungen übertragen werden können. Lagerungen für normale Anwendungszwecke sind meist im μm-Bereich spielbehaftet, Welle und Gehäuse können also um einen sehr geringen Weg zueinander bewegt werden, ohne dass es dazu einer Kraft bedarf.

Ähnlich wie die Steifigkeit eines Werkzeugmaschinengestells durch Verspannen gesteigert werden kann, so lässt sich auch die Steifigkeit einer Wälzlagerung durch Verspannen erhöhen. Dieser Sachverhalt lässt sich an der Axiallagerung modellhaft einfach demonstrieren, weil das Problem eindimensional ist und sich im Verspannungsdiagramm nach Bild 8.31–8.34 darstellen lässt.

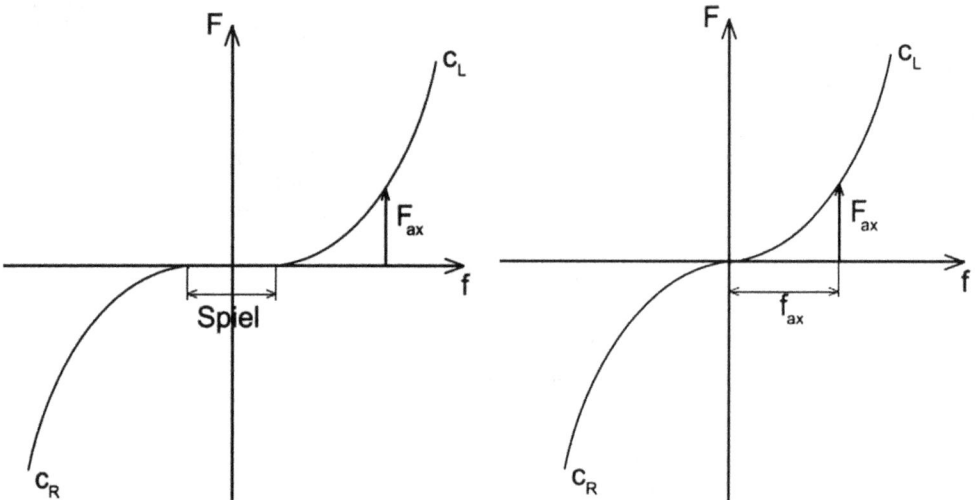

Wenn ausgehend von der Symmetrielage die Welle nach rechts bewegt wird, so wird zunächst das Spiel ohne Krafteinwirkung überbrückt. Erst dann beginnt der eigentliche progressive Verlauf der Steifigkeitskennlinie, die aber eigentlich nur die Steifigkeit des linken Axiallagers wiedergibt, weil das rechte Axiallager ein zunehmend größeres Spiel erfährt und deshalb auf die Gesamtsteifigkeit der vollständigen Lagerung nicht einwirkt. Eine Bewegung der Welle nach links würde einen ähnlichen Kurvenverlauf aufzeigen, wobei dann allerdings das rechte Lager zur Anlage käme und das linke Lager wirkungslos bliebe. In diesem Fall wird die Axialkraft definitionsgemäß negativ, weil sie nach links gerichtet ist. Die Steifigkeit der gesamten Lagerung ergibt sich aber jeweils nur aus der Steifigkeit eines einzelnen Lagers.

Bild 8.31: Axialwälzlager spielbehaftet

Das zuvor erwähnte Spiel kam nur dadurch zustande, dass eine Distanzscheibe nach Bild 8.30 montiert worden war, die durch ihre definierte Dicke den Abstand der beiden wellenseitigen Axiallagerscheiben vergrößert hat. Wird durch Abschleifen der Distanzscheibe das Spiel genau eliminiert, so verschieben sich die beiden Steifigkeitskennlinien dergestalt, dass sie im Koordinatenursprung stetig ineinander übergehen. Auch in diesem Fall würde sich die Gesamtsteifigkeit der Lagerung aus jeweils nur einem Lager ergeben. Die Steifigkeit kann in linearisierter Form als Quotient ausgedrückt werden:

$$c = \frac{F_{ax}}{f_{ax}}$$

Bild 8.32: Axialwälzlager spielfrei

Bild 8.33: Axialwälzlager mit geringer Vorspannung

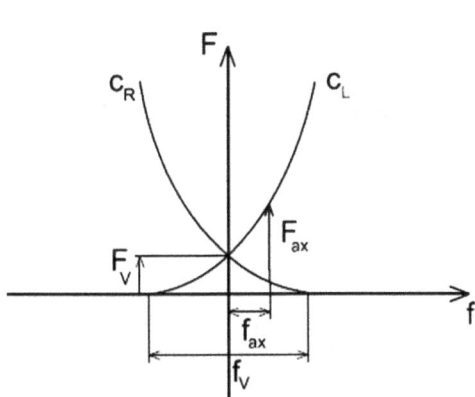

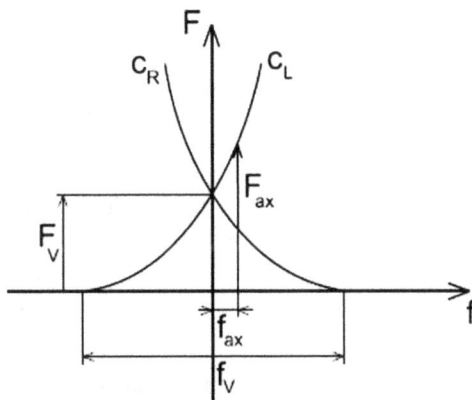

Wird die Distanzscheibe darüber hinaus um den Betrag f_V als Vorspannweg abgeschliffen, so wird das Lager „verspannt" und es wird die Vorspannkraft F_V hervorgerufen. Sie belastet die beiden Axiallager bereits, ohne dass eine äußere Betriebskraft vorliegt. Eine zusätzliche Wellenbewegung nach rechts würde den Federweg des linken Lagers vergrößern und den des rechten Lagers reduzieren. Für die Konstruktion des Verspannungsschaubildes wird die linke Steifigkeitskennlinie um die waagerechte Achse gespiegelt und um den Vorspannweg f_V nach rechts verschoben. Tritt eine zusätzliche Axialkraft F_{ax} als Betriebskraft nach rechts auf, so kommt es zu einer zusätzlichen Verformung f_{ax} des linken Lagers und zu einer gleichgroßen Zurücknahme der ursprünglichen Zusammendrückung des rechten Lagers. Die Gesamtsteifigkeit ergibt sich also als Parallelschaltung der beiden Einzelsteifigkeiten und ist damit wesentlich höher als in Bild 8.32.

Bild 8.33: Axialwälzlager mit geringer Vorspannung

Wird die Distanzscheibe noch weiter abgeschliffen und damit der Vorspannweg f_V vergrößert, so wird damit auch die Vorspannkraft F_V gesteigert, das Lager wird also mehr belastet als in Bild 8.33. Die zusätzlich auftretende Betriebskraft F_{ax} hat allerdings wegen der Progressivität der Einzelsteifigkeiten einen geringeren Federweg f_{ax} zur Folge, die Gesamtsteifigkeit wird also weiterhin gesteigert. Aus der Verspannung des Lager ergeben sich weitere Konsequenzen:

- Mit der steigenden Vorspannung wächst auch die mechanische Belastung des einzelnen Lagers. Dies beeinträchtigt die Gebrauchsdauer und verursacht über die gesteigerte Reibleistung eine Erwärmung des Lagers, was u. U. eine aufwendige Temperierung erforderlich macht.
- Die Vorspannung wird mindestens so weit gesteigert, dass selbst bei größtmöglicher Betriebskraft das weniger belastete Lager nie gänzlich entlastet wird.

Bild 8.34: Axialwälzlager mit erhöhter Vorspannung

Aufgaben A.8.21–A.8.24

8.7.1.2   Verformungsverhalten von Radialwälzlagern

Während sich das Axiallager als eindimensionales Problem im Verspannungsschaubild darstellen lässt, werden die Überlegungen beim Radiallager wegen der Anordnung der Wirkungslinien in der Ebene komplexer. Dies führt auf ein zumindest zweidimensionales Problem, dessen Lösung eine Vektorbetrachtung erfordert. Zur modellhaften Darstellung der Problematik
wird ein Wälzlager mit acht Wälzelementen nach Bild 8.35 betrachtet, deren Verformungsverhalten sich mit den Gleichungen 8.24–8.28 beschreiben lässt.

Die linke Bildspalte betrachtet zunächst das nicht vorgespannte Lager.

- Das Detailbild oben links zeigt schematisch ein Radialwälzlager mit acht Wälzelementen,
  die spielfrei und ohne Vorspannung zwischen Innen- und Außenring angeordnet sind. Das
  Lager nimmt in diesem Zustand keine Radialkraft auf.
- Wird im zweiten Detailbild die Welle „gewaltsam" um die Exzentrizität e nach unten ausgelenkt, so wird dem Wälzelement 4 diese Exzentrizität voll als Federweg aufgezwungen
  ($s_4 = e$), während die benachbarten Wälzelemente 3 und 5 nur eine Komponente der Exzentrizität als Federweg erfahren (hier: $s_3 = s_5 = e \cdot \sin 45°$). Die Wälzelemente 6 und 2
  werden nicht deformiert und die Wälzelemente 7, 8 und 1 bekommen sogar Spiel.
- Werden im dritten Detailbild die Kräfte analysiert, so brauchen nur die Wälzelemente 3–
  5 betrachtet zu werden, da ja nur Druckkräfte infolge von Druckverformungen übertragen werden können. Am Wälzelement 4 tritt die größte Kraft auf, weil der Federweg am
  größten ist. Die Kräfte bei den Wälzelementen 3 und 5 sind zwar untereinander gleich,
  allerdings etwas kleiner als bei 4.
- Wird in der untersten Bildzeile das Kräftegleichgewicht aufgestellt, so lässt sich zunächst
  ein Krafteck aus F_3, F_4 und F_5 zusammenstellen, welches mit der in die Welle eingeleiteten
  Kraft F_{Welle} geschlossen werden muss, die erforderlich ist, um die zunächst angenommene
  Exzentrizität e überhaupt erst herbeizuführen. Der Quotient aus F_{Welle} und e ergibt dann
  die (linearisierte) Steifigkeit des Lagers.

In der rechten Bildspalte wird das gleiche Lager vorgespannt.

- Dazu wird im oberen Detailbild der Innenring des Lagers vergrößert, wodurch alle Wälzelemente zunächst einen untereinander gleichen Federweg erfahren. Da die daraus resultierenden Kräfte gleich groß sind, bleibt das System im Gleichgewicht.
- Wird im zweiten Detailbild das so vorgespannte Lager um die Exzentrizität e nach unten ausgelenkt, so wird dem Wälzelement 4 neben der vollen Exzentrizität auch der Vorspannweg als Federweg aufgezwungen, während Wälzelement 8 die um den Vorspannweg
  reduzierte Exzentrizität als Federweg erfährt. Die Wälzelemente 2 und 6 sind zwar von
  der Vorspannung, nicht aber von der Exzentrizität betroffen. Alle anderen Wälzelemente
  erfahren die geometrisch bedingte Überlagerung von Vorspannung und Exzentrizität als
  Federweg. Ist die Exzentrizität kleiner als der Vorspannweg, so tritt kein Spiel auf.
- Im dritten Detailbild werden die Kräfte sämtlicher Wälzelemente auf den Innenring so
  dargestellt, wie sie sich aus dem aufgezwungenen Federweg ergeben.
- In der untersten Bildzeile werden die Kräfte sämtlicher Wälzelemente auf den Innenring
  zusammengeführt. Wird auch hier das Krafteck mit F_{Welle} geschlossen, so fällt auf, dass

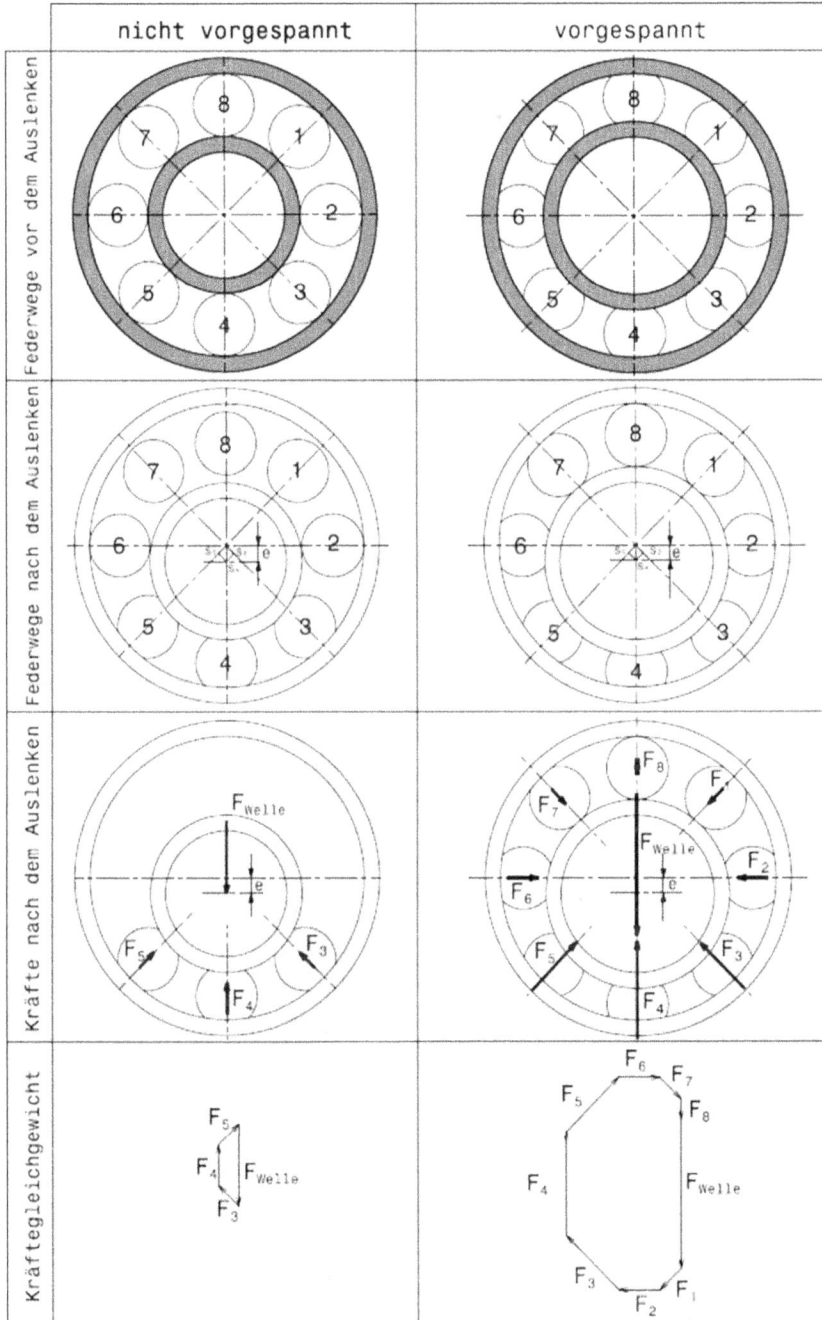

Bild 8.35: Verformungsverhalten eines radialen Wälzlagers

bei gleicher Exzentrizität diese Kraft deutlich größer ist als in der linken Bildspalte, die (linearisierte) Steifigkeit des Lagers ist also deutlich angestiegen.

So anschaulich diese grafische Methode auch sein mag, für die Untersuchung eines realen Lagers mit deutlich mehr Wälzelementen ist sie umständlich. Da die Steifigkeit eines Lagers nicht linear ist, müsste für eine vollständige Beschreibung des Lagerverhaltens die Wellenverlagerung e schrittweise variiert werden, wodurch dann zum Ausdruck kommt, dass die Steifigkeit mit der Vorspannung ansteigt. Dies konfrontiert den Konstrukteur ähnlich wie beim Axiallager nach Bild 8.30 mit einem Zielkonflikt:

- Die Kräfte in einem spielfreien, aber nicht vorgespannten Lager verbleiben auf einem niedrigen Niveau, was eine geringe Reibleistung und eine hohe Gebrauchsdauer zur Folge hat.
- Mit zunehmender Vorspannung wird die Steifigkeit zwar immer höher, aber das anwachsende Lastniveau beeinträchtigt die Gebrauchsdauer zunehmend.
- Die dadurch hervorgerufene Wärme muss durch zunehmend aufwendige Maßnahmen (Kühlung) abgeführt werden. Bei Werkzeugmaschinenspindeln übertrifft in vielen Fällen der dadurch bedingte Leistungsverlust die vom Zerspanungsprozess selber verbrauchte Leistung bei weitem.

Aufgabe A.8.25

Bild 8.36 zeigt die Steifigkeitskennlinie einiger ausgewählter Lager.

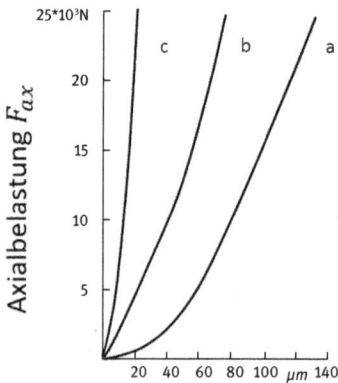

a Rillenkugellager 6214/ C 3
b Kegelrollenlager 32214
c Axialkugellager 51114 und
  Axial- Schrägkugellager 234414 oder 234714

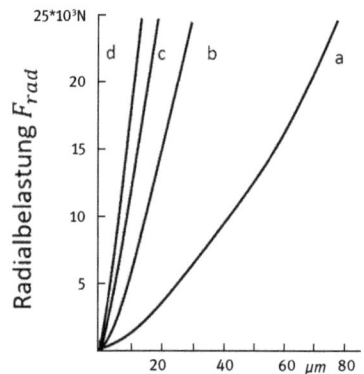

a Rillenkugellager 6214
b Kegelrollenlager 32214
c einreihiges
  Zylinderrollenlager NU 2214
d zweireihiges
  Zylinderrollenlager NN 3014 K/ SP

Bild 8.36: Federkennlinien ausgewählter Wälzlager

Aus dieser Gegenüberstellung kann Folgendes geschlossen werden:

- Wälzlager mit Linienberührung sind steifer als solche mit Punktberührung, weil Linien-kontakte eine größere Fläche aufweisen als Punktkontakte.
- Die Progressivität der Federkennlinie ist bei Lagern mit Punktberührung stärker ausgeprägt als bei solchen mit Linienberührung, weil die Berührfläche sich bei Lastzunahme im Falle der Punktberührung mehr vergrößert als im Falle der Linienberührung.

Qualitativ lässt sich die Steifigkeitserhöhung eines radialen Wälzlagers nach Bild 8.37 doku-mentieren:

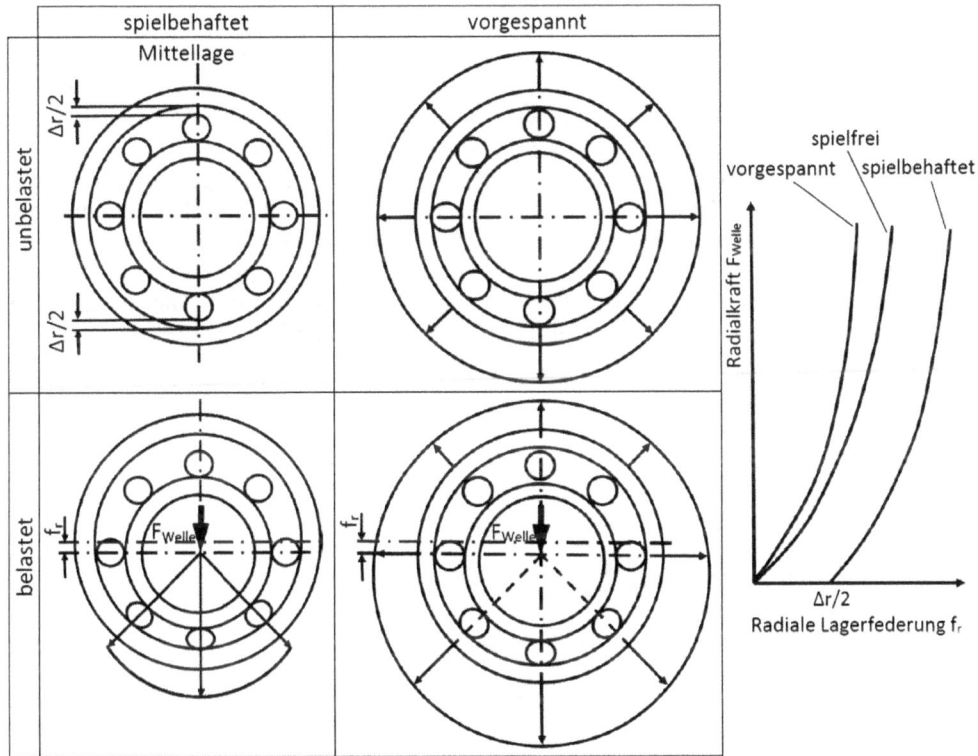

Bild 8.37: Zunehmende Vorspannung Radialwälzlager

Das erste Detailbild oben links zeigt ein unbelastetes, spielbehaftetes Lager. Das Spiel muss im unteren linken Detailbild erst überbrückt werden, bevor eine Kraft übertragen werden kann, die dann im rechten Diagramm ihren progressiven Steifigkeitsverlauf nimmt. Ohne radiales Lagerspiel nimmt die Steifigkeitskennlinie direkt vom Nullpunkt aus ihren progressiven Ver-lauf. Im rechten Detailbild der oberen Bildzeile tritt zwar auch keine äußere Belastung auf, aber alle Wälzelemente erfahren wegen der Vorspannung bereits ein Belastung, wobei sich die Kräfte aller Wälzelemente gegenseitig aufheben. Wird anschließend im rechten unteren Detailbild von außen eine Kraft eingeleitet, so startet die progressive Steifigkeitskennlinie vom Koordinatenursprung mit einer deutlich höheren Steigung.

Neben der in Zusammenhang mit Bild 8.35 modellhaft beschriebenen Vergrößerung des Außendurchmessers des Innenringes bieten sich noch weitere Möglichkeiten zur Vorspannung eines Radiallagers an:

- **Fertigung mit Übermaß:** Die Vorspannung kann auch dadurch herbeigeführt werden, dass Wälzkörper mit einem gewissen Übermaß verwendet werden. Weiterhin kann die Vorspannung auch dadurch eingeleitet werden, dass der Außenring mit einem geringfügig geringeren Innendurchmesser ausgeführt wird. Da im Gegensatz zu dieser modellhaften Unterscheidung die Fertigung eines jeden Bauteils mit Ungenauigkeiten verbunden ist, werden in der industriellen Praxis die toleranzbehafteten Abmessungen der drei beteiligten Komponenten so miteinander kombiniert, dass eine gewünschte Vorspannung erzielt wird. Der Nachteil dieser Vorgehensweise liegt darin, dass am einmal montierten Lager die Vorspannung nicht mehr variiert werden kann.
- **Konisches Aufweiten des Innenringes:** Ein an sich spielbehaftetes Lager wird mit seinem in der Bohrung leicht konischen Innenring auf einen entsprechend konischen Abschnitt der Welle axial aufgezogen. Durch definiertes axiales Verschieben wird der Lagerinnenring elastisch aufgeweitet und dadurch das Lager vorgespannt. Der Neigungswinkel des Konus ist relativ klein, um mit möglichst geringen Axialkräften auszukommen. Gleichzeitig wird damit eine reibschlüssige Verbindung zwischen Innenring und Welle hergestellt.
  Bild 8.38 zeigt die prinzipielle Vorgehensweise: In diesem Beispiel wird die zum Aufpressen erforderliche Axialkraft hydraulisch aufgebracht: Zunächst wird die Wellenmutter in Position gedreht, ohne dass dabei ein Moment aufgebracht wird. Anschließend wird der in

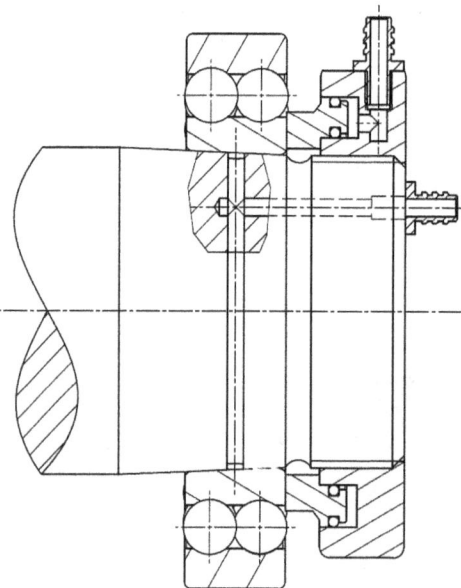

Bild 8.38: Hydraulisch unterstützte Aufweitung des Innenringes

der Wellenmutter integrierte Ringkolben mit Öldruck beaufschlagt, sodass der Innenring des Lagers auf dem Kegelabschnitt der Welle axial verschoben wird. Zur Erleichterung dieses Vorganges ist auf dieser schiefen Ebene eine Ringnut angebracht, in die zur Montage und Demontage Öl eingepresst werden kann. Nach der Montage wird die Hydraulikmutter dann wieder entfernt und der Lagerinnenring verbleibt aufgrund der Selbsthemmung in Position.

Bild 8.39 zeigt eine solche Konstruktion im Zusammenhang: Diese Flächenschleifspindel hat einen integriertem Motor mit einer Leistung von 220 kW, die Spindel wird bei einer maximalen Drehzahl 375 min^{-1} betrieben und das Gesamtgewicht einschließlich des Schleifkopfes beträgt ca. 3 t. Die Radiallager mit innen konischem Innenring sind über Wellenmuttern axial aufgepresst. Die Axiallager sind über Tellerfedern vorgespannt. Das

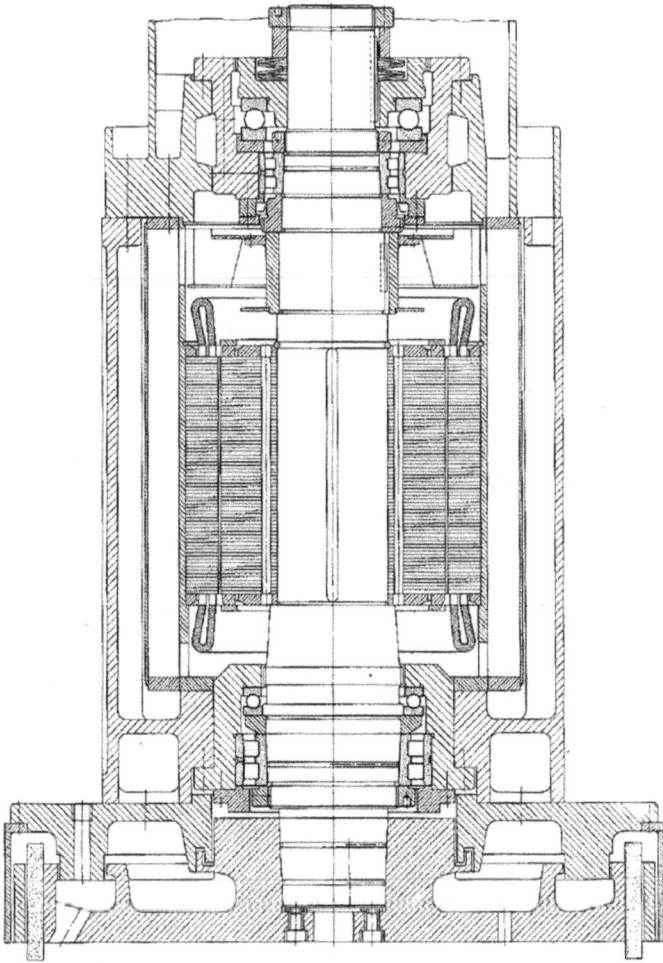

Bild 8.39: Motorspindel
Flachschleifmaschine

obere Axiallager ist wegen der Gewichtsbelastung durch den Rotor wesentlich größer dimensioniert als das untere.

- **Federvorspannung:** Die in Bild 8.39 dargestellte Flächenschleifspindel wurde im Axiallager durch Tellerfedern vorgespannt. Diese Vorgehensweise kann auch für das Radiallager praktiziert werden. Bild 8.40 (nach FAG) zeigt die Spindel einer Tischfräse für Holz (Antriebsleitung 4 kW bei $n_{max} = 12.000\,min^{-1}$). Das Lager auf der Arbeitsseite ist wie ein Festlager sowohl auf der Welle als auch im Gehäuse axial festgelegt.

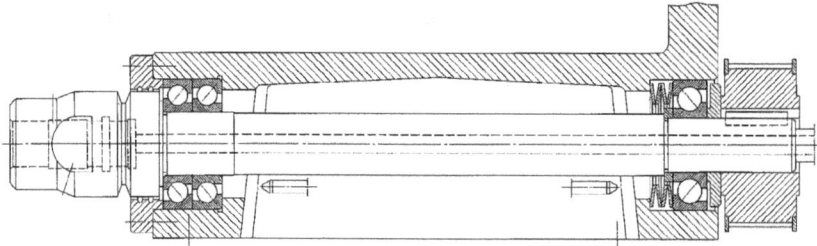

Bild 8.40: Vorspannung über Tellerfedern

Das Lager auf der Antriebsseite (Riemenscheibe) ist auf der Welle axial festgelegt, der Außenring ist mittels Tellerfedern axial vorgespannt, um die Steifigkeit zu erhöhen. Die Lager sind in diesem Falle fettgeschmiert, es wurden berührungslose Labyrinthdichtungen verwendet.

- **Axiales Abstimmen:** Die Vorgehensweise entspricht dem bereits in Bild 8.30 erläuterten Verspannen eines Axialwälzlagers. Durch gezieltes Abschleifen der dazu vorgesehenen Zwischenringe wird die gesamte Lagerung nicht nur axial, sondern auch radial verspannt. Durch wiederholtes Abschleifen der zwischen Deckel und Gehäuse eingeklemmten Distanzscheiben wird die Vorspannung dosiert. Diesen Vorgang nennt man „Abstimmen" des Lagers. Das Beispiel von Bild 8.41 zeigt eine Außenrundschleifspindel mit einer Antriebsleistung von 11 kW bei einer Drehzahl von $5.000\,min^{-1}$.

Die gesamte Lagerung besteht aus zwei Lagergruppen, von denen die rechte als Festlager und die linke als Loslager zu betrachten ist. Die linke Lagergruppe setzt sich ihrerseits aus zwei einzelnen Schrägkugellagern („Spindellager") zusammen. Die dazwischenliegen-

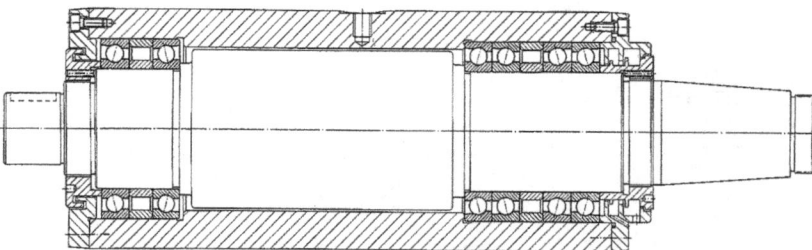

Bild 8.41: Außenrundschleifspindel

den Ringe weisen nicht genau die gleiche axiale Erstreckung auf, sondern der innere Ring ist geringfügig kürzer, sodass sich eine definierte Vorspannung ergibt. Damit wird beim axialen Abstimmen ähnlich verfahren wie bei der zuvor erwähnten Federvorspannung, allerdings wird die relativ weiche Tellerfeder durch eine sehr harte Druckfeder in Form der Zwischenhülse ersetzt. Da der durch Abschleifen herbeigeführte Vorspannweg wegen der Härte der Feder keine großen Toleranzen zulässt, müssen an die Maßhaltigkeit dieser Hülse entsprechend hohe Anforderungen gestellt werden. Bei der rechten Festlagergruppe wird ähnlich verfahren, allerdings sind hier Spindellager in Tandemanordnung angebracht, um auf der Arbeitsseite der Spindel noch zusätzliche Steifigkeit zu gewinnen. Die Laufgenauigkeit radial soll 3 μm und die axial 1 μm nicht überschreiten. Es wurden deshalb vier Schrägkugellager in O-Anordnung vorgesehen.

Aufgaben A.8.26–A.8.28

8.7.2 Weitere Lagerbauformen als verspannte Systeme

Während das Wälzlager je nach Anforderung verspannt oder nicht verspannt ausgeführt werden kann, müssen weitere Lagerbauformen in jedem Fall als verspannte Systeme betrachtet werden. Die nachfolgenden Ausführungen gehen auf diesen Sachverhalt ein, verzichten aber wegen der Komplexität des Problems auf eine ausführliche Erörterung der Fluidmechanik und der Strömungslehre.

8.7.2.1 Hydrodynamische Mehrflächengleitlager

Bei dem in Kapitel 5.3 vorgestellten vollumschlossenen hydrodynamischen Gleitlager darf die Kraft nicht aus beliebiger Richtung angreifen. Mehrflächengleitlager versuchen, diesen Nachteil auszugleichen, indem der sich in Bewegungsrichtung verengende Schmierspalt auf dem Umfang des Lagers mehrfach angeordnet wird. Bild 8.42 betrachtet dazu zunächst einmal ein aus nur zwei Gleitflächen bestehendes Mehrflächengleitlager. Da die Krümmung der Lagerschale sich auf einen Mittelpunkt bezieht, der jenseits des Wellenmittelpunktes liegt, ergibt sich auf jeder Seite ein sich verengender Spalt. Auf diese Weise entsteht bei Drehung der Welle auch bei zentrischer Lage der skizzierte Druckaufbau, der an beiden Lagerhälften identisch ist, wenn keine äußere Kraft angreift (oberes Bilddrittel): Stellvertretend für die Druckverteilung an der linken Lagerhälfte kann eine resultierende Kraft F_L angenommen werden, die in der resultierenden Kraft der rechten Lagerhälfte F_R ihr Gleichgewicht findet. Ähnlich wie ein Wälzkörper weist auch eine hydrodynamische Lagertasche eine progressive „Feder"-Kennlinie auf. Während der Wälzkörper aber am Fußpunkt der Federkennlinie unstetig in den Bereich des Spiels übergeht, geht die Steifigkeitskennlinie einer hydrodynamischen Lagertasche mit immer größerer Spaltweite asymptotisch gegen null: Das obere Drittel von Bild 8.43 dokumentiert das (an sich triviale) Verspannungsdiagramm: Beide Lagerhälften weisen einen gleichen progressiven Kraftverlauf auf. Da keine äußere Kraft angreift, stehen beide Kräfte in zentrischer Lage der Welle im Gleichgewicht. In Umfangsrichtung befindet sich zwischen den beiden Lagerflächen eine axial gerichtete Nut, die der Ölversorgung dient.

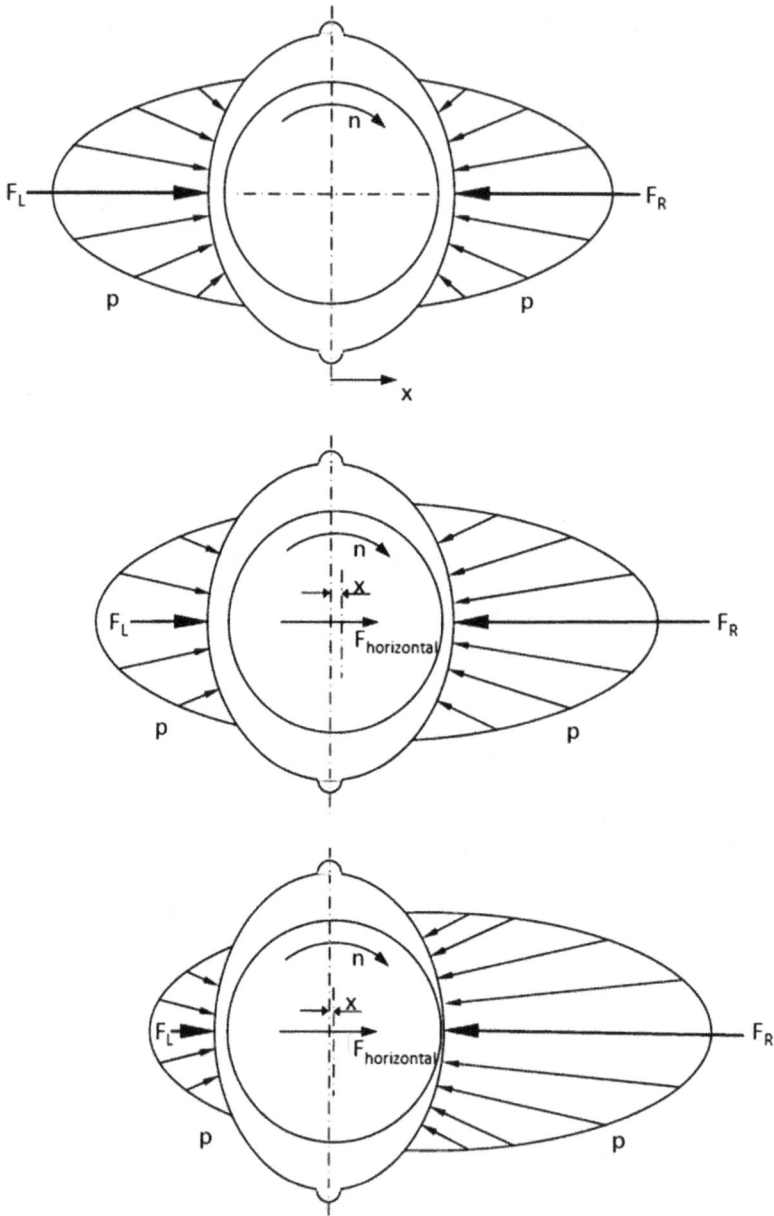

Bild 8.42: Zweiflächengleitlager unbelastet (oben), belastet (Mitte) und höher vorgespannt (unten)

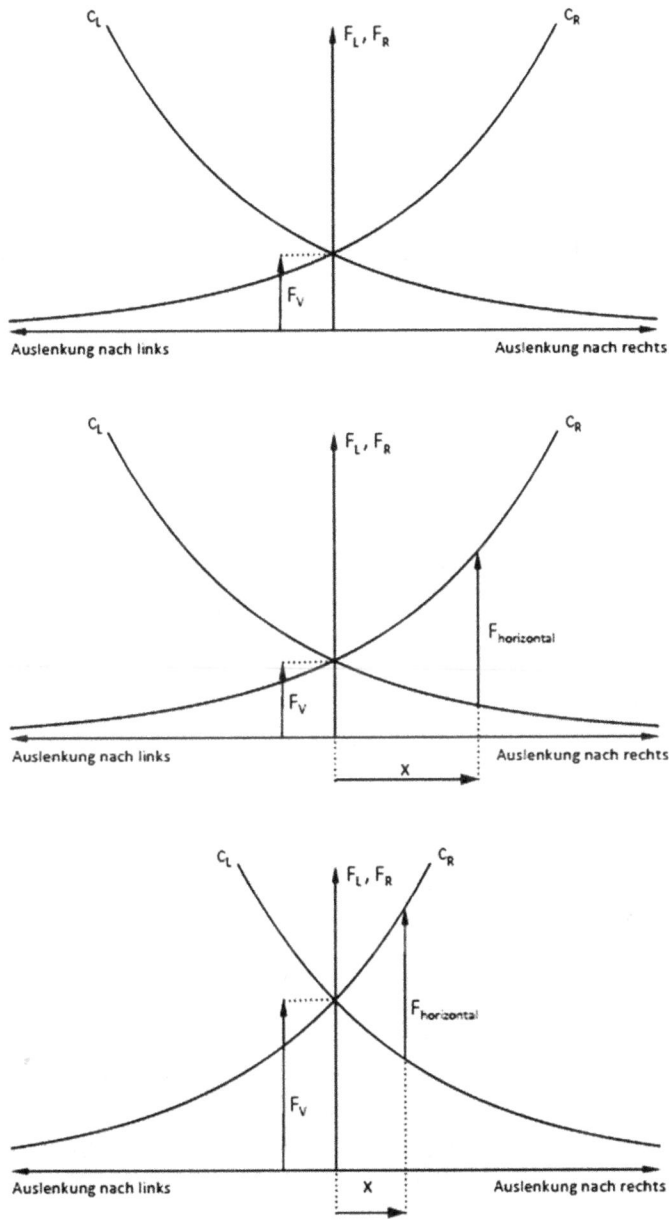

Bild 8.43: Verspannungsdiagramme Zweiflächengleitlager unbelastet (oben), belastet (Mitte) und höher vorgespannt (unten)

Wird im mittleren Drittel von Bild 8.42 zusätzlich eine horizontal gerichtete äußere Belastung auf die Welle aufgebracht, so lässt sich das dadurch entstehende Zusammenspiel der Kräfte am Verspannungsdiagramm des mittleren Drittels von Bild 8.43 demonstrieren. Ähnlich wie beim Verspannungsdiagramm einer Schraubverbindung wird die horizontal gerichtete äußere Lagerbelastung $F_{horizontal}$ als Vektor zwischen den progressiven Steifigkeiten der rechten und linken Lagertasche abgebildet, deren Einwirkung eine Auslenkung x zur Folge hat.

Eine Verkleinerung der durch die Fertigung vorgegebenen Spaltweite bedeutet eine Erhöhung der „Vorspannung" unter den beiden Lagertaschen nach dem unteren Drittel von Bild 8.42. Das dazugehörende Verspannungsdiagramm von Bild 8.43 unten demonstriert, dass bei der vorliegenden äußeren Lagerlast die Auslenkung x zwischen Welle und Lagerschale geringer wird, wodurch das Lager an Steifigkeit gewinnt.

Ähnlich wie beim Wälzlager kann auch hier die Vorspannung nicht beliebig gesteigert werden, weil die mit der Vorspannung ansteigende Vorbelastung der einzelnen Lagertasche ansteigt,

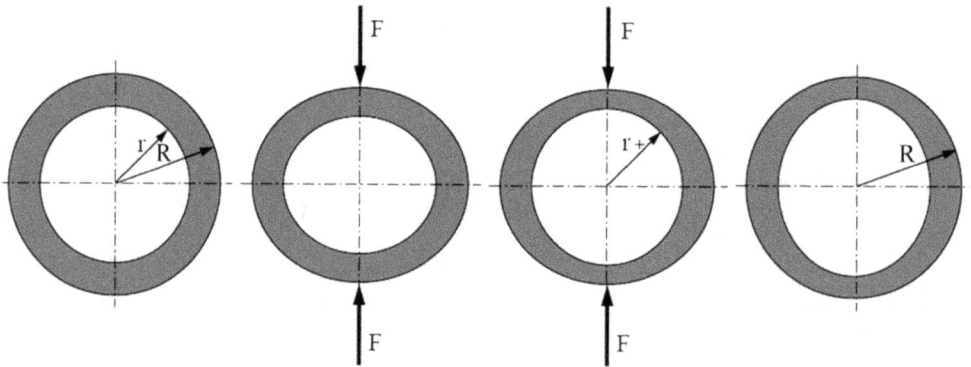

| Ausgangspunkt der Fertigung der Lagerschale ist ein als Drehteil vorgefertigter Rohling in Form eines Hohlzylinders, der sowohl innen (Radius r) als auch außen (Radius R) kreisrund ist. | Der Rohling wird durch das Einspannen in eine spezielle Vorrichtung gezielt elastisch verformt, so dass sowohl die innere als auch die äußere Mantelfläche eine leicht elliptische Form annehmen. | Die Innenmantelfläche des so vorgespannten Rohlings wird nun durch Innenrundschleifen geringfügig vergrössert, so dass in diesem Zustand innen wieder eine Kreisform mit dem geringfügig größeren Radius r+ entsteht. | Wird nach der Bearbeitung die Vorspannung des Werkstücks gelöst, so geht die damit aufgezwungene elastische Deformation wieder zurück: Die äußere Mantelfläche der Lagerschale nimmt wieder die kreisrunde Form mit dem Radius R an, die innere verformt sich dabei leicht elliptisch. |

Bild 8.44: Herstellung der Lagerschale eines Zitronenspiellagers

sodass schließlich kein Platz mehr für die Betriebsbelastung bleibt. Es muss also stets ein Kompromiss zwischen Steifigkeit und Tragfähigkeit des Lagers gefunden werden.

Bild 8.44 skizziert die Fertigungsschritte der Lagerschale einer speziellen Bauform des Zweiflächengleitlagers, welches wegen seiner Form auch „Zitronenspiellager" genannt wird.

Dies ist die Funktionsfläche, die das Zitronenspiellager braucht. Es müssen nur noch die axial gerichteten Nuten eingearbeitet werden, um ähnlich wie beim vollumschlossenen Hydrodynamiklager die Schmierölversorgung sicherzustellen.

Im vorangegangenen Beispiel wurde das Mehrflächengleitlager vereinfachend am Zweiflächengleitlager betrachtet. Die äußere Lagerbelastung wurde zunächst nur in der Richtung von einer der beiden Lagertaschen angenommen, um den Sachverhalt als „eindimensionales" Problem im Verspannungsdiagramm darstellen zu können. Greift die Kraft aus einer anderen Richtung an, so erweist sich auch diese Konstruktion als wenig geeignet: Sowohl die Belastbarkeit als auch die Steifigkeit eines solchen Lagers hängen sehr stark von der Richtung

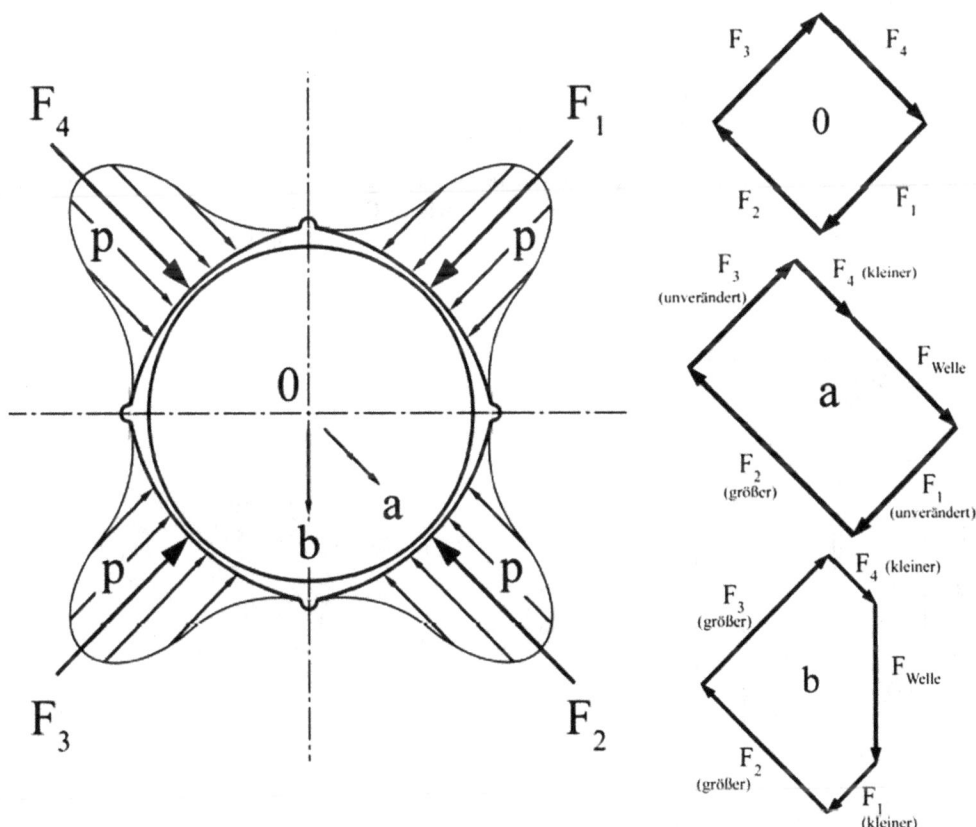

Bild 8.45: Mehrflächengleitlager mit vier Gleitflächen

der angreifende Kraft ab und sind damit sehr ungleichmäßig. Wird die Anzahl der Gleitflächen erhöht, so verringert sich diese Ungleichmäßigkeit. Das Beispiel nach Bild 8.45 betrachtet ein Mehrflächengleitlager mit vier Gleitflächen:

- Die in Bild 8.45 als „0" dargestellt Lage entspricht dem lastlosen Zustand, es greift keine äußere Kraft an, die Einzelkräfte aller vier Lagertaschen sind gleich groß und stehen untereinander im Gleichgewicht. Das Krafteck oben rechts in Form eines Quadrates ist an sich trivial und dient lediglich dem Vergleich mit den nachfolgenden Zuständen.
- Wird die Welle in Richtung a nach unten rechts ausgelenkt, so wird der Spalt in dieser Lagertasche enger und deren Reaktionskraft größer. An der gegenüberliegenden Lagertasche wird der Spalt größer, wodurch sich die Kraft abschwächt. Da sich die Spalte in den beiden übrigen Lagertaschen gegenüber der Ausgangslage kaum ändern, tritt hier in erster Näherung keine Veränderung der Kräfte ein. Das Krafteck wird mit der äußeren Lagerlast F_{Welle} geschlossen, die erst zur angenommenen Auslenkung in Richtung a geführt hat.
- Wird die Kraft in Richtung b (nach unten) aufgebracht, so sind alle vier Lagertaschen betroffen: Es ändern sich alle vier Lagerspalte und damit auch alle Reaktionskräfte: F_2 und F_3 werden größer, F_1 und F_4 werden kleiner. Auch hier wird das Krafteck mit der äußeren Lagerlast F_{Welle} geschlossen.

8.7.2.2   Hydrodynamisches Axiallager

Das Prinzip der Hydrodynamik ist nicht nur bei Radiallagern, sondern auch bei Axiallagern anwendbar. Würde man allerdings das Axiallager wie in Bild 8.46 als plane Spurscheibe gegenüber einer ebenfalls planen Gehäuseschulter abstützen, so kann kein hydrodynamischer

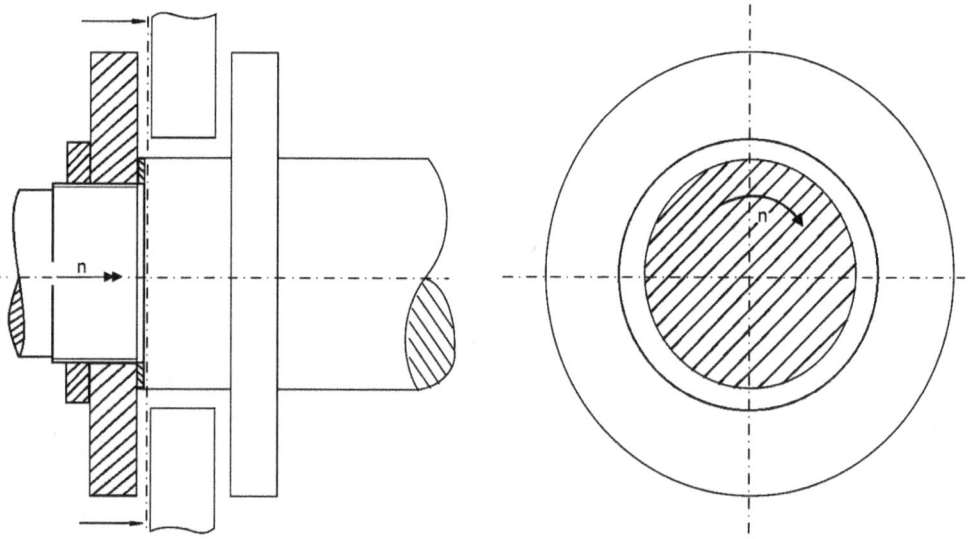

Bild 8.46: Axiallager mit planer Spurscheibe

Druckaufbau zustande kommen. Das zugegebene Schmiermittel würde nach außen verdrängt werden und es würde dann zu Festkörperreibung kommen.

Während sich beim vollumschlossenen Radiallager die Geometrie des sich verengenden Schmierspalts durch die exzentrische Stellung der Welle von selbst ergibt, erfordert sie beim hydrodynamischen Axiallager besondere konstruktive Maßnahmen. Ein hydrodynamischer Schmierfilmaufbau kommt erst dann zustande, wenn der in Bild 8.46 praktizierte Parallelspalt zwischen Spurscheibe und Gehäuseschulter in Umfangsrichtung durch eine Keilgeometrie ersetzt wird. Die linke Darstellung von Bild 8.47 klärt diesen Sachverhalt zunächst einmal prinzipiell:

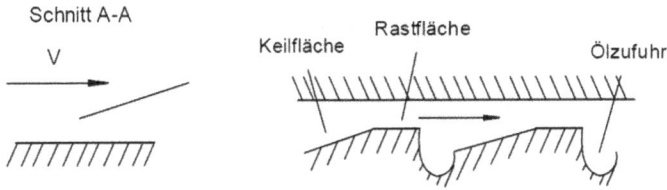

Bild 8.47: Hydrodynamik eines Axiallagers

Da aber dieser Keil nur eine begrenzte Länge haben kann, muss er zyklisch wiederholt werden, woraus sich die rechts dargestellte sägezahnförmige Anordnung ergibt. Entgegen dieser Darstellung ist aber der Steigungswinkel der Keilfläche als schiefe Ebene so gering, dass er mit dem bloßen Auge kaum wahrgenommen werden kann. Zur Optimierung des Druckaufbaus folgt jeder Keilfläche eine „Rastfläche". Die Keil- und Rastflächen werden in praktischen

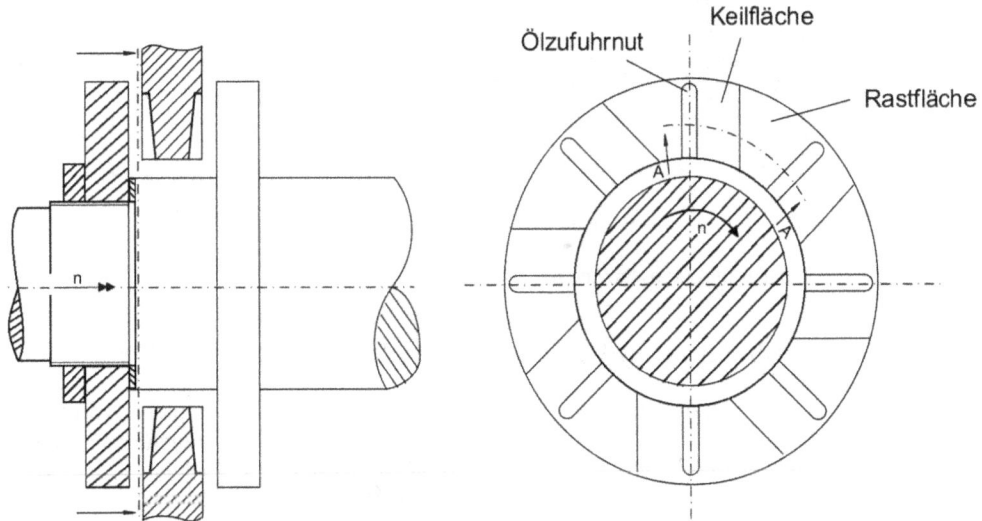

Bild 8.48: Hydrodynamisches Axiallager

Konstruktionen meist an der Gehäuseseite ausgeführt, weil sie fertigungstechnisch dort einfacher zu realisieren sind. Bild 8.48 zeigt die wesentlichen Bestandteile einer ausgeführten Konstruktion.

Die Keilfläche wird fertigungstechnisch meist nicht als schraubenförmige Wendel ausgeführt, weil dies eine unnötig aufwendige Fertigung erfordern würde. Sie wird vorzugsweise als plane schiefe Ebene angelegt, die in der rechten Draufsicht in erster Näherung ein Parallelogramm ergibt, dem dann in Bewegungsrichtung eine mehr dreieckförmige Rastfläche folgt. Das Öl wird hier von innen durch eine radial nach außen gerichtete Nut zugeführt. Um ein direktes Abschleudern des Öls nach außen zu verhindern, nimmt die Nuttiefe nach außen hin deutlich ab, häufig taucht sie am Außenrand völlig aus der Funktionsfläche aus.

Die hier dargestellte Version ist nur für **eine Bewegungsrichtung** tauglich. Bei Drehrichtungsumkehr würde der hydrodynamische Druckaufbau und damit die Tragfähigkeit sofort zusammenbrechen. Eine symmetrische Anordnung mit einer weiteren, in umgekehrter Richtung geneigten Keilfläche ist nicht so ohne Weiteres sinnvoll, weil dadurch mehr Platz beansprucht wird.

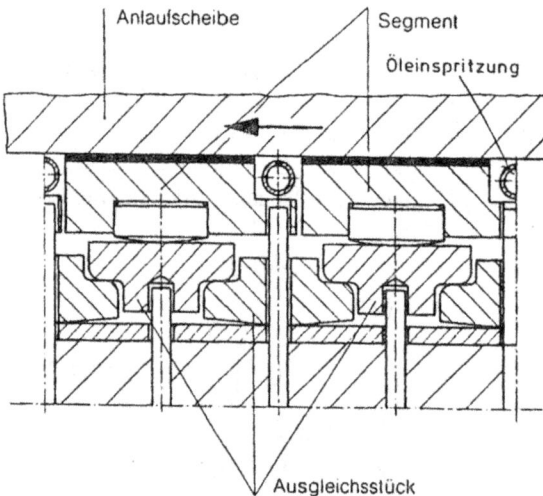

Da die erforderlichen extrem spitzen Winkel an der Keilfläche häufig auf sehr große fertigungstechnische Probleme stoßen, kann die Schrägstellung der Keilfläche auch durch sog. „Kippsegmente" nach Bild 8.49 herbeigeführt werden. Die Kippsegmente werden gelenkig an den Tragring oder das Maschinengehäuse angebunden und konstruktiv so ausgebildet, dass sich die gewünschte Schrägstellung durch die Form des Druckaufbaus und durch die Lage des Abstützpunktes von selbst ergibt.

Bild 8.49: Axialgleitlager mit Kippsegmenten

8.7.2.3   Kombination hydrodynamisches Radiallager-Axiallager

Das hydrodynamische Axialgleitlager tritt häufig auch in Kombination mit einem hydrodynamischen Radialgleitlager auf. Da eine Welle meist auch Biegemomente aufzunehmen hat, sind zwei Radiallagern vorzusehen, von denen eines mit einem zusätzlichen Axiallager ausgestattet ist, wodurch eine Fest-Loslager-Kombination entsteht. Bild 8.50 zeigt das Beispiel einer so ausgeführten Feinbohrspindel:

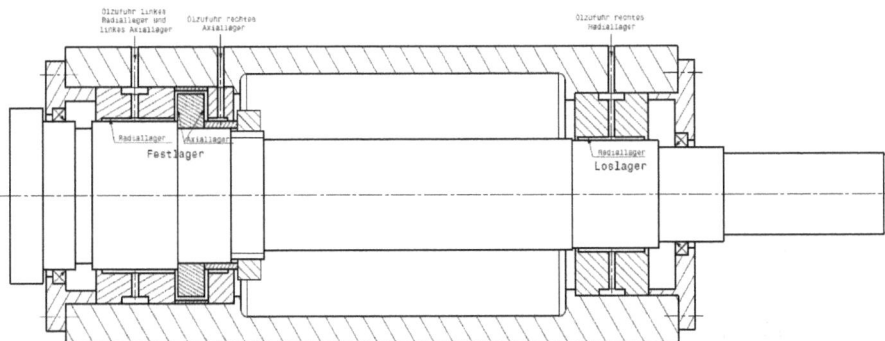

Bild 8.50: Feinbohrspindel, bestehend aus zwei Mehrflächengleitlagern und einem in beide Lastrichtungen wirkenden Axiallager

Ein weites Einsatzgebiet der hydrodynamischen Radial-Axiallager-Kombinationen ist das Schleifen: Die Drehzahlen sind hoch und nahezu konstant. Die Schleifspindel wird nur selten aus- und dann wieder eingeschaltet, sie läuft selbst bei Werkstückwechsel durch. Dadurch wird das häufige Durchfahren des verschleißbehafteten Mischreibungsgebietes vermieden.

8.7.2.4 Hydrostatisches Gleitlager

Beim hydrostatischen Gleitlager wird der für die Tragfähigkeit benötigte Schmiermitteldruck nicht durch die Bewegung der Welle, sondern durch eine externe Pumpe erzeugt und über Drosseln zugeführt. Dieser konstruktive Mehraufwand macht die Tragfähigkeit nahezu unabhängig von der Drehzahl. Selbst bei langsamsten Drehzahlen ergibt sich eine vollständige Trennung der metallischen Berührflächen. Hydrostatische Lager arbeiten bei jeder Drehzahl verschleißfrei. Bild 8.51 zeigt zunächst einmal die wesentlichen Bestandteile einer einzelnen Lagertasche. Aus einer entsprechenden Anzahl solcher einzelnen Lagertaschen wird sowohl ein Axiallager als auch ein Radiallager zusammengesetzt.

- Das Öl wird unter dem Zuführdruck p_Z in die Lagertasche geleitet. Wenn der Lagerspalt h zu null wird, also die beiden hier als planparallele Platten dargestellten Funktionsflächen des Lagers direkt aufeinanderliegen, strömt kein Öl. Die Drossel in der Zuführbohrung zur Lagertasche spielt dann keine Rolle, sodass der Taschendruck p_T gleich dem Zuführdruck p_Z ist.
- Wird der Lagerspalt zunehmend vergrößert, so strömt Öl ab, wobei sowohl die Drossel als auch der Spalt zwischen der Lagertasche und der Umgebung als Strömungswiderstand wirken. Während der Drosselwiderstand konstant bleibt, verringert sich der Strömungswiderstand des Spalts mit zunehmender Spaltweite, sodass der Taschendruck p_T mit zunehmender Spaltweite gegenüber dem Zuführdruck p_Z abfällt.
- Das Integral des Druckes über die gesamte Lagertasche ergibt schließlich die Kraft, die im Bereich dieser einzelnen Lagertasche entsteht. Damit wird auch offensichtlich, dass diese Kraft mit zunehmendem Lagerspalt hyperbelförmig abnimmt.

$$F = \int p \cdot dA$$

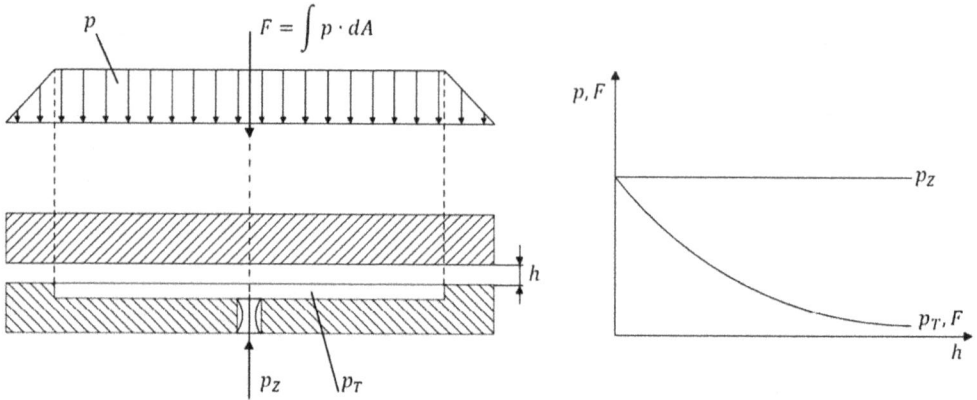

Bild 8.51: Hydrostatische Lagertasche

Eine weitere Analyse dieses Zusammenhangs soll den Fachdisziplinen vorbehalten bleiben. Sowohl die Planscheiben eines Axiallagers ähnlich wie Bild 8.46 (eindimensionales Problem) als auch der Umfang eines Radiallagers nach Bild 8.52 (zweidimensionales Problem) werden mit einer Vielzahl solcher Lagertaschen ausgestattet. In beiden Fällen ist die zentrische Lage dadurch gekennzeichnet, dass die Spaltweiten untereinander gleich sind und damit auch die Kräfte aller Lagertaschen gleich groß sind und sich deshalb untereinander im Gleichgewicht befinden.

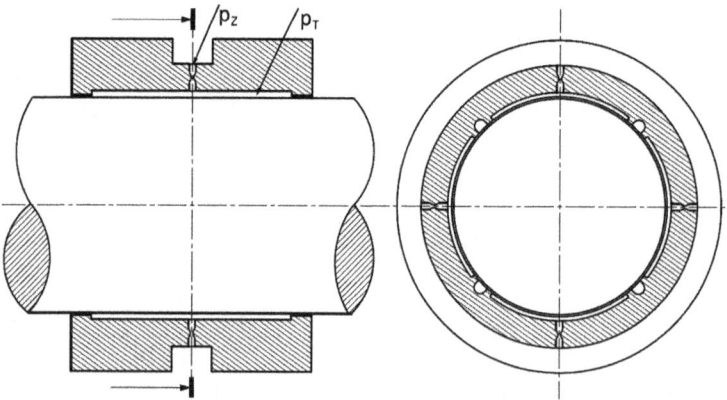

Bild 8.52: Hydrostatisches Radiallager

Wird das Lager (sowohl Radial- als auch Axiallager) aus der zentrischen Lage heraus bewegt, so ändern sich die Spaltweiten und die daraus resultierenden Kräfte der einzelnen Lagertaschen. Diese Kräfte müssen durch eine von außen angreifende Betriebskraft ins Gleichgewicht gerückt werden. Diese Betriebskraft ist dann auch die Kraft, die das Lager aus der zentrischen Lage herausgedrängt hat. Zwischen den einzelnen Lagertaschen werden zuweilen noch axiale

Ölabflussnuten angeordnet, um sicherzustellen, dass sich die einzelnen Lagertaschen in ihrer Druckwirkung nicht gegenseitig beeinflussen und unabhängig voneinander arbeiten. Bild 8.53 zeigt ein Radiallager mit fünf Taschen für eine Drehmaschinenspindel.

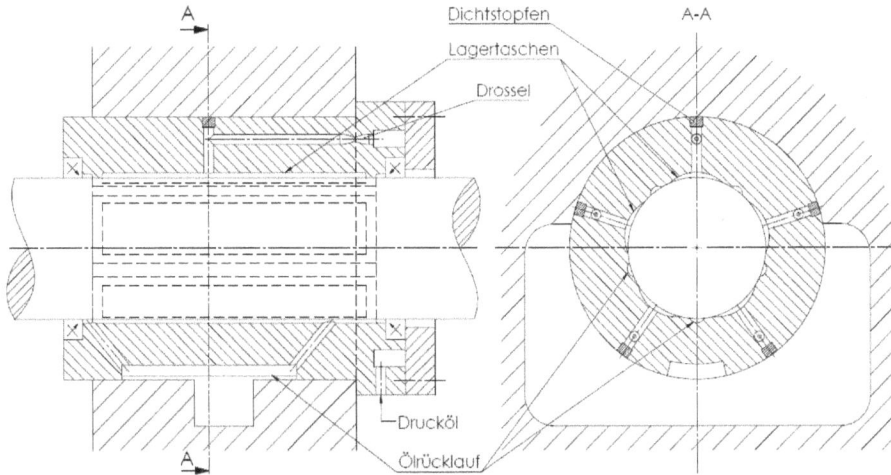

Bild 8.53: Hydrostatisches Radiallager einer Drehmaschinenspindel

Für die Druckversorgung der einzelnen Lagertaschen bestehen grundsätzlich die beiden folgenden Möglichkeiten:

- Alle **Lagertaschen** verfügen eine **gemeinsame Druckerzeugung**, wobei vor jede Lagertasche eine Drosselstelle geschaltet wird (s. obiges Bild). Als Drosseln werden Kapillaren oder Blenden verwendet. Bei Blenden müssen sehr kleine Bohrungen verwendet werden, sodass die Gefahr besteht, dass diese Bohrung durch Verunreinigungen verstopft. Vor der Drossel besteht ein konstanter Zuführdruck p_Z, der in der Drossel auf den Taschendruck p_T abfällt. Von hier fließt das Öl durch die Spalte, die ebenfalls einen hydraulischen Widerstand darstellen, nach außen ab. Die Drücke p_T, die für die einzelnen Lagertaschen unterschiedlich sind, halten der äußeren Kraft das Gleichgewicht. Tritt eine Lastzunahme ein, so verengt sich der Lagerspalt. Dadurch steigen hydraulischer Spaltwiderstand und Taschendruck p_T an, sodass sich ein neues Kräftegleichgewicht bei kleinerem Lagerspalt einstellt. Diese Variante beansprucht einen vergleichsweise geringen Bauraum.
- **Jede Lagertasche** verfügt über eine **getrennte Pumpe**. Bei einem Versorgungssystem mit konstanter Durchflussmenge Q ist die Drossel nicht erforderlich, weil bei einer Veränderung der äußeren Last der Vordruck sich selbsttätig verändert, bis das neue Kräftegleichgewicht erreicht ist. Der Konstruktionsaufwand für diese Variante ist wesentlich größer, aber es wird ein sehr viel besserer hydraulischer Wirkungsgrad erzielt, weil die Drosselverluste entfallen.

Aufgabe A.8.29

8.7.2.5   Luftlager

Wie die Bezeichnung schon andeutet, besteht der wesentliche Unterschied zwischen Luftlagern und den zuvor erläuterten ölgeschmierten Gleitlagern darin, dass das „Schmiermittel" Luft die Trennung der metallischen Funktionsflächen übernimmt. Grundsätzlich können anstatt der Luft auch andere Gase verwendet werden, aber die Verwendung von Luft nutzt den Umstand aus, dass sie stets und überall verfügbar ist. Korrekterweise müsste man jedoch als Oberbegriff für diese Lagerungsart den Ausdruck „Gaslager" verwenden. Die Betrachtung von Luftlagern muss den Besonderheiten des Schmierstoffs Luft Rechnung tragen, was ihre Verwendung erheblich einschränkt und auf Spezialfälle reduziert, bei denen diese Besonderheiten vorteilhaft ausgenutzt werden können:

- Die Viskosität der Luft ist um mehrere Zehnerpotenzen geringer als die von Öl. Die daraus resultierende relativ geringe Tragfähigkeit und Steifigkeit des Luftlagers lassen eine Anwendung nur dann zu, wenn keine großen Kräfte auftreten.

- Die geringe Viskosität wirkt sich aber sehr vorteilhaft auf die Reibleistung P_R aus, die extrem gering ausfällt und sich für ein Radiallager nach Petroff berechnen lässt berechnen zu

$$P_R = \frac{\eta \cdot \pi^3 \cdot L \cdot D^3 \cdot f^2}{c} \qquad\qquad \text{Gl. 8.30}$$

(η dynamische Viskosität der Luft, L Lagerlänge, D Lagerdurchmesser, f Drehfrequenz, c Lagerspiel)

- Im Gegensatz zu Öl weist die Viskosität von Luft nur eine geringe, meist vernachlässigbare Abhängigkeit von der Temperatur auf.

- Der Schmierstoff Luft ist überall vorhanden und kann einfach aus der Umgebung entnommen werden. Da er auch genau so einfach wieder in die Umgebung entlassen werden kann, wirft die aus dem Lager abströmende Luft keinerlei Dichtungsprobleme auf.

- Die ausströmende Luft verursacht keinerlei Hygieneprobleme, was ihren Einsatz besonders in der Lebensmittelindustrie favorisiert.

- Während sich Öl als inkompressibles Arbeitsmedium mit geringem Aufwand unter hohen Druck setzen lässt, erfordert die Bereitstellung des kompressiblen Arbeitsmediums Luft einen erheblichen Energieaufwand. Durch diesen Umstand reduziert sich der Arbeitsdruck im Normalfall auf 6 bar und ist meist auf 10 bar begrenzt.

- Im Gegensatz zum ölgeschmierten Lager verfügt das Luftlager praktisch nicht über „Notlaufeigenschaften": Wenn es bei schnell laufenden Lagern durch eine nur kurzzeitige Lastüberhöhung oder durch ungeeignete Betriebsparameter zu einer Berührung der metallischen Flächen kommen sollte, so „frisst" das Lager augenblicklich: Die Reibung an den sich berührenden Flächen erzeugt so hohe Temperaturen, dass das Metall lokal schmilzt. Dadurch wird die Geometrie der Wirkflächen so beeinträchtigt, dass das Lager sofort blockiert und unbrauchbar wird. Lediglich bei langsam laufenden Luftlagern kann häufig eine metallische Berührung der Lagerflächen zugelassen werden.

Ähnlich wie beim ölgeschmierten Gleitlager lassen sich auch beim Luftlager zwei verschiedene Betriebsweisen unterscheiden: Beim aerodynamischen Lager wird der für die Tragfähigkeit notwendige Überdruck durch die Rotation der Welle selber erzeugt. Wegen der ausgesprochen schwachen Wirkung dieses Effekts und der dadurch hervorgerufenen bescheidenen Überdrücke kommt diese Betriebsweise nur selten in Betracht. Die weitaus meisten Luftlager werden mit einem externen Kompressor aerostatisch betrieben.

Betrachtung des Elementarlagers Die Analyse von Luftlagern unter Zuhilfenahme von Thermodynamik und Strömungslehre ist eine sehr aufwendige Angelegenheit, die im Vergleich zum ölgeschmierten Gleitlager noch dadurch verkompliziert wird, dass die Luft als kompressibles Arbeitsmedium betrachtet werden muss (s. [8.2]). Aber ähnlich wie die relativ komplexen Zusammenhänge eines Wälzlagers (Kräfte, Pressungen, Schmierung, Werkstoffschädigung, Verschleiß, Gebrauchsdauer) schließlich in einen einfachen, für den Konstrukteur praktikablen Berechnungsgang mit Tragzahlen mündet, so gibt es auch im Falle des aerostatischen Luftlagers eine relativ überschaubare Dimensionierung, die häufig eine ausreichend genaue rechnerische Beschreibung des Lagers erlaubt. Bild 8.54 betrachtet dazu zunächst einmal zwei kreisrunde, ebene, parallel zueinander angeordnete Platten. In der Mitte der einen Platte ist eine Bohrung eingebracht, durch die Druckluft zuströmt und damit die Platten einer Kraftwirkung aussetzt. Damit die Luft im Spalt zwischen den Platten eine günstige Druckverteilung entwickelt, wird um die Bohrung herum eine „Verteiltasche" eingearbeitet.

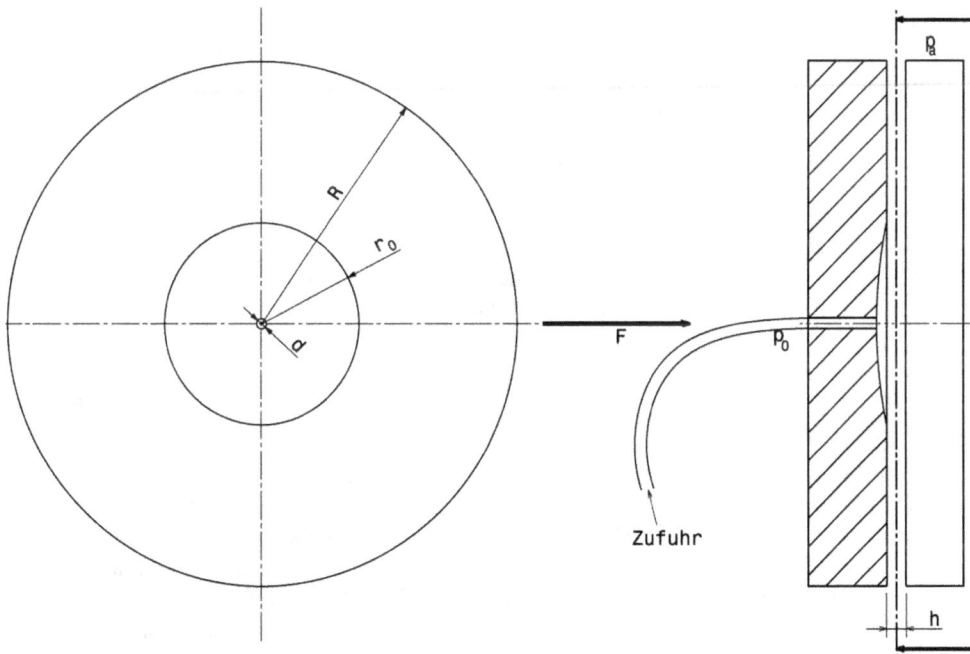

Bild 8.54: Elementarlager

Die wesentlichen Parameter dieser Anordnung sind:

d   Durchmesser der Zuführbohrung
r_0 Radius der „Verteiltasche"
R   Radius der kreisrunden Platten
p_0 Speisedruck (absolut)
p_a Umgebungsdruck
$p_0 - p_a$ Überdruck (Druck, den das Manometer anzeigt)

Für die rechnerische Beschreibung dieser Anordnung kann ein strömungstechnisches Gleichgewicht angesetzt werden: Die durch die Zuführbohrung des Elementarlagers einfließende Luftmenge muss gleich der Luftmenge sein, die durch den Ringspalt abströmt. Dieser Sachverhalt würde jedoch einen komplexen Ansatz erfordern, der für den praktischen Gebrauch nicht so ohne Weiteres zu handhaben ist. Aus diesem Grund wird zumindest für eine erste Betrachtung eine vereinfachte Näherungsrechnung benutzt. Dabei ist vor allen Dingen die Kraft F_{max} von Interesse, die maximal wirken darf, bevor der Luftfilm zwischen den Platten zusammenbricht und damit die Funktion des Luftlagers zum Erliegen kommt:

$$F_{max} = c_s \cdot R^2 \cdot \pi \cdot (p_0 - p_a) \qquad\qquad \text{Gl. 8.31}$$

Diese Formulierung orientiert sich zunächst an dem bekannten Zusammenhang, dass sich die Kraft als Produkt aus Druckdifferenz $(p_0 - p_a)$ und Fläche $(R^2 \cdot \pi)$ ergibt. Da jedoch in diesem Fall die Druckverteilung nicht gleichmäßig ist und nur mittelbar mit dem Speisedruck p_0 in Zusammenhang steht, muss hier ein dimensionsloser, konstanter Faktor c_s eingeführt werden, der auch als „Tragzahl c_s" bezeichnet wird und sich folgendermaßen berechnet:

$$c_s = 0{,}3 + 0{,}6 \cdot \frac{r_0}{R} - 10^{-4} \cdot \left(40 - \frac{p_0 - p_a}{p_a}\right)^2 \qquad\qquad \text{Gl. 8.32}$$

Die maximale Kraft am Elementarlager entsteht dann, wenn die Spaltweite besonders klein ist. Sowohl die Zuführbohrung mit dem Durchmesser d als auch der Spalt mit der Höhe h stellen jeweils für sich einen Strömungswiderstand dar. Wird der Spalt h verengt, so steigt dessen Strömungswiderstand und der durch p_0 in der Verteiltasche hervorgerufene Druck an, was die Kraft F vergrößert. Bild 8.55 zeigt das Kraft-Verformungs-Verhalten eines Elementarlagers zunächst einmal beispielhaft für $p_0 = 6$ bar, $p_a = 1$ bar, d = 0,3 mm, r = 4 mm und R = 50 mm.

Die Kraft fällt mit steigender Spaltweite stetig ab. Die Kurve verläuft zunächst konvex bis zur Spaltweite h^+ und wird dann nach einem Wendepunkt konkav. Am Übergang dieser beiden Kurventeile ist die Steigung am größten, sodass an dieser Stelle die Steifigkeit S als Ableitung der Kraft nach der Spaltweite maximal wird. Für ganz große und ganz kleine Spaltweiten h ist die Steifigkeit S null, weil sich die Kraft F mit variierender Spaltweite nicht mehr ändert. Andererseits ist die Steifigkeit dort maximal, wo der Kraftverlauf am steilsten ansteigt. Die in diesem Betriebspunkt vorliegende Spaltweite h^+ errechnet sich nach der folgenden Größengleichung:

$$h^+[\mu m] = 55 \cdot \sqrt[3]{\frac{p_a}{p_0 + p_a} \cdot (d[mm])^2 \cdot \ln \frac{R}{r_0}} \qquad\qquad \text{Gl. 8.33}$$

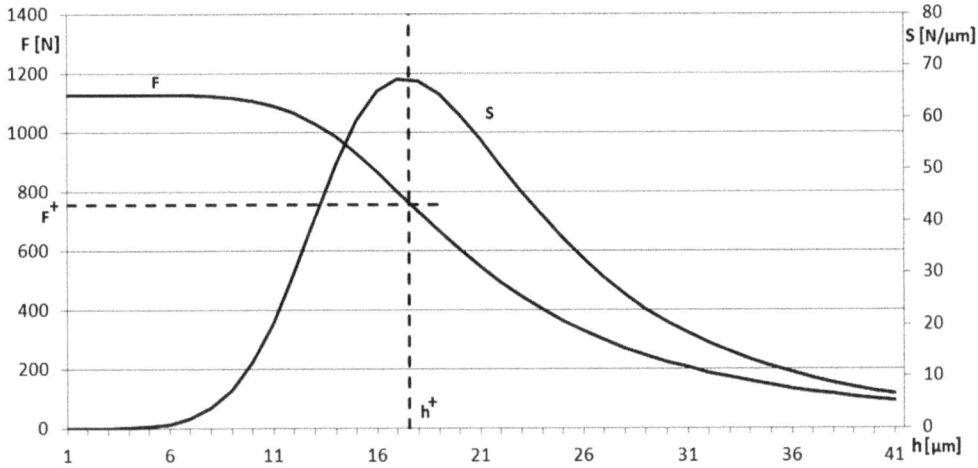

Bild 8.55: Kraft-Verformungs-Verhalten Elementarlager für $p_0 = 6\,\text{bar}$, $p_a = 1\,\text{bar}$, $d = 0,3\,\text{mm}$, $r_0 = 4\,\text{mm}$ und $R = 50\,\text{mm}$

Der vollständige funktionale Zusammenhang zwischen der Kraft F und der Spaltweite h lässt sich beschreiben durch:

$$h = h^+ \cdot \sqrt[6]{\left(\frac{F_{max}}{F}\right)^2 - \frac{F_{max}}{F}} \quad \text{bzw.} \qquad \text{Gl. 8.34}$$

$$F = \frac{F_{max}}{\frac{1}{2} + \sqrt{\frac{1}{4} + \left(\frac{h}{h^+}\right)^6}} \qquad \text{Gl. 8.35}$$

Die Steifigkeit S des einzelnen Elementarlagers lässt sich berechnen zu

$$S = 6 \cdot \frac{F_{max}}{h^+} \cdot \frac{\left[\frac{F}{F_{max}} \cdot \left(1 - \frac{F}{F_{max}}\right)\right]^{\frac{5}{6}}}{\frac{F}{F_{max}} - 2} \cdot \sqrt{\frac{F}{F_{max}}} \qquad \text{Gl. 8.36}$$

Bild 8.56 stellt diesen Standardfall nochmals dar und variiert den Düsendurchmesser: Es ergeben sich keinerlei Änderungen bezüglich der maximalen Kraft (Tragfähigkeit), aber die Steifigkeit verschlechtert sich mit zunehmendem Düsendurchmesser. Im Umkehrschluss lässt sich die Steifigkeit durch immer kleineren Düsendurchmesser steigern, was aber nur dann ausgenutzt werden kann, wenn auch die Spaltweite entsprechend reduziert wird, was jedoch fertigungstechnisch immer problematischer wird: Die Steifigkeit eines Luftlagers wird dann optimal, wenn ein möglichst kleiner Düsendurchmesser mit einer möglichst geringen Spaltweite kombiniert wird. In der industriellen Praxis hat sich die in Bild 8.55 dokumentierte Kombination eines Düsendurchmessers von 0,3 mm mit einer Spaltweite von 17 μm bewährt (s. auch [8.8]).

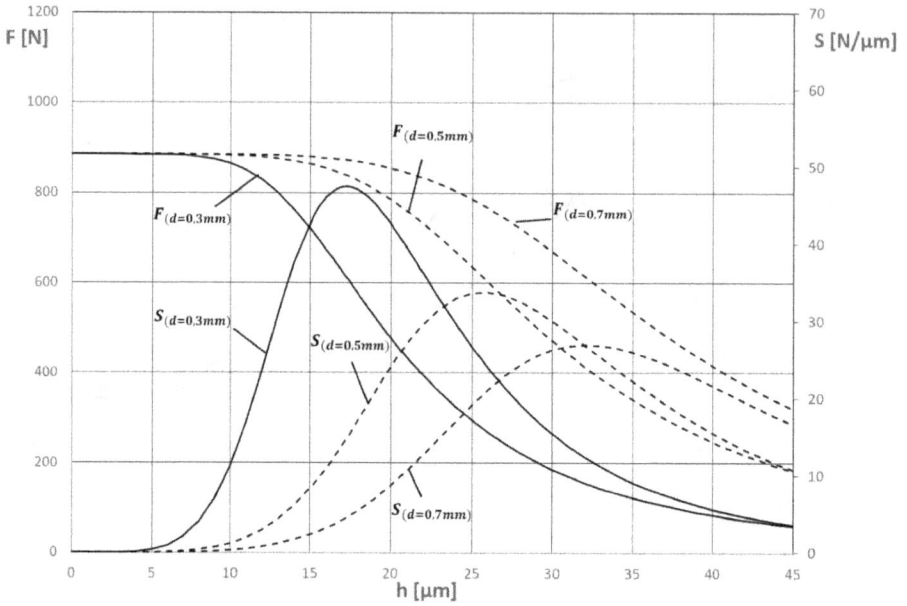

Bild 8.56: Kraft-Verformungs-Verhalten Elementarlager, Variation des Düsendurchmessers

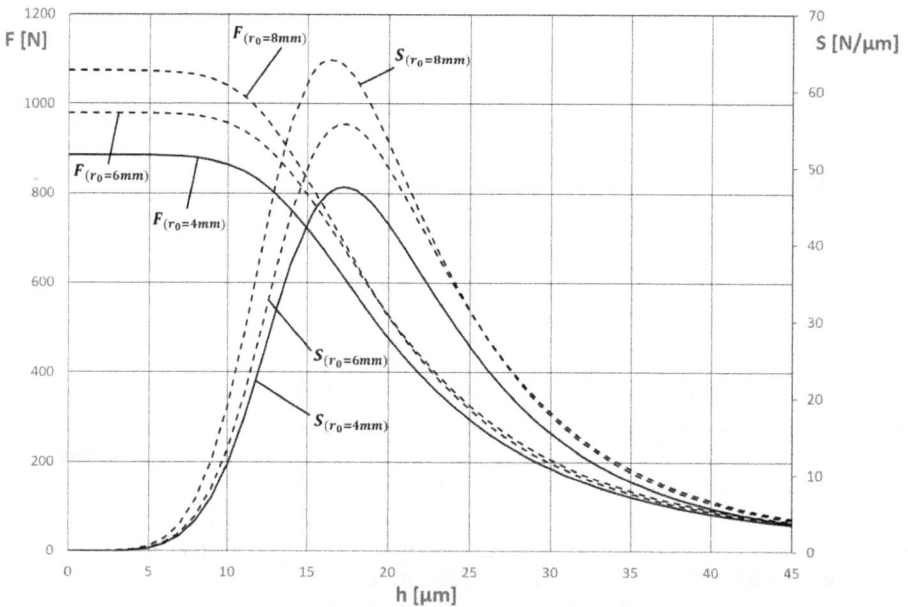

Bild 8.57: Kraft-Verformungs-Verhalten Elementarlager, Variation des Taschendurchmessers

Bild 8.57 greift den Standardfall von Bild 8.55 nochmals auf, variiert aber den Taschendurchmesser r_0: Eine Steigerung des Taschendurchmessers vergrößert sowohl die Tragfähigkeit als auch die Steifigkeit. Allerdings steigt mit zunehmendem Taschendurchmesser auch die Gefahr des „air-hammer" (s. u.).

Die Steifigkeit S erreicht ihr Maximum S_{max} bei h^+ und hat dort den Wert

$$S_{max} = 1{,}05 \cdot \frac{F_{max}}{h^+} \qquad\qquad \text{Gl. 8.37}$$

Bei der Spaltweite h^+ liegt eine Kraft F^+ vor, die ebenfalls mit „+" indiziert wird und folgenden Betrag hat:

$$F^+ = 0{,}63 \cdot F_{max} \qquad\qquad \text{Gl. 8.38}$$

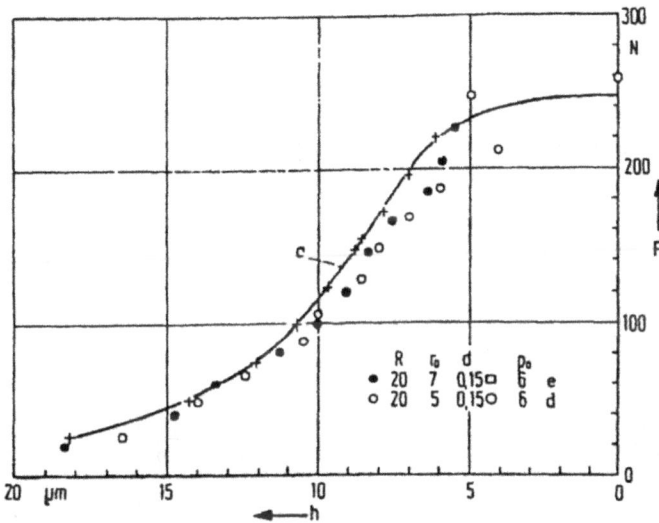

Bild 8.58: Gegenüberstellung Rechnung – Messung Elementarlager

Wie Bild 8.58 nach [8.12/13] dokumentiert, stimmt der mit obigen Gleichungen errechnete Kraftverlauf mit der messtechnisch erfassten Wirklichkeit weitgehend überein. Wie das Diagramm weiterhin zeigt, macht es praktisch keinen Unterschied, ob dieses Elementarlager wie zunächst angenommen kreisförmig begrenzt ist oder ob seine äußere Begrenzung ein Quadrat ist, dessen Kantenlänge mit dem Durchmesser des Kreises übereinstimmt.

Damit wird das Elementarlager mit seinen Gleichungen zum allgemeingültigen Instrumentarium bei der rechnerischen Beschreibung von Luftlagern. Wie die folgenden Beispiele zeigen, können auch beliebige Funktionsflächen von Luftlagern näherungsweise mit einer entsprechenden Anzahl von Elementarlagern belegt werden, die jeweils mit einer Luftzuführbohrung und einer Lagertasche ausgestattet werden und an ihrem äußeren Rand mit einem Begrenzungsradius R beschrieben werden, auch wenn dieser konstruktiv gar nicht in Erscheinung tritt. Bild 8.59 zeigt ein kombiniertes Axial-/Radiallager, bei dem sowohl der Düsendurchmesser als auch die Lagertasche selber unmaßstäblich groß dargestellt sind.

Zunächst wird das Axiallager mit Elementarlagern belegt, sodass sein Lastverhalten in Anlehnung an Bild 8.30 als „eindimensionales Problem" im Verspannungsdiagramm darstellbar gestellt werden kann. Weiterhin kann auch das Radiallager als „zweidimensionales Problem"

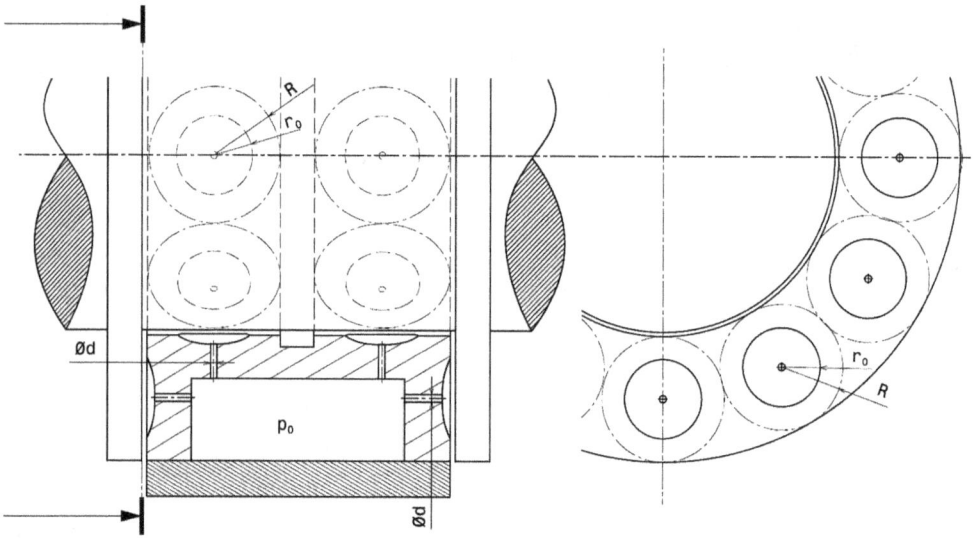

Bild 8.59: Aerostatisches Axial-/Radiallager

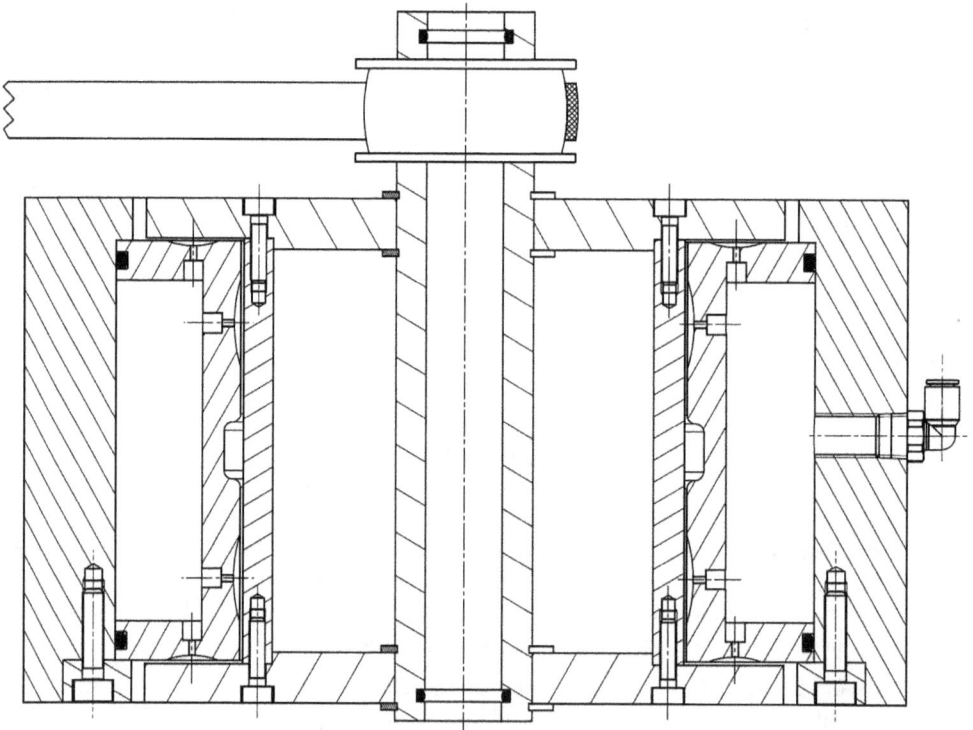

Bild 8.60: Konstruktionsentwurf Luftlager

wie in Bild 8.35 mit einfacher Vektorrechnung geklärt werden. Darüber hinaus kann ein Luftlager aber auch eine dreidimensionale Konfiguration annehmen (z. B. [8.8]).

Damit soll ein Beispiel aus der industriellen Praxis in den wesentlichen Aspekten beschrieben werden. Fertig bearbeitete Wälzlagerringe werden zur Konservierung und zum Korrosionsschutz mit Fett bestrichen. Das Fett wird grob aufgetragen, aber dem verkaufsfertigen Produkt soll nur ein möglichst dünner Fettfilm anhaften. Dazu werden die Ringe in eine Hohlwelle eingebracht, deren sehr schnelle Rotation das überflüssige Fett abschleudert („Fettschleuder"). Dieser Prozess verläuft fortwährend: Die auf der einen Seite in das Rohr eingeführten neuen Ringe schieben die Vorgänger auf der anderen Seite des Rohres hinaus. Wegen der angestrebten hohen Drehzahlen und der geringen Belastung wird die Verwendung eines Luftlagers nach Bild 8.60 in Erwägung gezogen.

Axiallager Jedes der beiden Axiallager wird mit 16 untereinander gleichen Elementarlagern ausgestattet, sodass die Kreisringe der Spurscheiben voll bestückt sind. Da die Elementarlager parallele Wirkungslinie aufweisen und mit gleichem Federweg belastet werden, liegt zunächst einmal für das einzelne Axiallager als „Spurlager" eine Parallelschaltung vor, bei der die Kräfte und Steifigkeiten der einzelnen Elementarlager einfach addiert werden können. Das Zusammenspiel der beiden Axiallager orientiert sich am Verspannungsschaubild nach Bild 8.61. Die Summe der beiden Spaltweiten $h_L + h_R$ wird konstruktiv durch die Differenz des Abstandes der beiden Spurscheiben abzüglich der axialen Erstreckung des Stützkörpers vorgegeben. Dieser Parameter beeinflusst sowohl die Tragfähigkeit als auch die Steifigkeit der gesamten Lagerung.

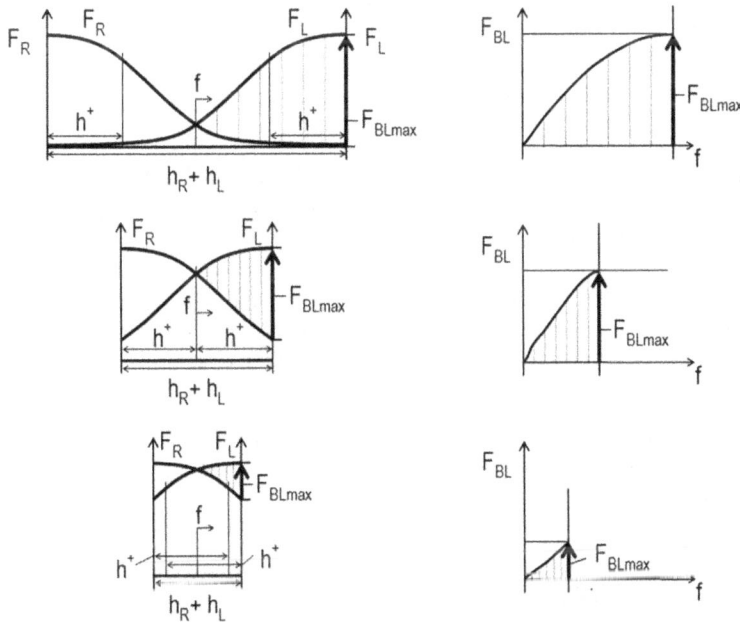

Bild 8.61: Verspannungsdiagramm axiales Luftlager

- In der oberen Bildzeile ist die Summe der beiden Spaltweiten $h_L + h_R$ sehr groß ausgeführt. Ohne äußere Belastung wird das Lager eine zentrische, symmetrische Stellung einnehmen, von dem aus jetzt der Federweg f für die komplette Lagerung gezählt wird. Bei maximaler Axialkraft (in Anlehnung an die Bezeichnung bei Schrauben hier auch mit F_{BLmax} bezeichnet) wird die Lagerauslenkung f so groß, dass sich die Spurscheibe und der Stützkörper im (unrealistischen) Grenzfall berühren. Für alle anderen Auslenkungen f lässt die jeweils wirkende Betriebskraft F_{BL} zwischen Null und F_{BLmax} ermitteln und damit in der rechten Bildhälfte eine Federkennlinie erstellen. Wird eine nach rechts gerichtete Axialbelastung groß, so stützt sie sich im Wesentlichen nur am linken Axiallager ab, ohne dass das rechte Axiallager daran beteiligt ist, sodass sich die maximal ausnutzbare Tragfähigkeit der gesamten Lagerung jeweils nur auf ein Lager bezieht. Die Gesamtsteifigkeit ist in Mittelstellung allerdings sehr gering und kann zu Instabilitäten führen. Da die Luft im jeweils unbelasteten Axiallager ohne nennenswerten Drosselwiderstand des Spaltes abströmen kann, ist der Luftverbrauch dieser Ausführungsform relativ hoch.

- In der zweiten Bildzeile ist die Summe der beiden Spaltweiten $h_L + h_R$ auf $2 \cdot h^+$ reduziert, was dazu führt, dass die vorhandenen Steifigkeiten der beiden Spurlager zu einer optimalen Gesamtsteifigkeit der gesamten Lagerung addiert werden. Für die Belastbarkeit der Gesamtlagerung müssen aber gewisse Einbußen gegenüber der tragfähigkeitsoptimierten Ausführung im oberen Bilddrittel hingenommen werden.

- Wird der gesamte Lagerspalt $h_L + h_R$ im unteren Bilddrittel noch enger als $2 \cdot h^+$ ausgeführt, so leiden darunter sowohl die Tragfähigkeit als auch die Steifigkeit. Diese Ausführung ist also auf jeden Fall zu vermeiden.

- Sinnvollerweise wird die Vorspannung entweder nach dem oberen Bilddrittel tragfähigkeitsoptimiert oder nach dem mittleren Bilddrittel steifigkeitsoptimiert ausgeführt, wobei auch Zwischenlösungen sinnvoll sind.

Der in der Praxis oft angestrebte Kompromiss zwischen den beiden oben genannten Modellfällen „optimale Tragfähigkeit" und „optimale Steifigkeit" soll an dem bereits oben angedeuteten Beispiel der „Fettschleuder" nach Bild 8.62 demonstriert werden.

Für den hier vorliegenden Fall errechnete sich die für die Steifigkeit optimale Spaltweite zu $h^+ = 20\,\mu m$. Wird der Gesamtaxialspalt $h_{ges} = h_L + h_R = 40\,\mu m$ gewählt, so ergibt sich ein besonders steiler Verlauf der Axialkraft F_{ax}, die Steifigkeit ist optimal. Wird der Gesamtspalt h_{ges} nun schrittweise vergrößert, so wird der Verlauf der Axialkraft F_{ax} immer flacher, die Steifigkeit wird immer geringer. Die Tragfähigkeit (größtmögliches F_{ax}) steigt allerdings etwas an. Der Zugewinn an Tragfähigkeit wird mit zunehmendem Gesamtspalt h_{ges} aber immer schwächer. Gesamtspaltweiten h_{ges} von größer als $60\,\mu m$ sind praktisch sinnlos und würden nur den Luftverbrauch unnötig erhöhen.

Die Modellvorstellung, das Last- und Steifigkeitsverhalten eines aerostatischen Luftlagers mittels modellhafter Federn zu beschreiben, soll auch einen weiteren Effekt erklären helfen: Denkt man sich das Axiallager ausgelenkt und dann losgelassen, so wird die Welle in axialer Richtung schwingen. Diese Schwingungen werden durch die folgenden Umstände begünstigt:

- Das Elementarlager und damit das gesamte Luftlager hat nur eine sehr **geringe Dämpfung**, die die Schwingung beruhigen könnte.

- Durch strömungstechnische Besonderheiten kann sich die Schwingung von **selbst erregen**.

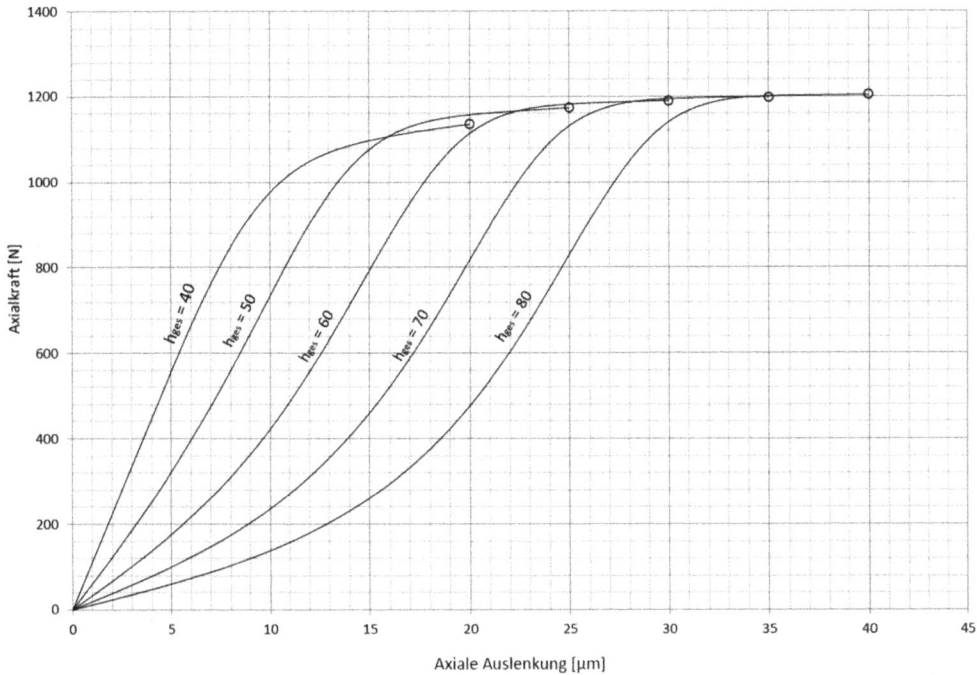

Bild 8.62: Berechnete Steifigkeitskennlinie aerostatisches Axiallager

Tritt diese Schwingung auf, dann schlägt die Welle gegen das Gehäuse. Dieser Vorgang spielt sich bei relativ hoher Frequenz ab, sodass sich im Lager ein brummendes, hämmerndes, deutlich hörbares Geräusch bemerkbar macht, welches auch „air-hammer" genannt wird. Bei dessen Auftreten darf das Lager nicht in Rotation versetzt werden, da es dann durch Kaltverschweißungen sofort zerstört werden würde.

Die Neigung zur Selbsterregung des Luftlagers hängt mit der Größe des „toten Luftvolumens" in der Lagertasche zusammen: Je größer das tote Luftvolumen, desto größer ist auch die Gefahr des air-hammers. Auf der anderen Seite werden jedoch möglichst große Taschenflächen angestrebt, um Tragfähigkeit und Steifigkeit zu maximieren. Diesen Widerspruch versucht man dadurch aufzulösen, dass man die Lagertaschen möglichst flach ausführt. Diese Lagertaschen haben dann eine Tiefe von wenigen Zehntelmillimetern und einen Durchmesser von etwa einem Zehntel des Außendurchmessers des Elementarlagers. Diese Optimierungskriterien werfen zuweilen sehr große fertigungstechnische Probleme auf.

Aufgabe A.8.30

Radiallager Das Radiallager wird grundsätzlich mit den gleichen Überlegungen angegangen wie das zuvor diskutierte Axiallager: Auch hier können die einzelnen Elementarlager als nichtlineare Federn aufgefasst werden, die untereinander verspannt werden. Während das Axiallager allerdings wegen der parallelen Wirkungslinien ein eindimensionales Problem ist und sich deshalb im Verspannungsschaubild darstellen lässt, sind die Verhältnisse beim Radiallager wegen der Anordnung der Wirkungslinien in der Ebene etwas komplexer, weil man es hier mit einem zweidimensionalen Problem zu tun hat. Grundsätzlich gilt hier jedoch die gleiche Vorgehensweise wie beim Übergang vom axialen zum radialen Wälzlager. Das Radiallager nach Bild 8.59/60 besteht aus zwei Zylindermantelflächen mit jeweils 8 Elementarlagern. Der Lagerspalt wird zunächst mit der steifigkeitsoptimierten Spaltweite h^+ ausführt.

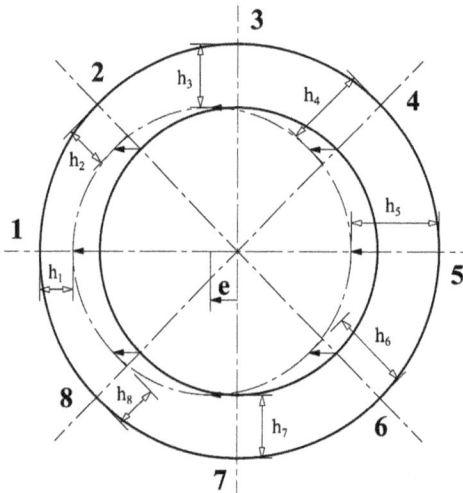

Bild 8.63: Spaltänderungen an den Elementarlagern eines aerostatischen Radiallagers

Die Welle nimmt bei zentrischer Lage keinerlei Radialkraft auf. Wird sie jedoch „gewaltsam" um die Exzentrizität e nach links ausgelenkt, so werden die Spaltweiten der Elementarlager beeinflusst: Für das Elementarlager 1 verkürzt sich die Spaltweite um die Auslenkung e, für das Elementarlager 5 vergrößert sie sich um den gleichen Betrag. Die Elementarlager 3 und 7 bleiben von dieser Verschiebung praktisch unberührt. Für die Elementarlager 2 und 8 verkürzt sich die Spaltweite in geometrisch berechenbarer Weise als Funktion der Wellenverlagerung e, für die Elementarlager 4 und 6 vergrößert sie sich entsprechend.

Die untereinander gleichen Elementarlager weisen mit den Gleichungen 8.30–8.37 einen Kraftverlauf nach Bild 8.64 auf. Mit den sich nach Bild 8.63 ergebenden Spaltweiten lassen sich dann die an jedem einzelnen Elementarlager entstehenden Kräfte ermitteln.

Werden diese Kräfte oben rechts in Bild 8.64 zu einem Krafteck zusammengesetzt, so muss zur Schließung dieses Kraftecks eine weitere Kraft F_{Welle} eingeführt werden, die aufgebracht werden muss, um die ursprünglich angenommene Auslenkung e überhaupt erst herbeizuführen.

So anschaulich diese grafische Vorgehensweise auch sein mag, für die Untersuchung eines realen Luftlagers ist sie recht umständlich. Da die Steifigkeit eines Luftlagers nicht linear ist, müsste für eine vollständige Beschreibung des Lagerverhaltens die Wellenverlagerung schrittweise variiert werden, was jedoch nur rechnerisch sinnvoll ist. Bild 8.65 dokumentiert eine rechnerische Simulation für den vorliegenden Anwendungsfall.

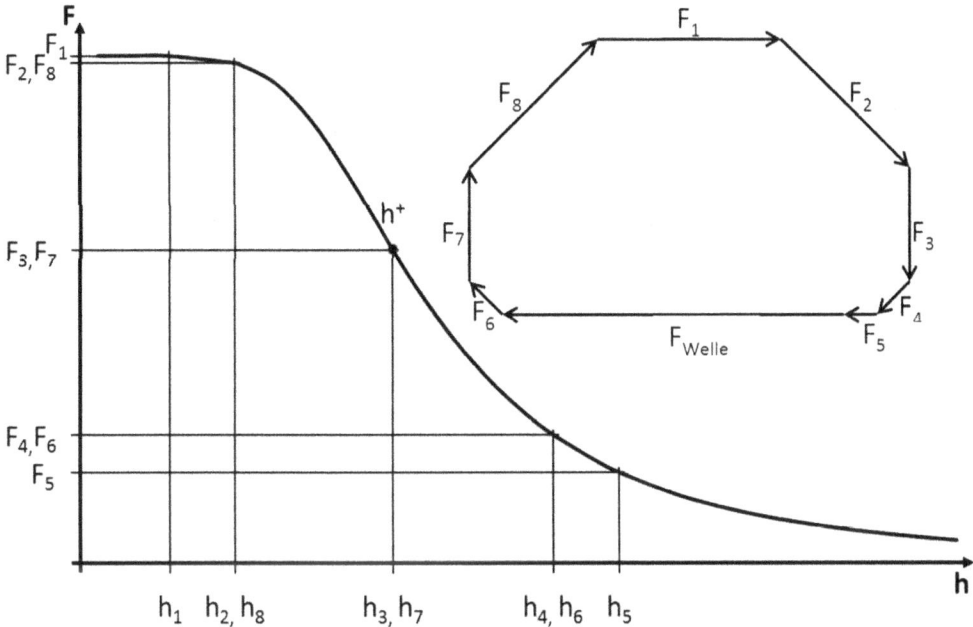

Bild 8.64: Aerostatisches Elementarlager, Zusammensetzung der Einzelsteifigkeiten

Es ergeben sich ähnliche Beobachtungen wie beim zuvor diskutierten Axiallager: Für den hier vorliegenden Fall errechnete sich die für die Steifigkeit optimale Spaltweite auch hier zu $h^+ = 20\,\mu\mathrm{m}$. Für diesen Fall (I) resultiert ein besonders steiler Verlauf der Radialkraft F_R, die Steifigkeit ist optimal. Wird der Spalt h_{Sp} nun auf $25\,\mu\mathrm{m}$ vergrößert, so wird der Verlauf der Radialkraft F_R flacher (II), aber die Tragfähigkeit (größtmögliches F_R) steigt etwas an. Der Zugewinn an Tragfähigkeit wird mit zunehmendem Gesamtspalt h_{Sp} aber immer schwächer, was hier nicht mehr dargestellt ist. Schließlich wird die Tragfähigkeit sogar rückläufig, da die Stützwirkung der seitlichen Elementarlager zunehmend schwächer wird.

Um die auch beim vorliegende Gefahr des „air-hammer" zu reduzieren, soll das tote Luftvolumen reduziert werden. Zu diesem Zweck wurde in einem weiteren Rechenbeispiel (III) der Taschendurchmesser von 5 mm auf 3 mm verringert. Durch diese Maßnahme wird aber gleichzeitig die Tragfähigkeit des Lagers verringert und die Steifigkeit herabgesetzt, denn der Kraftverlauf wird insgesamt flacher.

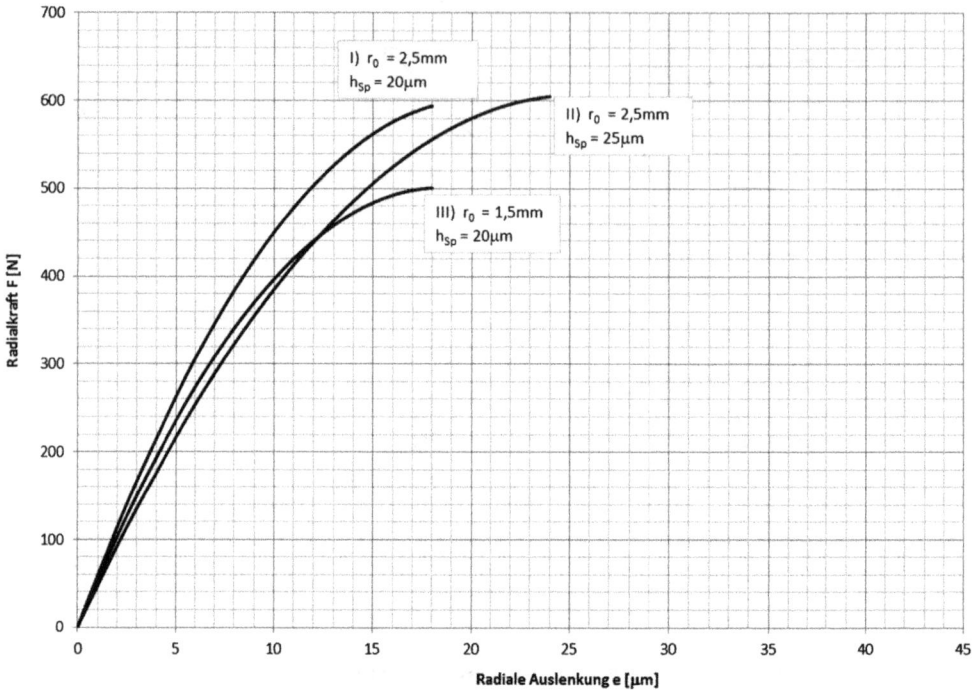

Bild 8.65: Berechnete Steifigkeitskennlinie aerostatisches Radiallager

Aufgabe A.8.31

Der Betrieb eines Luftlagers bei hohen Drehzahlen bringt besondere Probleme mit sich, denn

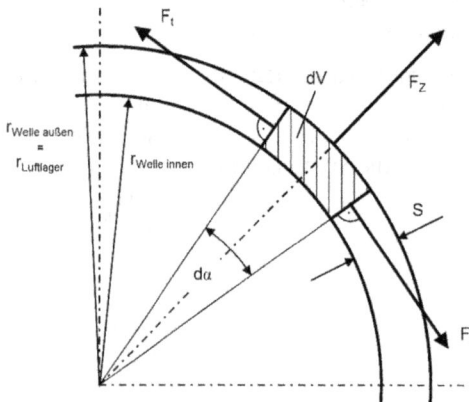

Bild 8.66: Fliehkraftbelastung dünnwandige Hohlwelle

aufgrund der Fliehkraft kommt es zu Verformungen, die zwar sehr klein sind, aber die sehr enge Spaltgeometrie empfindlich stören können.

Da das hier vorliegende Lager bei einer Drehzahl von $40.000\,\text{min}^{-1}$ eingesetzt werden soll, empfiehlt sich eine Analyse der zu erwartenden Fliehkraftdeformationen. Da die „Fettschleuder" für ein weites Spektrum von Ringdurchmessern umgerüstet werden soll, wird die Welle als relativ dünnwandige Hohlwelle ausgeführt, für die ein einachsiger Spannungszustand angenommen werden kann. Mit diesem relativ einfachen rechnerischen Ansatz können die fliehkraftbedingten Deformationen nach Bild 8.66 beschrieben werden (vgl. auch Abschnitt 7.3.5.2, Fliehkraftbelastung von Riemen). Das einzelne Volumenelement der Hohlwelle ist der Zentrifugalkraft F_Z ausgesetzt

$$F_Z = dm \cdot r \cdot \omega^2 \quad \text{mit} \quad dm = \rho \cdot dV = \rho \cdot d\alpha \cdot r \cdot s \cdot b \qquad \text{Gl. 8.39}$$

Dabei bezeichnet s die Dicke der Hohlwelle in radialer Richtung und b die axiale Erstreckung der Hohlwelle. Diese Zentrifugalkraft kann bei dünner Wandstärke nur durch eine tangential gerichtete Zugkraft in der Zylinderwandung abgestützt werden:

$$F_Z = 2 \cdot F_t \cdot \sin \frac{d\alpha}{2}$$

Für die hier vorliegenden kleinen Winkel kann $\sin d\alpha/2 = d\alpha/2$ gesetzt werden, sodass sich die Gleichung vereinfacht zu

$$F_Z = F_t \cdot d\alpha \qquad \text{Gl. 8.40}$$

Durch Gleichsetzen von Gl. 8.39 und Gl 8.40 ergibt sich

$$\rho \cdot d\alpha \cdot r \cdot s \cdot b \cdot r \cdot \omega^2 = F_t \cdot d\alpha \quad \text{bzw.} \quad \rho \cdot r^2 \cdot s \cdot b \cdot \omega^2 = F_t$$

Die tangential in der Hohlwelle wirkende Kraft F_t kann als Produkt aus Spannung σ_t und Fläche $b \cdot s$ ausgedrückt werden. Diese Formulierung liegt nahe, weil hier näherungsweise ein einachsiger Spannungszustand vorliegt.

$$\rho \cdot r^2 \cdot \omega^2 \cdot s \cdot b = \sigma_t \cdot b \cdot s$$

Löst man diese Gleichung nach der das Bauteil belastenden Spannung σ_t auf, so ergibt sich:

$$\sigma_t = \rho \cdot (r \cdot \omega)^2 = \rho \cdot v^2 \qquad \text{Gl. 8.41}$$

Die Tangentialspannung dürfte in puncto Festigkeit völlig unkritisch sein, aber sie verursacht nach einer Grundgleichung der Festigkeitslehre (vgl. Gl. 0.3) die Verformung

$$\sigma = E \cdot \varepsilon$$

sodass sich daraus die relative Verformung ergibt

$$\varepsilon = \frac{\sigma}{E} = \frac{\rho \cdot v^2}{E} \quad \text{mit} \quad v = r \cdot \omega \quad \text{und} \quad \omega = 2 \cdot \pi \cdot n \qquad \text{Gl. 8.42}$$

Für das hier vorliegende Beispiel liegt konstruktiv ein Radius r von 55 mm vor und es wird eine Drehzahl von 40.000 min^{-1} (entspricht einer Winkelgeschwindigkeit von 4.189,6 s^{-1}) gefordert.

$$\varepsilon = \frac{7,85 \frac{kg}{10^6\,mm^3} \cdot (55\,mm \cdot 4.189,6\,s^{-1})^2}{2,1 \cdot 10^5 \frac{N}{mm^2}} = \frac{7,85\,kg \cdot (0,055\,m \cdot 4.189,6\,s^{-1})^2}{10^6\,mm^3 \cdot 2,1 \cdot 10^5 \frac{N}{mm^2}}$$

$$\varepsilon = 1,98 \cdot 10^{-6} \cdot \frac{Nm}{mm^3 \cdot \frac{N}{mm^2}} = 1,98 \cdot 10^{-3}$$

Die Verformung ε wirkt hier wegen des einachsigen Spannungszustandes tangential und vergrößert damit sowohl den Umfang als auch den Radius der Hohlwelle:

$$\varepsilon = \frac{\Delta L}{L} = \frac{2 \cdot \pi \cdot \Delta r}{2 \cdot \pi \cdot r} = \frac{\Delta r}{r}$$

$$\Delta r = \varepsilon \cdot r = 1,98 \cdot 10^{-3} \cdot 55\,mm = 109\,\mu m \qquad\qquad\qquad \text{Gl. 8.43}$$

Der Lagerspalt, der luftlagertechnisch zwischen 20 μm und 40 μm ausgeführt werden soll, würde sich durch Fliehkraftdehnung um 109 μm verengen. Der anvisierte Betrieb des Luftlagers ist aus diesem Grunde also völlig unmöglich.

Luftversorgung Die Luftversorgung eines Luftlagers bereitet besondere Probleme, weil es nicht direkt mit der Luft aus dem Druckluftnetz gespeist werden kann. Da die Luft bei der Expansion im Lagerspalt abkühlt, besteht die Gefahr, dass sich der in der Luft enthaltene Wasserdampf niederschlägt. Da diese Wassertröpfchen eine wesentlich höhere Viskosität als das Arbeitsmedium Luft haben, entstehen im Lager schlagartig und lokal hohe Bewegungswiderstände, die das Lager so aus dem Gleichgewicht bringen können, dass es zu metallischen Berührungen der Funktionsflächen kommt. Dies würde aber blitzartig zu lokalen Erwärmungen führen, die eine Anschmelzung der Funktionsflächen verursachen kann. Dadurch würde das Lager verklemmen und augenblicklich zerstört werden. Bei Luftlagern gibt es im Gegensatz zu ölgeschmierten Gleitlagern praktisch kein Mischreibungsgebiet und keine Notlaufeigenschaften.

Um die Kondensation von Wasserdampf im Lagerspalt zu verhindern, wird die Luft vor dem Eintritt ins Lager im komprimierten Zustand in einem Kältetrockner abgekühlt, wodurch der Wasserdampf ausfällt. Erst nach einem erneuten Erwärmen auf Raumtemperatur wird die Luft dem Lager zugeführt. Diese Luftaufbereitung ist ein wesentlicher Kostenfaktor bei dem Betrieb eines Luftlagers.

Weiterführende Gesichtspunkte Die Tragfähigkeit und Steifigkeit eines einreihigen Lagers (Bild 8.67-I) lässt sich durch eine mehrreihige Anordnung der Düsen (II–III) deutlich steigern, was aber mit einem erhöhten Fertigungsaufwand verbunden ist. Zur Vereinfachung der Konstruktion werden alle Düsen von einem gemeinsamen, ringförmigen Zuführkanal versorgt.

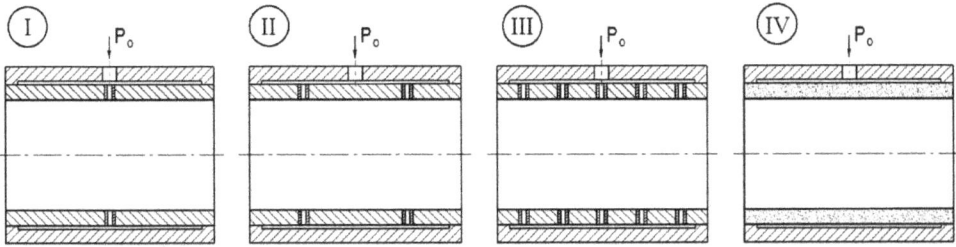

Bild 8.67: Düsenlager – Sinterlager

Der Druckaufbau im Lager wird noch weiter optimiert, wenn an Stelle der diskreten Zuführbohrungen eine poröse Lagerschale verwendet wird. Deren Berechnung lässt sich allerdings nicht mit der Modellbildung des Elementarlagers beschreiben, sondern erfordert einen deutlich aufwendigeren strömungstechnischen Ansatz. Die Herstellung solcher Lagerschalen bereitet besondere Probleme, weil beim Sintern nicht die erforderliche Maßhaltigkeit erzielt werden kann. Eine nachträgliche spanende Bearbeitung verbietet sich jedoch, weil dabei zerspante Werkstoffpartikel zurückgelassen werden, die nicht vollständig entfernt werden können und sich beim späteren Betrieb des Luftlagers ablösen und sich dabei im Lagerspalt verklemmen können. Aus diesem Grund ist hier ein besonderes Fertigungsverfahren angebracht: Die poröse Oberfläche wird durch Überrollen mit einer Hartmetallwalze verdichtet und dabei gleichzeitig auf die erforderliche Maßhaltigkeit gebracht.

Die Fluchtung zweier Radiallager bereitet fertigungs- und montagetechnische Probleme, weil ein radiales Luftlager in seiner ursprünglichen Bauform wegen seiner geringen Spaltweiten kaum winkeleinstellbar. In diesen Fällen werden vorzugsweise sphärische Lagergeometrien

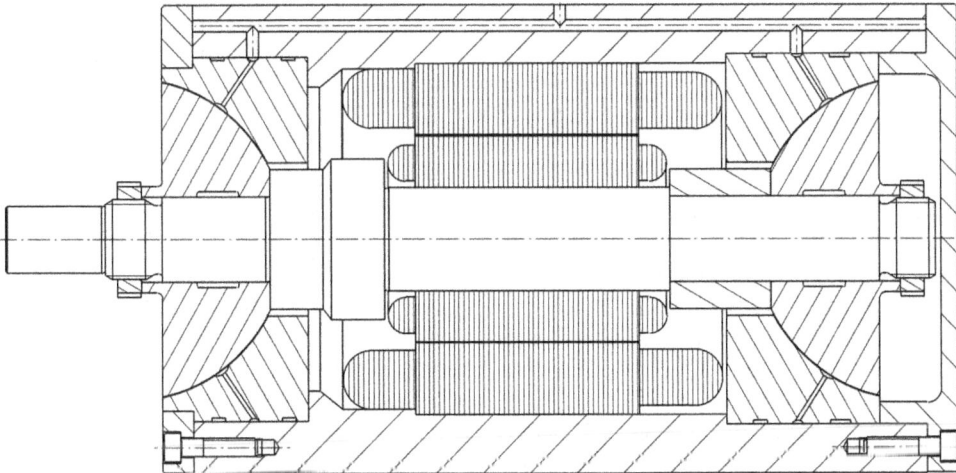

Bild 8.68: Elektromotor mit zwei sphärischen Luftlagern

verwendet. Bei dem Beispiel nach Bild 8.68 führen unvermeidliche Fluchtungsfehler der beiden Lager untereinander nicht zu einer Störung der Spaltgeometrie. Dabei kann auch der Umstand ausgenutzt werden, dass die kugelförmigen Wirkflächen der Lager sowohl Radial- als auch Axiallagerkräfte aufnehmen.

Der Einsatz von Luftlagerungen bleibt auf die Anwendungsfälle beschränkt, bei denen die besonderen Eigenschaften einer solchen Lagerungsart in vorteilhafter Weise ausgenutzt werden können: Wegen der geringen Viskosität der Luft ist auch der Reibungswiderstand der Lagerung und damit dessen Verlustleistung so niedrig, dass sie häufig völlig vernachlässigt werden kann. Dadurch werden bei kleinen Lagern mit Vollwelle extrem hohe Drehzahlen möglich.

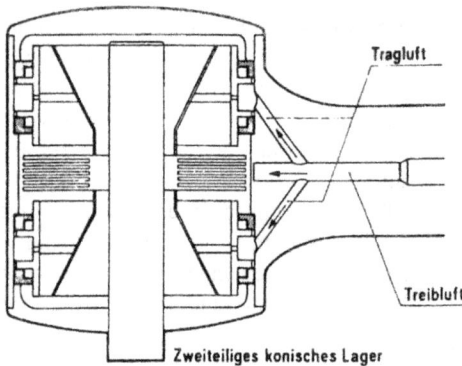

Bild 8.69: Luftlagerung Dentalbohrer

Diese Möglichkeit wird beispielsweise beim Zahnbohrer nach Bild 8.69 vorteilhaft ausgenutzt: Drehzahlen von bis zu $500.000\,\mathrm{min}^{-1}$ machen den Zerspanungsprozess so hochfrequent, dass er vom Patienten kaum mehr als Schmerz wahrgenommen wird. Die fertigungstechnische aufwendige Sphärengeometrie von Bild 8.68 wird hier zu einer doppelkonischen Ausführung vereinfacht. Um einen zusätzlichen Antriebsmotor einzusparen, wird das Werkzeug von einer Luftturbine angetrieben.

Mit Wälzlagern sind solche Drehzahlen kaum zu erzielen. Die Laufruhe („Luftkisseneffekt", „averaging effect") und damit die Präzision des Lagers erreichen Kennwerte, die sonst praktisch nicht zu realisieren sind.

Der Lagerabstand zweier separater Lager wird in aller Regel genutzt, um für die Abstützung des Biegemomentes einen Hebelarm bereitzustellen. Bei großen Luftlagern kann dieses Moment auch auf dem Radius des Lagers abgestützt werden, sodass auf das zweite Lager mit seiner Fluchtungsproblematik verzichtet werden kann (s. [8.8]).

8.7.3   Gegenüberstellung verspannter Lager

Die Überlegungen über Tragfähigkeit und Steifigkeit eines vollständigen Lagers basierend auf dem Verhalten der einzelnen Kraftübertragungsstelle (Wälzelement, Lagertasche, Elementarlager) lassen sich in Bild 8.70 gegenüberstellen. Das Verformungsverhalten der Kraftübertragungsstelle eines Wälzkörpers lässt sich in der oberen Zeile noch in Anlehnung an eine Federkennlinie als ein Kurvenverlauf (Feder-)Kraft über (Feder-)Weg darstellen (vgl. auch Bild 2.3): Die Kraft steigt mit zunehmendem Federweg an. In den Spalten 2 (Gleitlager) und 3 (Luftlager) wird die Kraft F aber in Funktion der Spaltweite h dargestellt: Die Kraft nimmt mit abnehmender Spaltweite zu. Auch hier kann man sich einen komplementären „Federweg f"

Prinzipskizze Kraftübertragungsstelle	Verformungsverhalten Kraftübertragungsstelle	Eindimensionale Verspannung
Wälzlager		
Gleitlager (hydrodynamisch / hydrostatisch)		
Luftlager		

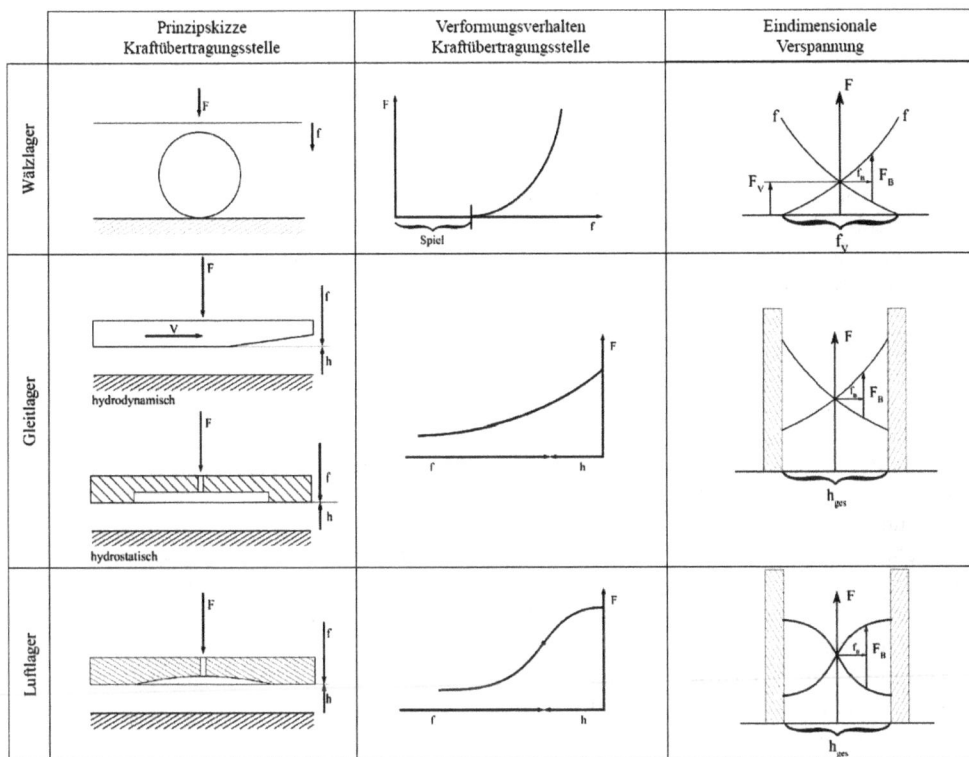

Bild 8.70: Gegenüberstellung Lagerbauformen

vorstellen, dessen Nullpunkt aber nicht festgelegt werden kann. Während sich das Axiallager noch als „eindimensionale Verspannung" im Verspannungsdiagramm darstellen lässt, muss für das Radiallager als „zweidimensionaler Verspannung" die Vektorrechnung bemüht werden. Diese oben bereits mehrfach praktizierte Vorgehensweise lässt sich folgendermaßen verallgemeinern:

- Lagergeometrie in zentrischer, unbelasteter Lage abklären
- Lagerauslenkung e (Lagerexzentrizität) vorgeben
- geometrische Auswirkungen für jede einzelne Kraftübertragungsstelle über Winkelfunktionen ermitteln (bei Wälzlagern Federweg eventuell mit Spiel oder Vorspannung, bei Luft- und Gleitlager Spaltweiten)
- Kraft für jede einzelne Kraftübertragungsstelle ermitteln (rechnerisch oder grafisch)
- Einzelkräfte vektoriell zur Gesamtkraft F_{ges} zusammenfassen
- Der Quotient aus der Gesamtkraft F_{ges} und der ursprünglich angenommenen Lagerauslenkung e ergibt die Lagersteifigkeit c_{Lager}.

Jeder Versuch, zunächst eine Gesamtlagerkraft anzunehmen und diese dann in ihrer Aufteilung auf die einzelnen Kraftübertragungsstellen zu untersuchen, führt auf unnötige Probleme der Lastverteilung und den damit verbundenen erhöhten rechnerischen Aufwand.

Die voranstehenden Erkenntnisse über die verschiedenen Lagerungsarten lassen sich in einer vergleichenden Gegenüberstellung zusammenzufassen. Damit soll für die Neuprojektierung einer Lagerung eine Vorauswahl über die Lagerbauform erleichtert werden. Es liegt in der Natur der Sache, dass man eine solche Gegenüberstellung stark vereinfachen muss und manche Differenzierung zunächst einmal noch nicht sichtbar wird. Die folgende Tabelle soll also nur eine grobe Vorauswahl erleichtern.

Merkmal	Wälzlager	hydro-dynamisches Lager	hydrostatisches Lager	aerostatisches Lager
Tragfähigkeit	hoch	mittel	hoch	niedrig
Steifigkeit	hoch	mittel	hoch	niedrig
Dämpfung	niedrig	hoch	hoch	niedrig
Laufgenauigkeit	mittel	mittel	hoch	hoch
Drehzahlbereich	mittel	niedrig	hoch	hoch
Verschleiß	mittel	mittel	sehr gering	sehr gering
Verlustleistung	mittel	mittel	mittel	sehr gering
Bereitstellkosten	niedrig	mittel	hoch	hoch
Kühlmöglichkeit	mittel	mittel	hoch	niedrig
Betriebssicherheit	hoch	hoch	mittel	niedrig

8.8   Literatur

[8.1]   Assmann, B., Selke, P.: Technische Mechanik, Band 2, Oldenbourg 2006

[8.2]   Bartz, W. J.: Luftlagerungen und Magnetlager; 3. Auflage 2014, Expert Verlag

[8.3]   Dormann, J.: Strömungssimulation von Luftlagern mit diskreter Düsenverteilung, Dissertation TU München 2001; Fortschrittsberichte VDI Reihe 7 Nr. 436

[8.4]   Hinzen, H.: Flachschleifen von Halbleiterwafern; Industrie Diamanten Rundschau 26 (1992) Nr. 2, S. 73–77
Industrial Diamond Review 52, number 550 (3/92), p 126–129 (englischsprachig)
IDR 1992/2, Vol. 3, No. 7, p. 38–41 (japanischsprachig)
Präzision im Spiegel 15 (1993) Nr. 2, S. 21–24 (deutschsprachiger Nachdruck)

[8.5]   Hinzen, H.: Ripper, B.: Schleifscheibenverhalten beim Rotationsschleifen von Halbleiterscheiben; Industrie Diamanten Rundschau 27 (1993) Nr. 3, S. 188–193

[8.6]   Hinzen, H.: Ripper, B.: Precision Grinding of Semiconductor Wafers, Solid State Technology, August 1993, p. 53–56

[8.7]   Hinzen, H.: So flach wie möglich – Rotationsschleifen von Halbleiterwafern, Vortrag
         auf der Tagung „Halbleiterfertigungsgeräte und -materialien in JESSI" während der
         PODUCTRONICA 93, Tagungsband S. 53–62

[8.8]   Hinzen, H.: Unkonventionelles Spindelsystem für eine High-Tech- Werkzeugmaschi-
         ne; Antriebstechnik 28 (1989) Nr. 8, S. 50–58

[8.9]   Schmidt, J.: Aerostatische poröse Radiallager in W. J. Bartz, Luftlagerungen und An-
         wendungen, Kontakt und Studium Band 78, Expert Verlag 1993, S. 26–40

[8.10]   Steinhilper/Röper: Maschinen- und Konstruktionselemente 1 Grundlagen der Berech-
         nung und Gestaltung

[8.11]   Tschätsch/Charcut: Werkzeugmaschinen, Einführung in die Fertigungsmaschinen der
         spanlosen und spanenden Formgebung Hanser Verlag

[8.12]   Unterberger, R.: Die Steifigkeit der Luftlager, Feinwerktechnik 65 (1961), S. 17–24

[8.13]   Unterberger, R.: Vereinfachte Berechnung der Tragfähigkeit von aerostatischen Luft-
         Lagern und Führungen; Feinwerktechnik & Meßtechnik 87 (1979) 8; S. 372–380

[8.14]   Weck, M.: Werkzeugmaschinen, Band 1–4, VDI-Verlag hier vor allen Dingen Band 1:
         Maschinenarten, Bauformen und Anwendungsbereiche Band 2: Konstruktion und Be-
         rechnung

[8.15]   Witte, H.: Werkzeugmaschinen, Vogel Verlag

8.9   Aufgaben: Verformung und Verspannung

A.8.1   Verformung Aufhängevorrichtung

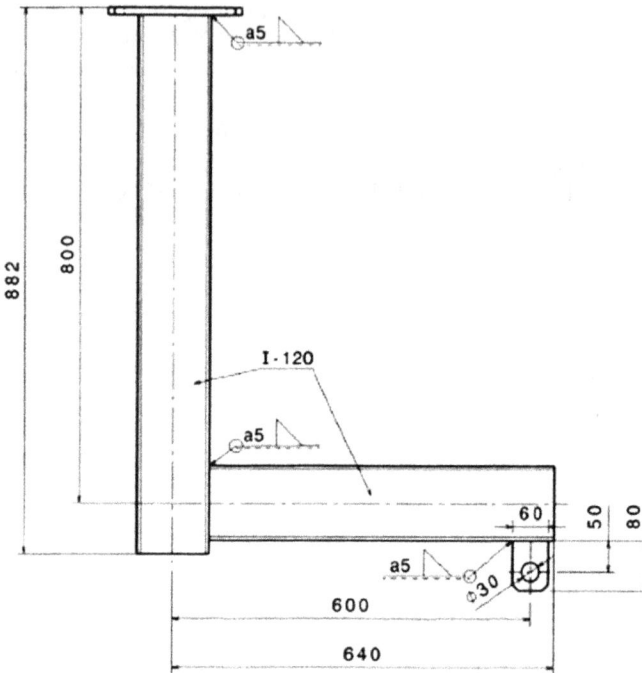

Die nebenstehend dargestellte Aufhängevorrichtung aus Stahl mit Profilen nach DIN 1025 T1 wird an der Bohrung unten rechts mit einer nach unten gerichteten Kraft von 10.000 N belastet. Welche Verformung stellt sich an der Kraftangriffsstelle ein? Für die federnden Längen sind die Abstände zu den Schwerelinien maßgebend.

Da sich die Verformung aus mehreren Anteilen zusammensetzt, sollten Sie das unten stehende Schema benutzen. Vermerken Sie zunächst die jeweils auftretenden Federlängen.

	Federlänge [mm]	Verformung [mm]
Federweg aufgrund der Biegung des waagerechten Balkens		
Federweg aufgrund des Zuges im senkrechten Balken		
Federweg aufgrund der Biegung des senkrechten Balkens		
Gesamtfederweg		

A.8.2 Verformung Rohr und Flacheisen

Die unten dargestellte Vorrichtung besteht aus einem an der Wand befestigten Rohr und zwei daran angeschweißten Flacheisen, die in der Mitte und am rechten Ende mit je einem kurzen Distanzrohr untereinander verbunden sind, die aber auf das Verformungsverhalten keinen Einfluss ausüben. Über das rechte Rohr wird ein Seil geschlungen, welches unter einer Zugkraft von 500 N steht. Welche Verformung stellt sich an dieser Kraftangriffsstelle ein?

$$E = 210.000\,\text{N/mm}^2 \qquad G = 80.000\,\text{N/mm}^2$$

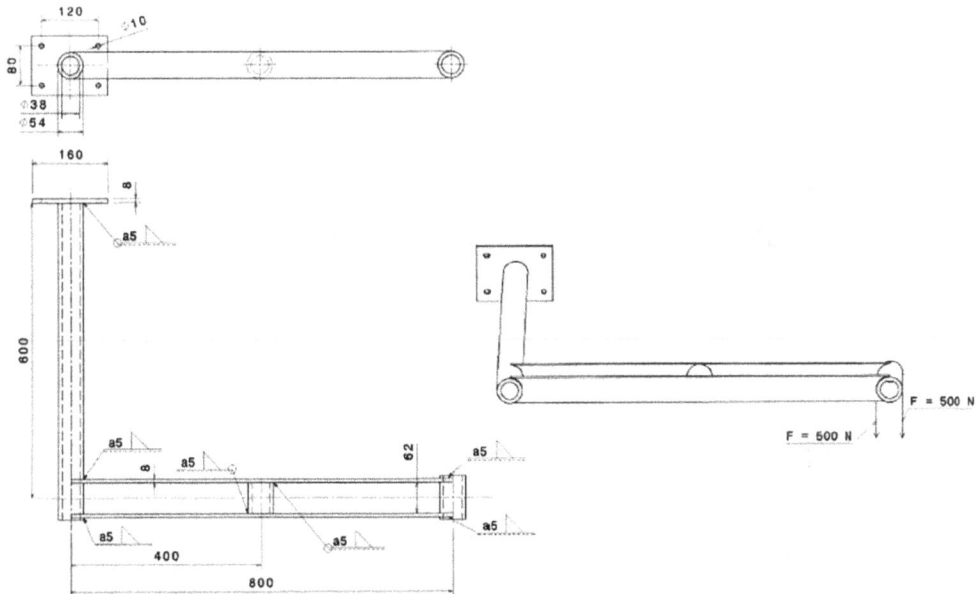

Da sich die Verformung aus mehreren Anteilen zusammensetzt, sollten Sie das unten stehende Schema benutzen. Ermitteln Sie zunächst die jeweils auftretenden Flächenmomente und Federlängen.

	Flächenmoment [mm^4]	Federlänge [mm]	Verformung [mm]
Federweg aufgrund der Biegung der Flacheisen			
Federweg aufgrund der Torsion des Rohres			
Federweg aufgrund der Biegung des Rohres			
Gesamtfederweg			

A.8.3   Sicherheitsnadel

Eine Sicherheitsnadel dient zum Fixieren von Kleidungsstücken und Verbänden und ist im Sinne der Maschinenelemente eine Schenkelfeder. Da diese nur über 1½ federnde Windungen verfügt und die Schenkel zur Einleitung des Momentes relativ lang sind, muss die Feder als eine Hintereinanderschaltung des schraubenförmig gewendelten Federkörpers und der beiden sich daran anschließenden Schenkel als Biegefedern betrachtet werden.

Wie groß ist die Torsionssteifigkeit der Feder (Abmessungen mittlere Darstellung unten), wenn nur der Windungsanteil berücksichtigt wird?	Nmm	
Wie groß ist die auf die Drehung der Feder bezogene Torsionssteifigkeit eines einzelnen Schenkels?	Nmm	
Wie groß ist die Steifigkeit der Feder, wenn alle Verformungsanteile einbezogen werden?	Nmm	

Bei der Dimensionierung sind drei Stellungen zu betrachten, wobei vereinfachend angenommen werden kann, dass die Kraft F am äußeren Ende des Schenkels eingeleitet wird:

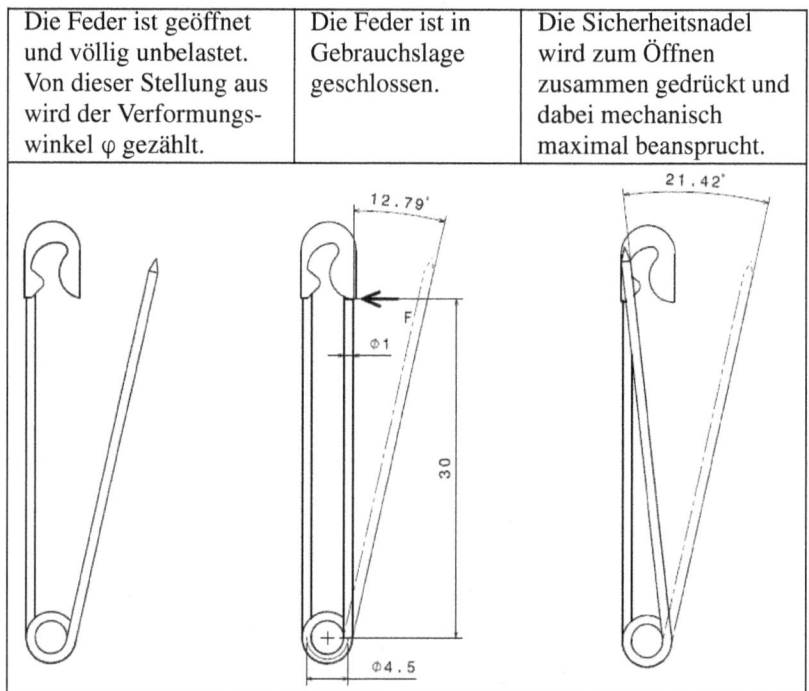

Die Feder ist geöffnet und völlig unbelastet. Von dieser Stellung aus wird der Verformungswinkel φ gezählt.	Die Feder ist in Gebrauchslage geschlossen.	Die Sicherheitsnadel wird zum Öffnen zusammen gedrückt und dabei mechanisch maximal beansprucht.

φ	°	0	12,79	21,42
M	Nmm	0		
σ_b	N/mm²	0		
F	N	0		

Wie groß ist das Moment M, die Biegespannung σ_b und die Kraft F in der geschlossenen und der maximal belasteten Stellung?

A.8.4   Schenkelfeder mit elastischen Schenkeln

Die unten dargestellte Schenkelfeder ist aus Stahl gefertigt und lässt eine Biegespannung von $600\,\text{N/mm}^2$ zu.

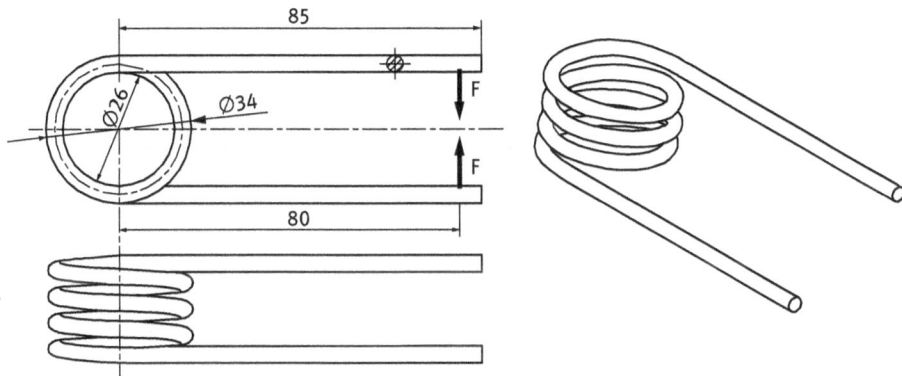

Vernachlässigen Sie zunächst die Federwirkung der beiden Schenkel und berechnen Sie in der linken Spalte des untenstehenden Ergebnisschemas die Belastbarkeit und die Steifigkeit. Ermitteln Sie anschließend die Formnutzzahl, wobei Sie zweckmäßigerweise zunächst das Federvolumen, die maximal speicherbare Arbeit und die ideal speicherbare Arbeit formulieren.

		ohne Schenkel	mit Schenkel
M_{max}	Nm		
c	Nm		
V	mm^3		
W_{real}	Nm		
W_{ideal}	Nm		
η_W	–		

Berechnen Sie anschließend sämtliche Werte unter Berücksichtigung der Federwirkung der beiden Schenkel.

A.8.5　　Verformung Gestell Schwenkbohrmaschine I

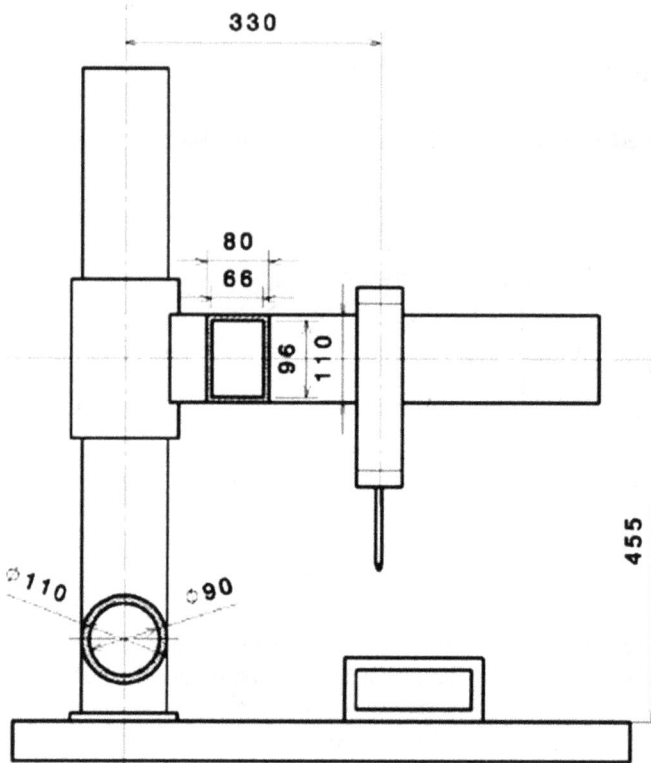

Die Steifigkeit einer aus Stahl gefertigten Schwenk-bohrmaschine soll näherungsweise berechnet werden. Dazu können folgende Annahmen getroffen werden:

- Das Untergestell sowie der Spindelkasten kann in seiner Nachgiebigkeit vernachlässigt werden.
- Die für die Verformung maßgebende Länge der Biegebalken ist der Abstand zwischen den neutralen Fasern der benachbarten Bauelemente.

Der Bohrvorgang belastet den Bohrer mit einer axial gerichteten Prozesskraft von 800 N belastet. Wie groß sind dann

Stahlgestell ($E = 210.000\,\text{N/mm}^2$)		aufgrund der Verformung		
		des waagerechten Auslegers	der senkrechten Säule	Summe
die Verlagerung des Kraftangriffspunktes in y-Richtung?	μm			
die Verlagerung des Kraftangriffspunktes in x-Richtung?	μm			
die Winkelverlagerung des Kraftangriffspunktes?	10^{-3} Grad			

Die zuvor berechneten Verformungen beziehen sich auf den Gestellwerkstoff Stahl. Wie groß wären die drei oben genannten Verformungen, wenn das gesamte Gestell aus Grauguss gefertigt wäre und wenn alle Abmessungen beibehalten werden?

Gussgestell (E = 85.000 N/mm²)		aufgrund der Verformung		Summe
		des waagerechten Auslegers	der senkrechten Säule	
die Verlagerung des Kraftangriffspunktes in y-Richtung?	μm			
die Verlagerung des Kraftangriffspunktes in x-Richtung?	μm			
die Winkelverlagerung des Kraftangriffspunktes?	10⁻³ Grad			

A.8.6 Verformung Gestell Schwenkbohrmaschine II

Mit einer Schwenkbohrmaschine soll eine Bohroperation in den beiden unten skizzierten Stellungen durchgeführt werden. Der Bohrvorgang belastet den Bohrer mit einer axial gerichteten Prozesskraft von 800 N. Die dadurch entstehenden Verformungen des aus Stahl (E = 210.000 N/mm²) bestehenden Gestells sollen näherungsweise berechnet werden. Dazu können folgende Annahmen getroffen werden:

• Das Untergestell sowie der Spindelkasten kann in seiner Nachgiebigkeit vernachlässigt werden.
• Die für die Verformung maßgebende Länge der Biegebalken ist der Abstand zu den neutralen Fasern der benachbarten Bauteile.

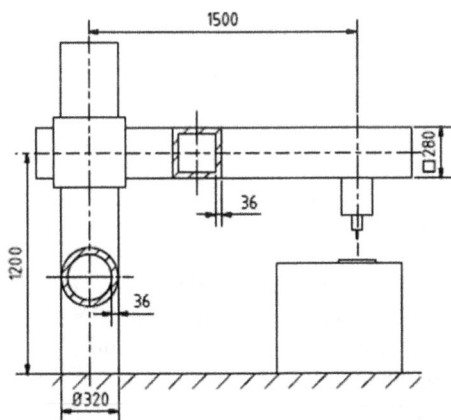

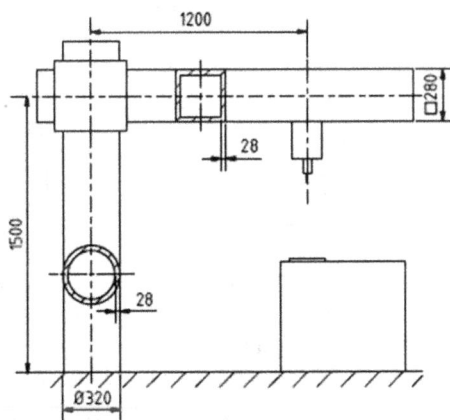

Wie groß sind dann

		für linke Variante aufgrund der Verformung			für rechte Variante aufgrund der Verformung		
		des waagerechten Auslegers	der senkrechten Säule	Summe	des waagerechten Auslegers	der senkrechten Säule	Summe
die Verlagerung an der Bohrstelle in y-Richtung?	μm						
die Verlagerung an der Bohrstelle in x-Richtung?	μm						
die Winkelverlagerung an der Bohrstelle?	10^{-3} Grad						

A.8.7   Einlippenbohrer

Beim Aufbohren großer Löcher wird die Bereitstellung eines einzelnen Bohrwerkzeugs für jeden einzelnen Durchmesser zu unwirtschaftlich. Stattdessen kann eine einheitliche, zylindrische Bohrstange verwendet werden, an deren stirnseitigem Ende eine querstehenden Schneide seitlich herausragt, womit das Bohrloch auf Endmaß (hier d = 2 · r = 200 mm) aufgebohrt wird. Da dieser Schneidbalken mit einer (hier nicht dargestellten) Schraubklemmung befestigt ist, kann sein äußeres Ende mehr oder weniger weit nach außen platziert werden, sodass ein gewisser Durchmesserbereich überstrichen werden kann.

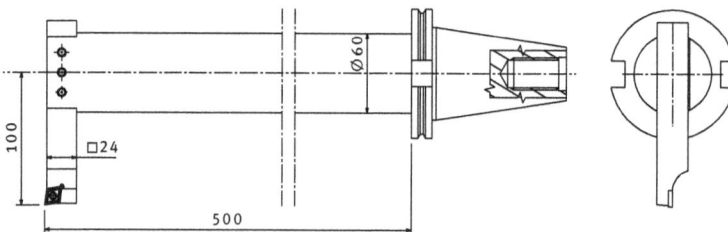

Im vorliegenden Fall ruft das Bohrmoment an der Schneide eine Tangentialkraft von 600 mm hervor, wobei der Bohrer mit einer Axialkraft von 400 N belastet werden muss und die Radialkraft vernachlässigt werden kann. Die Anbindung der Bohrstange an die Bohrspindel kann als unendlich steif betrachtet werden. Alle Bauteile bestehen aus Stahl.

Sowohl die Bohrstange als auch der Schneidebalken werden durch die Bearbeitungkräfte verformt, haben aber auf den Durchmesser des Bohrlochs u. U. nur eine vernachlässigbar kleine

Auswirkung. Klären Sie zunächst **qualitativ** ab, welche dieser Verformungen tatsächlich zu einer wesentlichen Änderung des Durchmessers des Bohrlochs führen.

	F_{ax}	F_{tan}
Verformung der Bohrstange $\varnothing$ 60	○ ja ○ nein	○ ja ○ nein
Verformung des Schneidebalkens □ 24	○ ja ○ nein	○ ja ○ nein

Berechnen Sie nur für den Anteil bzw. die Anteile, die tatsächlich zu einer Änderung des Bohrlochdurchmessers führen, **quantitativ** die auf die Schneidkante bezogene Verformung.

	F_{ax}	F_{tan}
Verformung der Bohrstange $\varnothing$ 60 in μm		
Verformung des Schneidebalken □ 24 in μm		
Gesamtverformung in μm		

Um welchen Betrag wird dadurch der Durchmesser d des Bohrloches verändert?	Δd	μm

A.8.8   Verformung Fräsmaschinengestell I

Die unten stehende Skizze zeigt schematisch den Ständer einer Konsolfräsmaschine mit seinen wichtigsten Abmessungen. Sowohl für die senkrecht stehende Säule als auch für den waagerechten Ausleger kann ein quadratischer Querschnitt angenommen werden, dessen Außenkantenlänge 300 mm und dessen Innenkantenlänge 260 mm beträgt. Das Gestell besteht aus Stahl. Das Unterteil der Maschine kann bei dieser Betrachtung als unendlich steif angesehen werden.

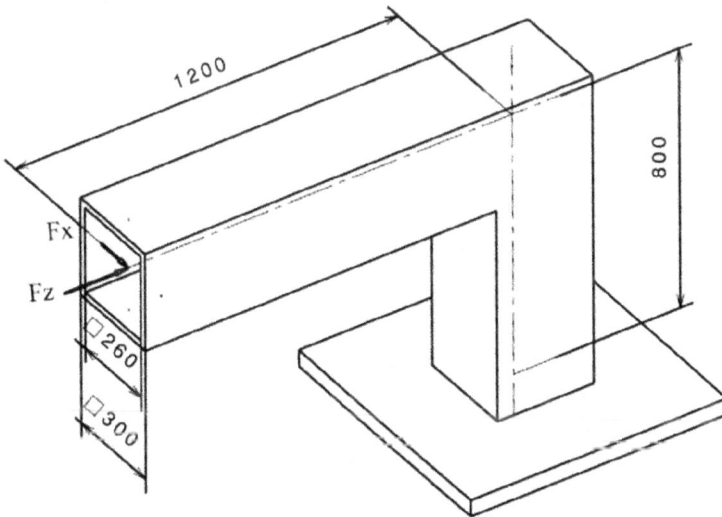

Das Gestell wird mit $F_x = 1600\,N$ und $F_z = 900\,N$ belastet. Weiterhin kann angenommen werden, dass sich der Schubmodul zu $G = 0{,}38 \cdot E$ (vgl. Gl. 0.37) ermitteln lässt.

Berechnen Sie die Deformationen, die das Gestell am Kraftangriffspunkt unter der angegebenen Belastung in x-, y- und z-Richtung erfährt. Orientieren Sie sich dabei an folgendem Schema:

	Verlagerung des Kraftangriffspunktes in		
	x-Richtung	y-Richtung	z-Richtung
F_x auf waagerechten Ausleger			
F_z auf waagerechten Ausleger			
F_x auf senkrechten Säule			
F_z auf senkrechte Säule			
Summe der Verformungen			

A.8.9   Verformung Fräsmaschinengestell II

Die Verformungen des Gestells einer Bettfräsmaschine sollen näherungsweise berechnet werden. Das Gestell besteht aus Guss ($E = 110.000\,N/mm^2$, $G = 40.000\,N/mm^2$).

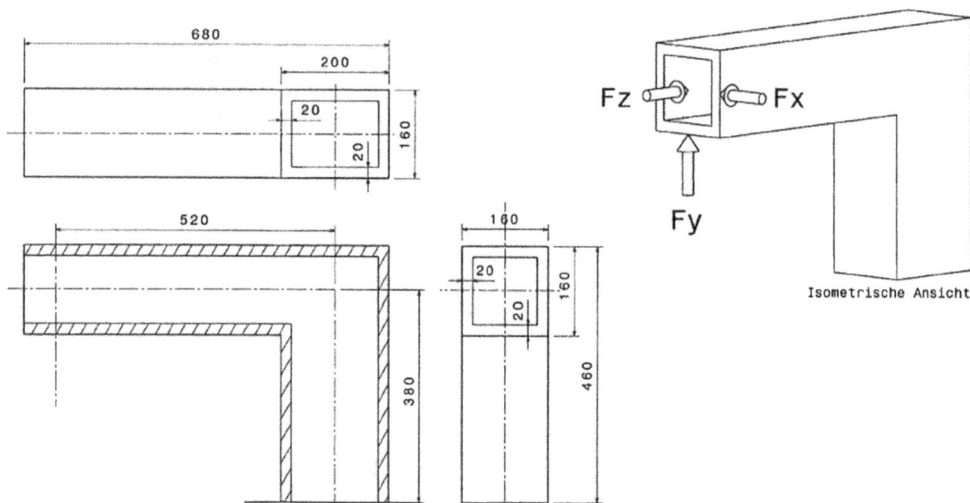

Die Umgebungskonstruktion kann in seiner Nachgiebigkeit vernachlässigt werden. Die Bearbeitungskraft greift am linken Ende des waagerechten Balkens von 520 mm an. Berechnen Sie die Gestellverformungen, die am Krafteinleitungspunkt wirksam werden, in allen Einzelkomponenten. Tragen Sie die Rechenergebnisse in das folgende Schema ein:

a. Bohrbearbeitung Kraft 1.200 N nur in y-Richtung

Verformung an der Kraftangriffsstelle	Δx [µm]	Δy [µm]	Δz [µm]
Verformungsanteil waagerechter Balken			
Verformungsanteil senkrechte Säule			
Summe			

b. Fräsbearbeitung Kraft 1.200 N nur in x-Richtung

Verformung an der Kraftangriffsstelle	Δx [µm]	Δy [µm]	Δz [µm]
Verformungsanteil waagerechter Balken			
Verformungsanteil senkrechte Säule			
Summe			

c. Fräsbearbeitung Kraft 1.200 N nur in z-Richtung

Verformung an der Kraftangriffsstelle	Δx [µm]	Δy [µm]	Δz [µm]
Verformungsanteil waagerechter Balken			
Verformungsanteil senkrechte Säule			
Summe			

A.8.10 Schwimmbadsprungbrett

Das unten abgebildete Schwimmbadsprungbrett aus Esche ($E = 14.000 \, \text{N/mm}^2$) ist am hinteren Ende gelenkig mit dem Fundament verbunden, während die vordere Auflagekante durch Verschieben einer Walze variiert werden kann, womit die Federwirkung des Bretts den individuellen Wünschen des Springers angepasst werden kann.

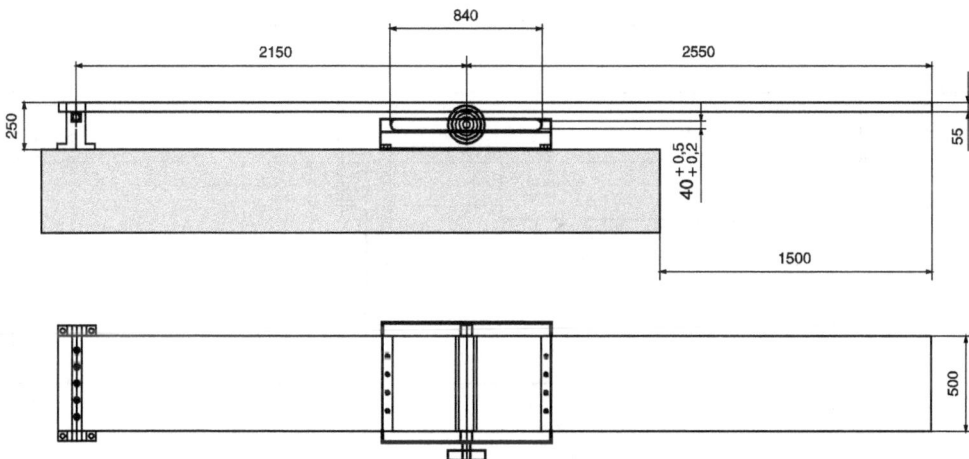

Steifigkeit:

Welche Steifigkeit erfährt der Springer, wenn er von der Vorderkante des Brettes abspringt? Unterscheiden Sie danach, ob sich die Einstellwalze in der vorderen oder hinteren Endstellung befindet.

Belastbarkeit:

Das Brett muss nach den einschlägigen Vorschriften auf Festigkeit überprüft werden. Diese sehen vor, dass eine Masse von 200 kg aus einer Höhe von 4000 mm auf das Brett fallen gelassen wird, ohne dass dabei Materialschäden entstehen dürfen. Welche Biegespannung würde dabei im Brett für die vordere und hintere Endstellung der Walze entstehen? Ermitteln Sie dafür zunächst die vom Brett als Feder aufzunehmende Arbeit, die an der vorderen Brettkante wirkende Kraft und das entstehende größte Biegemoment.

		vordere Endstellung der Walze	hintere Endstellung der Walze
Steifigkeit	N/mm		
Arbeit	Nm		
Kraft auf die vordere Brettkante	N		
max. Biegemoment	Nm		
max. Biegespannung	N/mm^2		

A.8.11   Verformung Spindelwelle

Die unten stehende Skizze gibt die Lageranordnung und die Lagerabstände einer wälzgelagerten Spindel wieder:

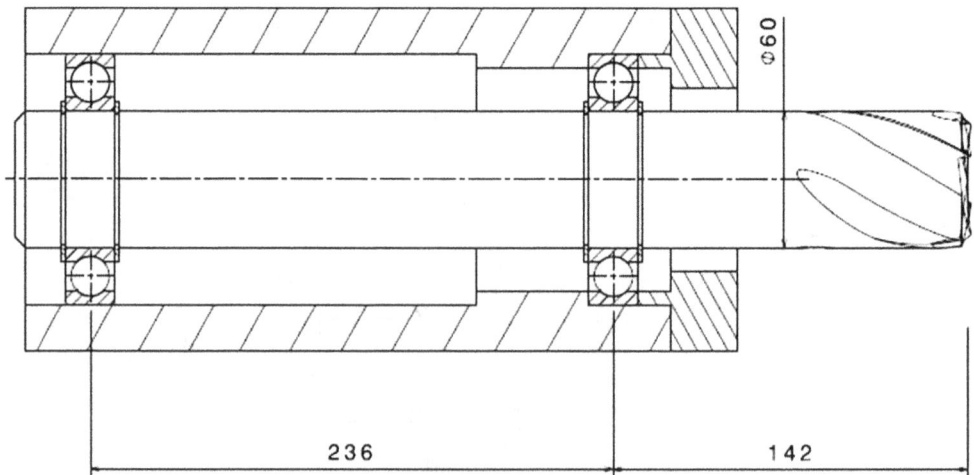

Wird am äußersten rechten Ende der Spindel durch eine Fräsbearbeitung eine Kraft eingeleitet, so verformt sich das System, was zu einer Ungenauigkeit des Fertigungsprozesses führt. In dieser Betrachtung wird vereinfachend angenommen, dass

- die Verformung nur aus einer Biegeverformung der Welle besteht und dass alle anderen Verformungsanteile vernachlässigt werden können.
- dass die Welle durchgehend eine Durchmesser von 60 mm aufweist.

| Welche Verformung ergibt sich an der Bearbeitungsstelle, wenn eine Bearbeitungskraft von 100 N eingeleitet wird? | f | μm | |
| Welche Steifigkeit (Bearbeitungskraft pro Federweg) ergibt sich dann für die Fräsbearbeitung? | $c_{\text{Spindel Welle}}$ | $\frac{N}{\mu m}$ | |

A.8.12   Belastung und Verformung einer Stahlbaukonstruktion

Die unten dargestellte Aufhängevorrichtung wird an ihrem rechten, freien Ende mit einer Gewichtskraft von 2.000 N belastet. Alle Rohre weisen eine Außendurchmesser von 48,3 mm und eine Wandstärke von 3,2 mm auf. Die Hebelarme und verformbaren Längen beziehen sich jeweils auf die Mittellinien. Der Verformungsanteil des mittleren Verbindungsrohres kann vernachlässigt werden.

$$E = 210.000\,\text{N/mm}^2 \qquad G = 80.000\,\text{N/mm}^2$$

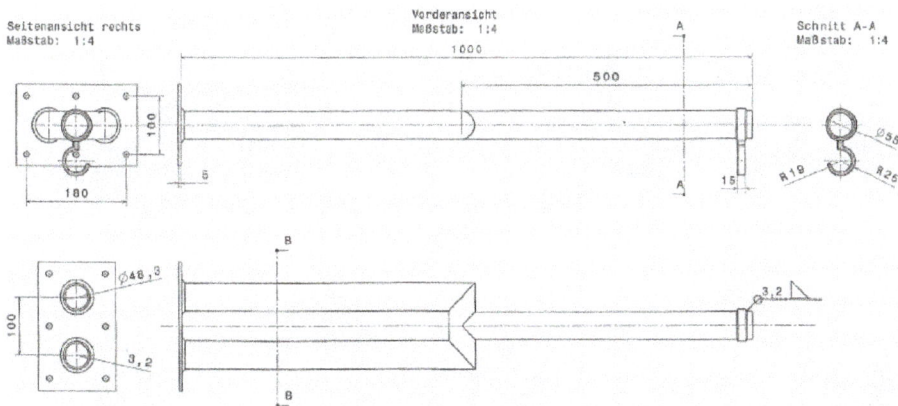

Die Vorrichtung ist auf Festigkeit und Verformung zu untersuchen. Ermitteln Sie zunächst die Flächenmomente und Widerstandsmomente des einheitlichen Rohres:

| I_{ax} | mm^4 | | I_t | mm^4 | |
| W_{ax} | mm^3 | | W_t | mm^3 | |

Ermitteln Sie die Spannungen an den festigkeitsmäßig gefährdeten Stellen, wobei Querkrafteinflüsse zu vernachlässigen sind.

Biegespannung im rechten Rohr	N/mm^2	
Torsionsspannung im mittleren Verbindungsrohr	N/mm^2	
Biegespannung in den beiden linken Rohren	N/mm^2	

Berechnen Sie weiterhin die Verformung, die durch die Belastung F an der Lasteinleitungsstelle zustande kommt. Unterscheiden Sie die Verformungsanteile nach folgendem Schema und geben Sie die Verformung jeweils in mm (aufs Hundertstel genau) an:

			Doppelrohr links	Einzelrohr rechts
Absenkung am rechten Rohrende aufgrund der ...	... dreieckförmigen Biegemomentenfläche	f_A		
	... rechteckförmigen Biegemomentenfläche	f_B		
Neigung am rechten Rohrende aufgrund der ...	... dreieckförmigen Biegemomentenfläche	f'_A		
	... rechteckförmigen Biegemomentenfläche	f'_B		
Gesamtverformung an der Krafteinleitungsstelle		f_{ges}		

A.8.13   Belastung und Verformung eines Biegebalkens mit zwei Abschnitten

Der unten dargestellte Biegebalken wird an seinem Haken mit einem Gewicht von 2t belastet. Der Biegebalken besteht aus einem Quadratrohr und wird im linken Abschnitt durch aufgeschweißte Flacheisen verstärkt. Der Elastizitätsmodul beträgt $E = 210.000\,N/mm^2$.

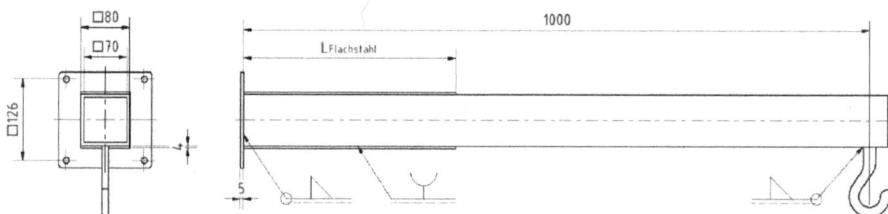

Berechnen Sie zunächst sowohl das Flächen- als auch das Widerstandsmoment in den jeweiligen Abschnitten.

I_{ax_links}	mm^4		I_{ax_rechts}	mm^4	
W_{ax_links}	mm^3		W_{ax_rechts}	mm^3	

| Wie groß ist die Biegespannung am linken Ende des linken Abschnitts? | N/mm^2 | |
| Am linken Ende des rechten Abschnitts soll die gleiche Biegespannung vorliegen. Wie lang muss dann die Länge des aufgeschweißten Flacheisens $L_{Flachstahl}$ sein? | mm | |

Berechnen Sie weiterhin die Verformung, die durch die Gewichtskraft an der Lasteinleitungsstelle zustande kommt. Unterscheiden Sie die Verformungsanteile nach folgendem Schema und geben Sie die Verformung jeweils in mm (aufs Hundertstel genau) an:

			linker Abschnitt	rechter Abschnitt
Absenkung am rechten Ende des Abschnitts aufgrund der ...	... dreieckförmigen Biegemomentenfläche	f_A		
	... rechteckförmigen Biegemomentenfläche	f_B		
Neigung am rechten Ende des Abschnitts aufgrund der ...	... dreieckförmigen Biegemomentenfläche	f'_A		
	... rechteckförmigen Biegemomentenfläche	f'_B		
Gesamtverformung an der Krafteinleitungsstelle		f_{ges}		

A.8.14 Durchbiegung einer Achse

Die Achse 1 aus E360 nach unten stehender Zeichnung ist in zwei Stehlagern A und B gelagert, die aus konstruktiven Gründen den hier gekennzeichneten Abstand zueinander aufweisen müssen. In Bildmitte ist eine Umlenkrolle angebracht, die nur eine radial gerichtete Kraft aufnimmt. Die Achse ist geschlichtet und weist an den Absätzen die Kerbwirkungszahl $\beta_{kb} = 1,2$ und an den Einstichen für die Seegeringe die Kerbwirkungszahl $\beta_{kb} = 2,1$ auf. Benutzen Sie zur Dokumentation Ihrer Ergebnisse das nachstehende Schema.

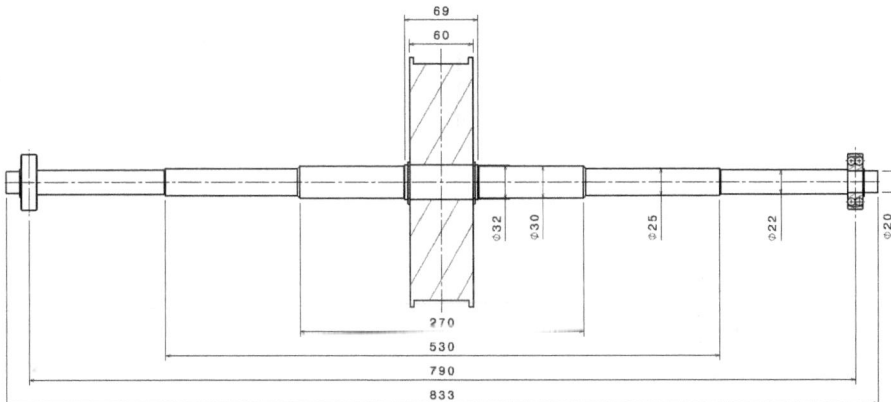

- Mit welcher maximalen, radial gerichteten Kraft F_{max} darf die Achse belastet werden, wenn die Sicherheit $S = 1$ betragen soll?
- Um welchen Betrag f_{max} verformt sich die Achse unter der Einwirkung von F_{max}? Es kann angenommen werden, dass sich die Achse auch im Bereich der Umlenkrolle verformen kann.
- Um welchen Winkel $\alpha_{max}[°]$ verformt sich die Achse an den Lagerstellen unter der Einwirkung von F_{max}?

Berechnen Sie die gleichen Kenndaten für den Fall, dass die Stahlachse durch eine Aluminiumachse mit identischen Abmessungen ersetzt wird. Die Biegewechselfestigkeit des Aluminiumwerkstoffs beträgt $115\,N/mm^2$ und sein Elastizitätsmodul $72.000\,N/mm^2$, wobei angenommen werden kann, dass Kerbwirkungszahlen, Oberflächen- und Größenbeiwerte erhalten bleiben.

	F_{max} [N]	f_{max} [μm]	α_{max} [°]
Stahlachse			
Aluminiumachse			

A.8.15   Abgestufte Rohrfeder

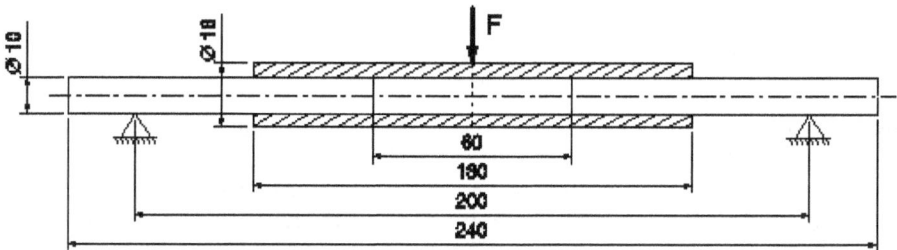

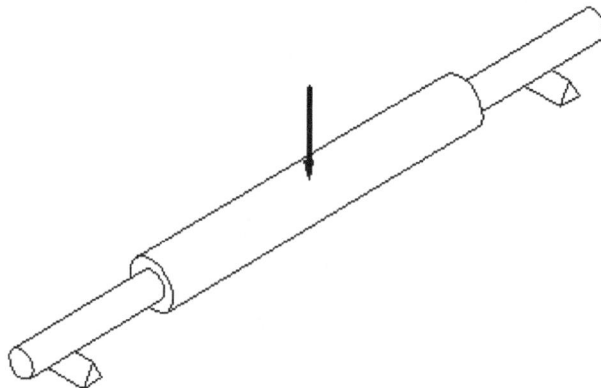

Der Werkstoff der vorstehend dargestellten Rohrverbindung ist nicht bekannt und soll ermittelt werden. Zu diesem Zweck wird die Rohrverbindung in der dargestellten Weise in einer Prüfvorrichtung beidseitig aufgelegt und mittig mit einer Kraft belastet. Dabei wird an der Krafteinleitungsstelle eine Durchbiegung gemessen.

Es kann angenommen werden, dass

- die beiden Rohre an der Überlappungsstelle perfekt miteinander verbunden werden,
- durch die Verbindungstechnik an den Überlappungsstellen keine weiteren Verformungen auftreten und
- es an den Krafteinleitungsstellen zu keinen örtlichen Verformungen kommt.

a) Bei einer Kraft $F = 400\,N$ wird eine Durchbiegung von $265\,\mu m$ gemessen. Besteht der Prüfkörper aus
   - ○ Wolfram $(E = 400.000\,N/mm^2)$
   - ○ Molybdän $(E = 338.000\,N/mm^2)$
   - ○ Stahl $(E = 210.000\,N/mm^2)$
   - ○ Kupfer $(E = 125.000\,N/mm^2)$
   - ○ Titan $(E = 115.000\,N/mm^2)$
   - ○ Aluminium $(E = 72.000\,N/mm^2)$
   - ○ Magnesium $(E = 42.000\,N/mm^2)$

b) Welche maximale Biegespannung tritt auf?

c) Das Arbeitsaufnahmevermögen dieser rohrförmigen Feder soll gesteigert werden, ohne dass sich diese maximale Biegespannung erhöht. Welche der beiden Änderungen muss vorgenommen werden?
   - ○ Hohlbohren des Rundstabes, sodass dieser zu einem Rohr mit geringem Innendurchmesser wird
   - ○ geringfügige Reduzierung des Außendurchmessers des Rohres

A.8.16   Verspannung Dreischeibenspindelpresse

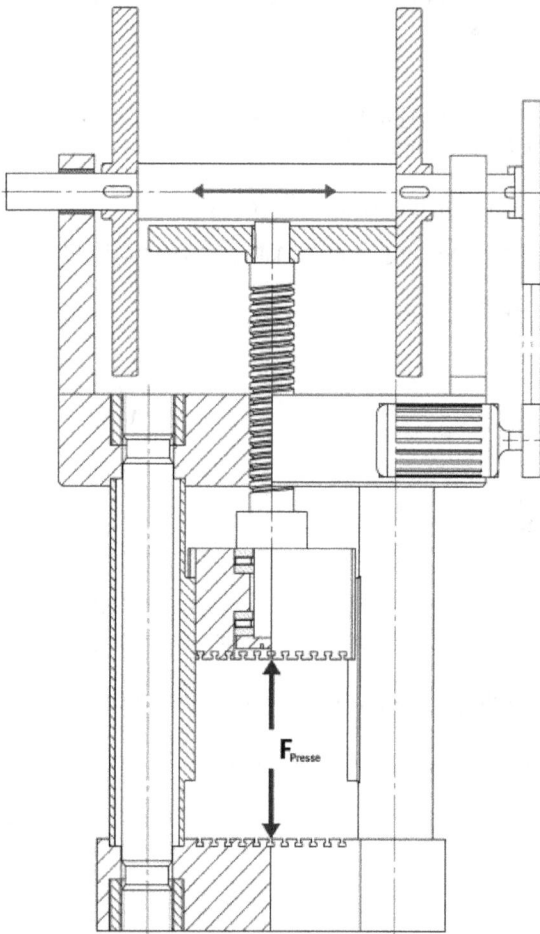

Für die nebenstehende Dreischeiben-spindelpresse sind die Auswirkungen der Verspannung auf die Festigkeit und Steifigkeit des Werkzeugmaschinengestells zu untersuchen.

Der Pressvorgang wird durch eine Abwärtsbewegung des Stößels (Bauteil oberhalb von F_{Presse}) vollzogen, der in seiner unteren Endstellung auf die Bodentraverse trifft. Diese Bewegung wird durch eine von oben eingeleitete Drehung der Gewindespindel ausgeführt, die sich in der als Mutter ausgebildeten Kopftraverse abstützt. Deren Drehbewegung wird durch die am oberen Ende der Gewindespindel angeordnete Schwungscheibe eingeleitet, die an ihrem Umfang als Reibradscheibe ausgebildet ist. Wird die darüber befindliche Welle wie dargestellt axial nach links ausgelenkt, so kommt die rechte Reibscheibe in Eingriff und leitet über den Antriebsmotor und die Riemenscheibe die Abwärtsbewegung des Stößels ein. Wird hingegen die horizontale Welle nach rechts bewegt, so kommt die linke Reibscheibe in Eingriff und bewegt den Stößel aufwärts.

Die beiden senkrechten Portalstützen weisen eine verformbare Länge von 1.200 mm auf und bestehen aus einem äußeren gusseisernen Rohr (Innendurchmesser 210 mm, Außendurchmesser 230 mm, $E_{GG} = 0{,}8 \cdot 10^5$ N/mm^2, Zugfestigkeit $\sigma_{zulGG} = 120$ N/mm^2) und einem inneren stählernen Zuganker mit 170 mm Durchmesser. Die Kopftraverse und der Gestellfuß können bei dieser Betrachtung als unendlich steif und festigkeitsmäßig ungefährdet angesehen werden.

Wie groß ist die Gesamtsteifigkeit des Gussgestells bezüglich der Prozesskraft?	c_{GG}	$\frac{N}{\mu m}$	
Wie groß ist die Gesamtsteifigkeit beider Zuganker bezüglich der Prozesskraft?	c_{ZA}	$\frac{N}{\mu m}$	
Wie groß ist die zulässige Prozesskraft, wenn keine Zuganker montiert sind?	$F_{Prozess}$	MN	
Die Prozesskraft soll nun auf 5 MN gesteigert werden. Mit welcher Vorspannung F_V muss jeder einzelne der beiden Zuganker vorgespannt werden, damit auch bei Auftreten dieser Prozesskraft das Graugussgestell nicht auf Zug beansprucht wird?	F_V	kN	
Wie hoch kann die Druckbeanspruchung im Graugussgestell werden?	σ_{DGG}	$\frac{N}{mm^2}$	
Wie hoch kann die maximale Zugspannung im Zuganker werden?	σ_{ZA}	$\frac{N}{mm^2}$	
Wie groß ist die Steifigkeit der verspannten Konstruktion bezüglich der Bearbeitungskraft?	$c_{Prozess}$	$\frac{N}{\mu m}$	
Welcher Vorspannweg ist insgesamt (also von Gussgestell und Zuganker) bei der Montage zu überbrücken?	f_{Vges}	μm	
Um die beim mechanischen Anziehen der Zuganker zu erwartenden hohen Anzugsmomente zu vermeiden und um eine Torsionsbelastung der Zuganker auszuschließen, soll thermisch vorgespannt werden. Um wie viel Grad muss dabei der Zuganker gegenüber dem Gussgestell erwärmt werden? Die Wärmeausdehnungszahl für Stahl beträgt $\alpha = 12 \cdot 10^{-6}$ 1/grd.	$\Delta\vartheta$	°C	

A.8.17   Verspannung Pressengestell

Die umseitige Skizze zeigt ein Pressengestell aus Grauguss. Die vier Säulen weisen untereinander identische Rohrquerschnitte auf. Ober- und Unterteil der Maschine können als unendlich steif und festigkeitsmäßig ungefährdet angesehen werden. Jede der vier rohrförmigen Säulen wird durch einen Zuganker vorgespannt. Es kann angenommen werden, dass die Prozesskraft genau zentrisch zwischen den Portalstützen eingeleitet wird.

Die Werkstoffdaten lassen sich wie folgt zusammenfassen:

		Zuganker (Stahl)	Gestell (Grauguss)
Zugfestigkeit	N/mm^2	370	78
Druckfestigkeit	N/mm^2	370	120
Elastizitätsmodul	$10^5 \, N/mm^2$	2,10	1,05
Wärmeausdehnungszahl	$10^{-6}/°C$	11	10

Es sind die Auswirkungen einer Verspannung auf die Festigkeit und Steifigkeit des Werkzeugmaschinengestells zu untersuchen.

Schnitt A-A

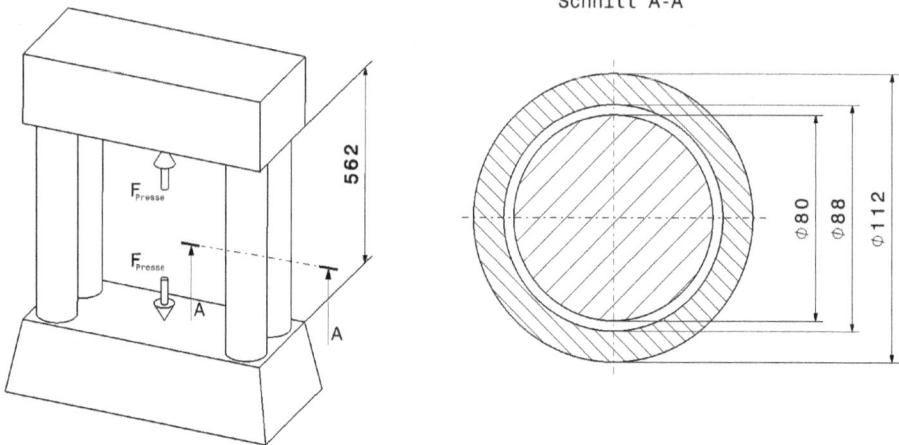

Wie groß ist die zulässige Prozesskraft, wenn keine Zuganker montiert sind?	F_{zulGG}	kN	
Mit welcher Gesamtkraft können die vier Zuganker belastet werden?	F_{zulZA}	kN	
Wie groß ist die Gesamtsteifigkeit des Gussgestells ohne Zuganker?	c_{GG}	kN/μm	
Wie groß ist die Gesamtsteifigkeit der stählernen Zuganker?	c_{ZA}	kN/μm	
Das Gestell wird nun optimal vorgespannt. Bei der darauffolgend eingeleiteten Betriebskraft kann auch das Gussgestell bis an seine Zugfestigkeitsgrenze beansprucht werden. Wie groß darf die Prozesskraft maximal werden, wenn weder die Zuganker noch die gusseiseren Portalstützen überlastet werden dürfen? Der Festigkeitsnachweis ist sowohl die maximale Betriebskraft als auch für den Vorspannungszustand zu führen.	F_{Presse}	kN	
Um welchen Weg muss die Säule vorgespannt werden?	f_{Vges}	μm	
Mit welcher Kraft muss dann jeder einzelne der vier Zuganker vorgespannt werden?	F_{VZA}	kN	
Wie groß ist die Steifigkeit der vorgespannten Konstruktion bezüglich der Prozesskraft?	c_{ges}	kN/μm	
Um wie viel Grad muss der Zuganker erwärmt werden, damit dieser Vorspannungszustand erreicht wird?	$\Delta\vartheta$	grd	

A.8.18   Piezokorrektur Umfangsschleifscheibe I

Die folgende Skizze zeigt eine Umfangsschleifscheibe, deren Lage in Horizontalrichtung durch ein Piezoelement korrigiert werden kann. Um diese Verstellbewegung möglichst spiel- und hysteresearm einzuleiten, wird der Werkzeugträger auf vier senkrechten Stützen angeordnet, die sich wie an beiden Enden eingespannte Blattfedern verformen können.

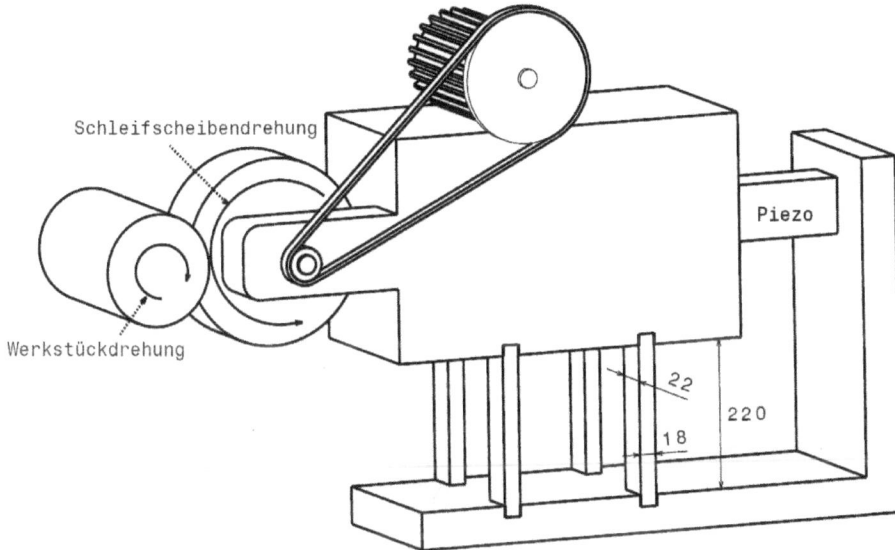

Die Schleifkraft kann maximal 100 N betragen. Der Piezo weist eine Steifigkeit von 40 N/μm auf und legt bei Vollaussteuerung einen Verstellweg von 104 μm zurück. Er wird bei der Montage nur gering vorgespannt, sodass diese Kraft für die weitere Berechnung vernachlässigt werden kann.

Wie groß ist die Gesamtsteifigkeit der Stützen bezüglich einer horizontal gerichteten Auslenkung?	$c_{Stützen}$	N/μm	
Wie groß ist die Steifigkeit des Gesamtsystems bezüglich der Schleifkraft?	c_{ges}	N/μm	
Welche Deformation tritt an der Kontaktstelle zwischen Schleifscheibe und Werkstück durch die maximale Bearbeitungskraft auf?	$\Delta f_{Schleif}$	μm	
Welche Auslenkung wird an der Kontaktstelle zwischen Schleifscheibe und Werkstück wirksam, wenn nicht geschliffen wird und der Piezo voll ausgesteuert wird?	Δx_{SW}	μm	
Welche Vorspannkraft erfährt dabei der Piezo?	F_V	N	
Welche Kraft kann der Piezo maximal erfahren?	F_{Piezo_max}	N	

A.8.19   Piezokorrektur Umfangsschleifscheibe II

Die folgende Skizze zeigt eine Umfangsschleifscheibe mit „Direktantrieb": Die Schleifscheibe ist direkt auf der Motorwelle angeordnet und die Motorlagerung als Spindellagerung ausgebildet. Um die Schleifeinheit in Horizontalrichtung um kleinste Wege möglichst spiel- und hysteresearm verfahren zu können, wird der Werkzeugträger über vier senkrechten Stützen, die an beiden Enden fest eingespannt sind und sich wie (sehr steife) Blattfedern verhalten, an das Gestell angebunden.

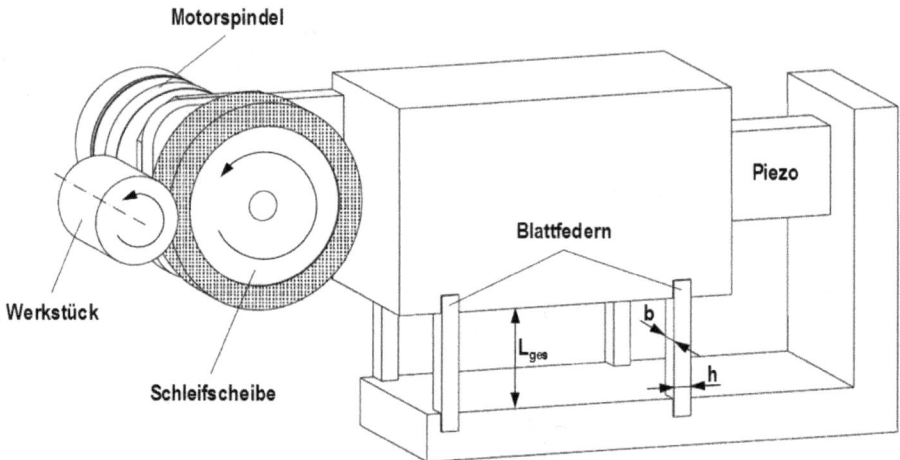

Der Piezo weist eine Steifigkeit von $64\,\text{N}/\mu\text{m}$ auf und legt bei Vollaussteuerung einen Verstellweg von $84\,\mu\text{m}$ zurück. Er wird bei der Montage nur gering vorgespannt, sodass diese Kraft für die weitere Berechnung vernachlässigt werden kann. Der Wunsch nach einem möglichst großen Verfahrweg widerspricht der Forderung nach möglichst großer Steifigkeit gegenüber der Bearbeitungskraft. Zur Auflösung dieses Zielkonfliktes sollen die Steifigkeiten von Piezo und den Blattfedern gleich groß sein.

Wie groß muss dann die federnde Länge der Blattfeder L_{ges} sein, wenn $b = h = 12$ mm ist?	L_{ges}	mm	
Wie groß ist die Steifigkeit des Gesamtsystems bezüglich der Schleifkraft?	c_{ges}	$\text{N}/\mu\text{m}$	
Welche Deformation tritt an der Kontaktstelle zwischen Schleifscheibe und Werkstück durch die maximale Bearbeitungskraft von 80 N auf?	$\Delta f_{Schleif}$	μm	
Welche Auslenkung wird an der Kontaktstelle zwischen Schleifscheibe und Werkstück wirksam, wenn nicht geschliffen wird und der Piezo voll ausgesteuert wird?	Δx_{SW}	μm	
Welche Vorspannkraft erfährt dabei der Piezo?	F_V	N	
Welche Kraft wirkt maximal auf den Piezo ein?	F_{Piezo_max}	N	

A.8.20   Piezokorrektur Rotationsschleifen

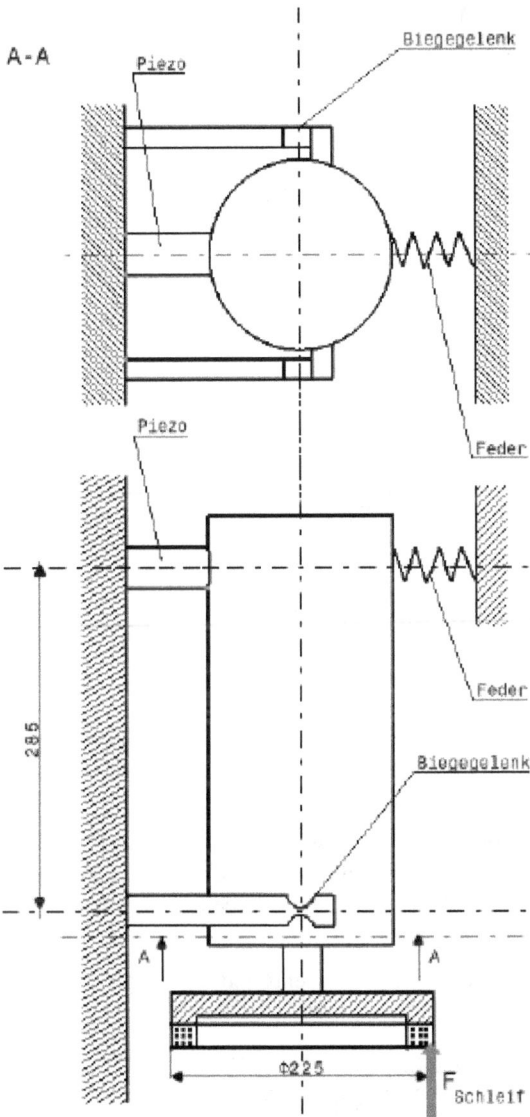

Eine Schleifspindel mit darauf befindlichem Werkzeug in Form einer Topfschleifscheibe soll in ihrer Winkellage mittels eines Piezoaktuators korrigiert werden. Die Schleifspindel ist in der links dargestellten Weise mittels eines Biegegelenks am Maschinengestell befestigt. Um die Konstruktion möglichst einfach zu gestalten, wird der Piezoaktuator gegenüber einer Feder verspannt.

Der Piezoaktuator weist konstruktionsbedingt eine Steifigkeit von $c_P = 300\,\text{N}/\mu\text{m}$ auf und kann in einem Bereich von $28\,\mu\text{m}$ verstellt werden. Die Steifigkeit des gegenüberliegenden Tellerfederpakets beträgt $60\,\text{N}/\mu\text{m}$. Die Deformationen des umliegenden Gestells und sonstiger Anbauteile können vernachlässigt werden.

Die Schleifkraft kann maximal $450\,\text{N}$ betragen und greift im ungünstigsten Fall am Außenrand des Schleiftopfes an.

Piezo und Tellerfederpaket werden zunächst ohne jede Vorspannung montiert. Anschließend wird der Piezo um 28 μm ausgesteuert. Um welche Strecke wird die Spindel auf der Linie Piezoaktuator – Feder horizontal verschoben?	$\Delta x_{Einstell}$	μm	
Um welchen Winkel kann daraufhin die Spindelachse geneigt werden?	$\Delta \varphi_{Einstell}$	$10^{-3}{}^{\circ}$	
Wie groß ist die Kraft, mit der sowohl Piezo als auch Feder durch die Einstellbewegung belastet werden?	$F_{Einstell}$	N	
Die maximale Schleifkraft wird eingeleitet. Welche Betriebskraft wird daraufhin auf der Linie Piezo – Feder wirksam?	F_{BL}	N	
Um welche Kraft muss die Kombination Piezo – Feder vorgespannt werden, damit selbst bei maximaler Schleifkraft die Feder stets anliegt?	F_{V}	N	
Welche horizontale Verlagerung auf der Linie Piezo – Feder hat die Schleifkraft zur Folge?	$\Delta x_{Schleif}$	μm	
Um welchen Winkel verstellt sich daraufhin die Schleifspindel?	$\Delta \varphi_{Schleif}$	$10^{-3}{}^{\circ}$	
Mit welcher maximalen Kraft kann dann der Piezo belastet werden?	$F_{Piezomax}$	N	

A.8.21 Vorgespannte Axialwälzlagerung mit zwei gleichen Lagern

Eine Axiallagerung nach unten stehender Skizze wird zunächst durch Einfügen einer entsprechend abgestimmten Distanzscheibe spielfrei, aber nicht vorgespannt montiert. Das folgende Diagramm zeigt die Steifigkeitskennlinie eines einzelnen Lagers.

Ausgehend vom spielfreien, nicht vorgespannten Zustand wird die Vorspannung nach unten stehendem Schema durch Abschleifen der Distanzscheibe in Stufen von 2 μm gesteigert. Die nach der Vorspannung auf die Spindel einwirkenden axialen Bearbeitungskräfte sind sehr klein.

Ermitteln Sie grafisch die linearisierte Gesamtsteifigkeit der so entstandenen Lagerkombination. Zur Darstellung der Lösung benutzen Sie folgendes Schema:

Vorspannweg durch Abschleifen der Distanzscheibe	μm	0	2	4	6	8
Steifigkeit der gesamten Lagerung	N/μm					
durch die Vorspannung entstehende Lagerlast	N					

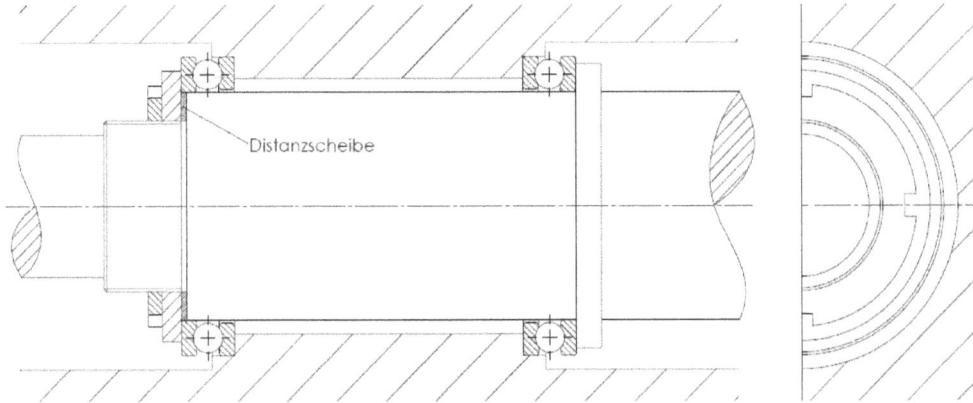

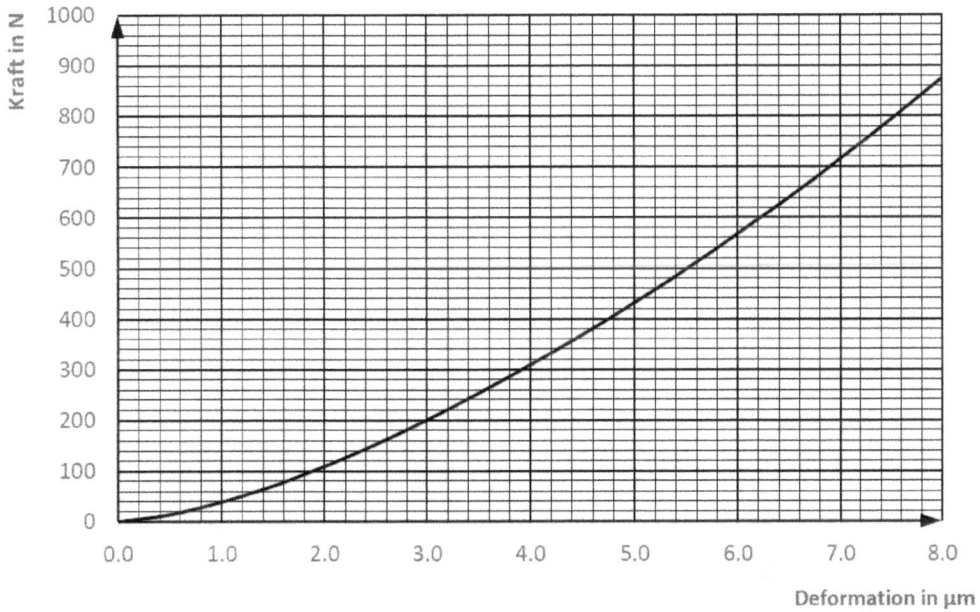

Die Aufgabe lässt sich auch rechnerisch lösen. Dazu wird Gl. 8.26 für ein Kugellager mit 8 Kugeln mit 8 mm Durchmesser ($E = 2{,}1 \cdot 10\,\mathrm{N/mm^2}$, $\nu = 0{,}3$) ausgewertet. Dadurch gelangt man für ein einzelnes Axiallager zu der Größengleichung

$$F\,[\mathrm{N}] = 38{,}6 \cdot (f\,[\mathrm{\mu m}])^{\frac{3}{2}}$$

Bearbeiten Sie die gleiche Fragestellung rechnerisch!

Vorspannweg durch Abschleifen der Distanzscheibe	μm	0	2	4	6	8
Steifigkeit der gesamten Lagerung	N/μm					
durch die Vorspannung entstehende Lagerlast	N					

A.8.22   Vorgespannte Axialwälzlagerung
mit zwei unterschiedlichen Lagern

In Erweiterung zur vorherigen Aufgabe ist die nachfolgend skizzierte Axiallagerung mit zwei unterschiedlichen Axialkugellagern ausgestattet. Das linke Axiallager bleibt zwar erhalten, das rechte ist aber größer und weist damit eine deutlich höhere Steifigkeit auf, die im nachfolgenden Diagramm aufgezeigt ist.

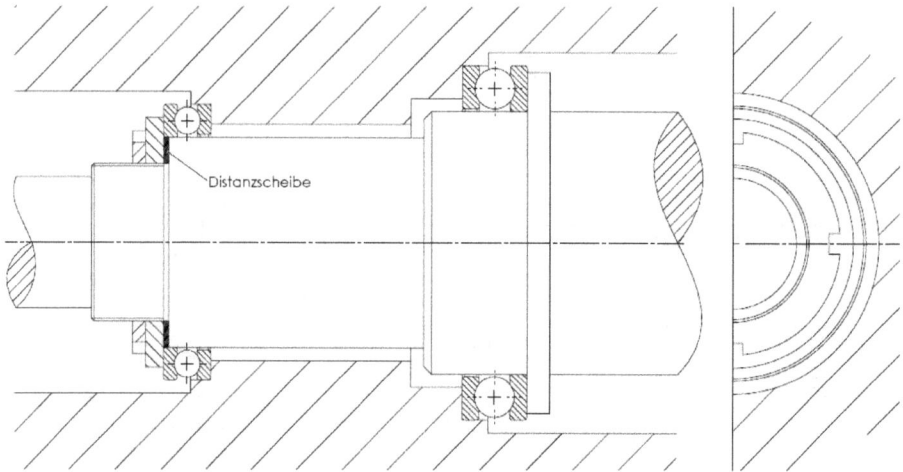

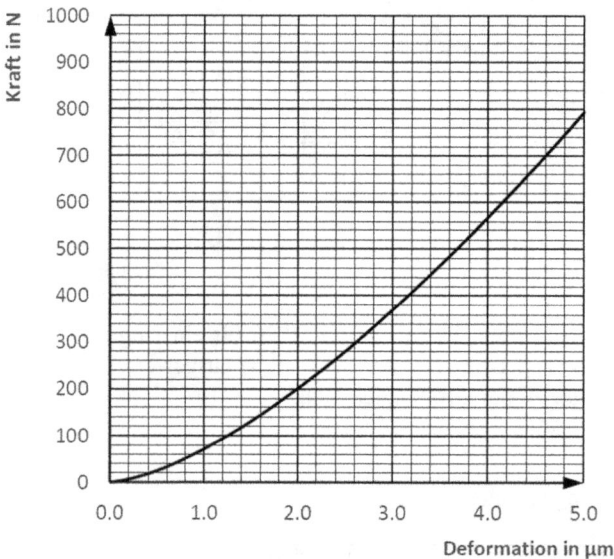

Distanzscheibe

Steifigkeitskennlinie **rechtes** Lager

Zur Klärung des Verspannungszustandes ist nachfolgend bereits ein Verspannungsdiagramm mit beiden Lagern vorbereitet:

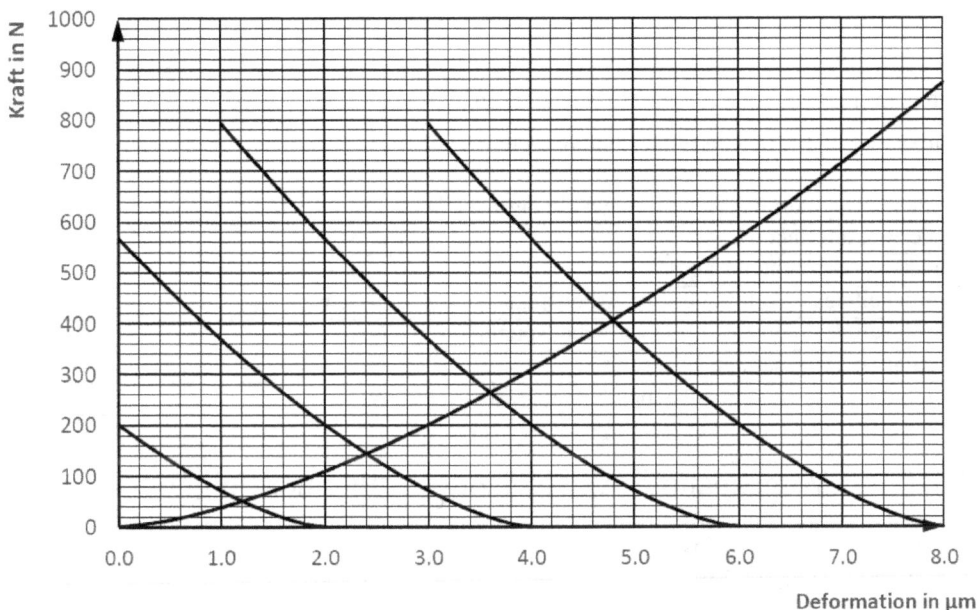

Verspannungsdiagramm beider Lager mit verschiedenen Vorspannungszuständen

Auch hier wird ausgehend vom spielfreien, nicht vorgespannten Zustand die Vorspannung nach unten stehendem Schema durch Abschleifen der Distanzscheibe in Stufen von $2\,\mu m$ gesteigert. Die nach der Vorspannung auf die Spindel einwirkenden axialen Bearbeitungskräfte sind sehr klein.

Ermitteln Sie grafisch die linearisierte Gesamtsteifigkeit der so entstandenen Lagerkombination. Zur Darstellung der Lösung benutzen Sie folgendes Schema. Die Betrachtung muss gegenüber der vorherigen Aufgabe weiter differenziert werden, da sowohl die Federwege als auch die Steifigkeiten an den beiden Lagern unterschiedlich sind.

Vorspannweg durch Abschleifen der Distanzscheibe	μm	0	2	4	6	8
Federweg am linken Lager	μm					
Federweg am rechten Lager	μm					
Steifigkeit des linken Lagers im Arbeitspunkt	$N/\mu m$					
Steifigkeit des rechten Lagers im Arbeitspunkt	$N/\mu m$					
Steifigkeit der gesamten Lagerung	$N/\mu m$					
durch die Vorspannung entstehende Lagerlast	N					

Die Aufgabe lässt sich auch rechnerisch lösen. Die durch eine Gleichung formulierte Steifigkeit wird aus der vorherigen Aufgabe übernommen und für das rechte Lager wird Gl. 8.26 für ein Kugellager mit 12 Kugeln mit 12 mm Durchmesser (E = 2,1 · 10 N/mm², $\nu = 0{,}3$) ausgewertet.

linkes Lager $\quad F_{links}[N] = 38{,}6 \cdot (f_{links}[\mu m])^{\frac{3}{2}}$

rechtes Lager $\quad F_{rechts}[N] = 71{,}0 \cdot (f_{rechts}[\mu m])^{\frac{3}{2}}$

Bearbeiten Sie die gleiche Fragestellung rechnerisch!

Vorspannweg durch Abschleifen der Distanzscheibe	μm	0	2	4	6	8
Federweg am linken Lager	μm					
Federweg am rechten Lager	μm					
Steifigkeit des linken Lagers im Arbeitspunkt	N/μm					
Steifigkeit des rechten Lagers im Arbeitspunkt	N/μm					
Steifigkeit der gesamten Lagerung	N/μm					
durch die Vorspannung entstehende Lagerlast	N					

A.8.23   Vorgespannte Axialwälzlagerung einer Feinbohrspindel

Bei der unten stehenden Werkzeugmaschinenspindel werden die Radialkräfte durch zwei doppelreihige Zylinderrollenlager und die Axialkräfte von einem doppelseitig abstützenden Schrägkugellager aufgenommen.

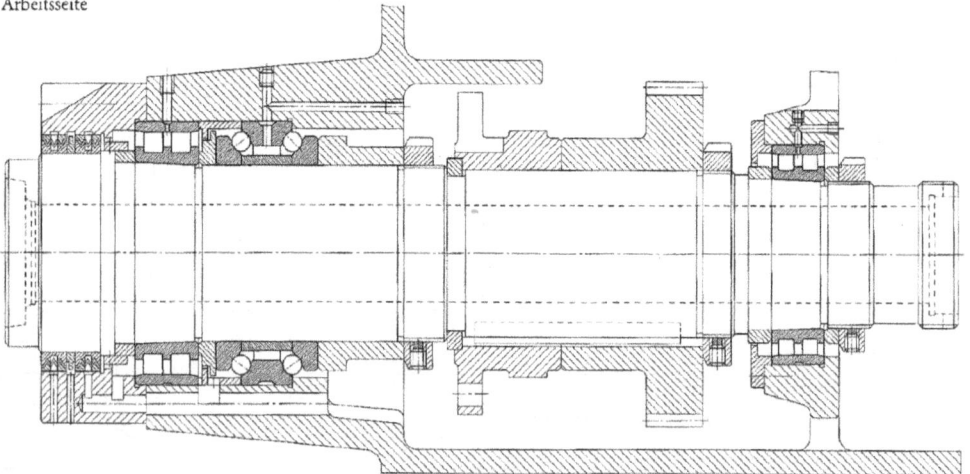

Arbeitsseite

Die axiale Steifigkeit im spielbehafteten Anlieferungszustand des Axiallagers lässt sich folgendermaßen dokumentieren.

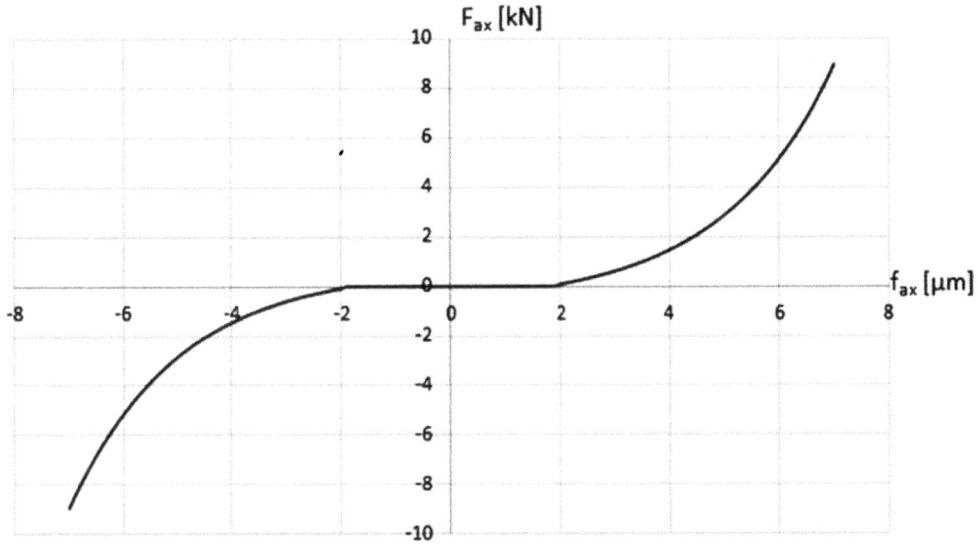

Kennzeichnen Sie in der Zeichnung das Bauteil mit „axial", welches durch Abschleifen axial verkürzt werden muss, um die Axiallager vorzuspannen!

Um welchen Betrag muss das oben bezeichnete Bauteil abgeschliffen werden, damit gerade Spielfreiheit eintritt?	μm	
Wie groß ist die (linearisierte) axiale Steifigkeit in diesem Zustand?	N/μm	
Das Bauteil wird um weitere 6 μm abgeschliffen. Wie groß ist dann die axiale Steifigkeit?	N/μm	

Kennzeichnen Sie in der Zeichnung das Bauteil mit „radial", welches zur Erhöhung der **radialen** Steifigkeit abgeschliffen werden muss!

A.8.24 Steifigkeit vorgespannter Axialwälzlagerung

Wird eine Kugel mit dem Durchmesser d in der unten dargestellten Weise mit einer Kraft F belastet, so stellt sich infolge der elastischen Deformationen in der Kontaktzone eine Verlagerung des Kugelmittelpunktes um die Strecke δ ein:

$$\delta = \sqrt[3]{\frac{9 \cdot F^2 \cdot (1 - \nu^2)^2}{2 \cdot E^2 \cdot d}} \qquad \nu \text{ (Querkontraktionszahl)} = 0{,}3 \qquad \text{Gl. 8.26}$$

Das unten stehende Diagramm wertet diese Gleichung für eine Stahlkugel mit einem Durchmesser von 4 mm aus:

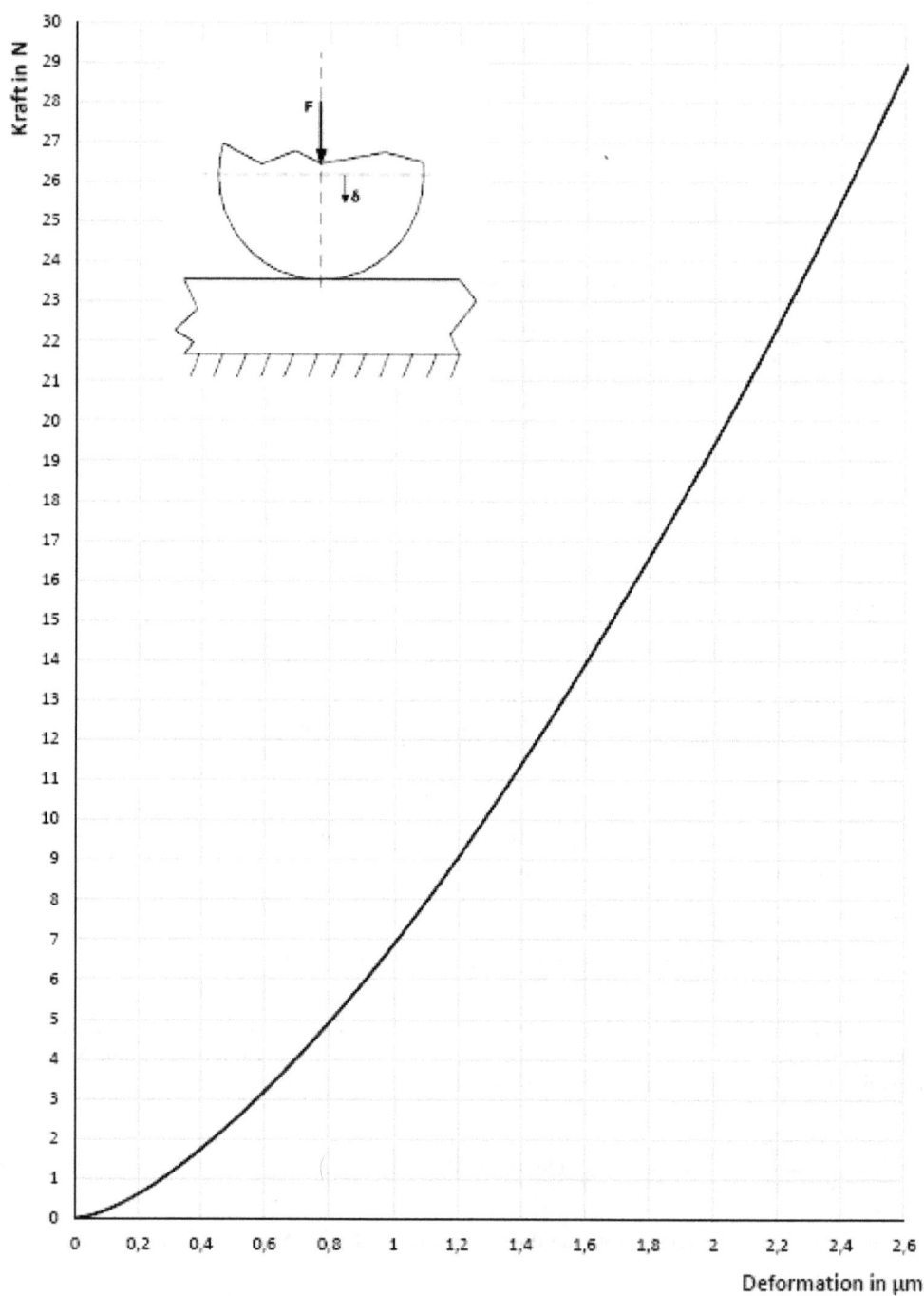

Ein Axialkugellager wird mit 8 Kugeln ausgestattet und mit einem weiteren Lager gleichen Typs zu einer vollständigen Axiallagerung zusammengefügt. Es soll die Steifigkeit der gesamten Lagerung c_{ax} in Abhängigkeit der Vorspannung ermittelt werden. Gehen Sie dazu nach unten stehendem Schema folgendermaßen vor:

- Ermitteln Sie zunächst für den jeweils aufgeführten Gesamtvorspannweg den am einzelnen Hertz'schen Kontakt vorliegenden Vorspannweg. Berücksichtigen Sie dabei, dass sich der Gesamtvorspannweg auf die hintereinandergeschalteten Hertz'schen Kontakte aufteilt.
- Klären Sie anhand des oben stehenden Diagramms, welche Kraft sich bei diesem Vorspannweg am Hertz'schen Kontakt einstellt und ermitteln Sie die sich daraus ergebende Steifigkeit für diesen einzelnen Kontakt. Dabei kann vorausgesetzt werden, dass das zuvor betrachtete Deformationsverhalten der Kugel beim Kontakt mit einer Ebene im vollständigen Lager erhalten bleibt.
- Setzen Sie in der letzten Spalte die die Steifigkeit der einzelnen Hertz'schen Kontakte zur Steifigkeit der gesamten Lagerung zusammen.

Vorspannweg gesamt	Vorspannweg für jeden einzelnen Hertz'schen Kontakt	Steifigkeit für jeden einzelnen Hertz'schen Kontakt (aus Diagramm abgelesen)	Gesamtsteifigkeit der Lagerung
0 μm			
2 μm			
4 μm			
6 μm			
8 μm			
10 μm			

A.8.25 Steifigkeit vorgespanntes Radialwälzlager

Ein Radialkugellager wird mit 8 Kugeln der vorherigen Aufgabe ausgestattet. Es soll die radiale Steifigkeit dieses Lagers in Abhängigkeit von der Vorspannung betrachtet werden, die dadurch hervorgerufen wird, dass ein Innenring mit definiertem Übermaß verwendet wird. Ermitteln Sie die linearisierte Gesamtsteifigkeit c_{rad} für geringe Betriebskräfte und für die in der unten stehenden Tabelle angegebenen Vorspannungszustände. Dabei kann vorausgesetzt werden, dass das zuvor betrachtete Deformationsverhalten der Kugel beim Kontakt mit einer Ebene im vollständigen Lager erhalten bleibt. Die Stellung des Lagers kann beliebig angenommen werden. Gehen Sie dazu folgendermaßen vor:

	Innenringlaufbahndurchmesser					
	2 μm unter Nennmaß (Spiel)	genau Nennmaß (spielfrei)	2 μm über Nennmaß	4 μm über Nennmaß	6 μm über Nennmaß	8 μm über Nennmaß
c_{rad} [N/μm]						

(vgl. Prinzipdarstellung oben links im Diagramm der Aufgabe A.8.24).

A.8.26   Steifigkeit rollengelagerte Spindel

Das unten stehende Zylinderrollenlager wird mit 8 Rollen ausgestattet, deren Verformungsverhalten einschließlich der gesamten konstruktiven Umgebung am Innen- und Außenring durch folgende Größengleichung beschrieben werden kann:

$$\delta = 1{,}85 \cdot 10^{-2} \cdot F^{0{,}845} \qquad \delta\,[\mu m]\,,\ \ F\,[N]$$

Für die hier vorliegende Spindel werden Zylinderrollen mit einem Durchmesser von 3 μm über Nennmaß verwendet, während Innen- und Außenring genau Nennmaß aufweisen.

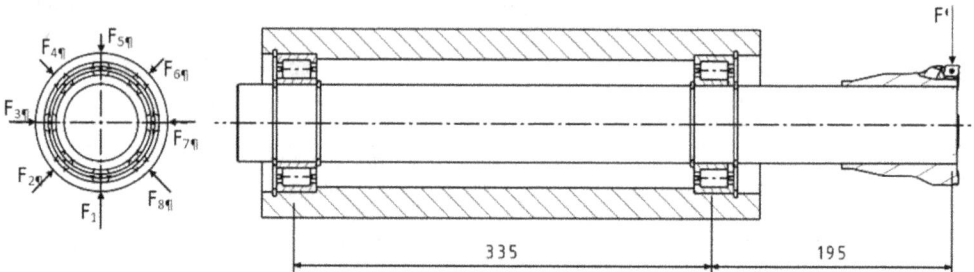

a. Ermitteln Sie die linearisierte Steifigkeit eines einzelnen Zylinderrollenlagers für geringe Belastungen! Nutzen Sie dazu zweckmäßigerweise das folgende Schema, in dem alle 8 Zylinderrollen bezüglich ihrer Verformung und ihrer Kraft abgebildet sind. Zur Ermittlung der Steifigkeit wird angenommen, dass das Lager um 1 μm nach unten deformiert wird. Berechnen Sie zunächst für jede einzelne Zylinderrolle die Gesamtdeformation, die sich aufgrund von Vorspannung und der angenommenen Lagerauslenkung um 1 μm ergibt. Ermitteln Sie anschließend die Reaktionskraft, die sich aufgrund dieser Verformung einstellt.

Nummer der Zylinderrolle	Gesamtdeformation der Zylinderrolle in [μm]	Reaktionskraft bezüglich der Gesamtverformung in [N]
1		
2		
3		
4		
5		
6		
7		
8		

Berechnen Sie die Lagersteifigkeit!

$c_{Lager}\ [N/\mu m]$

b. Die Spindel besteht aus zwei untereinander gleichen Lagern nach oben skizzierter Anordnung. Ermitteln Sie die Steifigkeit der gesamten Spindelkonstruktion, wobei die Welle selber als unendlich steif angenommen werden kann. Welche linearisierte radiale Steifigkeit liegt an der Krafteinleitungsstelle der Spindel $c_{Spindel}$ vor?

$c_{Spindel}$ $[N/\mu m]$

A.8.27   Steifigkeit Spindel (Kugellager und Welle)

Die unten stehende Skizze gibt die Lageranordnung und die Lagerabstände einer wälzgelagerten Spindel wieder:

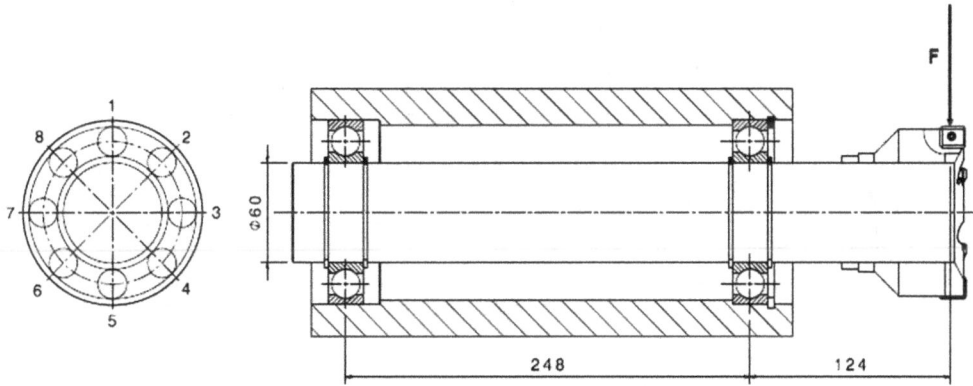

Das einzelne Lager ist mit 8 Kugeln bestückt, die mittels eines Käfigs auf gleichmäßige Teilung gehalten werden. Das Verformungsverhalten einer einzelnen Kugel mit der gesamten konstruktiven Umgebung am Innen- und Außenring wird durch folgende Größengleichung beschrieben:

$$\delta = 8{,}56 \cdot 10^{-2} \cdot F^{0,735} \qquad \delta\,[\mu m]\,, \quad F\,[N]$$

Für die hier vorliegende Spindel werden Kugeln mit einem Durchmesser von $3\,\mu m$ über Nennmaß verwendet, während Innen- und Außenring genau Nennmaß aufweisen.

a. Ermitteln Sie die linearisierte Steifigkeit eines einzelnen Lagers für geringe Belastungen! Nutzen Sie dazu zweckmäßigerweise das folgende Schema, in dem alle 8 Kugeln bezüglich ihrer Verformung und ihrer Kraft abgebildet sind. Zur Ermittlung der Steifigkeit wird angenommen, dass das Lager um $1\,\mu m$ nach unten deformiert wird:

Kugel 8 Gesamtdeformation der Kugel: Reaktionskraft bezüglich der Gesamtverformung:	Kugel 1 Gesamtdeformation der Kugel: Reaktionskraft bezüglich der Gesamtverformung:	Kugel 2 Gesamtdeformation der Kugel: Reaktionskraft bezüglich der Gesamtverformung:
Kugel 7 Gesamtdeformation der Kugel: Reaktionskraft bezüglich der Gesamtverformung:		Kugel 3 Gesamtdeformation der Kugel: Reaktionskraft bezüglich der Gesamtverformung:
Kugel 6 Gesamtdeformation der Kugel: Reaktionskraft bezüglich der Gesamtverformung:	Kugel 5 Gesamtdeformation der Kugel: Reaktionskraft bezüglich der Gesamtverformung:	Kugel 4 Gesamtdeformation der Kugel: Reaktionskraft bezüglich der Gesamtverformung:

c_{Lager} [N/μm]

b. Die Spindel besteht aus zwei untereinander gleichen Lagern. Die Spindelwelle wird fliegend belastet. Ermitteln Sie die Steifigkeit der gesamten Spindelkonstruktion, wobei die Welle selber zunächst als unendlich steif angenommen werden kann. Welche linearisierte radiale Steifigkeit liegt an der Krafteinleitungsstelle der Spindel $c_{Spindel\ Lager}$ vor?

$c_{Spindel\ Lager}$ [N/μm] =

c. Welche radiale Steifigkeit $c_{Spindel\ Welle}$ kommt an Krafteinleitungsstelle der Spindel durch die Durchbiegung der Welle zustande?

$c_{Spindel\ Welle}$ [N/μm] =

d. Welche Steifigkeit $c_{Spindel}$ wird an der Krafteinleitungsstelle insgesamt wirksam?

$c_{Spindel}$ [N/μm] =

A.8.28   Steifigkeit von drei wälzgelagerten Spindeln

Die drei unten stehend skizzierten Spindeln sollen in ihrer Steifigkeit verglichen werden. Alle drei Spindeln sind mit einem linken Lager mit einer Steifigkeit von 50 N/μm und mit einem rechten Lager mit der Steifigkeit von 100 N/μm ausgestattet. Die drei Spindeln unterscheiden sich jedoch in ihren Lagerabständen. Alle Steifigkeiten sind linear. Die Spindel wird am rechten Ende mit einer Bearbeitungskraft von 200 N belastet.

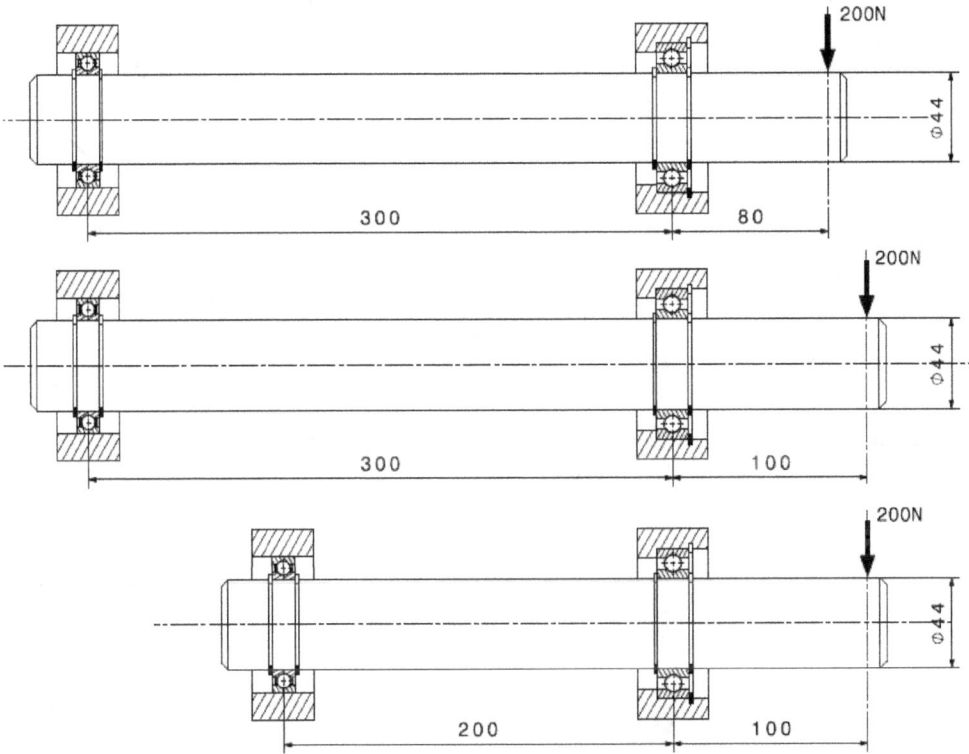

200N

⌀44

300   80

200N

⌀44

300   100

200N

⌀44

200   100

Zur Berechnung der Steifigkeit bezüglich der Bearbeitungskraft an der Spindelnase gehen Sie folgendermaßen vor:

- Berechnen Sie die Kraft, die sich an den beiden Lagern einstellt!
- Welche Verformung hat dies an den Lagern zur Folge?
- Welche Verformung ergibt sich daraufhin an der Spindelnase?
- Welche Steifigkeit liegt an der Spindelnase bezüglich der Bearbeitungskraft vor?
- Berechnen Sie die Wellensteifigkeit!
- Berechnen Sie die Gesamtspindelsteifigkeit!

Spindel a	linkes Lager	rechtes Lager	Spindelnase
Kraft			200 N
Verformung			
Steifigkeit Lager(ung)	$50\,\text{N}/\mu\text{m}$	$100\,\text{N}/\mu\text{m}$	
Steifigkeit Welle	————	————	
Gesamtsteifigkeit Spindel	————	————	

Spindel b	linkes Lager	rechtes Lager	Spindelnase
Kraft			200 N
Verformung			
Steifigkeit Lager(ung)	50 N/μm	100 N/μm	
Steifigkeit Welle	————	————	
Gesamtsteifigkeit Spindel	————	————	

Spindel c	linkes Lager	rechtes Lager	Spindelnase
Kraft			200 N
Verformung			
Steifigkeit Lager(ung)	50 N/μm	100 N/μm	
Steifigkeit Welle	————	————	
Gesamtsteifigkeit Spindel	————	————	

A.8.29 Steifigkeit hydrostatische Spindel

Die unten aufgeführten Skizzen geben die für die Steifigkeitsermittlung einer hydrostatischen Spindel erforderlichen Eckdaten wieder:

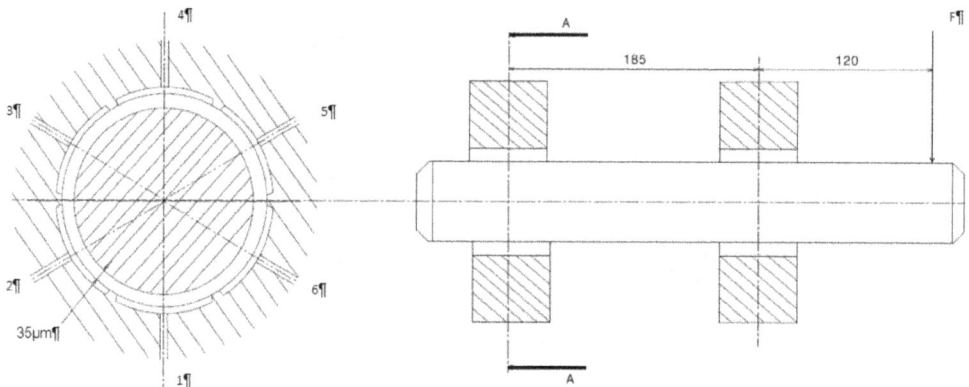

Die Spindel besteht aus zwei untereinander gleichen Lagern. Die Spindelwelle wird fliegend belastet. Die linke Abbildung verdeutlicht einen vergrößerten Schnitt durch das einzelne Lager. Es sind jeweils 6 Lagertaschen angeordnet, der Lagerspalt bei zentrischem auf beträgt 35 μm. Das folgende Diagramm beschreibt das Steifigkeitsverhalten einer einzelnen Lagertasche:

F_{tasche}[N]¶

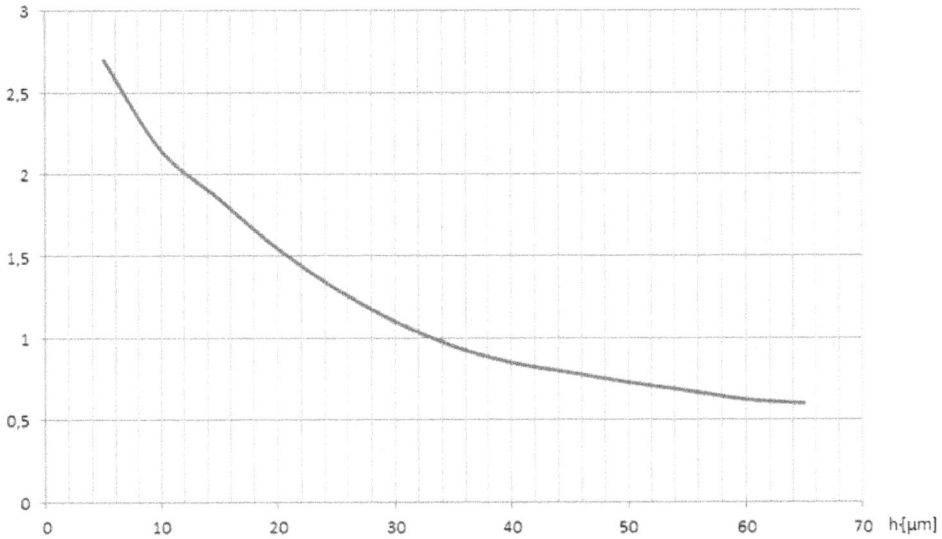

A.8.29.1 Steifigkeit einzelnes Hydrostatiklager

Zunächst ist die radiale Steifigkeit eines einzelnen Lagers zu ermitteln. Dazu gehen Sie sinn-vollerweise folgendermaßen vor: Lenken Sie das Lager um $10\,\mu$m aus und ermitteln Sie die Kräfte, die in den einzelnen Lagertaschen wirksam werden ($F_1 - F_6$).

Lagertasche	Lagerspalt im Bereich der Lagerta-sche [μm]	Kraft der einzelnen Lagertasche [N]
1		
2		
3		
4		
5		
6		

Anschließend setzen Sie diese Kräfte zur Gesamtlagerkraft F_{Lager} zusammen und schließlich formulieren Sie daraus eine linearisierte Steifigkeit c_{Lager}.

F_{Lager} [N]	
c_{Lager} [N/μm]	

A.8.29.2 Steifigkeit der gesamten Spindel

Bei der Formulierung der Steifigkeit der gesamten Spindel soll zum Ausdruck kommen, welche Verformung die Bearbeitungskraft am Bearbeitungsort („an der Spindelnase") zur Folge hat. Dabei kann die Welle selber als unendlich steif angenommen werden. Welche linearisierte radiale Steifigkeit liegt an der Krafteinleitungsstelle der Spindel $c_{Spindel}$ vor?

$c_{Spindel}$ [N/μm]	

A.8.30   Axiales Luftlager

Das unten skizzierte Luftlager wird mit einem (Über-)Druck ($p_0 - p_a$) von 5 bar versorgt. Der Lagertaschenradius beträgt $r_0 = 3{,}0$ mm und Düsendurchmesser $d = 0{,}3$ mm.

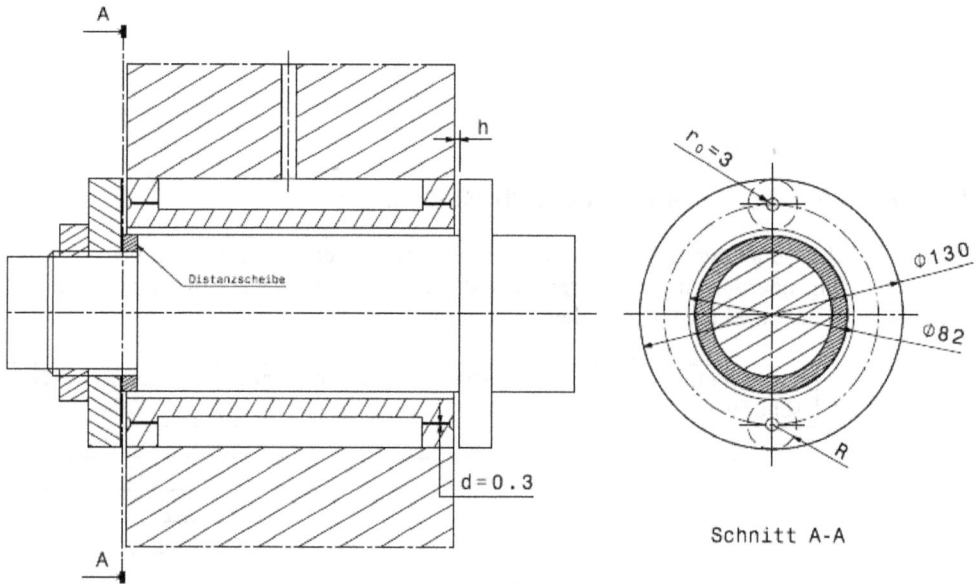

Schnitt A-A

Welcher Außenradius für das Elementarlager ergibt sich aufgrund der Kreisringgeometrie des Axiallagers?	R	mm	
Wie viele Elementarlager werden sinnvollerweise in einem Spurlager angeordnet? Runden Sie auf eine natürliche Zahl.	z	–	
Welche Tragzahl weist ein einzelnes Elementarlager auf?	c_S	–	
Welche Tragfähigkeit hat ein einzelnes Elementarlager?	F_{max}	N	
Welche Tragfähigkeit hat das gesamte, nicht vorgespannte Spurlager?	F_{maxges}	N	

Zwei gleiche Spurlager werden gegeneinander angestellt.

Wie groß muss der Lagerspalt gewählt werden, damit das Lager bei optimaler Steifigkeit betrieben wird?	h^+	μm	
Die Spaltweite wird mit h^+ ausgeführt und aus Sicherheitsgründen darf eine minimale Spaltweite von 5 μm nicht unterschritten werden. Welche Tragfähigkeit hat dann die gesamte, aus zwei gegeneinander angestellten Spurlagern bestehende Axiallagerung?	F_{maxges}	N	
Welche über den gesamten Arbeitsbereich linearisierte Steifigkeit weist die aus zwei Spurlagern bestehende Axiallagerung auf?	S_{lin}	$\frac{N}{\mu m}$	
Welche linearisierte Steifigkeit weist die aus zwei Spurlagern bestehende Axiallagerung in der Nähe der Nulllage auf?	$S_{ges(f=0)}$	$\frac{N}{\mu m}$	

A.8.31   Radiales Luftlager

Das unten stehende Luftlager wird mit einem Überdruck von $p_0 - p_a = 5$ bar versorgt.

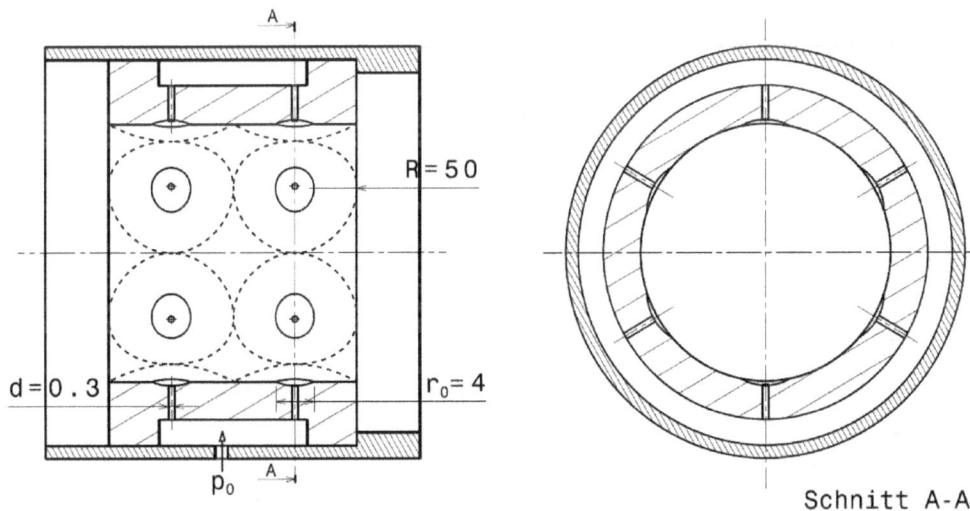

Schnitt A-A

a. Wie groß muss der Lagerspalt h^+ gewählt werden, damit das Lager bei optimaler Steifig-keit betrieben wird?

h^+ [μm] =

b. Das Lager wird mit der oben berechneten steifigkeitsoptimierten Spaltweite gefertigt. Wie groß ist dann die maximale Kraft, die dieses Elementarlager aufnehmen kann?

F_{max} [N] =

c. Mit welcher maximalen Kraft F_{radmax} kann dann das gesamte Lager belastet werden? Berücksichtigen Sie dabei, dass das Lager so weit ausgelenkt werden kann, wie es die minimale Spaltweite von 5 μm zulässt. Ermitteln Sie zunächst für jedes Elementarlager die Spaltweite und dann die daraus resultierende Kraft. Die Elementarlager werden ausgehend von der in Kraftrichtung liegenden Lagertasche nummeriert.

Lagertasche	Lagerspalt in der Mitte des Elementarlagers [μm]	Kraft des einzelnen Elementarlagers [N]
1		
2		
3		
4		
5		
6		

Welche Kräftebilanz ergibt sich daraus für das gesamte Lager?

F_{radmax} [N] =

d. Wie groß ist die Steifigkeit des gesamten Lagers S_{rad_lin} linearisiert über den ganzen Arbeitsbereich?

S_{rad_lin} [N/μm] =

e. Wie groß ist die Steifigkeit des gesamten Lagers S_{rad} bei zentrischer Lage? Lenken Sie dazu das Lager um 1 μm aus und ermitteln Sie für jede Lagertasche die Spaltweite und dann die daraus resultierende Kraft.

Lagertasche	Lagerspalt in der Mitte des Elementarlagers [μm]	Kraft des einzelnen Elementarlagers [N]
1		
2		
3		
4		
5		
6		

S_{rad} [N/μm] =

f. Wie verhält sich die **Tragfähigkeit** des Gesamtlagers, wenn der Lagerspalt gegenüber h^+ geringfügig geändert wird?

Die Spaltweite wird geringfügig vergrößert.
Wie verhält sich dabei die Tragfähigkeit?
○ Die Tragfähigkeit wird kleiner
○ Die Tragfähigkeit bleibt gleich
○ Die Tragfähigkeit wird größer

Die Spaltweite wird geringfügig verkleinert.
Wie verhält sich dabei die Tragfähigkeit?
○ Die Tragfähigkeit wird kleiner
○ Die Tragfähigkeit bleibt gleich
○ Die Tragfähigkeit wird größer

g. Wie verhält sich die **Steifigkeit** des Gesamtlagers, wenn der Lagerspalt gegenüber h^+ geringfügig geändert wird?

Die Spaltweite wird geringfügig vergrößert.
Wie verhält sich dann die Steifigkeit?
○ Die Steifigkeit wird kleiner
○ Die Steifigkeit bleibt gleich
○ Die Steifigkeit wird größer

Die Spaltweite wird geringfügig verkleinert.
Wie verhält sich dann die Steifigkeit?
○ Die Steifigkeit wird kleiner
○ Die Steifigkeit bleibt gleich
○ Die Steifigkeit wird größer

9 Reibung, Schlupf, Wirkungsgrad und Verschleiß

Es wäre vermessen, im Rahmen der Maschinenelemente die anspruchsvollen Fragestellungen von Reibung, Schlupf, Wirkungsgrad und Verschleiß mit der wissenschaftlichen Gründlichkeit der Physik, der Werkstoffkunde und der Tribologie darstellen zu wollen. In diesem Zusammenhang ist es aber sehr wohl angebracht, diese Sachverhalte im Sinne einer praktischen ingenieurmäßigen Anwendung begreifbar zu machen und untereinander in Beziehung zu setzen.

9.1 Haftreibung und Gleitreibung, Begriff des „Schlupfs"

In den bisherigen Kapiteln (z. B. Feder, Schraube) wurde die Festkörperreibung stets in Anlehnung an die klassische Schulphysik mit der Coulomb'schen Reibung beschrieben. Im Hinblick auf das weitere Vorgehen ist es hilfreich, anhand der Modellvorstellung des „Bürstenmodells" in der oberen Zeile von Bild 9.1 eine Erweiterung vorzunehmen:

- Ein Block übt aufgrund seiner Masse eine Normalkraft F_N auf den Untergrund aus. An der Unterseite des Blocks werden modellhaft Borsten angebracht, die im weiteren Verlauf der Betrachtungen die horizontale Verformung des Systems veranschaulichen sollen. Da aber in der linken Spalte noch keine horizontale Kraft wirkt, stehen die Borsten senkrecht.
- Wirkt eine horizontal gerichtete Kraft F_R auf den Block, so wird diese über die Borsten übertragen. Die Kraft F_R kann ohne Relativbewegung der Borstenspitzen gegenüber dem Untergrund so weit gesteigert werden, wie es die **Haftreibung** zulässt:

$$\mu_{Haft} = \frac{F_{RHaft}}{F_N} \qquad \text{Gl. 9.1}$$

Dabei **verformen** sich die Borsten wie kleine Biegebalken. Nennen wir deshalb die dabei entstehende Bewegung „**Verformung**sschlupf".

https://doi.org/10.1515/9783110747393-002

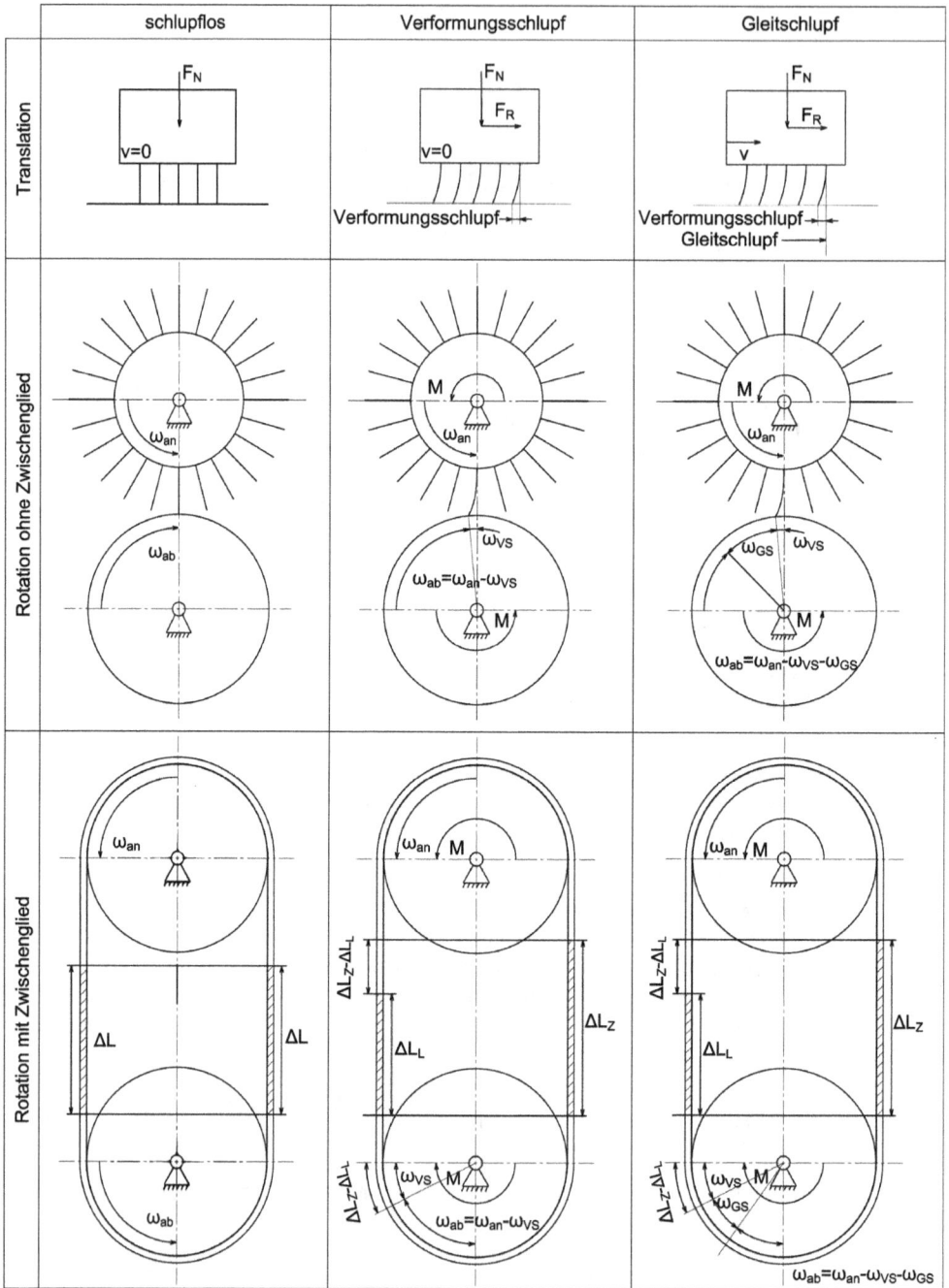

Bild 9.1: Bürstenmodell

- Wird die horizontal gerichtete Reibkraft weiter gesteigert, so werden sich die Borstenspitzen gegenüber dem Untergrund in Bewegung setzen. Die dabei wirksame Reibkraft lässt sich über die **Gleitreibung** beschreiben:

$$\mu_{Gleit} = \frac{F_{RGleit}}{F_N}$$ Gl. 9.2

Die dabei auftretende **gleitende** Bewegung wird allgemein als „**Gleit**schlupf" bezeichnet.

Tabelle 9.1 nach [9.2] gibt für einige Werkstoffkombinationen die experimentell ermittelten Haft- und Gleitreibungszahlen in Funktion der Materialpaarung und des Schmierungszustandes an.

Tabelle 9.1: Haft- und Gleitreibungszahlen

	Haftreibungszahl μ_{Haft}		Gleitreibungszahl μ_{Gleit}	
	trocken	geschmiert	trocken	geschmiert
Eisen – Eisen			1,0	
Kupfer – Kupfer			0,60–1,00	
Stahl – Stahl	0,45–0,80	0,10	0,40–0,70	0,10
Chrom – Chrom			0,41	
Aluminium – Aluminium			0,94–1,35	
St 37 – St 37 poliert			0,15	
Stahl – Grauguss	0,18–0,24	0,10	0,17–0,24	0,02–0,21
Stahl – Weißmetall			0,21	
Stahl – Blei			0,50	
Stahl – Zinn			0,60	
Stahl – Kupfer			0,23–0,29	
Bremsbelag – Stahl			0,50–0,60	0,20–0,50
Stahl – Polytetrafluoräthylen (PTFE)			0,04–0,22	
Stahl – Polyamid			0,32–0,45	0,10
Holz – Metall	0,50–0,65	0,10	0,20–0,50	0,10
Holz – Holz	0,40–0,65	0,16–0,20	0,20–0,40	0,04–0,16
Stahl – Eis	0,027		0,014	

Die Reibzahlen hängen von der Oberflächenbeschaffenheit, der Flächenpressung, der Feuchtigkeit, der Temperatur, der Schmierschicht und im Fall der Gleitreibung auch von der Gleitgeschwindigkeit ab. Zur Reduzierung der Reibzahl wird geschmiert, wohingegen bei der beabsichtigten Erhöhung der Reibzahl (z. B. zur Verringerung der Rutschgefahr auf Glatteis oder zur Verbesserung der Haftung von Eisenbahnrädern auf der Schiene) z. B. Sand verwendet werden kann.

Am Kontakt eines auf der Fahrbahn abrollenden Rades liegt zunächst einmal Haftreibung vor, weil die sich berührenden Partner relativ zueinander nicht bewegen (weitere Differenzierung s. Kap. 9.4.2.2). Beim Bremsen können aufgrund der dabei vorliegenden hohen Haftreibung relativ hohe Reibkräfte übertragen werden. Wird die Bremswirkung allerdings übertrieben, so tritt Relativbewegung auf, die sich dann unter geringerer Gleitreibung vollzieht, was die Bremswirkung verschlechtert. Soll die Bremswirkung optimiert werden, muss also dieser Gleitreibungszustand vermieden werden. Dies setzt eine wohldosierte Betätigung der Bremse voraus, was von einem „Antiblockiersystem" (ABS) unterstützt werden kann.

Da der Reibwert bei Schrauben (s. beispielsweise Tab. 4.1) von vielen Umgebungsbedingungen abhängig ist, ist eine zusätzliche Differenzierung nach Haftreibung und Gleitreibung häufig wenig sinnvoll und wurde in Kap. 4 auch nicht praktiziert. Es gibt jedoch spezielle Anwendungen, die eine nähere Betrachtung erfordern. Dazu sei noch einmal der Zusammenhang zwischen der in der Schraube vorliegenden Axialkraft F_{ax} und dem dafür erforderlichen Gewindemoment beim Anziehen M_{Gewanz} und beim Lösen $M_{Gewlös}$ betrachtet:

$$M_{Gewanz} = F_{ax} \cdot \frac{d_2}{2} \cdot \tan(\varphi + \rho') \qquad\qquad\qquad \text{Gl. 4.12}$$

$$M_{Gewlös} = F_{ax} \cdot \frac{d_2}{2} \cdot \tan(\varphi - \rho') \qquad\qquad\qquad \text{Gl. 4.13}$$

In aller Regel soll im Gewinde einer Befestigungsschraube Selbsthemmung vorliegen, was auf die Forderung

$$\rho' > \varphi \qquad\qquad\qquad\qquad\qquad\qquad\qquad\qquad \text{Gl. 4.19}$$

hinausläuft. Dieser Umstand hat zwei Konsequenzen:

- Das Lösemoment ist stets negativ.
- Der Betrag des Lösemoments ist kleiner als der des Anzugsmoments.

Für den Fall besonders kleiner Steigungswinkel φ widersprechen Messungen jedoch manchmal der zweiten Schlussfolgerung. Zur Klärung dieses Sachverhaltes trägt Bild 9.2 das Gewindemoment M_{Gew} über der Axialkraft F_{ax} auf, was stets eine einfache Geradengleichung ergibt, bei denen der Flankendurchmesser d_2 und die Gewindesteigung φ Konstanten sind.

- Zunächst einmal sei (unrealistische) Reibungsfreiheit ($\rho'_{fix} = 0$) angenommen. In diesem Fall vollzieht sich sowohl der Anzieh- als auch der Lösevorgang auf derselben flach ansteigenden Geraden bis zur gewünschten Axialkraft F_{ax} und zurück, es braucht gar nicht nach Anziehen und Lösen unterschieden zu werden.
- Wird ein einheitlicher Reibwinkel ρ'_{fix} angenommen, so wird das Anzugsmoment M_{Gewanz} um den Reibanteil größer und das Lösemoment $M_{Gewlös}$ um den gleichen Reibanteil kleiner als im reibungsfreien Fall. Bei Selbsthemmung ist das Lösemoment negativ. Der Betrag des Anzugsmoments M_{Gewanz} ist unter dieser Annahme tatsächlich größer als der des Lösemoments $M_{Gewlös}$.
- Wird jedoch der Reibwinkel nach Gleitreibung und Haftreibung differenziert, so vollzieht sich der Anziehvorgang bei Bewegung unter einem kleineren Reibwinkel ρ'_{Gleit}, was auch die Gerade für das Anzugsmoment abflachen lässt. Der Lösevorgang muss jedoch aus dem Stillstand heraus, also mit größerem ρ'_{Haft}, gestartet werden, was in der Anfangsphase das Lösemoment $M_{Gewlös}$ ansteigen lässt. Bei kleiner Gewindesteigung φ (großer Flankendurchmesser, Feingewinde) kann dieser Einfluss so groß sein, dass der Betrag des Lösemoments $M_{Gewlös}$ den des Anziehmoments M_{Gewanz} übersteigt.

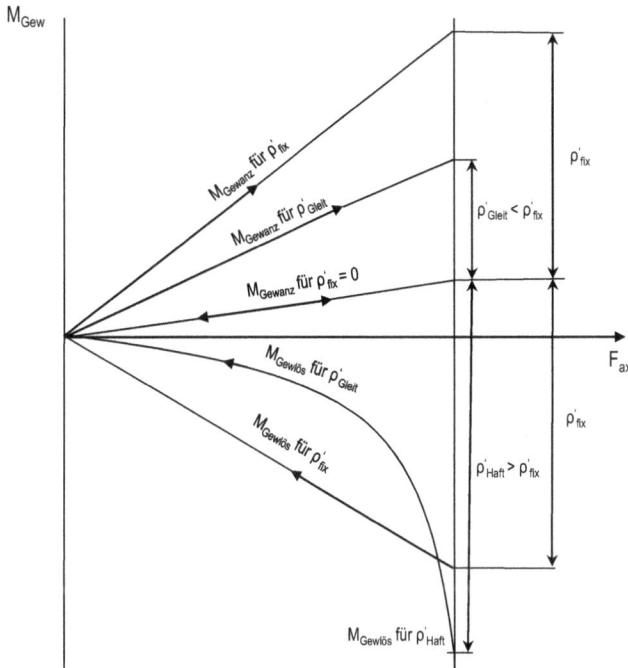

Bild 9.2: Haft- und Gleitreibung bei Schrauben

Darüber hinaus demonstriert Bild 9.3, dass das Nachziehen von Schrauben in kleinen Schritten u. U. problematisch werden kann.

- Soll die Schraube so angezogen werden, dass sie unter der Axialkraft F_{ax1} steht, so ist dazu das Moment $M_{Gewanz1}$ erforderlich. Wird dieser Vorgang ohne Stillstand während des Anziehens vollzogen, so ist dafür der Gleitreibungswinkel ρ'_{Gleit} maßgebend.
- Eine deutlich höhere Axialkraft F_{ax3} kann unter Vorgabe von $M_{Gewanz3}$ ohne zwischenzeitlichen Stillstand mit ρ'_{Gleit} eindeutig angefahren werden.
- Wird die Schraube jedoch ausgehend von F_{ax1} auf ein nur geringfügig größeres F_{ax2} nachgezogen, so muss dieser Nachziehvorgang aus dem Stillstand heraus mit ρ'_{Haft} gestartet und bei F_{ax2} mit ρ'_{Gleit} beendet werden, was im dargestellten Fall nicht möglich ist. Wird beim Nachziehvorgang das Moment $M_{Gewanz2}$ vorgegeben, so bleibt die Verbindung bei der Kraft F_{ax1} stehen.

Bei so manchen technischen Anwendungen lässt sich ebenfalls der Unterschied zwischen Gleitreibung und Haftreibung beobachten: Das Abbremsen eines Eisenbahnzuges (s. Kap. 10, Aufgaben A.10.7 und A.10.8) vollzieht sich zunächst einmal unter Gleitreibung, weil das zu bremsende Rad am Bremsbelag vorbeischleift. Unmittelbar vor Stillstand des Zuges geht dieser Reibzustand jedoch in Haftreibung über, was den Reibwert geringfügig ansteigen lässt und den Bremsvorgang u. U. etwas unsanft abschließt.

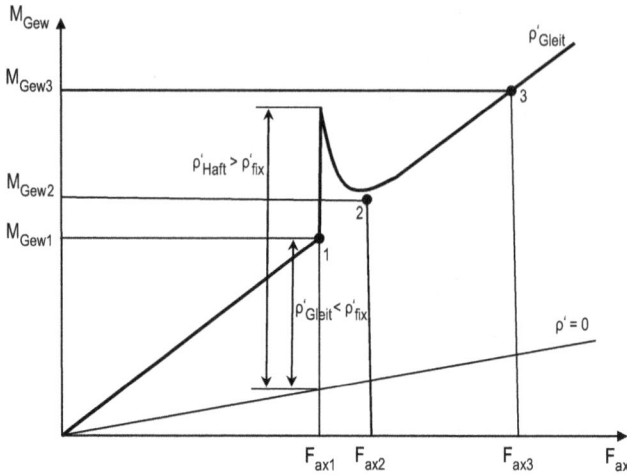

Bild 9.3: Nachziehen von Schrauben

Aufgaben A.9.1 und A.9.2

Der Unterschied des etwas größeren Haftreibungsbeiwerts μ_{Haft} gegenüber dem etwas geringeren Gleitreibungsbeiwert μ_{Gleit} kann auch den sog. **Stick-Slip-Effekt** (Ruckgleiten) zur Folge haben. Zur Erläuterung dieses Sachverhaltes wird die grundlegende Modellvorstellung der Coulomb'schen Reibung in Bild 9.4 um eine Komponente erweitert:

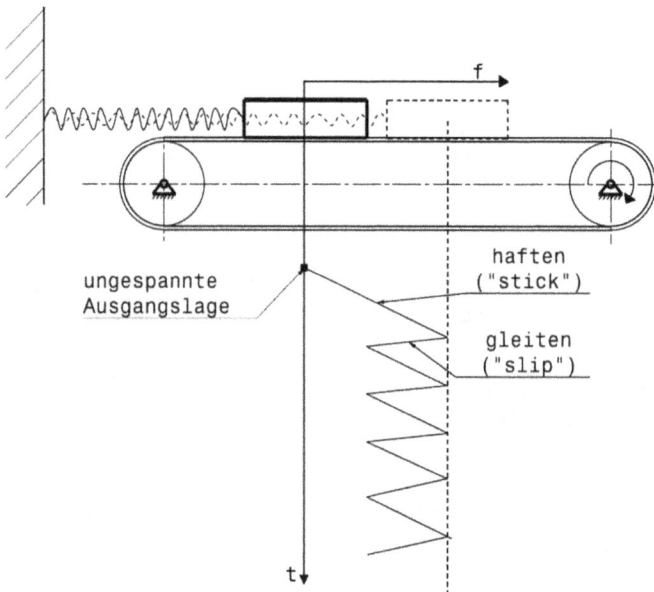

Bild 9.4: Modellvorstellung Stick-Slip-Effekt

Ein auf einem Band liegender Block wird über eine Federwaage in der dargestellten Weise an die feste Umgebung angebunden. Wenn das Band in eine gleichmäßige Bewegung versetzt wird, so wird der Block zunächst wegen der Haftreibung vom Band mitgenommen, wobei allerdings die Feder gespannt wird, sodass deren Kraft ansteigt. Wird die größtmögliche Haftreibungskraft überschritten, so gleitet der Block unter Gleitreibung in umgekehrter Richtung zurück, wobei sich die Feder entspannt, was wiederum deren Kraft reduziert. Nach einer kurzen Gleitphase tritt wieder der ursprüngliche Haftreibungszustand ein und der Block wird erneut vom Band mitgenommen. Dieser Wechsel zwischen Haftreibung (Stick) und Gleitreibung (Slip) vollzieht sich immer wieder, der Block führt eine schwingende Bewegung aus. Diese Erscheinung wird auch „**Ruckgleiten**" genannt.

Die Neigung zu Stick-Slip ist umso ausgeprägter, je weiter die Zahlenwerte von Haftreibung und Gleitreibung auseinander liegen. Um dem Stick-Slip entgegen zu wirken, sind folgende Maßnahmen angebracht:

- Haft- und Gleitreibungswert sollen möglichst dicht beieinander liegen. Dies ist vor allen Dingen eine Frage der an der **Reibpaarung** beteiligten Materialien und des **Schmierstoffs**.
- Werden die im Kraftfluss liegenden Teile in ihrer **Steifigkeit** gesteigert, so kann zwar dadurch der Stick-Slip-Effekt nicht eliminiert werden, aber die hervorgerufenen Schwingungsamplituden werden verkleinert und die Schwingungsfrequenz wird vergrößert.

Wird die digitale Unterscheidung nach Haft- und Gleitreibungsbeiwert dahingehend erweitert, dass der Reibbeiwert in Funktion der Gleitgeschwindigkeit differenzierter betrachtet wird, so ergibt sich beispielhaft ein Zusammenhang nach Bild 9.5.

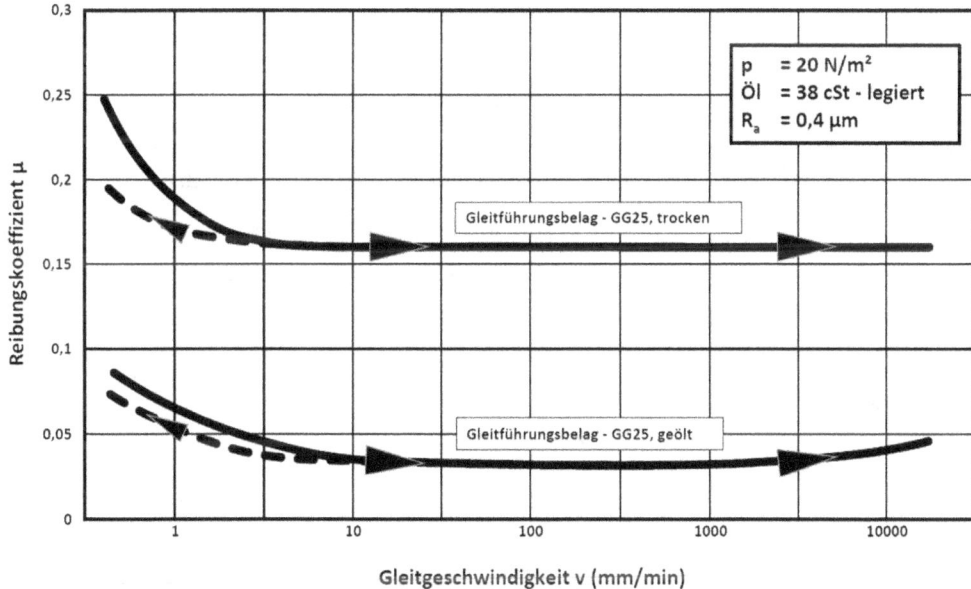

Bild 9.5: Reibverhalten Gleitführungsbelag

In geöltem Zustand ist die Reibung stets geringer als im Trockenzustand, aber in beiden Fällen steigt der Reibbeiwert bei sehr geringer Gleitgeschwindigkeit an. Dabei kennzeichnen die durchgezogenen Linien die Bewegung aus dem Haftreibungszustand heraus (Pfeil nach rechts) und sind durch etwas höhere Reibbeiwerte gekennzeichnet, wohingegen sich die gestrichelten Linien ergeben, wenn die Bewegung aus der Gleitreibung heraus erfolgt (Pfeil nach links), wobei etwas geringere Reibbeiwerte entstehen.

Eine weitere Betrachtung von Bild 9.1 führt zu folgenden Differenzierungen:

- Die zweite Zeile überführt die Translation der ersten Zeile in Rotation, wobei in dieser Modellvorstellung wegen der besseren Übersichtlichkeit angenommen wird, dass der äußere Radius des oberen antreibenden „Bürsten"-Rades genau dem Durchmesser des unteren, getriebenen Rades entspricht. Wird kein Moment übertragen (linke Spalte), so stehen die Borsten genau radial und es wird genau 1:1 übersetzt: $\omega_{ab} = \omega_{an}$
- Wird jedoch Moment übertragen, so wird sich auch hier wie in der oberen Bildzeile ein „Verformungsschlupf" einstellen, der dazu führt, dass das getriebene Rad in seiner rotatorischen Bewegung um die Balkenbiegung der Borsten gegenüber dem treibenden Rad zurückbleibt, obwohl zwischen den Spitzen der Borsten und dem Gegenrad keine Relativbewegung stattfindet, also von Haftreibung auszugehen ist. Das untere Rad dreht sich um die Winkelgeschwindigkeit ω_{VS} (Index VS für Verformungsschlupf) langsamer: $\omega_{ab} = \omega_{an} - \omega_{VS}$.
- Wird in der rechten Spalte die Grenze der Haftreibung überschritten, so wird es durch die Gleitreibung zu einem weiteren Verlust der Winkelgeschwindigkeit des Abtriebs kommen, sodass dann am Abtrieb nur noch die Winkelgeschwindigkeit $\omega_{ab} = \omega_{an} - \omega_{VS} - \omega_{GS}$ (Index GS für Gleitschlupf) vorliegt. Da in den meisten Fällen dann ω_{GS} dominant ist, ist eine Differenzierung der beiden Verlustanteile kaum noch möglich und praktisch auch nicht von Interesse.

Wird in der unteren Zeile von Bild 9.1 die Drehbewegung von der oberen, antreibenden Scheibe über ein Zugmittel (hier Flachriemen) auf die untere, abtreibende Scheibe übertragen, so kommt es zu ähnlichen Geschwindigkeitsverlusten am abtreibenden Rad. Allerdings braucht hier nicht mehr die Modellvorstellung des Bürstenrades mit seiner modellhaften Durchbiegung der Borsten bemüht zu werden, weil die Verformung als Längendehnung des Riemenelements dominant ist und auch analytisch beschrieben werden kann (s. 9.4.2.1). Ungeachtet der Differenzierung nach Verformungsschlupf und Gleitschlupf lässt sich der Schlupf nach Bild 9.6 erfassen.

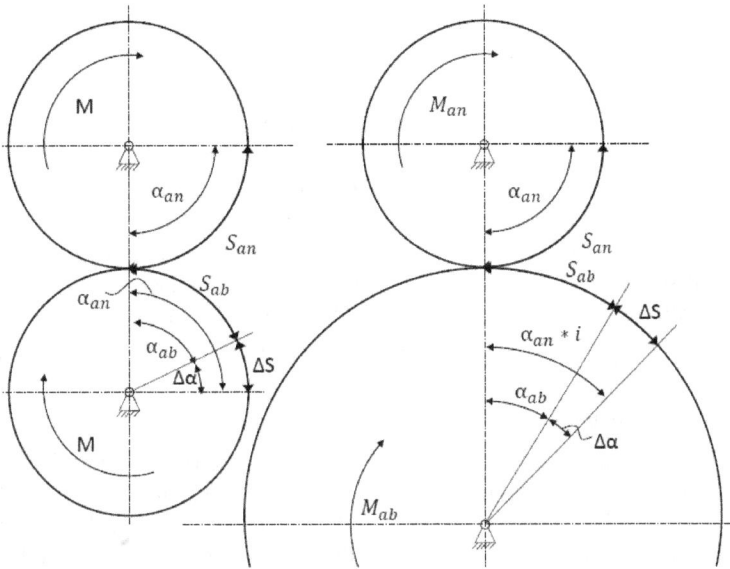

Bild 9.6: Schlupf

Geht man zunächst einmal in der linken Bildhälfte von einem Reibradgetriebe mit dem Übersetzungsverhältnis 1:1 (Reibradkupplung) aus, so würde bei ideal schlupffreiem Betrieb eine Drehung des oberen Antriebsrades um α_{an} (hier 90°) eine genau gleich große Drehung des unteren Abtriebsrades nach sich ziehen. Wegen des Schlupfs wird aber der Kreisbogen s_{an} auf dem Abtriebsrad um Δs gegenüber dem Antriebsrad zurückbleiben, sodass sich dieses nur um α_{ab} dreht. Daraus ergibt sich der (relative) Schlupf ψ zu

$$\psi = \frac{\Delta s}{s} = \frac{s_{an} - s_{ab}}{s_{an}} = \frac{\alpha_{an} - \alpha_{ab}}{\alpha_{an}}$$
$$= \frac{\omega_{an} - \omega_{ab}}{\omega_{an}}$$

für $i = 1:1$

Gl. 9.3

Wird in der rechten Bildhälfte nicht 1:1 übersetzt, so gilt der gleiche Ansatz, allerdings müssen hier die Winkel und Winkelgeschwindigkeiten entsprechend dem Übersetzungsverhältnis in Beziehung gesetzt werden:

$$s_{an} = \alpha_{an} \cdot r_{an} \quad \text{und} \quad s_{ab} = \alpha_{ab} \cdot r_{ab}$$
$$\psi = \frac{\Delta s}{s} = \frac{s_{an} - s_{ab}}{s_{an}} = \frac{\alpha_{an} \cdot r_{an} - \alpha_{ab} \cdot r_{ab}}{\alpha_{an} \cdot r_{an}}$$
$$r_{ab} = r_{an} \cdot i$$
$$\psi = \frac{\alpha_{an} \cdot r_{an} - \alpha_{ab} \cdot r_{an} \cdot i}{\alpha_{an} \cdot r_{an}}$$
$$\psi = \frac{\alpha_{an} - \alpha_{ab} \cdot i}{\alpha_{an}} = \frac{\omega_{an} - \omega_{ab} \cdot i}{\omega_{an}}$$

für allgemeines i

Gl. 9.4

Bereits in der Einleitung zum Kapitel „Grundsätzliche Bauformen gleichförmig übersetzender Getriebe" (Kapitel 7.1.3, Band 2) wurde hinsichtlich des Schlupfs ein wichtiges Unterscheidungsmerkmal beschrieben:

- Ein formschlüssiges Getriebe führt das ihm aufgetragene Übersetzungsverhältnis genau reproduzierbar aus: Selbst wenn ein formschlüssiges Getriebe über beliebig viele Umdrehungen hinweg bewegt und in der gleichen Weise wieder zurückbewegt wird, so kehrt es wieder genau in seine Ausgangsstellung zurück.
- Ein reibschlüssiges Getriebe würde dies nur im lastlosen Zustand bewerkstelligen können und das auch nur im theoretischen Grenzfall. Da jede Last Verformungen zur Folge hat, entsteht Schlupf als ein Übersetzungsfehler, der möglicherweise so klein ist, dass er gar nicht wahrgenommen wird und je nach Anwendungsfall auch keine nachteiligen Auswirkungen hat.

Der letztgenannte Aspekt wird an folgender Gegenüberstellung beispielhaft deutlich:

- Wenn eine Zahnradbahn als formschlüssiges Getriebe Ritzel–Zahnstange den Berg hinauf- und dann wieder hinunterfährt, so werden am Ende dieser Fahrt wieder dieselben Zahnflanken in Eingriff kommen. Eine Adhäsionsbahn als reibschlüssiges Getriebe Rad–Schiene würde nach der Rückfahrt eine andere Stellung einnehmen als zu Beginn der Fahrt. Für die Funktion und den Betrieb der Bahn ist dieser Aspekt jedoch völlig bedeutungslos.
- Für den Nockenwellenantrieb eines Verbrennungsmotors hätte ein (reibschlüssiger) Keil- oder Flachriemenantrieb aber fatale Folgen, weil bereits nach kurzer Betriebszeit die Winkelstellung zwischen Kurbelwelle und Nockenwelle durch den Schlupf so nachhaltig gestört werden würde, dass der Kolben auf das geöffnete Ventil trifft. Hier kommt klassischerweise ein Kettentrieb und zunehmend auch ein (formschlüssiger) Zahnriementrieb zum Einsatz.

Während der Verformungsschlupf als Folge von elastischen Verformungen (bei Riementrieben „Dehnschlupf") unvermeidlich ist, kann der Gleitschlupf als Sicherheitselement (Sicherheitskupplung) gezielt ausgenutzt werden. Dabei ist allerdings zu berücksichtigen, dass Gleitschlupf an der lastübertragenden Stelle eine erhebliche Leistung freisetzt, die sich als thermische Belastung und Verschleiß äußert und je nach Betriebsdauer erhebliche Schäden nach sich ziehen kann. Bleibt der Abtrieb aufgrund des Gleitschlupfs gänzlich stehen, so wird der Mechanismus zur Bremse (vgl. Kapitel 10), wobei sämtliche Leistung, die das Getriebe eigentlich übertragen sollte, nun als thermische Leistung im Getriebe verbleibt und bei länger anhaltendem Betrieb zu Überhitzung oder Zerstörung führen kann.

9.2   Rollreibung

Das Rad wurde erfunden, um die mit der Festkörperreibung verbundenen großen Reibkräfte erheblich zu reduzieren. Aber auch für das Rad lässt sich eine Proportionalität zwischen der zur Überwindung der Reibung erforderlichen Kraft F_{RR} und der das Rad belastenden Normalkraft F_N beobachten, sodass ein Quotient μ_{RR} formuliert werden kann, der die Reibung als

Rollreibung beschreibt:

$$\mu_{RR} = \frac{F_{RR}}{F_N}$$ Gl. 9.5

Dieser Ansatz kann dahingehend verallgemeinert werden, dass er nicht nur das System Zylinder–Ebene, sondern auch die Paarung Zylinder – Zylinder erfasst. Neben dieser Linienberührung ist auch eine Punktberührung möglich.

9.2.1 Rollreibung von Wälzlagern

Das Wälzlager kann als ein System von aufeinander abrollenden Rädern verstanden werden, deren Rollreibung zu einer Verlustleistung führt, die ihrerseits eine Wärmeentwicklung und damit eine Temperaturerhöhung des Lagers zur Folge hat. Der gesamte Reibwiderstand des Lagers wird beeinflusst durch

- die Kraft, die durch das Lager übertragen wird
- die Beschaffenheit des Hertz'schen Kontaktes (Punktberührung oder Linienberührung)
- die Lagerbauform
- die Lagergröße
- die Lagerdrehzahl
- die Schmierstoffbeschaffenheit und Schmierstoffmenge
- die konstruktive Ausführung und den Werkstoff des Käfigs
- eine eventuell vorhandene Dichtung

Für normale Betriebsbedingungen reicht es häufig aus, die Rollreibung von Wälzlagern mit den typenspezifischen Rollreibungswerten μ_i nach Tabelle 9.2 zu beschreiben.

Tabelle 9.2: Reibzahlen Wälzlager

Lagerbauart	Reibzahl μ_i	Lagerbauart	Reibzahl μ_i
Pendelkugellager	$1,3 \cdot 10^{-3}$	Axial-Pendelrollenlager	$2,0 \cdot 10^{-3}$
Zylinderrollenlager mit Käfig	$1,3 \cdot 10^{-3}$	Schrägkugellager, einreihig	$2,0 \cdot 10^{-3}$
Rillenkugellager	$1,5 \cdot 10^{-3}$	Schrägkugellager, zweireihig	$2,4 \cdot 10^{-3}$
Axial-Rillenkugellager	$1,5 \cdot 10^{-3}$	Vierpunktlager	$2,4 \cdot 10^{-3}$
Kegelrollenlager	$1,8 \cdot 10^{-3}$	Nadellager	$2,5 \cdot 10^{-3}$
Pendelrollenlager	$2,0 \cdot 10^{-3}$	Axial-Zylinderrollenlager	$4,0 \cdot 10^{-3}$
Zylinderrollenlager, vollrollig	$2,0 \cdot 10^{-3}$	Axial-Nadellager	$5,0 \cdot 10^{-3}$

Mit diesen Reibungszahlen lässt sich das Reibungsmoment M_R des gesamten Lagers formulieren zu

$$M_R = \mu_i \cdot F_N \cdot \frac{d}{2}$$ Gl. 9.6

F_N die resultierende Lagerbelastung

d   der **Bohrungs**durchmesser des Lagers

Die Reibleistung des Lagers P_R berechnet sich dann als Produkt aus Reibmoment M_R und Winkelgeschwindigkeit ω.

$$P_R = M_R \cdot \omega$$

Die vorstehenden Betrachtungen gelten jedoch nur für „normale" Betriebsbedingungen (Belastung P/C im Bereich von 0,1, keine Verspannung, guter Schmierzustand, mittlerer Drehzahlbereich, ohne gleitende Dichtung). Für weitergehende Betriebsbedingungen gibt [9.5] einen differenzierten Ansatz an.

9.2.2   Analytischer Ansatz für Rollreibung Reifen – Straße

Bild 9.7 versucht zunächst einmal, die Rollreibung für den Kontakt eines Reifens mit der Fahrbahn modellhaft zu veranschaulichen:

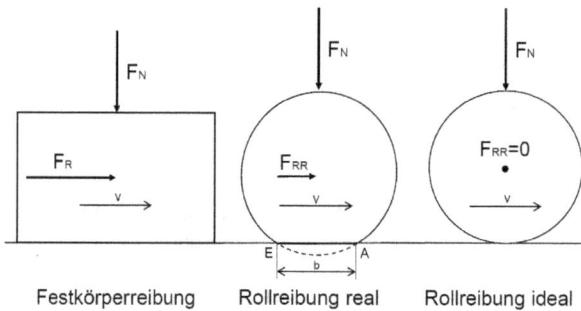

Bild 9.7: Rollreibung und Festkörperreibung

Ausgangspunkt ist die Festkörperreibung im linken Bilddrittel. Die im rechten Bilddrittel skizzierte perfekte Rollreibung würde zwar keinerlei Reibkräfte hervorrufen, ist aber unrealistisch, weil die Normalkraft F_N nur in einem Punkt bzw. auf einer Linie übertragen werden müsste, die ihrerseits aber keine Fläche aufweist. Die dabei entstehende Flächenpressung wäre unendlich groß (vgl. auch Bild 8.28). Die reale Rollreibung (mittleres Bilddrittel) kommt dadurch zustande, dass im Kontaktbereich eine elastische Deformation (hier völlig übertrieben dargestellt) eine kraftübertragende Fläche bereitstellt. In diesem Fall wird modellhaft angenommen, dass sich nur der Zylinder verformt, während die Ebene ihre ursprüngliche Form beibehält, was z. B. bei der Paarung Reifen – Fahrbahn weitgehend der Fall ist. Die Abrollbewegung des Rades auf der Ebene hat zwei Konsequenzen:

- Jeder Punkt auf dem äußeren Umfang des Reifens versucht, einen vollständigen Kreis zu beschreiben. Im Kontakt mit der Fahrbahn wird er aber gezwungen, den Kreis auf der Sekanten von A nach E abzukürzen. Da die Sekante von A nach B aber kürzer ist als der

Kreisbogenabschnitt von A nach B, müssen im Bereich des „Reifenlatsches" b Relativ-bewegungen stattfinden, die dem System einen Schlupf aufzwingen, der einen geringen Anteil an Festkörperreibung zur Folge hat: Ganz ohne Festkörperreibung geht es also doch nicht! Kap. 9.2.2.1 versucht, diesen Sachverhalt analytisch zu erfassen.

• Gleichzeitig erfährt der Punkt auf dem Umfang des Zylinders eine Verlagerung in Richtung des Radmittelpunktes, was in Kap. 9.2.2.2 weiter betrachtet wird.

9.2.2.1   Reibeinfluss der Umfangskomponente

Die Abplattung ist auch in Bild 9.8 völlig übertrieben groß dargestellt, damit sich die geome-trischen Zusammenhänge besser erkennen lassen.

Rollt der Zylinder von links nach rechts ab, so kann dieser Vorgang auch dadurch dargestellt werden, dass bei stillstehender Radachse die Ebene von rechts nach links bewegt wird, wobei die nach links gerichtete horizontale Fahrgeschwindigkeit v_{Fahr} in allen Punkten der Ebene vorliegt. An jedem beliebigen Punkt der Kontaktlinie kann v_{Fahr} in die um den Radmittelpunkt wirksame Umfangskomponente v_U und in die Normalkomponente v_N zerlegt werden.

$$\cos \alpha = \frac{v_U}{v_{Fahr}} \quad \rightarrow \quad v_U = v_{Fahr} \cdot \cos \alpha \qquad\qquad \text{Gl. 9.7}$$

$$\sin \alpha = \frac{v_N}{v_{Fahr}} \quad \rightarrow \quad v_N = v_{Fahr} \cdot \sin \alpha \qquad\qquad \text{Gl. 9.8}$$

Im mittleren Drittel von Bild 9.8 sind beide Geschwindigkeitskomponenten über dem Stel-lungswinkel α aufgetragen. Die Umfangsgeschwindigkeit v_U führt dazu, dass das Rad um seinen Mittelpunkt eine Winkelgeschwindigkeit ausführt:

$$\omega = \frac{v_U}{r_{eff}} = \frac{v_{Fahr} \cdot \cos \alpha}{r_{eff}} \qquad\qquad \text{Gl. 9.9}$$

Der effektive Radius r_{eff} ändert sich mit der an der Berührstelle auftretenden Verformung und kann geometrisch ermittelt werden.

$$\cos \alpha = \frac{m}{r_{eff}} \quad \rightarrow \quad r_{eff} = \frac{m}{\cos \alpha} \qquad\qquad \text{Gl. 9.10}$$

Der Abstand des Radmittelpunktes zur Fahrbahn m lässt sich aus dem bekannten Durchmesser des unverformten Zylinders d und der messtechnisch erfassbaren Sekante b ermitteln (Dreieck Radmittelpunkt–C–A):

$$\left(\frac{d}{2}\right)^2 = m^2 + \left(\frac{b}{2}\right)^2$$

$$m - \sqrt{\left(\frac{d}{2}\right)^2 - \left(\frac{b}{2}\right)^2} - \frac{1}{2} \cdot \sqrt{d^2 - b^2} \qquad\qquad \text{Gl. 9.11}$$

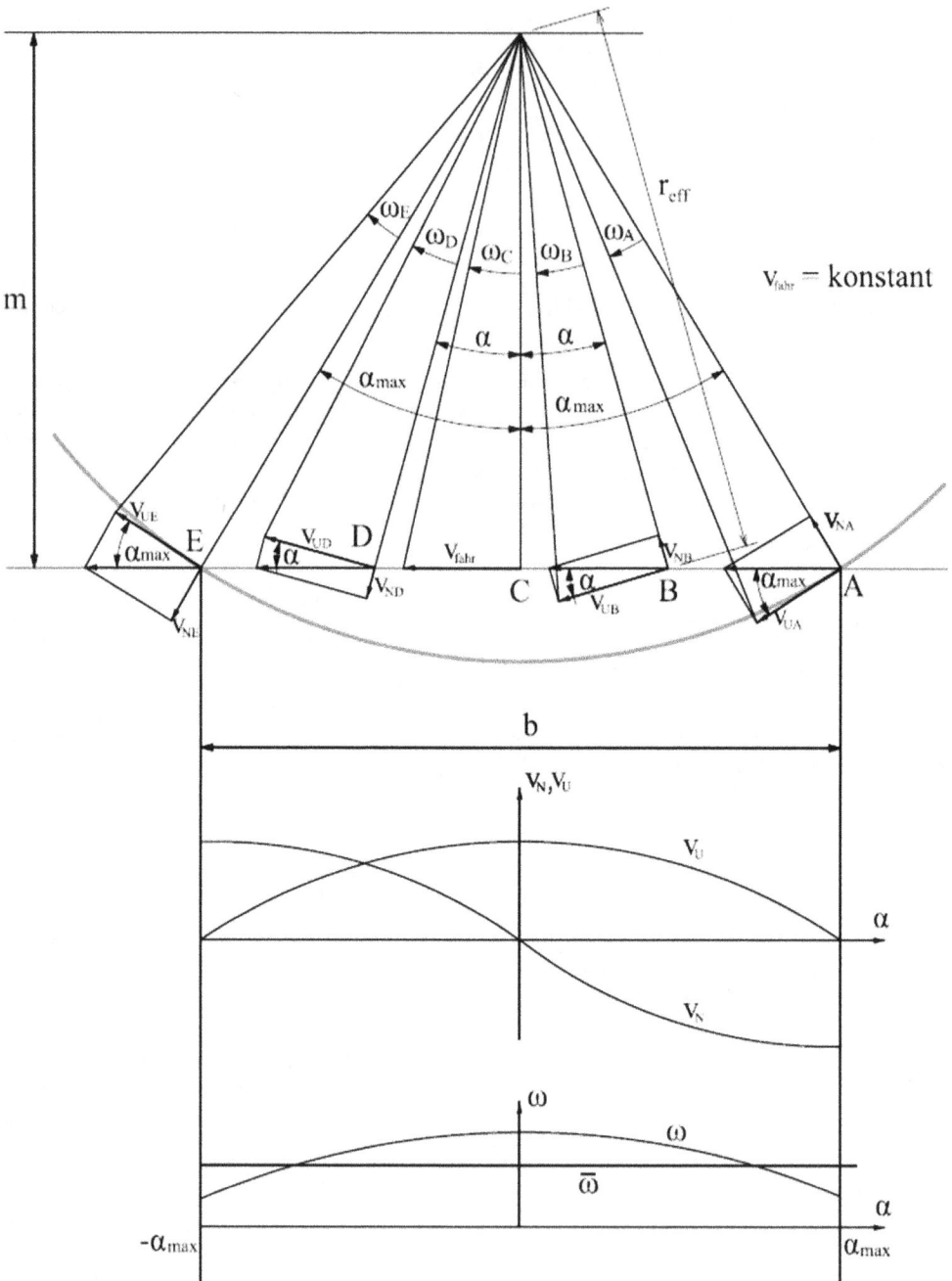

Bild 9.8: Rollreibung und Schlupf

Das Einsetzen von Gl. 9.11 in Gl. 9.10 ergibt:

$$r_{eff} = \frac{\sqrt{d^2 - b^2}}{2 \cdot \cos \alpha} \qquad \qquad \text{Gl. 9.12}$$

Wird Gl. 9.12 in Gl. 9.9 eingeführt, so folgt

$$\omega = \frac{v_{Fahr} \cdot \cos \alpha}{\frac{\sqrt{d^2-b^2}}{2 \cdot \cos \alpha}} = \frac{2 \cdot v_{Fahr}}{\sqrt{d^2 - b^2}} \cdot (\cos \alpha)^2 \qquad \qquad \text{Gl. 9.13}$$

Im unteren Drittel von Bild 9.8 ist der Verlauf der Winkelgeschwindigkeit über dem Stellungswinkel α qualitativ ausgeführt. Am Punkt C ($\alpha = 0°$) ist die Winkelgeschwindigkeit maximal:

$$\omega_C = \frac{2 \cdot v_{Fahr}}{\sqrt{d^2 - b^2}} \cdot (\cos 0°)^2 = \frac{2 \cdot v_{Fahr}}{\sqrt{d^2 - b^2}} \qquad \qquad \text{Gl. 9.14}$$

Für den Punkt A ($\alpha = \alpha_{max}$) erreicht die Winkelgeschwindigkeit ihren Minimalwert:

$$\omega_A = \frac{2 \cdot v_{Fahr}}{\sqrt{d^2 - b^2}} \cdot (\cos \alpha_{max})^2 \qquad \qquad \text{Gl. 9.15}$$

Der Winkel α_{max} lässt sich im Dreieck Radmittelpunkt–C–A geometrisch klären:

$$\sin \alpha_{max} = \frac{\frac{b}{2}}{\frac{d}{2}} \quad \rightarrow \quad \alpha_{max} = \arcsin \frac{b}{d} \qquad \qquad \text{Gl. 9.16}$$

Damit gewinnt Gl. 9.15 die folgende Form:

$$\omega_A = \frac{2 \cdot v_{Fahr}}{\sqrt{d^2 - b^2}} \cdot \left[\cos \left(\arcsin \frac{b}{d} \right) \right]^2 \qquad \qquad \text{Gl. 9.17}$$

Von A aus kommend ist der Zylinder zunächst geringfügig langsamer als die Ebene, wodurch ein Schlupf erzwungen wird. Dieser Geschwindigkeitsunterschied wird jedoch geringer, bis bei $\overline{\omega}$ ein Gleichlauf ohne Schlupf erreicht wird. Hinter diesem Punkt wird der Zylinder schneller, wodurch der Schlupf sein Vorzeichen ändert und wieder ansteigt. Unter der vereinfachenden Annahme, dass der Verlauf der tatsächlichen Winkelgeschwindigkeit durch eine Gerade angenähert werden kann (die Sekante b ist hier übertrieben groß dargestellt), ergeben sich zwischen der tatsächlichen und der mittleren Winkelgeschwindigkeit Dreiecke. Der Abstand vom Schwerpunkt dieses Dreiecks zur mittleren Winkelgeschwindigkeit gibt die mittlere Abweichung von tatsächlicher und mittlerer Winkelgeschwindigkeit an. Da der Schwerpunkt eines Dreiecks stets bei einem Drittel der Dreieckshöhe liegt, kann in Anlehnung an Gl. 9.3 ein Sechstel der Differenz von ω_C und ω_A für eine relativ übersichtliche Formulierung eines mittleren Schlupfs genutzt werden:

$$\overline{\psi} = \frac{\omega_C - \omega_A}{6 \cdot \omega_C} = \frac{\frac{2 \cdot v_{Fahr}}{\sqrt{d^2-b^2}} - \frac{2 \cdot v_{Fahr}}{\sqrt{d^2-b^2}} \cdot \left[\cos \left(\arcsin \frac{b}{d} \right) \right]^2}{6 \cdot \frac{2}{\sqrt{d^2-b^2}} \cdot v_{Fahr}}$$

$$\overline{\psi} = \frac{1 - \left[\cos\left(\arcsin\frac{b}{d}\right)\right]^2}{6} \qquad\qquad\qquad \text{Gl. 9.18}$$

Für den unrealistischen Grenzfall der perfekten Rollreibung (b = 0) würde sich $\overline{\psi}$ = 0 ergeben. Die Leistung ist das Produkt aus Kraft und Geschwindigkeit und damit ist die Reibleistung das Produkt aus Reibkraft und Geschwindigkeit.

Aus der Sicht der Rollreibung verursacht der mit F_N belastete Zylinder unter dem Einfluss des schlupfbedingten Rollreibungsbeiwertes μ_S die Reibleistung

Ersatzweise vollzieht sich an jedem Punkt der Kontaktzone ein Reibvorgang mit der Relativgeschwindigkeit $\psi \cdot v$. Zur Umgehung einer integralen Formulierung wird die gesamte Reibkraft mit F_H mit dem mittleren Schlupf $\overline{\psi}$. verknüpft:

$$P_S = F_N \cdot \mu_S \cdot v \qquad \text{Gl. 9.19} \qquad\qquad P_{Reib} = F_H \cdot \overline{\psi} \cdot v \qquad \text{Gl. 9.20}$$

Gln. 9.19 und 9.20 können gleichgesetzt werden, da sie sich auf die gleiche Reibleistung beziehen:

$$F_N \cdot \mu_S \cdot v = F_H \cdot \overline{\psi} \cdot v$$

Mit Gl. 9.18 ergibt sich die schlupfbedingte Rollreibung unter diesen vereinfachenden Annahmen zu

$$\mu_S = \frac{F_H}{F_N} \cdot \overline{\psi} = \mu \cdot \frac{1 - \left[\cos\left(\arcsin\frac{b}{d}\right)\right]^2}{6} \qquad\qquad \text{Gl. 9.21}$$

Dabei kommt der Quotient F_H/F_N durch die Coulomb'sche Reibung mit μ zustande. Die Länge der Sekante b als „Reifenlatsch" kann bei Fahrzeugreifen vorzugsweise messtechnisch ermittelt werden. Der mit Gl. 9.21 formulierte Ansatz geht von folgenden modellhaften Vereinfachungen aus:

- Der Zylinder verformt sich, während die Ebene ihre Form beibehält. Dies trifft ist beispielsweise bei der Paarung Reifen – Straße näherungsweise zu.
- Das Rad wird hier als Zylinder betrachtet. Die Beschreibung eines Torus würde einen integralen Ansatz erfordern.
- Der obige Ansatz geht davon aus, dass die Normalkraft als gleichmäßige Flächenpressung übertragen wird und dass alle Flächenelemente einem mittleren Schlupf unterliegen. Zur präziseren Beschreibung des Sachverhaltes wären hier zwei weitere Integrale erforderlich.

9.2.2.2   Reibeinfluss der Normalkomponente

Während die zuvor betrachtete, in Umfangsrichtung weisende Komponente der Relativgeschwindigkeit zwischen Reifenumfang und Fahrbahn nach Gl. 9.7 Schlupf und damit Festkörperreibung verursacht, drückt die radial gerichtete Komponente nach Gl. 9.8 den Reifen zusammen. Dabei ist jedoch zu berücksichtigen, dass der Reifen nicht nur eine Feder ist, sondern nach Bild 9.9 aufgrund seiner viskoelastischen Eigenschaften auch als Dämpfer wirkt:

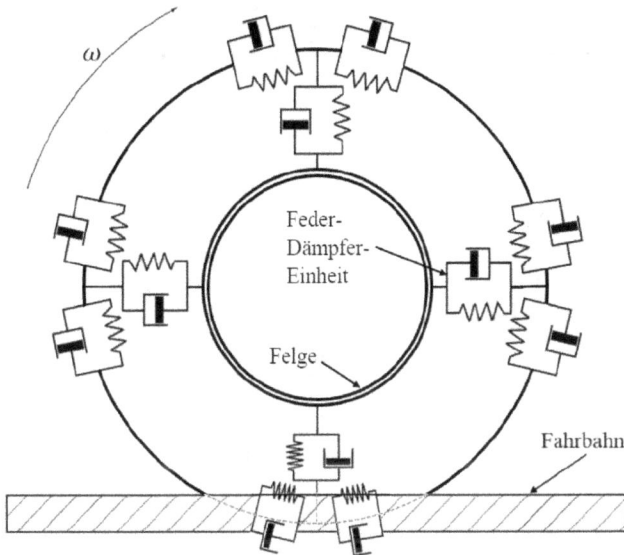

Bild 9.9: Der Reifen als Feder-Dämpfer-System

Rollt der Reifen in die Kontaktzone zur Fahrbahn, so muss für die Deformation Energie aufgewendet werden. Während die modellhafte Feder die Energie beim Verlassen der Kontaktzone wieder abgibt, verbraucht der Dämpfer seine Energie, die dann als Wärme verloren geht. Dieser Vorgang lässt sich jedoch nicht so ohne Weiteres durch Gleichungen beschreiben, kann aber im Experiment erfasst werden (Abschnitt 9.2.3).

9.2.3   Experiment: Rollreibung von Fahrradreifen

Der oben aufgeführte Ansatz kann qualitativ die Entstehung der Rollreibung erklären und liefert auch quantitative Aspekte. Eine aufwendigere analytische Beschreibung würde das Ergebnis zwar noch weiter präzisieren, aber für die exakte Ermittlung der Rollreibung kann auf die Messung am realen Objekt nicht verzichtet werden. Bild 9.10 zeigt einen Prüfstand, der diesen Sachverhalt für den Fahrradreifen messtechnisch wie bei einer Briefwaage erfasst und damit verständlich machen soll.

Das mit einem Reifen bestückte Laufrad wird bei B in einem waagerechten Balken gelagert, der seinerseits an seinem rechten Ende bei C gelenkig angebunden und am linken Ende mit der Belastungsmasse BM belastet wird. Dadurch wird der Reifen auf die bei A im Gestell gelagerte Lauftrommel gedrückt, die von einem Motor über einen Zahnriemen angetrieben

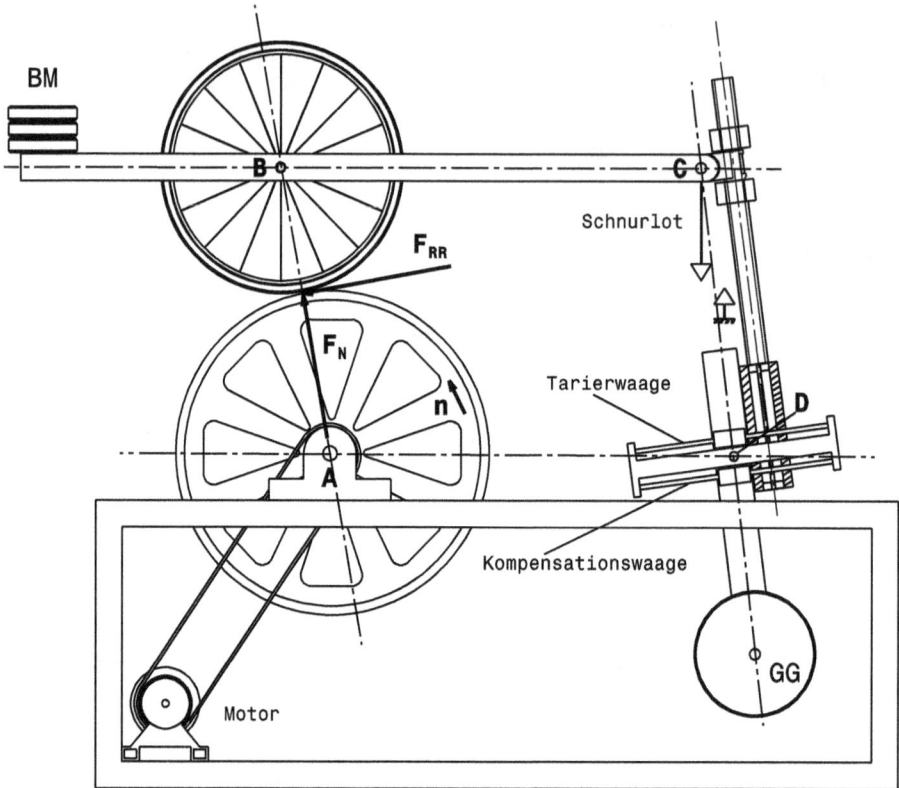

Bild 9.10: Laborprüfstand Rollreibung Fahrradreifen in ausgelenkter Lage

wird. Der Gelenkpunkt C ist der obere rechte Eckpunkt eines Parallelogramms ABCD, dessen unterer rechter Eckpunkt bei D gelenkig an das Gestell angebunden ist. Der Balken, der die Gelenkpunkte C und D miteinander verbindet, wird über D hinaus nach unten verlängert, sodass an seinem Ende ein Gegengewicht GG angeordnet werden kann, welches das an sich gelenkige Parallelogramm ABCD in eine Rechtecklage zieht. Wenn jedoch die Lauftrommel in Bewegung gesetzt wird, so wird im Kontaktpunkt zwischen Reifen und Lauftrommel neben der Normalkraft F_N auch eine rechtwinklig dazu gerichtete Rollreibungskraft F_{RR} wirksam, die das ursprüngliche Rechteck zu einem Parallelogramm ABCD in der hier dargestellten Form deformiert. Je größer die Rollreibung ist, desto mehr wird die Waage ausgelenkt, was an einem bei C aufgehängten Schnurlot einfach zu erkennen ist. Damit wird aber zunächst nur das Vorhandensein der Rollreibung demonstriert.

Zur exakten messtechnischen Quantifizierung der Rollreibung wird der rechte Parallelogrammbalken im Gelenkpunkt D mit einem weiteren, senkrecht dazu stehenden Hebelarm verbunden, auf dem ein Gewicht in horizontaler Richtung verschoben werden kann und damit ein Gegenmoment M_{Waage} einbringt. Dieses Gewicht wird wie bei einer Waage so weit nach

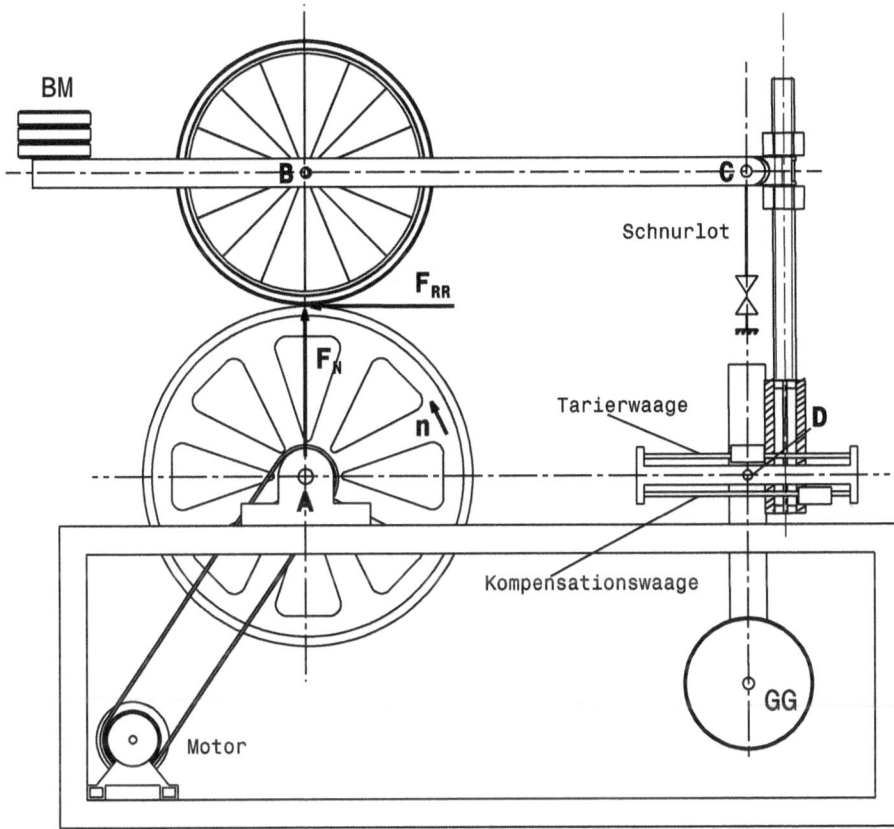

Bild 9.11: Laborprüfstand Rollreibung Fahrradreifen in kompensierter Lage

rechts verschoben, bis das Parallelogramm wieder zum Rechteck nach Bild 9.11 wird, wobei die exakt rechtwinklige Lage wiederum durch das Schnurlot kontrolliert wird.

In diesem Zustand wird das durch die Rollreibungskraft F_{RR} am Hebelarm CD eingeleitete Moment an der M_{Waage} abgestützt:

$$M_{Waage} = F_{RR} \cdot \overline{CD} \quad \text{bzw.} \quad F_{RR} = \frac{M_{Waage}}{\overline{CD}}$$

Der Rollreibungsbeiwert μ_{RR} ergibt sich schließlich als Quotient aus Rollreibungskraft F_{RR} und Normalkraft F_N:

$$\mu_{RR} = \frac{F_{RR}}{F_N} = \frac{M_{Waage}}{F_N \cdot \overline{CD}} \qquad\qquad \text{Gl. 9.22}$$

Zur genauen Erfassung der Rollreibung verfügt der Prüfstand über folgende Besonderheiten:

- Um das Viereck ABCD im lastlosen Zustand auch tatsächlich genau als Rechteck ausrichten zu können, ist parallel zur Kompensationswaage eine Tarierwaage angebracht, mit der Ungenauigkeiten in der Masseverteilung zu Beginn des Versuchs ausgeglichen werden können.

- Während der Prüfstand im belasteten, bewegten Zustand reproduzierbare Ergebnisse anzeigt, ist der unbewegte Zustand nicht so ohne Weiteres zu erfassen, weil er von Haftreibungsanteilen beeinflusst wird. Aus diesem Grund werden anstatt eines unbewegten Nullzustandes und eines bewegten Endzustandes stets zwei Endzustände bei entgegengesetzten Drehrichtungen erfasst. Ein Messwert wird dabei stets als Mittelwert von Vorwärtslauf und Rückwärtslauf ausgewertet. Sind die Einzelwerte für vorwärts und rückwärts gleich, so ist die Waage austariert.

- Mit der Belastungsmasse BM kann die Normalkraft am Kontaktpunkt zwischen Reifen und Lauftrommel in weiten Grenzen variiert werden.

- Mit der Höhe des Gegengewichts GG wird die Empfindlichkeit der Waage vorgegeben: Je geringer das Gegengewicht ist, desto empfindlicher und damit genauer wird die Waage. Andererseits muss das Gewicht aber so weit gesteigert werden, dass sich ein stabiles Gleichgewicht ergibt.

- Die Achse des Laufrades lässt sich nicht perfekt parallel zur Achse der Lauftrommel ausrichten. Die dadurch bedingten unvermeidlichen kleinen Winkelfehler in Laufrichtung rufen zusätzliche Reibwirkungen hervor und verfälschen damit das Messergebnis. Deshalb wurde die rechte Parallelogrammseite rechts neben Gelenk C mit einer um die Hochachse drehbare Lagerung versehen, sodass sich das Laufrad in seiner Laufrichtung ähnlich wie die Laufrollen eines Supermarkteinkaufswagens perfekt in Fahrtrichtung ausrichten kann. Diese Einstellung kann sich jedoch nur bei ablaufender Drehrichtung vorgenommen werden. Bei Umkehrung der Drehrichtung muss dann die Einstellung blockiert werden.

- Zur Untersuchung von Laufrädern verschiedenen Durchmessers kann der Gelenkpunkt C durch Stellmuttern am Gelenk in seiner Höhe so variiert werden, dass der Balken BC stets seine horizontale Lage beibehält.

Da der Reifen nie perfekt rund ist, erfährt die Normalkraft F_N eine dynamische Komponente, die das Laufrad in vertikaler Richtung schwingen lässt. Zur Minimierung dieses störenden Einflusses wird das linke Ende des Balkens BC über einen Dämpfer an das Gestell angebunden (s. konstruktive Ausführung des Prüfstandes nach Bild 9.12). Dieser Dämpfer besteht aus einem Kolben, der mit Kugelbuchsen geführt ist und in einen ölgefüllten Zylinder eintaucht. Da wegen der senkrechten Lage auf eine Abdichtung der Kolbenstange verzichtet werden kann, treten keine Reibungskräfte auf, die auf das Messergebnis Einfluss nehmen könnten. Der Dämpfer dient lediglich dazu, einem möglichen Aufschwingen des Systems entgegenzuwirken.

Die Lauftrommel besteht aus Gusseisen. Damit stellt deren Oberfläche eine eindeutige Referenz dar, mit der alle möglichen Reifen sehr genau verglichen werden können. Die reale Straße ist aber nicht nur deutlich rauer. Um diesen Einfluss auf den Prüfstand zu übertragen, kann die Lauftrommel wahlweise mit einem Zahnriemen bestückt werden, der im Gegensatz zur normalen Anwendung mit der flachen Seite auf die Lauftrommel aufgelegt wird und über

Bild 9.12: Konstruktive Ausführung des Laborprüfstandes Rollreibung Fahrradreifen

die Zähne mit dem Reifen in Kontakt steht. Mit der Zahnteilung des Riemens kann die Rauheit der Straße in gewissen Grenzen modellhaft variiert werden.

Die Straße besteht darüber hinaus aber auch aus einem anderen Material und ist auch noch allen möglichen Umwelteinflüssen ausgesetzt. Zur Einbeziehung aller dieser Parameter wurde ein Straßenprüfstand nach Bild 9.13 erstellt, der das Prinzip der „Briefwaage" auf den Kopf stellt.

Bild 9.13: Straßenprüffahrzeug Rollreibung
Fahrradreifen

Dieses Fahrzeug wird von einem Lieferwagen über eine ganz normale Straße gezogen. Zur Sicherstellung der aufrechten Stellung der Reifen wird das Fahrzeug mit zwei parallelen Rädern ausgestattet. Das (variable) Belastungsgewicht befindet sich in dem oberen rohrförmigen Zylinder, das Gegengewicht zur Einstellung der Empfindlichkeit ragt daraus nach oben hinaus. Das Fahrzeug verfügt ebenfalls über einen Dämpfer (links) und einen Laserpointer in der Mitte zwischen den beiden Zylindern, der den Auslenkungswinkel auf einen hier nicht sichtbaren Schirm projiziert.

Da die Messwaage dieses Straßenprüffahrzeuges jedoch sämtliche Fahrwiderstände erfasst, müssen durch besondere konstruktive und messtechnische Maßnahmen sowohl der Luftwiderstand als auch der Beschleunigungswiderstand und der Steigungswiderstand kompensiert werden. Diese Praxisnähe muss mit einem wesentlich erhöhten versuchstechnischen Aufwand erkauft werden.

9.2.4   Gegenüberstellung analytischer Ansatz – Experiment

Der Rollreibungsbeiwert hängt von einer Vielzahl von Parametern ab: Reifendruck, Radlast, Fahrgeschwindigkeit, Reifenbreite, Konstruktion und Material des Reifens. Die Bilder 9.14–9.16 konzentrieren sich auf die wesentlichen Parameter.

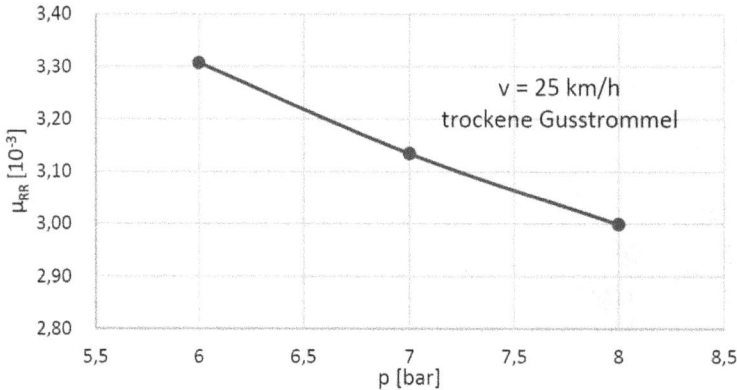

Bild 9.14: Messtechnisch erfasster Rollreibungsbeiwert in Funktion des Reifendrucks

Nimmt man für den Festkörperreibwert $\mu = 0{,}8$ an, so hätte sich nach Gl 9.21 bei dem vorliegenden Raddurchmesser von 668 mm ergeben:

$p = 6\,\text{bar}$ und (gemessen) $b = 65{,}5\,\text{mm}$:

$$\mu_S = \mu \cdot \frac{1 - \left[\cos\left(\arcsin\frac{b}{d}\right)\right]^2}{6} = 0{,}8 \cdot \frac{1 - \left[\cos\left(\arcsin\frac{65{,}5\,\text{mm}}{668\,\text{mm}}\right)\right]^2}{6} = 1{,}60 \cdot 10^{-3}$$

$p = 7\,\text{bar}$ und (gemessen) $b = 60{,}0\,\text{mm}$:

$$\mu_S = \mu \cdot \frac{1 - \left[\cos\left(\arcsin\frac{b}{d}\right)\right]^2}{6} = 0{,}8 \cdot \frac{1 - \left[\cos\left(\arcsin\frac{60{,}0\,\text{mm}}{668\,\text{mm}}\right)\right]^2}{6} = 1{,}34 \cdot 10^{-3}$$

$p = 8\,\text{bar}$ und (gemessen) $b = 58{,}0\,\text{mm}$:

$$\mu_S = \mu \cdot \frac{1 - \left[\cos\left(\arcsin\frac{b}{d}\right)\right]^2}{6} = 0{,}8 \cdot \frac{1 - \left[\cos\left(\arcsin\frac{58{,}0\,\text{mm}}{668\,\text{mm}}\right)\right]^2}{6} = 1{,}25 \cdot 10^{-3}$$

Diese Werte berücksichtigen nur die schlupfbedingten Verluste nach Gl. 9.21. Die Differenz zu den Messwerten nach 9.14 lässt eine grobe Aussage über die verformungsbedingten Verluste nach Bild 9.9 zu. In diesem Zusammenhang ermöglicht die Variation der Geschwindigkeit nach Bild 9.15 eine weitere Schlussfolgerung.

Der Rollreibungsbeiwert erhöht sich mit steigender Fahrgeschwindigkeit, ist also keine Konstante im Sinne der Formulierung von Gl. 9.5. Je höher die Fahrgeschwindigkeit ist, desto

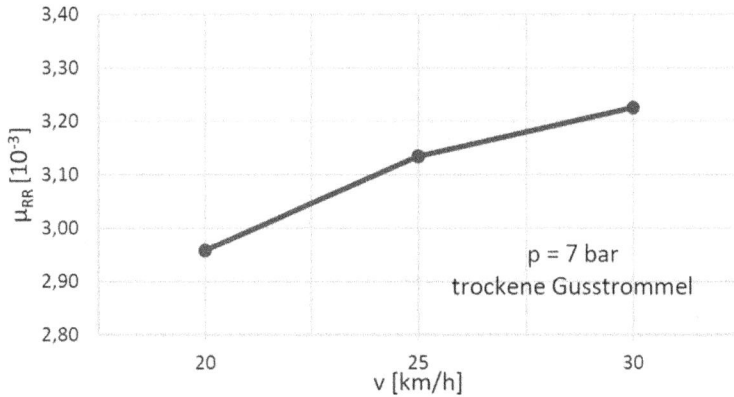

Bild 9.15: Messtechnisch erfasster Rollreibungsbeiwert in Funktion der Fahrgeschwindigkeit

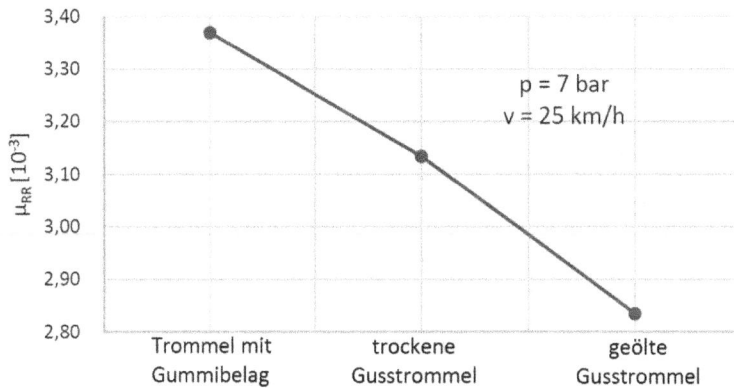

Bild 9.16: Messtechnisch erfasster Rollreibungsbeiwert in Funktion der Trommeloberfläche

mehr Lastwechsel fallen pro Zeiteinheit an, wobei jedes hysteresebehaftete Lastspiel durch den Verlust an Reibarbeit nach Bild 9.9 den Rollreibungsbeiwert ansteigen lässt.

Der in Bild 9.16 dokumentierte Versuch bestätigt eine weitere Aussage von Gl. 9.21: Wird die trockene Lauftrommel mit einem dünnen Ölfilm belegt, so sinkt der ursprünglich mit 0,8 angenommen Festkörperreibwert, was schließlich auch zu einem Absinken des Rollreibungs-beiwertes führt. Wird hingegen die metallische Trommel mit einer haftfreudigen Gummimi-schung belegt, so tritt der umgekehrte Effekt ein und der Rollreibungsbeiwert steigt. Der Rad-fahrer könnte zwar den Rollreibungsbeiwert reduzieren, indem er über Glatteis anstatt über eine „griffige" Fahrbahn fährt, der minimale Festkörperreibwert gefährdet dann aber die Sta-bilität des Fahrradfahrens beim Bremsen und bei Kurvenfahrt.

9.2.5   Typische Rollreibungsbeiwerte

Tabelle 9.3 stellt die Zahlenwerte für einige Rollreibungsanwendungen aus verschiedenen Literaturquellen und eigenen Untersuchungen zusammen.

Tabelle 9.3: Typische Rollreibungsbeiwerte

μ_{RR}	Wälzpaarung
0,0005–0,0010	Kugellager (differenzierte Angaben s. Tabelle 9.2)
0,001–0,002	Eisenbahnrad auf Schiene
0,002–0,004	Fahrradreifen auf Straße
0,006–0,010	LKW-Reifen auf Asphalt
0,011–0,015	PKW-Reifen auf Asphalt
0,010–0,020	Autoreifen auf Beton
0,015–0,020	Motorradreifen auf Asphalt
0,020	Autoreifen auf Schotter
0,015–0,030	Autoreifen auf Kopfsteinpflaster
0,030–0,060	Autoreifen auf Schlaglochstrecke
0,050	Autoreifen auf Erdweg
0,040–0,080	Autoreifen auf festgefahrenem Sand
0,200–0,400	Autoreifen auf losem Sand

Aufgabe A.9.3

9.3   Verspannung sich bewegender Systeme

Das vorliegende Kapitel soll das Verständnis des zuvor erläuterten Schlupfs ergänzen und auf den folgenden Abschnitt „Wirkungsgrad von Getrieben" vorbereiten, welches eine Quantifizierung des Schlupfs erfordert. Im Kapitel 4.4.1 von Band 1 wurde in die Verspannung eingeführt, um die Aufteilung der von außen auf die Schraubverbindung wirkenden Betriebskraft zu klären. Weiterhin wurden diese Zusammenhänge im Kapitel 8 dazu benutzt, um Verformungen von Werkzeug- und Präzisionsmaschinen zu analysieren und zu optimieren. Die dabei angestellten Überlegungen zur Verspannung werden im Folgenden auf das sich bewegende System erweitert.

Im realen Betrieb wird ein Getriebe durch einen Motor angetrieben und am Abtrieb durch eine Arbeitsmaschine belastet. Bei einer Prüfung des Getriebes wird die Arbeitsmaschine häufig durch eine Leistungsbremse ersetzt, um die Belastung genau dosieren zu können. Die gesamte für den Prüfbetrieb erforderliche Leistung wird dabei zunächst durch den Motor generiert, am Abtrieb aber in Wärme umgesetzt. Die gesamte verwendete Energie geht letztlich in Form von Wärme verloren. Dies mag für geringe Leistungen und kurzen Betriebszeiten akzeptabel sein.

Für höhere Leistungen und erst recht für Dauerversuche ist dieser energetische Aufwand jedoch vermeidbar, wenn die am Abtrieb vorhandene Leistung wiederum für den Antrieb des Prüfstandes nutzbar gemacht wird. Grundsätzlich kann die Energie in jeder beliebigen Form vom Abtrieb auf den Antrieb zurückgeführt werden, aber für ein mechanisches System ist es zunächst einmal naheliegend, diese Rückführung ohne Energiewandlung auszuführen, was sich durch gegenseitiges Verspannen zweier Antriebssysteme erreichen lässt. Die Zusammenstellung nach Bild 9.17 versucht, die bei der mechanischen Verspannung möglichen konstruktiven Prinzipien zu strukturieren, wobei folgendermaßen unterschieden wird:

- Während in der unteren Bildzeile Getriebe aufgeführt sind, deren Räder in direktem Kontakt zueinander stehen, repräsentiert die obere Bildzeile die Getriebe, deren Räder über ein Zugorgan miteinander verbunden sind, wofür hier der etwas antiquierte Begriff „Zugmitteltriebe" verwendet wird. Dies hat auch zur Folge, dass beim Getriebe mit Zugorgan die beiden Wellen in gleicher Richtung rotieren, während bei Räderpaaren in direktem Kontakt die Drehrichtung umgekehrt wird.

- In Spalte I vollzieht sich die Momentenübertragung ausschließlich formschlüssig (oben am Beispiel des Kettentriebes und unten am Beispiel des Zahnradgetriebes) und in den Spalten IV und V ausschließlich reibschlüssig (oben am Beispiel des Flachriemens und unten am Beispiel des Reibradgetriebes). In den Spalten II und III werden Formschluss und Reibschluss miteinander kombiniert.

Der eigentliche Antrieb des Prüfstandes, der nur noch die in der gesamten Anordnung entstehende Verlustleistung decken muss, ist hier nicht dargestellt und kann prinzipiell an jeder beliebigen Stelle des Verspannungsflusses erfolgen.

| I | **Zugmitteltrieb**: Die vordere Welle besteht aus zwei Hälften, die über eine Kupplung miteinander verbunden werden. Die darin integrierte Torsionsfeder (hier beispielsweise Schenkelfeder) wird mit einem definierten Drehwinkel vorgespannt, um das gewünschte Lastmoment aufzubringen. Dies hat zur Folge, dass im Kettentrieb rechts der obere Trum zum Zugtrum wird und Kraft überträgt (Kette gespannt), während der untere Trum als Leertrum kraftlos bleibt (Kette hängt durch). Im linken Kettentrieb sind die Verhältnisse genau umgekehrt.
 Räderpaarung in direktem Kontakt: In ähnlicher Weise lassen sich auch zwei identische Zahnradgetriebe miteinander verspannen. Allerdings lässt sich die Belastung der Zahnräder hier nicht so anschaulich darstellen wie im oberen Beispiel. |
| V | Werden zwei identische reibschlüssige Getriebe in ähnlicher Weise miteinander verspannt (oben als Zugmitteltrieb und unten als direkte Räderpaarung), so würde bei völlig identischem Übersetzungsverhältnis der beiden Getriebe der unvermeidliche Schlupf im Bereich von Promille oder wenigen Prozent dazu führen, dass die Vorspannung der Feder reduziert wird, wodurch die gesamte Verspannung nachlassen und schließlich völlig verschwinden würde. Zur Aufrechterhaltung der Verspannung muss dem System genau dieser Schlupf fortlaufend aufgezwungen werden, was durch ein geringfügig unterschiedliches Übersetzungsverhältnis der beiden Getriebe erreicht wird. In Spalte V wird das Übersetzungsverhältnis im Bereich von Promille oder wenigen Prozent stufenlos verändert, womit das Moment ebenfalls stufenlos variiert werden kann. Bei voreingestelltem Schlupf stellt sich spätestens |

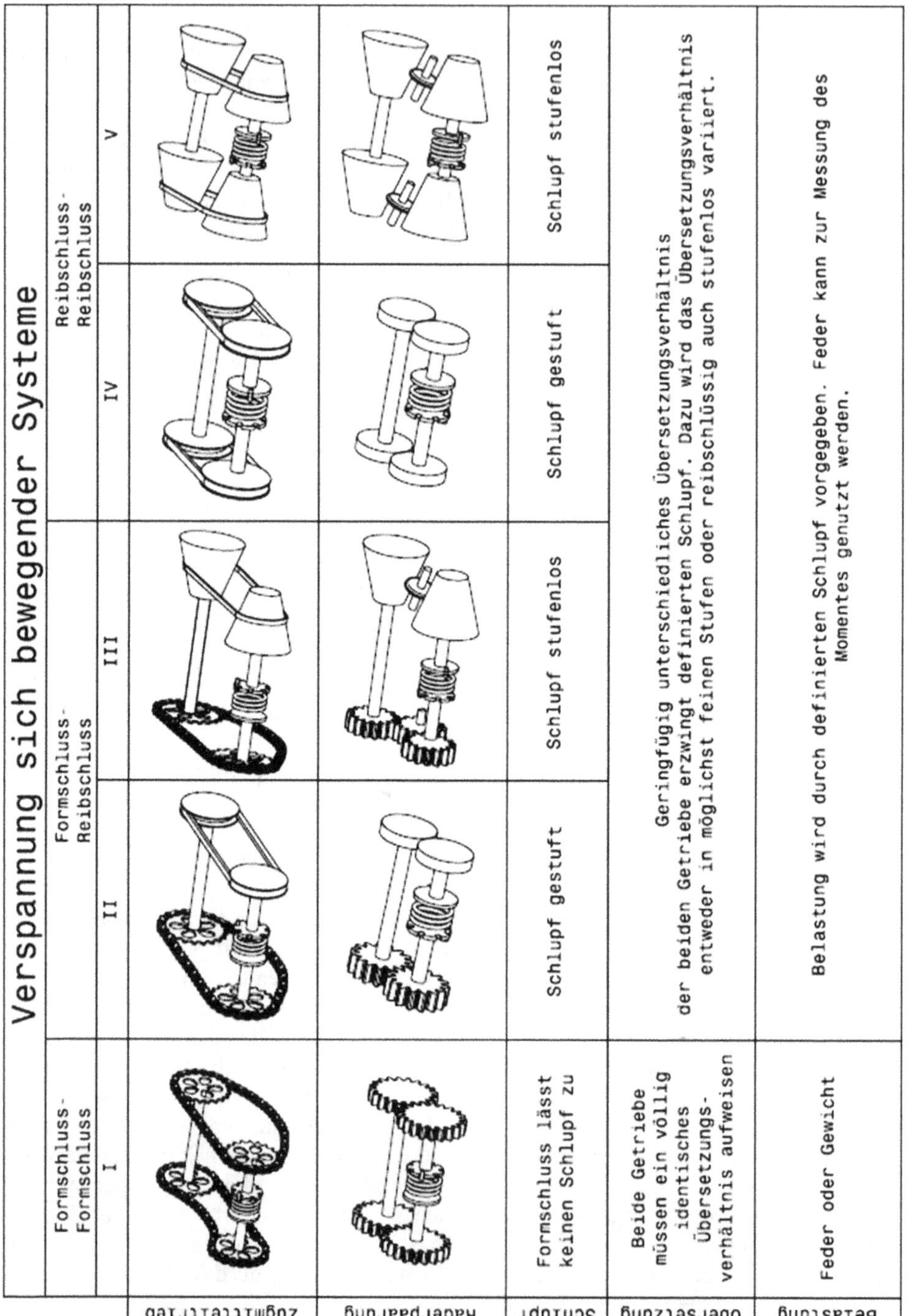

Verspannung sich bewegender Systeme

	Formschluss-Formschluss	Formschluss-Reibschluss		Reibschluss-Reibschluss	
	I	II	III	IV	V
Zugmitteltrieb					
Räderpaarung					
Schlupf	Formschluss lässt keinen Schlupf zu	Schlupf gestuft	Schlupf stufenlos	Schlupf gestuft	Schlupf stufenlos
Übersetzung	Beide Getriebe müssen ein völlig identisches Übersetzungsverhältnis aufweisen	Geringfügig unterschiedliches Übersetzungsverhältnis der beiden Getriebe erzwingt definierten Schlupf. Dazu wird das Übersetzungsverhältnis entweder in möglichst feinen Stufen oder reibschlüssig auch stufenlos variiert.			
Belastung	Feder oder Gewicht	Belastung wird durch definierten Schlupf vorgegeben. Feder kann zur Messung des Momentes genutzt werden.			

Bild 9.17: Verspannung sich bewegender Systeme

nach einigen Umdrehungen selbsttätig die dazu korrespondierende Belastung ein. Soll ein bestimmtes Lastmoment erzielt werden, so wird der Schlupf regelungstechnisch angepasst. Werden die beiden Getriebe ansonsten identisch ausgeführt, so verteilt sich Gesamtschlupf gleichmäßig auf beide Getriebe.

IV   Zur Vermeidung des konstruktiven Aufwandes eines stufenlos verstellbaren Getriebes kann in Spalte IV das Übersetzungsverhältnis auch in Stufen im Bereich von Promille oder wenigen Prozent variiert werden. Dann ist aber nicht mehr jedes beliebige Torsionsmoment realisierbar, sondern nur noch diejenigen, die mit den gestuften Schlupfwerten korrespondieren.

II und III   Werden Formschluss und Reibschluss miteinander kombiniert, so bleiben die Aussagen von IV und V erhalten, allerdings konzentriert sich dann der Schlupf ausschließlich auf das reibschlüssige Getriebe.

In den Ausführungsformen nach Spalte II–V baut sich der definierte Lastzustand auch ohne Torsionsfeder auf. Dennoch wird auf diese Torsionsfeder meist nicht verzichtet, weil über deren Verdrehwinkel das Lastmoment angezeigt wird. Die Feder dient also weniger zur Lastaufbringung, sondern vielmehr als Messinstrument für das sich in Folge des Schlupfs einstellende Moment.

Alle Getriebe in Bild 9.17 sind der Einfachheit halber im Übersetzungsverhältnis 1:1 dargestellt. Grundsätzlich können die Getriebe auch jedes andere Übersetzungsverhältnis aufweisen, allerdings müssen dann die beiden Übersetzungsverhältnisse abgesehen vom Schlupf gleich sein. Weiterhin ist es auch möglich, ein Getriebe der oberen mit einem der unteren Bildzeile zu kombinieren, was jedoch eine Drehrichtungsumkehr erforderlich macht. In allen Detaildarstellungen von Bild 9.17 wird zur Lastaufbringung einheitlich eine Federkupplung verwendet. Darüber hinaus stehen aber noch weitere Optionen nach Bild 9.18 zur Verfügung.

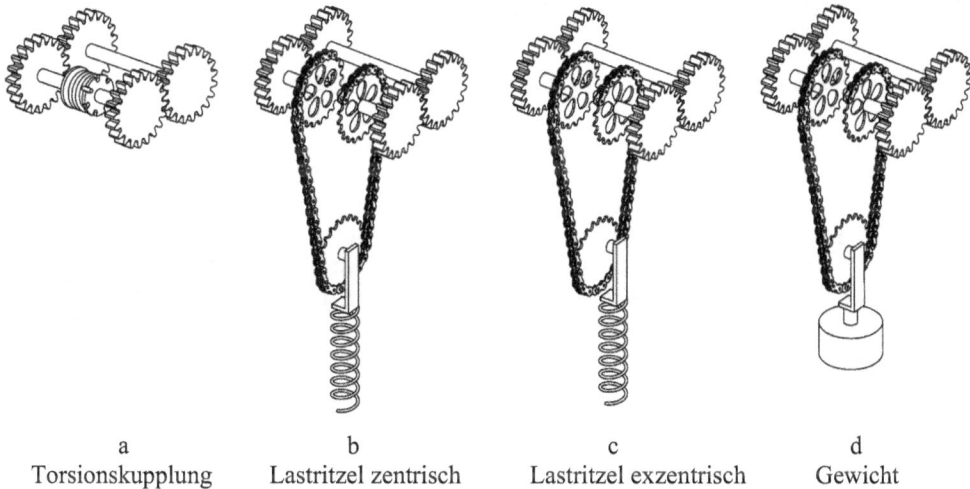

a	b	c	d
Torsionskupplung	Lastritzel zentrisch	Lastritzel exzentrisch	Gewicht

Bild 9.18: Lastaufbringung zur Verspannung sich bewegender Systeme

a. Bild 9.18a greift diesen Fall noch einmal auf, um die Gegenüberstellung zu den weiteren Möglichkeiten der Lastaufbringung zu erleichtern.

b. Tatsächlich kann die Feder auch nach Bild 9.18b extern angeordnet werden: Über die beiden Kupplungshälften als Kettenräder wird eine Kette als Zugorgan gelegt, welche ihrerseits dann über ein unteres Kettenrad (Zugtrumritzel) geführt wird, über das die Last dann mittels ortsfester Feder mit definierter Federspannung eingeleitet werden kann. Damit sich die Kette und damit das gesamte System fortlaufend bewegen kann, müssen die hier dargestellten Kettenenden wieder zusammen geführt werden. Dazu wird zweckmäßigerweise oberhalb des Zugtrumritzels ein (hier nicht dargestelltes) weiteres Leertrumritzel eingeführt, welches nur zum Ziel hat, die Kette lastlos vom einen zum anderen Kupplungsrad zurückzuführen (Näheres s. Bilder 9.19 und 9.20).

c. Durch exzentrische Anordnung des unteren Lastritzels nach Bild 9.18c kann die Federkraft und damit Last sogar von der Winkelstellung des Lastritzels abhängig gemacht werden, so dass sich auch dynamische Lastverläufe realisieren lassen, die in weiten Grenzen variiert werden können.

d. In Spalte I von Bild 9.17, bei der nur formschlüssige Getriebe miteinander kombiniert werden, kann die Last auch durch ein Gewicht nach Bild 9.18d aufgebracht werden. Diese Variante ist jedoch nicht möglich, sobald irgendein reibschlüssiges Getriebe beteiligt ist, weil dann dessen unvermeidlicher Schlupf das Gewicht langfristig absinken lassen würde. Da diese Bewegung zwangsläufig irgendwann einmal ein Ende finden muss, würde die Last dann gänzlich aufgehoben werden.

Grundsätzlich lässt sich die hier mechanisch ausgeführte Lastaufbringung auch durch ein hydraulisches, pneumatisches oder elektrisches System ersetzen.

9.4   Wirkungsgrad von Getrieben

Der Wirkungsgrad bezeichnet bekanntlich das Verhältnis von Nutzen zu Aufwand. Bei Schrauben beispielsweise führt die Reibung im Gewinde dazu, dass die in die Schraube eingeleitete Arbeit (Aufwand) nicht vollständig als Nutzen verwertbar ist und damit der Wirkungsgrad immer auf Werte von unter 1 absinkt (Kap. 4.7.1). Dieser Sachverhalt betrifft nicht nur Schrauben, sondern jedes beliebige Getriebe ungeachtet dessen, ob es formschlüssig oder reibschlüssig arbeitet. Bei reibschlüssigen Getrieben ist noch ein weiterer Umstand zu berücksichtigen: Mit Gl. 7.15 wurde die Betrachtung des Wirkungsgrades dahingehend erweitert, dass der unvermeidliche Schlupf zu einem Geschwindigkeitsverlust führt, der über den reibungsbedingten Wirkungsgrad η_R hinaus einen schlupfbedingten Wirkungsgrad η_S verursacht. Der Gesamtwirkungsgrad η setzt sich i. a. nach Gl. 7.15 aus beiden Anteilen zusammen:

$$\eta = \eta_R \cdot \eta_S$$

Diese allgemeingültige Unterscheidung von Kap. 7.1.4 soll im weiteren Verlauf dieser Ausführungen vertieft werden. Das folgende Schema versucht, die dabei auftretenden Verluste für die bereits im Kap. 7 vorgestellten Getriebe zu strukturieren:

	Reibleistung P_R bzw. reibkraftbedingter Wirkungsgrad η_R	Schlupfleistung P_S bzw. schlupfbedingter Wirkungsgrad η_S
Reibrad 7.2	Reibverluste entstehen im Wesentlichen durch Rollreibung der Reibräder untereinander. Kap. 9.2 stellt beispielhaft eine Prüftechnik vor, mit der diese Verluste experimentell erfasst werden	Bei Lastübertragung kommt es zusätzlich zu einem Schlupf (Bild 9.6), dessen analytische Erfassung einigen Aufwand bedeutet. Kap. 9.4.2.2 stellt beispielhaft eine Prüftechnik vor, mit der dieser „Traktionsschlupf" experimentell ermittelt wird.
Flachriemen 7.3	Reibverluste sind im Wesentlichen darauf zurück zu führen, dass der zunächst gerade Riemen beim Auftreffen auf die Scheibe gebogen wird und beim Verlassen der Scheibe wieder in die gestreckte Lage zurück verformt wird (weiteres s. Kap. 9.4.2). Diese lastunabhängige Anteile treten auch im Leerlauf auf.	Wird Last übertragen, so kommt es zusätzlich zu einem Geschwindigkeitsverlust am Abtrieb, weil der Riemen im Zugtrum mehr gedehnt wird als im Leertrum. Dieser „Dehnschlupf" wird in Kap. 9.4.4.1 analytisch erfasst.
Kettentrieb 7.4	Reibverluste entstehen im Wesentlichen dadurch, dass das Kettengelenk beim Auftreffen auf das Kettenrad eine reibungsbehaftete Schwenkbewegung relativ zum Nachbarglied ausführt. Dieser Vorgang wiederholt sich, wenn die Kette das Kettenrad wieder verlässt. Kap. 9.4.1.2 unterscheidet nach last**un**abhängigen Anteilen im Leertrum und zusätzlichen lastabhängigen Anteilen im Zugtrum.	nicht existent, weil der Formschluss Schlupf verhindert
Zahnrad 7.5	Reibverluste sind im Wesentlichen auf die reibungsbehaftete Relativbewegung der Zahnflanken untereinander zurück zu führen. Die sich ändernde Gleitgeschwindigkeit dieser Bewegung macht einen analytischen Ansatz aufwändig. Kap. 9.4.3 stellt allerdings beispielhaft eine Prüftechnik vor, mit der diese Verluste experimentell erfasst werden.	nicht existent, weil der Formschluss Schlupf verhindert

Aus didaktischen Gründen weichen die folgende Betrachtungen der einzelnen Verluste von der Reihenfolge des voranstehenden Schemas ab.

Aufgabe A.9.4

9.4.1 Reibungsbedingter Wirkungsgrad am Beispiel des Kettentriebes

Die Betrachtung des reibungsbedingten Wirkungsgrades kann je nach Ausführungsform des Getriebes sehr komplex werden. Bei der bereits oben erwähnten Schraube lässt er sich mit der elementaren Mechanik an der schiefen Ebene noch vergleichsweise übersichtlich darstellen. Im Gegensatz dazu sind beim Zahnradgetriebe die an der Zahnflanke wirkenden Kräfte nach Kap. 7.5.2.11 schon deutlich schwieriger zu formulieren. Darüber hinaus erfordert die Quantifizierung der Reibleistung auch eine Information über die Gleitgeschwindigkeit an der Zahnflanke, die aber nach Gl. 7.113 nicht konstant ist, sodass die Reibarbeit i. a. Fall durch Integration erfasst werden muss. Wie im folgenden noch demonstriert wird, hat das Kettengetriebe eine solche Integration jedoch nicht nötig und lässt sich deshalb in Abschnitt 9.4.1.2 übersichtlich analysieren und zu einem allgemeingültigen Ansatz vervollständigen, was schließlich eine Quantifizierung des Kettenwirkungsgrades ermöglicht. Die dafür erforderlichen Kennwerte werden aus dem Experiment gewonnen, welches in Kapitel 9.4.1.1 vorgestellt wird und damit das Verständnis dieser Überlegungen erleichtert.

9.4.1.1 Experiment zur Ermittlung der Reibung von Zugmitteltrieben

Die beiden oben links in Bild 9.17 aufgeführten, gegeneinander verspannten Kettentriebe sind als Prüfling I und Prüfling II rechts in Bild 9.19 senkrecht angeordnet.

Verspannung: Während die beiden unteren Kettenblätter u1 und u2 verdrehfest miteinander verbunden sind und **gemeinsam** um die untere Achse rotieren, sind die beiden rechten oberen Kettenräder o1 und o2 **getrennt** auf der oberen Achse gelagert. Dabei wird das rechte Kettenblatt o1 über eine **innere** Hohlwelle mit den beiden linken Kettenblättern o4 und o5 verbunden, das Kettenblatt o2 aber über eine **äußere** Hohlwelle an das benachbarte Kettenblatt o3 angekoppelt. Über die Kettenräder o3 und o4 wird schließlich die Verspannung eingeleitet: Die hintere Zugtrumkette von Rad o4 und die vordere Zugtrumkette von Rad o3 werden untereinander verbunden und dabei über das untere Lastritzel geführt, welches eine Lastaufbringung nach Bild 9.18b-c ermöglicht. Die jeweiligen Leertrumketten von Rad o3 und o4 werden über ein weiteres lastloses Umlenkritzel geführt. Das Kettenrad o5 dient dazu, über einen am Prüfstandboden installieren Motor das gesamte System anzutreiben.

Bild 9.20 zeigt den Prüfstand schließlich in seiner konstruktiven Ausführung.

Messwaage: Während die obere Achse im hellen Gestell fest verankert ist, ist die untere Achse mit den beiden dunklen, senkrechten Hebeln verbunden (Bild 9.20a), die ihrerseits unabhängig von den Kettentrieben auf der oberen Achse gelagert sind und um diese eine pendelnde Schwenkbewegung ausführen können. Da der Schwerpunkt der Hebel mit dem Gewicht oben im Bild unterhalb der oberen Achse eingestellt werden kann, finden die pendelnden Hebel ihr Gleichgewicht in der senkrechten Lage. Bei Bewegung der beiden untereinander verspannten Kettentriebe sind jedoch die Zugtrumkräfte auf die beiden unteren Kettenräder nicht völlig identisch, sondern unterscheiden sich um die Reibeinflüsse, die bei der Umschlingung der Ketten an den beiden unteren Kettenrädern entstehen. Diese Reibeinflüsse wirken gemeinsam auf die beiden dunklen Hebel: Sie verlassen ihre ursprüngliche, genau senkrechte Lage und finden in einer Schrägstellung ein neues Gleichgewicht.

Oben an den beiden dunklen Hebeln sind waagerechte Gewindestangen angebracht, auf denen sich definierte Massen in der Horizontalen präzise verschieben lassen. Eine der beiden Massen wird nun so weit verschoben, bis sich die dunklen Hebel wieder genau in der Senkrechten befinden. Der dabei zurückgelegte Horizontalweg ist der Hebelarm, mit dem die wohldefinierte Masse ein Moment erzeugt, welches aus Gleichgewichtsgründen genau den Reibeinflüssen an den beiden unteren Kettenrädern entspricht.

Diese Vorgehensweise hat den entscheidenden Vorteil, dass die winzig kleine Reibung direkt gemessen wird und nicht etwa als Differenz von großen, fehlerbehaftetem An- und Abtriebsmoment ermittelt werden muss.

Die Masse auf der gegenüberliegenden horizontalen Gewichtsstange dient als Tariergewicht, mit dem vor der Messung unvermeidliche horizontale Abweichungen des Schwerpunktes ausgeglichen werden.

Mit der großen Masse an der vertikalen Gewindestange kann der Schwerpunkt des gesamten Pendels in vertikaler Richtung verschoben werden: Erstrebenswert ist eine Schwerpunktlage knapp unterhalb der oberen Achse, weil sich daraus eine besonders hohe Empfindlichkeit und Messgenauigkeit des Gesamtsystems ergibt. Eine übertriebene Empfindlichkeit führt jedoch dazu, dass das System kein stabiles Gleichgewicht mehr einnimmt, was eine exakte Messung wiederum erschwert.

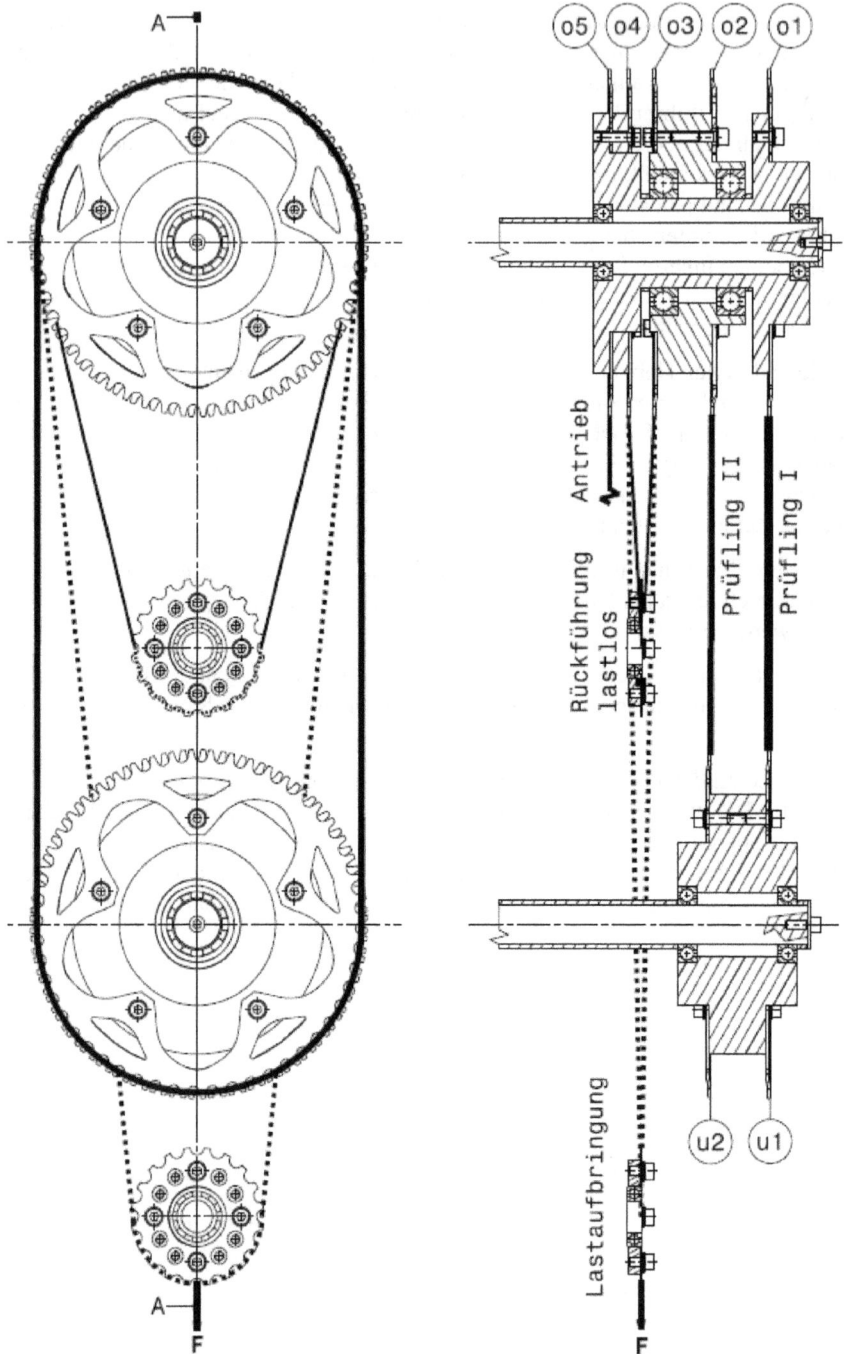

Bild 9.19: Zugmittelprüfstand Prinzipskizze

Bild 9.20b: Obere Achse Vorderansicht

Bild 9.20a: Zugmittelprüfstand Gesamtansicht

Bild 9.20c: Untere Achse Rückansicht

9.4.1.2   Reibung und Wirkungsgrad von Kettentrieben

Abschnitt 7.4 (Band 2) erläuterte bereits die Grundlagen eines Kettentriebes. Bei den Fragen der Reibung und des Wirkungsgrades sind darüber hinaus folgende Überlegungen angebracht.

Die Reibungsverluste eines Kettentriebes sind in erster Linie auf die Schwenkbewegung zweier benachbarter Kettenglieder untereinander zurückzuführen, die entstehen, wenn die Kette nach der „Geradeausfahrt" auf das Kettenrad aufläuft und dabei in die „Kurvenfahrt" übergeht. Dieser Schwenkvorgang vollzieht sich in ähnlicher Weise, wenn die Kette das Kettenrad wieder verlässt. Das dabei im Gelenk hervorgerufene Reibmoment kann nach Bild 9.21 differenziert werden:

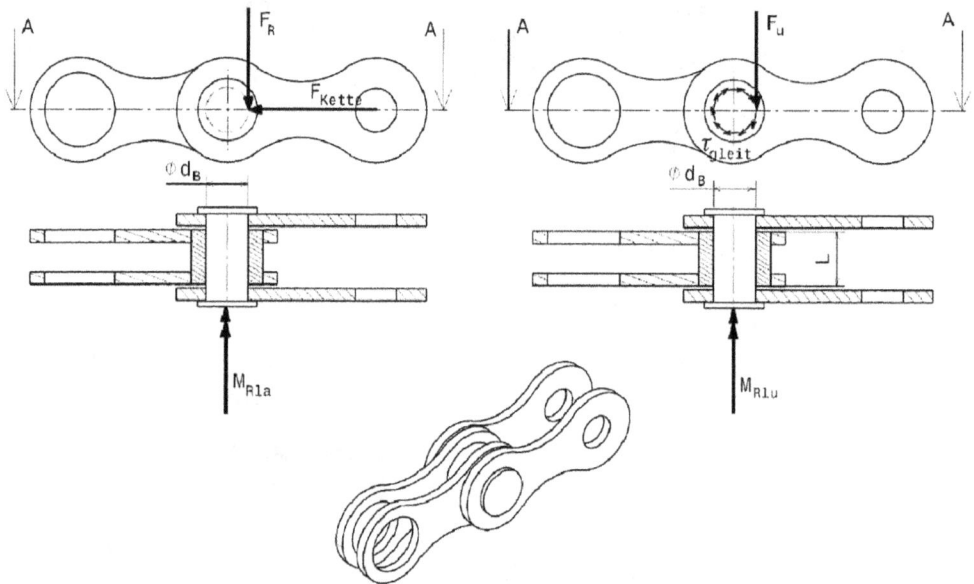

Bild 9.21: Reibung im Kettengelenk

- Der lastunabhängige Anteil des Reibmomentes M_{Rlu} (rechte Darstellung) beschreibt nur die Reibung, die erforderlich ist, um das Gelenk ohne Kettenkraft zu bewegen. Dabei wird davon ausgegangen, dass an der Mantelfläche des Bolzens, die mit der Hülse in Kontakt steht, die gleitende Bewegung durch eine geringfügige „gleitende" Schubspannung τ_{gleit} behindert wird. Diese Schubspannung ergibt über der gesamten Mantelfläche zunächst eine fiktive Umfangskraft F_U (vgl. auch Gl. 5.27):

$$F_U = \tau_{gleit} \cdot A_{Mantel} = \tau_{gleit} \cdot d_B \cdot \pi \cdot L$$

Diese Umfangskraft macht mit dem Bolzenradius $d_B/2$ als Hebelarm schließlich das Reibmoment M_{Rlu} aus:

$$M_{Rlu} = F_U \cdot \frac{d_B}{2} = \frac{d_B^2 \cdot \pi \cdot L}{2} \cdot \tau_{gleit} \qquad\qquad \text{Gl. 9.23}$$

Die Schubspannung τ_{gleit} wurde für eher geringe Geschwindigkeiten und für Hülsenketten bei guter Schmierung mit der unter 9.4.1.1 erläuterten Messtechnik zu $0,0661\,\text{N/mm}^2$ ermittelt. Bei unzureichender Schmierung und erst recht bei Verschmutzung steigt dieser Wert deutlich an.

• Überträgt die Kette eine Zugkraft, so entsteht zusätzlich ein lastabhängiges Reibmoment M_{Rla} (linke Darstellung), welches in Anlehnung an die Coulomb'sche Reibung formuliert werden kann:

$$M_{\text{Rla}} = F_{\text{Kette}} \cdot \mu_B \cdot \frac{d_B}{2} \qquad\qquad \text{Gl. 9.24}$$

Der Reibwert μ_B wurde für Hülsenketten bei guter Schmierung zu $0,2026$ ermittelt. Die Höhe dieses Wertes ist dadurch zu erklären, dass mit ihm auch weitere Reibungsanteile (z. B. die Reibung zwischen der Hülse und den Zähnen des Kettenrades sowie an der Axiallagerung des Kettengelenkes) erfasst werden, die im Ansatz nicht expliziert enthalten sind. Auch hier steigt der Wert bei mangelhafter Schmierung und erst recht bei Verschmutzung deutlich an.

Bei einem gesamten Umlauf läuft das einzelne Kettenglied über mindestens 2 Kettenräder, wobei sich nach Bild 9.22 folgende Phasen unterscheiden lassen:

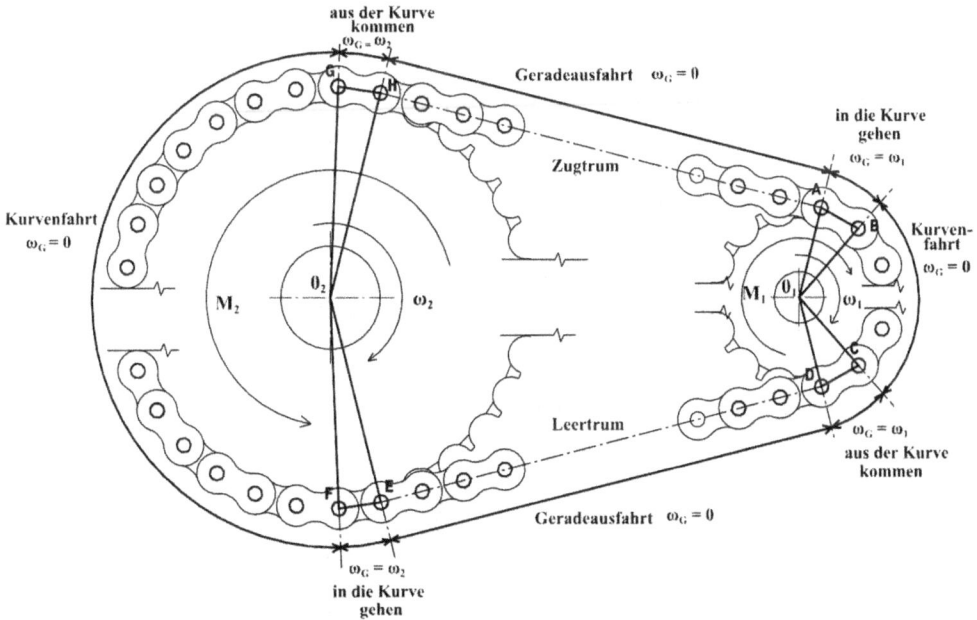

Bild 9.22: Winkelgeschwindigkeit im Kettengelenk

- Bei der „Geradeausfahrt" im Zugtrum unterliegt das Kettengelenk zunächst einmal keiner Schwenkbewegung, sodass auch keine Reibung entsteht.
- Bei A läuft die Kette auf das Kettenrad 1 auf und in diesem Moment wird das Kettengelenk einer Schwenkbewegung unterworfen, die sowohl ein lastabhängiges als auch ein lastunabhängiges Reibmoment ($M_{Rla} + M_{Rlu}$) verursacht. Dieser Zustand hält bis zum Punkt B an.
- Jenseits von B ist das Gelenk wieder in Ruhe, so dass keine weitere Reibung entsteht, aber genau dann kommt das nachfolgende Gelenk bei A an und durchläuft den gleichen Zyklus. In der Einlaufzone ist also stets genau ein Kettengelenk in Schwenkbewegung.
- In der Auslaufzone zwischen C und D vollzieht sich der gleiche Bewegungsablauf wie zwischen A und B, allerdings wird hier nur das lastunabhängige Reibmoment (M_{Rlu}) wirksam.
- Am Kettenrad 2 vollzieht sich die gleiche Abfolge, allerdings wird hier zwischen E und F zunächst die Leertrumphase mit M_{Rlu} und dann zwischen G und H die Zugtrumphase mit $M_{Rla} + M_{Rlu}$ durchlaufen.

Die Winkelgeschwindigkeiten der beiden Kettenräder sind durch das Übersetzungsverhältnis als dem Quotienten der Zähnezahlen z_1 und z_2 gekoppelt:

$$\omega_2 = \frac{z_1}{z_2} \cdot \omega_1 \qquad\qquad\qquad \text{Gl. 9.25}$$

Das Kettenrad 1 und damit sowohl das Dreieck ABO_1 als auch das Dreieck CDO_1 dreht mit der Winkelgeschwindigkeit ω_1. Das während der Zugtrumphase in Ruhe befindliche Kettengelenk nimmt zwischen den Punkten A und B die gleiche Winkelgeschwindigkeit ω_1 an wie das Kettenrad 1. Zwischen B und C verharrt das Gelenk wieder in Ruhe und nimmt dann zwischen C und D erneut die Winkelgeschwindigkeit ω_1 an. In ähnlicher Weise tritt im Kettengelenk sowohl zwischen E und F als auch zwischen G und H die Winkelgeschwindigkeit ω_2 des Rades 2 auf.

Die obigen Aussagen werden in unten stehendem Schema zusammen gefügt. Die an einem Kettenrad auftretenden beiden lastunabhängigen Reibmomente und das eine lastabhängige Reibmoment lassen sich zunächst zu einem Reib**moment** für das einzelne Kettenrad M_{RRad} zusammenfassen, welches für beide Kettenräder gleich ist. Die auf das jeweilige Rad bezogene Reib**leistung** P_R ergibt sich als das Produkt aus Reibmoment und Winkelgeschwindigkeit.

	Rad 1	Rad 2
Reibmoment Zugtrumseite	$M_{Rla} + M_{Rlu}$	
Reibmoment Leertrumseite	M_{Rlu}	
Summe Reibmoment am Rad	$M_{RRad} = M_{Rla} + 2 \cdot M_{Rlu}$	
Winkelgeschwindigkeit	ω_1	ω_2
Reibleistung	$P_{R1} = M_{RRad} \cdot \omega_1$	$P_{R2} = M_{RRad} \cdot \omega_2$

Daraus lässt sich schließlich der Wirkungsgrad des gesamten Kettentriebes η_{KT} formulieren zu:

$$\eta_{KT} = \frac{\text{Abtriebsleistung}}{\text{Antriebsleistung}} = \frac{\text{Antriebsleistung} - \text{Reibleistung}}{\text{Antriebsleistung}}$$

$$\eta_{KT} = \frac{P - P_{R1} - P_{R2}}{P}$$

Gl. 9.26

Läuft die Kette über mehr als 2 Räder, so entstehen an jedem weiteren Rad weitere Reibverluste, die in die Betrachtung einzubeziehen sind. Dabei ist stets danach zu unterscheiden, ob das Gelenk nur lastlos bewegt (z. B. Umlenkrollen im Leertrum) wird und deshalb nur einen lastunabhängigen Anteil beiträgt oder ob die Kette unter Zug steht und deshalb noch ein lastabhängiger Reibanteil hinzukommt. Der Gesamtwirkungsgrad eines Fahrradantriebes mit Kettenschaltung lässt sich nach Bild 9.23 darstellen.

Für ein Kettenblatt mit 46 Zähnen und eine Antriebsdrehzahl am Tretlager von 70 min^{-1} lassen sich folgende Aussagen treffen:

- Geringere Zähnezahlen am Ritzel werden verwendet, um eine hohe Fahrgeschwindigkeit und damit eine hohe Abtriebsdrehzahl zu erzielen. Damit steigt aber auch die Winkelgeschwindigkeit im Kettengelenk, was zu erhöhter Reibleistung und geringerem Wirkungsgrad führt.
- Der Wirkungsgrad wird mit steigender Leistung immer besser, weil die lastunabhängigen Anteile mit steigender Last an Gewichtung verlieren. Im Hinblick auf optimalen Wirkungsgrad wird ein Getriebe also an seiner Belastungsgrenze betrieben.
- Das Schaltwerk der Kettenschaltung verbraucht etwa ein Watt. Dieser Verlust bedeutet bei einer Antriebsleistung von 200 W eine Reduzierung des Wirkungsgrades um etwa ein halbes Prozent, bei geringerer Antriebsleistung fällt dieser Verlust aber relativ deutlicher ins Gewicht.

Aufgaben A.9.5–A.9.8

Mit dieser Prüftechnik lässt sich der Einfluss vieler weiterer Betriebsparameter auf den Wirkungsgrad des Kettentriebes untersuchen. Bild 9.24 zeigt beispielhaft den Einfluss des Kettenschräglaufs: Nur im Idealfall liegen Kettenblatt und Ritzel in einer Ebene. Bei einer Fahrradkettenschaltung muss die Kette beim Gangwechsel aus dieser Idealebene heraus geschwenkt werden, was einen axialen Versatz zwischen Kettenblatt und Ritzel zueinander verursacht, der zu Kantentragen in den Gelenken und damit zu zusätzlichen Reibverlusten führt. Diese Darstellung dokumentiert ausschließlich die Verluste, die auf den Schräglauf der Kette zurückzuführen sind. Weiterhin lässt sich auf diese Weise beispielsweise der Einfluss des Schmierungszustands auf den Wirkungsgrad untersuchen, was zu einer hier kaum darstellbaren Parametervielfalt führt.

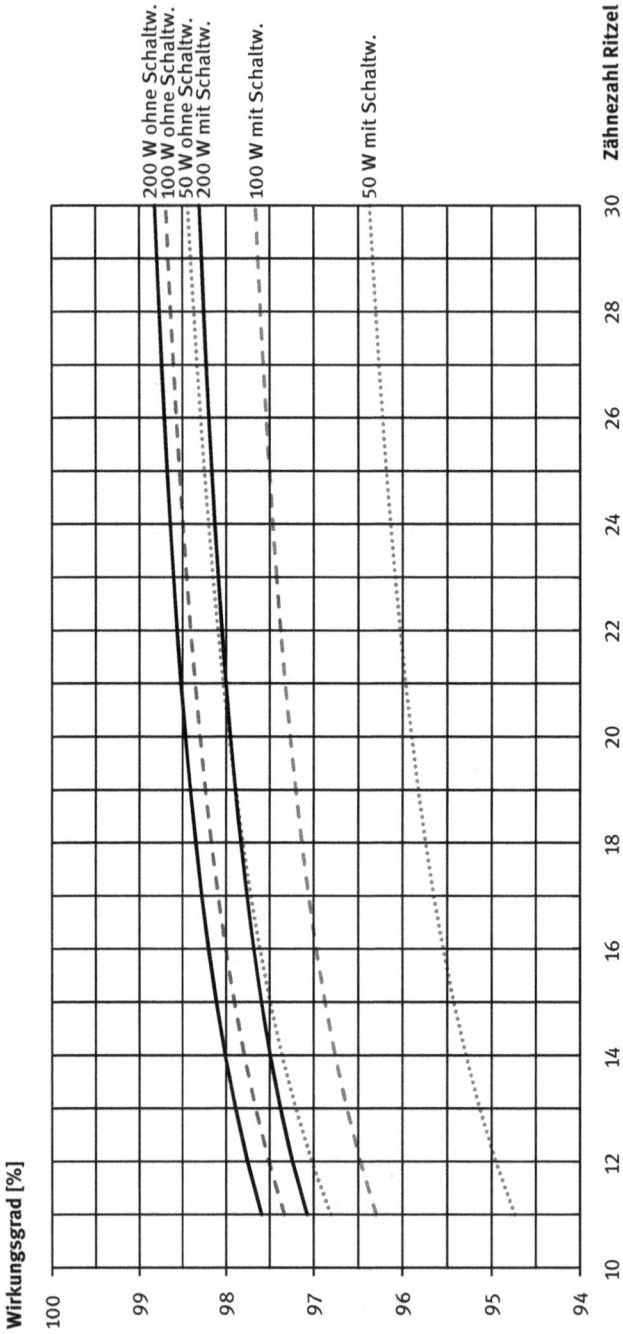

Bild 9.23: Wirkungsgrad Fahrradantrieb mit Kettenschaltung

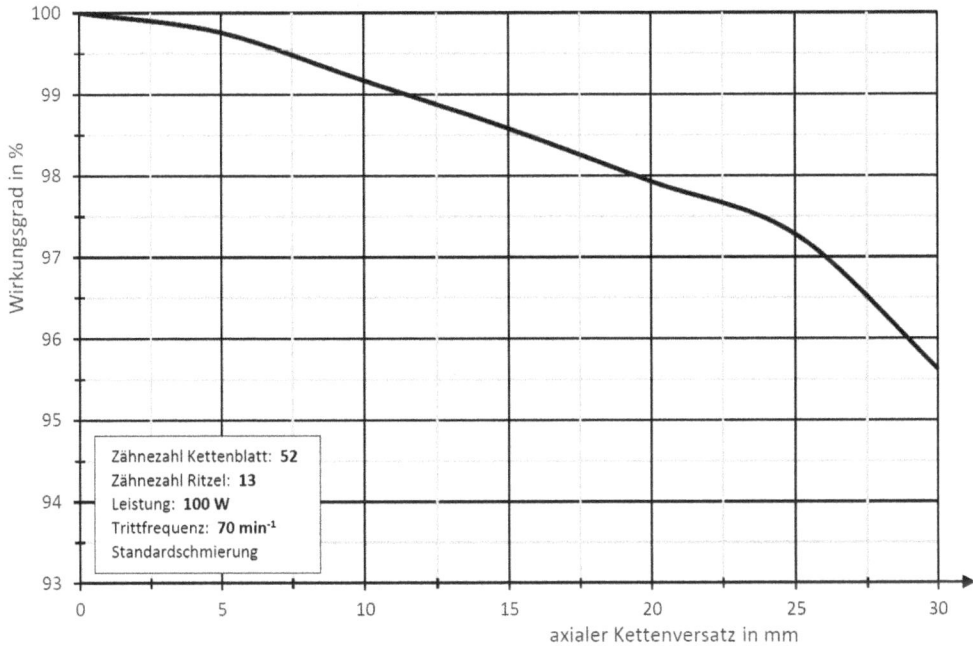

Bild 9.24: Wirkungsgrad infolge Kettenschräglauf

9.4.2 Lastunabhängiger Verlust von Flachriementrieben

Mit dem Prüfkonzept nach Kap. 9.4.1.1 können sämtliche Zugmitteltriebe untersucht werden. Die beiden Prüflinge rechts in Bild 9.19 können beispielsweise gegen Zahnriemen und Zahnriemenscheiben ausgetauscht werden, während die linken Ketten, die ja keinen Einfluss auf die Messwaage ausüben, erhalten bleiben. Auch die Untersuchung von reibschlüssigen Zugmitteltrieben wie Flachriemen-, Keilriemen- und Poly-V-Riementrieben ist möglich, allerdings ergeben sich hier die im Zusammenhang mit Bild 9.18 erwähnten Einschränkungen: Der unvermeidliche Schlupf würde das Lastgewicht absinken lassen, was sehr bald zur Aufhebung der Last führen würde. Der ständig entstehende Schlupf muss deshalb durch ein geringfügig unterschiedliches Übersetzungsverhältnis der beiden gegeneinander verspannten Einzeltriebe dem Gesamtsystem aufgezwungen werden. Sollen mehrere Lastzustände untersucht werden, so ist ein Satz mit entsprechend vielen Riemenscheiben und geringfügig unterschiedlichem Durchmesser erforderlich. Beim Anfahren des Prüfstandes steigert sich der Schlupfweg so lange, bis er mit der zunehmenden Auslenkung der Feder und der damit verbundenen Lastzunahme im Gleichgewicht steht.

Kapitel 7.3.5.1 führte bereits aus, dass der Riemen nicht als perfektes Seil im Sinne der Mechanik betrachtet werden kann. Neben seiner eigentlichen Aufgabe, Zugkräfte zu übertragen, wird er ungewollt auch auf Biegung belastet, was zunächst zu einer zusätzlichen mechanischen Beanspruchung führt, die Gegenstand dieses Kapitels war. Kleine Spannrollen sind sehr problematisch, obwohl an ihnen keine Last abgenommen wird.

Darüber hinaus bewirkt die Biegeverformung, dass der Riemen beim Übergang von der freien Trumlänge („Geradeausfahrt") auf die Riemenscheibe („Kurvenfahrt") wie eine Biegefeder verformt wird, was einen gewissen Energieaufwand bedeutet. Verlässt der Riemen die Riemenscheibe wieder, so wird diese Energie wieder frei und kommt dem System zugute. Der Riemen ist aber wegen seiner viskoelastischen Eigenschaften leider keine perfekte Biegefeder: Die beim Auftreffen auf die Scheibe aufgenommen Energie wird bei deren Verlassen nicht wieder vollständig frei, sondern verbleibt zum Teil als Wärme im Riemen selber und geht dabei verloren.

Die Biegefeder liegt kreisbogenförmig auf der Riemenscheibe auf, was dem mittleren der drei Fälle von Bild 2.23 (Band 1) entspricht und in der linken Hälfte von Bild 9.25 erneut aufgegriffen wird. Das für diese Verformung in Form einer Neigung f' erforderliche Moment M wird in Anlehnung an die klassische Mechanik mit Gl. 2.40 beschrieben:

$$f' = \frac{L}{I_{ax} \cdot E} \cdot M$$

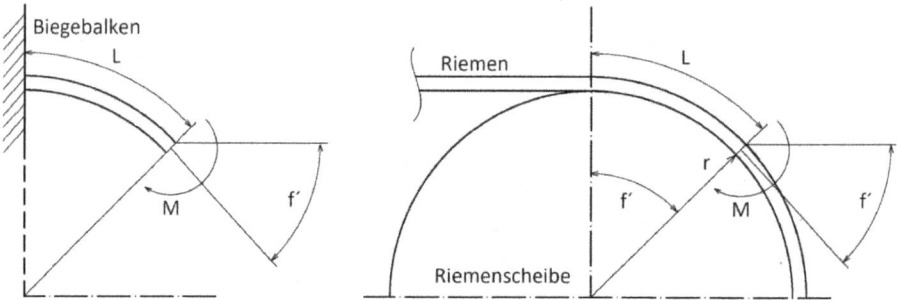

Bild 9.25: Riemenbiegung

Der Riemen wird beim Auflaufen auf die Scheibe ebenfalls in Form eines Kreisbogens verformt (rechte Bildhälfte), wobei der Zusammenhang zwischen dem Neigungswinkel f' und der Bogenlänge der Biegefeder L und dem Scheibenradius r geometrisch erzwungen wird:

$$f' = \frac{L}{r}$$

Dabei ist die Länge des Umschlingungsbogens L, die der Länge des Biegebalkens aus Gl. 2.40 entspricht, zunächst einmal beliebig gesetzt. Werden die beiden vorgenannten Gleichungen gleichgesetzt, so folgt:

$$\frac{L}{I_{ax} \cdot E} \cdot M = \frac{L}{r} \qquad\qquad \text{Gl. 9.27}$$

Das für die Verformung aufzuwendende Moment ergibt sich also unabhängig von der Umschlingungslänge L zu

$$M = E \cdot \frac{I_{ax}}{r} \qquad\qquad \text{Gl. 9.28}$$

Nach Gl. 7.74 ist auch die Biegespannung im Riemen unabhängig von der Länge des Umschlingungsbogens L, die Länge der „Kurvenfahrt" hat also weder Einfluss auf die Biegespannung im Riemen noch auf das durch die fortwährende Verformung hervorgerufene Moment. Diese Formulierung geht zunächst von der idealen Biegefeder aus, wobei die Verformungswilligkeit des Werkstoffs lediglich durch den Elastizitätsmodul E beschrieben wird. Reale Federn weisen aber stets einen Dämpfungseinfluss auf, der wegen der viskoelastischen Eigenschaften des hier vorliegenden Werkstoffs besonders ausgeprägt ist. Bei der Dimensionierung von Federn wird dies häufig durch einen „dynamischen Elastizitätsmodul" berücksichtigt, der sowohl die Feder- als auch Dämpferwirkung einschließt, dann aber nur für eine bestimmte Belastungsgeschwindigkeit bzw. -frequenz gilt. Im hier vorliegenden Fall ist es angebracht, den Elastizitätsmodul als Summe aus einem statischen Elastizitätsmodul und einem „Dämpferelastizitätsmodul" E_D zu erfassen, wobei ersterer für die zurückgewonnene Arbeit und letzterer für die verlorene Arbeit verantwortlich ist. Dann kann Gl. 9.28 folgendermaßen unterschieden werden:

Beim Auflaufen des Riemens auf die Scheibe   Beim Ablaufen des Riemens von der Scheibe

$$M_{auf} = (E + E_D) \cdot \frac{I_{ax}}{r} \qquad\qquad M_{ab} = (E - E_D) \cdot \frac{I_{ax}}{r}$$

Diese Unterscheidung ist sinnvoll, weil die Differenz der beiden Momente als Reib- oder Verlustmoment durch innere Reibung M_{iR} an der laufenden Scheibe entsteht:

$$M_{iR} = M_{auf} - M_{ab} = 2 \cdot E_D \cdot \frac{I_{ax}}{r} = 2 \cdot E_D \cdot \frac{I_{ax}}{\frac{d}{2}} = E_D \cdot I_{ax} \cdot \frac{4}{d} \qquad \text{Gl. 9.29}$$

Durch Umstellung dieser Gleichung und Einsetzen des an o. g. Prüfstand gemessenen Verlustmomentes M_{iR} kann der Materialkennwert E_D gewonnen werden;

$$E_D = \frac{d}{4 \cdot I_{ax}} \cdot M_{iR}$$

E_D hängt nicht nur vom Werkstoff und von der Konstruktion des Riemens, sondern auch von der Belastungsgeschwindigkeit bzw. -frequenz ab und drückt das Arbeitsabsorptionsvermögen aus. Das Flächenmoment des Riemenquerschnitts ergibt sich für homogene Werkstoffe nach Bild 0.16 (Band 1) einfach als $I_{ax} = b \cdot h^3 / 12$, für die heute meist verwendeten Verbundriemen kann die Formulierung aber deutlich aufwendiger werden. Häufig ist es auch sinnvoll, das Produkt $E_D \cdot I_{ax}$ als Konstante für einen ausgeführten Riemen anzugeben. Die dabei durch innere Reibung hervorgerufene Verlustleistung P_{iR} ergibt sich auch hier als Produkt aus dem (Verlust-)Moment und der Winkelgeschwindigkeit der Scheibe:

$$P_{iR} = M_{iR} \cdot \omega_{Scheibe} = E_D \cdot I_{ax} \cdot \frac{4}{d} \cdot \omega_{Scheibe} \qquad \text{Gl. 9.30}$$

Die Betrachtung nach Gl. 9.29/30 gilt zunächst einmal für eine einzelne Scheibe. Bei der Verlustleistungs- und Wirkungsgradbetrachtung des gesamten Riementriebes sind sämtliche beteiligten Scheiben einschließlich der Spann- und Umlenkrollen zu berücksichtigen. Bereits in Kap. 7.3.5.1 wurde vor kleinen Riemenscheiben wegen der damit verbundenen mechanischen Biegespannung im Riemen nach Gl. 7.74 gewarnt. Darüber hinaus ist nach Gl. 9.30 besonders bei schnelldrehenden Riementrieben die Verwendung kleiner Spann- und Umlenkrollen wegen einer möglicherweise Überhitzung problematisch.

Aufgaben A.9.9 und A.9.10

9.4.3 Prüfstand zur Ermittlung der Reibung weiterer Getriebe

Die Forderung nach der Variabilität der Übersetzung von Fahrradgetrieben kann grundsätzlich nicht nur durch ein schaltbares Kettengetriebe („Kettenschaltung"), sondern auch durch andere Bauformen gleichförmig übersetzender Getriebe ausgeführt werden, die hinsichtlich Langlebigkeit, Zuverlässigkeit, Witterungsunabhängigkeit und Bedienungskomfort wesentliche Vorteile bieten. Dabei spielt bereits seit vielen Jahrzehnten die mit einem Planetengetriebe bestückte Nabenschaltung eine wesentliche Rolle. Während früher eine einzige Planetenstufe mit nur drei Gängen weit verbreitet war, ermöglichen neuere Entwicklungen mit bis zu drei Planetenstufen insgesamt bis 14 Gänge, was sie in dieser Hinsicht den Kettenschaltungen ebenbürtig macht.

Soll der Prüfstand auch Nabengetriebe untersuchen können, so können die beiden unteren Kettenräder von Bild 9.19 nicht unmittelbar untereinander verbunden werden, weil sie ja das Nabengetriebe antreiben. Die beiden Nabengetriebe werden dann zweckmäßigerweise mit einem weiteren Kettentrieb untereinander verbunden, wobei aber die waagerechte Anordnung der dann entstehenden drei Kettentriebe nach Bild 9.26 vorteilhaft ist.

Der vordere Kettentrieb auf der linken Seite ist wie ein Fahrradantrieb angeordnet: Über das Kettenblatt in der Mitte wird wie über die Tretlagerkurbel ein Moment eingeleitet. Die dadurch in der Kette hervorgerufene Kraft erzeugt am linken Ritzel ein Abtriebsmoment, welches im allgemeinen Fall in der dahinter liegenden Nabe weiter gewandelt wird. Der Abtrieb an der Nabe geht aber nicht wie beim Fahrrad aufs Hinterrad, sondern treibt eine weitere Kette an, die mit einer gegenüberliegenden Nabe gekoppelt ist, die ihrerseits vom hinteren Kettentrieb auf der rechten angetrieben wird. Wird nun der linke, vordere Kettentrieb in der vom Fahrrad gewohnten Weise vorwärts angetrieben, so läuft der rechte hintere Kettentrieb rückwärts.

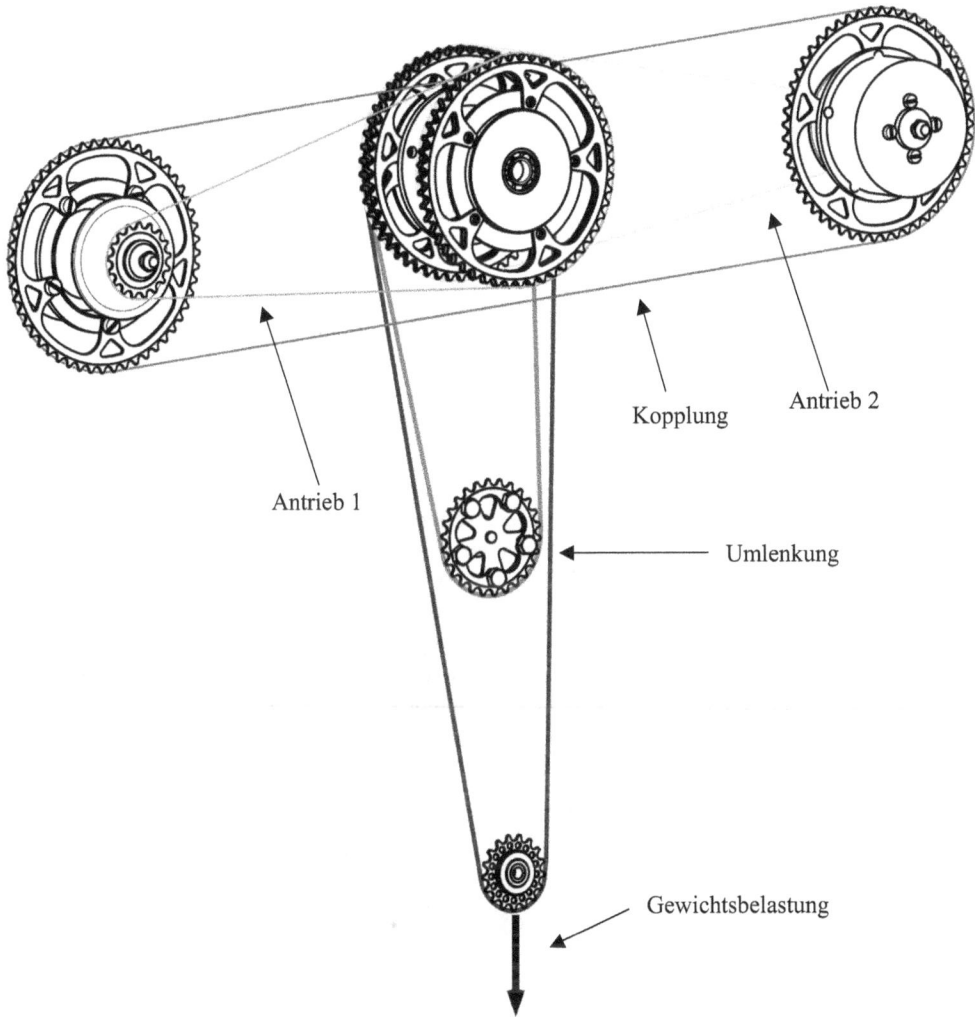

Bild 9.26: Verspannte Anordnung zweier Fahrradnabengetriebe

Damit ist zunächst aber nur der Bewegungsablauf geklärt. Soll die Anordnung unter Last gesetzt werden, so müssen die beiden Kettenblätter in Bildmitte gegeneinander verspannt werden, wozu ein ähnlicher Mechanismus wie in den Bildern 9.19 und 9.20 installiert wird. Damit wäre die Belastung des gesamten Systems und seiner einzelnen Komponenten unter der Voraussetzung der Reibungsfreiheit geklärt. Tatsächlich treten aber Reibanteile auf, die es zu erfassen gilt. Zu diesem Zweck werden die beiden gegeneinander verspannten Antriebe nach Bild 9.27 an einem gemeinsamen, waagerecht angeordneten Waagebalken angebracht, der auf Höhe der beiden Antriebskettenblätter drehbar gelagert ist.

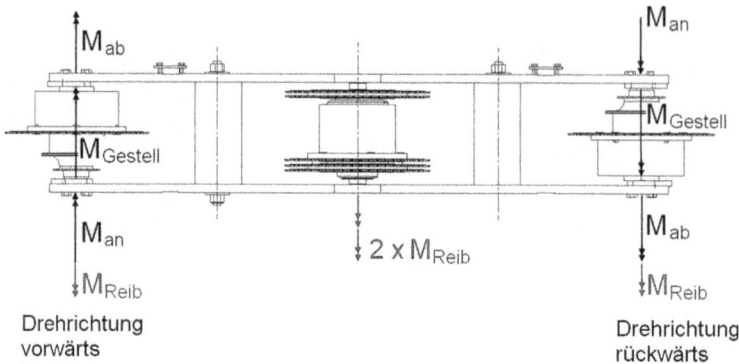

Bild 9.27: Momentenbilanz an der Belastungswaage

Eine Betrachtung des Momentengleichgewichts an diesem Waagebalken erlaubt die Ermittlung des Reibmomentes: An jeder der beiden Naben tritt neben dem An- und Abtriebsmoment auch noch ein Gestellmoment auf, welches sich am Fahrradrahmen abstützt. Da diese Momente der beiden Naben genau gleich groß sind, aber umgekehrte Vorzeichen aufweisen, gleichen sie sich genau aus und haben keinen Einfluss auf die Waage. Die Reibmomente der Naben sind zwar auch untereinander gleich, addieren sich aber, da sie beide der gemeinsamen Drehrichtung entgegengesetzt gerichtet sind und wirken damit auf die Waage. Bild 9.28 zeigt schließlich die konstruktive Ausführung des Prüfstandes.

Durch Anheben und Absenken der beiden senkrechten Massestäbe im Hintergrund wird die senkrechte Schwerpunktlage des Waagebalkens ausgerichtet. Optimal ist auch hier eine Schwerpunktlage knapp unterhalb der Waageachse, weil dann die Waage besonders empfindlich reagiert. Am oberen Ende tragen die Massestäbe eine waagerechte Gewindestange, auf der Tariergewichte zum Ausgleich der horizontalen Schwerpunktlage verfahren werden können. Die Gewindestange im Vordergrund dient schließlich der Messung des Reibmoments: Das Gewicht wird so verfahren, dass sich der Waagebalken bei laufendem Versuch genau in der Waagerechten befindet. Der vom Gewicht zurückgelegte Verfahrweg ist schließlich der Hebelarm, mit dem das Gewicht das Reibmoment abstützt.

Der Betrieb dieses Prüfstandes ist etwas umständlich, weil das Messergebnis nicht nur die Verluste in den Nabengetrieben, sondern auch die der Kettenräder und Ritzel an den beiden Getriebenaben erfasst. Die letztgenannten Verluste können aber getrennt ermittelt werden, wenn die Nabengetriebe im direkten Gang, also bei Übersetzungsverhältnis 1:1 betrieben werden. Es sind also stets zwei Messungen erforderlich: Die eine erfasst die Gesamtverluste und die andere die Kettenverluste. Die Verluste der Getriebenaben ergeben sich dann aus der Differenz der beiden Messungen. Dieser Zusammenhang macht auch klar, dass die Getriebenabe (z. B. Bild 12.8) gegenüber der Kettenschaltung systembedingt Nachteile aufweist: Während die Kettenschaltung nur Kettenverluste hat, hat die Nabenschaltung Verluste sowohl in der Kette als auch in der Getriebenabe.

Bild 9.28: Konstruktive Ausführung Zugmittelprüfstand Fahrradantrieb

9.4.4   Schlupfbedingter Wirkungsgrad

Wie bereits im Zusammenhang mit Gl. 7.15 und in der Eingangsbetrachtung von Kap. 9.4 ausgeführt wurde, sind sämtliche Getriebe ungeachtet ihrer formschlüssigen oder reibschlüssigen Wirkungsweise von einem reibungsbedingten Wirkungsgrad η_R betroffen. Bei reibschlüssigen Getrieben macht sich zusätzlich noch ein schlupfbedingter Wirkungsgrad η_S bemerkbar, der darauf zurückzuführen ist, dass reibschlüssige Getriebe einem unvermeidbaren Verformungsschlupf unterworfen sind, der in den folgenden Ausführungen erfasst werden soll.

9.4.4.1   Vorformungsschlupf von Riementrieben (Dehnschlupf)

Die Tatsache, dass die Drehübertragung eines reibschlüssigen Getriebes nicht exakt reproduzierbar ist, lässt sich am Beispiel des Riementriebes vergleichsweise übersichtlich darstellen, weil die Verformungen des gesamten Systems praktisch nur aus Längenänderungen im Riemen bestehen, die sich ihrerseits als elastische Seildehnungen ausdrücken lassen.

Wird ein Riementrieb nach Bild 9.17 Spalte II oben verspannt, so erzwingt ein unterschiedliches Übersetzungsverhältnis von Riemen- und Kettentrieb einen Schlupf. Ist der Schlupf groß, so muss es zu einem Gleitschlupf kommen, der zwar kurzfristig als Überlastsicherung genutzt werden kann, bei längerer Betriebsdauer aber zu einer Zerstörung des Riemens führen kann, weil der Riementrieb dann selber zur „Arbeitsmaschine" wird, die dazu gezwungen wird, einen beträchtlichen Teil der Leistung, die er eigentlich nur übertragen soll, selber zu verbrauchen, was zu einer thermischen Belastung führt: Ein Riementrieb wird umso mehr zur Bremse, je größer der Gleitschlupf wird.

Ein Riementrieb nach der linken Hälfte von Bild 9.29 muss auf jeden Fall zur Sicherung des Reibschlusses vorgespannt werden, sodass ein Riemenelement L um ΔL_0 gelängt wird (vgl. auch untere Bildzeile von Bild 9.1). Wird der Riementrieb gemeinsam mit einem Kettentrieb gleichen Übersetzungsverhältnisses in der dargestellten Weise bewegt, so überträgt er kein Moment. Es tritt keine Umfangskraft auf, sodass die Belastungen und Längen eines vorgespannten Riemenelementes sowohl auf der Zugtrum- als auch auf der Leertrumseite $L + \Delta L_0$ gleich sind, was bedeutet, dass auch die Geschwindigkeiten auf der Zug- und Leertrumseite gleich sind.

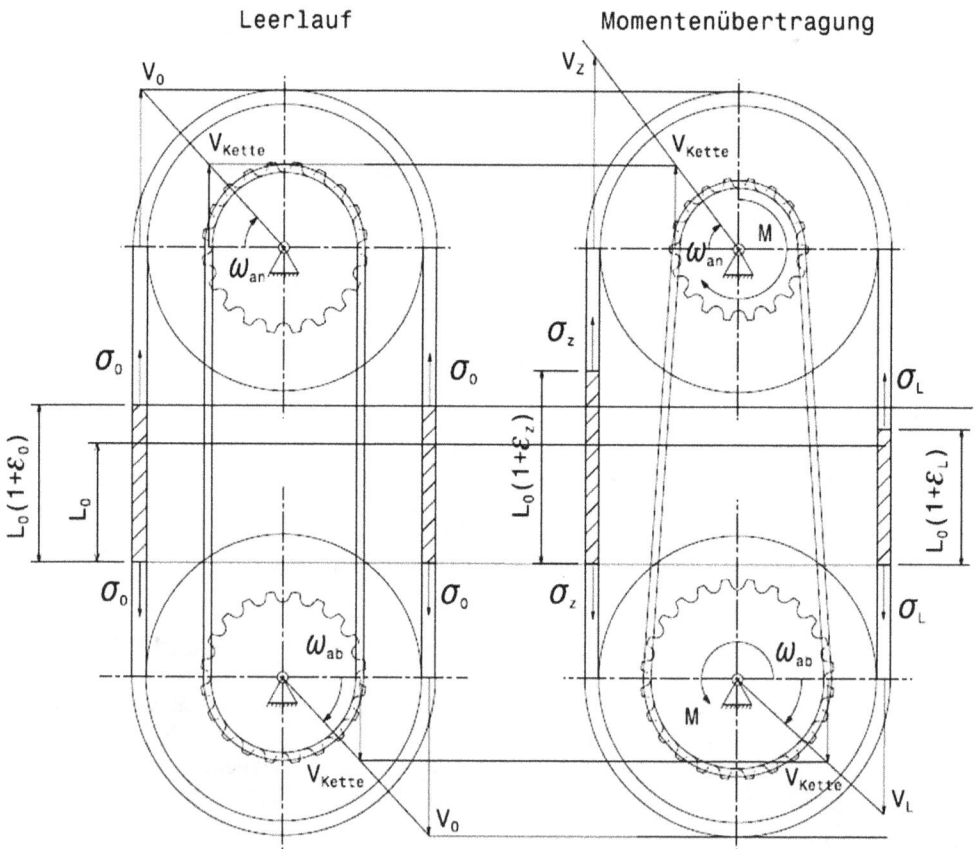

Bild 9.29: Verformungsschlupf Riementrieb (Dehnschlupf)

In der rechten Hälfte von Bild 9.29 wird das System dadurch vorgespannt, dass der Kettentrieb mit geringfügig unterschiedlichem Übersetzungsverhältnis ins Langsame untersetzt (hier völlig übertrieben dargestellt). Dadurch werden im Zugtrum und Leertrum geringfügig unterschiedliche Riemengeschwindigkeiten erzwungen, was sich als Schlupf ψ ausdrücken lässt:

$$\psi = \frac{\Delta v}{v} = \frac{v_Z - v_L}{v_L} = \frac{v_{an} - v_{ab}}{v_{an}} = 1 - \frac{v_{ab}}{v_{an}} \qquad \text{Gl. 9.31}$$

Die Geschwindigkeiten der Riemenelemente werden als Produkt aus Winkelgeschwindigkeit und deren Radius wirksam:

$$\psi = 1 - \frac{\omega_{ab} \cdot \frac{d_{ab}}{2}}{\omega_{an} \cdot \frac{d_{an}}{2}} = 1 - \frac{\omega_{ab}}{\omega_{an}} \cdot \frac{d_{ab}}{d_{an}} \qquad \text{Gl. 9.32}$$

Dabei lässt sich das Verhältnis der Winkelgeschwindigkeiten als das Übersetzungsverhältnis bei schlupffreiem Betrieb ausdrücken:

$$\psi = 1 - \frac{1}{i} \cdot \frac{d_{ab}}{d_{an}}$$

Löst man nun nach dem Übersetzungsverhältnis auf, so wird offensichtlich, dass es durch den Schlupf geringfügig geändert wird:

$$\frac{1}{i} \cdot \frac{d_{ab}}{d_{an}} = 1 - \psi \quad \rightarrow \quad i = \frac{d_{ab}}{d_{an}} \cdot \frac{1}{1 - \psi} \qquad \text{Gl. 9.33}$$

Ist der aufgezwungene Schlupf gering, so äußert er sich lediglich darin, dass die Dehnung des vorgespannten Riemens im Zugtrum geringfügig größer ist als die im Leertrum. Gl. 9.31 kann auch auf die Länge eines einzelnen Riemenelements bezogen werden:

$$\psi = \frac{L_Z - L_L}{L_Z} \approx \frac{L_Z - L_L}{L_0} \qquad \text{Gl. 9.34}$$

Die Längen des Riemenelements L_Z und L_L lassen sich durch die Länge im lastlosen Zustand L_0 und die Dehnung ε ausdrücken:

$$L_Z = L_0 \cdot (1 + \varepsilon_Z) \quad \text{und} \quad L_L = L_0 \cdot (1 + \varepsilon_L) \qquad \text{Gl. 9.35}$$

Wird Gl. 9.34 in Gl. 9.35 eingesetzt, so ergibt sich:

$$\psi = \frac{L_0 \cdot (1 + \varepsilon_Z) - L_0 \cdot (1 + \varepsilon_L)}{L_0} = \varepsilon_Z - \varepsilon_L \qquad \text{Gl. 9.36}$$

Damit wird der Dehnschlupf unabhängig von L_0. Ersetzt man die Dehnung ε durch den Quotienten σ/E (vgl. Gl. 0.3, Band 1), so ergibt sich der Dehnschlupf in Funktion der Riemenspannung:

$$\psi = \frac{\sigma_Z}{E_{dyn}} - \frac{\sigma_L}{E_{dyn}} = \frac{\sigma_Z - \sigma_L}{E_{dyn}} \qquad \text{Gl. 9.37}$$

Im Gegensatz zur Vorspannung des Riemens, bei der der statische E-Modul wirksam wird, muss hier der dynamische E-Modul angesetzt werden, der neben der Federwirkung auch die bei zunehmender Lastfrequenz steigende Dämpfung berücksichtigt. Wird die Spannung durch den Quotienten aus Kraft und Fläche ersetzt, so wird der Schlupf ψ nach Gl. 9.37 als Funktion der Trumkräfte ausgedrückt

$$\psi = \frac{\frac{S_Z}{A_R} - \frac{S_L}{A_R}}{E_{dyn}} = \frac{S_Z - S_L}{A_R \cdot E_{dyn}} = \frac{U}{A_R \cdot E_{dyn}} \qquad \text{Gl. 9.38}$$

Während im lastlosen Zustand ($S_Z = S_L$ bzw. $U = 0$) kein Dehnschlupf auftritt, beträgt er bei Übertragung eines maximalen Momentes je nach Elastizität des Riemens mehrere Promille. Setzt man den in Gl. 9.38 gewonnenen Ausdruck für ψ in Gleichung 9.33 ein, so ergibt sich:

$$i = \frac{d_{ab}}{d_{an}} \cdot \frac{1}{1 - \frac{S_Z - S_L}{E_{dyn} \cdot A}} = \frac{d_{ab}}{d_{an}} \cdot \frac{1}{1 - \frac{U}{E_{dyn} \cdot A}} \qquad \text{Gl. 9.39}$$

Aus dieser Formulierung wird ersichtlich, dass

- das tatsächliche Übersetzungsverhältnis vom Lastzustand abhängt. Bei jeder (unvermeidlichen) Änderung dieses Lastzustandes ändert sich das Übersetzungsverhältnis entsprechend.
- das Übersetzungsverhältnis nur dann genau ermittelt werden kann, wenn E_{dyn} bekannt ist. Tatsächlich ändert sich aber dieser Materialkennwert mit den Betriebsbedingungen (zum Beispiel mit der Geschwindigkeit).

Die Gegenüberstellung im S_Z/S_L-Diagramm nach Bild 9.30 macht die Unterscheidung zwischen Dehnschlupf und Gleitschlupf deutlich:

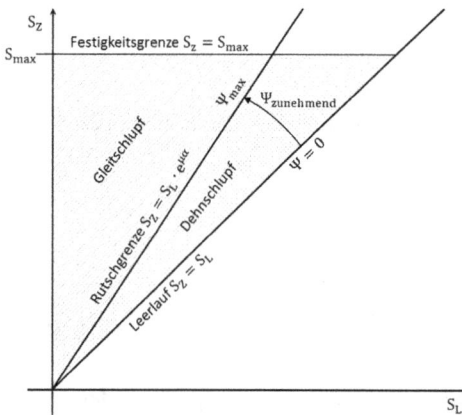

Bild 9.30: Gegenüberstellung Dehnschlupf–Gleitschlupf im S_Z/S_L-Diagramm

Damit wird das Vorhandensein und die Änderung des Dehnschlupfs zu einer unvermeidlichen Nebenwirkung von Riementrieben und führt in letzter Konsequenz dazu, dass das Übersetzungsverhältnis langfristig nie genau einzuhalten ist, eine absolut winkelgenaue Drehübertragung also nicht möglich ist. Im Unterschied dazu führt der sog. Gleitschlupf zu einem globalen Durchrutschen des Riemens auf der Scheibe und tritt dann ein, wenn die Eytelwein'sche Ungleichung verletzt wird.

Im Gegensatz zum Dehnschlupf ist Gleitschlupf bei entsprechender Auslegung des Riementriebes sehr wohl vermeidbar. Er wird jedoch zuweilen bewusst als Überlastschutz ausgenutzt. Der schlupfbedingte Wirkungsgrad η_S ist zwar charakteristisch für alle reibschlüssigen Getriebe, ist aber für den hier vorliegenden Fall des Flachriementriebes als die Verhältnismäßigkeit der Geschwindigkeiten einfach zu erkennen:

$$\eta_S = \frac{v_L}{v_Z} \hspace{8cm} \text{Gl. 9.40}$$

Zur Klärung der rechten Gleichungsseite lässt sich Gl. 9.31 umstellen nach

$$\frac{v_L}{v_Z} = 1 - \psi \hspace{8cm} \text{Gl. 9.41}$$

Kombiniert man diese beiden Aussagen miteinander, so folgt schließlich für den schlupfbedingten Wirkungsgrad

$$\eta_S = 1 - \psi \hspace{8cm} \text{Gl. 9.42}$$

Aufgaben A.9.11–A.9.17

9.4.4.2 Verformungsschlupf von Reibrädern (Traktionsschlupf)

Die Reibräder eines Wälzgetriebes unterliegen zunächst einmal der Rollreibung, so wie sie unter 9.2 analysiert worden ist. Damit wird aber nur der Leerlaufzustand eines Wälzgetriebes beschrieben. Sobald jedoch Leistung übertragen wird, kommen noch weitere Verformungen hinzu, die den „Verformungsschlupf" nach dem Verständnis der mittleren Zeile von Bild 9.1 hervorrufen. Wird zur Veranschaulichung des Verformungsschlupfs von Wälzgetrieben eine Überlegung in Anlehnung an Bild 9.29 angestellt, so ist zunächst einmal zu berücksichtigen, dass ein Wälzgetriebe die Drehrichtung umkehrt. Deshalb wird der parallel geschaltete Kettentrieb in der Modellvorstellung nach Bild 9.31 auf der rechten Seite des Bildes über eine Zahnradpaarung geführt, die ebenfalls die Drehrichtung umkehrt.

- **Leerlauf:** Die obere Bildhälfte stellt den an sich trivialen Leerlaufbetrieb dar: Die Winkelgeschwindigkeit ω_{an} ruft am oberen Reibrad die Umfangsgeschwindigkeit v_0 und am oberen Kettenrad die Geschwindigkeit v_{Kette} hervor. An der unteren Kombination Reibrad – Kettenrad sind die Verhältnisse gleich, so dass die Antriebswinkelgeschwindigkeit ω_{an} und die Abtriebswinkelgeschwindigkeit ω_{ab} gleich sind.
- **Momentenübertragung:** In der unteren Bildhälfte bleibt die rechte Seite vollständig erhalten. Die Momentenübertragung wird dadurch erzwungen, dass das Antriebskettenrad geringfügig kleiner und das Abtriebskettenrad geringfügig größer ist als im Leerlauf. Bei gleichbleibender Kettengeschwindigkeit wird dadurch sowohl die Antriebswinkelgeschwindigkeit ω_{an} als auch die Umfangsgeschwindigkeit der Reibrades v_{an} geringfügig größer als zuvor, während die Geschwindigkeiten am Abtrieb geringfügig kleiner werden: Die kleinere Winkelgeschwindigkeit ω_{ab} hat eine kleinere Umfangsgeschwindigkeit v_{ab} zur Folge. Der Unterschied zwischen v_{an} und v_{ab} ist so klein, dass er nicht zu einem globalen Durchrutschen führt, sondern als Verformungen in der kraftübertragenden Zone der Reibräder aufgenommen wird. Dies wird hier modellhaft durch ein als Bürstenrad ausgeführtes Abtriebsrad veranschaulicht, dessen Borsten sich wie winzige Biegebalken verformen.

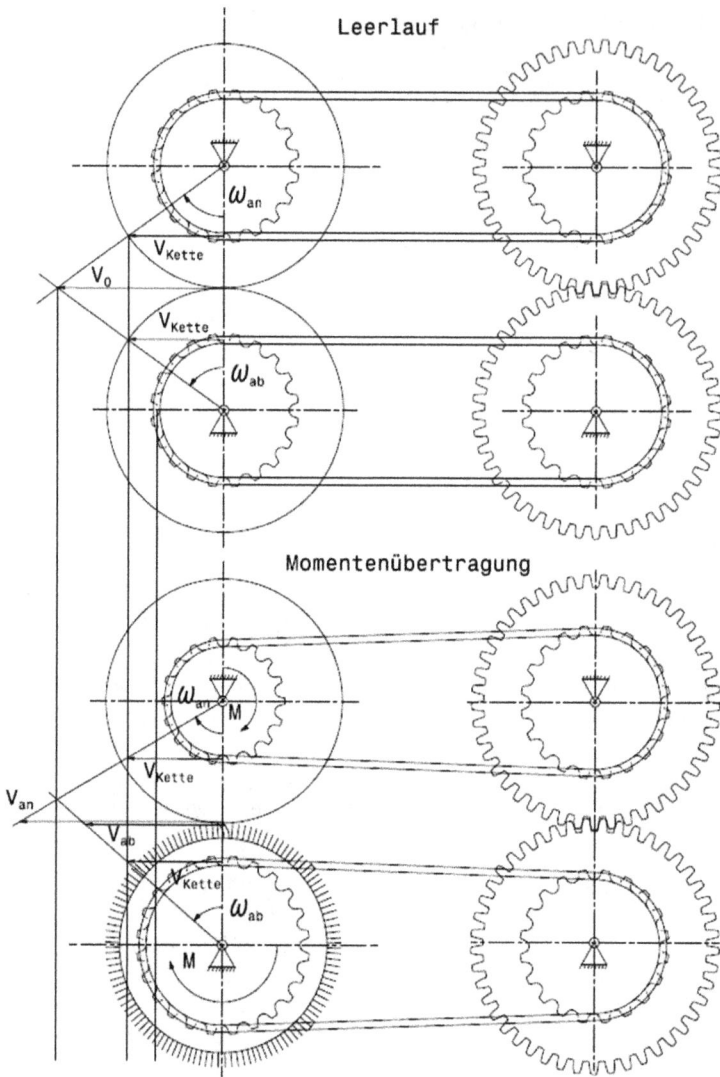

Bild 9.31: Verformungschlupf Reibräder (Traktionsschlupf)

Diese Modellvorstellung lässt schon erahnen, dass die analytische Beschreibung des Verformungsschlupfes von Reibrädern ungleich viel aufwendiger ist als der von Riementrieben. Zunächst einmal ist es angebracht, den Verformungsschlupf von Reibrädern durch ein Experiment zu erfassen, was im Folgenden am Beispiel des Fahrrades versucht wird. Die beiden Laufräder des Fahrrades lassen sich als zwei Reibradgetriebe verstehen, von denen das vordere im Leerlauf betrieben wird und nur der Rollreibung unterliegt, während das Hinterrad zusätzlich dazu die zum Antrieb erforderliche Kraft überträgt und damit einem unvermeidlichen Verformungsschlupf unterworfen ist. Beim Bremsen des Fahrrades können grundsätzlich beide Räder zur Reibkraftübertragung genutzt werden (s. Kap. 10.3).

Die Reibkraftübertragung sowohl beim Antreiben als auch das Bremsen (Sammelbegriff „Traktion") kann durch das Abrollen eines Laufrades auf einer Trommel labormäßig nachgebildet werden (linke Darstellung von Bild 9.32). Der Antriebsmotor liefert eine Leistung, die wie beim realen Fahrrad über eine Kette auf das Laufrad übertragen wird, welches seinerseits auf der Lauftrommel abrollt. Die Antriebsleistung wird schließlich von einer mit der Lauftrommel verbundenen Bremse vollständig in Wärme umgesetzt.

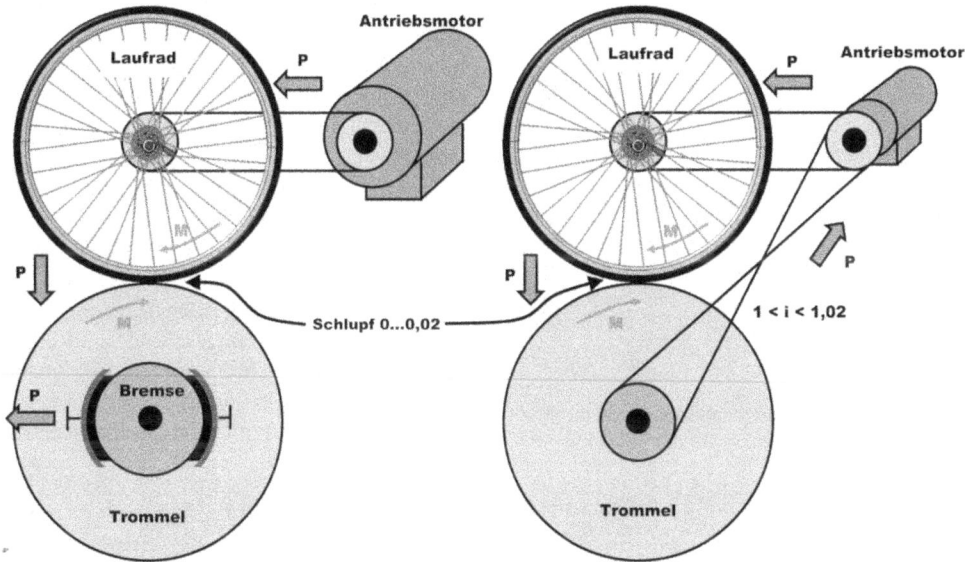

Bild 9.32: Konzept des Prüfstandes

Zur Vermeidung dieses Leistungsverlustes wird eine Verspannung in Anlehnung an Spalte II von Bild 9.17 praktiziert. Die in der unteren Bildspalte aufgeführten beiden Reibräder werden hier mit dem Kettentrieb der oberen Bildzeile kombiniert, womit das Prüfstandkonzept nach der rechten Seite von Bild 9.32 ergibt. Dem Reibradgetriebe „Laufrad – Lauftrommel" wird ein Kettengetriebe parallelgeschaltet, welches nahezu das gleiche Übersetzungsverhältnis aufweist. Der Kettentrieb der linken Version wird ergänzt durch einen weiteren Kettentrieb, der den Antriebsmotor direkt mit der Lauftrommel verbindet. Da das Reibradgetriebe Laufrad – Lauftrommel die Drehrichtung umkehrt, muss der untere Kettentrieb ebenfalls die Drehrichtung umkehren, was in dieser Prinzipdarstellung dadurch angedeutet wird, dass die Kette in Form einer Acht um die beiden Kettenräder geschlungen wird. Würden das Reibradgetriebe und der kombinierte Kettentrieb genau das gleiche Übersetzungsverhältnis aufweisen, so würde der Antriebsmotor das System ledig bewegen, ohne dabei Last zu übertragen. Wenn aber das Übersetzungsverhältnis des Kettentriebes von dem des Reibradgetriebes geringfügig

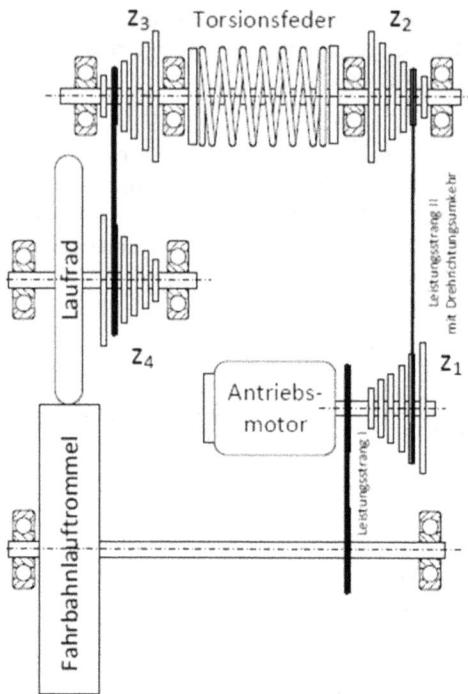

Bild 9.33: Verspannung Traktionsprüfstand mit vier Kettenschaltungen

abweicht, so wird an der Kontaktstelle zwischen Laufrad und Trommel ein Schlupf erzwungen und damit eine Belastung hervorgerufen. Während also links die vorgegebene Belastung zu einem gewissen Schlupf führt, lässt sich in der rechten Ausführungsform durch ebendiesen Schlupf die Übertragung einer gewünschten Leistung erzwingen. Die Leistung, die in der linken Version in der Bremse verloren geht, wird in der rechten Variante wieder auf den Antrieb zurückgeführt und damit erneut nutzbar gemacht. Die Leistung wird also ständig „im Kreis herum geführt". Der Antriebsmotor dient nur noch dazu, das System zu bewegen und verbraucht nur noch die Leistung, die tatsächlich im Kontakt zwischen Laufrad und Trommel durch den Schlupf als Reibung verloren geht. Zum Betrieb des Prüfstandes wird nur noch eine winzige Leistung benötigt, da nur wenige Prozent der übertragenen Leistung durch Verformungsschlupf und Rollreibung verloren gehen. Bild 9.33 zeigt das Zusammenspiel des Reibradgetriebes Laufrad – Lauftrommel mit dem parallelgeschalteten Kettentrieb.

Da die vom Laufrad auf die Lauftrommel übertragene Leistung in sehr kleinen Stufen variiert werden soll, muss der Schlupf im Promillebereich von null bis auf mehrere Prozent variiert werden können. Eine einzelne Fahrradkettenschaltung wäre dazu überhaupt nicht in der Lage, weil ein Gangwechsel um nur einen einzigen Zahn das Übersetzungsverhältnis sogleich im Prozentbereich verändern würde. Aus diesem Grund wurden im Prüfstand vier handelsübliche Kettenschaltungen hintereinandergeschaltet, wodurch sich tausende von Übersetzungsmöglichkeiten ergeben, von denen nur die genutzt werden, die einen Schlupf von bis zu mehreren Prozent hervorrufen. Die zwischen den Ritzelpaketen z_2 und z_3 angeordnete Schenkelfeder dient als Drehmomentenmesswelle (vgl. Kap. 2.2.4.3). Bild 9.34 zeigt schließlich den Prüfstand in seiner konstruktiven Ausführung.

Die Aufnahme des Laufrades im Prüfstand muss so beschaffen sein, dass eine für das reale Radfahren typische Normalkraft aufgebracht werden kann. Dazu wird das Laufrad in einem gelenkigen Hebel gelagert (ähnlich wie in den Bildern 9.10–9.12), der definiert mit Gewichten belastet werden kann.

Um den Prüfstand für Verschleißuntersuchungen (Kap. 9.5.3) im Dauerbetrieb auch unbeaufsichtigt sicher betreiben zu können, wurde er allseitig mit abnehmbaren Schutzgittern ausgerüstet. Zu den Sicherheitseinrichtungen gehört weiterhin ein nahezu reibungsfreier Dämpfer:

Bild 9.34: Konstruktive Ausführung des Traktionsprüfstandes

Während der reale Radfahrer einen durch technischen Defekt hervorgerufenen unruhigen Lauf sofort bemerkt und gegebenenfalls anhält, werden im Prüfstand die möglichen Schwingungen des Belastungsarms in ihrer zerstörerischen Wirkung durch diesen Dämpfer begrenzt, sodass sie keinen Schaden anrichten können.

Bild 9.35 zeigt beispielhaft den durch die Reibkraftübertragung hervorgerufenen Schlupf. Die waagerechte Achse bezieht die durch Reibung übertragene Horizontalkraft F_H auf die (konstante) Normalkraft F_N. Mit zunehmender Größe dieses Quotienten wächst auch der (Traktions-)Schlupf.

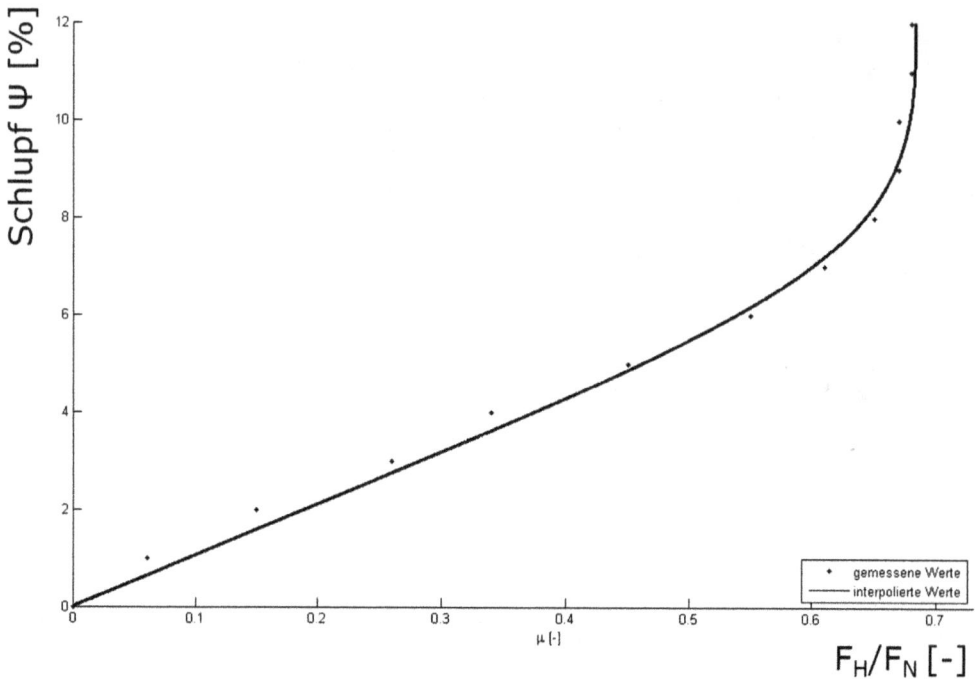

Bild 9.35: Traktionsschlupf Fahrradreifen

Die Kurve verläuft nach einem zunächst weitgehend linearen Beginn zunehmend progressiv. Das Erreichen der Senkrechten markiert schließlich den Übergang vom Traktionsschlupf als Verformungsschlupf in den Gleitschlupf, der schließlich zu einem völligen Durchrutschen führt. In diesem Betriebszustand wird das Reibradgetriebe zur Bremse (s. auch Kap. 10). Der tendenzielle Verlauf solcher Kurven ist immer gleich, die Zahlenwerte unterscheiden sich aber mit dem Material der Reibpartner (Lauftrommel und Reifen), der Oberflächenbeschaffenheit (nass/trocken), dem Luftdruck im Reifen und der Geschwindigkeit. Ähnliche Differenzierungen sind für jedes beliebige Reibradgetriebe möglich.

Aufgaben A.9.18 und A.9.19

9.4.4.3 Schlupf quer zur Rollrichtung

Grundsätzlich können im Rollreibungskontakt nicht nur Kräfte in Rollrichtung übertragen werden, sondern auch senkrecht dazu. Auch dieser Sachverhalt lässt sich am Beispiel des auf der Fahrbahn abrollenden Reifens erläutern: Die bei Kurvenfahrt zusätzlich auftretende Zentrifugalkraft muss ebenfalls an der Kontaktstelle zwischen Reifen und Fahrbahn reibschlüssig abgestützt werden, was einen weiteren Schlupf senkrecht zur Fahrtrichtung hervorruft. In der folgenden Betrachtung wird vereinfachend angenommen, dass der Radfahrer während der Kurvenfahrt weder antreibt noch bremst.

Klassische Beschreibung der Kurvenfahrt   Betrachtet man ein Laufrad während der Geradeausfahrt von vorne, so wirken die in Bild 9.36 links markierten Kräfte:

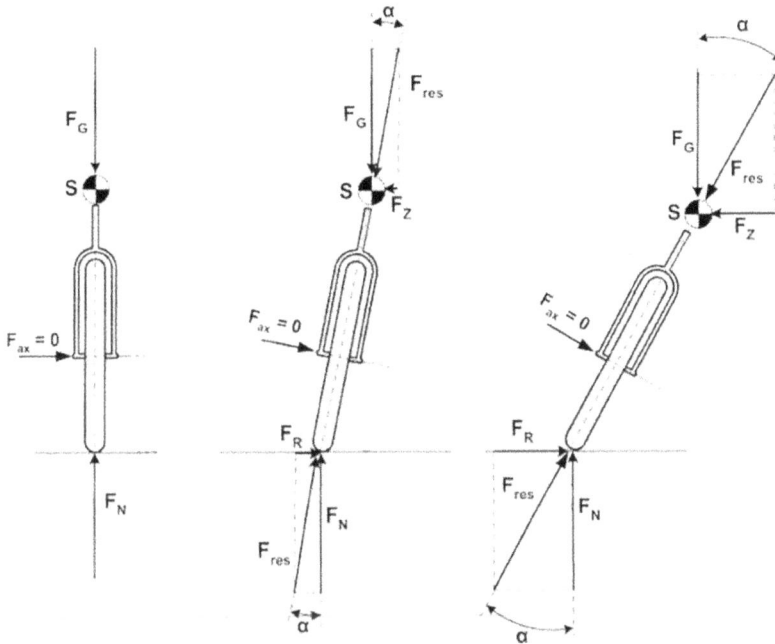

Bild 9.36: Kräfte am Laufrad bei Kurvenfahrt

Die Gewichtskraft von Fahrer und Fahrrad F_G wird auf der Straßenoberfläche als Normalkraft F_N abgestützt. Es wirken keine weiteren Kräfte, so dass an Lagerung des Rades keine Axialkraft F_{ax} auftritt. Geht das Fahrrad in die Kurvenfahrt über (Bildmitte), so wirkt zwar nach wie vor die Gewichtskraft F_G, die weiterhin als Normalkraft F_N auf der Straße abgestützt werden muss, aber zusätzlich tritt die Zentrifugalkraft F_Z auf, die ebenfalls im Schwerpunkt der Gesamtmasse angreift und als Reibkraft F_R zwischen Reifen und Straße übertragen werden muss. In diesem System herrscht aber nur dann Gleichgewicht, wenn eine weitere Bedingung erfüllt ist: Sowohl die Gewichtskraft F_G und die Zentrifugalkraft F_Z einerseits als auch die Normalkraft F_N und die Reibkraft F_R andererseits bilden jeweils eine resultierende Kraft F_{res}. Beide Resultierenden müssen nicht nur gleich groß sein (was sich nach der vorstehenden Betrachtung von selbst ergibt), sondern sie müssen sich auch auf einer gemeinsamen „Wirkungslinie" treffen. Dies ist aber nur möglich, wenn das Fahrrad mit dem Fahrer um den Winkel α geneigt, also in die Kurve gelegt wird (Bildmitte). Aus dieser Betrachtung ergibt sich übrigens auch, dass wie bei der Geradeausfahrt in der Lagerung keine Axialkraft übertragen wird. Wird die Geschwindigkeit größer oder der Kurvenradius enger, so steigt die Zentrifugalkraft, was zu einer stärkeren Neigung führt, was im rechten Drittel von Bild 9.36 dargestellt ist. Die Abstützung einer immer größer werdenden Reibkraft auf der Straße führt schließlich dazu, dass der Radfahrer bei Überschreiten der Rutschgrenze stürzt. Zur rechnerischen Beschreibung dieses theoretischen Grenzfalls wird die Zentrifugalkraft mit der maximal übertragbaren Reibkraft ins Gleichgewicht gesetzt:

$$m \cdot r \cdot \omega^2 = m \cdot g \cdot \mu$$

Gl. 9.43

Die Winkelgeschwindigkeit ω um den Mittelpunkt der Kurve mit dem Radius r wird sinnvollerweise mit der maximalen Fahrgeschwindigkeit v_{max} in Zusammenhang gebracht:

$$\omega = \frac{v_{max}}{r}$$

Wird diese Winkelgeschwindigkeit in Gl. 9.43 eingesetzt, so ergibt sich

$$r \cdot \left(\frac{v_{max}}{r}\right)^2 = g \cdot \mu \quad \text{bzw.} \quad v_{max} = \sqrt{g \cdot \mu \cdot r}$$

Gl. 9.44

Dieser Zusammenhang macht übrigens auch klar, dass die maximale Kurvengeschwindigkeit **nicht** von der Masse abhängt. Bild 9.37 wertet diese Gleichung für realistische Reibwerte aus. Dabei handelt es sich nur um theoretische Grenzwerte, die eine perfekt ebene Fahrbahn voraussetzen. Tatsächlich wird die Normalkraft wegen der Unebenheiten einer realen Fahrbahn dynamisch. Es muss also sichergestellt werden, dass der Minimalwert der Normalkraft immer noch ausreicht, um den Reibschluss zu gewährleisten.

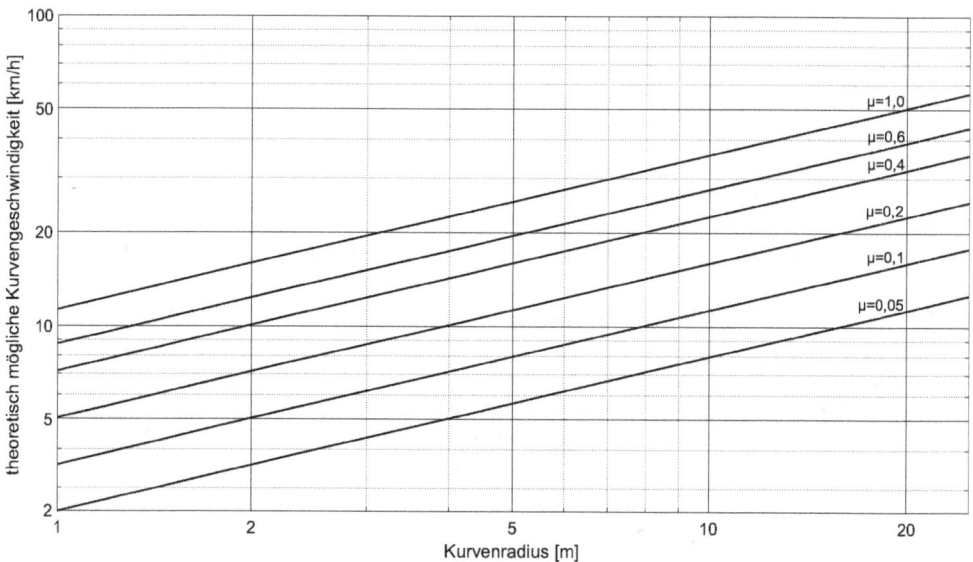

Bild 9.37: Theoretisch maximale Kurvengeschwindigkeit

Der unter 9.4.2.2 betrachtete Traktionsschlupf hatte zur Folge, dass die in Rollrichtung übertragene Reibkraft einen Schlupf in Rollrichtung nach sich zog. Dieses eindimensionale Problem bedarf keiner besonderen Darstellung. Wenn aber eine Reibkraft quer zur Rollrichtung zu übertragen ist, ergibt sich ein zweidimensionales Problem, welches zweckmäßigerweise zunächst an der Modellvorstellung nach Bild 9.38 qualitativ betrachtet wird:

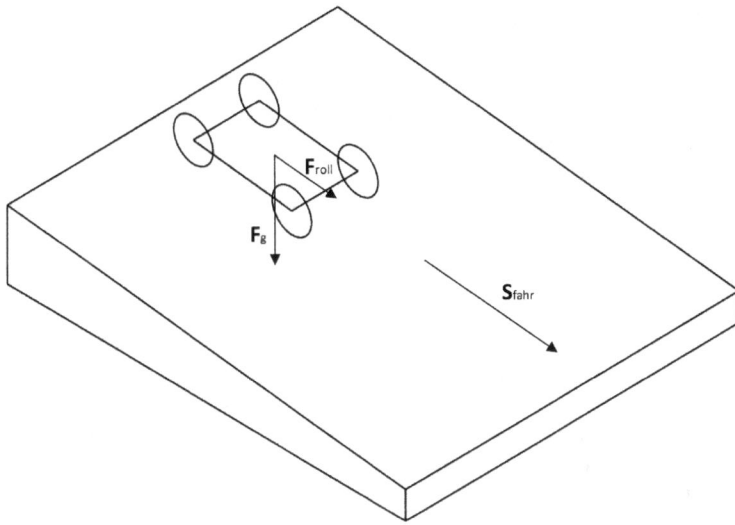

(a)

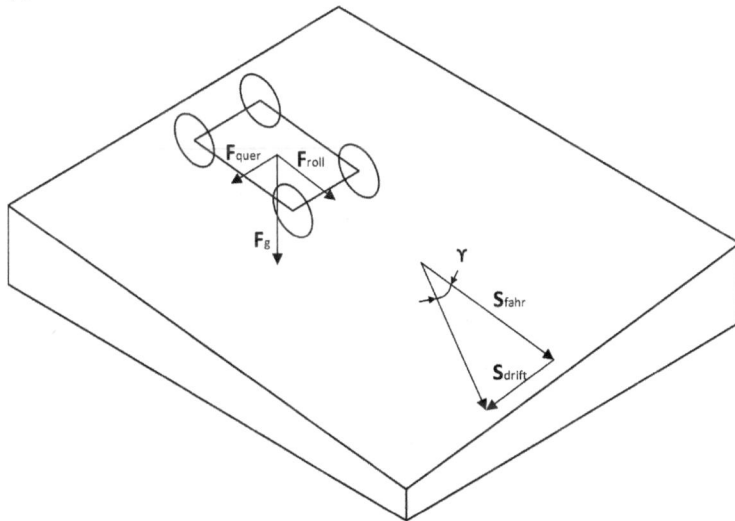

(b)

Bild 9.38: Schlupf quer zur Rollrichtung

- Rollt ein Wagen antriebslos eine schiefe Ebene hinunter (obere Bildhälfte), so zerlegt sich die Gewichtskraft F_g in eine (hier nicht dargestellte) Normalkraft auf die Fahrbahn und eine Hangabtriebskraft F_{roll} in Fahrtrichtung, die schließlich den Rollvorgang mit der Rollstrecke s_{fahr} bewirkt. Da an der Kontaktstelle zwischen den Rädern und der Fahrbahn keine Reibkraft übertragen wird, entsteht keinerlei Schlupf.

- Wird die schiefe Ebene aber nicht nur in Rollrichtung, sondern auch senkrecht dazu geneigt (untere Bildhälfte), so verursacht die Gewichtskraft F_G nicht nur wie zuvor eine Normalkraft F_N und eine Hangabtriebskraft F_{roll} in Rollrichtung, sondern auch noch eine weitere Hangabtriebskraft F_{quer} quer zur Rollrichtung, die als Reibkraft zwischen Rad und Fahrbahn übertragen werden muss. Dies führt dazu, dass das Fahrzeug nicht nur in Richtung der ursprünglichen schiefen Ebene geradeaus rollt, sondern seitlich geringfügig abdriftet, Es macht sich also ein Schlupf quer zur Rollrichtung s_{drift} bemerkbar (hier übertrieben groß dargestellt), der mit dem Winkel γ oder mit dessen Tangens beschrieben werden kann.

Kurvenfahrt und Schlupf   Die Einbeziehung des Schlupfs in die Überlegung der Kurvenfahrt führt zu einer erweiterten Betrachtung nach Bild 9.39: Wird das Fahrrad während der Kurvenfahrt von oben betrachtet, so wird zunächst einmal ein Sachverhalt deutlich, der für jeden Radfahrer selbstverständlich ist: Für die Kurvenfahrt muss das Vorderrad mit dem Lenker gegenüber dem Hinterrad so verschwenkt werden, dass auf der Fahrbahn der Winkel β entsteht: Ist der Winkel β klein, so ergibt sich eine große Kurve (linkes Bilddrittel), ist er hingegen groß, so wird die Kurve eng (Bildmitte).

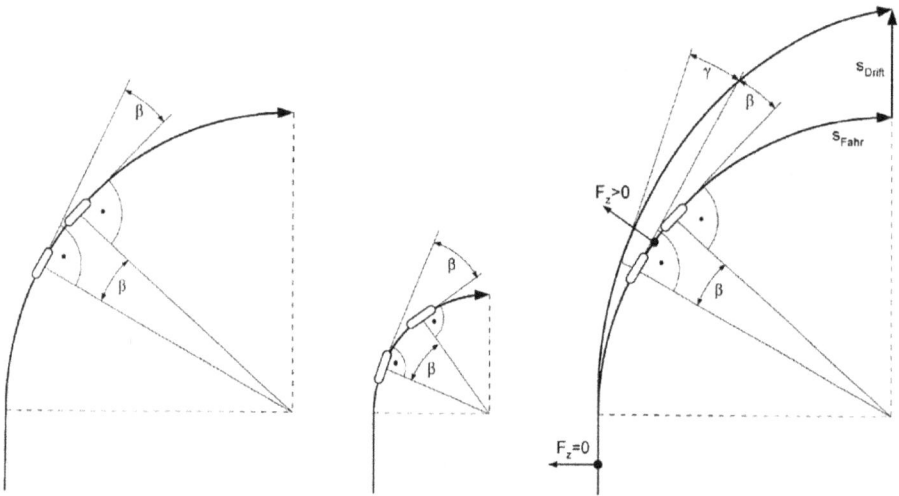

Bild 9.39: Lenkeinschlag und Schlupf

Bei genauer Analyse der Kurvengeometrie kann jedoch ein weiterer Sachverhalt nach dem rechtem Bilddrittel beobachtet werden: In der Kurve folgt das Rad nicht „wie auf Schienen" genau dem idealen Kreis, der durch den Winkel β vorgegeben ist, sondern es „driftet" leicht aus der Kurve und beschreibt dabei einen geringfügig größeren Bogen als es die rein geometrische Betrachtung zunächst einmal ergibt. Neben der eigentlichen Fahrstrecke s_{fahr} kommt es zu einer Drift s_{drift}. Da diese jedoch höchstens wenige Prozent der Fahrstrecke beträgt, bemerkt der Radfahrer diesen Vorgang kaum, schließlich berechnet er den Winkel β nicht nach dem Ausmessen der zu fahrenden Kurve, sondern stellt ihn nach Erfahrung ein, korrigiert ihn während der Kurvenfahrt und kompensiert damit auch die Drift. Er vergrößert also intuitiv den Winkel β um den „Vorspurwinkel" γ.

Eine möglichst wirklichkeitsnahe Nachbildung der Kurvenfahrt muss also diesen Seitenschlupf in den Versuchsablauf einbeziehen. In Erweiterung von Bild 9.36 stellt Bild 9.40 einen solchen Prüfstand zunächst einmal im Konzept vor, wobei die linke Darstellung wieder mit dem an sich trivialen Fall der Geradeausfahrt beginnt:

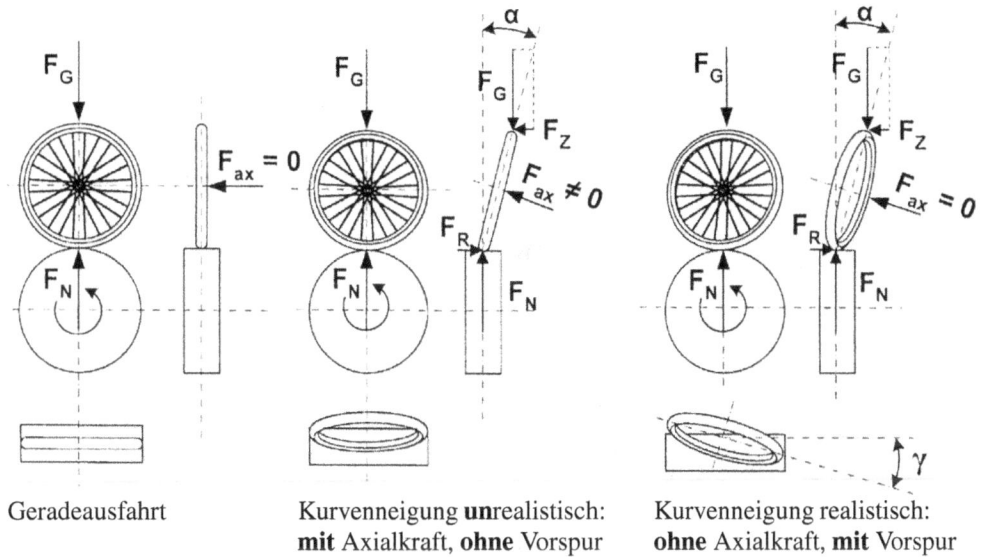

| Geradeausfahrt | Kurvenneigung **un**realistisch: **mit** Axialkraft, **ohne** Vorspur | Kurvenneigung realistisch: **ohne** Axialkraft, **mit** Vorspur |

Bild 9.40: Konzept Laborprüfstand

- Geradeausfahrt: Das Abrollen des Reifens auf der Straße wird dadurch nachgebildet, dass ein einzelnes Laufrad mit einer realistischen Kraft auf eine rotierende Trommel gedrückt wird. Bei der in diesem Prüfstand verwendeten Lagerung handelt es sich um eine spezielle Messnabe, die das Vorhandensein von Axialkraft registriert. Bei Geradeausfahrt tritt aber ohnehin keine Axialkraft auf.
- Kurvenneigung **un**realistisch: Die infolge der Fahrgeschwindigkeit und des Kurvenradius zustande kommende Neigung α wird durch einen „Sturz" des Laufrades gegenüber der Trommel am Prüfstand eingestellt. Nach wie vor stützt sich die von oben eingeleitete Gewichtsbelastung F_G auf der Trommel als Normalkraft F_N ab. Dieser Zustand ist für das Radfahren jedoch unrealistisch, weil die Schiefstellung in der Lagerung eine Axialkraft hervorruft und kein Schlupf auftritt.
- Kurvenneigung realistisch: Damit der Zustand wieder der realen Kurvenfahrt entspricht, wird durch das Verschwenken des Laufrades um seine Hochachse eine Vorspur γ eingeleitet. Der dadurch aufgezwungene Schlupf wird so weit gesteigert, bis die Messnabe signalisiert, dass keine Axialkraft mehr vorhanden ist. Dieser Zustand bildet die reale Kurvenfahrt ab, die im Prüfstand unter genau definierten Bedingungen beliebig lange aufrecht erhalten werden kann.

Bild 9.41: Laborprüfstand Kurvenverhalten Fahrradreifen

Soll eine höhere Geschwindigkeit oder ein engerer Kurvenradius abgebildet werden, so bedeutet dies eine höhere Zentrifugalkraft und damit zunächst einmal einen größeren Sturz α. Wird diese Änderung am Prüfstand vorgenommen, so reagiert das Laufrad darauf zunächst mit einer Axialkraft in der Lagerung. Um den realen Zustand wieder herzustellen, wird die Vorspur und damit der Schlupf so weit vergrößert, bis die Axialkraft wieder ausgeglichen ist.

Die Zentrifugalkraft und damit der Sturz kann aber nicht beliebig gesteigert werden. Überschreitet der Winkel α einen Maximalwert, so kann auch eine noch so große Steigerung der Vorspur die Axialkraft nicht mehr ausgleichen. Die Zentrifugalkraft F_Z kann dann nicht mehr als Reibkraft F_R übertragen werden, die Reibung würde in die Gleitreibung und der verformungsbedingte Schlupf in den Gleitschlupf übergehen: Der reale Radfahrer würde stürzen. In diesem Versuch spielt der Winkel β keine Rolle. Weitergehende Überlegungen haben gezeigt, dass dieser Winkel tatsächlich nur einen vernachlässigbaren Einfluss auf das Messergebnis hat. Bild 9.41 zeigt schließlich die konstruktive Ausführung dieses Laborprüfstandes, der mit zwei Lasersystemen ausgestattet ist, um sowohl den Sturz als auch die Vorspur des Laufrades zu erfassen.

Bild 9.42 zeigt den Zusammenhang zwischen der reibschlüssig übertragenen Zentrifugalkraft F_H, die auf die Normalkraft F_N bezogen wird, und dem dadurch senkrecht zur Rollrichtung hervorgerufenen Schlupf.

Im Sinne der Coulomb'schen Reibung kann der Quotient F_H/F_N bis an die Reibzahl μ heranreichen. Der Schlupf, der hier dem Tangens Gamma entspricht, steigt stets progressiv mit zunehmender Reibkraftbelastung an und weist damit große Gemeinsamkeiten mit dem Traktionsschlupf (Bild 9.35) auf. Will der Radfahrer einen vorgegebenen Kurvenradius befahren, so muss er durch Vergrößerung des Lenkwinkels diesen Schlupf kompensieren. Dieser Regelvorgang wird dem Radfahrer aber gar nicht bewusst, schließlich berechnet er den Lenkeinschlag nicht nach zuvor ausgemessenen Kurvendaten, sondern er regelt ihn so, dass er den anvisierten Ausgang der Kurve trifft. Geringe Fahrgeschwindigkeiten und große Kurvenradien haben nur eine geringe Reibkraftbelastung und deshalb nur einen geringen Schlupf zur Folge, sodass diese Regelung unkritisch ist. Bei hoher Reibkraftbelastung und damit verbundenem großen

$$y = 009{,}845x^{001\,304}$$

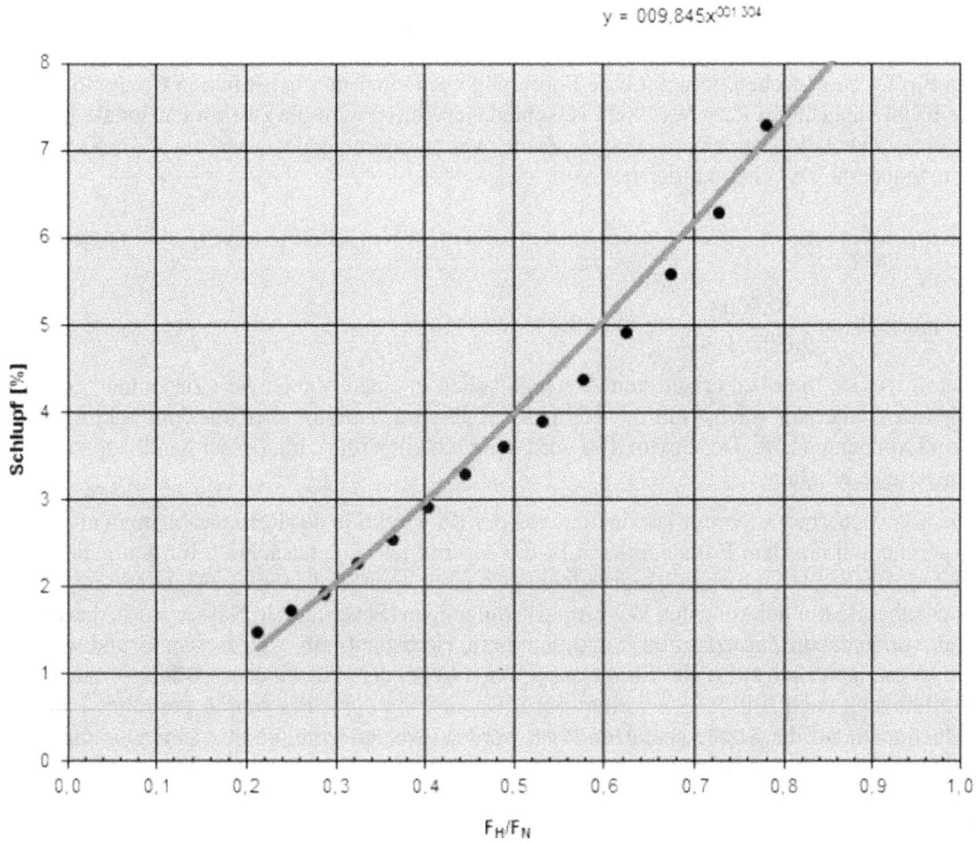

Bild 9.42: Kurvenschlupf von Fahrradreifen

Schlupf wird dieser Vorgang jedoch wegen der Progressivität des Kurvenverlaufs zunehmend problematisch. Am rechten Ende der Kurve ist die Kurvenfahrt wegen der hohen Steigung der Schlupfkurve kaum mehr beherrschbar, zumal die Normalkraft im Nenner von F_H/F_N wegen der Fahrbahnunebenheiten stets einer gewissen Dynamik unterworfen ist. Während bei perfekt ebener Fahrbahn der Quotient F_H/F_N nahezu konstant ist und damit auch der Schlupf seinen Wert kaum ändert, unterliegt er bei holpriger Fahrbahn großen Schwankungen, was große Korrekturen der Lenkerstellung erfordert. Wenn diese zur Aufrechterhaltung der Kurvenfahrt erforderliche Regelung misslingt, so geht der kontrollierte Verformungsschlupf in einen unkontrollierten Gleitschlupf über und der Radfahrer stürzt.

Der Kurvenverlauf von Bild 9.42 lässt sich durch eine Parabel der Form $y = a \cdot x^b$ beschreiben. Damit kann auch die Eignung eines Reifens bezüglich seiner Sturzsicherheit bei Kurvenfahrt charakterisiert werden: Das Lenkverhalten ist umso besser beherrschbar, je flacher die Kurve in Bild 9.42 verläuft: Geringe Werte des Faktors a und des Exponenten b sind von Vorteil. Weiterhin ist ungeachtet des Schlupfs ein möglichst großer Wert des Maximalwertes des Quotienten F_H/F_N zu erstreben, was auf eine Forderung nach einer möglichst hohen Coulomb'schen Reibzahl hinausläuft. Zum Vergleich verschiedener Reifen wird die zweidimensionale Aussage dieser Darstellung zu einem einzigen Zahlenwert zusammengefasst und durch die Kennzahl „Sturzsicherheit S" charakterisiert:

$$S = \frac{\mu}{a \cdot b} \cdot 100 \qquad\qquad\qquad\qquad Gl.\ 9.45$$

$$hier: \quad S = \frac{0,9004}{9,045 \cdot 1,304} \cdot 100 = 7,633$$

Damit werden die oben erläuterten Abhängigkeiten in einem Zahlenwert zusammen gefasst: Die Sturzsicherheit wächst mit der Höhe des Reibwertes, nimmt aber mit dem Faktor a und dem Exponenten b ab. Der Faktor 100 wird lediglich eingeführt, um besser handhabbare Zahlenwerte zu erhalten.

Die Sturzsicherheit ist vom Material und von der Konstruktion des Reifens abhängig und wird experimentell mit dem Prüfstand nach Bild 9.41 ermittelt. Die tatsächlich für den realen Betrieb maßgebende Sicherheit hängt jedoch auch noch vom Straßenbelag (Material und Oberflächenbeschaffenheit) und den Witterungsbedingungen (Feuchtigkeit, Nässe) sowie den eventuell vorhandenen Zusatzstoffen (Sand, Schmutz, Herbstlaub) ab. Aus diesem Grund werden die Messungen auch auf realer Straße ausgeführt, wobei der Prüfstand von Bild 9.41 zu einem Prüffahrzeug nach Bild 9.43 erweitert wird. Da sich ein einzelnes schräg gestelltes Laufrad jedoch nicht auf der Straße abstützen lässt, werden zwei spiegelbildlich zueinander angeordnete Laufräder zu einem Prüffahrzeug zusammengefasst, der von einem Lieferwagen gezogen wird.

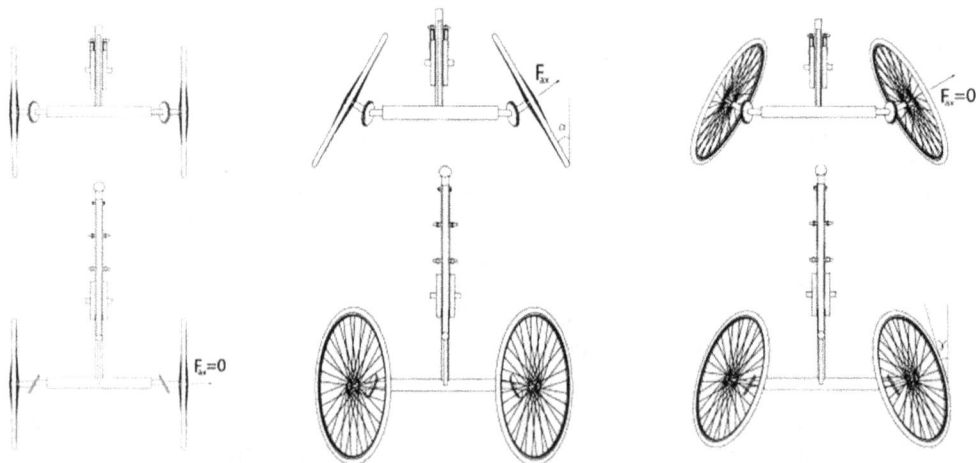

Bild 9.43: Straßenprüfstand für das Kurvenverhalten von Fahrradreifen schematisch

Die zunächst aufrecht laufenden Räder (linkes Bilddrittel) bilden die unkritische Geradeausfahrt ohne Axialkraft nach. Werden die Laufräder um den Sturz α geneigt, so werden auf beiden Seiten gleich große Axialkräfte hervorgerufen, die sich gegenseitig abstützen (mittleres
Bilddrittel). Dieser Zustand entspricht aber nicht dem realen Betrieb des Laufrades, welches
ja keine Axialkraft erfährt. Wird die im Gestell drehbar gelagerte Verbindungsachse mit den
beiden schräg gestellten Laufrädern langsam nach vorne verschwenkt, so wird dem System
ein zunehmender Schlupf γ aufgezwungen. Wenn die in der Nabe installierte Messtechnik
Axialkraftfreiheit signalisiert, ist der reale Fahrzustand erreicht (rechtes Bilddrittel), womit
ein Betriebspunkt im Diagramm nach Bild 9.42 gewonnen wird. Wird diese Messung mit
verschiedenen Sturzwinkeln wiederholt, so ergibt sich schließlich das vollständige Schlupf-
diagramm wie in Bild 9.42. Das Straßenprüffahrzeug in seiner ausgeführter Konstruktion wird
schließlich in Bild 9.44 dokumentiert.

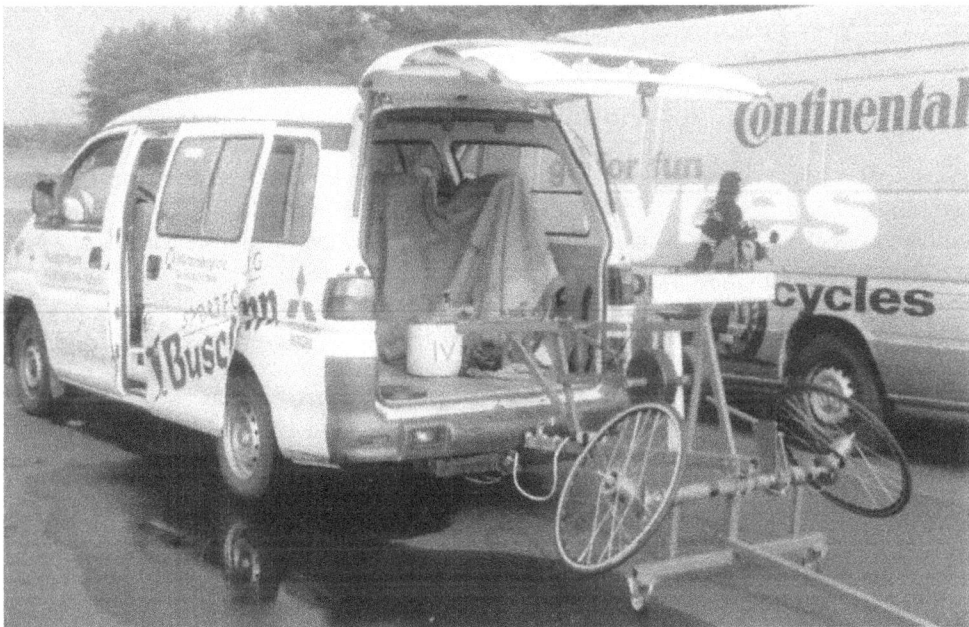

Bild 9.44: Straßenprüffahrzeug für das Kurvenverhalten von Fahrradreifen, ausgeführte Konstruktion

Bei solchen Versuchen zeigte sich erwartungsgemäß, dass das Vorhandensein von Nässe auf
normaler Straße den Schlupf deutlich vergrößert. Wirklich problematisch wird die Sicherheit aber dann, wenn die Nässe gerade erst aufgesprüht wird und mit der unvermeidlichen
Schmutzschicht einen schmierigen Zwischenbelag bildet. Wird diese durch das weitere Be-
sprühen mit Wasser weggespült, so verbessert sich die Sturzsicherheit wieder.

9.5   Verschleiß

Die bisherigen Betrachtungen zur Reibung (Federn, Schrauben, Getriebe) konzentrierten sich vor allen Dingen darauf, dass eine Reibkraft

- eine Reibarbeit als Verlust an Arbeit und
- eine Reibleistung als Verlust an Leistung

zur Folge hat. In Ergänzung dazu bezeichnet der Begriff „Verschleiß" den Verlust an Material. Verschleißbetrachtungen sind stets problematisch, weil sie immer ein komplexes Problem der Tribologie (Lehre von Reibung und Verschleiß) darstellen. Es würde den Rahmen dieser Ausführungen sprengen, den Verschleiß mit werkstoffkundlicher Gründlichkeit und mit naturwissenschaftlicher Genauigkeit darzustellen. Das vorliegende Kapitel versucht vielmehr, mit dem Phänomen des Verschleißes ingenieurmäßig vernünftig umzugehen und den Verschleiß an einigen beispielhaften Fällen zu quantifizieren.

9.5.1   Verschleißbehaftete Lager

Kapitel 5.1 (Band 2) erläuterte bereits die Dimensionierung von Bolzen als der denkbar einfachsten Bauform eines Lagers. Soll dieses einfache Gelenk tatsächlich größere Drehwinkel ausführen oder bei höheren Geschwindigkeiten betrieben werden, so sind nicht nur andere Materialien erforderlich, sondern der unter Gl. 5.1 formulierte Ansatz muss dahingehend erweitert werden, dass auch die Gleitgeschwindigkeit v und der Verschleiß berücksichtigt werden. Bild 9.45 dokumentiert einen entsprechenden Ansatz.

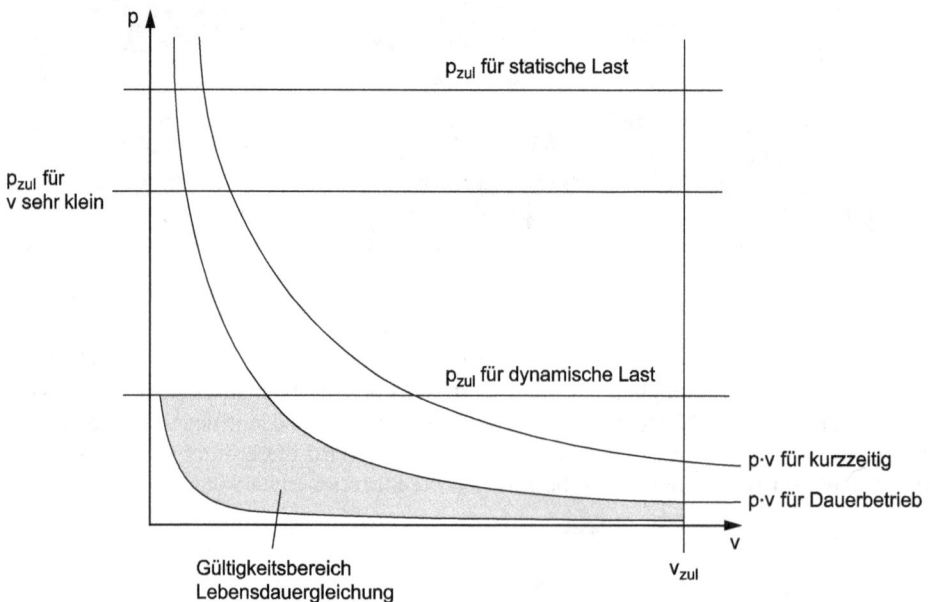

Bild 9.45: Verschleißansatz Lagerung mit Festkörperreibung

- Wie in Gl. 5.1 (Bolzen) und Gl. 7.102 (Kettengelenk) darf die Flächenpressung einen Wert für p_{zul} nicht überschreiten, wobei hier nach statischer und dynamischer Last unterschieden wird. Darüber hinaus gilt ein Grenzwert für sehr kleine Gleitgeschwindigkeiten.
- Die Relativgeschwindigkeit der sich zueinander bewegenden Flächen darf den Wert v_{zul} nicht überschreiten.
- Im Betrieb wird aufgrund der Reibung mechanische Leistung in Wärme umgesetzt, die sich auch in Verschleiß äußert. Das Produkt $p \cdot v$ aus Pressung und Gleitgeschwindigkeit beschreibt diesen Sachverhalt und darf seinerseits einen gewissen Grenzwert nicht überschreiten, der sich hier als Hyperbel zeigt. Jeder Punkt der Hyperbel weist das gleiche Produkt aus p und v auf. Es wird nach einem zulässigen Wert für Dauerbetrieb und nach einem solchen für kurzzeitige Belastung unterschieden.

Für die von der Firma INA vertriebenen „Permaglide-Gleitlager" werden die Grenzwerte für die drei Kriterien nach Tabelle 9.4 beziffert:

Tabelle 9.4: Zulässige Betriebsdaten für Permaglide-Werkstoffe

		Permaglide P1	Permaglide P2
1	zulässige Flächenpressung p_{zul} bei		
	statischer Last	$250\,\mathrm{N/mm^2}$	$250\,\mathrm{N/mm^2}$
	sehr niedriger Gleitgeschwindigkeit	$140\,\mathrm{N/mm^2}$	$140\,\mathrm{N/mm^2}$
	dynamischer Last	$56\,\mathrm{N/mm^2}$	$70\,\mathrm{N/mm^2}$
2	zulässige Gleitgeschwindigkeit v_{zul}	$2\,\mathrm{m/s}$	$3\,\mathrm{m/s}$
3	zulässiger Verschleißkennwert $(pv)_{zul}$		
	im Dauerbetrieb	$1{,}8\,\mathrm{N/mm^2 \cdot m/s}$	$3\,\mathrm{N/mm^2 \cdot m/s}$
	kurzzeitig	$3{,}6\,\mathrm{N/mm^2 \cdot m/s}$	$3\,\mathrm{N/mm^2 \cdot m/s}$

Die Lebensdauer des Lagers ist ein Zeitfestigkeitsproblem. Unter den Voraussetzungen von Tabelle 9.5 lässt sich die Lebensdauer des Lagers näherungsweise bestimmen:

Tabelle 9.5: Gültigkeitsbereich Lebensdauergleichung für Permaglide-Werkstoffe

		Permaglide P1	Permaglide P2
Flächenpressung p	$\mathrm{N/mm^2}$	≤ 56	≤ 70
Gleitgeschwindigkeit v	m/s	≤ 2	≤ 3
Verschleißkennwert pv	$\mathrm{N/mm^2 \cdot m/s}$	$0{,}03 \leq p \cdot v \leq 1{,}8$	$0{,}2 \leq p \cdot v \leq 3$

Die Lebensdauer errechnet sich dann wie folgt:

Werkstoff	Drehbewegung	Linearbewegung
P1	$L_h = \dfrac{400}{(pv)^{1{,}2}} \cdot f_A \cdot f_p \cdot f_v \cdot f_\vartheta \cdot f_W \cdot f_R$	$L_h = \dfrac{400}{(pv)^{1{,}2}} \cdot f_A \cdot f_p \cdot f_v \cdot f_\vartheta \cdot f_W \cdot f_R \cdot f_L$
P2	$L_h = \dfrac{2000}{(pv)^{1{,}5}} \cdot f_A \cdot f_p \cdot f_v \cdot f_\vartheta \cdot f_W \cdot f_R$	–

$$\text{Gl. 9.46}$$

L_h Lebensdauer in Stunden

pv Verschleißkennwert in $N/mm^2 \cdot m/s$

f_A Korrekturfaktor für Belastungsfall: Punktlast $f_A = 1$, Umfangslast $f_A = 2$ (Bild 9.46)

f_p Korrekturfaktor für Flächenpressung = 1 für $p \leq 6\,N/mm^2$, sonst Bild 9.47

f_v Korrekturfaktor für Gleitgeschwindigkeit = 1 für $v \leq 0,8\,m/s$, sonst Bild 9.48

f_ϑ Korrekturfaktor für Temperatur = 1 für $\vartheta \leq 40\,°C$, sonst Bild 9.49

f_W Korrekturfaktor für den Werkstoff der Gegenlauffläche, = 1 für Stahl, sonst Tabelle 9.6

f_R Korrekturfaktor für die Rautiefe der Gegenlauffläche = 1 für $R_Z \leq 1\,\mu m$, sonst Bild 9.50

f_L Korrekturfaktor für Linearbewegung:

$$f_L = 0,65 \cdot \frac{L}{H + L}$$

mit L: Lagerbreite, H: Hub der Linearbewegung ($H_{max} = 2,5 \cdot L$)

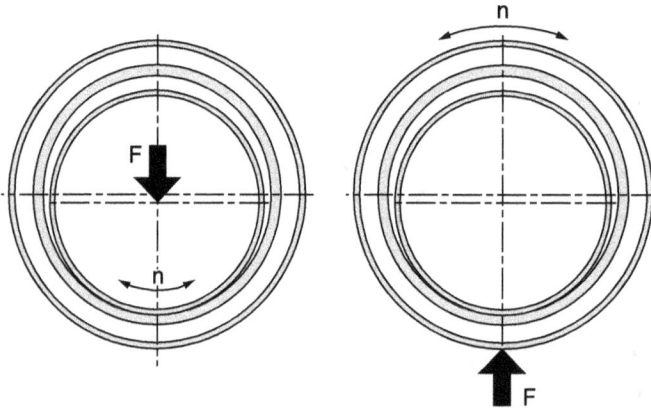

Bild 9.46: Unterscheidung Punktlast – Umfangslast

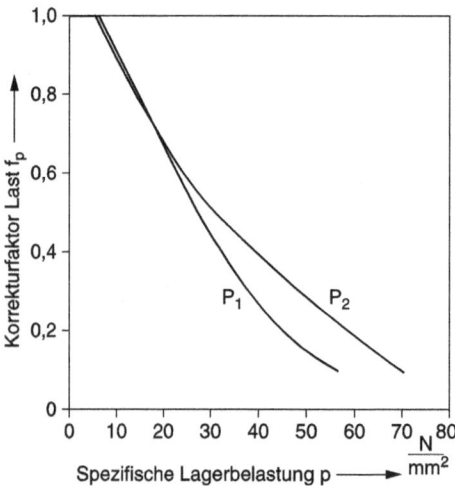

Bild 9.47: Korrekturfaktor f_p

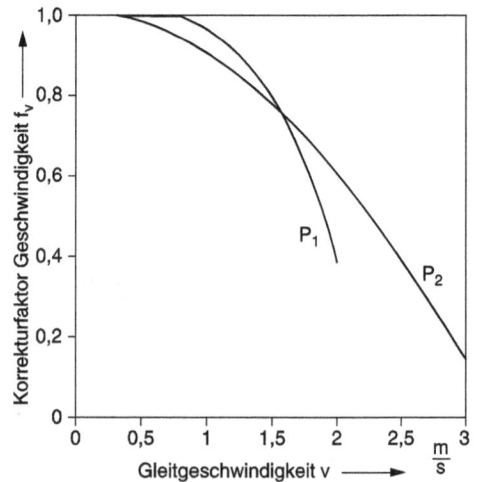

Bild 9.48: Korrekturfaktor f_v

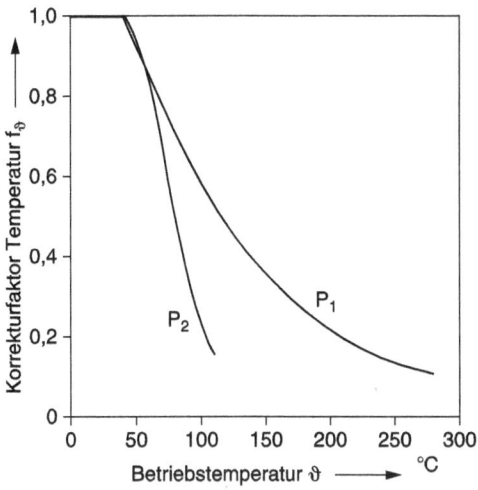

Bild 9.49: Korrekturfaktor f_ϑ

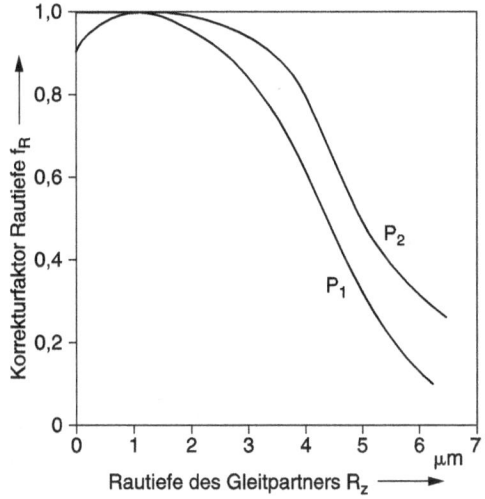

Bild 9.50: Korrekturfaktor f_R

Tabelle 9.6: Korrekturfaktor f_W

Werkstoff der Gegenlauffläche	f_W
Stahl	1
nitrierter Stahl	1
korrosionsarmer Stahl	2
hartverchromter Stahl, Schichtdicke mindestens 13 μm	2
verzinkter Stahl, Schichtdicke mindestens 13 μm	0,2
phosphatierter Stahl, Schichtdicke mindestens 13 μm	0,2
Grauguss R_Z 2	1
eloxiertes Aluminium	0,4
harteloxiertes Aluminium, Härte 450 + 50 HV; 0,025 dick	2
Legierungen auf Kupferbasis	0,1 – 0,4
Nickel	0,2

Dieser Verschleißansatz ist zwar nicht in der Lage, den Sachverhalt mit wissenschaftlicher Gründlichkeit zu erklären, liefert aber eine ingenieurmäßig sinnvolle Aussage.

Aufgaben A.9.20 und A.9.21

9.5.2   Verschleißbehaftete Führungen

Unter Gleitführungen versteht man Führungen, bei denen weder die Hydrodynamik noch die Hydrostatik ausgenutzt wird. Hydrodynamik ist wegen der hin- und hergehenden Bewegungen und den damit verbundenen geringen Geschwindigkeiten ohnehin kaum praktikabel und wenn eine Führung hydrostatisch betrieben wird, dann wird sie auch explizit als „hydrostatischer Führung" bezeichnet. Der nicht weiter spezifizierte Begriff „Gleitführung" bezeichnet also Führungen, bei denen bewusst ein langfristiger Betrieb im verschleißbehafteten Mischreibungsgebiet in Kauf genommen wird. Bei Gleitführungen sind die beiden Auslegungskriterien „**Verschleiß**" und „**Fressen**" entscheidend für die Dimensionierung, die nach folgender beispielhafter Gegenüberstellung beide werkstoffabhängig sind:

Gleitpaarung	Verschleiß [μm pro km]	Fressbeginn [N/mm^2]
	Der **Verschleiß** ist wegen des Betriebes im Mischreibungsgebiet **unvermeidbar**. Für metallische Paarungen bei mittlerer Pressung von 0,5 N/mm^2 und guter Schmierung ohne Verschmutzung liegt der Verschleiß unter 0,1 μm pro Kilometer Gleitweg. Mit zunehmender Flächenpressung steigt der Verschleiß etwa linear an. Verschmutzungen können allerdings den Verschleiß vervielfachen. Die folgenden Werte sind für eine Flächenpressung von 0,4 N/mm^2 und eine Gleitgeschwindigkeit v = 0,4 m/min ermittelt worden:	Überschreitet die Flächenpressung zweier relativ zueinander bewegter Flächen einen Grenzwert, so kommt es an den Rauigkeitsspitzen zu einer lokalen Aufschmelzung der Gleitpaarung. Bei der daraufhin einsetzenden Kaltverschweißung (Verschweißung ohne äußere Wärmezufuhr) verbinden sich lokal abgegrenzte Oberflächenabschnitte stoffschlüssig miteinander. Wegen der fortschreitenden Bewegung werden diese Verbindungsstellen jedoch wieder aus dem Grundmaterial herausgerissen, was längerfristig zu einer Zerstörung der Gleitpaarung führt. Eine Steigerung der Oberflächenhärte erhöht die Fressgefahr. Da **Fressen unbedingt vermieden** werden muss, darf der angegebene Grenzwert in aller Regel nicht überschritten werden.
C45hart – GG30	0,02 (optimal)	1,0 (ungünstig)
C45N – GG30	0,02	2,5
SnBz8 – GG30	0,05	4,3
Polyamid – GG30	0,06 (ungünstig)	8,0 (optimal)

9.5.3   Verschleiß von Fahrradreifen

Der Verschleiß von Fahrradreifen ist von vielfältigen Einflussgrößen abhängig (u. a. von der Fahrbahnbeschaffenheit und der Fahrweise) und lässt mit fortschreitendem Materialabtrag die Laufschicht des Reifens so dünn werden, dass er schließlich unbrauchbar wird. Es ist kaum praktikabel, für alle diese Betriebsparameter eine getrennte Aussage über die Lebensdauer des Reifens zu erarbeiten.

Aus diesem Grund wird ein Prüfverfahren praktiziert, welches zwar nicht konkret die Lebensdauer in zurückgelegter Fahrstrecke angibt, aber unter standardisierten Betriebsbedingungen einen Kennwert ermittelt, der den Verschleißwiderstand beziffert. Dabei ist folgende Beobachtung aus dem realen Fahrradbetrieb maßgebend:

- **Leerlauf**: Rollt das Rad auf der Fahrbahn antriebslos ab, so tritt Rollreibung auf und der begleitende Leerlaufschlupf nach Abschnitt 9.2.2/3 hat eine Relativbewegung der Kontaktpartner zur Folge, was wiederum langfristig als leerlaufbedingten Verschleiß beobachtet werden kann. Ein solcher Betriebszustand kann mit dem Rollreibungsprüfstand (Bild 9.10–13) durchgeführt und mit der entsprechenden Messtechnik überwacht werden. Es besteht eine Korrelation zwischen der leerlaufbedingten Rollreibungsarbeit und dem dadurch bedingten Materialverlust. Die Reibleistung und der Materialabtrag sind aber so gering, dass eine Fahrstrecke von mehreren tausend Kilometern erforderlich wird, um eine zuverlässige Aussage treffen zu können.
- **Traktion**: Wird über die Abrollbewegung hinaus beim Antreiben oder Bremsen (Sammelbegriff „Traktion") eine Kraft in Fahrtrichtung wirksam, so wird das auf der Fahrbahn abrollende Rad zum Reibradgetriebe, welches Leistung vom Rad auf die Straße überträgt. Zu dem bereits vorhandenen Leerlaufschlupf tritt noch ein weiterer, traktionsbedingter Verformungsschlupf mit einer zusätzlichen Relativbewegung, der von einer entsprechenden Reibleistung begleitet wird. Ein solcher Betriebszustand kann mit dem Traktionsprüfstand nach Abschnitt 9.4.2.2 praktiziert und messtechnisch beobachtet werden. Auch hier wächst der Materialverlust mit der traktionsbedingten Reibarbeit und dem dadurch herbeigeführten Materialverlust. Zur Abkürzung der Versuchsdauer kann die übertragene Leistung aber nicht beliebig gesteigert werden, weil sich dabei unrealistische Verschleißmechanismen ergeben würden. Aus diesem Grunde wird hier standardmäßig eine Leistung von 200 W übertragen.
- **Kurvenfahrt**: Bei Kurvenfahrt wird ein zusätzlicher Schlupf quer zur Fahrtrichtung erzwungen, der auch von einer (kurvenbedingten) Reibarbeit begleitet wird. Ein solcher Betriebszustand kann mit dem Kurvenprüfstand nach Abschnitt 9.4.2.3 durchgeführt und mit der entsprechenden Messtechnik überwacht werden. Es besteht eine Korrelation zwischen der kurvenbedingten Reibarbeit und dem dadurch verursachten Materialverlust, der bei energischer Kurvenfahrt schon nach wenigen Minuten zur Zerstörung des Reifens führen kann.

Der auf einer Präzisionswaage ermittelte Materialabtrag wird auf die Reibarbeit bezogen und beschreibt damit den Verschleißwiderstand des Reifens:

$$V_R = \frac{\text{Reifenverschleißmasse}}{\text{Reibarbeit}} \qquad\qquad \text{Gl. 9.47}$$

Der Reifen wird nicht bis an das Ende seiner Gebrauchsdauer betrieben und es muss auch nicht die heikle Frage geklärt werden, wann der Reifen als unbrauchbar eingestuft werden muss. Der Dauerversuch muss nur so lange fortgeführt werden, bis der verschleißbedingte Materialverlust mit der erforderlichen Präzision erfasst werden kann. Bild 9.51 stellt die drei Verschleißkomponenten in einem dreidimensionalen Koordinatensystem dar:

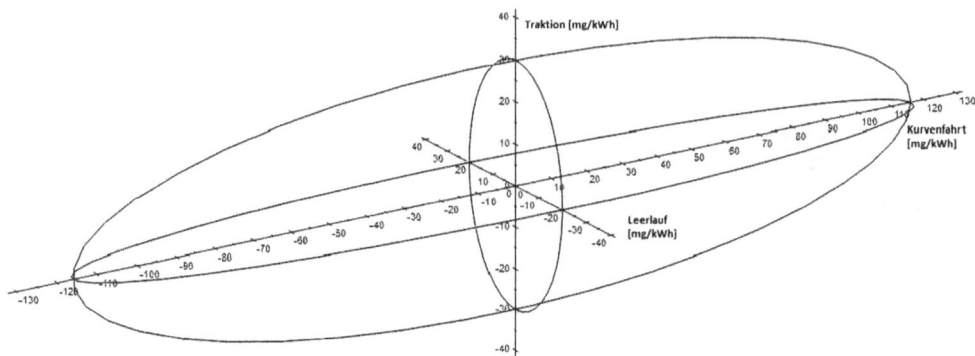

Bild 9.51: Verschleiß von Fahrradreifen

Wenn alle drei Beanspruchungsarten den gleichen Verschleiß im Sinne des Materialverlustes aufweisen würden, dann müsste diese Darstellung eine Kugel ergeben. Tatsächlich stellt sich aber ein Ellipsoid ein, was darauf schließen lässt, dass die drei Beanspruchungsarten differenziert betrachtet werden müssen. Der Leerlaufverschleiß und der Traktionsverschleiß kommen beide durch einen Schlupf in Abrollrichtung zustande und stellen sich in ihrer Schnittebene durch den Ellipsoiden weitgehend als Kreis dar. Der Kurvenverschleiß kommt aber durch einen Schlupf zustande, der senkrecht zur Rollrichtung gerichtet ist und einen deutlich höheren Verschleißkennwert zur Folge hat.

9.6   Literatur

[9.1]   Ammon, D., Gnadler, R., Unrau, H.-J.: Ermittlung der Reibwerte von Gummistollen; ATZ 7–8/2004, Jahrgang 106

[9.2]   Beitz, W., Küttner, K.-H.: Dubbel, Taschenbuch für den Maschinenbau, Springer-Verlag Berlin Heidelberg New York

[9.3]   Belkin, A., Narskaya, N., Böhm, F., Wille, R.: Dynamischer Kontakt des Radialreifens als viskoelastische Schale mit einer starren Stützfläche bei stationärem Rollen; Technische Mechanik, Band 20, Heft 4 (2000)

[9.4]   Besselink, I., Schmeitz, A., Pacejka, H.: An Improved Magic Formula, Swift Tyre Model that can handle Inflation Pressure Changes; Eindhoven University of Technology, Department of Mechanical Engineering (1997)

[9.5]   Brändlein, Eschmann, P., Hasbargen, K.: Die Wälzlagerpraxis; Handbuch für die Be-
        rechnung und Gestaltung von Wälzlagerungen; Vereinigte Fachverlage Mainz 1995

[9.6]   Duda, A.: Zur Mechanik des Rad-Boden-Kontaktes; Agrartechnik, Band 39, Heft 11
        (1989)

[9.7]   Fach, M.: Lokale Effekte der Reibung zwischen PKW-Reifen und Fahrbahn; Disser-
        tation Universität Darmstadt (1999)

[9.8]   Fischlein, H., Gnadler, R., Unrau, H.-J.: Der Einfluss der Fahrbahnoberfläche auf das
        Kraftschlussverhalten von PKW-Reifen; ATZ 10/2001, Jahrgang 103

[9.9]   Giessler, M.: Mechanismen der Kraftübertragung des Reifens auf Schnee und Eis;
        KIT Scientific Publishing (2001)

[9.10] Gleu, J.-U.: Rolldynamik des Luftreifens mit einer Vielteilchenmethode und der Me-
        thode der Finiten Elemente; Dissertation Technische Universität Berlin (2001)

[9.11] Klempau, F.: Untersuchungen zum Aufbau eines Reibwertvorhersagesystems im fah-
        renden Fahrzeug; Dissertation Technische Universität Darmstadt (2003)

[9.12] Kulikow, G., Böhm, F., Duda, A., Wille, R.: Zur inneren Mechanik des Radialreifens;
        Technische Mechanik, Band 20, Heft 1 (2000)

[9.13] Mitschke, M., Wallentowitz, H.: Dynamik der Kraftfahrzeuge; Springer Vieweg
        (2014)

[9.14] Schlotter, V.: Einfluss dynamischer Radlastschwankungen und Schräglaufwinkelän-
        derungen auf die horizontale Kraftübertragung von Ackerschlepperreifen; Dissertati-
        on Universität Stuttgart (2005)

[9.15] Schmid, A., Förschl, S.: Vom realen zum virtuellen Reifen – Radmodellparametrie-
        rung; ATZ 03/2009, Jahrgang 111

[9.16] Schmid, M.: Tire Modeling for Multibody Dynamics Applications; Dissertation Uni-
        versity of Wisconsin-Madison (2011)

[9.17] Schmidt, A.: Leistungswunder Radprofi; Forschungsbericht Deutsche Sporthoch-
        schule Köln

[9.18] Schramm, E. J.: Reibung von Elastomeren auf rauen Oberflächen und Beschreibung
        von Nassbremseigenschaften von PKW-Reifen; Dissertation Universität Regensburg
        (2002)

[9.19] Xie, C.: Experimentelle Untersuchungen zur Interaktion zwischen PKW-Reifen und
        Fahrbahn beim Bremsen; Dissertation Universität Darmstadt (2001)

9.7 Aufgaben: Reibung, Schlupf, Wirkungsgrad und Verschleiß

A.9.1 Verschraubung mit differenzierter Haft- und Gleitreibung I

Das Gleit- und Haftreibungsverhalten einer Verschraubung M12 soll analysiert werden, wobei sowohl das Regelgewinde als auch das Feingewinde zu betrachten ist. Mit dem aus Kap. 4 bekannten undifferenzierten Fixreibwert von 0,12 ist zunächst der Gleit- und Haftreibwert nach unten stehenden Annahmen zu ermitteln. Berechnen Sie die sich daraus ergebenden effektiven Reibwinkel. Zur deutlicheren Vergleichbarkeit zwischen Gleit- und Haftreibung ist es zweckmäßig, die Zahlenergebnisse mit mindestens vierstelliger Genauigkeit zu notieren.

	Regelgewinde M 12 × 1,75 $\varphi = 2{,}936°$ $d_2 = 10{,}86\,\text{mm}$	Feingewinde M 12 × 1,00 $\varphi = 1{,}606°$ $d_2 = 11{,}35\,\text{mm}$
Wie groß sind Gleitreibwert und Gleitreibwinkel, wenn angenommen werden kann, dass sie um 6 % **kleiner** sind als die einheitlichen Fixwerte? μ_{gleit} ρ'_{gleit}		
μ_{fix} ρ'_{fix}	0,120	
Wie groß sind Haftreibwert und Haftreibwinkel, wenn angenommen werden kann, dass sie um 6 % **größer** sind als die einheitlichen Fixwerte? μ_{haft} ρ'_{haft}		
Welches Gewindemoment ist erforderlich, um …		
… eine Axialkraft von 12,0 kN hervorzurufen?		
… die mit 12,0 kN vorgespannte Schraube wieder zu lösen?		
… aus dem Vorspannungszustand 12,0 kN heraus nachzuziehen?		
… die Vorspannung von 12,0 kN auf 13,2 kN zu erhöhen? Ist ein Nachziehen möglich?	○ ja ○ nein	○ ja ○ nein
… die Vorspannung von 12,0 kN auf 13,4 kN zu erhöhen? Ist ein Nachziehen möglich?	○ ja ○ nein	○ ja ○ nein
Wie hoch ist der Wirkungsgrad der Schraube η_{gleit} unter Berücksichtigung der Tatsache, dass sich der Anziehvorgang im Wesentlichen bei Gleitreibung vollzieht?		
Wie hoch ist der Wirkungsgrad der Schraube η_{haft}, wenn er sich an der Haftreibung orientieren würde?		

A.9.2 Verschraubung mit differenzierter Haft- und Gleitreibung II

Zur deutlicheren Vergleichbarkeit zwischen Gleit- und Haftreibung ist es zweckmäßig, die Zahlenergebnisse mit mindestens vierstelliger Genauigkeit zu ermitteln.

Eine Schraubverbindung M 44 × 1 weist einen Flankendurchmesser von $d_2 = 43,35\,\text{mm}$ und einen Steigungswinkel von $\varphi = 0,4207°$ auf.

a	Die Verschraubung wird mit einem Gewindemoment von 20 Nm angezogen. Welche Vorspannkraft wäre zu erwarten, wenn zunächst einmal (unrealistischerweise) die Reibung vernachlässigt wird?	$F_{ax\mu=0}$	N	
b	Welche Vorspannkraft ist zu erwarten, wenn der Reibwert (ohne Differenzierung nach Haft- und Gleitreibung) vorläufig mit 0,1000 angenommen wird?	$F_{ax\,\mu\,fix}$	N	
c	Eine messtechnische Untersuchung ergibt jedoch, dass beim zügigen Anziehen (also ohne zwischenzeitlichen Stillstand) eine Vorspannkraft von 8.000 N hervorgerufen wird. Wie groß sind der Reibwinkel und der Reibwert, der dann als Gleitreibwert zu verstehen ist?	ρ'_{gleit} μ_{gleit}	° —	
d	Zum Lösen der Verschraubung ist (zufällig) das gleiche Gewindemoment von 20 Nm erforderlich. Wie groß ist der Reibwert, der dann als der Haftreibwert gesehen werden muss?	ρ'_{haft} μ_{haft}	° —	
e	Die Vorspannkraft soll von 8.000 N aus erhöht werden. Mit welchem Gewindemoment muss dieser Nachziehvorgang aus der Haftreibung heraus starten?	$M_{nachziehstart}$	Nm	
f	Die Vorspannkraft soll durch den Nachziehvorgang auf 9.500 N erhöht werden. Welches Gewindemoment ist dafür erforderlich, wenn der Anziehvorgang zügig, also ohne zwischenzeitlichen Stillstand erfolgt?	$M_{nachzieh9.500}$	Nm	
g	Die Vorspannkraft soll durch den Nachziehvorgang auf 8.500 N erhöht werden. Welches Gewindemoment ist dafür erforderlich?	$M_{nachzieh8.500}$	Nm	
h	Wie hoch ist der Wirkungsgrad der Schraube unter Berücksichtigung der Tatsache, dass sich der Anziehvorgang im Wesentlichen bei Gleitreibung vollzieht?	η_{gleit}	%	
i	Wie hoch wäre der Wirkungsgrad der Schraube, wenn er sich an der Haftreibung orientieren würde?	η_{haft}	%	

A.9.3   Rollreibung Fahrrad

Die Reibung am Laufrad eines Fahrrades setzt sich zusammen aus der der (Kugel-)Lagerung der Nabe und der Rollreibung des Kontakts zwischen Reifen und Straße. Das hier betrachtete Fahrrad hat einen Radumfang von 2.100 mm. Die Gesamtlast des Fahrrads einschließlich des Fahrers von 80 kg verteilt sich wie 1:2 auf Vorder- und Hinterrad.

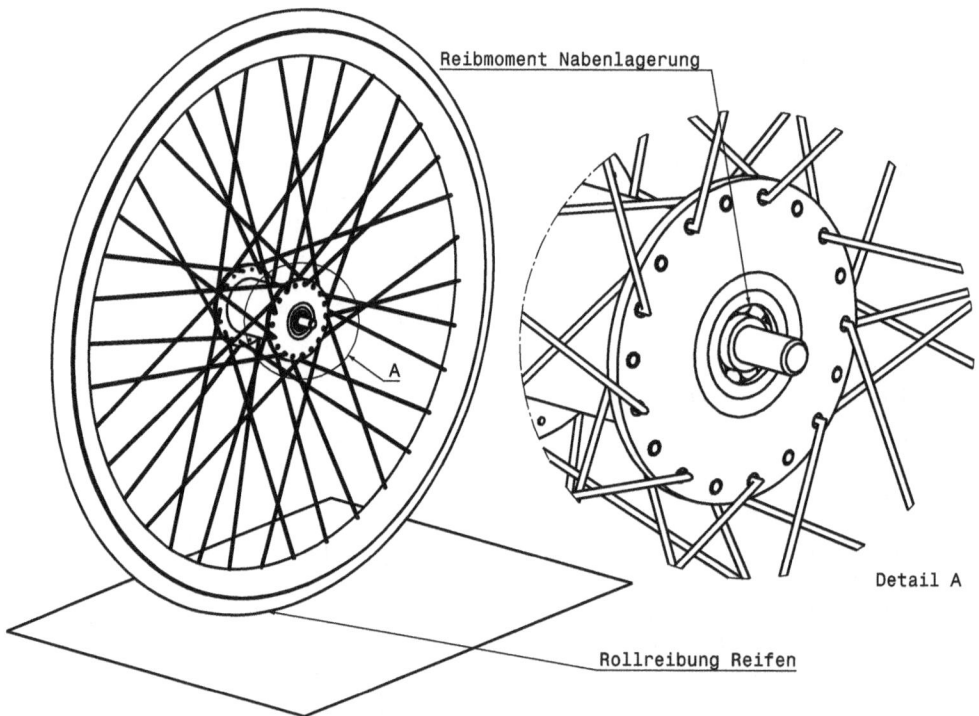

Reibmoment Nabenlagerung

Detail A

Rollreibung Reifen

Ermitteln Sie nach unten stehendem Schema zunächst das Reibmoment und dann die Reibleistung jeweils getrennt für das Vorderrad v und das Hinterrad h. Es wird nur der Einfluss der Rollbewegung betrachtet, die durch den Antrieb und das Bremsen eingeleiteten Kräfte sind vernachlässigbar.

- Berechnen Sie in der ersten Zeile das Reibmoment und die Reibleistung der Nabenlagerung. Die dabei verwendeten Schrägkugellager weisen nach Kap. 5.2.4.3 eine Reibzahl von $2{,}0 \cdot 10^{-3}$ auf. Der Bohrungsdurchmesser am Vorderrad ist 8 mm und am Hinterrad 10 mm.

- Berechnen Sie in der 2., 3. und 4. Zeile die Reibung des Reifens auf trockener Straße bei den Reifendrücken von 6, 7 und 8 bar. Nutzen Sie dabei die Messwerte der Bilder aus Abschnitt 9.2.2.
- Berechnen Sie in den Zeilen 5 und 6 bei konstanter Geschwindigkeit und konstantem Reifendruck die Reibung bei unterschiedlichen Fahrbahnbeschaffenheiten, wobei Sie in der oberen Zeile nach Gummioberfläche und in der unteren nach verschmierter (hier „geölter") Oberfläche differenzieren.

		Reibmoment [Nmm]			Reibleistung [W]		
		20 km/h	25 km/h	30 km/h	20 km/h	25 km/h	30 km/h
1	Nabenlagerung	v: h:	v: h:	v: h:	v: h:	v: h:	v: h:
2	Reifen auf trockener Straße bei 6 bar	——	v: h:	——	——	v: h:	——
3	Reifen auf trockener Straße bei 7 bar	v: h:	v: h:	v: h:	v: h:	v: h:	v: h:
4	Reifen auf trockener Straße bei 8 bar	——	v: h:	——	——	v: h:	——
5	Reifen bei 7 bar auf Gummibelag	——	v: h:	——	——	v: h:	——
6	Reifen bei 7 bar auf „geölter" Straße	——	v: h:	——	——	v: h:	——

A.9.4   Rollreibung Reibradgetriebe

Bereits Aufgabe A.7.3 betrachtete das unten stehende Reibradgetriebe hinsichtlich seiner Belastbarkeit, wobei nach einer Ausführung in Stahl-Stahl und einer gleichgroßen Version in Stahl-Gummi unterschieden wird. In beiden Fällen wird eine Leistung von 1,05 kW bei einer Antriebsdrehzahl von 414,7 min^{-1} übertragen. Mit einem hier nicht dargestellten Mechanismus wird die Normalkraft so dosiert, dass der Reibwert gerade ausgenutzt wird. Der Bohrungsdurchmesser aller Lager wird einheitlich mit 44 mm angesetzt.

Stahl-Stahl,	Stahl-Gummi
Reibzahl für die Kraftübertragung $\mu = 0,03$	Reibzahl für die Kraftübertragung $\mu = 0,7$
Reibzahl für die Rollreibung $\mu = 0,95 \cdot 10^{-3}$	Reibzahl für die Rollreibung $\mu = 15 \cdot 10^{-3}$

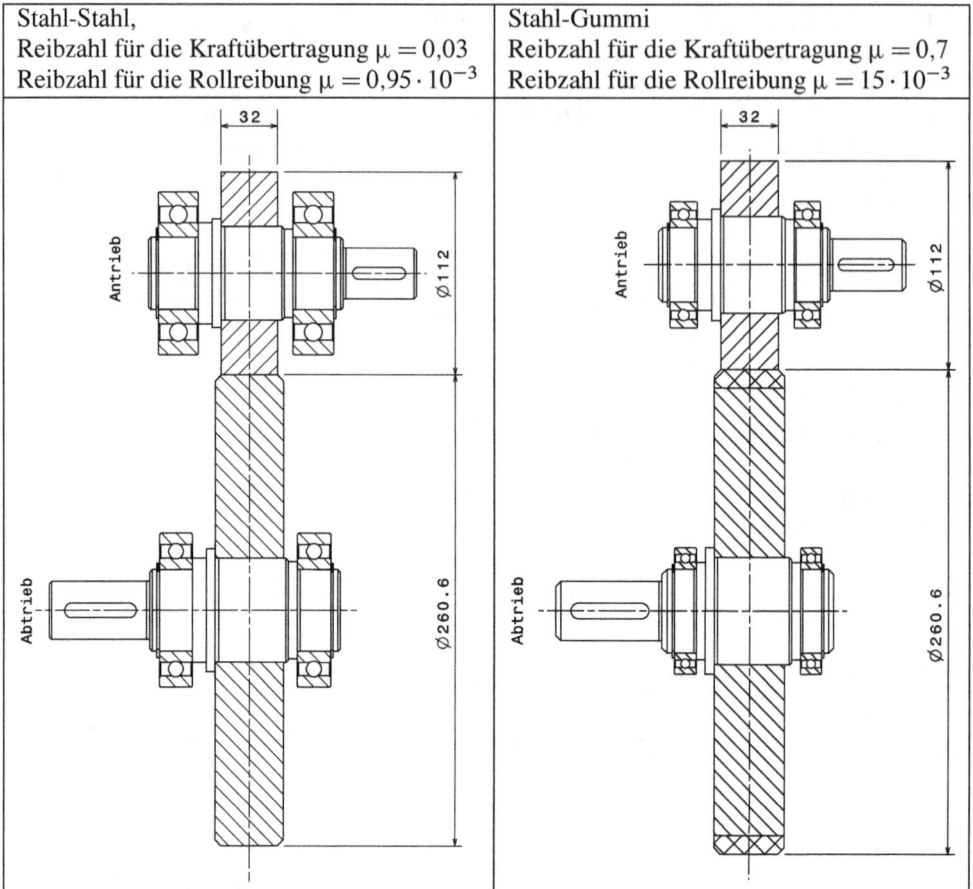

Berechnen Sie die in folgendem Schema aufgeführten Kenngrößen der Getriebe!

		Stahl-Stahl	Stahl-Gummi
Antriebsmoment	Nm		
Umfangskraft an der Kraftübertragungsstelle	N		
Normalkraft an der Kraftübertragungsstelle	N		
Resultierende aus Umfangs- und Normalkraft	N		
Reibmoment von beiden Lagern einer Welle	Nmm		
Reibleistung beide Lager Antriebswelle	W		
Reibleistung beide Lager Abtriebswelle	W		
Reibleistung aller Lager des Getriebes	W		
Wirkungsgrad bezüglich der Lagerung	%		
Rollreibungsbedingte Reibleistung Reibräder	W		
Rollreibungsbedingter Wirkungsgrad Reibräder	%		
Rollreibungsbedingter Gesamtwirkungsgrad	%		

A.9.5 Wirkungsgrad Fahrradkettenantrieb, Variation der Leistung

Der Wirkungsgrad des nachfolgend dargestellten Fahrradkettenantriebes ist zu ermitteln.

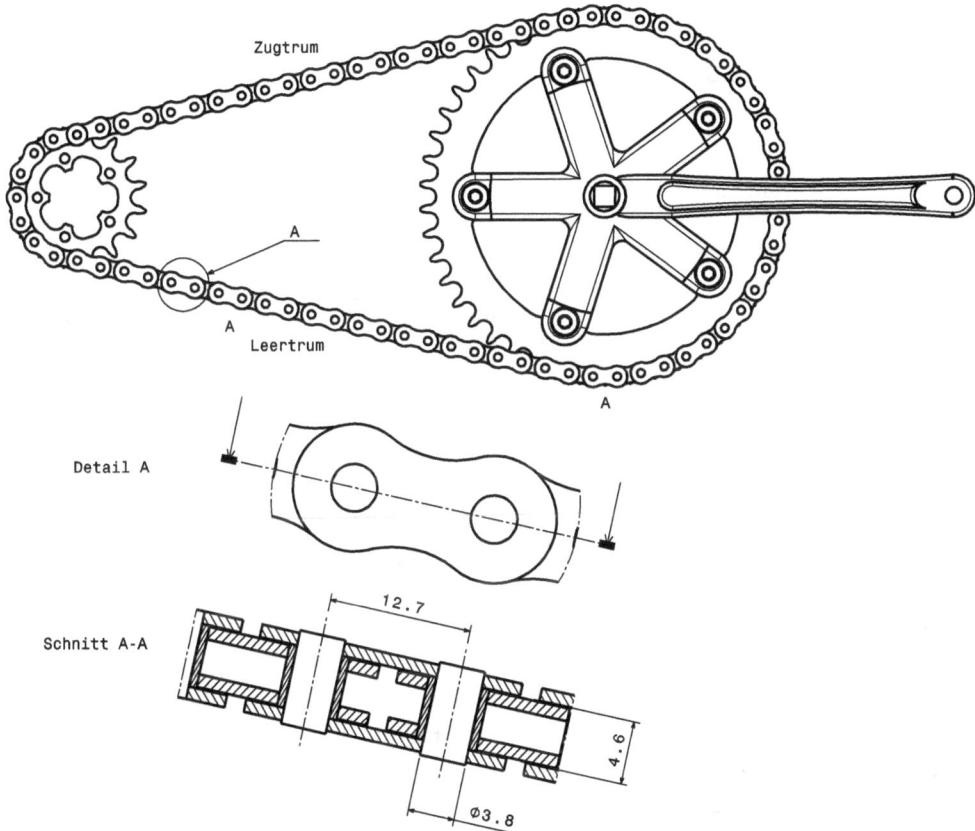

Aus Messungen ist bekannt (s. auch Abschnitt 9.4.1.2), dass

- für das lastunabhängige Reibmoment am Kettengelenk eine gleitende Schubspannung von 0,0661 N/mm² wirksam wird.
- der Reibwert an der Mantelfläche des Kettengelenks 0,2026 beträgt.

Ermitteln Sie zur Vereinfachung der weiteren Berechnung zunächst

| das last**un**abhängige Reibmoment eines Kettengelenks M_{Rlu}. | M_{Rlu} | Nmm | |
| das lastabhängige Reibmoment eines Kettengelenks in Funktion der Kettenkraft $M_{Rla} = \mu_B \cdot \frac{d_B}{2} \cdot F_{Kette} = C_{la} \cdot F_{Kette}$. | C_{la} | mm | |

Die Tretkurbel dreht mit 70 Umdrehungen pro Minute und das Kettenblatt auf dieser Welle ist mit 46 Zähnen bestückt, während das Ritzel am Hinterrad mit 16 Zähnen ausgestattet ist. Das eigentliche Schaltgetriebe des Fahrrades ist in der Hinterradnabe untergebracht. Der Anwendungsfaktor K_A bleibt bei dieser Betrachtung unberücksichtigt. Ermitteln Sie zur Vorbereitung der weiteren Berechnung das Tretlagermoment M_{TL} und die Kettenkräfte F_{Kette} für die drei Laststufen.

Laststufe	M_{TL} [Nm]	F_{Kette} [N]
50 W		
100 W		
200 W		

Berechnen Sie sowohl für den Zugtrum als auch für den Leertrum das Reibmoment nach unten stehendem Schema auf und unterscheiden Sie dabei nach lastunabhängigem und lastabhängigem Anteil. Ermitteln Sie schließlich die jeweilige Summe der Reibmomente.

	Reibmoment [Nmm]				
	Zugtrumseite		Leertrumseite		Summe
	M_{Rlu}	M_{Rla}	M_{Rlu}	M_{Rla}	
Leerlauf					
50 W					
100 W					
200 W					

Verfahren Sie in ähnlicher Weise mit den dazugehörigen Reibleistungen, wobei wegen der unterschiedlichen Winkelgeschwindigkeiten nach Kettenblatt und Ritzel unterschieden werden muss. Berechnen Sie die gesamte Reibleistung für die jeweilige Leistungsstufe und ermitteln Sie abschließend den Wirkungsgrad.

	Reibleistung [mW]			η [%]
	Kettenblatt	Ritzel	gesamt	
Leerlauf				
50 W				
100 W				
200 W				

A.9.6 Wirkungsgrad Kettentrieb Fahrrad, Variation der Kettenradgröße

Der Kettentrieb eines Fahrrades soll vom Tretlager im Verhältnis 3,46 auf das Hinterrad übertragen werden. Dieses Übersetzungsverhältnis lässt sich wahlweise mit der Zähnezahlkombination

$$\frac{38}{11} = 3,455 \qquad \text{oder} \qquad \frac{52}{15} = 3,467$$

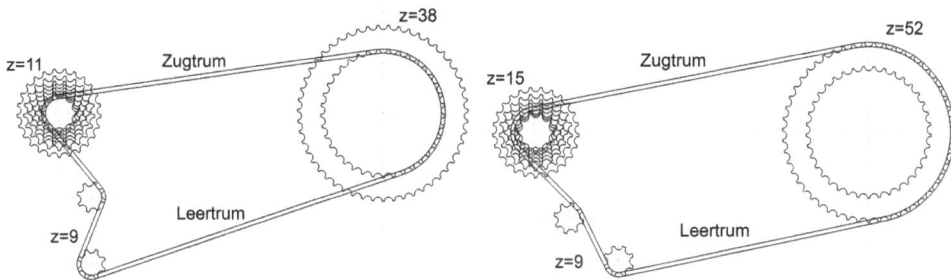

ausführen und soll bezüglich seines Wirkungsgrades untersucht werden. Dabei soll auch der Einfluss des Schaltwerks berücksichtigt werden. Für den Antrieb wird eine handelsübliche Fahrradkette der Teilung 12,7 mm verwendet. Der Anwendungsfaktor K_A bleibt unberücksichtigt und das Reibverhalten im Kettengelenk wird mit den gleichen Kennwerten beschrieben wie zuvor:

Das lastunabhängige Reibmoment eines Kettengelenks M_{Rlu}. beträgt:	M_{Rlu}	Nmm	6,9
Das lastabhängige Reibmoment eines Kettengelenks $M_{Rla} = \mu_B \cdot \frac{d_B}{2} \cdot F_{Kette} = C_{la} \cdot F_{Kette}$ wird mit C_{la} beschrieben:	C_{la}	mm	0,3849

Es soll eine Leistung von 120 W bei einer Drehzahl des Tretlagers von 70 min^{-1} übertragen werden.

Wie groß ist das Torsionsmoment an der Tretlagerwelle?	M_{TL}	Nm	

- Berechnen Sie die Zugtrumkraft in der Kette.
- Berechnen Sie nach folgendem Schema die Reibmomente. Differenzieren Sie auch hier nach lastunabhängigem und lastabhängigem Anteil.
- Berechnen Sie die Reibleistungen. Berücksichtigen Sie bei der Summe der Reibmomente, dass das Schaltwerk über zwei Schalträdchen verfügt.
- Ermitteln Sie schließlich den Gesamtwirkungsgrad für jede der beiden Kombinationen. Unterscheiden Sie dabei nach einem Kettentrieb mit und ohne Schaltwerk.

		Ketten-blatt	Ritzel	Schalt-rädchen	Ketten-blatt	Ritzel	Schalt-rädchen
Zähnezahl		38	11	9	52	15	9
F_{Kette} [N]							
Einlaufseite	M_{Rlu} [Nmm]						
	M_{Rla} [Nmm]						
Auslaufseite	M_{Rlu} [Nmm]						
	M_{Rla} [Nmm]						
	Summe						
	ω_{Gelenk} [s^{-1}]						
	P_R [mW]						
mit Schalträdchen	η_{ges}						
ohne Schalträdchen	η_{ges}						

A.9.7   Wirkungsgrad Fahrradkettenschaltung, Variation des Übersetzungsverhältnisses

Der Wirkungsgrad einer Fahrradkettenschaltung ist zu untersuchen, wobei die gleiche Kette mit Teilung 12,7 mm verwendet wird wie bei der vorherigen Aufgabe. Auch hier bleibt der Anwendungsfaktor K_A unberücksichtigt. Das Reibverhalten im Kettengelenk wird mit den gleichen Kennwerten beschrieben wie zuvor:

Das last**un**abhängige Reibmoment eines Kettengelenks M_{Rlu}. beträgt:	M_{Rlu}	Nmm	6,9
Das lastabhängige Reibmoment eines Kettengelenks $M_{Rla} = \mu_B \cdot \frac{d_B}{2} \cdot F_{Kette} = C_{la} \cdot F_{Kette}$ wird mit C_{la} beschrieben:	C_{la}	mm	0,3849

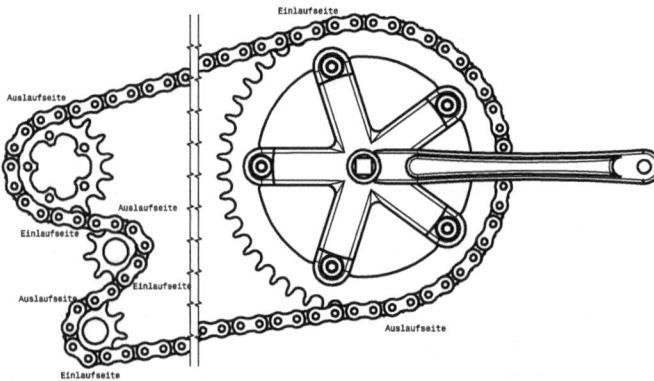

Das Kettenblatt an der Tretkurbel weist 48 Zähne auf und dreht mit 70 Umdrehungen pro Minute, wobei die Leistung mit 100 W konstant bleibt. Am Hinterrad wird die Kette im Leertrum über ein handelsübliches Schaltwerk geführt, welches aus zwei Schalträdchen mit jeweils 9 Zähnen besteht. Wahlweise wird ein Ritzel mit 11, 19 und 27 Zähnen geschaltet.

Wie groß ist das Torsionsmoment an der Tretlagerwelle?	M_{TL}	Nm	
Wie groß ist die Kettenkraft?	F_{Kette}	N	

Ermitteln Sie nach folgendem Schema die Reibmomente und Reibleistungen. Auch hier wird nach last**un**abhängigem und lastabhängigem Anteil unterschieden. Da die Schalträdchen im Leertrum angeordnet sind, wird hier nicht nach Zug- und Leertrum, sondern nach Einlaufseite und Auslaufseite differenziert. Berücksichtigen Sie bei der Summe, dass das Schaltwerk aus zwei Schalträdchen besteht.

		Kettenblatt $z = 48$	Ritzel $z = 11$	Ritzel $z = 19$	Ritzel $z = 27$	Schalträdchen $z = 9$
Einlaufseite	M_{Rlu} [Nmm]					
	M_{Rla} [Nmm]					
Auslaufseite	M_{Rlu} [Nmm]					
	M_{Rla} [Nmm]					
	Summe					
	ω_{Gelenk} [s^{-1}]					
	P_R [mW]					

Ermitteln Sie schließlich den Gesamtwirkungsgrad für die Kombination mit dem jeweiligen Ritzel.

η_{ges} für Ritzel mit 11 Zähnen	
η_{ges} für Ritzel mit 19 Zähnen	
η_{ges} für Ritzel mit 27 Zähnen	

A.9.8 Rekord-Liegerad mit Frontantrieb

Mit dem unten abgebildeten Liegerad (s. auch Titelseite dieses Buches) der „heckverkleideten" Klasse wurden 2016–18 sechs Weltrekorde aufgestellt und fünf Weltmeisterschaften gewonnen. Beim Rekord von 461 km über 12 Stunden trat der Fahrer mit einer Leistung von 220 W bei 92 Umdrehungen pro Minute in die Pedale. Die linke Skizze zeigt den Antrieb von der rechten Fahrzeugseite aus: Der Zugtrum muss über ein Umlenkritzel geführt werden, da er parallel zur Lenkachse auf das Antriebsritzel am Vorderrad geleitet werden muss, da andernfalls ein Moment um die Lenkachse entstehen würde, welches der Fahrer mit den Händen permanent am Lenker abstützen müsste.

Der Antrieb soll hinsichtlich seiner Reibleistung und seines Wirkungsgrades analysiert werden. Es wird eine handelsübliche Fahrradkette der Teilung 12,7 mm verwendet. Der Anwendungsfaktor K_A bleibt unberücksichtigt und das Reibverhalten im Kettengelenk wird mit folgenden Kennwerten beschrieben:

Das lastunabhängige Reibmoment eines Kettengelenks M_{Rlu} beträgt:	M_{Rlu}	Nmm	6,9
Das lastabhängige Reibmoment eines Kettengelenks $M_{Rla} = \mu_B \cdot \frac{d_B}{2} \cdot F_{Kette} = C_{la} \cdot F_{Kette}$ wird mit C_{la} beschrieben:	C_{la}	mm	0,3849
Wie groß ist das Torsionsmoment an der Tretlagerwelle?	M_{TL}	Nm	
Wie groß ist die Kettenkraft?	F_{Kette}	N	

Es wurden die in unten stehendem Schema aufgeführten Zähnezahlen benutzt. Ermitteln Sie nach folgendem Schema die Reibmomente und Reibleistungen. Auch hier wird nach lastunabhängigem und lastabhängigem Anteil unterschieden.

		Ketten-blatt $z = 80$	Umlenk-ritzel $z = 23$	Antriebs-ritzel $z = 15$	Laufrolle Schaltwerk $z = 9$	Laufrolle Schaltwerk $z = 9$
Einlaufseite	M_{Rlu} [Nmm]					
	M_{Rla} [Nmm]					
Auslaufseite	M_{Rlu} [Nmm]					
	M_{Rla} [Nmm]					
	Summe					
	ω_{Gelenk} [s^{-1}]					
	P_R [mW]					

Wie groß ist der Gesamtwirkungsgrad?	η	%	

A.9.9   Lastunabhängige Verluste Riemenspannrolle

Der nachfolgend skizzierte Riementrieb überträgt 1:1 bei einer Drehzahl von $3.000\,\mathrm{min}^{-1}$. Wenn die Vorspannung aufgebracht wird, entsteht an der Spannrolle ein Umschlingungsbogen, dessen Umschlingungswinkel für die hier angestrebte Überlegung aber keine Rolle spielt. Der Riemen weist den Werkstoffkennwert $E_D = 20\,\mathrm{N/mm}^2$ auf, der als Konstante angesehen werden kann.

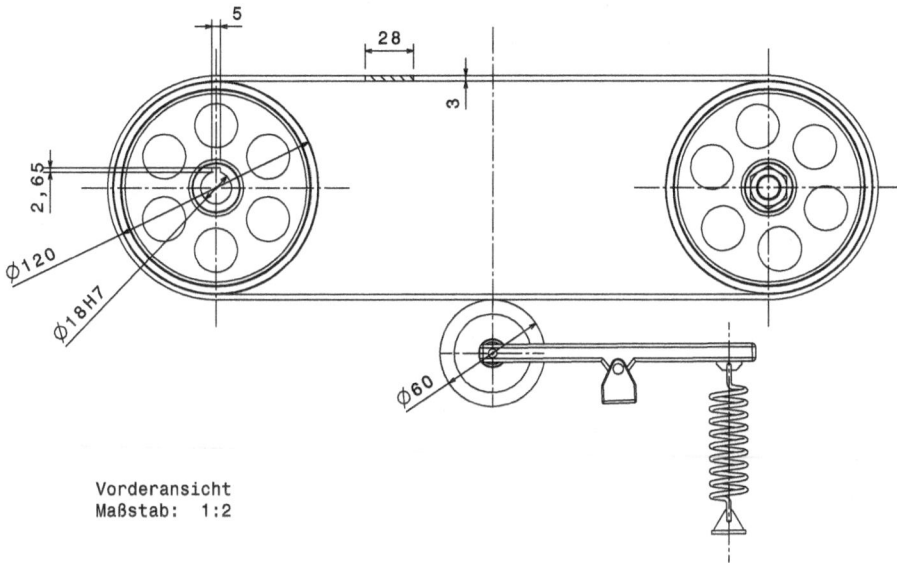

Vorderansicht
Maßstab: 1:2

- Berechnen Sie in der ersten Spalte des nachstehenden Schemas die Reibleistung P_{iR}, die sowohl an der Antriebs- als auch an der Abtriebsscheibe hervorgerufen wird. Dazu ist es zweckmäßig, zunächst sowohl die Winkelgeschwindigkeit ω als auch das Reibmoment M_{iR} zu ermitteln.
- Berechnen Sie die gleichen Werte für die Spannrolle, zunächst einmal für den hier dokumentierten Durchmesser von 60 mm.
- Welchen Einfluss hat der Durchmesser der Spannrolle? Ermittel Sie dazu die gleichen Werte für die in den weiteren Spalten markierten Durchmesser.

		Antrieb/Abtrieb	Spannrolle	Spannrolle	Spannrolle	Spannrolle
$\varnothing$d	mm	120	60	50	40	30
ω	s^{-1}					
M_{iR}	Nmm					
P_{iR}	W					

A.9.10   Lastunabhängige Verluste Flachriementrieb Schleifmaschine

Klassische Schleifmaschinen werden häufig mit einem Flachriementrieb ausgestattet, dessen Übersetzungsverhältnis dadurch verändert wird, dass auf der Antriebswelle mehrere unterschiedlich große Riemenscheiben angeordnet sind, die dann unterschiedlich großen Scheiben auf der Abtriebswelle gegenüber stehen. Um bei gleichbleibendem Achsabstand den selben Riemen verwenden zu können, muss die Summe der Durchmesser der paarweise gegenüber liegenden Scheiben konstant sein. Die nachfolgende Tabelle gibt die Kenndaten einer solchen Anordnung an:

		Antrieb	Abtrieb	Summe
$\varnothing d$	mm	80		200
ω	s^{-1}	157		————
M_{iR}	Nmm			————
P_{iR}	W			
$\varnothing d$	mm	100	100	200
ω	s^{-1}	157	157	————
M_{iR}	Nmm			————
P_{iR}	W			
$\varnothing d$	mm	120	80	200
ω	s^{-1}	157		————
M_{iR}	Nmm			————
P_{iR}	W			

- Im mittleren Block wird bei einer Antriebsdrehzahl von $1.500\,\text{min}^{-1}$ ($\omega = 157\,\text{s}^{-1}$) 1:1 übersetzt, weil beide Scheiben den Durchmesser von $100\,\text{mm}$ aufweisen. Ergänzen Sie in den beiden anderen Blöcken (oben Untersetzung ins Langsame und unten Übersetzung ins Schnelle) die Durchmesser der Abtriebsscheibe und deren Winkelgeschwindigkeit.
- Der Riemen weist den Werkstoffkennwert $E_D \cdot I_{ax}$ von $1.600\,\text{N/mm}^2 \cdot \text{mm}^4$ auf, der in diesem Geschwindigkeitsbereich als Konstante angesehen werden kann. Berechnen Sie das innere Reibmoment M_{iR}, welches dabei an den einzelnen Riemenscheiben hervorgerufen wird.
- Ermitteln Sie die Reibleistung P_{iR}, die dadurch zustande kommt. zunächst an der einzelnen Scheibe und schließlich in der Summe für den jeweiligen Riementrieb.

A.9.11   Verspannung Riementrieb – Kettentrieb

Die nebenstehende Skizze zeigt eine Kombination von Kettentrieb und Riementrieb. Während der Kettentrieb das Übersetzungsverhältnis 1:1 aufweist, ist der Riementrieb als stufenlos verstellbares Getriebe ausgeführt, dessen Übersetzungsverhältnis geringfügig von $i = 1{:}1$ abweichen kann, wodurch Ketten- und Riementrieb gegeneinander verspannt und dadurch unter Last gesetzt werden. Um das System in Bewegung zu setzen, wird durch den Motor oben rechts nur noch die Leistung eingebracht, die durch Reibung innerhalb des Systems verloren geht.

Die Riemenscheiben weisen einen Durchmesser von 240 mm auf, der allerdings durch die Ausbildung als Kegelstümpfe geringfügig geändert werden kann. Der Riemen selber ist 18 mm breit und 2 mm dick und darf mit einer Spannung von maximal $20\,\text{N/mm}^2$ belastet werden. Der Reibwert beträgt $\mu = 0{,}6$ und der dynamische Elastizitätsmodul des Riemens beträgt $E_{dyn} = 1.600\,\text{N/mm}^2$. Im Leertrum ist zwar eine Spannrolle angeordnet, die dadurch bedingte Änderung des Umschlingungswinkels kann aber vernachlässigt werden. Es wird mit einer Drehzahl von $1.200\,\text{min}^{-1}$ angetrieben.

Die Belastbarkeit des Riementriebes soll voll ausgenutzt werden. Wie groß ist dann die Zugtrumkraft?	S_Z	N	
Welche Leertrumkraft muss dann durch die Spannrolle aufgebracht werden?	S_L	N	
Wie groß wird dann die Umfangskraft?	U	N	
Welches Moment kann übertragen werden?	M	Nm	
Welche Leistung kann mit diesem Riementrieb maximal übertragen werden?	P_{max}	W	
Welcher maximale Schlupf kann am Riementrieb eingestellt werden, ohne dass das System Gleitschlupf erfährt?	ψ	10^{-3}	
Welches maximale Übersetzungsverhältnis darf dann eingestellt werden?	i_{max}	–	
Welcher schlupfbedingte Wirkungsgrad stellt sich ein?	η_S	–	

A.9.12 Gesamtwirkungsgrad Flachriemenantrieb in Funktion der Leistung

Ein Flachriementrieb überträgt bei einer Drehzahl von $1.000\,\text{min}^{-1}$ ohne Spannrolle 1:1. Die Riemenscheiben weisen einen Durchmesser von $192\,\text{mm}$ auf, der Riemen hat eine Querschnittsfläche $32\,\text{mm}^2$. Sein dynamischer Elastizitätsmodul beträgt $E_{dyn} = 1.800\,\text{N/mm}^2$ und sein Arbeitsabsorptionsvermögen gegenüber Biegung kann mit einem Materialkennwert $E_D \cdot I_{ax}$ von $6.000\,\text{Nmm}^2$ beschrieben werden. Durch weitere Überlegungen, die nicht Gegenstand dieser Aufgabe sind, ist sicher gestellt, dass sowohl die Festigkeitsgrenze als auch die Rutschgrenze eingehalten werden.

Berechnen Sie den schlupfbedingten Wirkungsgrad η_S, den reibungsbedingten Wirkungsgrad η_R und schließlich den Gesamtwirkungsgrad η_{ges}. Dabei ist es zweckmäßig, für den schlupfbedingten Wirkungsgrad zunächst das an der Scheibe übertragene Moment $M_{Scheibe}$, die daraus resultierende Umfangskraft U und den Schlupf ψ zu bestimmen. Für den reibungsbedingten Wirkungsgrad sollte zunächst das im Riemen wirkende Reibmoment M_{iR} und die dadurch verursachte Reibleistung P_{iR} ermittelt werden.

		100 W	1.000 W	10.000 W
$M_{Scheibe}$	Nm			
U	N			
ψ	10^{-3}			
η_S	%			
M_{iR}	Nmm			
P_{iR}	W			
η_R	%			
η_{ges}	%			

A.9.13　Verspannung Riementrieb – Kettentrieb, Suche nach Reibwert μ und dynamischem Elastizitätsmodul E_{dyn}

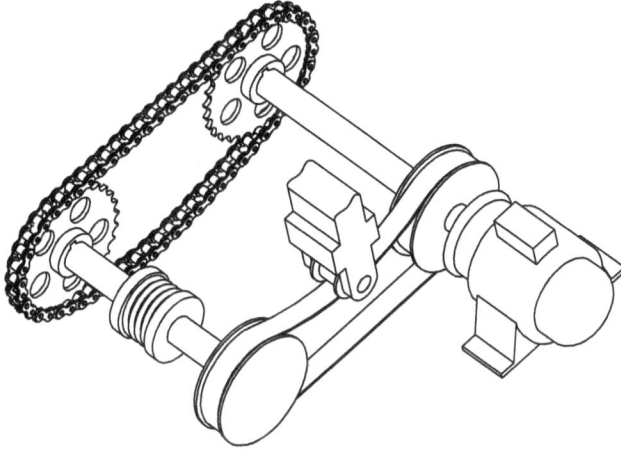

In einem Riemenprüfstand wird ein Kettentrieb mit zwei gleich großen Rädern nach nebenstehender Skizze mit einem Riementrieb parallelgeschaltet. Der Leertrum des Riementriebes wird durch ein Spannrolle so belastet, dass die Leertrumkraft stets 200 N beträgt. Die beiden Hälften der linken Welle sind über eine Federkupplung verbunden, mit der das Torsionsmoment gemessen werden kann. Der Motor rechts bewegt das verspannte System und speist nur die Leistung ein, die durch Verluste entstehen.

Mit diesem Prüfstand wird ein Riemen untersucht, der 20 mm breit und 1,8 mm dick ist. Während der Durchmesser der hinteren Riemenscheibe d_1 beibehalten wird, wird der Durchmesser der vorderen Riemenscheibe d_2 in den unten angegebenen Stufen gesteigert.

* Berechnen Sie zunächst den Schlupf ψ, der dem Riementrieb durch die unterschiedlichen Durchmesser der Riemenscheiben aufgezwungen wird.
* Über die Federkupplung werden die angegebenen Momente M gemessen. Berechnen Sie die sich daraus ergebenden Umfangskräfte U.

d_1	mm	150,0	150,0	150,0	150,0	150,0	150,0	150,0	150,0	150,0
d_2	mm	150,0	150,3	150,6	150,9	151,2	151,5	151,8	152,1	152,4
ψ	10^{-3}									
M	Nm	0,0	7,5	15,0	22,5	30,0	37,5	45,0	52,5	52,5
U	N									

Die Rutschgrenze wird überschritten, wenn sich die Umfangskraft nicht mehr steigern lässt und dabei der Dehnschlupf in Gleitschlupf übergeht. Im Umkehrschluss wird der Reibschluss vollständig ausgenutzt, wenn eine Steigerung des Schlupfes nicht mehr zu einer Vergrößerung der Umfangskraft führt.

Wie groß ist die Reibzahl μ?	–	
Wie groß ist der dynamische Elastizitätsmodul E_{dyn}?	N/mm^2	

A.9.14   Doppelter Riementrieb, Suche nach Reibwert μ und dynamischem Elastizitätsmodul E_{dyn}

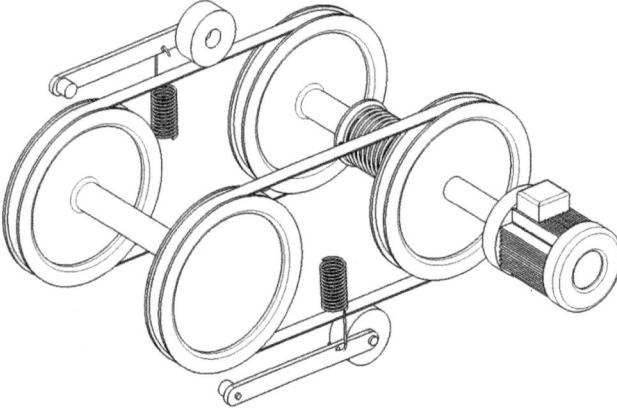

Zwei nahezu identische Riementriebe werden nach nebenstehender Skizze verspannt, wobei auf beiden Seiten der Leertrum durch eine gelenkig gelagerte Anpressrolle so vorgespannt wird, dass die Leertrumkraft stets 300 N beträgt. Wenn alle Riemenscheiben einen gleichen Durchmesser von 180 mm aufweisen, so wird der Riementrieb im Leerlauf betrieben.

Der auf der rechten Seite installierte Motor bewegt das System und deckt die Verluste, die innerhalb des Systems durch Reibung entstehen. Der Riemen ist 18 mm breit und 1,6 mm dick. Eine einzige der vier Riemenscheiben wird nun in Stufen von 1 mm verkleinert, sodass dem System ein definierter Schlupf aufgezwungen wird.

- Wie hoch ist dann der dem Gesamtsystem aufgezwungene Schlupf?
- Welcher Schlupf ergibt sich daraus für den einzelnen Riementrieb, wenn der Umstand ausgenutzt werden kann, dass sich der Gesamtschlupf gleichmäßig auf die beiden nahezu identischen Riementriebe verteilt?
- Wie groß ist dann die Umfangskraft im Riemen, wenn mit der Federkupplung, die die beiden Hälften der rechten Welle untereinander verbindet, das angegebene Moment gemessen wird?

Durchmesser der ausgetauschten Scheibe	mm	180	179	178	177	176	175	174
Gesamtschlupf ψ_{ges}	10^{-3}	0						
Schlupf pro Riementrieb $\psi_{einzeln}$	10^{-3}	0						
Moment M	Nm	0	40	80	120	160	200	200
Umfangskraft U	N	0						

Hinweis: Gleitschlupf liegt dann vor, wenn sich die Umfangskraft trotz wachsenden aufgezwungenen Schlupfs nicht mehr steigern lässt.

Wie groß ist die Reibzahl μ?	–	
Wie groß ist der dynamische Elastizitätsmodul E_{dyn}?	N/mm^2	

A.9.15 Dehnschlupf-Gleitschlupf, Variation der Leistung

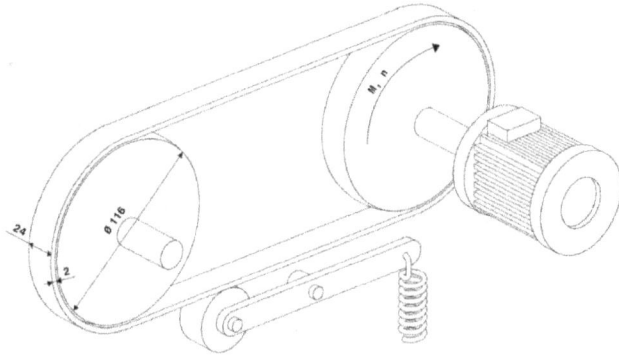

Ein Flachriementrieb wird bei einer Drehzahl von $1.480\,\text{min}^{-1}$ und einem Übersetzungsverhältnis von 1:1 betrieben. Der Riemen weist einen dynamischen Elastizitätsmodul von $E_{dyn} = 1.200\,\text{N/mm}^2$ und eine Reibzahl von $\mu = 0{,}55$ auf. Er wird im Leertrum mit $168\,\text{N}$ vorgespannt, Biege- und Fliehkrafteinflüsse sind zu vernachlässigen.

Die übertragene Leistung wird unter Beibehaltung der Antriebsdrehzahl in den unten angegebenen Stufen gesteigert. Untersuchen Sie zunächst, ob Dehn- oder Gleitschlupf vorliegt. Ermitteln Sie den Betrag des Schlupfs ψ, das tatsächliche Übersetzungsverhältnis i_{tats} und die Abtriebsdrehzahl n_{ab}.

		$P = 0\,\text{kW}$	$P = 1\,\text{kW}$	$P = 2\,\text{kW}$	$P = 4\,\text{kW}$	$P = 8\,\text{kW}$
Dehnschlupf?		○ ja ○ nein	○ ja ○ nein	○ ja ○ nein	○ ja ○ nein	○ ja ○ nein
Gleitschlupf?		○ ja ○ nein	○ ja ○ nein	○ ja ○ nein	○ ja ○ nein	○ ja ○ nein
S_Z	N					
S_L	N	168	168	168	168	168
U	N					
ψ	10^{-3}					
i_{tats}	–					
n_{ab}	min^{-1}					

A.9.16 Dehnschlupf, Variation der Konstruktionsparameter

Ein Riementrieb wird mit $4.200\,\text{min}^{-1}$ angetrieben. Die Antriebsscheibe misst $120\,\text{mm}$ im Durchmesser, die Abtriebsscheibe $504\,\text{mm}$, der Achsabstand beträgt $384\,\text{mm}$. Die Reibzahl zwischen Scheibe und Riemen kann mit $\mu = 0{,}6$ angenommen werden. Der Riemen ist $18\,\text{mm}$ breit und $2{,}4\,\text{mm}$ dick und kann mit einer Spannung von $20\,\text{N/mm}^2$ belastet werden. Biege- und Fliehkrafteinflüsse sind zu vernachlässigen.

Ermitteln Sie für alle unten aufgeführten Teilaufgaben die Umfangkraft U, den Schlupf ψ, das tatsächliche Übersetzungsverhältnis i_{tats}, die Abtriebsdrehzahl n_{ab} und den geschwindigkeitsbedingten Wirkungsgrad η_S.

a) Leerlauf

b) Volllast: Welches maximale Antriebsmoment kann aufgebracht werden?

c) Teillast: Tatsächlich wird ein Antriebsmoment von 30 Nm übertragen.

d) Teillast: Es wird ein weicherer Riemenwerkstoff mit dem dynamischen Elastizitätsmodul von $1.000\,\text{N/mm}^2$ verwendet.

e) Teillast: Bei ursprünglichem dynamischen Elastizitätsmodul wird die Riemenbreite auf 26 mm vergrößert.

f) Teillast: Zur Beibehaltung des Übersetzungsverhältnisses werden die Antriebsscheibe, die Abtriebsscheibe und der Achsabstand um 20 % vergrößert.

		E_{dyn} N/mm^2	b mm	d_{an} mm	d_{ab} mm	M_{an} Nm	U N	ψ 10^{-3}	i_{tats} –	n_{ab} min^{-1}	η_S %
a	Leerlauf	1400	18	120,0	504,0						
b	Volllast	1400	18	120,0	504,0						
c	Teillast	1400	18	120,0	504,0	30,0					
d	Teillast	1000	18	120,0	504,0	30,0					
e	Teillast	1400	26	120,0	504,0	30,0					
f	Teillast	1400	18			30,0					

A.9.17   Schlupfkompensierender Riementrieb

Ein Flachriementrieb soll bei einem Übersetzungsverhältnis von genau i = 1:2,000 übertragen. Der Achsabstand beträgt 224 mm und die Antriebsscheibe weist einen Durchmesser von genau 116 mm auf. Der Reibwert zwischen Riemen und Scheibe kann mit μ = 0,60 angenommen werden und der Riementrieb wird immer genau so vorgespannt, dass er an der Rutschgrenze betrieben wird. Der Riemen ist 42 mm breit und 1,8 mm dick und weist einen dynamischen Elastizitätsmodul von E_{dyn} = 1.600 N/mm^2 auf.

Das Abtriebsmoment wird in den unten angegeben Stufen gesteigert. Die folgenden beiden Fragekategorien können unabhängig voneinander gelöst werden.

- Mit welcher Kraft S_L muss der Leertrum mindestens vorgespannt werden, damit kein Gleitschlupf auftritt? Wie groß ist dann die Zugrumkraft S_Z und die daraus resultierende Zugtrumspannung σ_Z?

- Das Übersetzungsverhältnis soll genau beibehalten werden, wobei der dabei auftretende Schlupf ψ durch eine Anpassung des Abtriebsscheibendurchmessers d_{ab} genau kompensiert werden soll. Wie groß muss dann der Abtriebsscheibendurchmesser ausgeführt werden? Wie groß ist der geschwindigkeitsbedingte Wirkungsgrad η_S?

		Leerlauf	$M_{ab} = 50\,Nm$	$M_{ab} = 100\,Nm$	$M_{ab} = 150\,Nm$
d_{an}	mm	116,000	116,000	116,000	116,000
U	N				
S_L	N				
S_Z	N				
σ_Z	N/mm^2				
ψ	10^{-3}				
η_S	%				
d_{ab}	mm				
i_{tats}	–	2,000	2,000	2,000	2,000

A.9.18 Wälzgetriebe, Ermittlung des Reibwertes I

In einem Reibradprüfstand werden zwei nahezu gleiche Reibradgetriebe nach unten stehender Skizze angeordnet. Während die Reibradpaarung unten rechts mit völlig identischen Rädern ausgestattet ist, können die Räder oben links in ihrem Durchmesser verändert werden, wobei aber der Achsabstand erhalten bleibt.

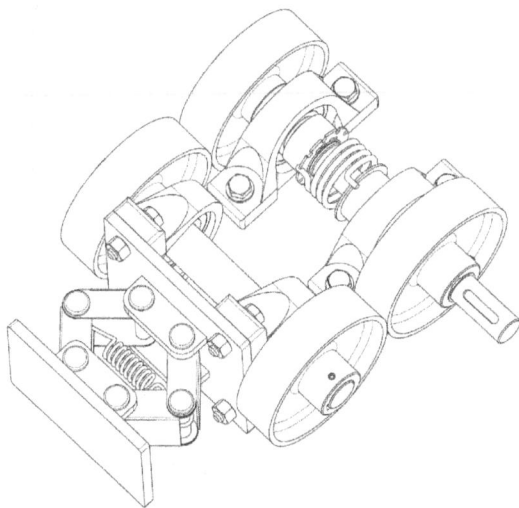

Der durch das unterschiedliche Übersetzungsverhältnis dem Gesamtsystem aufgezwungene Schlupf hat ein Moment zur Folge, welches über die Federkupplung in der zweigeteilten rechten Welle gemessen werden kann. Das so verspannte System wird am vorderen Ende der rechten Welle von einem hier nicht dargestellten Motor angetrieben, der Leistung einspeist, die durch Verluste entstehen. Die Anpresskraft von 320 N für jede Reibradpaarung wird durch den dargestellten Federmechanismus aufgebracht.

- Berechnen Sie zunächst den Schlupf ψ_{gesamt}, der dem gesamten System aufgezwungen wird und dem Schlupf $\psi_{einzeln}$, der sich für jede einzelne Reibradpaarung daraus ergibt.
- Über die Federkupplung werden die angegebenen Momente M gemessen. Berechnen Sie die sich daraus ergebenden Umfangskräfte U.

d_1	mm	120,0	120,1	120,2	120,3	120,4	120,5
d_2	mm	120,0	119,9	119,8	119,7	119,6	119,5
ψ_{gesamt}	10^{-3}						
$\psi_{einzeln}$	10^{-3}						
M	Nm	0,0	3,0	6,0	9,0	12,0	12,0
U	N						

Wie groß ist die Reibzahl μ?	

A.9.19   Wälzgetriebe, Ermittlung des Reibwertes II

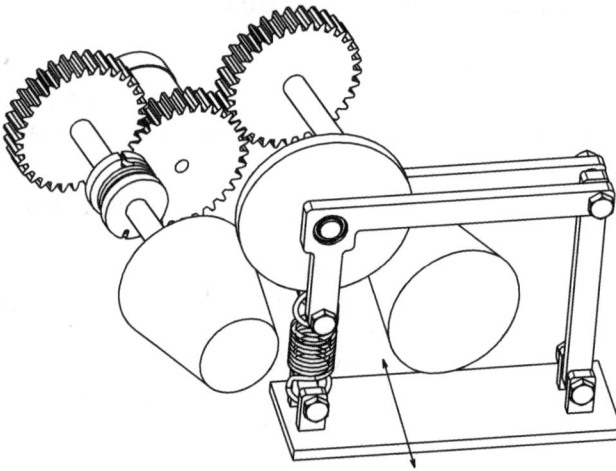

Dem linken Zahnradgetriebe, welches genau 1:1 übersetzt, wird auf der rechten Seite ein zweistufiges Reibradgetriebe parallelgeschaltet, an dem das Übersetzungsverhältnis 1:1 durch Verschieben des Zwischenrades in Richtung der Kegelmantellinien geringfügig verändert werden kann (die Kegelwinkel sind hier übertrieben groß dargestellt).

Damit wird das System verspannt und ein Schlupf erzwungen, der seinerseits ein Moment hervorruft. Durch eine Feder wird an jedem der beiden Reibradkontakte eine Anpresskraft von 2.200 N hervorgerufen. Der am mittleren Zahnrad installierte Motor bewegt das System, braucht aber nur die Leistung einzubringen, die intern durch Reibung verloren geht.

- Das Übersetzungsverhältnis des Reibradgetriebes wird in den unten angegebenen Stufen verstellt. Berechnen Sie zunächst den Schlupf ψ, der dabei entsteht.
- Das dabei entstehende Moment wird mit der Federkupplung gemessen, die die beiden linken Wellenhälften untereinander verbindet. Berechnen Sie daraus die Umfangskraft U, die zwischen Kegelmantel und Zwischenrad übertragen wird. Dabei kann der Reibraddurchmesser am Kegel konstant mit 120 mm angenommen werden.

Übersetzungsverhältnis		1,000	1,010	1,020	1,030	1,040	1,050	1,060
Schlupf ψ	10^{-3}	0						
Moment M	Nm	0	15	30	45	60	75	75
Umfangskraft U	N	0						

Wie groß ist die Reibzahl μ?	

A.9.20   Gleitlager mit Festkörperreibung

Das unten dargestellte kombinierte Axial-/Radiallager mit einer Stahlwelle und einer Buchse aus Permaglide P1 wird bei einer Drehzahl von $500\,\text{min}^{-1}$ im Bereich der **Festkörperreibung** betrieben. Es wird radial mit 300 N und axial mit 120 N belastet.

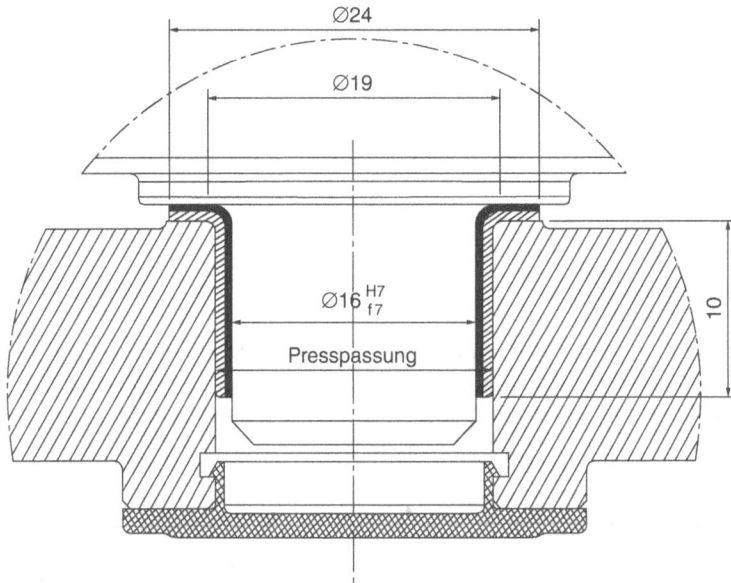

A.9.20.1   Axiallager

Berechnen Sie zunächst die spezifische Lagerbelastung p und die an der Gleitfläche wirkende Geschwindigkeit v am Außenrand des Lagers. Ermitteln Sie den pv-Wert. Überprüfen Sie, ob die Gültigkeit für die Lebensdauerberechnung erfüllt ist. Berechnen Sie ggf. die nominelle Lebensdauer L_h unter der Voraussetzung, dass

$$f_A = f_p = f_\vartheta = f_W = 1 \quad \text{und} \quad f_v = f_R = 0{,}98$$

spezifische Lagerbelastung p	N/mm^2	
Geschwindigkeit v	m/s	
pv-Wert	$N/\text{mm}^2 \cdot m/s$	
nominelle Lebensdauer L_h	h	

A.9.20.2   Radiallager

Berechnen Sie zunächst die spezifische Lagerbelastung p, die an der Gleitfläche wirkende Geschwindigkeit v sowie den pv-Wert. Überprüfen Sie, ob die Gültigkeit für die Lebensdauerberechnung erfüllt ist. Berechnen Sie ggf. die nominelle Lebensdauer L_h unter der Voraussetzung, dass

$$f_p = f_v = f_\vartheta = f_W = 1 \quad \text{und} \quad f_R = 0,96$$

Differenzieren Sie danach, ob die Radialkraft als Punktlast oder als Umfangslast eingebracht wird.

		Punktlast	Umfangslast
spezifische Lagerbelastung p	N/mm²		
Geschwindigkeit v	m/s		
pv-Wert	N/mm² · m/s		
nominelle Lebensdauer L_h	h		

A.9.21   Lenkbares Laufrad

Das unten dargestellte Laufrad mit einer Welle und einem Zapfen aus Stahl und Buchsen aus Permaglide P1 wird im Bereich der **Festkörperreibung** betrieben. Die waagerechte Achse läuft bei einer Drehzahl von $350\,\text{min}^{-1}$, der senkrechte Zapfen wird $25\,\text{min}^{-1}$ gedreht.

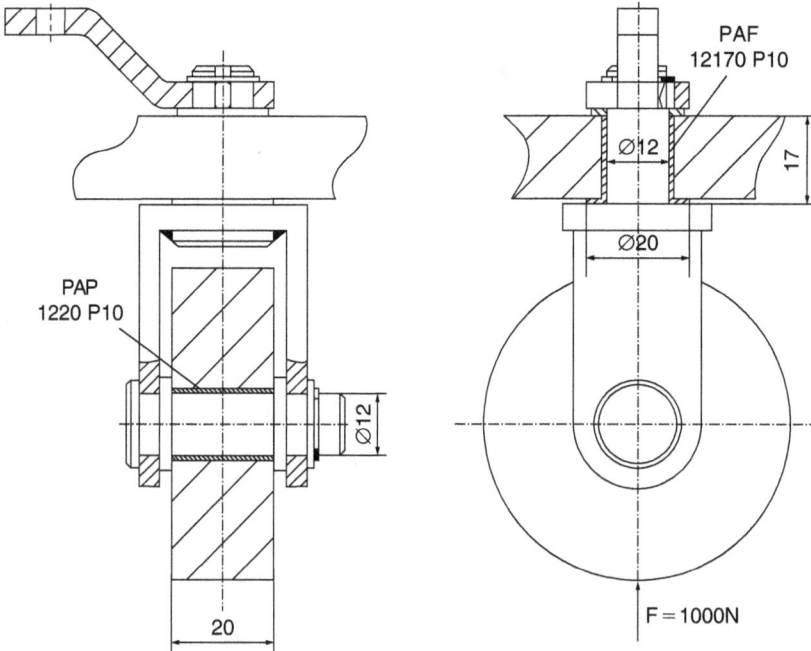

A.9.21.1 Axiallager

Die Zapfenlagerung wird im Wesentlichen nur axial belastet. Berechnen Sie zunächst die spezifische Lagerbelastung p und die an der Gleitfläche wirkende Geschwindigkeit v am Außenrand des Lagers. Ermitteln Sie den pv-Wert. Überprüfen Sie, ob die Gültigkeit für die Lebensdauerberechnung erfüllt ist. Berechnen Sie ggf. die nominelle Lebensdauer L_h unter der Voraussetzung, dass

$$f_A = f_p = f_\vartheta = f_W = 1 \quad \text{und} \quad f_v = f_R = 0{,}98$$

spezifische Lagerbelastung p	N/mm^2	
Geschwindigkeit v	m/s	
pv-Wert	$N/mm^2 \cdot m/s$	
nominelle Lebensdauer L_h	h	

A.9.21.2 Radiallager

Berechnen Sie zunächst die spezifische Lagerbelastung p, die an der Gleitfläche wirkende Geschwindigkeit v sowie den pv-Wert. Überprüfen Sie, ob die Gültigkeit für die Lebensdauerberechnung erfüllt ist. Berechnen Sie ggf. die nominelle Lebensdauer L_h unter der Voraussetzung, dass

$$f_p = f_v = f_\vartheta = f_W = 1 \quad \text{und} \quad f_R = 0{,}96$$

spezifische Lagerbelastung p	N/mm^2	
Geschwindigkeit v	m/s	
pv-Wert	$N/mm^2 \cdot m/s$	
nominelle Lebensdauer L_h	h	

10 Bremsen

10.1 Grundsätzliche Aufgaben

Wird der Verlauf einer translatorischen Bewegung, die durch die Strecke s oder die Geschwindigkeit v beschrieben wird, durch eine Kraft unterstützt, so wird angetrieben. Dabei wird zunächst einmal nicht danach unterschieden, ob nur Bewegungswiderstände überwunden werden und dabei die Geschwindigkeit konstant bleibt oder ob die Geschwindigkeit erhöht wird, also beschleunigt wird. In ähnlicher Weise wird bei einer rotatorischen Bewegung angetrieben, wenn der Verlauf des Drehwinkels α bzw. dessen Winkelgeschwindigkeit ω durch ein Moment unterstützt wird.

	Bewegung	antreiben	bremsen
translatorisch	s, v ⟶	F ⟶	F ⟵
rotatorisch	α, ω ⤸	M ⤸	M ⤹

Wirkt aber eine Kraft F einer Bewegung (Streckenverlauf s bzw. Geschwindigkeit v) entgegen oder ist eine Drehbewegung einem entgegengesetzt gerichteten Moment ausgesetzt, so wird verzögert und es liegt eine Bremsung vor.

Die Bewegungskomponenten wurden in Kapitel 5 in ihrer rotatorischen Form als Lager betrachtet und auch die Getriebe wurden in Kapitel 7 in ihrer rotatorischen Ausführung diskutiert. Aus ähnlichen Gründen konzentrieren sich die folgenden Ausführungen auch auf rotatorische Bremsen, grundsätzlich sind aber auch translatorische Bremsen z. B. bei Schienenfahrzeugen in ähnlicher Weise realisierbar. Anwendungstechnisch kann dabei folgende Differenzierung vorgenommen werden:

https://doi.org/10.1515/9783110747393-003

Haltebremse:	Haltebremsen sollen lediglich verhindern, dass sich eine stillstehende Welle, eine Maschine oder ein Fahrzeug in Bewegung setzt und arbeiten ohne Energieumsetzung und ohne Verschleiß. In diesem Fall kann die Bremse auch formschlüssig ausgeführt werden, was eine besonders einfache Konstruktion erlaubt (z. B. Arretierung einer Spindelwelle, um den Werkzeugwechsel vornehmen zu können).
Stoppbremse:	Stoppbremsen verzögern eine Bewegung, sodass sie nach einer gewissen Zeit zum Stillstand kommt. Dieser Vorgang kann nicht formschlüssig ausgeführt werden. So kann beispielsweise ein Fahrrad nicht dadurch formschlüssig zum Stillstand gebracht werden, dass ein Stock zwischen die Speichen geführt wird. Mechanische Bauformen bedienen sich vielmehr des Reibschlusses und können dabei vielfach auch die Funktion der Haltebremse übernehmen. Stoppbremsen können auch elektromagnetisch oder strömungstechnisch ausgeführt werden.
Regelbremse:	Regelbremsen bremsen eine Bewegung so ab, dass sie einen vorgegebenen Geschwindigkeitszustand einnimmt oder einem vorgegebenen Geschwindigkeitsverlauf folgt. Die Regelbremse wird konstruktiv ähnlich ausgeführt wie die vorgenannte Stoppbremse, wird aber um zusätzliche regelungstechnische Komponenten erweitert.
Leistungsbremse:	Werden Motoren oder sonstige Komponenten zu Prüfzwecken kontrolliert unter Last betrieben, so wird häufig an Stelle der Arbeitsmaschine eine Leistungsbremse verwendet, um damit die Last definiert aufbringen zu können. Reibbremsen sind dafür weniger geeignet, weil sie die gesamte generierte Leistung in Wärme umsetzen und dabei neben der thermischen Belastung auch einem erheblichen Verschleiß ausgesetzt sind. Hydraulische Bremsen und Wirbelstrombremsen hingegen vermeiden diesen Verschleiß. Wird die Bremse als elektrischer Generator ausgeführt, so kann die Bremsenergie zum großen Teil wieder nutzbar gemacht werden. Wird der Antrieb mechanisch verspannt (s. Kap. 9.3), so wird eine Bremse gänzlich überflüssig, weil die Abtriebsleistung mechanisch weitgehend verlustfrei auf den Antrieb zurückgeführt wird.

Eine rotatorische Reibbremse kann zunächst einmal als „schaltbare" reibschlüssige Welle-Nabe-Verbindung (vgl. Kap. 6.3) verstanden werden, die ein Moment von einer feststehenden (Naben-) Umgebung auf eine Welle überträgt. Bild 10.1 stellt einen Überblick über die wesentlichen Bauformen reibschlüssiger Bremsen zusammen, wobei es sinnvoll ist, die Struktur der Darstellung ähnlich anzulegen wie der Überblick über reibschlüssige Welle-Nabe-Verbindungen (vgl. Bild 6.10).

- Die Scheibenbremse (linke Spalte) kann als „schaltbarer Axialklemmverband" (vgl. 6.3.1.1) betrachtet werden. Zur Verdoppelung der Bremswirkung und zum Ausgleich der Axialkraft wird meist von beiden Seiten gebremst und zur Verstärkung der Axialkraft wird häufig eine Hebelmechanik benutzt.

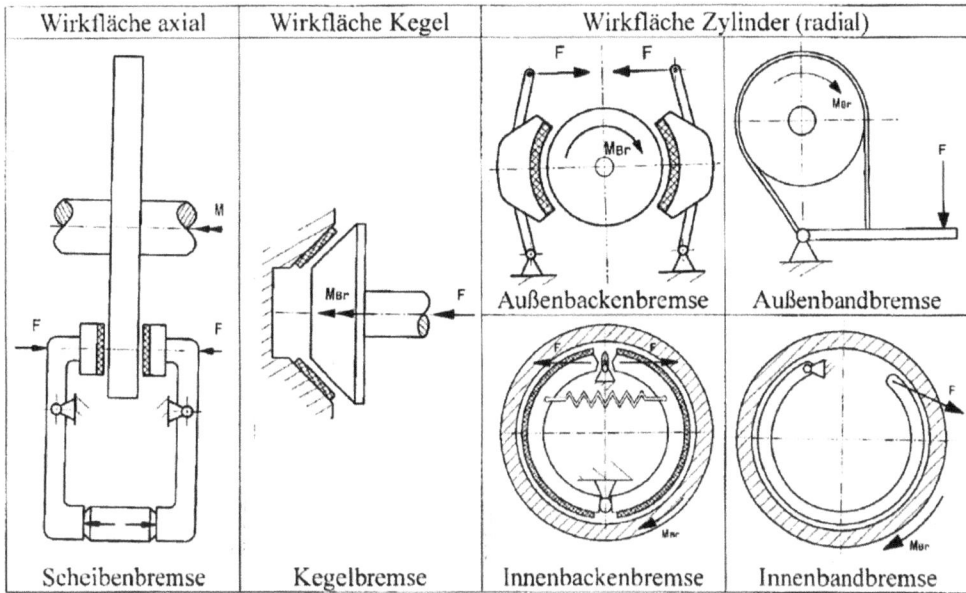

Bild 10.1: Überblick Reibungsbremsen

- Wird der Radialklemmverband (vgl. 6.3.1.2) schaltbar ausgeführt, so wird daraus eine Ba-ckenbremse, die als Außenbackenbremse oder als Innenbackenbremse (Trommelbremse) ausgeführt werden kann. Ist die Backe flexibel, so ergibt sich daraus eine Bandbremse, de-ren Reibkontakt in Anlehnung an die „Treibscheibe als ‚halber' Riementrieb" (vgl. 7.3.2) beschrieben werden kann.
- Die Kegelgeometrie als Zwischenform zwischen „axial" (links) und „radial" (rechts) führt zur Kegelbremse als „schaltbarem Kegelpressverband".

Diese Übersicht wird im Abschnitt 10.5 dieses Kapitels differenziert ausgeführt. Zunächst ist jedoch unabhängig von der speziellen Bauform eine Betrachtung des Bremsvorganges und der thermischen Belastung der Bremse angebracht.

10.2 Bremsvorgang

Wenn in einer ersten Betrachtung angenommen wird, dass die in Bild 10.2 dargestellte, sich nicht bewegende Seiltrommel eines Hubwerks von der Bremse nur festgehalten wird, so ist als Reibmoment M_R lediglich ein Lastmoment M_L aufzunehmen, welches durch die Gewichts-kraft $m \cdot g$ und dem Trommelradius $d_{Trommel}/2$ als Hebelarm zustande kommt:

$$M_L = m \cdot g \cdot \frac{d_{Trommel}}{2} \qquad\qquad \text{Gl. 10.1}$$

Bremse

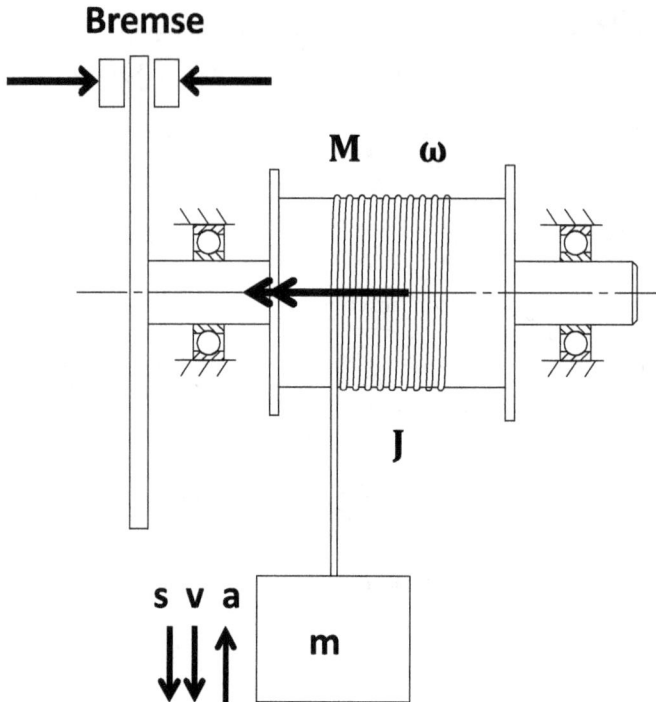

Bild 10.2: Hubwerk mit Bremse

Diese Gleichung behält ihre Gültigkeit auch dann, wenn sich das System mit gleichbleibender Geschwindigkeit fortbewegt: Dann bleibt sowohl das Bremsmoment (oberes Diagramm von Bild 10.3) als auch die Winkelgeschwindigkeit (mittleres Diagramm von Bild 10.3) über der Zeit konstant.

Da von einer Bremse aber i. a. Fall eine Reduzierung der Winkelgeschwindigkeit ω bis hin zum Stillstand gefordert wird, muss das Reibmoment M_R um ein konstantes Verzögerungsmoment M_a erhöht werden. In Analogie zur massenbedingten Trägheitskraft $F = m \cdot a$ bzw. $F = m \cdot \dot{v}$ für die translatorische Bewegung wird bei Rotation ein Massenträgheitsmoment $M = J \cdot \dot{\omega}$ erforderlich. Das Bremsmoment M_r ergibt sich nunmehr als Summe von Lastmoment M_L und Verzögerungsmoment M_a:

$$M_R = M_L + M_a = M_L + J \cdot \dot{\omega} = M_L + J \cdot -\frac{d\omega}{dt} \qquad \text{Gl. 10.2}$$

Der Differentialquotient $d\omega/dt$ ist negativ, weil es sich bei der Bremsung um eine Verzögerung, also eine negative Beschleunigung handelt. Damit wird dann der Gesamtausdruck $J \cdot -d\omega/dt$ positiv. Das Massenträgheitsmoment J ist für den Fall des in Bild 10.2 betrachteten Hubwerks

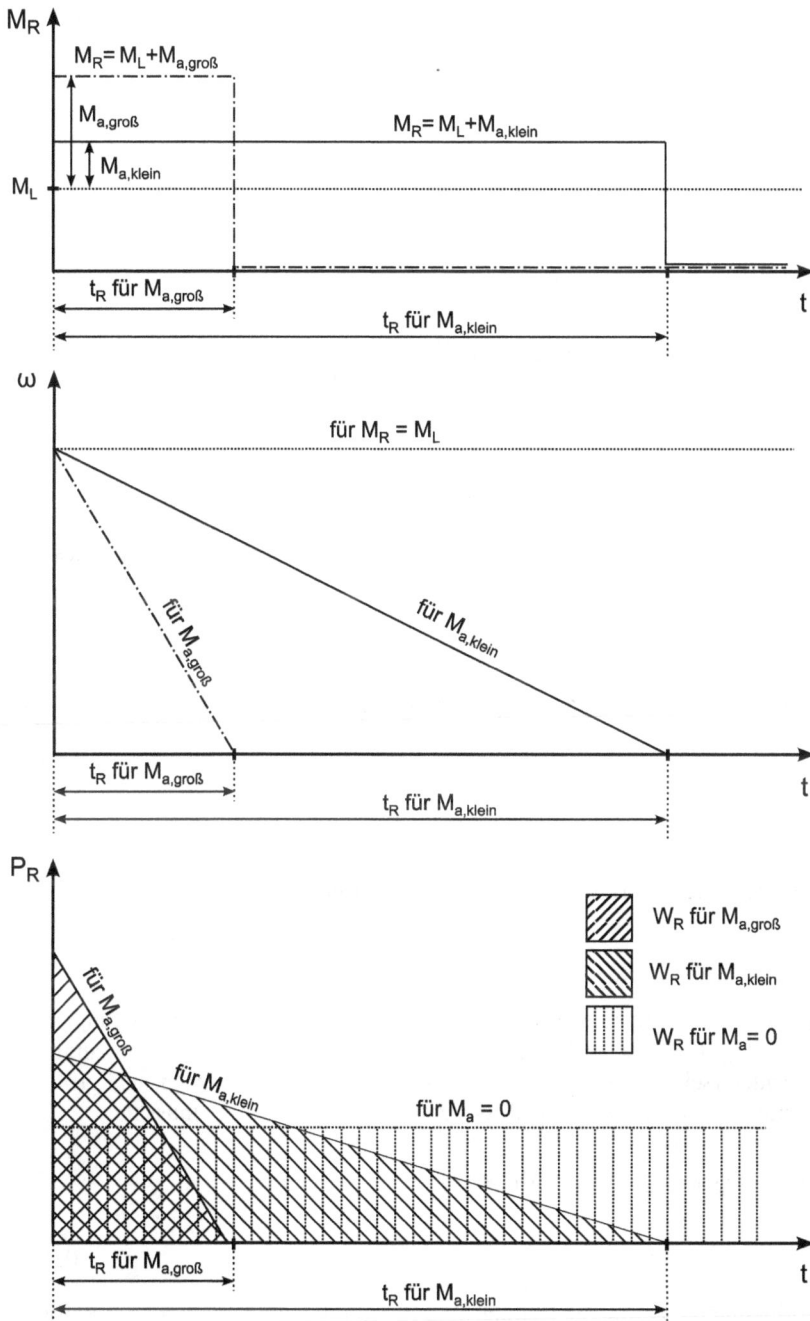

Bild 10.3: Momente, Winkelgeschwindigkeit und Reibleistung während des Bremsvorganges

besonders übersichtlich zu formulieren, weil es sich unter Vernachlässigung sonstiger Masse-
wirkungen auf die zu hebende Masse reduzieren lässt.

$$J = m \cdot \left(\frac{d_{Trommel}}{2} \right)^2 \qquad\qquad\qquad\qquad \text{Gl. 10.3}$$

Der zeitliche Verlauf der Winkelgeschwindigkeit ω kann aus der Integration von Gl. 10.2
gewonnen werden:

$$\frac{d\omega}{dt} = -\frac{M_R - M_L}{J} \quad \rightarrow \quad d\omega = -\frac{M_R - M_L}{J} \cdot dt \qquad\qquad \text{Gl. 10.4}$$

Das Lastmoment der Seiltrommel M_L ist konstant. Wenn weiterhin angenommen werden kann,
dass das Reibmoment der Bremse M_R konstant ist, lässt sich die Integration leicht ausführen:

$$\omega_{(t)} = -\frac{M_R - M_L}{J} \cdot \int_0^t dt = -\frac{M_R - M_L}{J} \cdot [t]_0^t + C = -\frac{M_R - M_L}{J} \cdot t + C$$

Die Konstante C gewinnt man durch das Einsetzen der Randbedingungen für den Zustand
$t = 0$:

$$\omega_0 = -\frac{M_R - M_L}{J} \cdot 0 + C \quad \rightarrow \quad C = \omega_0$$

Damit lässt sich der Geschwindigkeitsverlauf als abfallende Gerade (mittleres Diagramm in
Bild 10.3) darstellen:

$$\omega_{(t)} = \omega_0 - \frac{M_R - M_L}{J} \cdot t \qquad\qquad\qquad\qquad \text{Gl. 10.5}$$

Setzt man in Gl. 10.5 die Randbedingungen für das Ende des Bremsvorganges ein, so gewinnt
man die Zeit t_R für die Dauer des Bremsvorgangs (sog. „Rutschzeit"):

$$0 = \omega_0 - \frac{M_R - M_L}{J} \cdot t_R \quad \rightarrow \quad t_R = \frac{J}{M_R - M_L} \cdot \omega_0 \qquad\qquad \text{Gl. 10.6}$$

Die Rutschzeit t_R wird umso kürzer, je größer bei ansonsten konstanten Randbedingungen das
Reibmoment $M_R = M_L + M_a$ ist, weil dann ein großes Moment M_a für die Bremsung zur
Verfügung steht. Andererseits kann damit auch die Frage beantwortet werden, wie groß das
Reibmoment sein muss, wenn eine gewisse Rutschzeit eingehalten werden muss:

$$t_R \cdot (M_R - M_L) = J \cdot \omega_0 \quad \rightarrow \quad M_R - M_L = \frac{J \cdot \omega_0}{t_R}$$

$$M_R = \frac{J \cdot \omega_0}{t_R} + M_L \qquad\qquad\qquad\qquad \text{Gl. 10.7}$$

Bild 10.3 skizziert im unteren Drittel die Reibleistung P_R als Produkt aus konstantem Reibmoment M_R und linear abfallender Winkelgeschwindigkeit ω. Die Fläche unterhalb des jeweiligen Kurvenzuges kann als Reibarbeit W_R verstanden werden, die als Wärme abgeführt werden

muss. Mit abnehmendem Bremsmoment wird diese Arbeit immer größer. Ist das Reibmoment M_R genau so groß wie das Lastmoment M_L, so bleibt kein Moment für die Verzögerung übrig: Die Rutschzeit wird unendlich lang und die Reibarbeit unendlich groß, was zur Überhitzung der Bremse führen kann. Unter der Annahme des konstanten Reibmomentes folgt für die Reibarbeit:

$$W_R = \int_0^{t_R} M_R \cdot \varphi = \int_0^{t_R} M_R \cdot \omega \cdot dt = M_R \cdot \int_0^{t_R} \omega \cdot dt = M_R \cdot \frac{1}{2} \cdot \omega_0 \cdot t_R \qquad \text{Gl. 10.8}$$

Die Bremsleistung ergibt sich aus dem (konstantem) Reibmoment und der Winkelgeschwindigkeit der Bremse. Zu Beginn der Rutschzeit ist damit die Leistung maximal, am Ende der Rutschzeit geht sie mit der Relativgeschwindigkeit gegen null.

Für ein Hubwerk nach Bild 10.2 ergibt sich die Bremszeit aus Gl. 10.6 stets als hyperbelförmiger Zusammenhang, der in Bild 10.4 für einen Trommeldurchmesser von 300 mm und einer Sinkgeschwindigkeit von 0,5 m/s (entspricht $\omega_0 = 3{,}33\,\mathrm{s}^{-1}$) dokumentiert ist.

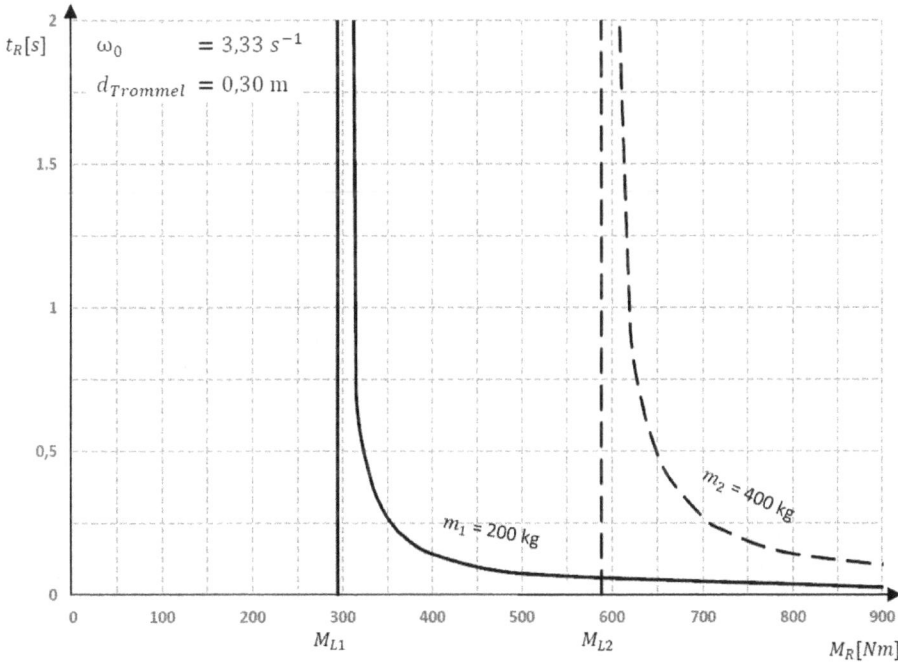

Bild 10.4: Bremszeit einer Bremse in Funktion des Reibmomentes

- Für den Fall, dass das Reibmoment genau so groß ist wie das Lastmoment, kann der Bewegungszustand nur gehalten werden und die Bremszeit wird unendlich.
- Da die Bremse aber in aller Regel verzögern soll, muss das Bremsmoment größer sein als das Lastmoment. Je größer das Reibmoment ist, desto kürzer wird die Bremszeit.

- Mit einer Steigerung des Reibmomentes wird aber nicht nur die Bremse selber, sondern auch der gesamte Antriebsstrang zunehmend belastet.
- Wird die Masse m erhöht, so wird nicht nur das Lastmoment M_L nach Gl.10.1, sondern auch das Massenträgheitsmoment J nach Gl. 10.2 vergrößert, wodurch ein größeres Reibmoment erforderlich wird. Die Hyperbel wird also nicht nur parallel nach rechts verschoben, sondern nach Gl. 10.6 zusätzlich nach oben rechts verlagert.

Ein ähnlicher Zusammenhang ergibt sich für die Bremsarbeit in Funktion des Bremsmomentes, welches in Bild 10.5 für die gleichen Betriebsparameter nach Gl. 10.8 ausgewertet worden ist.

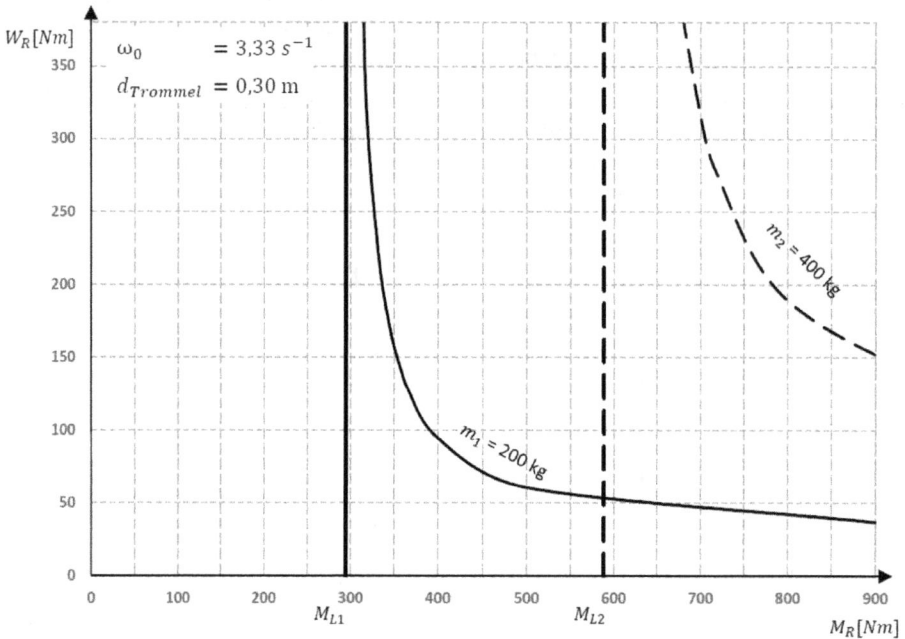

Bild 10.5: Bremsarbeit einer Bremse in Funktion des Reibmomentes

Aus dieser Darstellung wird besonders deutlich, dass ein zu zaghaftes Bremsen (Bremsmoment nur unwesentlich größer als das Lastmoment) zu sehr hohen Bremsarbeiten führt, die die Bremse thermisch überlasten können.

Aufgabe A.10.1

10.3 Thermische Belastung

Unabhängig von ihrer speziellen Bauform wird jede Reibungsbremse thermisch beansprucht, wobei zwei Modellfälle überschaubar dargestellt werden können: Mit den Gleichungen 10.9 und 10.10 kann die Temperaturerhöhung für den jeweiligen Modellfall beschrieben werden. Reale Anwendungsfälle befinden sich irgendwo zwischen den beiden Modellfällen und können nicht immer eindeutig zugeordnet werden.

10.3.1 Erwärmung bei einmaligem Bremsen

Bei einem einzelnen, kurzen Bremsvorgang tritt die Wärmeabgabe über die Oberfläche in den Hintergrund. Die mechanisch aufgenommene Reibarbeit W_R erwärmt vielmehr die Masse der Bremse m um eine Temperaturdifferenz $\vartheta - \vartheta_0$, die sich aus der **Energiebilanz** der Bremse ergibt:

$$W_R = Q_R = m \cdot c \cdot (\vartheta - \vartheta_0) \quad \text{bzw.} \quad \vartheta - \vartheta_0 = \frac{W_R}{m \cdot c} \qquad \text{Gl. 10.9}$$

$W_R = Q_R$ Reib**arbeit** bzw. Wärme, die bei einem Bremsvorgang freigesetzt wird

m an der Wärmespeicherung beteiligte Masse der Bremse, wobei zu berücksichtigen ist, dass der Bremsbelag selber meist ein schlechter Wärmeleiter ist und die Wärme nur auf der Seite des Bremsbelages aufgenommen werden kann, auf der die Relativbewegung stattfindet.

c spezifische Wärmekapazität

$$465 \frac{Ws}{kg \cdot grd} \text{ für Stahl} \quad 545 \frac{Ws}{kg \cdot grd} \text{ für Gusseisen} \quad 921 \frac{Ws}{kg \cdot grd} \text{ für Aluminium}$$

Dieser Modellfall geht davon aus, dass bis zum Beginn eines erneuten Bremsvorganges die Temperatur durch Wärmeabgabe über die Oberfläche wieder auf den Ursprungszustand abgesunken ist.

10.3.2 Erwärmung bei häufigem oder dauerhaftem Bremsen

Hält der Bremsvorgang längere Zeit an oder wird er häufig wiederholt, so ist das Wärmeaufnahmevermögen der Bremsmasse bald erschöpft und es muss danach gefragt werden, wie die fortlaufend anfallende (zeitlich gemittelte) Wärmeleistung über die Wärme abgebende Oberfläche A_{Kges} an die Umgebung abgegeben werden kann. Dabei ist eine **Leistungsbilanz** zu formulieren:

$$P_R = \alpha_K \cdot A_K \cdot (\vartheta - \vartheta_0) \quad \text{bzw.} \quad \vartheta - \vartheta_0 = \frac{P_R}{\alpha_K \cdot A_K} \qquad \text{Gl. 10.10}$$

P_R über einen gewissen Zeitraum gemittelte Reib**leistung**, ergibt sich möglicherweise auch aus der Reibarbeit für einen einzelnen Bremsvorgang multipliziert mit der Anzahl der Bremsvorgänge pro Zeiteinheit

A_K Wärme abgebende Oberfläche

α_K die Wärmeübergangszahl ist von der Relativgeschwindigkeit zur umgebenden Luft abhängig:

$$\alpha_K \left[\frac{W}{m^2 \cdot grd}\right] = 12{,}8 + 2{,}92 \cdot v_K \left[\frac{m}{s}\right] \qquad \text{für} \quad v_K < 3{,}5\,m/s \qquad Gl.\ 10.11$$

$$\alpha_K \left[\frac{W}{m^2 \cdot grd}\right] = 5{,}22 + 6{,}94 \cdot \left(v_K \left[\frac{m}{s}\right]\right)^{0,75} \qquad \text{für} \quad v_K > 3{,}5\,m/s \qquad Gl.\ 10.12$$

10.4   Abbremsen von Landfahrzeugen

Wenn man die Bremse nicht nur als isoliertes Maschinenelement begreift, sondern auch danach fragt, wie die Belastung für die Bremse zustande kommt, dann ist neben dem zuvor aufgeführten Anwendungsfall der Bremse für ein Hubwerk auch die Abbremsung von Landfahrzeugen besonders aufschlussreich. Betrachtet man ein solches in der Seitenansicht, so ist

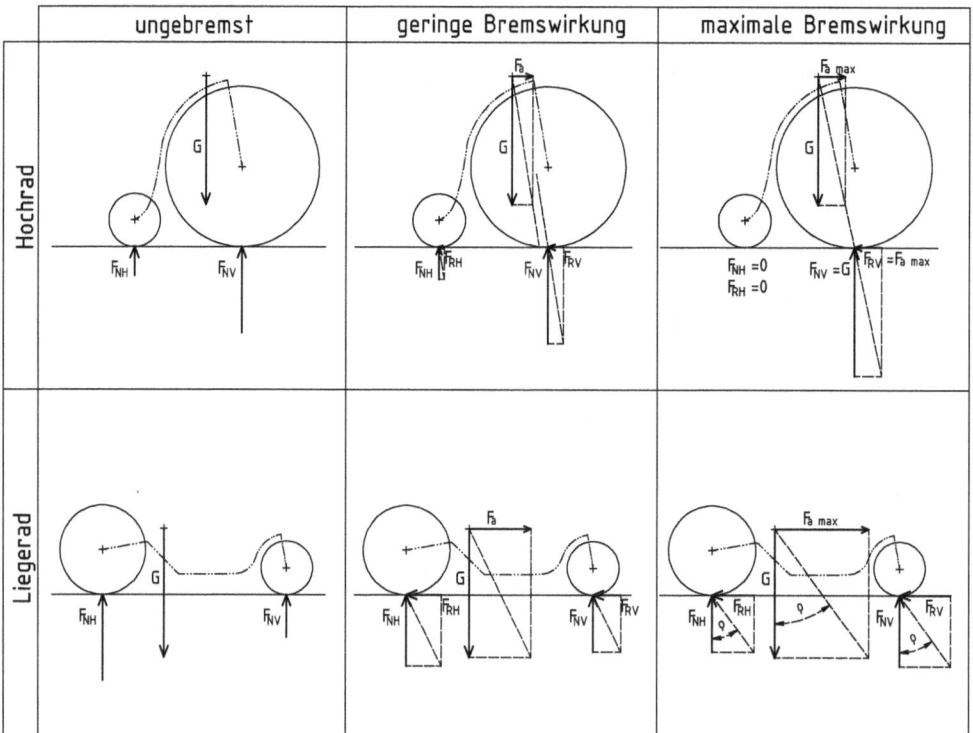

Bild 10.6: Abbremsung von Hochrad und Liegerad

es bezüglich der Bremswirkung zunächst einmal unerheblich ist, ob das Fahrzeug vorne und hinten tatsächlich jeweils mit einem einzelnen Rad (Einspurfahrzeug) oder mit zwei parallel nebeneinander angeordneten Rädern (Zweispurfahrzeug) ausgestattet ist. Besonders übersichtlich wird die Überlegung dann, wenn man sich dieses Fahrzeug als geradeaus fahrendes Fahrrad nach Bild 10.6 vorstellt, wobei hier zwei völlig unterschiedliche Bauformen gegenübergestellt werden: Beim Beispiel in der oberen Bildzeile handelt es sich um ein historisches Hochrad mit sehr hoch liegendem Gesamtschwerpunkt von Fahrzeug und Fahrer und kurzem Radstand, während die untere Zeile ein Liegerad mit besonders niedrigem Schwerpunkt und großem Radstand aufführt.

- Wenn das Fahrrad mit konstanter Geschwindigkeit bewegt wird, so verteilt sich die im Schwerpunkt wirkende Gewichtskraft G nach den Gesetzmäßigkeiten der Statik auf das Vorderrad als F_{NV} und auf das Hinterrad als F_{NH}, wobei die Aufstandspunkte der Räder auf der Fahrbahn im Sinne der Mechanik als Gelenk betrachtet werden können (linke Bildspalte).

- Wird das Fahrrad gebremst, so muss neben der Gewichtskraft G auch noch eine nach vorne gerichtete Verzögerungskraft F_a vom Fahrrad auf die Fahrbahn übertragen werden. Dies hat zunächst einmal zur Folge, dass mit zunehmender Bremsverzögerung die Normalkraft am Vorderrad größer wird, am Hinterrad hingegen abnimmt. Während der Fahrer auf diese durch die Bremsverzögerung bedingte Änderung der (vertikal wirkenden) Normalkräfte keinen Einfluss hat, verteilt er die (horizontal wirkende) Verzögerungskraft durch Betätigung der jeweiligen Bremse auf Vorderrad als F_{RV} und auf das Hinterrad als F_{RH}.

- Wird nur gering gebremst (mittlere Bildspalte), so ist die Verteilung der Bremswirkung auf Vorder- und Hinterrad in weiten Grenzen variabel. Möglicherweise reicht es aus, nur eine Bremse zu betätigen. Allerdings ist es vorteilhaft, die Verteilung so vorzunehmen, dass das Verhältnis von Reibkraft zu Normalkraft vorne und hinten gleich ist, damit beide Bodenkontakte gleich weit von der Rutschgrenze entfernt sind und sich damit das Fahrverhalten besonders gut kontrollieren lässt. Dies erfordert aber eine individuelle Dosierung der beiden Bremsen.

- Die größtmögliche Bremsverzögerung wird beim Liegerad mit seinem niedrigen Schwerpunkt durch die Coulomb'sche Reibung begrenzt.

- Das Hochrad (obere Bildzeile) trifft aber bereits zuvor auf ein anderes Kriterium: Wegen der hohen Schwerpunktlage verläuft die Wirkungslinie der Vektorsumme von Gewichtskraft G und Bremsverzögerungskraft F_a durch den Berührpunkt des Vorderrades auf der Fahrbahn: In diesem Zustand wird das Hinterrad völlig entlastet und kann keine Bremswirkung mehr übernehmen, während das Vorderrad die volle Gewichtskraft überträgt und dabei auch die volle Bremswirkung übertragen muss, wobei die Coulomb'sche Reibung aber noch nicht einmal ausgenutzt werden kann. Eine weitere Steigerung der Bremswirkung am Vorderrad würde den Radfahrer „über den Lenker absteigen" lassen. Insgesamt ist die erzielbare Bremswirkung deutlich kleiner als beim Liegerad.

- Das (hier nicht dargestellte) normale Fahrrad ist zwischen dem Hochrad und dem Liegerad anzusiedeln. Die Frage, ob die größtmögliche Bremswirkung vom Reibwert zwischen Reifen und Straße oder von der Gefahr des Überschlages begrenzt wird, hängt vom Reibwert ab: Bei haftfreudigen Reifen und trockener Fahrbahn kann es durchaus zum Überschlag kommen, bei Glatteis hingegen ist die Rutschgrenze maßgebend.

- Dabei wird ersichtlich, dass das Abbremsen eines Landfahrzeuges stets eine Hintereinanderschaltung (vgl. Kap. „Federn") von zwei Reibschlüssen ist: Eine Steigerung des Bremsmomentes an der Bremse ist nur so weit sinnvoll, wie diese Bremswirkung auch vom Reifen auf die Fahrbahn übertragen werden kann. Eine gute und eine schlechte Fahrradbremse unterscheiden sich also eigentlich nur durch den Bedienungskomfort: Die vermeintlich bessere Bremse erfordert aufgrund der Hebelverhältnisse am Betätigungsmechanismus eine geringere Handkraft. Wird eine ausreichend hohe Handkraft zur Verfügung gestellt, so kann auch die vermeintlich schlechtere Bremse die o. g. Kriterien vollständig ausnutzen.

Eine ähnliche Betrachtung gilt grundsätzlich auch für alle anderen Landfahrzeuge, allerdings verschieben sich hier die Aspekte: Der Reibwert zwischen einem Eisenbahnrad und der Schiene ist so gering, dass bei zunehmender Bremswirkung stets die Rutschgrenze zuerst erreicht wird, ein Eisenbahnfahrzeug wird sich beim Bremsen nie überschlagen. Die dabei auftretenden hohen Momente und thermische Belastungen stellen allerdings besondere Anforderungen an die Belastungen innerhalb der Bremse (s. u.).

Wird ein Fahrrad abgebremst, so ist also zunächst einmal die Frage zu klären, welches maximale Bremsmoment überhaupt sinnvoll ist. In Anlehnung an Bild 10.6 ergibt sich der Reibwert als Quotient aus Reibkraft zu Normalkraft:

$$\mu_{erfReifen-Fahrbahn} = \frac{Reibkraft}{Normalkraft} = \frac{Bremskraft}{Gewichtskraft} = \frac{m \cdot a}{m \cdot g} \qquad \text{Gl. 10.13}$$

Die am Umfang des Rades wirkende Bremskraft wird ihrerseits durch das Bremsmoment generiert:

$$M_{Br} = m \cdot a \cdot \frac{d_{Rad}}{2} \quad \rightarrow \quad m \cdot a = \frac{2 \cdot M_{Br}}{d_{Rad}} \qquad \text{Gl. 10.14}$$

Wird Gl. 10.14 in 10.13 eingesetzt, so ergibt sich:

$$\mu_{erf\,Reifen-Fahrbahn} = \frac{\frac{2 \cdot M_{Br}}{d_{Rad}}}{m \cdot g} = \frac{2}{d_{Rad} \cdot m \cdot g} \cdot M_{Br} \qquad \text{Gl. 10.15}$$

Wird dieser Zusammenhang beispielhaft für eine Gesamtmasse von 81 kg (Fahrrad, Fahrer und Gepäck) und einen Reifendurchmesser von 668 mm ausgewertet, so ergibt sich ein Zusammenhang nach Bild 10.7.

Da reale Reibwerte zwischen Fahrradreifen und Straße selbst unter günstigsten Bedingungen (trockene Fahrbahn, haftfreudiger Reifen, vgl. auch Bild 9.35 und 9.41) höchstens an den Wert 1,0 heranreichen, kann nur ein Bremsmoment von ca. 280 Nm ausgenutzt werden. Bei realen Straßenverhältnissen sind die Reibwerte deutlich geringer. Daraus ergeben sich nach Gl. 10.6 die Bremszeiten nach Bild 10.8.

Die Fahrgeschwindigkeit von 70 km/h wird hier in eine Winkelgeschwindigkeit des Rades ω_0 umgerechnet und die Masse von Fahrrad, Fahrer und Gepäck als Massenträgheitsmoment ausgedrückt. Da zu Beginn der Bremsung der Antrieb unterbrochen wird, ist für eine Bremsung in der Ebene das Lastmoment $M_L = 0$. Die dadurch verursachte Reibarbeit wird nach Gl. 10.8 ermittelt, wobei zwei vereinfachende Annahmen getroffen werden:

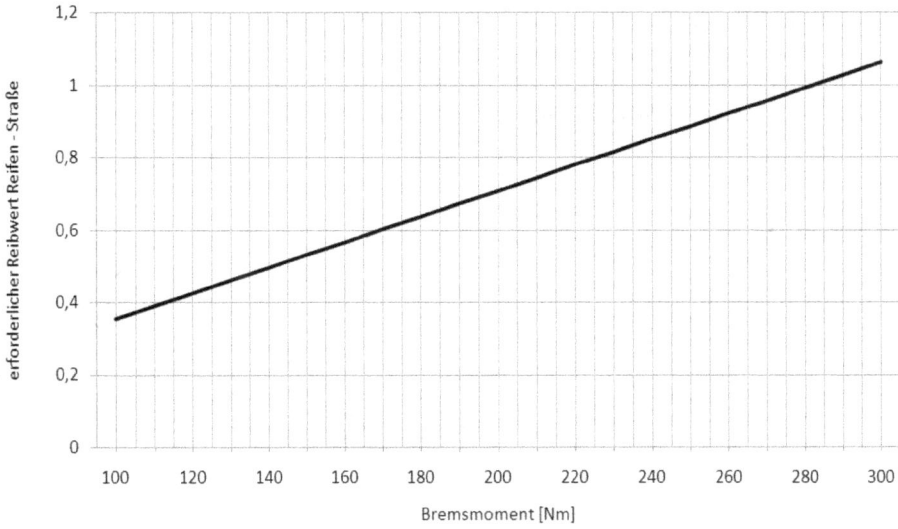

Bild 10.7: Erforderlicher Reibwert Reifen – Straße beim Abbremsen eines Fahrrades

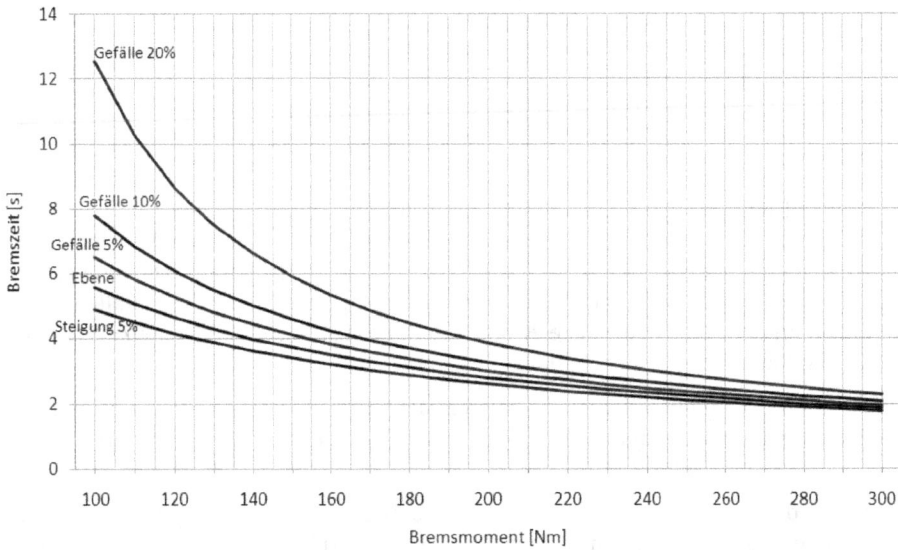

Bild 10.8: Bremszeiten beim Abbremsen eines Fahrrades aus einer Fahrgeschwindigkeit von 70 km/h heraus

- Der Luftwiderstand des Fahrrades während der Bremsung wird vernachlässigt.
- Während der kurzen Bremszeit findet kein Wärmeübergang von der Felge nach draußen statt.

Bild 10.9 zeigt die Temperaturerhöhung, die nach Gl. 10.9 in der Aluminiumfelge zustande kommt, deren Masse hier zu 500 g gesetzt wird. Bei einer Bremsung in der Ebene ist diese Temperaturerhöhung unabhängig von Bremsmoment und Bremszeit, weil die kinetische Energie des rollenden Fahrrades in Wärme umgesetzt wird.

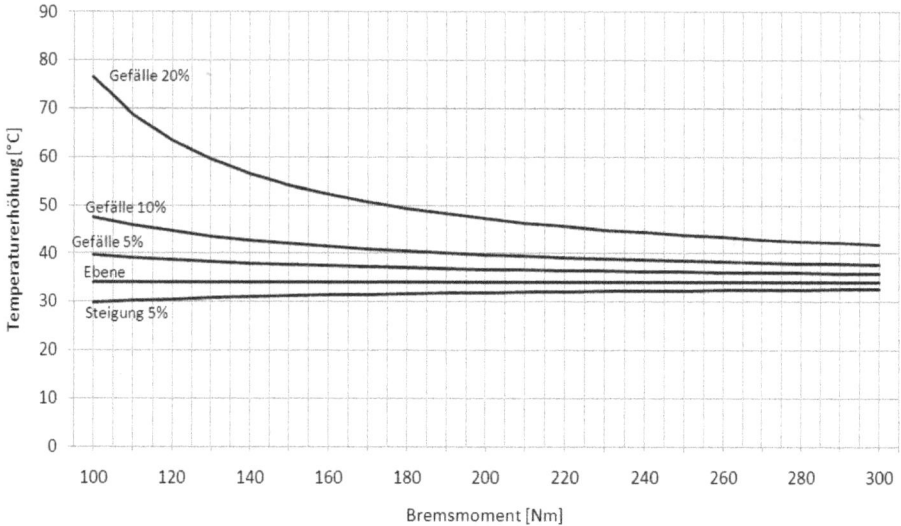

Bild 10.9: Temperaturerhöhung der Felge beim Abbremsen eines Fahrrades

Wird auf einer Gefällestrecke gebremst, so tritt ein Lastmoment auf, welches nach Gl. 10.6 zu einer längeren Bremszeit führt. Da während der Bremsung auf der Gefällestrecke auch potenzielle Energie verloren geht, führen geringe Bremsmomente und die damit verbundenen längeren Bremszeiten und Bremswege zu mehr Reibarbeit, was eine gesteigerte Temperaturerhöhung zur Folge hat. Dieser Einfluss wird umso ausgeprägter, je steiler das Gefälle ist. Bei starkem Gefälle ergeben sich sehr lange Bremszeiten, bei geringem Bremsmoment ist eine Verzögerung überhaupt nicht mehr möglich.

Wird jedoch in der Steigung gebremst, so kehren sich die Einflüsse um: Das Lastmoment in Gl. 10.6 wird negativ und „hilft" beim Bremsen: Die Bremszeit wird reduziert und die Temperaturerhöhung fällt geringer aus.

Bild 10.10 zeigt den Bremsprüfstand der Hochschule Trier, mit dem nicht nur die Wirkung der Bremse geprüft wird, sondern der auch das Zusammenspiel der beiden hintereinander geschalteten Reibschlüsse (Bremse und Kontakt Reifen/Fahrbahn) im Versuch nachbildet: Das Laufrad des Fahrrades wird drehbar am rechten Ende eines doppelarmigen Hebels angeordnet, der sowohl an seinem linken Ende als auch rechts unten im Bild mit Massenkräften belastet wird, die das Laufrad gegen eine motorisch betriebene Lauftrommel drücken.

Bild 10.10: Bremsprüfstand

Die auf die Felge des Laufrades wirkende Fahrradbremse rechts oben im Bild stützt sich in einem senkrecht angeordneten Rahmen ab, der ebenfalls gelenkig an das rechte Ende des waagerechten Hebels angebunden ist. Dieser Rahmen nimmt wegen der an ihn angebundenen Masse unten rechts grundsätzlich eine senkrechte Stellung ein. Bringt die Bremse Moment auf, so schwenkt die Masse bei rechts drehender Trommel nach rechts aus, wobei über die Winkelstellung des Rahmens das Bremsmoment gemessen werden kann. Weiterhin vergrößert die nach rechts ausschwenkende Masse die Anpresskraft des Laufrades auf die Trommel so wie es auch am Vorderrad des Fahrrades der Fall ist. Die Masse der Lauftrommel ist so bemessen, dass die in ihr gespeicherte rotatorische Energie der translatorischen Energie des rollenden Fahrrades entspricht, sodass ein einmaliger Bremsvorgang keiner Motorunterstützung bedarf.

Aufgabe A.10.2

10.5   Bauformen reibschlüssiger Bremsen

10.5.1   Scheibenbremse

Scheibenbremsen lassen sich nach Bild 10.11 unmittelbar mit der Coulomb'schen Reibung beschreiben:

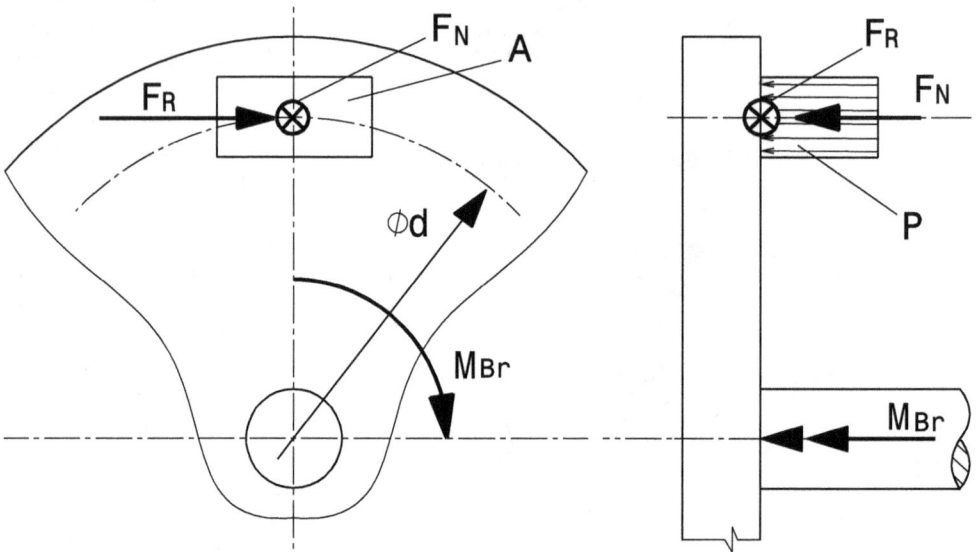

Bild 10.11: Dimensionierungsansatz Scheibenbremse

$$\mu = \frac{F_R}{F_N} \quad \rightarrow \quad F_R = \mu \cdot F_N$$

Das Bremsmoment M_{Br} ergibt sich direkt aus der am Hebelarm $d/2$ angreifenden Reibkraft F_R:

$$M_{Br} = F_R \cdot \frac{d}{2} = \mu \cdot F_N \cdot \frac{d}{2} \qquad\qquad \text{Gl. 10.16}$$

Die reibkraftübertragende Fläche darf bezüglich ihrer Flächenpressung nicht überbelastet werden:

$$p = \frac{F_N}{A} \le p_{zul} \qquad\qquad \text{Gl. 10.17}$$

Es kann eine konstante Flächenpressungsverteilung angenommen werden, weil die Ausdehnung der Reibfläche in radialer Richtung relativ gering ist. Grundsätzlich lässt sich eine

Scheibenbremse als „axialer Klemmverband" (vgl. 6.3.1.1) verstehen, dessen Reibschluss sich auch bei Relativbewegung vollziehen kann. Insofern liegt es nahe, in Analogie zu Bild 6.13 die Gl. 10.16 in der linken und die Gl. 10.17 in der unteren Dreieckseite von Bild 10.12 anzuordnen:

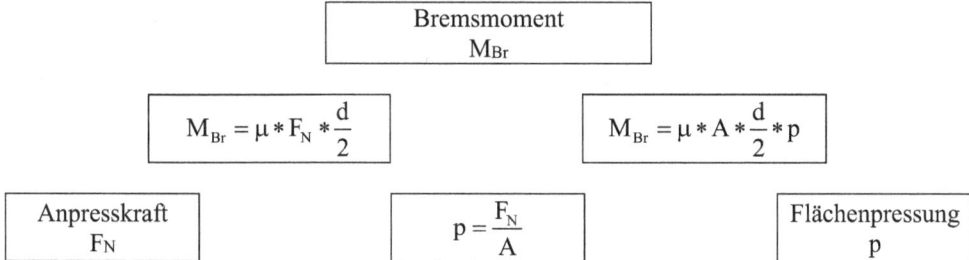

$$\text{Bremsmoment} \quad M_{Br}$$

$$M_{Br} = \mu * F_N * \frac{d}{2}$$

$$M_{Br} = \mu * A * \frac{d}{2} * p$$

$$\text{Anpresskraft} \quad F_N$$

$$p = \frac{F_N}{A}$$

$$\text{Flächenpressung} \quad p$$

Bild 10.12: Dimensionierungsschema Scheibenbremse

Die Gleichung auf der rechten Dreieckseite ergibt sich, wenn die beiden anderen Gleichungen nach F_N aufgelöst und gleichgesetzt werden. Diese Darstellung ist in dieser Form noch trivial, erleichtert aber in ähnlicher Weise den Überblick bei den folgenden Reibungsbremsen.

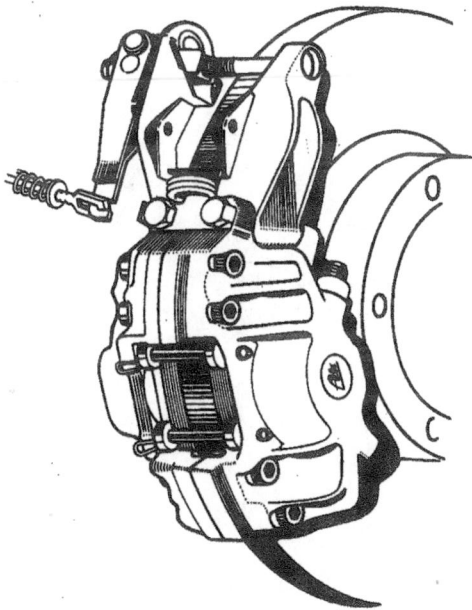

Zur Erhöhung des Reibmoments und zum Ausgleich der Axialbelastung auf die Bremswelle wird meist in Erweiterung von Bild 10.11 von beiden Seiten der Bremsscheibe gebremst (Bild 10.13). Die Kühlung von Scheibenbremsen wird durch den Umstand begünstigt, dass die Wärme über eine besonders große Fläche an die Umgebung abgeführt werden kann.

Bild 10.13: Zweizylinderfestsattelbremse

Auch bei der Eisenbahnbremse nach Bild 10.14 werden zur Verdoppelung der Bremswirkung und zum Ausgleich von Axialkräften zwei gegenüberliegende Bremsbeläge angeordnet. Auf beiden Seiten wird ein Hebel angebracht, sodass die Betätigungskraft F geringer wird als die Anpresskraft F_N. Die Gelenke der beiden Hebel werden über eine „Bremsbrücke" untereinander verbunden, sodass mit nur einer Betätigungskraft F auf beiden Seiten gleich große Anpresswirkung erzielt wird. Die Reibkraft F_R wird über eine gelenkig angebundene Stange (Mechanik: „Stab") am Fahrzeugrahmen abgestützt. Die Kühlung ist dann besonders intensiv, wenn die Scheibe von innen belüftet wird: Dazu wird die Bremsscheibe doppelwandig ausgeführt und der Zwischenraum durch fächerförmige Stege überbrückt. Diese Anordnung wirkt als Radialgebläse und saugt die kühle Luft von innen an und bläst sie warm nach außen ab.

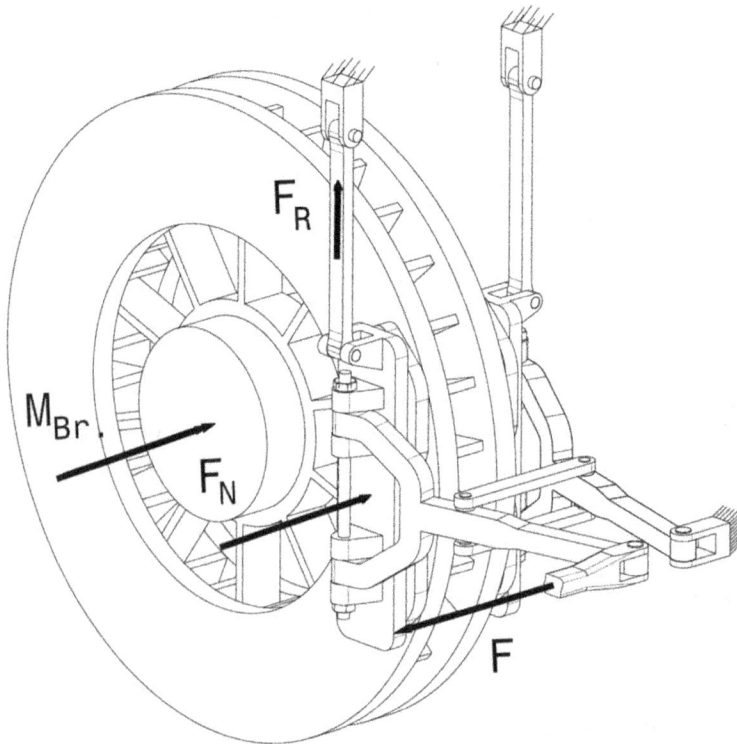

Bild 10.14: Scheibenbremse Eisenbahnfahrzeug

Bei der Pendelsattelbremse nach Bild 10.15 schwenkt der Sattel bei Belagverschleiß um die Pendelachse und der Kolben fährt weiter aus. Damit das Verschleißvolumen der Bremsbeläge möglichst weit ausgenutzt erden kann, wird die Konstruktion so ausgeführt, dass im verschlissenen Zustand die Belagvorderseite parallel zur Belagrückseite verläuft.

Neuzustand   verschlissene
                                                 Beläge

                                                                        Sattel
                                    Bremsleitung

   Kolben

                                                                        Reibbeläge

Pendelachse

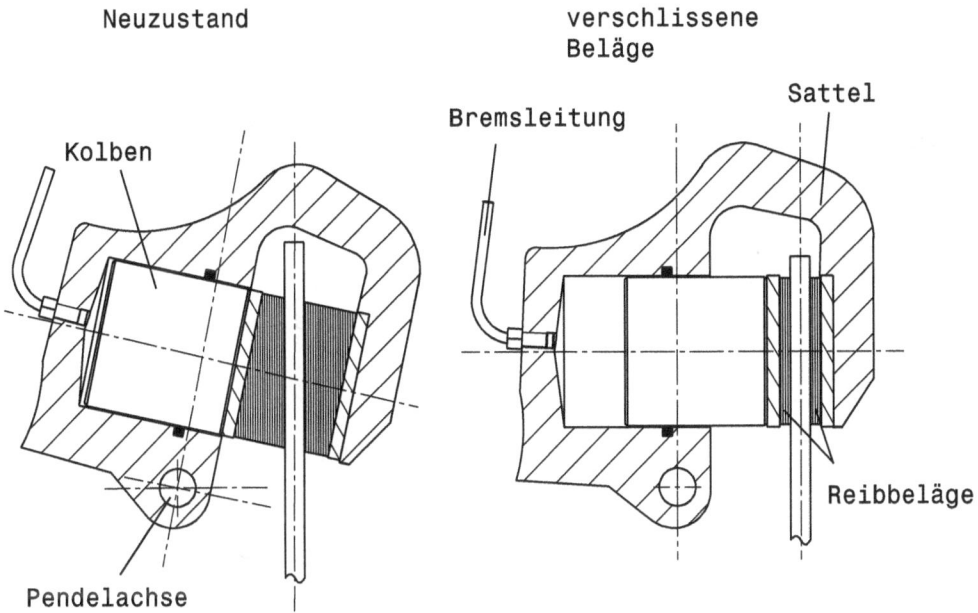

Bild 10.15: Pendelsattelbremse Motorrad

Aufgaben A.10.3 bis A.10.6

10.5.2   Backenbremse

10.5.2.1   Linear geführte Bremsbacke

Eine Backenbremse drückt nach der Prinzipdarstellung von Bild 10.16 eine Bremsbacke auf die Mantelfläche eines rotierenden Zylinders und ruft dabei reibschlüssig ein Bremsmoment hervor.

Für einen elementaren Ansatz ist es zunächst unerheblich, ob die Backe außen (Backenbremse oder genauer „Außenbackenbremse") auf einem Zylinder oder innen (Innenbackenbremse oder „Trommelbremse") an der zylindrischen Mantelfläche eines Hohlzylinders anliegt. Das entscheidende Festigkeitskriterium der Bremse ist die Flächenpressung zwischen Bremsbelag und (Hohl-)Zylinder, die werkstoffkundlich zulässige Werte nach Tab. 10.1 nicht übersteigen darf. Cermets bestehen aus einer Cu- oder Ni-Legierung. Als keramische Bestandteile dienen vor allen Dingen Wolfram-, Silizium-, Bor-, Tantal- und Titancarbid, Siliziumnitrid, Aluminium- oder Magnesiumoxid. Für die Erzielung bestimmter Reibeigenschaften werden außerdem Graphit, Molybdändisulfid, Kupfersulfid oder verschiedene Metallphosphate zugesetzt.

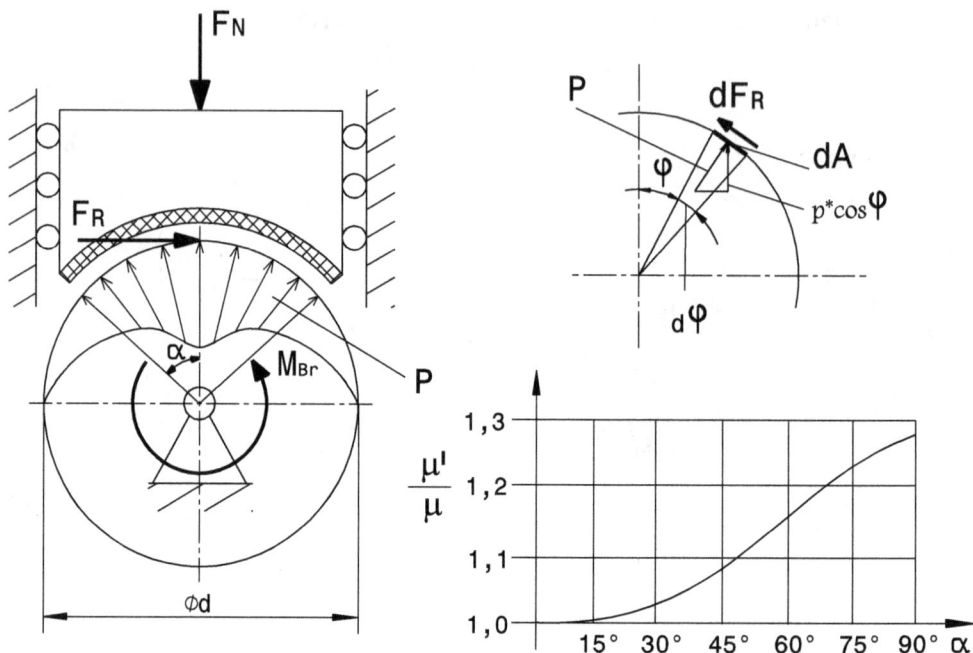

Bild 10.16: Flächenpressung Backenbremse

Tabelle 10.1: Reibwerkstoffe für Backenbremsen

Reibwerkstoff	Reibzahl μ gegenüber Gusseisen	maximale Betriebstemperatur ϑ_{max} [°C]	zulässige Flächenpressung p_{zul} [N/mm^2]
Baumwollgewebe	0,50	150	0,07–0,70
Reibwerkstoffe auf Harzbasis	0,40	550	0,35–1,75
Gesinterte Metalle	0,30	600	0,35–3,50
Cermets	0,32	800	0,35–1,05

Die Analyse der ungleichmäßigen Flächenpressungsverteilung geht von einem beliebigen, bei φ angeordneten, infinitesimal kleinen Flächenelement dA aus:

$$p_{(\varphi)} = \frac{dF_N}{dA} \quad \rightarrow \quad dF_N = p_{(\varphi)} \cdot dA \qquad \text{Gl. 10.18}$$

Die Normalkraft dF_N ist über die Coulomb'sche Reibung mit der Reibkraft dF_R gekoppelt:

$$\mu = \frac{dF_R}{dF_N} \quad \rightarrow \quad dF_N = \frac{dF_R}{\mu} \qquad \text{Gl. 10.19}$$

Aus der Gleichsetzung der Gleichungen 10.18 und 10.19 folgt:

$$p_{(\varphi)} \cdot dA = \frac{dF_R}{\mu} \qquad\qquad \text{Gl. 10.20}$$

Ähnlich wie beim radialen Klemmverband (Kap. 6.3.1.2) und Zylinderpressverband (Kap. 6.3.2) kann das Flächenelement dA als rechteckförmiger Streifen entlang einer Zylindermantellinie verstanden werden: $dA = r \cdot d\varphi \cdot b = \frac{d}{2} \cdot d\varphi \cdot b$ (b: Breite des Bremsbelages).

$$p_{(\varphi)} \cdot \frac{d}{2} \cdot d\varphi \cdot b = \frac{dF_R}{\mu} \quad \rightarrow \quad dF_R = \mu \cdot p_{(\varphi)} \cdot \frac{d}{2} \cdot d\varphi \cdot b$$

Das am einzelnen Flächenelement wirksame Reibmoment ergibt sich dann zu

$$dM_{Backe} = dF_R \cdot \frac{d}{2} = \mu \cdot p_{(\varphi)} \cdot \frac{d}{2} \cdot d\varphi \cdot b \cdot \frac{d}{2} = \mu \cdot b \cdot \frac{d^2}{4} \cdot p_{(\varphi)} \cdot d\varphi$$

Eine Integration führt schließlich zum gesamten Bremsmoment an der Backe:

$$M_{Backe} = \int dM_{Backe} = \mu \cdot b \cdot \frac{d^2}{4} \cdot \int_{-\alpha}^{+\alpha} p_{(\varphi)} \cdot d\varphi \qquad\qquad \text{Gl. 10.21}$$

Die Flächenpressung stellt sich ähnlich ein wie die eines radialen Klemmverbandes mit biegeweicher Nabe (vgl. Bild 6.16): An ihren Außenkanten kann die Nabe aufgrund ihrer Nachgiebigkeit keinen nennenswerten Druck auf die Welle ausüben. Da die Bremsbacke ein ähnliches Verformungsverhalten zeigt, ist dieser auf der „sicheren Seite" liegende Ansatz auch hier angebracht. Nach Bild 10.16 stellt sich also eine cosinusförmige Flächenpressungsverteilung ein:

$$p_{(\varphi)} = p_{max} \cdot \cos\varphi \qquad\qquad \text{Gl. 10.22}$$

$$M_{Backe} = \mu \cdot b \cdot \frac{d^2}{4} \cdot \int_{-\alpha}^{+\alpha} p_{max} \cdot \cos\varphi \cdot d\varphi \qquad\qquad \text{Gl. 10.23}$$

Die maximale Pressung p_{max} ist als Konstante von der Integration nicht betroffen. Weiterhin kann die Symmetrie der Flächenpressungsverteilung ausgenutzt werden:

$$M_{Backe} = \mu \cdot b \cdot \frac{d^2}{4} \cdot p_{max} \cdot 2 \cdot \int_{0}^{+\alpha} \cos\varphi \cdot d\varphi = \frac{1}{2} \cdot \mu \cdot b \cdot d^2 \cdot p_{max} \cdot \int_{0}^{\alpha} \cos\varphi \cdot d\varphi$$

$$M_{Backe} = \frac{1}{2} \cdot \mu \cdot b \cdot d^2 \cdot p_{max} \cdot [\sin\varphi]_0^\alpha = \frac{1}{2} \cdot \mu \cdot b \cdot d^2 \cdot p_{max} \cdot \sin\alpha \qquad\qquad \text{Gl. 10.24}$$

Die sich daraufhin an der Backe einstellende maximale Pressung ergibt sich durch Umstellung der Gleichung zu

$$p_{max} = \frac{2}{\mu \cdot b \cdot d^2 \cdot \sin \alpha} \cdot M_{Backe} \qquad \text{Gl. 10.25}$$

Mit dieser Gleichung wird die rechte Dreieckseite in einem Schema von Bild 10.17 (ähnlich wie in Bild 10.12) belegt.

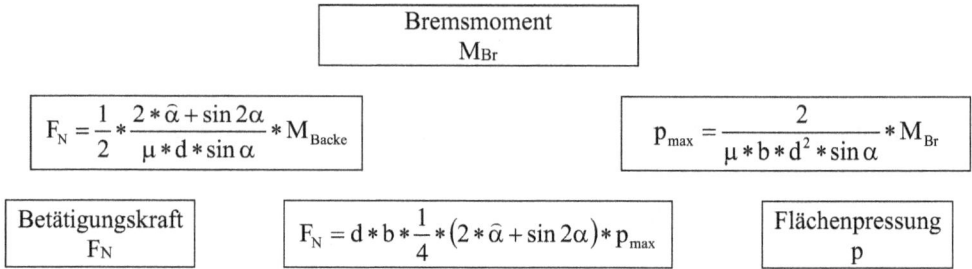

$$\boxed{\begin{array}{c} \text{Bremsmoment} \\ M_{Br} \end{array}}$$

$$\boxed{F_N = \frac{1}{2} * \frac{2 * \widehat{\alpha} + \sin 2\alpha}{\mu * d * \sin \alpha} * M_{Backe}} \qquad\qquad \boxed{p_{max} = \frac{2}{\mu * b * d^2 * \sin \alpha} * M_{Br}}$$

$$\boxed{\begin{array}{c} \text{Betätigungskraft} \\ F_N \end{array}} \qquad \boxed{F_N = d * b * \frac{1}{4} * \left(2 * \widehat{\alpha} + \sin 2\alpha\right) * p_{max}} \qquad \boxed{\begin{array}{c} \text{Flächenpressung} \\ p \end{array}}$$

Bild 10.17: Dimensionierungsschema Backenbremse, Backe linear geführt

Der Zusammenhang auf der unteren Dreieckseite wird durch das Kräftegleichgewicht der Backe nach Bild 10.16 in vertikaler Richtung hergestellt:

$$F_N = \int_{-\alpha}^{+\alpha} p_{(\varphi)} \cdot \cos \varphi \cdot dA \qquad \text{Gl. 10.26}$$

Auch hier kann die Symmetrie der Flächenpressungsverteilung ausgenutzt und $p_{(\varphi)} = p_{max} \cdot \cos \varphi$ sowie $dA = d/2 \cdot d\varphi \cdot b$ gesetzt werden:

$$F_N = 2 \cdot \int_0^\alpha p_{max} \cdot \cos \varphi \cdot \cos \varphi \cdot d\varphi \cdot \frac{d}{2} \cdot b = d \cdot b \cdot p_{max} \cdot \int_0^\alpha \cos^2 \varphi \cdot d\varphi$$

Für das Integral $\int_0^\alpha \cos^2 \varphi \cdot d\varphi$ liefert die Mathematik die Lösung $\frac{\widehat{\alpha}}{2} + \frac{1}{4} \cdot \sin 2\alpha$ ($\widehat{\alpha}$ in Bogenmaß):

$$F_N = d \cdot b \cdot p_{max} \cdot \left(\frac{\widehat{\alpha}}{2} + \frac{1}{4} \cdot \sin 2\alpha\right)$$

$$F_N = d \cdot b \cdot \frac{1}{4} \cdot (2 \cdot \widehat{\alpha} + \sin 2\alpha) \cdot p_{max} \qquad \text{Gl. 10.27}$$

Damit ist auch die untere Dreieckseite in Bild 10.17 belegt. Eine Gleichung für die linke Dreieckseite ergibt sich dadurch, dass die Gleichung der rechten Dreieckseite in die der unteren

Dreieckseite eingesetzt wird:

$$F_N = d \cdot b \cdot \frac{1}{4} \cdot \left(2 \cdot \widehat{\alpha} + \sin 2\alpha\right) \cdot \frac{2}{\mu \cdot b \cdot d^2 \cdot \sin \alpha} \cdot M_{Backe}$$

$$F_N = \frac{1}{2} \cdot \frac{2 \cdot \widehat{\alpha} + \sin 2\alpha}{\mu \cdot d \cdot \sin \alpha} \cdot M_{Backe} \qquad \text{Gl. 10.28}$$

Für die praktische Dimensionierung des Bremstrommeldurchmesser bei ansonsten vorgegebenen Parametern ist Gl. 10.24 etwas unpraktisch: Der Winkel α ist zwar weitgehend unabhängig von den sonstigen Abmessungen, aber die Größe der Bremse hängt von d und b, also von zwei „Unbekannten" ab. Da die Breite des Bremsbelages b wegen der Gefahr der in Axialrichtung ungleichmäßigen Flächenpressungsverteilung einen gewissen Grenzwert nicht übersteigen darf, kann das Verhältnis b/d festgelegt (etwa 1:5 bis 1:7) und damit eine Unbekannte eliminiert werden:

$$M_{Backe} = \frac{1}{2} \cdot \mu \cdot \frac{b}{d} \cdot d^3 \cdot p_{max} \cdot \sin \alpha$$

Diese Verhältnismäßigkeit erlaubt es, die Momentenkapazität der Bremse mit dem alleinigen Parameter d in Beziehung zu setzen. Die Bremse muss also mindestens den Durchmesser d_{min} aufweisen:

$$d_{min} = \sqrt[3]{\frac{2 \cdot M_{Backe}}{\mu \cdot \frac{b}{d} \cdot \sin \alpha \cdot p_{zul}}} \qquad \text{Gl. 10.29}$$

10.5.2.2 Gelenkig gelagerte Backe

Für die weitere rechnerische Beschreibung ist es vorteilhaft, die Flächenpressung durch eine einzige, am Scheitelpunkt des Bremsbelages wirkende Normalkraft F_N zu ersetzen, deren Reibkraft F_R am Hebelarm d/2 schließlich das Bremsmoment hervorruft. Die dabei wirksame Reibzahl muss die Krümmung der Wirkfläche berücksichtigen und wird mit μ' bezeichnet:

$$M_{Backe} = F_R \cdot \frac{d}{2} = F_N \cdot \mu' \cdot \frac{d}{2} \qquad \text{Gl. 10.30}$$

Durch die Krümmung der Reibflächen wird der Reibwert μ etwas erhöht. Zur Berechnung von μ' wird Gl. 10.28 in Gl. 10.30 eingesetzt:

$$M_{Backe} = \frac{1}{2} \cdot \frac{2 \cdot \widehat{\alpha} + \sin 2\alpha}{\mu \cdot d \cdot \sin \alpha} \cdot M_{Backe} \cdot \mu' \cdot \frac{d}{2}$$

Dieser Zusammenhang ist unabhängig vom Moment und vom Durchmesser, sodass sich μ' explizit formulieren lässt:

$$\mu' = \mu \cdot \frac{4 \cdot \sin \alpha}{2 \cdot \widehat{\alpha} + \sin 2\alpha} \qquad \text{α in Bogenmaß} \qquad \text{Gl. 10.31}$$

Die Detaildarstellung unten rechts in Bild 10.16 wertet diese Gleichung grafisch aus. In ähnlicher Weise wurde im Zusammenhang mit Bild 4.6 demonstriert, dass der im Gewinde einer Schraube vorliegende Materialreibwert μ durch die Schiefstellung der Gewindeflanke in radialer Richtung zu μ' vergrößert wird.

Die in Bild 10.16 modellhaft skizzierte lineare Führung ist konstruktiv schwierig zu verwirklichen und wird nach Bild 10.18 meist als gelenkige Anbindung der Bremsbacke an das Gestell ausgeführt. Dabei muss auch danach unterschieden werden, ob die Backe von außen auf einen Bremszylinder (Außenbackenbremse, mittlere Bildzeile) oder von innen auf eine als Hohlzylinder ausgebildete Bremstrommel (Trommelbremse, untere Bildzeile) gedrückt wird.

Die Kraft- und Reibkraftwirkungen werden nach der Betrachtung von Gl. 10.30 und 10.31 am Scheitelpunkt des Bremsbelages angenommen.

$$\mu' = \frac{F_{Rab}}{F_{Nab}} = \frac{F_{Rauf}}{F_{Nauf}} \qquad\qquad\qquad \text{Gl. 10.32}$$

Der Zusammenhang zwischen der Betätigungskraft F und der Reibkraft F_R (und damit dem Bremsmoment M_{Br}) wird ersichtlich, wenn das Momentengleichgewicht um das Gelenk der Bremsbacke formuliert wird. Da sich mit der Drehrichtung auch die Richtung der Bremskraft umkehrt, muss nach „ablaufender" Backe (linke Spalte) und „auflaufender" Backe (rechte Spalte) unterschieden werden. (vgl. auch Vorspannen von Reibradgetrieben, Kap. 7.2.3):

ablaufende Backe: auflaufende Backe:

$$F_{Rab} \cdot q + F_{Nab} \cdot m - F \cdot (m + p) = 0 \qquad\qquad -F_{Rauf} \cdot q + F_{Nauf} \cdot m - F \cdot (m + p) = 0$$

$$\text{Gl. 10.33} \qquad\qquad\qquad\qquad\qquad\qquad \text{Gl. 10.34}$$

Normalkraft und Reibkraft sind nach Gl. 10.32 über die Coulomb'sche Reibung gekoppelt:

$$F_{Nab} = \frac{F_{Rab}}{\mu'} \qquad\qquad\qquad\qquad\qquad\qquad F_{Nauf} = \frac{F_{Rauf}}{\mu'}$$

Fügt man die letztgenannten Beziehungen in die Gleichungen 10.33 und 10.34 ein, so werden die Normalkräfte als Unbekannte eliminiert:

$$-F_{Rab} \cdot q - \frac{F_{Rab}}{\mu'} \cdot m + F \cdot (m + p) = 0 \qquad\qquad F_{Rauf} \cdot q - \frac{F_{Rauf}}{\mu'} \cdot m + F \cdot (m + p) = 0$$

$$-F_{Rab} \cdot \left(\frac{m}{\mu'} + q \right) = -F \cdot (m + p) \qquad\qquad F_{Rauf} \cdot \left(q - \frac{m}{\mu'} \right) = -F \cdot (m + p)$$

$$F_{Rab} = \frac{m + p}{\frac{m}{\mu'} + q} \cdot F \qquad\qquad\qquad\qquad F_{Rauf} = \frac{m + p}{\frac{m}{\mu'} - q} \cdot F$$

$$F_{Rab} = \frac{\mu' \cdot (m + p)}{m + \mu' \cdot q} \cdot F \qquad \text{Gl. 10.35} \qquad\qquad F_{Rauf} = \frac{\mu' \cdot (m + p)}{m - \mu' \cdot q} \cdot F \qquad \text{Gl. 10.36}$$

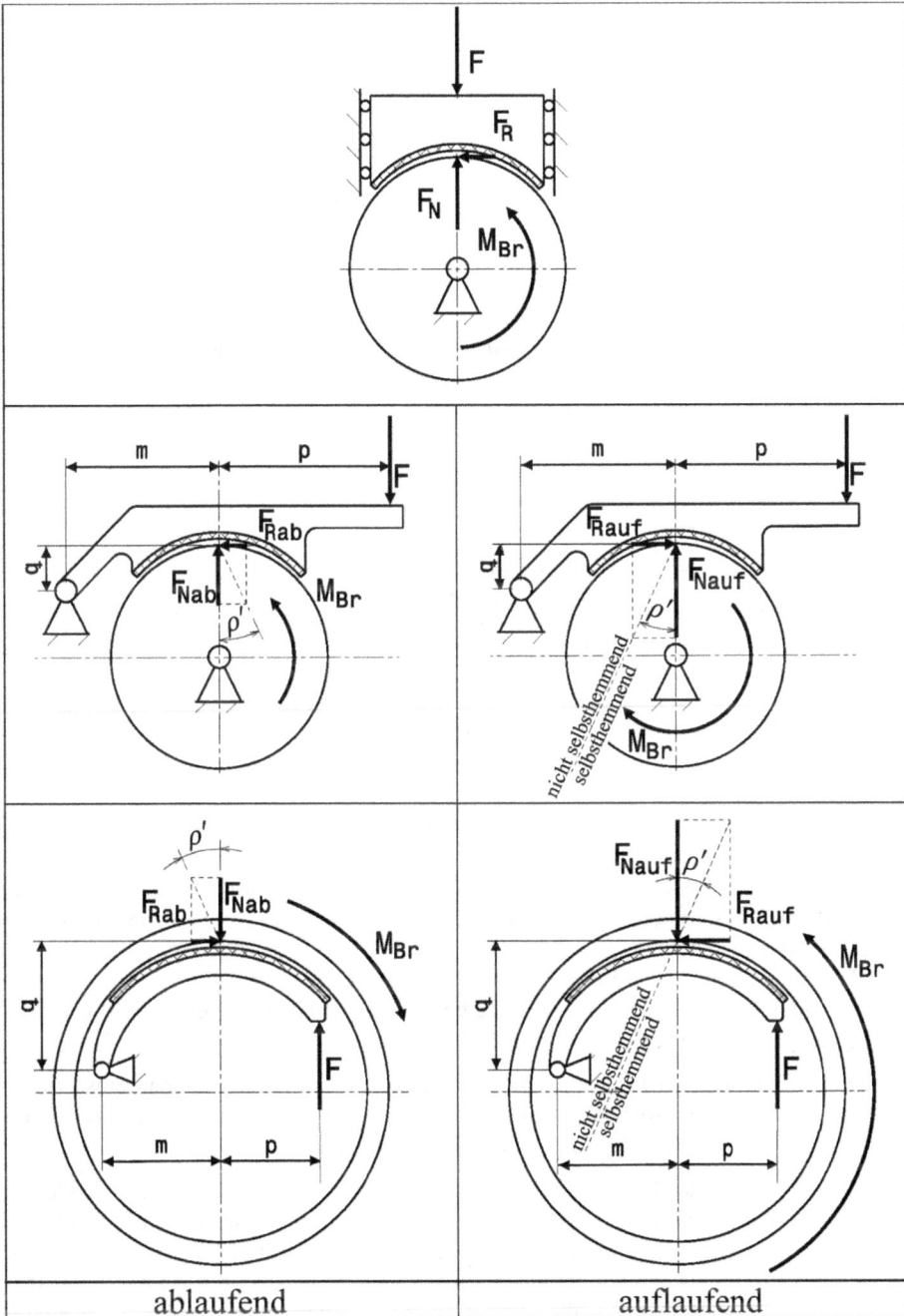

Bild 10.18: Ablaufende und auflaufende Backe

Das Bremsmoment ergibt sich schließlich nach Gl. 10.30 als Produkt aus Reibkraft und Hebelarm:

$$M_{Brab} = F_{Rab} \cdot \frac{d}{2} \qquad\qquad M_{Brauf} = F_{Rauf} \cdot \frac{d}{2}$$

$$M_{Brab} = \frac{\mu' \cdot (m+p)}{m + \mu' \cdot q} \cdot \frac{d}{2} \cdot F \quad Gl.\ 10.37 \qquad M_{Brauf} = \frac{\mu' \cdot (m+p)}{m - \mu' \cdot q} \cdot \frac{d}{2} \cdot F \quad Gl.\ 10.38$$

Diese Zusammenhänge gelten für die starr mit dem Betätigungshebel verbundenen Backen. Für die gelenkige Anbindung müssen die Ansätze für Kräfte und Pressungen modifiziert werden. Ähnlich wie für die Scheibenbremse (Bild 10.12) lassen sich auch die Dimensionierungsgleichungen für eine Außenbackenbremse in einem Schema nach Bild 10.19 zusammentragen, wobei allerdings nach der Drehrichtung unterschieden werden muss.

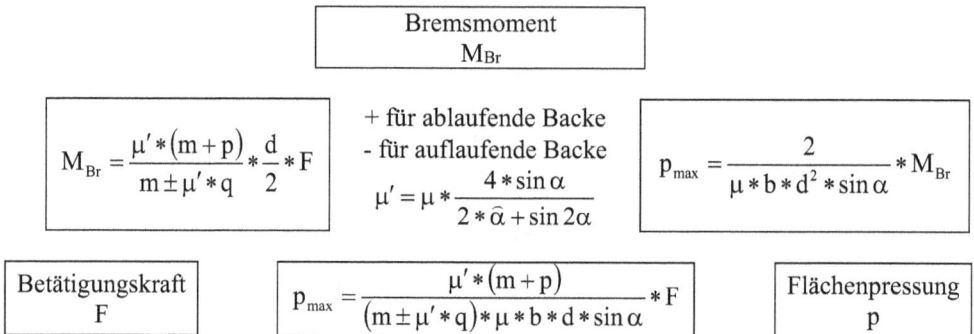

Bild 10.19: Dimensionierungsschema Backenbremse, Bremsbacke gelenkig gelagert

Dabei gilt das positive Vorzeichen jeweils für die ablaufende und das Minuszeichen für die auflaufende Backe. Der Zusammenhang zwischen Bremsmoment M_{Backe} und Flächenpressung p auf der rechten Dreieckseite kann aus Bild 10.17 übernommen werden. Den Zusammenhang zwischen Betätigungskraft F und Flächenpressung p als Gleichung auf der unteren Seite des Dreiecks gewinnt man wieder dadurch, dass die beiden oberen Gleichungen nach M_{Backe} aufgelöst und gleichgesetzt werden.

Alle Gleichungen in Bild 10.19 wurden hier am Beispiel der Außenbackenbremse (mittlere Zeile von Bild 10.18) aufgestellt. Für den Fall der Trommelbremse (untere Zeile von Bild 10.18) ergeben sich allerdings die gleichen Gleichungen.

Aus der Gleichung für die **auf**laufende Backe lässt sich eine Besonderheit ableiten: Je kleiner der Nenner wird, desto weniger Betätigungskraft wird erforderlich. Dies ist zunächst einmal vorteilhaft, kann aber auch unerwünscht werden, weil dann die Wirkung der Bremse nur noch schwierig zu dosieren ist. Ist der Nenner gleich (oder sogar kleiner als) null, so wird ohne jegliche Betätigungskraft gebremst, was die Bremse zu einer „drehrichtungsabhängig selbsttätig wirkenden Bremse", also zu einem Freilauf als „Rücklaufsperre" macht:

bei $m - \mu' \cdot q \leq 0$ liegt Selbsthemmung vor:

$$m \leq \mu' \cdot q \quad \rightarrow \quad \frac{m}{q} \leq \mu' \qquad\qquad\qquad\qquad\qquad \text{Gl. 10.39}$$

Sowohl für die Außenbackenbremse als auch für die Trommelbremse liegt also immer dann Selbsthemmung vor, wenn der Anlenkpunkt unterhalb der in der rechten Spalte von Bild 10.18 eingezeichneten Selbsthemmungsgeraden liegt. Durch eine entsprechende Verlagerung des Anlenkpunktes des Gelenks der Bremsbacke wird also aus einer Backenbremse ein Freilauf.

10.5.2.3   Mehrfachanordnung von Bremsbacken

Zur Steigerung des Bremswirkung und zum Ausgleich von Querkräften werden die Bremsbacken sowohl für die Trommel- als auch für die Backenbremse in den meisten Fällen paarweise angeordnet. Dabei unterscheidet Bild 10.20 nach Simplexbremse (oben) und Duplexbremse (unten):

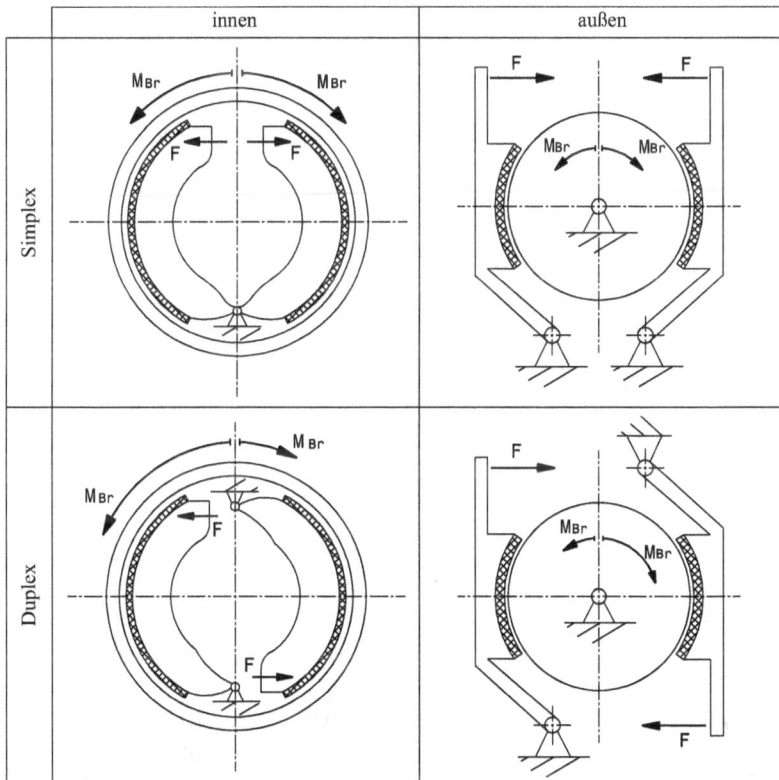

Bild 10.20: Simplex- und Duplexbremsen

- Die **Simplexbremse** ist konstruktiv einfacher, weil ein einziger Betätigungsmechanismus beide Bremsbacken bedient. Dabei wird jeweils eine auflaufende Backe mit verstärkter Bremswirkung und eine ablaufende Backe mit abgeschwächter Bremswirkung kombiniert. Die Bremswirkung ist von der Drehrichtung **un**abhängig.
- Die **Duplexbremse** ist konstruktiv aufwendiger, weil für jede Bremsbacke ein eigener Betätigungsmechanismus vorgesehen werden muss. Dabei können beide Backen als auflaufende Backen mit verstärkender Bremswirkung ausgeführt werden, wobei Bremswirkung und Verschleiß gleich. Die Bremswirkung ist von der Drehrichtung abhängig, was entweder nachteilig sein kann oder auch nutzbringend angewendet werden kann (s. u.).

Das gesamte Bremsmoment setzt sich schließlich aus den Anteilen der beiden Bremsbacken zusammen, was für eine Duplexbremse der Verdoppelung des Bremsmomentes gleichkommt. Setzt man für die Simplexbremse das Bremsmoment der auflaufenden Backe zum Bremsmoment der ablaufenden Backe nach Gl. 10.37/38 ins Verhältnis, so gewinnt man einen Ausdruck für die Ungleichmäßigkeit der Bremswirkung:

$$\frac{M_{Brauf}}{M_{Brab}} = \frac{\dfrac{\mu' \cdot (m+p)}{m - \mu' \cdot q} \cdot \dfrac{d}{2} \cdot F}{\dfrac{\mu' \cdot (m+p)}{m + \mu' \cdot q} \cdot \dfrac{d}{2} \cdot F} = \frac{\mu' \cdot (m+p)}{m - \mu' \cdot q} \cdot \frac{m + \mu' \cdot q}{\mu' \cdot (m+p)} = \frac{m + \mu' \cdot q}{m - \mu' \cdot q} \quad \text{Gl. 10.40}$$

Nach dieser Betrachtung wird die auflaufende Backe gegenüber der ablaufenden Backe mehrfach belastet und verschleißt demzufolge auch deutlich intensiver.

10.5.2.4   Konstruktionsbeispiele

Bild 10.21 zeigt eine Simplex-Außenbackenbremse, so wie sie bei Hubwerken von Kränen verwendet wird. Durch die Hebelmechanik oberhalb der Bremstrommel werden in beide Bremsbacken gleiche Betätigungskräfte eingeleitet. Am nach rechts herausragenden Hebelarm ist zunächst einmal eine Zugfeder (hier durch eine umgebende Hülse teilweise verdeckt) angelenkt, die die Bremse schließt. Soll die Bremse gelöst werden, so hebt der rechts daneben angebrachte Lüftzylinder die Federkraft auf. Diese Anordnung wird aus Sicherheitsgründen praktiziert: Bei Ausfall irgendeines Versorgungsorgans (z. B. Stromausfall) blockiert die Bremse.

Bild 10.22 stellt eine Simplex-Trommelbremse (links) einer Duplex-Trommelbremse ähnlicher Bauart gegenüber, die beide hydraulisch betätigt werden. Im linken Fall der Simplexbremse ist ein einziger Hydraulikzylinder an beiden Seiten mit einem Kolben ausgestattet, während im Fall der Duplexbremse zwei Hydraulikzylinder mit je einem Kolben erforderlich sind.

Bei Simplexbremsen kann im Neuzustand sichergestellt werden, dass trotz der unterschiedlichen Bremsmomente sowohl bei der auflaufenden als auch bei der ablaufenden Backe die gleichen Betätigungskräfte auftreten. Bei den hydraulisch betätigten Konstruktionen nach Bild 10.22 trifft das auch nach einigem Verschleiß zu. Werden die beiden Bremsbacken einer Simplexbremse jedoch wie in Bild 10.23 mit einem Exzentermechanismus mechanisch so gekoppelt, der die beiden Bremsbacken mit gleichem Betätigungsweg bewegt werden, so wird

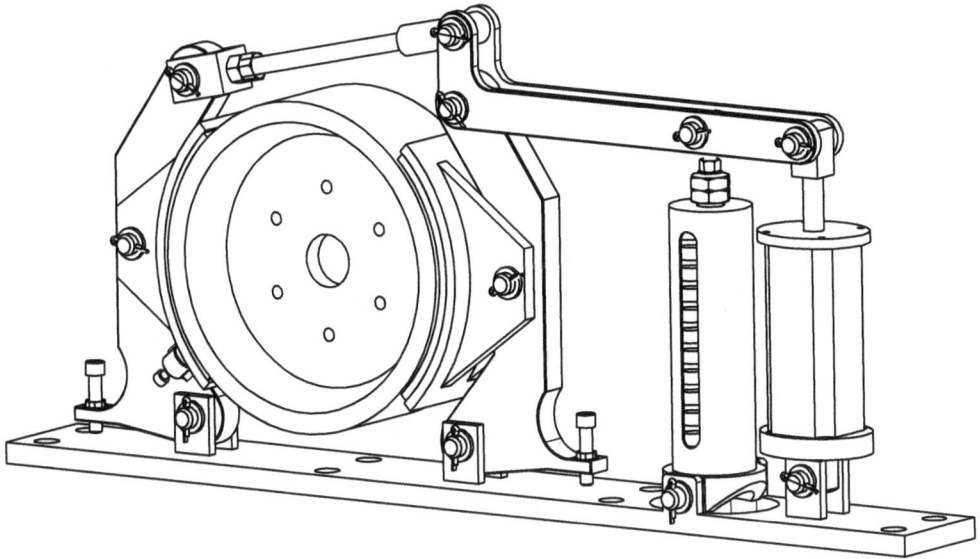

Bild 10.21: Außenbackenbremse als Kran-Stoppbremse

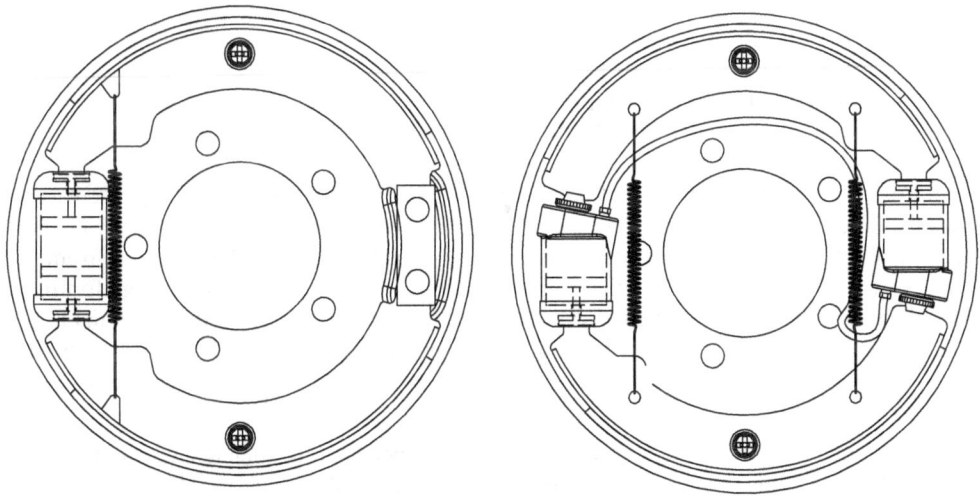

Bild 10.22: Trommelbremse als Simplexbremse (links) und Duplexbremse (rechts)

die auflaufende und damit stärker verschleißende Backe zunehmend an Betätigungsweg verlieren, sodass sich die Bremswirkungen von auflaufender und ablaufender Backe angleichen.

Aufgaben A.10.7 bis A.10.11

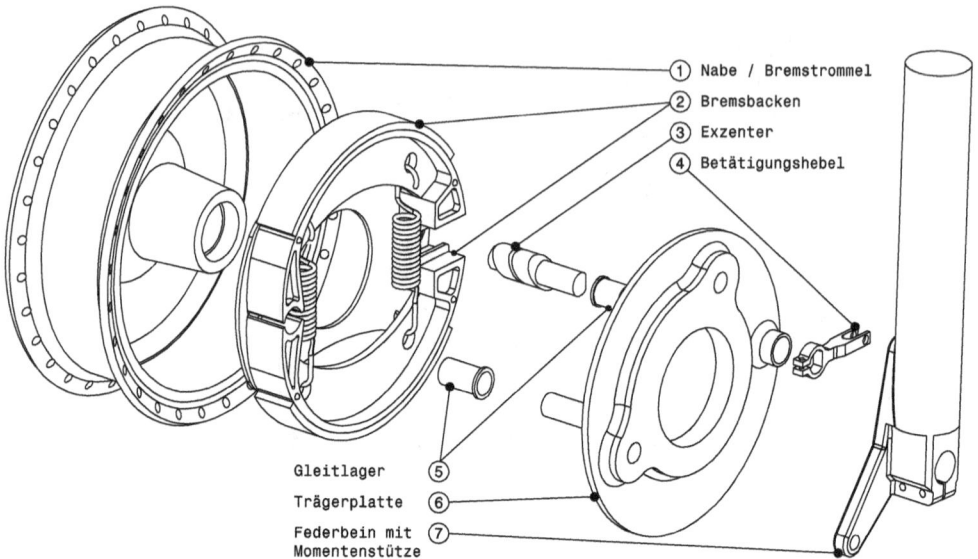

Bild 10.23: Simplex-Trommelbremse Motorrad

10.5.3   Kegelbremse

Die Kegelbremse nach Bild 10.24 wird häufig direkt in einen Elektromotor integriert. Die Belüftungsseite des Motors (vgl. auch Bild 5.44) wird erweitert, indem die Außenseite des Lüfterrades als kegelförmige Bremsfläche ausgebildet wird. Die Welle wird zunächst einmal mit zwei Loslagern ausgestattet. Zur axialen Führung wird ein Axialkugellager angebracht, welches sich über eine Feder an der Welle abstützt. Dabei wird der Bremskegel in einen Hohlkegel des Gehäuses gedrückt und ein Bremsmoment hervorgerufen. Wird der Motor unter Strom gesetzt, so entwickelt er nicht nur ein Antriebsmoment, sondern aufgrund der kegelförmigen Ausbildung seines Rotors auch eine Axialkraft, die die Kraft der Feder aufhebt und damit die Bremse löst. Ähnlich wie bei der in Bild 10.21 dargestellten Simplex-Außenbackenbremse wird auch hier sichergestellt, dass bei Ausfall irgendeines Versorgungsorgans die Bremse stets anliegt.

Der Zusammenhang zwischen dem Bremsmoment und den angreifenden Kräften können nach Bild 10.25 in Anlehnung an einen Kegelpressverband (vgl. Bild 6.37) formuliert werden.

Lässt man zunächst einmal im mittleren Bilddrittel die in Axialrichtung wirkende Reibwirkung außer Acht, so ergibt sich mit dem rechts daneben platzierten Krafteck folgender Zusammenhang:

$$\sin\frac{\alpha}{2} = \frac{\dfrac{F_{ax}}{2}}{\dfrac{F_N}{2}} \quad \rightarrow \quad F_N = \frac{F_{ax}}{\sin\frac{\alpha}{2}} \qquad\qquad \text{Gl. 10.41}$$

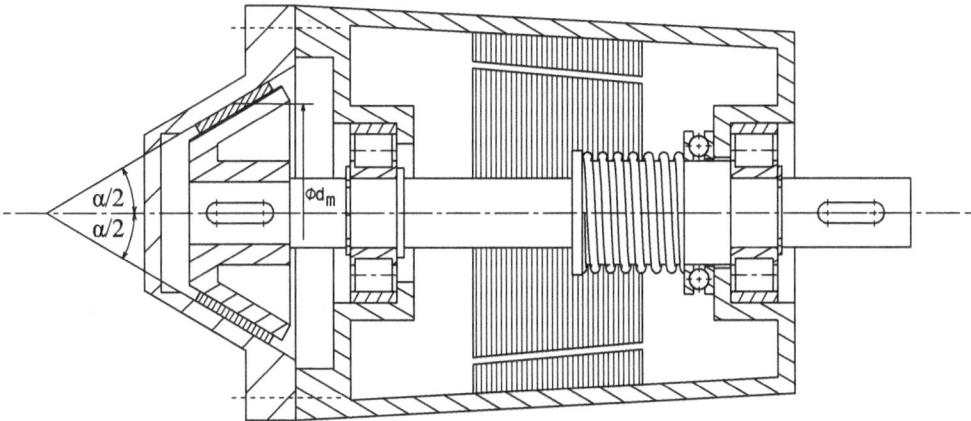

Bild 10.24: Kegelbremse

Das übertragbare Moment ergibt sich dann aus den Reibkraftanteilen dieser Normalkräfte:

$$M_t = 2 \cdot \frac{F_N}{2} \cdot \mu \cdot \frac{d_m}{2} \qquad\qquad \text{Gl. 10.42}$$

Setzt man für F_N den Ausdruck nach Gl. 10.41 ein, so folgt:

$$M_t = \frac{\mu \cdot d_m}{2 \cdot \sin\frac{\alpha}{2}} \cdot F_{ax} \qquad\qquad \text{Gl. 10.43}$$

An den Reibflächen entsteht dann eine Flächenpressung

$$p = \frac{F_N}{\pi \cdot d_m \cdot b} = \frac{F_{ax}}{\pi \cdot d_m \cdot b \cdot \sin\frac{\alpha}{2}} \qquad\qquad \text{Gl. 10.44}$$

Löst man die Gleichungen 10.43 und 10.44 jeweils nach F_{ax} auf und setzt sie gleich, so ergibt sich ein Zusammenhang zwischen Pressung und Moment:

$$\frac{M_t \cdot 2 \cdot \sin\frac{\alpha}{2}}{\mu \cdot d_m} = p \cdot \pi \cdot d_m \cdot b \cdot \sin\frac{\alpha}{2}$$

$$M_t = \frac{1}{2} \cdot \mu \cdot \pi \cdot d_m^2 \cdot b \cdot p \qquad\qquad \text{Gl. 10.45}$$

Die Gleichungen 10.43, 10.44 und 10.45 lassen sich nach Bild 10.26 in das gewohnte Schema einordnen:

Diese Betrachtung gilt jedoch nur für den Fall, dass in axialer Richtung keine Reibung auftritt, die Bremse also bereits eingerückt ist. Wird die Bremse jedoch unter Last eingerückt, so muss nach dem oberen Drittel von Bild 10.25 auch die in axialer Richtung wirkende Reibung

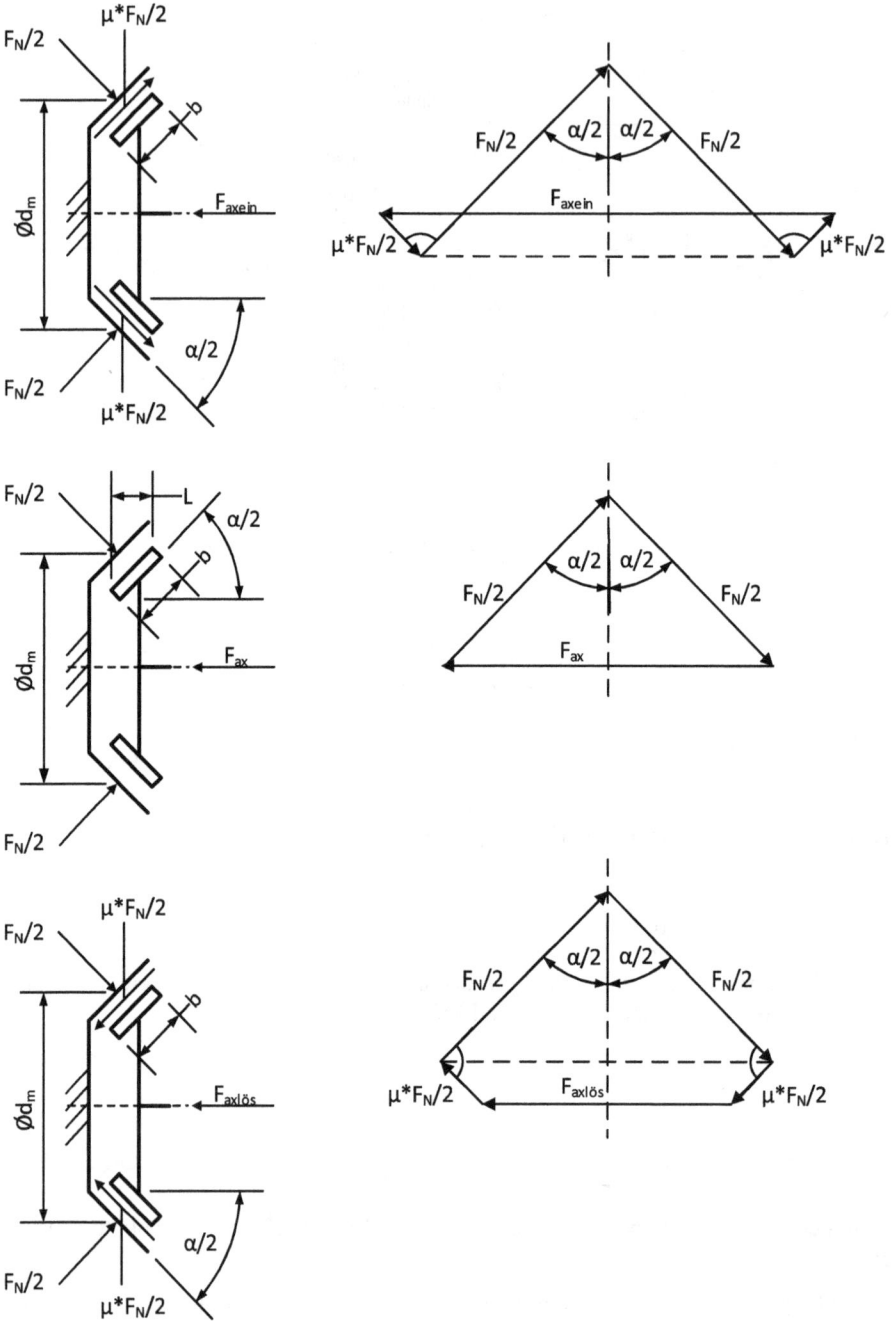

Bild 10.25: Kräfte und Momente an der Kegelbremse

$$\boxed{\begin{array}{c}\text{Bremsmoment}\\ M_t\end{array}}$$

$$\boxed{M_t = \frac{\mu * d_m}{2 * \sin\frac{\alpha}{2}} * F_{ax}}$$

$$\boxed{M_t = \frac{1}{2} * \mu * \pi * d_m^2 * b * p}$$

$$\boxed{\begin{array}{c}\text{Betätigungskraft}\\ F_{ax}\end{array}}$$

$$\boxed{p = \frac{F_{ax}}{\pi * d_m * b * \sin\frac{\alpha}{2}}}$$

$$\boxed{\begin{array}{c}\text{Flächenpressung}\\ p\end{array}}$$

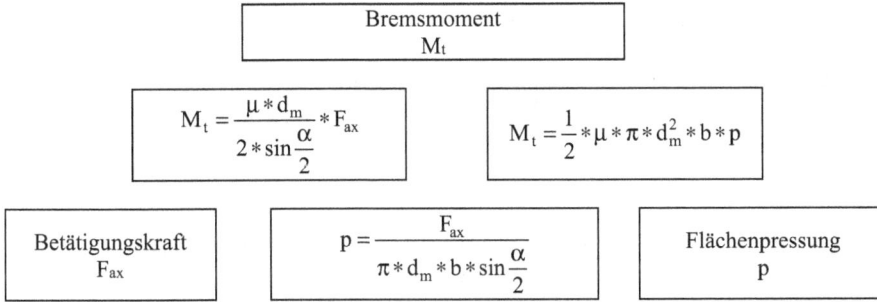

Bild 10.26: Dimensionierungsschema Kegelbremse ohne Reibeinfluss in Axialrichtung

berücksichtigt werden. Dann ergibt sich in axialer Richtung das folgende Kräftegleichgewicht:

$$2 \cdot \left(\frac{F_N}{2} \cdot \sin\frac{\alpha}{2} + \mu \cdot \frac{F_N}{2} \cdot \cos\frac{\alpha}{2} \right) = F_{axein}$$

$$F_N = \frac{F_{axein}}{\sin\frac{\alpha}{2} + \mu \cdot \cos\frac{\alpha}{2}} \qquad\qquad \text{Gl. 10.46}$$

Damit gewinnt der Ausdruck für das übertragbare Moment nach Gl. 10.42 die folgende Form:

$$M_t = 2 \cdot \frac{F_N}{2} \cdot \mu \cdot \frac{d_m}{2} = \frac{\mu \cdot d_m}{2 \cdot \left(\sin\frac{\alpha}{2} + \mu \cdot \cos\frac{\alpha}{2}\right)} \cdot F_{axein} \qquad\qquad \text{Gl. 10.47}$$

Der Zusammenhang zwischen Kraft und Pressung nach Gl. 10.44 muss dann ebenfalls erweitert werden:

$$p = \frac{F_N}{\pi \cdot d_m \cdot b} = \frac{F_{axein}}{\pi \cdot d_m \cdot b \cdot \left(\sin\frac{\alpha}{2} + \mu \cdot \cos\frac{\alpha}{2}\right)} \qquad\qquad \text{Gl. 10.48}$$

Die Beziehung zwischen Pressung und Moment (rechte Dreieckseite von Bild 10.27) kann von Bild 10.26 übernommen werden, weil er unabhängig von axialen Reibeinflüssen ist. Diese Aussage wird bestätigt, wenn die Gleichungen 10.47 und 10.48 jeweils nach F_{axein} aufgelöst und gleichgesetzt werden.

Während die Reibung in axialer Richtung beim Einrücken der Bremse überwunden werden muss und deshalb mit einem positiven Vorzeichen versehen wird, kehrt sich ihre Richtung beim Ausrücken (unteres Drittel von Bild 10.25) um und wird dann negativ notiert, was bei den Gleichungen in Bild 10.27 bereits vermerkt ist. Ähnliche Zusammenhänge ergeben sich auch für den Kegelpressverband (s. Gl. 6.72 und 6.73).

$$\boxed{\begin{array}{c} \text{Bremsmoment} \\ M_t \end{array}}$$

$$M_t = \frac{\mu * d_m}{2 * \left(\sin\frac{\alpha}{2} \pm \mu * \cos\frac{\alpha}{2} \right)} * F_{ax}$$

$$M_t = \mu * \frac{\pi * b * d_m^2}{2} * p$$

$$\boxed{\begin{array}{c} \text{Betätigungskraft} \\ F_{ax} \end{array}}$$

$$p = \frac{F_{ax}}{\pi * d_m * b * \left(\sin\frac{\alpha}{2} \pm \mu * \cos\frac{\alpha}{2} \right)}$$

$$\boxed{\begin{array}{c} \text{Flächenpressung} \\ p \end{array}}$$

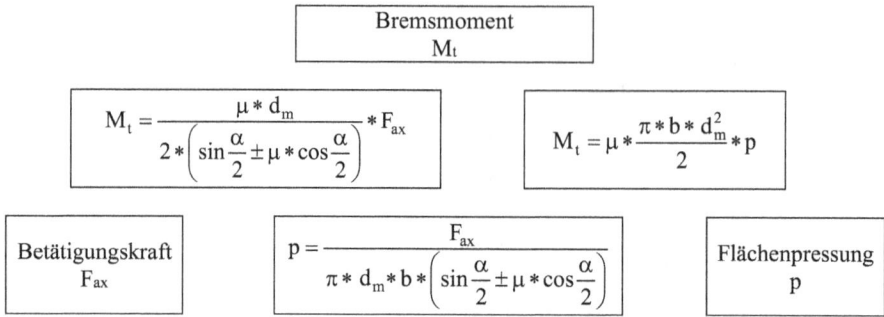

Bild 10.27: Dimensionierungsschema Kegelbremse mit Reibeinfluss in Axialrichtung

Aufgabe A.10.12

10.5.4   Bandbremse

Wenn ein Riementrieb durch Überlastung zum Gleitschlupf gezwungen wird, so wird er zur Bandbremse: Der Riementrieb rutscht an der Scheibe mit dem geringeren Umschlingungswinkel durch und wird selber zur „Arbeitsmaschine". Wenn der Abtrieb stehen bleibt, wird die gesamte Leistung thermisch verbraucht. Bandbremsen können also grundsätzlich wie Riementriebe (Kap. 7.3) dimensioniert werden, wobei allerdings folgende Besonderheiten zu berücksichtigen sind:

- Da die freiwerdende Leistung in Wärme umgesetzt wird, müssen thermisch hoch belastbare Werkstoffe eingesetzt werden. Riemenwerkstoffe wären hier völlig überfordert.
- Während der Riementrieb aus einer Hintereinanderschaltung von zwei Seilreibungen besteht (Antriebsscheibe – Riemen einerseits und Riemen – Abtriebsscheibe andererseits), entfällt bei der Bandbremse die zweite Seilreibung. Die Analogie zum Riementrieb lässt sich am übersichtlichsten mit der Treibscheibe als „halbem" Riementrieb erklären (vgl. Abschnitt 7.3.2).
- Während der Riementrieb vorzugsweise ohne Gleitschlupf betrieben wird, wird bei der Bandbremse der Gleitschlupf erzwungen. Aus diesem Grunde wird der Gleitreibungskoeffizient wirksam.
- Bandbremsen erfordern fertigungs- und montagetechnisch keine besondere Präzision und werden deshalb vorzugsweise bei Bau- und Landmaschinen sowie in der Fördertechnik verwendet.
- Ähnlich wie bei Backenbremsen erfordert eine Bandbremse bei optimaler Auslegung nur sehr kleine Betätigungskräfte. Die bei Backenbremsen übliche paarweise Anordnung der Bremselemente und der damit verbundene Ausgleich von Querkräften ist bei Bandbremsen allerdings konstruktiv kaum sinnvoll, was zu einer hohen Biegebeanspruchung der Bremswelle führen kann.

Bild 10.28 führt die wesentlichen Konstruktionsvarianten einer Außenbandbremse auf. Die hier dargestellten Beispiele beschränken sich auf einen einheitlichen Umschlingungswinkel

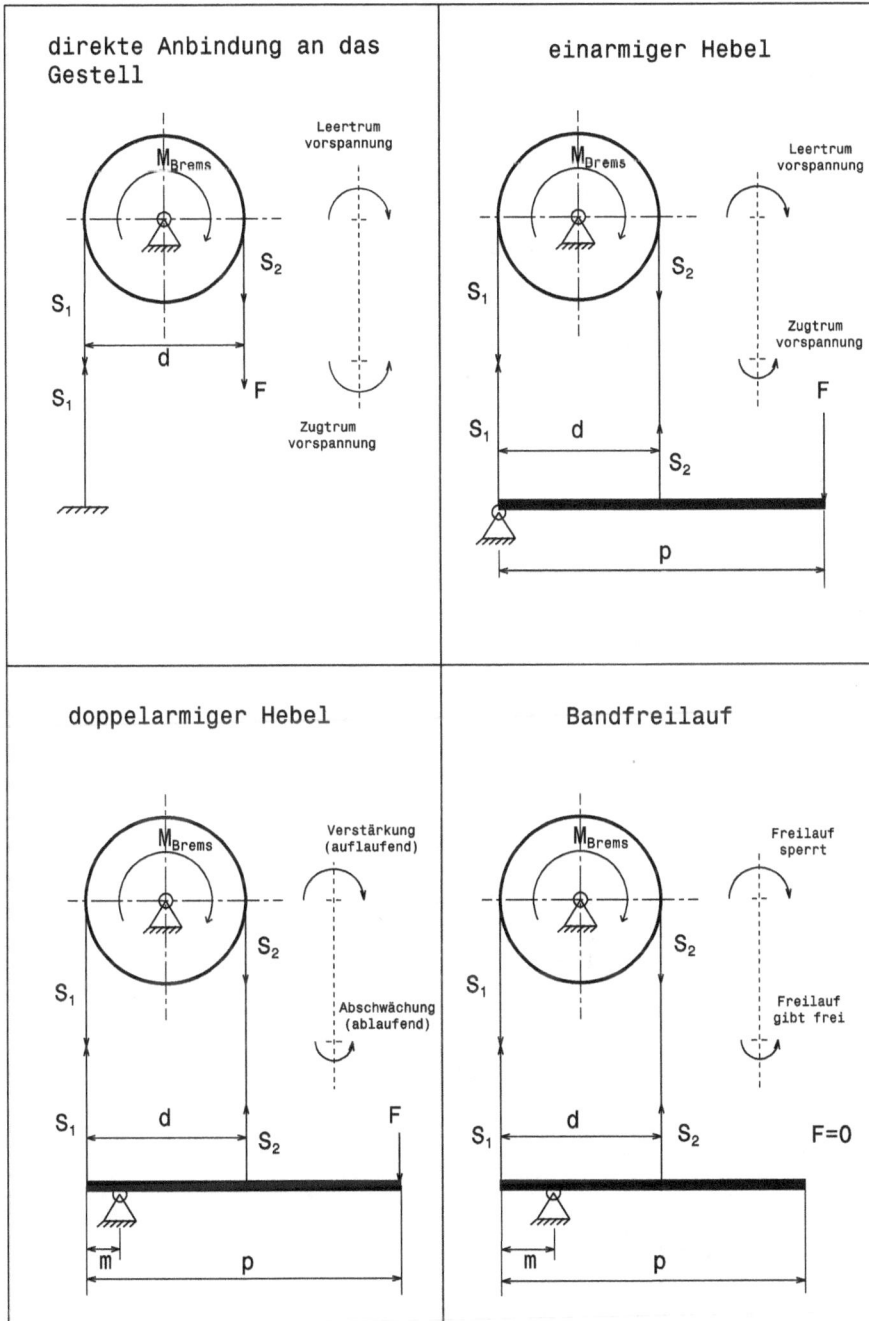

Bild 10.28: Dimensionierungsgrundlagen Bandbremse

von 180° und auf Seilkräfte, die senkrecht auf den Hebelarm wirken. Andere geometrische Konstellationen erfordern eine Erweiterung des Ansatzes mit entsprechenden Winkelfunktionen, ggf. können dabei die Zusammenhänge aus dem Kapitel Riementriebe übernommen werden.

10.5.4.1   Direkte Anbindung an das Gestell

Die einfachste Konstruktionsvariante besteht darin, das eine Bremsbandende fest an die Umgebung anzukoppeln und die Betätigungskraft am anderen Bandende einzuleiten. Die Gleichungen für den Zusammenhang zwischen Trumkräften und Momenten werden aus dem Kapitel Riementrieb übernommen. Bei der Dimensionierung muss ähnlich wie bei Backenbremsen nach der Drehrichtung unterschieden werden:

Drehung im Uhrzeigersinn   Drehung im Gegenuhrzeigersinn

$$M_{Brems} = (S_1 - S_2) \cdot \frac{d}{2} \quad \text{nach Gl. 7.49} \qquad M_{Brems} = (S_2 - S_1) \cdot \frac{d}{2} \quad \text{nach Gl. 7.49}$$

$$\frac{S_1}{S_2} = e^{\mu\alpha} \quad \text{nach Gl. 7.47} \qquad \frac{S_2}{S_1} = e^{\mu\alpha} \quad \text{nach Gl. 7.47}$$

$$S_1 = S_2 \cdot e^{\mu\alpha} \quad \text{Gl. 10.49} \qquad S_1 = \frac{S_2}{e^{\mu\alpha}} \quad \text{Gl. 10.50}$$

Damit ergeben sich folgende Bremsmomente:

$$M_{Brems} = S_2 \cdot (e^{\mu\alpha} - 1) \cdot \frac{d}{2} \quad \text{Gl. 10.51} \qquad M_{Brems} = S_2 \cdot \left(1 - \frac{1}{e^{\mu\alpha}}\right) \cdot \frac{d}{2} \quad \text{Gl. 10.53}$$

hier: hier:

$$M_{Brems} = (e^{\mu\alpha} - 1) \cdot \frac{d}{2} \cdot F \quad \text{Gl. 10.52} \qquad M_{Brems} = \left(1 - \frac{1}{e^{\mu\alpha}}\right) \cdot \frac{d}{2} \cdot F \quad \text{Gl. 10.54}$$

Bei der Drehung im Uhrzeigersinn ergibt sich also stets ein größeres Bremsmoment als in umgekehrter Richtung.

Aufgabe A.10.13

10.5.4.2   Einarmiger Hebel

Die zweite Konstruktionsvariante macht sich die Kraftverstärkung durch einen Hebel zu Nutze. Die Gleichungen für Seilreibung und für Bremsmoment (Gl. 10.51 und 10.53) bleiben erhalten. Das Momentengleichgewicht um das Gelenk des Hebels liefert für beide Drehrichtungen:

$$S_2 \cdot d = F \cdot p \quad \rightarrow \quad S_2 = \frac{p}{d} \cdot F \qquad \qquad \text{Gl. 10.55}$$

Damit lassen sich die Gleichungen 10.51 und 10.53 fortschreiben:

Drehung im Uhrzeigersinn

$$M_{\text{Brems}} = \frac{p}{d} \cdot (e^{\mu\alpha} - 1) \cdot \frac{d}{2} \cdot F$$

$$M_{\text{Brems}} = \frac{p}{2} \cdot (e^{\mu\alpha} - 1) \cdot F \qquad \text{Gl. 10.56}$$

Drehung im Gegenuhrzeigersinn

$$M_{\text{Brems}} = \frac{p}{d} \cdot \left(1 - \frac{1}{e^{\mu\alpha}}\right) \cdot \frac{d}{2} \cdot F$$

$$M_{\text{Brems}} = \frac{p}{2} \cdot \left(1 - \frac{1}{e^{\mu\alpha}}\right) \cdot F \qquad \text{Gl. 10.57}$$

10.5.4.3 Doppelarmiger Hebel

Die dritte Konstruktionsvariante verlagert den Anlenkpunkt des Hebels um den Betrag m nach rechts, sodass nun beide Seilkräfte am Momentengleichgewicht des Hebels teilnehmen:

$$-S_1 \cdot m + S_2 \cdot (d - m) - F \cdot (p - m) = 0 \qquad \qquad \text{Gl. 10.58}$$

Drehung im Uhrzeigersinn

Mit Gl. 10.49 wird daraus:

$$-S_2 \cdot e^{\mu\alpha} \cdot m + S_2 \cdot (d - m) - F \cdot (p - m) = 0$$

$$S_2 \cdot (-e^{\mu\alpha} \cdot m + d - m) = F \cdot (p - m)$$

$$S_2 = \frac{p - m}{d - m - m \cdot e^{\mu\alpha}} \cdot F$$

$$S_2 = \frac{p - m}{d - m \cdot (e^{\mu\alpha} + 1)} \cdot F$$

Drehung im Gegenuhrzeigersinn

Unter Zuhilfenahme von Gl. 10.50 ergibt sich:

$$-\frac{S_2}{e^{\mu\alpha}} \cdot m + S_2 \cdot (d - m) - F \cdot (p - m) = 0$$

$$S_2 \cdot \left(-\frac{m}{e^{\mu\alpha}} + d - m\right) = F \cdot (p - m)$$

$$S_2 = \frac{p - m}{d - m - \frac{m}{e^{\mu\alpha}}} \cdot F = \frac{p - m}{\frac{d \cdot e^{\mu\alpha} - m \cdot e^{\mu\alpha} - m}{e^{\mu\alpha}}} \cdot F$$

$$S_2 = \frac{(p - m) \cdot e^{\mu\alpha}}{d \cdot e^{\mu\alpha} - m \cdot (e^{\mu\alpha} + 1)} \cdot F$$

Damit ergibt sich das Moment nach Gl. 10.51 zu

$$M_{\text{Brems}} = \frac{(p - m) \cdot (e^{\mu\alpha} - 1)}{d - m \cdot (e^{\mu\alpha} + 1)} \cdot \frac{d}{2} \cdot F$$
$$\text{Gl. 10.59}$$

Setzt man diese Gleichung in Gl. 10.53 ein, so ergibt sich

$$M_{\text{Brems}} = \frac{(p - m) \cdot e^{\mu\alpha}}{d \cdot e^{\mu\alpha} - m \cdot (e^{\mu\alpha} + 1)} \cdot \left(1 - \frac{1}{e^{\mu\alpha}}\right) \cdot \frac{d}{2} \cdot F$$

$$M_{\text{Brems}} = \frac{(p - m) \cdot e^{\mu\alpha}}{d \cdot e^{\mu\alpha} - m \cdot (e^{\mu\alpha} + 1)} \cdot \frac{e^{\mu\alpha} - 1}{e^{\mu\alpha}} \cdot \frac{d}{2} \cdot F$$

$$M_{\text{Brems}} = \frac{(p - m) \cdot (e^{\mu\alpha} - 1)}{d \cdot e^{\mu\alpha} - m \cdot (e^{\mu\alpha} + 1)} \cdot \frac{d}{2} \cdot F$$

$$\text{Gl. 10.60}$$

Die Bremswirkung ist also auch hier von der Drehrichtung abhängig. Je kleiner der Nenner des voranstehenden Quotienten in Gl. 10.59 und 10.60 ist, desto geringer ist die Betätigungskraft F.

10.5.4.4 Bandfreilauf

Die vierte Konstruktionsvariante von Bild 10.28 treibt die Verschiebung des Anlenkpunktes des Hebels so weit nach rechts, dass der Nenner der Gleichungen 10.59 und 10.60 zunächst zu null wird. Dadurch wird eine Betätigungskraft überflüssig und die Bremse schließt sich von selbst, was sie zum Freilauf macht.

Sperrbedingung für   Sperrbedingung für
Drehung im Uhrzeigersinn   Drehung im Gegenuhrzeigersinn

$$d - m \cdot (e^{\mu\alpha} + 1) \leq 0$$
$$m \cdot (e^{\mu\alpha} + 1) \geq d$$
$$\frac{m}{d} \geq \frac{1}{e^{\mu\alpha} + 1} \qquad \text{Gl. 10.61}$$

$$d \cdot e^{\mu\alpha} - m \cdot (e^{\mu\alpha} + 1) \leq 0$$
$$m \cdot (e^{\mu\alpha} + 1) \geq d \cdot e^{\mu\alpha}$$
$$\frac{m}{d} \geq \frac{e^{\mu\alpha}}{e^{\mu\alpha} + 1} \qquad \text{Gl. 10.62}$$

Wird der Nenner in den Gln. 10.59 und 10.60 negativ, so wird auch die Betätigungskraft negativ und beziffert damit die Kraft, die aufgebracht werden muss, um die Bremse aus dieser blockierenden Freilaufstellung heraus wieder zu lösen.

Während Bild 10.28 die Bandbremse aus Gründen der Übersichtlichkeit als Modellvorstellung mit einem geraden Balken und senkrecht daran angreifenden Kräften zeigt, versucht die Anordnung nach Bild 10.29, die Konstruktion zu optimieren und kompakter auszuführen.

1. Der Umschlingungswinkel wird auf einen Dreiviertelkreis vergrößert, um ein höheres Verhältnis von Zugtrumkraft zu Leertrumkraft zu erzielen. Dadurch entartet der ursprünglich gerade Hebel zu einem Winkelhebel, durch dessen Hebelarmverhältnis (hier 116,5 mm/20 mm = 5,83) die Verstärkungswirkung hervorgerufen wird. Die Betätigungskraft wird aus Sicherheitsgründen von einer Tellerfedersäule aufgebracht, die für eine permanente Bremswirkung sorgt. Zum Lösen der Bremse wird diese Federkraft durch einen pneumatischen Zugzylinder aufgehoben.

2. Die angestrebte kompakte Bauform führt allerdings dazu, dass die Bolzen und Gelenke in ihrer Festigkeit gefährdet sind und deshalb vergrößert werden müssen. Um den dafür erforderlichen Platz zu schaffen, werden die Anlenkpunkte in der dargestellten Weise unter Beibehaltung des Hebelarmverhältnisses angeordnet: 96,2 mm/16,5 mm = 5,83.

3. Die schräge Anordnung schafft den Platz für die Unterbringung der Tellerfedersäule, wobei das Hebelarmverhältnis durch Anpassung der Hebelarme erhalten bleibt: 75,75 mm/13 mm = 5,83. Eine Einstellmutter am unteren Bandende ermöglicht die Kompensation des Belagverschleißes und stellt damit sicher, dass die Geometrie von Umschlingung und Hebelarmen beibehalten werden kann.

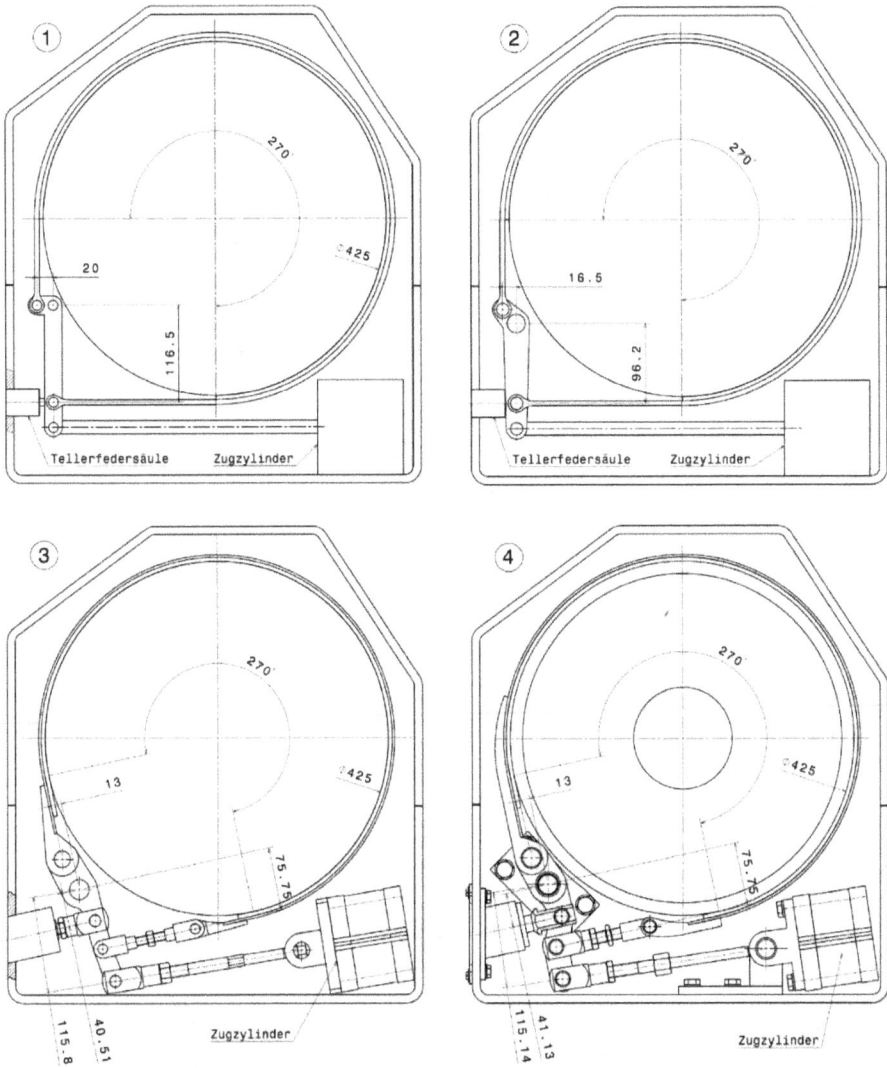

Bild 10.29: Konstruktive Optimierung einer Bandbremse

4. Zur optimalen Raumausnutzung wird der lange Winkelhebel unter Beibehaltung der Hebelarme gekröpft.

Aufgaben A.10.14 – A.10.16

10.5.4.5   Gewichtsbelastete Bandbremse

Die Bandbremse nach Bild 10.30 stellt eine besonders einfache Bauform dar, bei der sich die Bremswirkung durch eine Gewichtskraft ohne Verwendung eines Hebels ergibt.

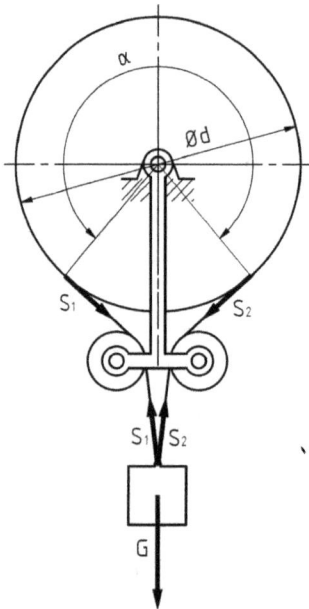

Bild 10.30a: Gewichtsbelastete Bandbremse momentenlos

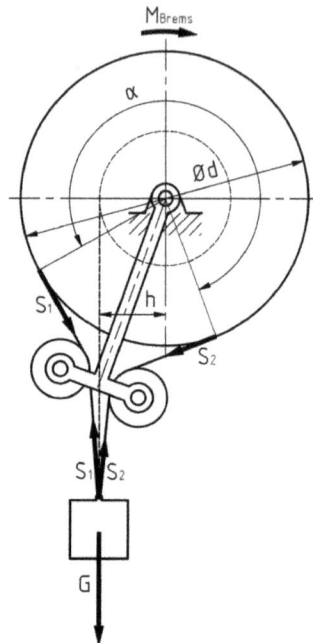

Bild 10.30b: Gewichtsbelastete Bandbremse Bremszustand

Auf der Linie der Rotationsachse der Bremsscheibe wird getrennt von dieser eine Rollenschwinge angeordnet, die sich ohne fremde Einwirkung frei drehen kann und an deren Ende zwei Laufrollen angebracht sind. An beiden Enden des um die Bremsscheibe geschlungenen Bremsbandes wird je ein Zugorgan angebracht, die in der dargestellten Weise um die Laufrollen geführt werden und schließlich an das Lastgewicht G angeknüpft werden. Wenn sich die Bremsscheibe nicht dreht, stellt sich die Rollenschwinge aufgrund der Kraftwirkung G des Gewichtes in der dargestellten Weise symmetrisch ein.

Bei Drehung der Bremsscheibe im Uhrzeigersinn wird die Wirkungslinie der Gewichtskraft nach links ausgelenkt und nimmt gegenüber der Symmetrielinie selbsttätig den Hebelarm h ein. Dieser Lastzustand kann modellhaft durch den gestrichelt eingezeichneten Lastzustand ersetzt werden, bei dem die gleiche Gewichtskraft G mit dem gleichen Hebelarm h auf eine (hier konstruktiv nicht vorhandene) Hubtrommel wirkt. Wenn der Drehpunkt der Schwinge mit der Rotationsachse der Bremsscheibe zusammen fällt, ist sicher gestellt, dass der Umschlingungswinkel α unabhängig von der Stellung der Schwinge stets erhalten bleibt.

Während sich im Falle der modellhaften Hubtrommel das Moment als das Produkt aus Gewichtkraft G und Hebelarm h ergibt, formuliert sich das gleichgroße Bremsmoment als Differenz der Momente, die durch die an der Bremsscheibe wirkenden Trumkräfte zustande kommt:

$$M_{Brems} = G \cdot h = (S_1 - S_2) \cdot \frac{d}{2} \qquad \text{Gl. 10.63}$$

Die Richtung des Bremsmomentes ist hier so eingetragen, wie es auf die Bremsscheibe wirkt, um den Trumkräften das Gleichgewicht zu halten. Links unten im Bild ergibt sich ein Kräftegleichgewicht der Lastmasse mit den beiden Trumkräften:

$$S_1 + S_2 = G \qquad \text{Gl. 10.64}$$

Wird G nach Gl. 10.64 in Gl 10.63 eingesetzt, so folgt für das Bremsmoment:

$$M_{Brems} = (S_1 - S_2) \cdot \frac{d}{2} = (S_1 + S_2) \cdot h \qquad \text{Gl. 10.65}$$

Diese Gleichung kann nach h aufgelöst werden:

$$h = \frac{S_1 - S_2}{S_1 + S_2} \cdot \frac{d}{2} \qquad \text{Gl. 10.66}$$

Die Seilkräfte stehen auch hier über die Eytelwein'sche Gleichung untereinander in Beziehung: $S_1 = S_2 \cdot e^{\mu\alpha}$

$$h = \frac{S_2 \cdot e^{\mu\alpha} - S_2}{S_2 \cdot e^{\mu\alpha} + S_2} \cdot \frac{d}{2} = \frac{e^{\mu\alpha} - 1}{e^{\mu\alpha} + 1} \cdot \frac{d}{2} \qquad \text{Gl. 10.67}$$

Unabhängig vom Lastniveau stellt sich also stets der gleiche Hebelarm h ein, der im laufenden Betriebe einfach gemessen werden kann. Mit der linken Hälfte von Gl. 10.63 kann also das Bremsmoment einfach ermittelt werden. Soll andererseits ein bestimmtes Bremsmoment aufgebracht werden, so braucht also zum gemessenen, lastunabhängig gemessenen Hebelarm h nur noch die Gewichtskraft G angepasst zu werden:

$$G = \frac{M_{Brems}}{h} \qquad \text{Gl. 10.68}$$

Gl. 10.67 erlaubt es, den Reibwert μ unter betriebsgerechten Bedingungen genau zu ermitteln. Wenn h im laufenden Versuch abgelesen wird, ist μ die einzige Unbekannte in dieser Gleichung, so dass nach dieser aufgelöst wird:

$$2 \cdot h \cdot (e^{\mu\alpha} + 1) = d \cdot (e^{\mu\alpha} - 1) \quad \rightarrow \quad 2 \cdot h \cdot e^{\mu\alpha} + 2 \cdot h = d \cdot e^{\mu\alpha} - d$$

$$e^{\mu\alpha} \cdot (2 \cdot h - d) = -2 \cdot h - d \quad \rightarrow \quad e^{\mu\alpha} = \frac{d + 2 \cdot h}{d - 2 \cdot h}$$

$$\ln(e^{\mu\alpha}) = \ln \frac{d + 2 \cdot h}{d - 2 \cdot h} \quad \rightarrow \quad \mu \cdot \alpha = \ln \frac{d + 2 \cdot h}{d - 2 \cdot h}$$

$$\mu = \frac{\ln \frac{d+2 \cdot h}{d-2 \cdot h}}{\alpha} \qquad \text{Gl. 10.69}$$

Aufgabe A.10.17

10.5.4.6 Flächenpressung

Die für die Festigkeit von Riementrieben maßgebliche Zugbelastung ist bei Bandbremsen in aller Regel unkritisch. Wie bei anderen Reibbremsen tritt hier vielmehr die Flächenpressung als entscheidendes Dimensionierungskriterium in den Vordergrund. Bereits in Kap. 7 wurde bei der Beschreibung der Seilreibung mit Bild 7.33 und Gl. 7.44 ein Ansatz formuliert, der sich auf den Anwendungsfall der Bandbremse nach Bild 10.31 direkt übertragen lässt:

$$\sum F_y = 0 = dN - S \cdot \sin \frac{d\varphi}{2} - (S + dS) \cdot \sin \frac{d\varphi}{2}$$

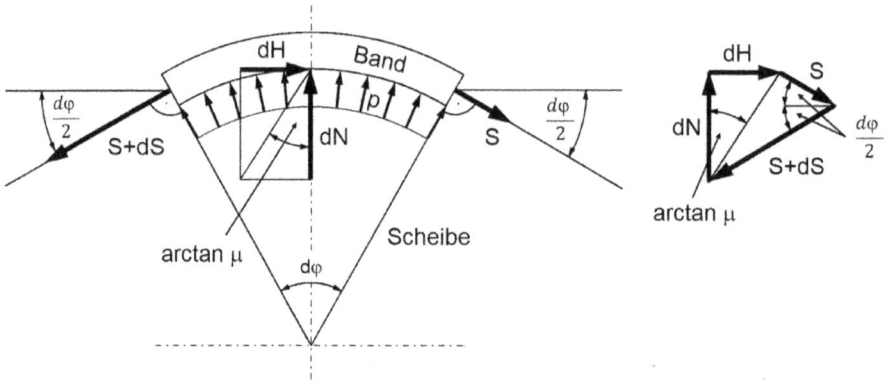

Bild 10.31: Kräfte am Bandelement

Da es sich hier um sehr kleine Winkel handelt, kann $\sin d\varphi = d\varphi$ gesetzt werden:

$$dN - S \cdot \frac{d\varphi}{2} - (S + dS) \cdot \frac{d\varphi}{2} \quad \rightarrow \quad dN - S \cdot \frac{d\varphi}{2} - S \cdot \frac{d\varphi}{2} - dS \cdot \frac{d\varphi}{2}$$

Der letzte Ausdruck dieser Gleichung $dS \cdot d\varphi/2$ ist „von höherer Ordnung klein", da zwei infinitesimal kleine Größen miteinander multipliziert werden. Dadurch verkürzt sich die letztgenannte Gleichung auf:

$$dN - 2 \cdot S \cdot \frac{d\varphi}{2} \quad \rightarrow \quad dN = S \cdot d\varphi$$

Bezieht man diese Normalkraft auf das entsprechende Flächenelement mit b als der Breite des Bremsbandes (vgl. auch Bild 6.15), so ergibt sich:

$$p = \frac{dN}{dA} = \frac{S \cdot d\varphi}{d\varphi \cdot \frac{d}{2} \cdot b} = \frac{2 \cdot S}{d \cdot b} \leq p_{zul} \qquad \text{Gl. 10.70}$$

Die größte und damit werkstoffkundlich kritische Flächenpressung entsteht an der Einlaufseite, weil an dieser Stelle die Seilkraft S mit S_Z den größten Betrag annimmt. Soll die Pressung direkt mit dem Moment in Verbindung gebracht werden, so wird Gl. 7.52 nach S_Z aufgelöst:

$$M = (S_Z - S_L) \cdot \frac{d}{2} = S_Z \cdot \left(1 - \frac{1}{e^{\mu\alpha}}\right) \cdot \frac{d}{2} \quad \rightarrow \quad S_Z = \frac{M}{\left(1 - \frac{1}{e^{\mu\alpha}}\right) \cdot \frac{d}{2}}$$

Damit folgt für Gl. 10.70:

$$p = \frac{2 \cdot \dfrac{M}{\left(1 - \dfrac{1}{e^{\mu\alpha}}\right) \cdot \dfrac{d}{2}}}{d \cdot b} = \frac{4 \cdot M}{d^2 \cdot b \cdot \left(1 - \dfrac{1}{e^{\mu\alpha}}\right)} \leq p_{zul} \qquad \text{Gl. 10.71}$$

Bild 10.32 versucht, diese Zusammenhänge wie bei den zuvor aufgeführten Reibbremsen und den reibschlüssigen Welle-Nabe-Verbindungen in einem Dimensionierungsschema zusammen zu stellen, wobei Gl. 10.71 auf der rechten Dreieckseite zu platzieren ist.

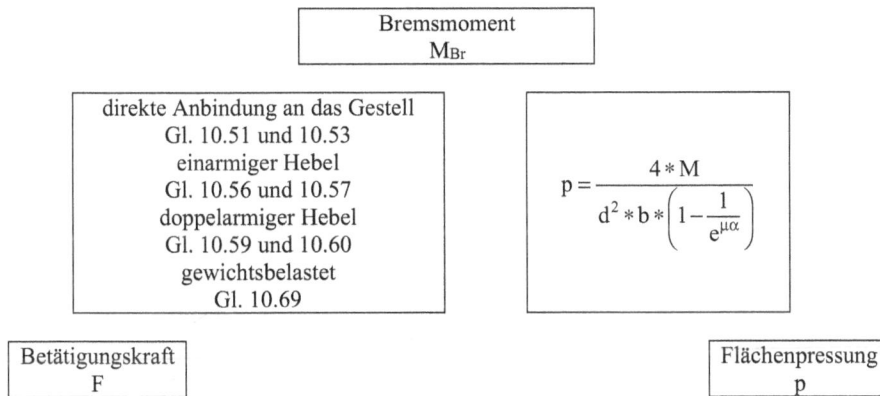

$$\boxed{\begin{array}{c} \text{Bremsmoment} \\ M_{Br} \end{array}}$$

$$\boxed{\begin{array}{c} \text{direkte Anbindung an das Gestell} \\ \text{Gl. 10.51 und 10.53} \\ \text{einarmiger Hebel} \\ \text{Gl. 10.56 und 10.57} \\ \text{doppelarmiger Hebel} \\ \text{Gl. 10.59 und 10.60} \\ \text{gewichtsbelastet} \\ \text{Gl. 10.69} \end{array}} \qquad \boxed{p = \frac{4 * M}{d^2 * b * \left(1 - \dfrac{1}{e^{\mu\alpha}}\right)}}$$

$$\boxed{\begin{array}{c} \text{Betätigungskraft} \\ F \end{array}} \qquad \boxed{\begin{array}{c} \text{Flächenpressung} \\ p \end{array}}$$

Bild 10.32: Dimensionierungsschema Bandbremse

Die Belegung der linken Dreieckseite hängt sowohl von der Anbindung des Bandes an das Gestell als auch von der Drehrichtung ab. Wegen der Vielzahl der Gleichungen sind hier nur Hinweise angebracht. Die untere Dreieckseite ist wegen der Komplexität hier nicht mehr übersichtlich darstellbar. Der Ausdruck für das Moment aus der linken Dreieckseite kann aber leicht in die Gleichung auf der rechten Dreieckseite eingesetzt werden, sodass auch hier ein Zusammenhang zwischen der Betätigungskraft F und der Flächenpressung p hergestellt werden kann.

Es können folgende Reibzahlen angenommen werden:

$\mu = 0{,}15$ für Stahlband

$\mu = 0{,}3$ für Reibbelag

Die Flächenpressung darf folgende Grenzwerte nicht überschreiten:

$p_{zul} = 0{,}2\text{–}0{,}3\,\text{N}/\text{mm}^2$ für Holzbelag

p_{zul} bis $0{,}3\,\text{N}/\text{mm}^2$ für Ferodofiber

p_{zul} bis $0{,}5\,\text{N}/\text{mm}^2$ für Ferodoasbest

Dient die Bremse als Feststellbremse (also ohne nennenswerte Relativbewegung unter Last und ohne thermische Belastung), so können deutlich höhere Flächenpressungen zugelassen werden.

Aufgaben A.10.18 bis A.10.21

10.6 Literatur

[10.1] Burckhardt, Manfred: Fahrwerktechnik: Bremsdynamik und PKW-Bremsanlagen Vogel Verlag, Würzburg

[10.2] Mitschke, M., Wallentowitz, H.: Dynamik der Kraftfahrzeuge; Springer Vieweg (2014)

[10.3] Schalitz, A.: Kupplungs-Atlas: Bauarten und Auslegung von Kupplungen und Bremsen; 4., geänderte und erweiterte Auflage; A.G.T-Verlag Thum; Ludwigsburg 1975

[10.4] VDMA-Einheitsblätter 15434: Berechnung von Doppel-Backenbremsen; Zuordnung der Bremsen zu üblichen Drehstrom-Asynchronmotoren mit Schleifring im Aussetzbetrieb

[10.5] VDMA-Einheitsblätter 15435 T4: Krane; Doppelbackenbremsen, Bremsbelagsorten und Prüfbedingungen für Bremsbeläge

[10.6] VDI Richtlinie 2241, Bl. 1: Schaltbare fremdbetätigte Reibkupplungen und -bremsen; Begriffe, Bauarten, Kennwerte, Berechnungen

[10.7] VDI Richtlinie 2241, Bl. 2: Schaltbare fremdbetätigte Reibkupplungen und -bremsen; Systembezogene Eigenschaften, Auswahlkriterien, Berechnungsbeispiele

10.7 Normen

[10.8]   DIN ISO 6316: Straßenfahrzeuge; Bremsbeläge; Maß und Formbeständigkeit von Scheibenbremsbelägen unter Wärmeeinwirkung; Prüfverfahren

[10.9]   DIN 15431: Antriebstechnik; Bremstrommeln, Hauptmaße

[10.10] DIN 15432: Antriebstechnik; Bremsscheiben, Hauptmaße

[10.11] DIN E 15433 T1: Antriebstechnik; Scheibenbremsen, Anschlussmaße

[10.12] DIN E 15433 T2: Antriebstechnik; Scheibenbremsen, Bremsbeläge

[10.13] DIN 15434 T1: Antriebstechnik; Trommel- und Scheibenbremsen, Berechnungsgrundsätze

[10.14] DIN 15434 T2: Antriebstechnik; Trommel- und Scheibenbremsen, Überwachung im Gebrauch

[10.15] DIN 15435 T1: Antriebstechnik; Trommelbremsen, Anschlussmaße

[10.16] DIN 15435 T2: Antriebstechnik; Trommelbremsen, Bremsbacken

[10.17] DIN 15435 T3: Antriebstechnik; Trommelbremsen, Bremsbeläge

[10.18] DIN 15437: Antriebstechnik, Bremstrommeln und Bremsscheiben, Technische Lieferbedingungen

[10.19] DIN 74200: Hydraulische Bremsanlagen; Zylinder; Maße; Einbau

10.8   Aufgaben: Bremsen

A.10.1   Bremsvorgang eines Hubwerks, Variation von Hubmasse und Bremsmoment

Das Hubwerk nach unten stehender Skizze wird direkt mit einer Bremse gekoppelt. Der Bremsvorgang wird aus einer Sinkgeschwindigkeit von 0,5 m/s heraus eingeleitet.

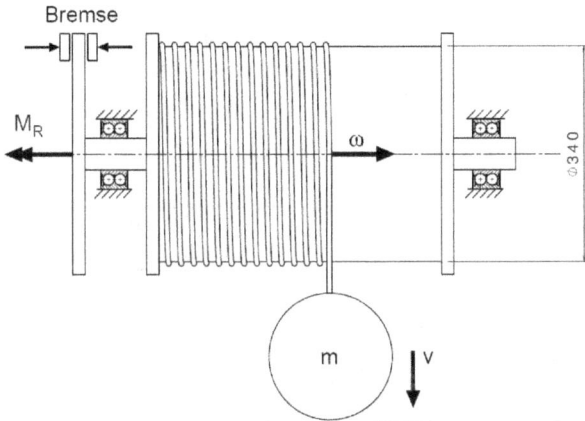

Ermitteln Sie zunächst die Winkelgeschwindigkeit, die zu Beginn des Bremsvorganges vorliegt!	ω_0	s^{-1}	

Die Hubmasse wird in den folgenden Stufen variiert. Berechnen Sie zunächst in der zweiten Zeile das sich daraus ergebende Lastmoment und das auf die Welle bezogene Massenträgheitsmoment, wenn angenommen werden kann, dass es sich ausschließlich aus der Hubmasse ergibt und dass die Trommel selber masselos ist.

			m = 100 kg	m = 200 kg	m = 300 kg	m = 400 kg
	M_L	Nm				
	J	$kg\,m^2$				
$M_R = 500\,Nm$	t_R	s				
	W_R	Nm				
$M_R = 1000\,Nm$	t_R	s				
	W_R	Nm				

Berechnen Sie schließlich die Zeit, die der Bremsvorgang beansprucht und die Reibarbeit, die dabei generiert wird.

A.10.2 Bremsvorgang eines Fahrrades, Variation von Bremsmoment und Gefälle

Ein Fahrrad mit einer Gesamtmasse von 100 kg und einem Reifendurchmesser von 668 mm ist mit einer Geschwindigkeit von 30 km/h unterwegs. Der Masseneinfluss der rotierenden Räder und der Einfluss des Luftwiderstandes beim Bremsen können vernachlässigt werden.

Der translatorische Bremsvorgang bedeutet für die Bremse eine rotatorische Verzögerung. Die Winkelgeschwindigkeit des Laufrades wird mit gleichem Betrag um den Berührpunkt des Laufrades mit der Straße als „Momentanpol" wirksam. Dann wird die Masse von Fahrrad und Fahrer im Radmittelpunkt wirksam und kann mit dem Radius des Rades zu einem Massenträgheitsmoment um den Momentanpol verrechnet werden. Aus diesem Grund sollten zunächst die beiden folgenden Fragen geklärt werden:

| Wie groß ist die Winkelgeschwindigkeit zu Beginn des Bremsvorganges? | ω_0 | s^{-1} | |
| Wie groß ist das auf die Bremswelle wirkende Massenträgheitsmoment? | J | $kg \cdot m^2$ | |

Das Bremsmoment wird in den Stufen des nebenstehenden Schemas gesteigert. Ermitteln Sie zunächst den Reibwert, der zwischen Reifen und Fahrbahn mindestens vorliegen müsste, um die von der Bremse generierte Bremswirkung auf die Fahrbahn zu übertragen. Es kann angenommen werden, dass der Schwerpunkt des Fahrrades so weit hinten liegt, dass die „Kippgrenze" (s. Bild 10.6) keine Rolle spielt.

Das Fahrrad wird mit der Vorderradbremse von der Fahrgeschwindigkeit bis zum Stillstand abgebremst. Ermitteln Sie die Bremszeit und die Bremsarbeit

	M_{Br}	Nm	100	200	300
	μ_{erf}	–			
Steigung 5 %	t_R	s			
	W_R	N			
	$\Delta\vartheta$	°			
Ebene	t_R	s			
	W_R	Nm			
	$\Delta\vartheta$	°			
Gefälle 5 %	t_R	s			
	W_R	Nm			
	$\Delta\vartheta$	°			
Gefälle 10 %	t_R	s			
	W_R	Nm			
	$\Delta\vartheta$	°			
Gefälle 20 %	t_R	s			
	W_R	Nm			
	$\Delta\vartheta$	°			

sowie die dadurch hervorgerufene Erwärmungstemperatur der Aluminiumfelge, wenn deren Masse 300 g beträgt. Führen Sie diese Berechnung zunächst für eine Bremsung in der Ebene aus. Ermitteln Sie anschließend die gleichen Kennwerte, wenn die Fahrbahn ein Gefälle von 5 %, 10 % und 20 % hat. Betrachten Sie schließlich den Fall für eine Steigung von 5 %.

A.10.3 Felgenbremse Fahrrad (Seitenzugbremse)

A.10.3.1 Maximal mögliche Bremswirkung an der Kontaktstelle Reifen – Fahrbahn

Das Abbremsen eines Landfahrzeuges ist in aller Regel die Hintereinanderschaltung von zwei Reibschlüssen: Die von der eigentlichen Bremse generierte Bremswirkung muss auch vom Rad auf die Fahrbahn übertragen werden. Bei der in folgendem Bild vorgestellten Felgenbremse eines Fahrrades geht es also zunächst einmal darum, mit welchem Moment die Bremse maximal belastet werden kann.

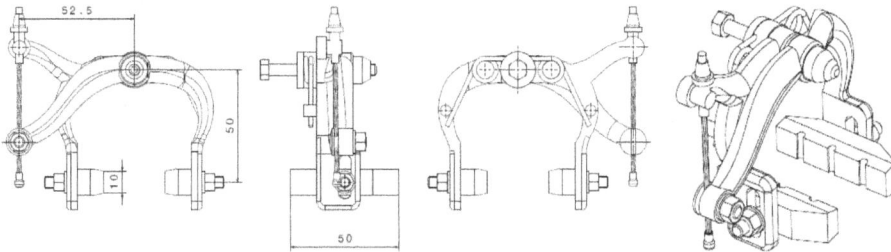

Ergänzen Sie dazu zunächst einmal die mittlere Spalte des nachstehenden Schemas. Die gesamte Masse von Fahrrad, Fahrer und Gepäck von 120 kg verteilt sich zwar je nach Schwerpunktlage sowie Beschleunigungs- und Bremszustand auf Vorder- und Hinterrad, aber bei maximal möglicher Bremswirkung wird das Hinterrad vollständig entlastet und das Fahrrad droht, sich zu überschlagen. In diesem kritischen Zustand werden sämtliche Kräfte am Vorderrad übertragen. Die zwischen Reifen und Straße vorliegende Reibzahl kann den Wert $\mu = 1{,}0$ erreichen. Welches maximale Bremsmoment kann dann überhaupt auftreten?

		Kontaktstelle Reifen – Fahrbahn	Bremse Bremsbelag – Felge
Durchmesser $\varnothing$	mm	700	630
Reibzahl μ	–	1,0 (maximal)	0,2 (minimal)
Normalkraft	N		
Reibkraft	N		
Bremsmoment	Nm		
Flächenpressung p	N/mm^2	————	
Kraft im Seilzug	N	————	

A.10.3.2 Dimensionierung der Bremse

Ermitteln Sie mit diesem Bremsmoment die Kenndaten der Bremse in der rechten Spalte. Der Reibwert zwischen Bremsbelag und Felge kann je nach Witterung und Verschmutzung bis 0,2 absinken, wodurch sich der Maximalwert der Normalkraft zwischen Felge und Bremsbelag ergibt. Zwischen den einzelnen Feldern des Bremsbelages wird zur Ableitung von Schmutz und

Nässe eine Rinne von 2 mm Breite gelassen. Die Bremswirkung wird auf die beiden parallel angeordneten Bremsbeläge perfekt ausgeglichen. Bei der Berechnung der Seilzugkraft wird die Wirkung der Rückstellfeder vernachlässigt.

A.10.3.3 Thermische Belastung der Bremse

Bei einer Fahrt in der Ebene wird nur mit der Vorderradbremse gebremst. Die Aluminiumfelge hat eine Masse von 280 g und die beim Bremsen entstehende Wärme fließt fast ausschließlich in die Felge, weil der Bremsbelag selber als thermischer Isolator betrachtet werden kann.

Welche Energie muss bei einer einzigen Vollbremsung aus 30 km/h bis zum Stillstand von der Bremse aufgenommen werden, wenn sicherheitshalber angenommen wird, dass die Fahrwiderstände nicht an der Bremsung beteiligt sind?	Nm J Ws	
Um welche Temperaturdifferenz erwärmt sich die Felge, wenn angenommen wird, dass während der Bremsung keine Wärme abgeführt wird?	°C	

A.10.4 Scheibenbremse Mountainbike

Die nachfolgend dokumentierte Scheibenbremse eines Mountainbikes soll dimensioniert werden.

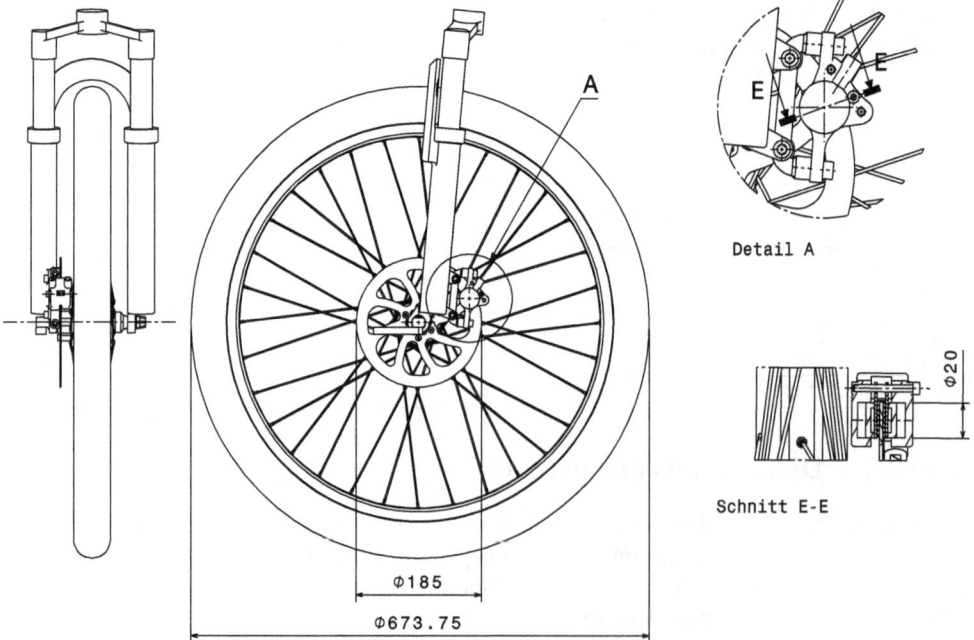

Detail A

Schnitt E-E

Ø185

Ø673.75

Ø20

A.10.4.1   Erforderliches Bremsmoment

Bei der Festlegung des erforderlichen Bremsmoments sind zwei Aspekte maßgebend:

- Die gesamte Masse von Fahrrad und Fahrer von 120 kg verteilt sich zwar je nach Beschleunigungs- und Bremszustand auf Vorder- und Hinterrad, aber bei maximal möglicher Bremsung wird das Hinterrad vollständig entlastet, das Fahrrad droht, sich zu überschlagen. In dieser kritischen Lage werden sämtliche Kräfte – und damit auch die gesamte Bremswirkung – ausschließlich durch das Vorderrad übertragen.
- Die Bremsung ist eigentlich eine „Hintereinanderschaltung von zwei Reibschlüssen": Bevor die Bremswirkung in der Bremse abgestützt werden kann, muss sie zwischen Fahrbahn und Reifen als „reibschlüssiger Kupplung" übertragen werden. Im günstigsten Fall kann dort eine Reibzahl von $\mu = 1{,}0$ vorliegen.

Wie groß ist unter diesen Annahmen das größtmögliche Bremsmoment am Vorderrad?	Nm	

A.10.4.2   Dimensionierung der Bremse

Der Reibwert zwischen Bremsbelag und Felge kann je nach Witterung und Verschmutzung bis 0,4 absinken. Die Fläche zwischen Bremsbelag und Bremsscheibe kann als Kreis mit einem Durchmesser von 20 mm angenommen werden, der mit dem Außendurchmesser der Bremsscheibe abschließt.

Wie groß ist die maximale Reibkraft, die an jeder einzelnen der beiden Reibflächen übertragen werden muss?	N	
Wie groß ist die maximale Normalkraft, die dazu aufgebracht werden muss?	N	
Wie hoch ist die Flächenpressung zwischen Bremsbelag und Bremsscheibe?	N/mm^2	

A.10.4.3   Thermische Belastung der Bremse

Die Wärmebelastung der Bremse ist für eine lang anhaltende Talfahrt bei 15 % Gefälle und einer Fahrgeschwindigkeit von 30 km/h zu überprüfen. Sicherheitshalber wird davon ausgegangen, dass weder der Luftwiderstand noch andere Fahrwiderstände beim Bremsen helfen. Die Umgebungstemperatur betrage 20 °C. Die Kühlfläche A_{Kges} sowohl der Vorderrad- als auch der Hinterradbremse beträgt jeweils 42.000 mm².

Wie hoch ist dann die Bremsleistung?	W	
Es wird ausschließlich mit der Vorderradbremse gebremst. Auf welche Temperatur erwärmt sich die Bremse?	°C	
Die Bremsleistung wird gleichmäßig auf Vorder- und Hinterradbremse verteilt. Auf welche Temperatur erwärmt sich die Bremse?	°C	

A.10.5   Vorderradscheibenbremse Motorrad

Ein Motorrad ist am Vorderrad mit zwei Scheibenbremsen ausgestattet. Das Fahrzeug selber wiegt 170 kg und der Fahrer weitere 80 kg. Der Reibwert zwischen Reifen und Straße kann maximal mit 1,0 angenommen werden. Beim maximaler Bremswirkung wird das Hinterrad vollständig entlastet, sodass die Bremskräfte alleine durch das Vorderrad übertragen werden.

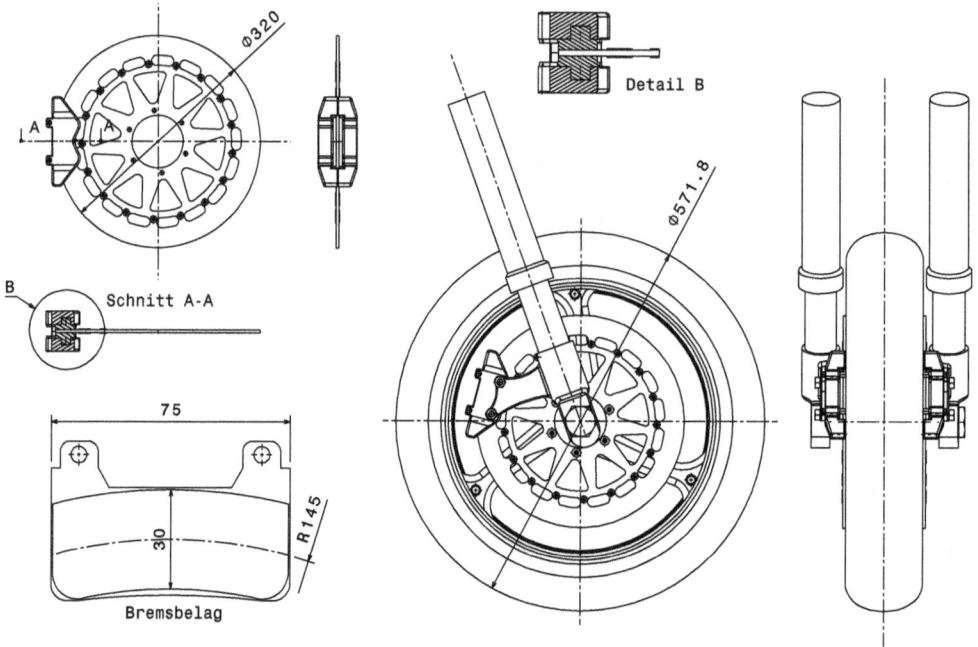

A.10.5.1   Bremsvorgang und Bremsmoment

Der Bremsvorgang ist eine Hintereinanderschaltung von zwei Reibschlüssen. Da die Kette nur so stark ist wie ihr schwächstes Glied, braucht der Reibschluss „Bremse" nicht mehr Bremswirkung zu übertragen als es der Reibschluss „Reifen – Straße" zulässt. Dabei wird nach optimalen Haftbedingungen mit $\mu = 1,0$ und eher schlechten Bedingungen mit $\mu = 0,3$ unterschieden.

			für optimale Bedingungen und $\mu = 1{,}0$	für schlechte Bedingungen und $\mu = 0{,}3$
Welche maximale Bremsverzögerung erfährt dann das Motorrad?	a	m/s^2		
Wie lang ist die Bremsstrecke bei einer Fahrgeschwindigkeit von 160 km/h bis zum Stillstand?	s_{Brems}	m		

Welche maximale Reibkraft ist am Umfang des Vorderrades zu übertragen?	F_{RRad}	N	
Wie groß ist das gesamte Bremsmoment am Vorderrad?	M_{Rad}	Nm	
Welches Bremsmoment muss dann von einer einzelnen Scheibenbremse aufgenommen werden?	M_{Bremse}	Nm	

A.10.5.2   Dimensionierung der Bremse

Der Reibwert am Bremsbelag kann mit $\mu = 0{,}5$ angenommen werden.

Welcher Betätigungskraft muss normal auf den Bremsbelag ausgeübt werden?	F_N	N	
Wie groß ist die Flächenpressung zwischen dem als Rechteck angenommenen Bremsbelag und der Bremsscheibe?	p	N/mm^2	

A.10.5.3   Thermische Belastung der Bremse

Die Wärmebelastung der Bremse ist für eine andauernde Talfahrt bei 10 % Gefälle und einer Geschwindigkeit von 60 km/h zu überprüfen. Die Hangabtriebskraft wird durch den Luftwiderstand reduziert, der von der Fahrgeschwindigkeit v abhängig ist und mit der Gleichung

$$F_L = c_w \cdot A \cdot \frac{\rho_L}{2} \cdot v^2$$

beschrieben werden kann, wobei das spezifische Gewicht der Luft $\rho_L = 1{,}2\,kg/m^3$ beträgt. Die im Fahrtwind stehende projizierte Fläche von Motorrad mit Fahrer beträgt $0{,}80\,m^2$ und der c_w-Wert liegt bei 0,63. Die Kühlfläche einer einzelnen Bremse kann mit 150.000 mm^2 angenommen werden. Die Umgebungstemperatur beträgt 20 °C.

Wie hoch ist die Bremsleistung für das Motorrad mit Fahrer?	P_{ges}	W	
Wie hoch ist dann die Bremsleistung für jede einzelne Bremse, wenn ausschließlich am Vorderrad gebremst wird?	$P_{einzeln}$	W	
Wie groß ist die Wärmeübergangszahl?	α_K	$\frac{W}{m^2 \cdot grd}$	
Auf welche Temperatur erwärmt sich die Bremse?	ϑ	°C	
Das Hinterrad ist mit einer weiteren, einzelnen Scheibenbremse ausgestattet. Auf welche Temperatur erwärmt sich die Bremse, wenn die Bremsleistung gleichmäßig auf alle Bremsen verteilt wird?	ϑ	°C	

A.10.6   Flugzeugbremse

Ein Verkehrsflugzeug mit einer Gesamtmasse von 75 t landet bei einer maximalen Geschwindigkeit von 145 Knoten (1 Knoten = 1.852 m/h) und soll im ungünstigsten Fall nach einer Strecke von 700 m zum Stillstand gebracht werden können. Unmittelbar nach dem Aufsetzen auf die Landebahn („touch down") stellt der Pilot die Triebwerke auf „Umkehrschub", sodass sie eine Kraft entgegen der Bewegungsrichtung ausüben. In der Regel wird dieser Umkehrschub aber nur im Leerlauf praktiziert (Energieeinsparung und Lärmschutz), sodass er bei dieser Betrachtung ähnlich wie der Strömungswiderstand des Flugzeuges gegenüber der Umgebung vernachlässigt werden soll.

A.10.6.1   Bremsvorgang

Welche (konstante) Bremsverzögerung ist dafür erforderlich?	a_{Brems}	$\frac{m}{s^2}$	
Welche Bremskraft muss dann auf das gesamte Flugzeug einwirken?	F_{Brems_ges}	kN	
Sowohl unter dem Bug als auch unter den beiden Tragflächen befindet sich jeweils ein Räderpaar. Lediglich die letzteren sind mit je einer Bremse ausgestattet, sodass insgesamt 4 Bremsen zur Verfügung stehen. Welche Bremskraft muss am Umfang eines jeden der vier gebremsten Räder aufgebracht werden?	F_{Brems}	kN	

A.10.6.2   Bremsmoment

Das nebenstehende Bild zeigt das Fahrwerk, dessen rechtes Rad wegen Wartungsarbeiten demontiert wurde. Die unten stehende Skizze fasst die für die Bremse erforderlichen Maße zusammen. Die Bremse ist eine Scheibenbremse in Mehrfachanordnung: Die 5 Statoren sind auf der feststehenden Fahrgestellachse angebracht und die 4 Rotoren sind mit dem rotierenden Rad verbunden. Dadurch entstehen insgesamt 8 Reibpaarungen, die auf einer Kreisringfläche mit dem mittleren Durchmesser 400 mm und der Breite b vollflächigen Kontakt untereinander haben.

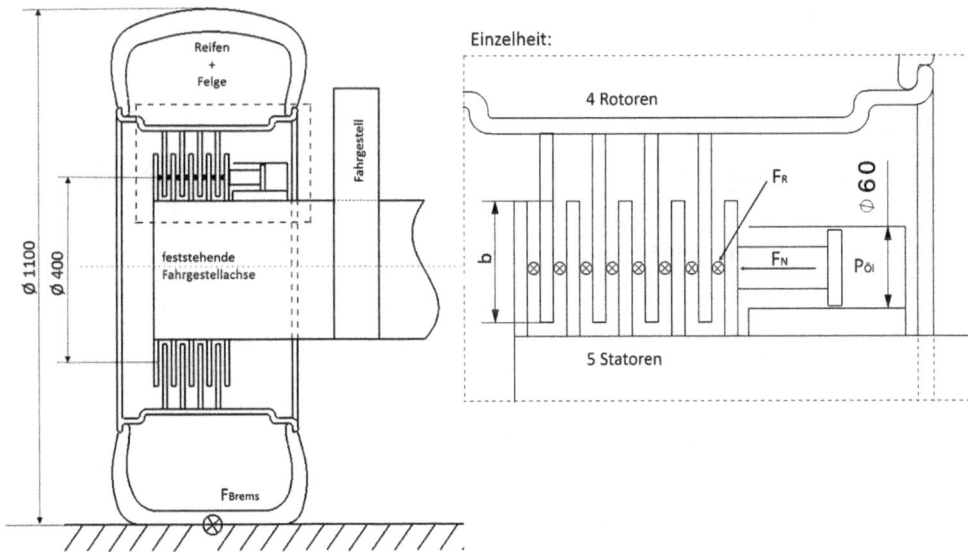

Welches Bremsmoment tritt an jedem der vier gebremsten Räder auf?	M_{Brems}	kNm	
Welche Reibzahl zwischen Reifen und Landebahn ist mindestens erforderlich, wenn vereinfachend angenommen werden kann, dass die Flugzeugmasse zu 70 % auf den gebremsten Rädern abgestützt wird und die restlichen 30 % über das Bugrad übertragen werden?	μ_{erf}	–	

Wenn die tatsächlich vorliegende Reibzahl (z. B. bei winterlicher Landebahn) nicht ausreicht, wird der Umkehrschub durch Hochfahren der Triebwerke gesteigert.

A.10.6.3 Dimensionierung der Bremse

Wie groß ist die an einer einzelnen Reibpaarung wirkende Reibkraft?	F_R	kN	
Welche axiale gerichtete Normalkraft muss aufgebracht werden, wenn ein Reibwert von 0,3 angenommen werden kann?	F_N	kN	
Die Axialkraft wird durch 7 am Umfang angebrachte Hydraulikkolben aufgebracht. Welcher Hydraulikdruck muss eingeleitet werden, um die Bremswirkung zu erzielen?	$p_{Öl}$	bar	
Die Flächenpressung der Bremslamellen darf maximal 1 N/mm² betragen. Welche Fläche muss an jeder einzelnen Reibpaarung zur Verfügung gestellt werden?	A_{Belag}	mm²	
Welche (radiale) Breite muss der Bremsbelag aufweisen, wenn vereinfachend angenommen werden kann, dass der Umfang des Kreises mit dem Durchmesser 400 mm die große Rechteckseite und die radiale Erstreckung des Belages die kleine Rechtweckseite ist?	b	mm	

A.10.6.4 Thermische Belastung der Bremse

Welche mechanische Energie muss insgesamt bei der Bremsung umgesetzt werden?	E_{Brems}	MJ	
Die Bremsenergie führt zu einer Erhitzung der Bremse, wobei bei der (zeitlich relativ kurzen) Bremsung sicherheitshalber der Wärmeübergang an die Umgebung vernachlässigt wird. Mit welcher wärmespeichernden Masse aus Aluminium muss jede der vier Bremsen mindestens ausgestattet werden, wenn eine Temperaturerhöhung von 800 °C nicht überschritten werden darf?	m_{Brems}	kg	

A.10.7   Kranbremse mit Feder

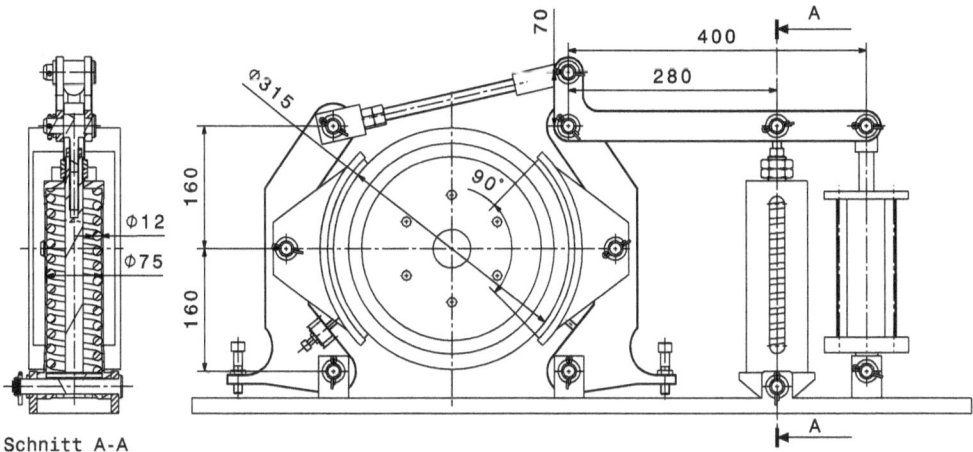

Schnitt A-A

Der Bremsbelag ist 48 mm breit und die zulässige Flächenpressung von 2,0 N/mm² soll vollständig ausgenutzt werden. Der Reibwert am Bremsbelag beträgt $\mu = 0,3$.

Wie groß ist der effektive Reibwert μ', wenn stellvertretend für die Flächenpressung eine Normalkraft am Scheitelpunkt der Backe angenommen wird?	–	
Welches maximale Bremsmoment kann an der rechten Backe hervorgerufen werden?	Nm	
Welches maximale Bremsmoment kann an der linken Backe hervorgerufen werden?	Nm	
Welches maximale Bremsmoment ergibt sich für die gesamte Bremse?	Nm	
Welche Betätigungskraft muss für die maximale Bremswirkung am oberen Gelenk der beiden Bremshebel in horizontaler Richtung eingeleitet werden?	N	
Mit welcher Kraft muss dann die Feder vorgespannt werden?	N	
Welche Schubspannung liegt in der Feder vor?	N/mm²	
Welche Steifigkeit weist die Feder auf, wenn der Werkstoff einen Schubmodul von 85.000 N/mm² aufweist?	N/mm	
Um welchen Weg muss die Feder vorgespannt werden?	mm	
Welche Kraft muss der Bremslüfter aufbringen, um die Bremse wieder zu lösen?	N	

A.10.8   Kranbremse mit Bremsvorgang

A.10.8.1   Bremsvorgang

Das unten skizzierte Hubwerk senkt mit einer Geschwindigkeit von 1,0 m/s ab und soll innerhalb von 0,5 s vollständig zum Stillstand gebracht werden.

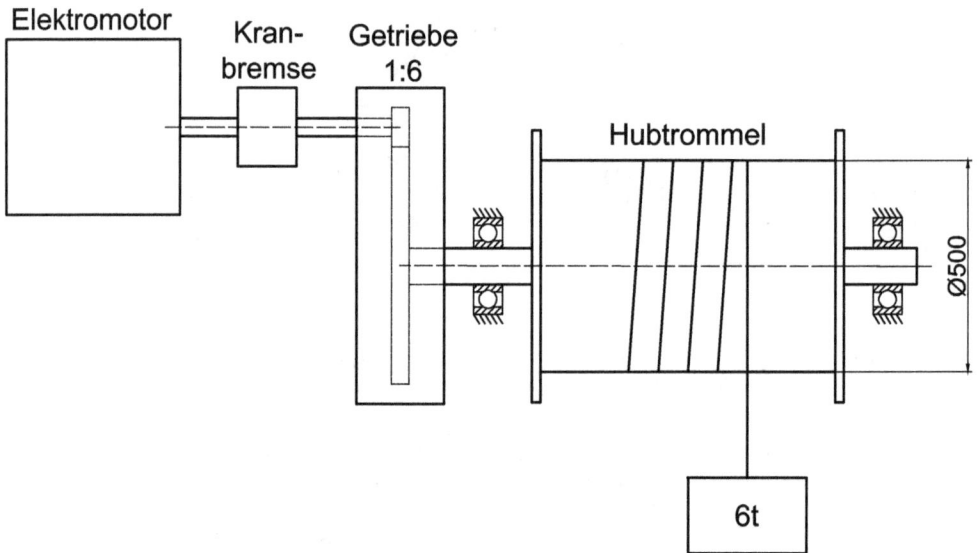

Wie groß ist das Lastmoment an der Hubtrommel?	Nm	
Wie groß ist das Verzögerungsmoment an der Hubtrommel?	Nm	
Wie groß ist das Gesamtmoment an der Bremse?	Nm	

A.10.8.2   Dimensionierung der Bremse

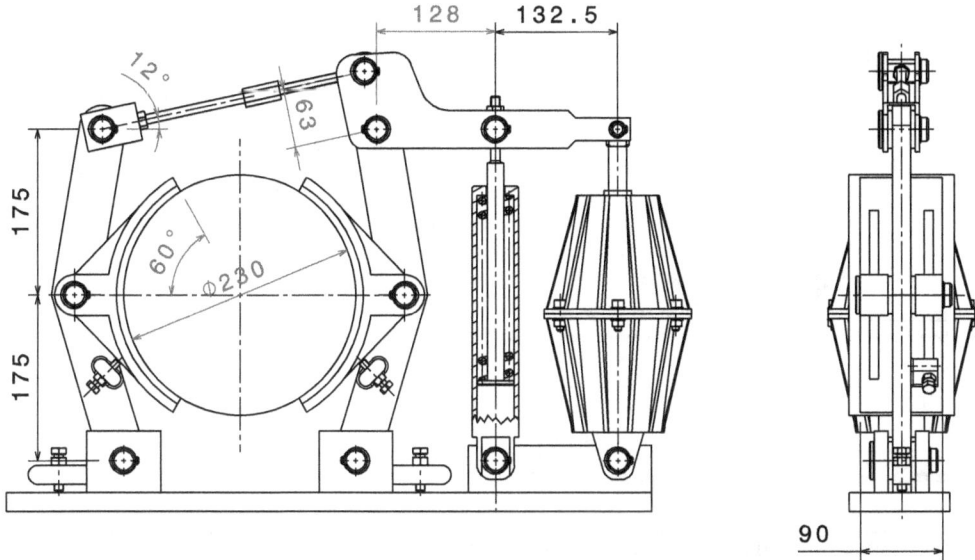

Der Reibwert am Bremsbelag beträgt $\mu = 0{,}35$.

Wie groß ist der effektive Reibwert μ', wenn stellvertretend für die Flächenpressung eine Normalkraft am Scheitelpunkt der Backe angenommen wird?	–	
Wie groß ist das Bremsmoment für ein einzelne Bremsbacke?	Nm	
Welche maximale Flächenpressung entsteht am Bremsbelag?	N/mm^2	
Welche Betätigungskraft muss am oberen Gelenk der beiden Bremshebel in horizontaler Richtung eingeleitet werden?	N	

A.10.9   Eisenbahnbremse

Die einzelnen Bremsbacken einer Eisenbahnbremse sind über ein sog. „Hängeeisen" gelenkig an den Fahrzeugrahmen angebunden, wobei das untere Gelenk des Hängeeisens im Schnitt A-A einen Kreisbogen beschreibt. Da davon aber nur ein kurzer Abschnitt genutzt wird, kann eine horizontale Führung angenommen werden, wobei die Betätigungskraft über ein dreieckförmiges Gestänge horizontal eingeleitet wird. Der Reibwert zwischen Bremsbacke und Rad kann mit 0,07 angenommen werden und es kann eine Flächenpressung von $1\,\text{N/mm}^2$ zugelassen werden. Trotz der gelenkige Anbindung der Bremsbacken an das Hängeeisen kann eine weitgehend symmetrische Flächenpressung angenommen werden.

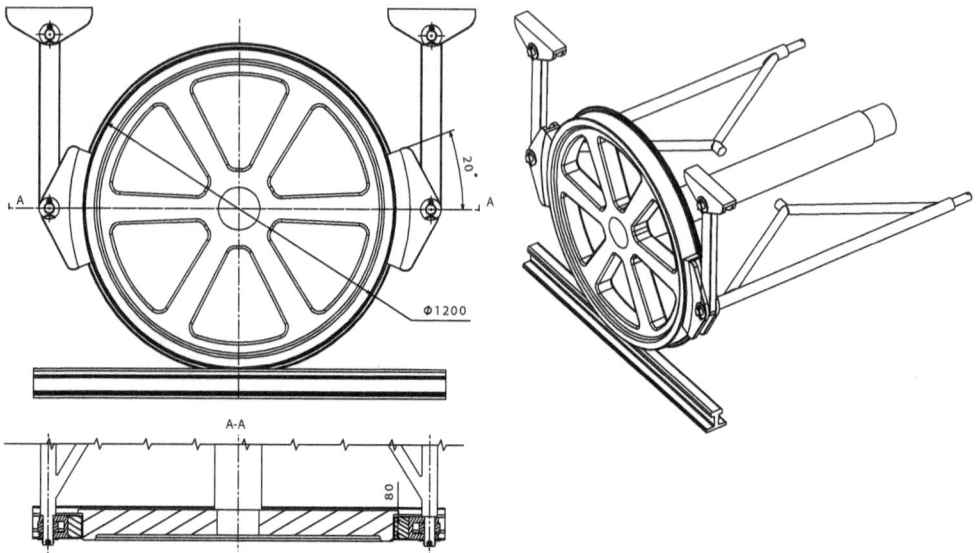

Mit welcher maximalen Kraft kann dann zur Erzielung einer maximalen Bremswirkung der Bremsbelag gegen das Rad gedrückt werden?	F	N	
Welches maximale Bremsmoment ergibt sich für jede einzelne Bremsbacke?	M_{Backe}	Nm	
Welches maximale Bremsmoment kann für die gesamte Achse erzielt werden?	M_{Achse}	Nm	

Der Bremsvorgang ist die Hintereinanderschaltung von zwei Reibschlüssen: Das von der Bremse generierte Moment muss auch reibschlüssig vom Rad auf die Schiene übertragen werden, die Kette ist nur so stark wie ihr schwächstes Glied. Die Achslast beträgt 14 t.

Welche Reibzahl muss zwischen Rad und Schiene mindestens vorliegen, damit die Bremswirkung auch tatsächlich auf die Schiene übertragen werden kann?	μ_{erf}	

A.10.10   Vorderradtrommelbremse Motorrad I

Ein Motorrad mit einer Gesamtmasse 300 kg (einschließlich Fahrer) soll abgebremst werden. Bei maximaler Bremsverzögerung wird die gesamte Bremswirkung durch das Vorderrad übertragen. Für das Vorderrad soll eine Bereifung von 2,75" · 18" (wirksamer Reifendurchmesser 597 mm) verwendet werden.

A.10.10.1   Bremsweg

Die Fahrgeschwindigkeit beträgt 120 km/h. Beim Abbremsen kann angenommen werden, dass

- der Motor entkoppelt wird, also keine weitere Antriebsleistung liefert.
- der Fahrtwind keine Bremswirkung übernimmt.

Unter besonders günstigen Umständen (trockene Straße, haftfreudiges Reifenmaterial) kann eine Reibzahl von $\mu = 1,0$ angenommen werden. Wie lang ist der Bremsweg?	m	
Unter ungünstigen Umständen (Nässe, Straßenbelag) wird eine Reibzahl von $\mu = 0,3$ wirksam. Wie lang ist dann der Bremsweg?	m	

A.10.10.2   Ermittlung des Bremsmoments

Unter Berücksichtigung der maximal auftretenden Kräfte soll die Vorderradbremse als mechanisch betätigte Simplexbremse ausgeführt werden.

Wie groß kann die zwischen Vorderrad und Fahrbahn reibschlüssig übertragene Horizontalkraft F_{HB} werden?	N	
Wie groß ist das Bremsmoment M_{BrV} am Vorderrad?	Nm	

A.10.10.3   Dimensionierung der Bremse

Der Reibwert der Materialpaarung Bremsbelag – Bremstrommel kann mit $\mu = 0,4$ angenommen werden. Die Kraftwirkung der Haltefedern kann vernachlässigt werden.

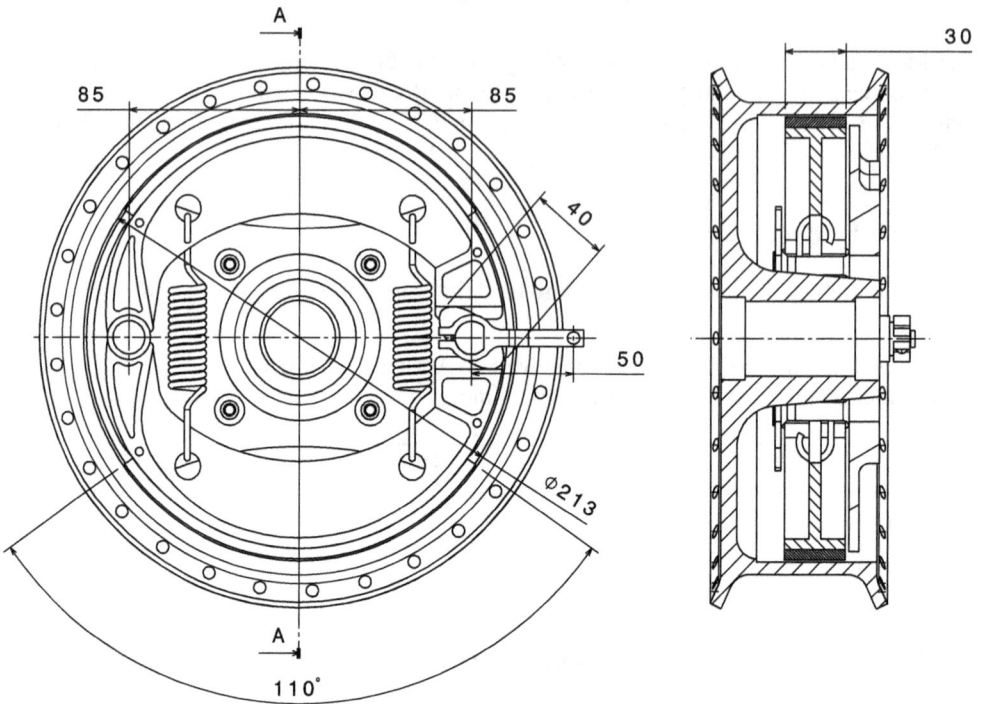

Wie groß ist der effektive Reibwert μ', wenn stellvertretend für die Flächenpressung eine Normalkraft am Scheitelpunkt der Backe angenommen wird?	–	
Das Bremsmoment summiert sich aus den Momenten der auflaufenden und ablaufenden Backe. Wie groß ist das Verhältnis der Bremsmomente von auflaufender und ablaufender Backe?	–	
Wie groß ist das Bremsmoment der auflaufenden, also stärker belasteten Backe M_{Brauf}?	Nm	
Wie groß ist das Bremsmoment der ablaufenden, also weniger stark belasteten Backe M_{Brab}?	Nm	
Wie groß ist die maximale Flächenpressung am Bremsbelag?	N/mm^2	
Wie groß ist die Kraft, die vom Betätigungshebel auf die Bremsbacke ausgeübt werden muss?	N	

A.10.11 Vorderradtrommelbremse Motorrad II

Ein Motorrad soll mit einer maximalen Verzögerung von $7,2\,\text{m/s}^2$ abgebremst werden. Unter Berücksichtigung der dabei auftretenden Kräfte soll die Vorderradbremse als mechanisch betätigte Simplexbremse ausgeführt werden. Das Motorrad hat eine zulässige Gesamtmasse von 270 kg. Für das Vorderrad weist eine Durchmesser von 570 mm auf.

A.10.11.1 Ermittlung des Bremsmomentes

Wie lang ist die Bremsstrecke bei einer Fahrgeschwindigkeit von 160 km/h bis zum Stillstand?	m	
Welche Reibzahl ist zwischen Reifen und Straße erforderlich, um diese Bremsverzögerung zu übertragen?	–	
Wie groß ist die reibschlüssig übertragene Horizontalkraft F_{HB} zwischen Vorderrad und Fahrbahn, wenn nur mit der Vorderradbremse abgebremst wird?	N	
Wie groß ist das Bremsmoment M_{BrV} am Vorderrad?	Nm	

A.10.11.2 Dimensionierung der Bremse

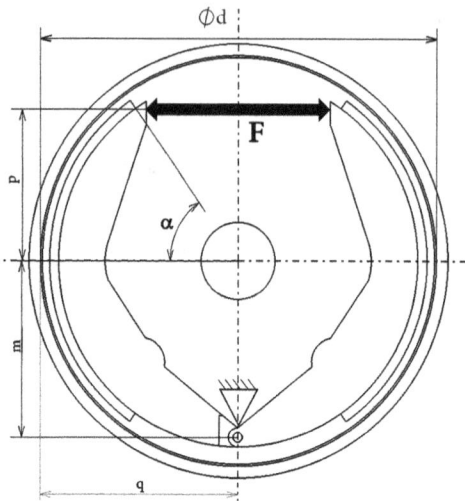

Die Bremse wird als Simplexbremse ausgeführt. Sowohl das Gelenk der Bremsbacken als auch der Kraftangriffspunkt der Betätigungskraft betragen das 0,4-fache des Durchmessers der Bremstrommel: m = p = 0,4 · d. Der gesamte Umschlingungswinkel der einzelnen Bremsbacke beläuft sich auf 110°. Der Materialreibwert ist μ = 0,4. Am Bremsbelag kann eine Flächenpressung von $2\,\text{N/mm}^2$ zugelassen werden.

Wie groß ist der effektive Reibwert μ', wenn stellvertretend für die Flächenpressung eine Normalkraft am Scheitelpunkt der Backe angenommen wird?	–	
Das Bremsmoment summiert sich aus den Momenten der auflaufenden und ablaufenden Backe. Wie groß ist das Verhältnis der Bremsmomente von auflaufender und ablaufender Backe?	–	
Wie groß ist das Bremsmoment der auflaufenden, also stärker belasteten Backe M_{Brauf}?	Nm	
Um eine gleichmäßige Flächenpressungsverteilung in axialer Richtung nicht zu gefährden, soll die Bremsbelagbreite ein Siebtel des wirksamen Trommeldurchmessers nicht übersteigen. Wie groß muss dann der Trommeldurchmesser sein?	mm	
Welche Betätigungskraft muss auf die Bremsbacke eingeleitet werden?	N	

A.10.11.3 Thermische Belastung der Bremse

Die Wärmebelastung der Bremse ist für eine Talfahrt bei 10 % Gefälle zu überprüfen. Die Hangabtriebskraft wird durch den Luftwiderstand reduziert, der sich mit der Gleichung

$$F_L = c_w \cdot A \cdot \frac{\rho_L}{2} \cdot v^2$$

berechnet, wobei das spezifische Gewicht der Luft $\rho_L = 1,2\,\text{kg/m}^3$ beträgt. Die im Fahrtwind stehende projizierte Fläche beträgt $0,80\,\text{m}^2$ und der c_w-Wert liegt bei 0,63. Die Kühlfläche sowohl der Vorderrad- als auch der Hinterradbremse beträgt jeweils $120.000\,\text{mm}^2$. Die Umgebungstemperatur beträgt 20 °C.

Bei welcher Fahrgeschwindigkeit v_{krit} wird die Bremsleistung maximal?	km/h	
Wie hoch ist dann die Bremsleistung?	W	
Es wird ausschließlich mit der Vorderradbremse gebremst. Auf welche Temperatur erwärmt sich die Bremse?	°C	
Die Bremsleistung wird gleichmäßig auf Vorder- und Hinterradbremse verteilt. Auf welche Temperatur erwärmt sich die Bremse?	°C	

A.10.12   Kegelbremse

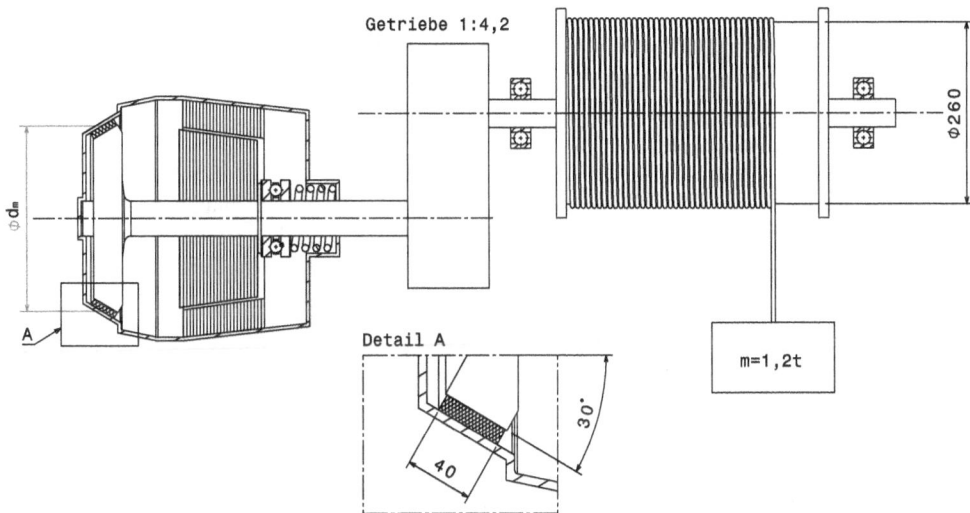

A.10.12.1   Bremsvorgang

Wie groß ist das Lastmoment an der Hubtrommel?	Nm	
Wie groß ist das Verzögerungsmoment an der Hubtrommel, wenn der Absenkvorgang mit einer Geschwindigkeit von 0,6 m/s innerhalb von 0,2 m vollständig zum Stillstand gebracht werden muss?	Nm	
Wie groß ist das Gesamtmoment an der Bremse?	Nm	

A.10.12.2   Dimensionierung der Bremse

Der Bremsbelag weist einen Reibwert von $\mu = 0,4$ auf und kann eine Flächenpressung von $0,6\,\text{N/mm}^2$ aufnehmen.

Welchen mittleren Durchmesser muss die Bremse mindestens aufweisen?	mm	
Wie groß muss die axial gerichtete Federkraft mindestens sein, damit das geforderte Bremsmoment aufgebracht werden kann?	N	
Welche axial gerichtete Kraft muss die Wicklung des Motors aufbringen, um die Bremse bei weiterhin anliegendem Lastmoment und weiterhin wirksamer Federkraft zu lösen?	N	

A.10.13 Rollgliss

Das umseitig abgebildete sog. Rollgliss wird von der Feuerwehr und anderen Rettungskräften bei der Rettung, Bergung und Absturzsicherung von Personen eingesetzt. Die Vorrichtung wird mit der oberen Öse an einem auskragenden, belastbaren Objekt (z. B. Ast, Träger) befestigt. Die zu rettende oder zu sichernde Person hängt am rechten Ende des Seils, welches um die zentrale Rolle geschlungen und am linken Ende von einem Helfer gesichert wird. Die Rolle selber blockiert über einen Freilauf eine Drehung im Uhrzeigersinn.

- Soll die am rechten Seilende hängende Person lediglich gesichert werden, so wird die rechts wirkende Zugtrumkraft im Laufe der Umschlingung zum großen Teil als Reibung auf der Mantelfläche der Rolle abgestützt, sodass der Helfer am linken Seilende nur die wesentlich geringere Leertrumkraft aufbringen muss.
- Soll die am rechten Seilende hängende Person jedoch aufwärts befördert werden, so muss der Helfer am linken Seilende die volle im Zugtrum wirkende Gewichtskraft übertreffen, wobei die Rolle im Gegenuhrzeigersinn (Freilaufrichtung) in Drehung versetzt wird. Die dabei auftretende Lagerreibung der Rolle ist so klein, dass sie vernachlässigt werden kann.
- Soll die am rechten Seilende hängende Person abgelassen werden, so reduziert der Helfer am linken Seilende seine Seilkraft so weit, dass das Seil auf der Mantelfläche der Rolle kontrolliert abgleitet.

Eine Person mit einer Masse von 100 kg soll abgelassen werden. Der Reibwert zwischen Rolle (Stahl) und Seil (Nylon) kann je nach Betriebsbedingungen (Feuchtigkeit, Schmutz) zwischen 0,2 und 0,4 schwanken. Der Helfer kann das Seil so auf die Rolle auflegen, dass wahlweise ein Umschlingungswinkel von

$$\alpha = \pi$$
oder $\quad \alpha = \pi + 2\pi \quad$ (eine zusätzliche Umschlingung)
oder $\quad \alpha = \pi + 2 \cdot 2\pi \quad$ (zwei zusätzliche Umschlingungen)

entsteht. Tragen Sie in das unten stehende Schema ein, mit welcher Kraft F_{Hand} der Helfer beim Absenken der zu rettenden Person am Seil ziehen muss. Berechnen Sie dazu zweckmäßigerweise zunächst die Größe von $e^{\mu\alpha}$. Berechnen Sie anschließend, mit welchem Moment M_{FL} in diesem Betriebszustand der Freilauf belastet wird.

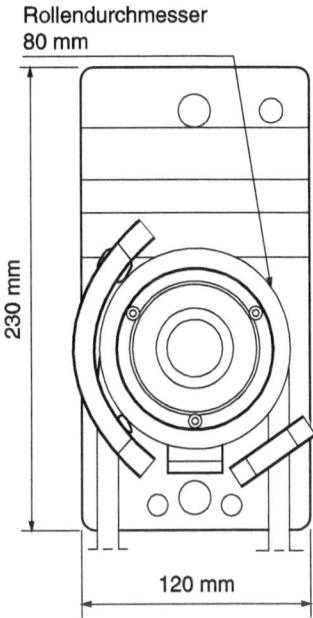

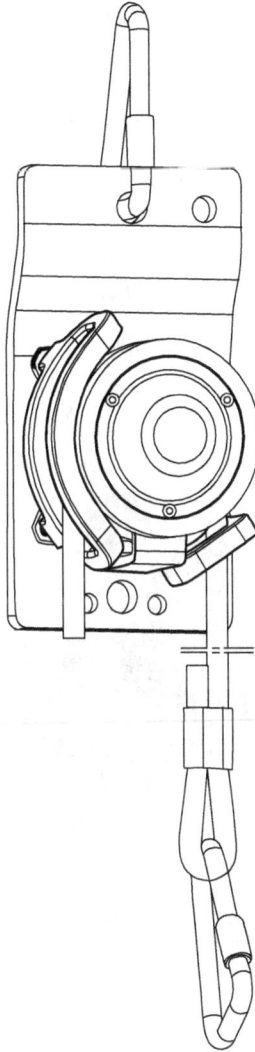

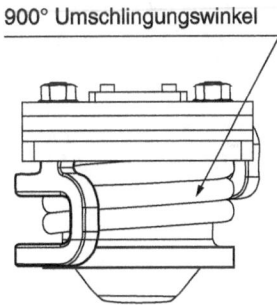

Rollendurchmesser
80 mm

230 mm

120 mm

900° Umschlingungswinkel

	$\mu = 0{,}2$			$\mu = 0{,}4$		
	$e^{\mu\alpha}$	F_{Hand} [N]	M_{FL} [Nm]	$e^{\mu\alpha}$	F_{Hand} [N]	M_{FL} [Nm]
$\alpha = \pi$						
$\alpha = \pi + 2\pi$						
$\alpha = \pi + 2{\cdot}2\pi$						

A.10.14 Schlagzeugfußmaschine

Der Schlagerzeuger bedient eine Vielzahl von Rhythmusinstrumenten, u. a. schlägt er über eine sog. Fußmaschine auf eine aufrecht auf dem Boden stehende Trommel („bass drum").

Die Fußmaschine ist vergleichbar mit einem KFZ-Fußpedal, welches beim Niederdrücken eine Art „Miniaturfahrradkette" abwärts zieht und dabei ein kleines Kettenrad in Drehung versetzt. Der mit dieser Welle verbundene Klöppel schlägt schließlich auf die Trommel. Die Welle wird durch eine hier nicht dargestellte Feder in die rückwärtige Position gedrängt, wobei deren Wirkung in dieser Betrachtung aber außer Acht gelassen werden soll. Damit die anschließende mehr oder weniger unkontrollierte Rückprallbewegung nicht zu einem erneuten, unerwünschten Schlag führt, verbleibt der Schlagzeuger mit seinem Fuß auf dem Pedal, was eine gewisse Aufmerksamkeit erfordert. Da er aber ansonsten sehr viel zu tun hat, wäre es vorteilhaft, wenn er sich darum nicht mehr zu kümmern braucht.

Dazu kann die Welle mit einer Scheibe ausgestattet werden, um die ein Bremsseil geschlungen wird (Skizze oben rechts). Dabei soll die Schlagbewegung in Vorwärtsrichtung möglichst ungehindert zugelassen werden, die Rückprallbewegung aber ausgebremst werden. Der Durchmesser der Bremsscheibe beträgt 80 mm und der Reibwert zwischen Bremsseil und -scheibe kann mit 0,12 angenommen werden. Die Feder im linken Trum ist mit 1 N vorgespannt. Welches Bremsmoment wird dann an der Welle bei der Schlag- und bei der Rückprallbewegung wirksam? Gehen Sie beim Umschlingungswinkel von 180° aus und vergrößern Sie ihn um eine bzw. zwei weitere Umschlingungen.

α	$180° (= \pi)$	$180° + 360° (= 3\pi)$	$180° + 2 \cdot 360° (= 5\pi)$
$e^{\mu\alpha}$			
M_{Schlag} [Nmm]			
$M_{Rückprall}$ [Nmm]			

A.10.15   Seilbremse mit Feder

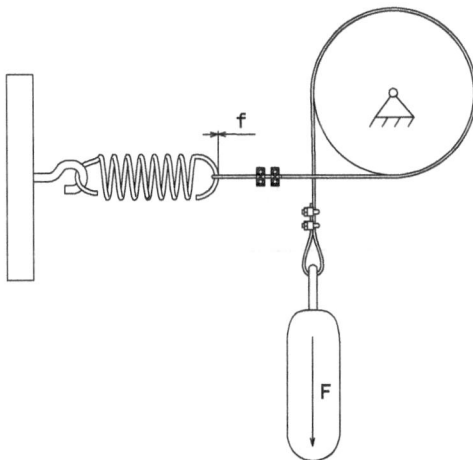

Zur Erzeugung geringer Bremsmomente soll eine Seilbremse eingesetzt werden: Ein Seil wird in der dargestellten Weise über eine Seilscheibe gelegt, wobei das eine Seilende mit einem Gewicht belastet wird und das andere über eine Federwaage an die feste Umgebung angebunden wird. Es sind folgende Daten gegeben:

Durchmesser der Reibscheibe: d = 220 mm

Belastungsmasse: m = 2.800 g

Steifigkeit der Feder: c = 1 N/mm

Entsprechend der Drehrichtung stellen sich die unten angegebenen Federwege ein.

		Drehung im Uhrzeigersinn	Drehung im Gegenuhrzeigersinn
Federweg f an der Federwaage	mm	**17,15**	**44,01**
Welche Zugtrumkraft S_Z ist wirksam?	N		
Wie groß ist die Leertrumkraft S_L?	N		
Welche Umfangskraft ergibt sich?	N		
Welches Bremsmoment M_{Brems} ergibt sich?	Nmm		
Berechnen Sie $e^{\mu\alpha}$!	–		
Wie groß ist die Reibzahl μ?	–		

A.10.16 Kombination Bandbremse – Freilauf

Ein einfacher Bauaufzug besteht aus einer Seilwinde (Trommeldurchmesser 280 mm), mit der Baumaterial mit einer Masse von bis zu 400 kg mit einem hier nicht weiter dargestellten Antrieb angehoben und in die höher gelegenen Stockwerke befördert werden kann. Die Welle dieser Hubtrommel wird mit der unten dargestellten Bremsscheibe (Reibwert $\mu = 0{,}08$–$0{,}12$) ausgestattet, die zwei Funktionen erfüllen soll:

- Die Last soll im Uhrzeigersinn angehoben werden, die Bremsscheibe soll sich also in dieser Richtung frei bewegen können. Beim Abschalten des Antriebes soll die Last aber im

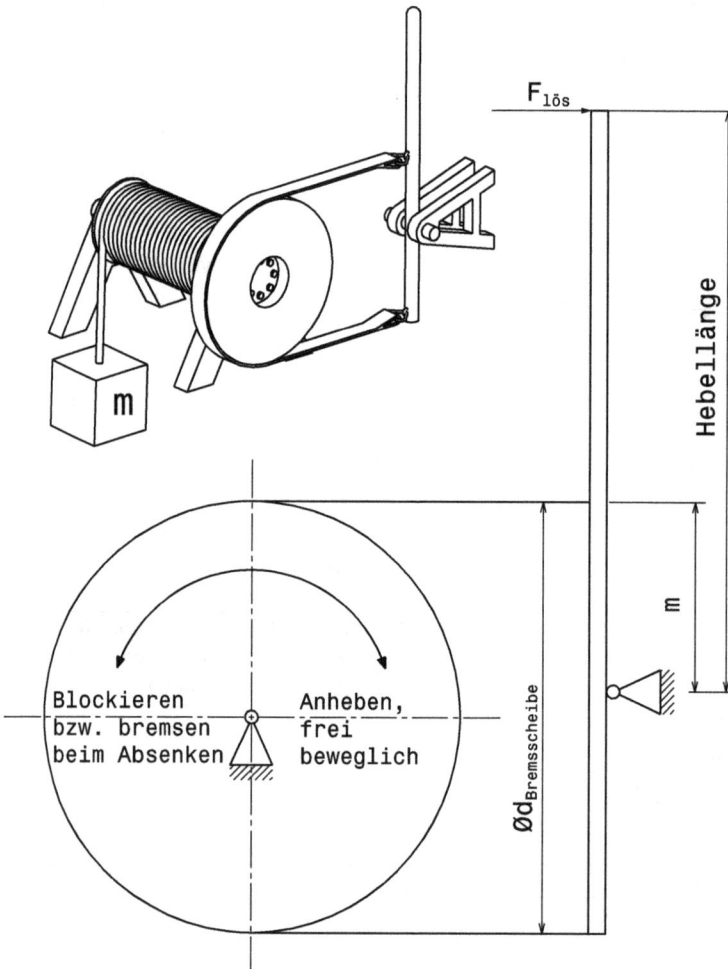

Gegenuhrzeigersinn selbsttätig blockiert werden, die Bremse wird damit zum Freilauf als Rücklaufsperre.

- Für eine Abwärtsbewegung wird am oberen Ende des Hebels (Hebellänge 720 mm) eine nach rechts gerichtete Betätigungskraft eingeleitet, mit der der Freilauf gelöst und als Bremse genutzt wird.

Wie groß ist das Moment, welches an der Freilauf-Brems-Kombination anliegt?	M_{Brems}	Nm	
Wie groß ist das Verhältnis von Zugtrumkraft zu Leertrumkraft, wenn sicherheitshalber der kleinstmögliche Reibwert angenommen wird?	$\dfrac{S_Z}{S_L}$	–	
Das Bremsband ist 60 mm breit. Wie groß muss dann der Durchmesser der Bremsscheibe mindestens sein, wenn eine Flächenpressung von $0,3\,\text{N/mm}^2$ nicht überschritten werden darf?	$d_{Bremsscheibe}$	mm	
Wie groß muss das Maß m sein, damit die Vorrichtung im Uhrzeigersinn blockiert?	m	mm	
Welche negative (nach rechts gerichtete) Kraft muss aufgebracht werden, um die Freilaufbremse zu lösen und eine kontrollierte, gebremste Drehung im Gegenuhrzeigersinn (Absenken einer Last) zu ermöglichen? Dazu wird sicherheitshalber der größtmögliche Reibwert angenommen.	$F_{lös}$	N	

A.10.17   Seilbremse für Stirlingmotor

Ein Stirlingmotor soll mit einer Seilbremse nach unten stehender Skizze definiert belastet werden. Die Seilbremse dient gleichzeitig auch zur Anzeige der Höhe des aktuellen Lastmomentes.

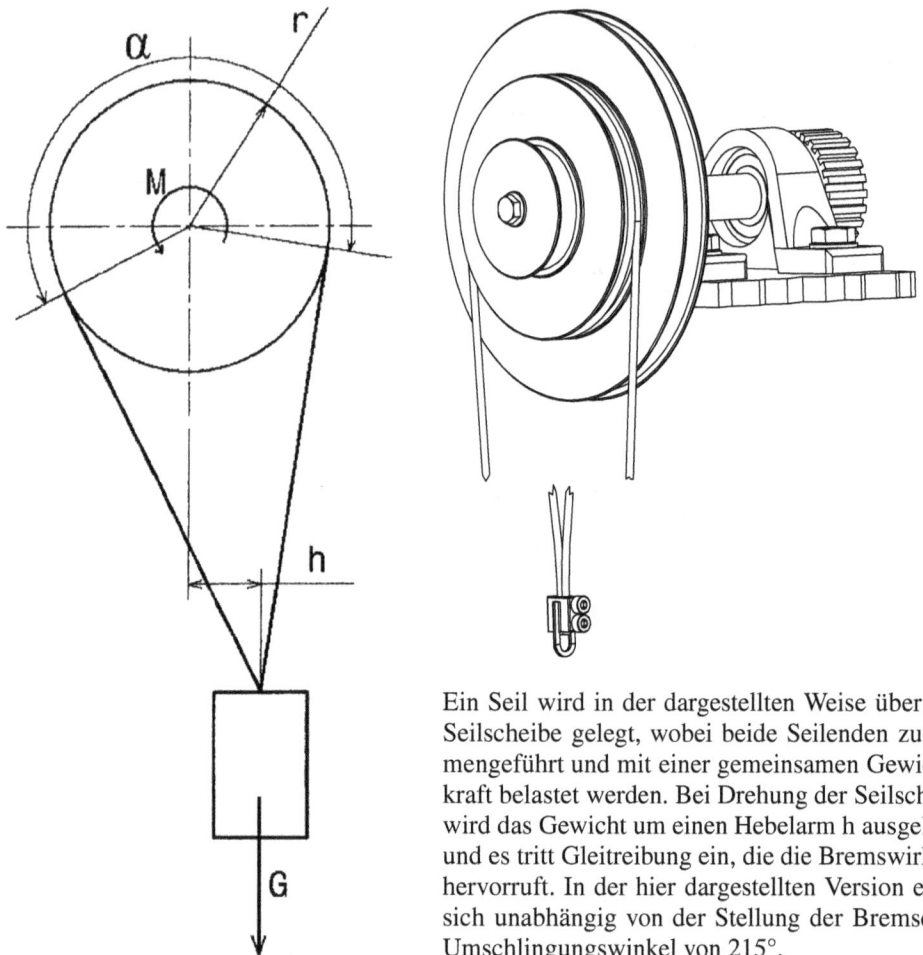

Ein Seil wird in der dargestellten Weise über eine Seilscheibe gelegt, wobei beide Seilenden zusammengeführt und mit einer gemeinsamen Gewichtskraft belastet werden. Bei Drehung der Seilscheibe wird das Gewicht um einen Hebelarm h ausgelenkt und es tritt Gleitreibung ein, die die Bremswirkung hervorruft. In der hier dargestellten Version ergibt sich unabhängig von der Stellung der Bremse ein Umschlingungswinkel von 215°.

Im Sinne einer möglichst einfachen Konstruktion wird auf eine Seilrollenschwinge nach Bild 10.30 verzichtet. Dennoch können näherungsweise die daraus abgeleiteten Gleichungen benutzt werden.

I. Ein erster Probelauf dient dazu, den Reibwert μ unter diesen speziellen Einsatzbedingungen möglichst genau zu bestimmen. Bei einer für die folgenden Bremsversuche typischen Gewichtsbelastung stellt sich bei einem Scheibendurchmesser von 300 mm eine Auslenkung von 24 mm ein. Wie groß ist dann der Reibwert? Es kann angenommen werden, dass der Reibwert für die weiteren Messungen, bei denen das Lastmoment variiert werden soll, konstant bleibt.

II. Der Scheibendurchmesser wird gegenüber dem Ausgangsfall halbiert. Welche Auslenkung und welches Bremsmoment wird sich dann einstellen?

III. Die Gewichtsbelastung wird verdoppelt. Welche Auslenkung und welches Bremsmoment stellt sich dann ein?

IV. Die Umschlingung wird gegenüber dem Ausgangsfall um eine ganze Umschlingung erhöht. Welche Auslenkung und welches Bremsmoment wird dann wirksam?

		I	II	III	IV
Scheibendurchmesser d	mm	300	150	300	300
Gewichtskraft G	N	beliebig	10	20	10
Umschlingungswinkel α	°	215°	215°	215°	575°
Reibwert μ	–				
Auslenkung h	mm	24			
Bremsmoment M	Nmm	———			

A.10.18 Bandbremse

Die nachfolgend skizzierte, gewichtsbelastete Bandbremse arbeitet mit einem Reibwert $\mu = 0{,}1$.

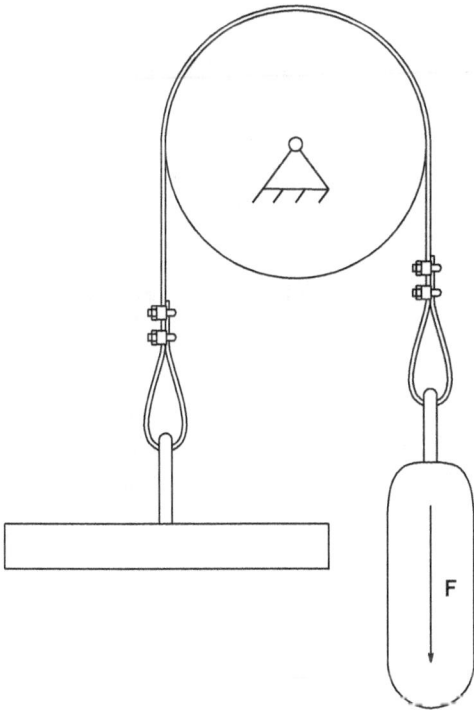

I. In der Version I darf das 10 mm breite Bremsband mit einer Flächenpressung von $0{,}5\,\text{N/mm}^2$ belastet werden und es steht eine Bremsscheibe mit 100 mm Durchmesser zur Verfügung. Wie groß ist das Bremsmoment für eine Drehung im Uhrzeigersinn. Notieren Sie auch die dabei erforderlichen bzw. entstehenden Trumkräfte. Bei einer Drehung im Gegenuhrzeigersinn wird die Betätigungskraft im rechten Trum beibehalten. Wie groß ist dann das Bremsmoment und die Trumkräfte?

II. Im Gegensatz zu Spalte I wird im Uhrzeigersinn eine Bremsmoment von 10 Nm gefordert. Welcher Scheibendurchmesser wird dann erforderlich? Ergänzen Sie die restlichen Felder entsprechend der Ausführungsform I.

III. Im Fall III soll ebenfalls ein Bremsmoment von 10 Nm aufgebracht werden, allerdings steht dazu ein Bremsband mit einer Breite von 20 mm zur Verfügung. Welcher Scheibendurchmesser wird dann erforderlich und wie groß sind dann die Trumkräfte? Wie groß ist das Bremsmoment in umgekehrter Drehrichtung?

IV. Im Fall IV wird das 10 mm breite Bremsband beibehalten und die zulässige Flächenpressung auf 0,3 N/mm² abgesenkt. Ermitteln Sie auch hier den Scheibendurchmesser und die Trumkräfte für beide Drehrichtungen.

			I	II	III	IV
	p_{zul}	N/mm²	0,5	0,5	0,5	0,3
	d	mm	100			
	b	mm	10	10	20	10
Uhrzeigersinn	S_Z	N				
	S_L	N				
	M_{Br}	Nm		10	10	10
Gegenuhrzeigersinn	S_Z	N				
	S_L	N				
	M_{Br}	Nm				

A.10.19 Leistungsbremse Fahrrad

Für das Fahrradtraining in den eigenen vier Wänden wird ein „Heimtrainer" verwendet, wobei die an der Tretkurbel eingeleitete Muskelleistung nicht zum Fahren genutzt wird, sondern gezielt durch eine Bremse verbraucht wird. Soll dabei das komplette Fahrrad benutzt werden, so treibt dessen Hinterrad auf eine Rolle, die dann ihrerseits die Leistung an die Bremse abgibt. Aus Platzgründen wird dafür eine relativ kleine Rolle verwendet.

Für ingenieurwissenschaftliche Untersuchungen ist diese Konstellation jedoch nicht optimal, weil der Reifen beim Abrollen unrealistisch deformiert wird und die dabei entstehende übermäßige Reibleistung messtechnisch nicht exakt erfasst werden kann. Bei einer großen Rolle (in unten stehender Darstellung ist die Rolle so groß wie das Laufrad des Fahrrades) ist dieser Aspekt jedoch vernachlässigbar. Die große Rolle eignet sich darüber hinaus hervorragend als Funktionsfläche für eine Bandbremse. Die Rolle ist so breit, dass die Laufbahn des Fahrrades und das Band der Bremse nebeneinander Platz finden. Konzentrisch zur Achse der Lauftrommel ist eine frei drehbare Schwinge angeordnet, die am unteren Ende zwei Laufrollen trägt, An die beiden Enden des Bremsbandes werden Zugorgane angeknüpft, die in der dargestellten Weise um die Laufrollen geführt und schließlich an einem Lastgewicht befestigt werden. Ungeachtet der Stellung der Rollenschwinge bleibt stets ein Umschlingungswinkel von 243° erhalten.

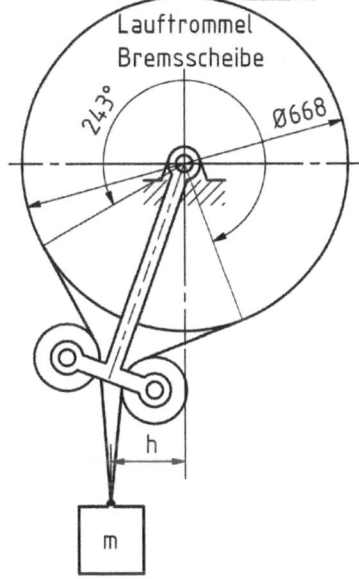

Lauftrommel
Bremsscheibe

24,3°

Ø668

h

m

Unabhängig von der Höhe der Gewichtskraft stellt sich eine Auslenkung aus der Symmetrielage von h = 69,8 mm ein. Welcher Reibwert muss dann zwischen Bremsband und Rolle vorgelegen haben?	μ	–	
Es wird ein Gewicht von 10 kg aufgebracht. Wie groß ist dann die zwischen Reifen und Rolle übertragene Umfangskraft?	U	N	
Welche Leistung muss der Radfahrer in diesem Zustand erbringen, wenn seine Fahrgeschwindigkeit 25 km/h beträgt?	P	W	
Bei gleicher Fahrgeschwindigkeit leistet der Radfahrer 250 W (Bergauffahrt). Welches Belastungsgewicht muss dann aufgebracht werden?	m	kg	
Wie breit muss das Bremsband zwischen Band und Rolle mindestens sein, wenn eine Flächenpressung von 0,2 N/mm² nicht überschritten werden darf?	b	mm	

A.10.20   Bandbremse für Seilwinde

Geländegängige Nutzfahrzeuge können mit einer Seilwinde ausgerüstet werden, die zum Heben, Ziehen und Bergen genutzt wird.

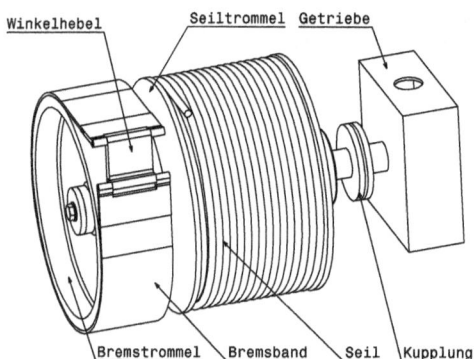

Der Antrieb der Seiltrommel erfolgt in der Regel über ein Schneckenradgetriebe, welches seinerseits von der Zapfwelle angetrieben wird. Eine besondere Anforderung ergibt sich, wenn mit dem langsam fahrenden Fahrzeug bei abgewickeltem Seil eine Nutzlast (z. B. Baumstamm) geschleppt wird. In diesem Anwendungsfall wird die Winde durch eine Kupplung vom Antrieb getrennt und mit einer Bandbremse blockiert.

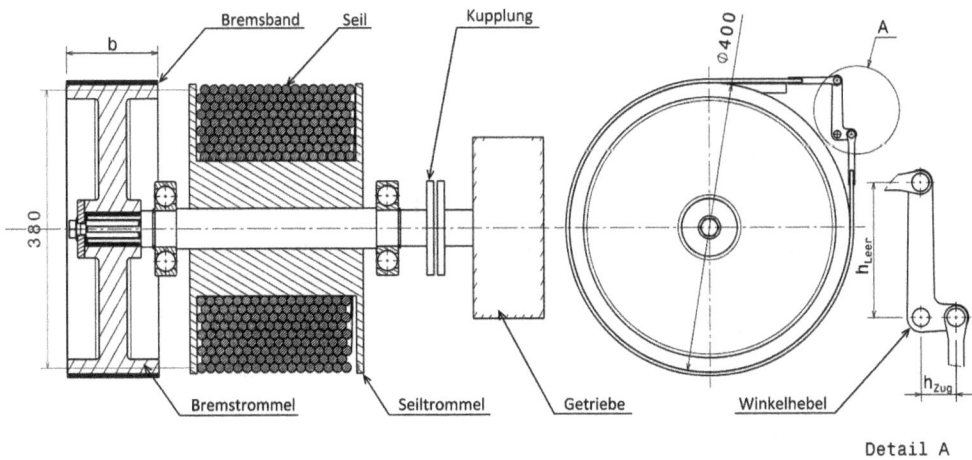

Detail A

Die Zugkraft im Seil kann maximal 40 kN betragen. Der Reibwert μ wird mit 0,35 angegeben, kann aber zwischen 0,28 und 0,42 schwanken. Der Bremsbelag kann mit einer Flächenpressung von 2 N/mm^2 belastet werden.

Wie groß ist bei maximaler Belastung das Verhältnis von Zugtrumkraft zu Leertrumkraft, wenn sicherheitshalber der kleinstmögliche Reibwert angenommen wird?	$\dfrac{S_{Zmin}}{S_{Lmin}}$	–	
Die Bandbremse soll im Uhrzeigersinn selbsttätig blockieren. Wie muss dann am Winkelhebel optimalerweise das Verhältnis von Leertrumhebel zu Zugrumhebel konstruktiv ausgeführt werden, wenn ein selbsttätiges Klemmen hervorgerufen werden soll?	$\dfrac{h_{Leer}}{h_{Zug}}$	–	
Wie groß ist das maximale Moment, welches an der Bremse anliegt?	M_{Brems}	Nm	
Wie breit muss das Bremsband mindestens sein, wenn die zulässige Flächenpressung nicht überschritten werden soll?	b	mm	
Aus konstruktiven Gründen muss der Hebelarm am Zugtrum mindestens 20 mm betragen. Welcher Hebelarm ist dann für den Leertrum vorzusehen?	h_{Leer}	mm	
Welches Moment muss am Gelenk des Winkelhebels eingeleitet werden, wenn die Bremse unter voller Last gelöst werden soll? Im ungünstigsten Fall kann dabei der größtmögliche Reibwert wirksam werden.	M_{WH}	Nm	

A.10.21   Ankerwinde

Der Anker eines Schiffes ist über seine Kette mit der Ankerwinde verbunden. Das vorliegende Beispiel orientiert sich an der Ankerwinde des Dreimastseglers „Albatros" (Foto links), die durch vier Personen an zwei Kurbeln bedient wird. Die nachfolgende Zeichnung zeigt in der oberen Bildzeile eine Ansicht von hinten (also in Fahrtrichtung des Schiffes) mit den dazugehörenden Seitenansichten und in der unteren Bildzeile eine Draufsicht mit einem Detailschnitt A-A der Bandbremse.

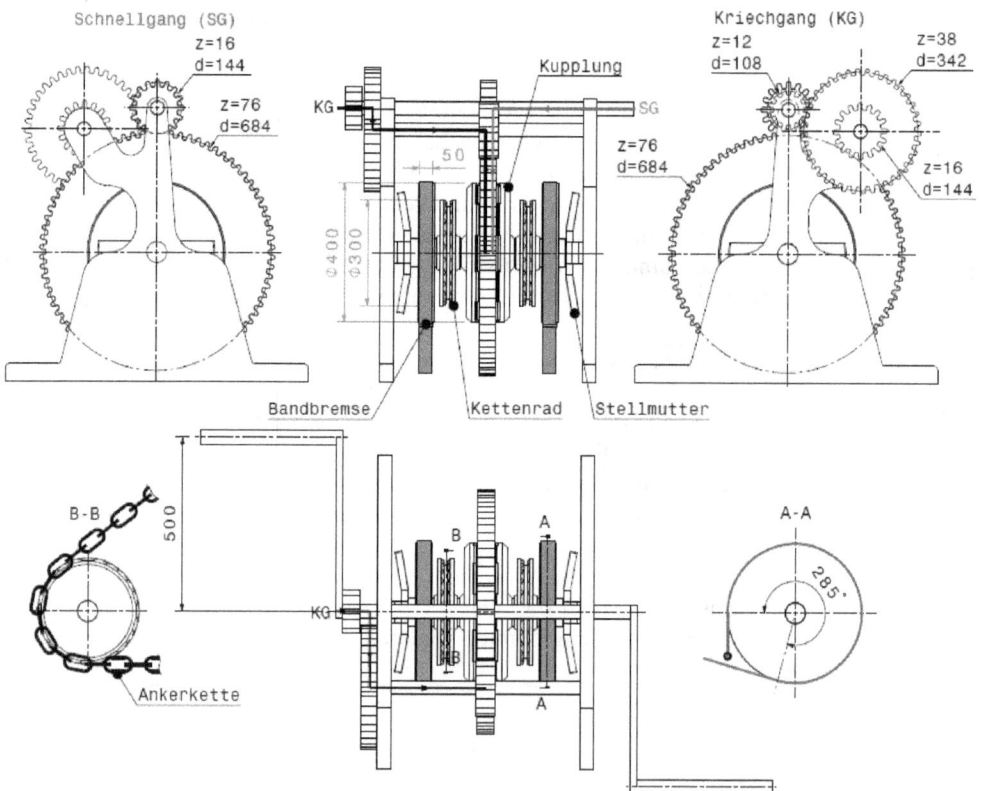

Die Ankerwinde übernimmt grundsätzlich zwei Aufgaben:

- Soll das Schiff vor Anker gehen, so wird die Ankerkette aus ihrem unter Deck befindlichen Kettenkasten durch das Kettenfallrohr formschlüssig über ein Kettenrad („Kettennuss") mit einem Durchmesser von 300 mm durch die Ankerklüse außenbords zum Anker geführt Um den Anker kontrolliert ablassen zu können, muss die Welle des Kettenrades mit einer Bremse ausgestattet sein, die in der Regel als Bandbremse (hier mit einem Durchmesser von 400 mm) ausgeführt ist.

- Soll der Anker wieder gelichtet werden, so wird die Kette in umgekehrter Richtung eingezogen. Dazu wird über eine Stellmutter eine formschlüssige Kupplung mit einem Getriebe verbunden, mit dem das Kettenrad motorisch (hier mit Handkraft) bewegt werden kann. Auf das Großrad des Getriebes wirkt ein (hier nicht dargestellter) formschlüssiger Sperrklinkenfreilauf, der eine Abwärtsbewegung der Kette unterbindet.

Der Anker wiegt 215 kg und die Masse der Kette beläuft sich auf 350 kg pro „Schäkel" (27,5 m): Die Kette wird nicht endlos gefertigt, sondern mit je einem wie ein Kettenglied geformten Schäkel nach 27,5 m an den Nachbarabschnitt angeschlossen. Durch Abzählen der Schäkel lässt sich die Länge der ausgelegten Kette grob feststellen. Das Schiff wird eigentlich vom Gewicht der am Grund aufliegenden Kette gehalten, der Anker dient nur zum Auslegen der Kette. Aus Sicherheitsgründen verfügt das Schiff über zwei Anker, die von derselben Winde bedient werden. Reibeinflüsse außerhalb der Bandbremse können bei dieser Betrachtung vernachlässigt werden.

Es wird zunächst einmal vereinfachend angenommen, dass die Kette senkrecht hängt und der Anker bei einer Wassertiefe von 10 m den Meeresboden berührt bzw. von ihm abhebt („aus dem Grund gebrochen wird"). Welche Zugkraft liegt dann in der Kette vor?	N	
Tatsächlich treten jedoch Wind und Strömung auf, sodass die Kette nicht senkrecht hängt, sondern in einem weiten Bogen vom Meeresgrund zum Schiff geführt wird. Unter diesen Umständen muss gegenüber dem zuvor vereinfachend angenommenen Fall mit einer 2,5-fach größeren Kettenkraft gerechnet werden. Wie groß ist dann die maximale Zugkraft in der Kette?	N	
Welches maximale Torsionsmoment kann dann an der Windenwelle auftreten?	Nm	

A.10.21.1 Bandbremse

Zwischen Bremsband und Bremsscheibe liegt ein Reibwert von 0,15 vor.

Welche maximale Kraft tritt im Zugtrum des Bremsbandes auf?	N	
Welche maximale Leertrumkraft muss (hier über eine Gewindespindel) eingeleitet werden?	N	
Welche maximale Flächenpressung stellt sich dann zwischen Bremsband und Bremsscheibe ein?	$\frac{N}{mm^2}$	

A.10.21.2 Getriebe

Den Kräften und Leistungen sind bei dem hier praktizierten Handbetrieb enge Grenzen gesetzt. Im Schnellgang treibt die Handkurbelwelle einstufig direkt auf die Windenwelle. Reicht das Antriebsmoment nicht aus, so wird der Kraftfluss über einen Umschalthebel (im Foto oben rechts) von der Handkurbelwelle zunächst auf die Vorstufe geleitet, die dann ihrerseits auf die Windenwelle treibt, wodurch sich ein zweistufiges Getriebe ergibt. Dazu muss die Drehrichtung der Handkurbel umgekehrt werden. Der Radius der Handkurbel beträgt 500 mm. Die folgende Tabelle fasst die Wälzkreisdurchmesser und deren Zähnezahlen zusammen:

Schnellgang (einstufig)			Kriechgang (zweistufig)		
Ritzel Handkurbelwelle	$\varnothing$ 144	$z = 16$	Ritzel Handkurbelwelle	$\varnothing$ 108	$z = 12$
			Großrad Zwischenwelle	$\varnothing$ 342	$z = 38$
			Ritzel Zwischenwelle	$\varnothing$ 144	$z = 16$
Großrad Windenwelle	$\varnothing$ 684	$z = 76$	Großrad Windenwelle	$\varnothing$ 684	$z = 76$

Welche Handkraft muss gemeinsam von zwei Personen tangential am äußeren Ende der Kurbel aufgebracht werden, wenn sicherheitshalber angenommen wird, dass jeweils nur eine Kurbel aktiv ist, während die andere gerade den Totpunkt durchläuft?

im Schnellgang	N	
im Kriechgang	N	

11 Kupplungen

11.1 Grundsätzliche Aufgaben

Ausgangspunkt dieses Kapitels ist ein Sachverhalt, der bereits in Kapitel 7.1.4 (Getriebe als Wandler mechanischer Leistung) angesprochen worden ist: Wenn zwischen Motor und Arbeitsmaschine keine Drehzahl-Drehmomenten-Wandlung erforderlich ist, so wird kein Getriebe benötigt. Im einfachsten Fall kann auf jegliches Zwischenglied verzichtet werden, so dass

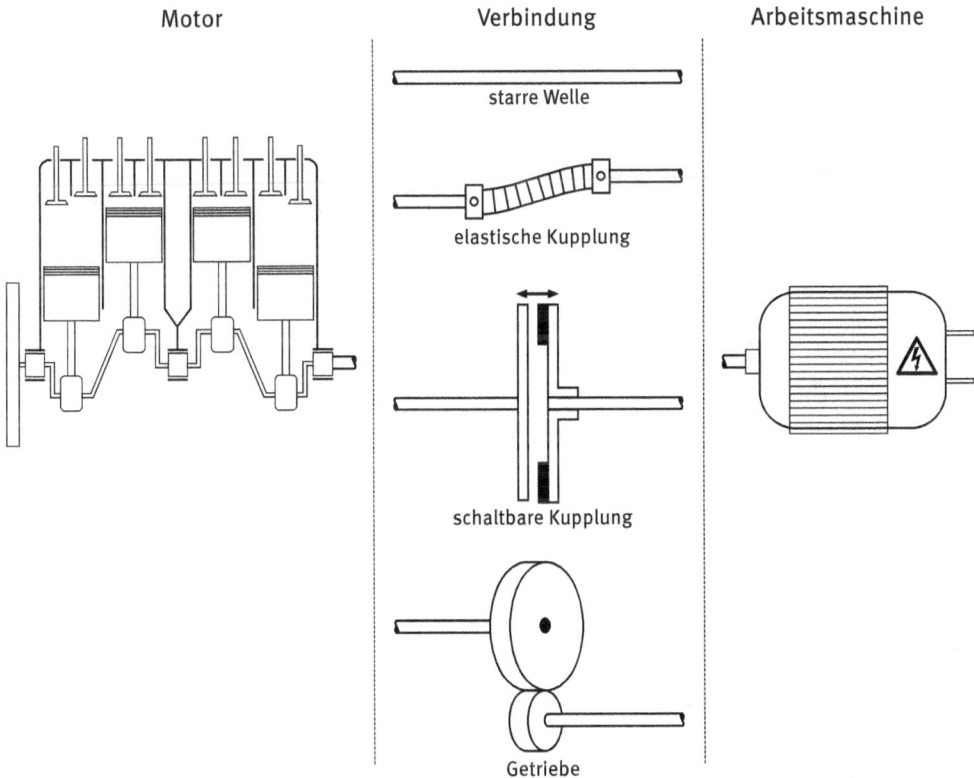

Bild 11.1: Anbindung Motor – Arbeitsmaschine

https://doi.org/10.1515/9783110747393-004

Motor und Arbeitsmaschine zu einer konstruktiven Einheit verschmelzen. Die Küchengeräte Kaffeemühle und Handmixer stellen einige einfache Beispiele dar, aber auch die Luftschraube eines Propellerflugzeugs (vgl. Aufgabe A.4.26, Band 1) wird meist dahingehend ausgelegt. Bild 8.39 zeigt einen ähnlichen Fall: Schleifen erfordert nur ein geringes Moment, wird aber fertigungstechnisch dann optimal, wenn die Geschwindigkeit relativ hoch ist. Da der Elektromotor seine Leistung in etwa dieser Form bereitstellt, wird der Antrieb einer Schleifspindel heutzutage häufig als Direktantrieb ausgeführt: Dabei wird der Elektromotor in die Spindel integriert, sodass die Lagerung des Antriebsmotors gleichzeitig die Lagerung des Schleifprozesses ist. Im allgemeinen Fall sind Motor und Arbeitsmaschine allerdings getrennte Komponenten und müssen nach Bild 11.1 über eine starre Welle oder Kupplung miteinander verbunden werden. Die Kupplung kann dabei neben der Leitung von Momenten und Kräften zusätzlich weitere Funktionen übernehmen:

- Geometrische Ungenauigkeiten oder Abweichungen der Lage der beiden Wellen (Wellenversatz) sollen ausgeglichen werden.
- Der dynamische Verlauf des Drehmomentes soll durch Federung und Dämpfung geglättet werden.
- Die Kupplung soll den Momentenfluss trennen und wieder verbinden können.
- Die Kupplung soll die beiden Wellen elektrisch gegeneinander isolieren.

Bild 11.2 versucht die Vielzahl der Kupplungen nach ihrer Funktion zu strukturieren.

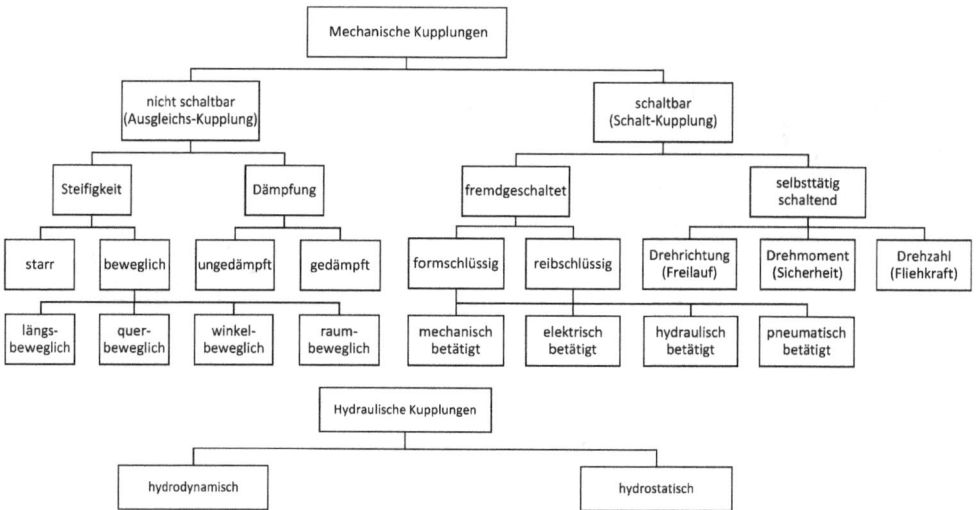

Bild 11.2: Einteilung mechanischer Kupplungen nach ihrer Funktion

Daneben gibt es auch noch hydraulische Kupplungen, die entweder hydrostatisch oder hydrodynamisch betrieben werden. Für besondere Anwendungsfälle (z. B. große Diesellokomotiven) kommen elektrische Kupplungen infrage: Der Antriebsmotor treibt auf einen Generator, dessen elektrische Leistung dann wiederum die Fahrmotoren speist.

11.2   Nichtschaltbare Kupplungen

11.2.1   Unterscheidung nach „fest" und „beweglich"

Die nichtschaltbaren Kupplungen lassen sich zunächst einmal nach „fest" und „beweglich" unterscheiden, wobei diese Differenzierung alle infrage kommenden Freiheitsgrade betrifft. Für die oben in Bild 11.1 aufgeführte durchgehende Welle ist dieser Sachverhalt an sich trivial, weil sämtliche Freiheitsgrade festgelegt sind:

	fest	beweglich
Längskraft bzw. axiale Beweglichkeit	X	
Querkraft bzw. radiale Beweglichkeit	X	
Biegemoment bzw. Biegewinkelbeweglichkeit	X	
Torsionsmoment bzw. Verdrehwinkelbeweglichkeit	X	

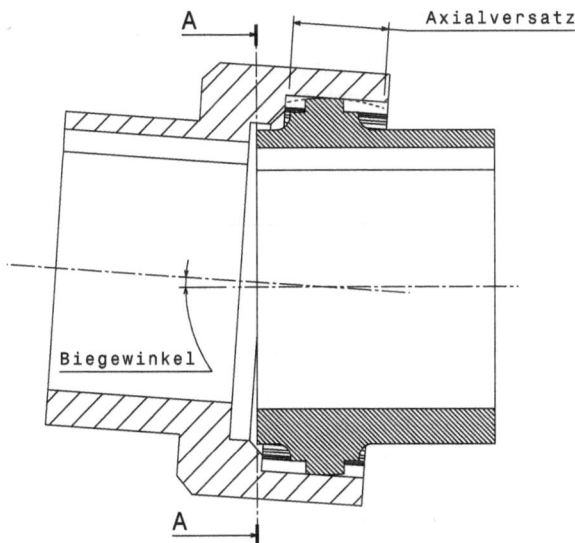

In einer weiteren Betrachtung nach Bild 11.3 wird die durchgehende Welle durch eine einteilige „Bogenzahnkupplung" ersetzt: Das eine Wellenende verfügt über eine Außenverzahnung mit in Axialrichtung bogenförmigen Zähnen, die in eine entsprechende Innenverzahnung eingreift, die ihrerseits mit dem anderen Wellenende verbunden ist. Dadurch können beide Wellen sowohl in Axialrichtung gegeneinander verschoben werden als auch eine gewisse Winkellage zueinander einnehmen.

axial   beweglich
radial   fest
Biegung   beweglich
Verdrehung   fest

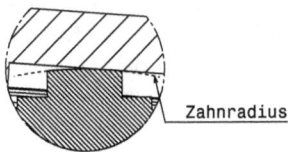

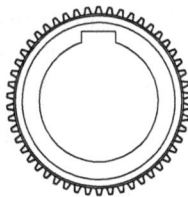

Bild 11.3: Bogenzahnkupplung einteilig

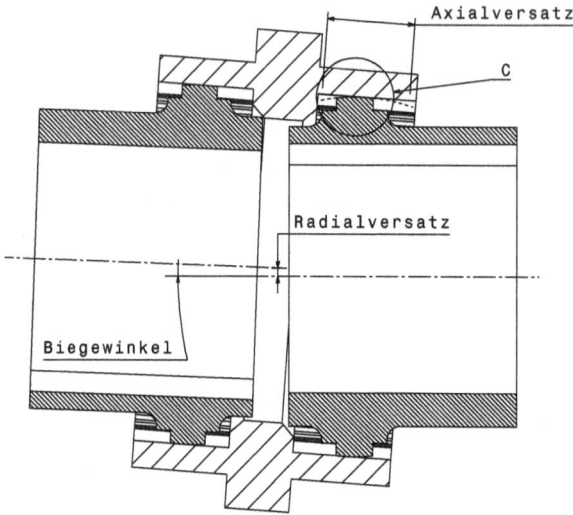

Bild 11.4: Bogenzahnkupplung zweiteilig

Wird die Bogenzahnkupplung nach Bild 11.4 zweiteilig ausgeführt, so erlaubt die Winkelbeweglichkeit einer jeden Kupplungshälfte zusätzlich auch eine radiale Beweglichkeit der gesamten Konstruktion. Die Verdrehwinkelbeweglichkeit bleibt weiterhin „fest".

axial   beweglich
radial   beweglich
Biegung   beweglich
Verdrehung   fest

Bei der hier aufgeführten Bogenzahnkupplung lässt sich die Differenzierung nach „beweglich" und „fest" eindeutig unterscheiden, während bei vielen anderen Konstruktionen die Zuordnung nicht immer eindeutig ist.

11.2.2   Steifigkeit und Dämpfung

Für eine differenziertere Betrachtung ist die Unterscheidung nach „fest" und „beweglich" nicht ausreichend, sondern es müssen die jeweiligen Freiheitsgrade bezüglich ihrer Steifigkeit und ggf. auch hinsichtlich ihrer Dämpfung betrachtet werden. In diesem Fall reicht aber nicht die digitale Ja/Nein-Information aus, sondern hier müssen wie im Kapitel 2 (Federn) konkrete Zahlenwerte formuliert werden.

	Steifigkeit	Dämpfung
axiale Beweglichkeit		
radiale Beweglichkeit		
Biegewinkelbeweglichkeit		
Verdrehwinkelbeweglichkeit		

So kann der Kupplung die Aufgabe zufallen, den Verdrehwinkel der Wellen von Motor und Arbeitsmaschine zu beeinflussen, um z. B. Drehmomentenstöße zu mildern, womit die Kupplung zur „drehbaren Torsionsfeder" wird. Metallische Zwischenlagen übernehmen dabei häufig Federungsfunktionen: Eine Änderung des Drehmomentes führt zu einer relativen Verdrehung der beiden Kupplungshälften, sodass der Drehmomentenstoß zunächst einmal als Federenergie aufgenommen wird. Mit einer bloßen Federwirkung ist es aber in den meisten Fällen nicht getan, da die Gefahr besteht, dass sich der Antriebsstrang als schwingungsfähiges Gebilde zu Schwingungen aufschaukeln kann. Aus diesem Grund muss die Bewegungsenergie, die die beiden Kupplungshälften zueinander verdreht, dem System entzogen und in Wärme umgesetzt werden. Dabei können neben den federnden auch dämpfende Eigenschaften eine wichtige Rolle spielen. Da metallische Werkstoffe solche Dämpfungseigenschaften nicht haben, werden hierfür häufig Zwischenlagen aus Elastomermaterial verwendet. In Anlehnung an das Kapitel „Federn" beschreibt Bild 11.5 das Torsionsverhalten einer Kupplung:

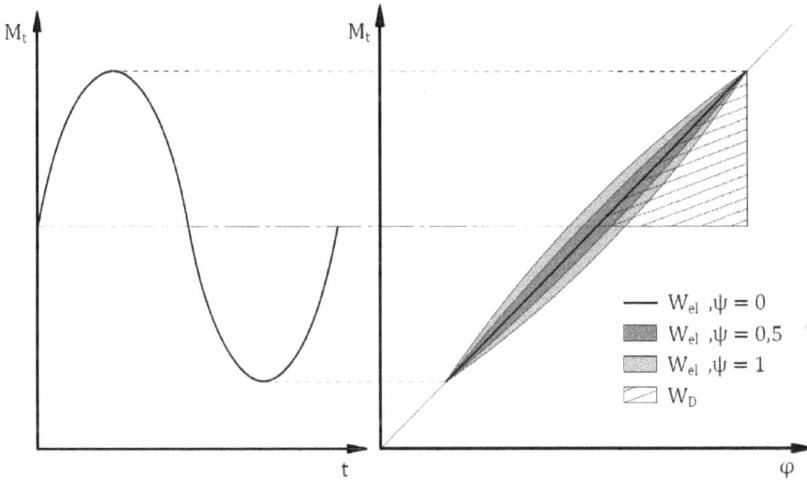

Bild 11.5: Torsionsverhalten Kupplung

Die Steifigkeit wird wie bei Federn als Quotient aus Belastung und Verformung formuliert. Die Dämpfung ψ beschreibt man als Quotient der Dämpfungsarbeit W_D zu der in der Feder elastisch gespeicherten Arbeit W_{el}:

$$\psi = \frac{W_D}{W_{el}} \qquad\qquad \text{Gl. 11.1}$$

Die Dämpfung bewegt sich je nach verwendetem Material in folgendem Bereich:

$\psi = 0$ \qquad\qquad für metallische Kupplungen

$\psi = 0,2 \ldots 1,0$ \quad für Elastomerkupplungen

Im allgemeinen Fall muss die vorstehende Betrachtung jedoch für alle Freiheitsgrade der Kupplung formuliert werden. Die Bilder 11.6 und 11.7 zeigen beispielhaft zwei in allen Freiheitsgraden nachgiebige Ausgleichskupplungen. Beide Konstruktionen bestehen aus je zwei Kupplungshälften, die über eine Welle-Nabe-Verbindung (hier Passfeder) mit ihrer jeweiligen Welle verbunden sind.

Beide Hälften der Ausgleichskupplung A (Bild 11.6) greifen mit formschlüssigen Vorsprüngen ineinander. Dazwischen sind viskoelastische Elemente eingebracht, die sowohl als Feder als auch als Dämpfer wirken. Die rechte Hälfte besteht aus einer inneren Nabe und einem äußeren Flansch, die aus Gründen der Montierbarkeit miteinander verschraubt sind.

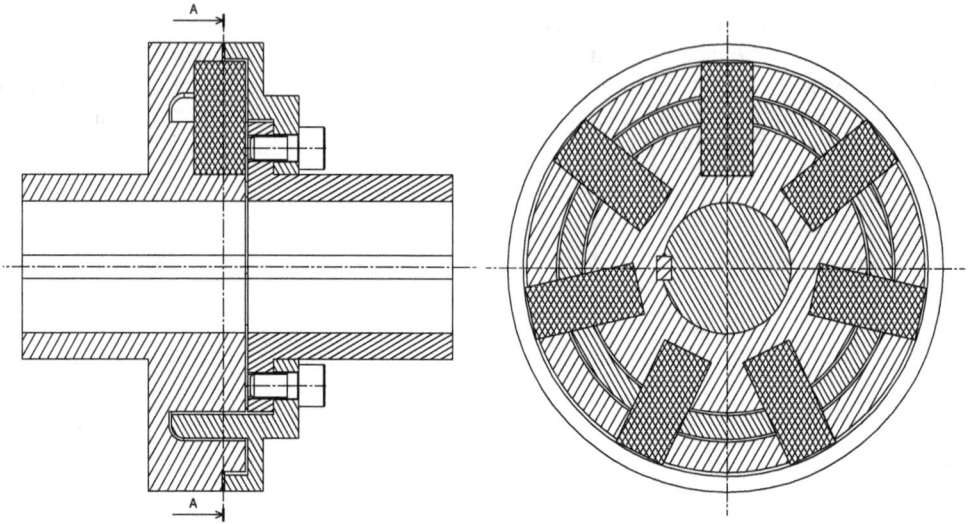

Bild 11.6: Ausgleichskupplung A

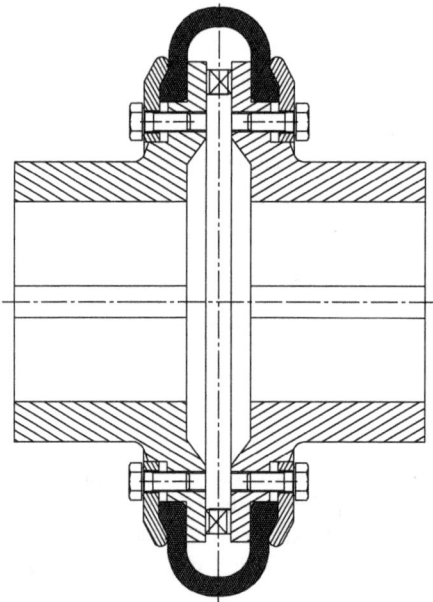

Bild 11.7: Ausgleichskupplung B

Ein reifenförmiger Gummimantel wird über verschraubte Anpressscheiben mit jeder der beiden Kupplungshälften verbunden. Zusätzlich verfügen die beiden Flansche noch über gegeneinander zugewandte Formelemente, die zwar ineinander greifen, aber so viel Abstand zueinander aufweisen, dass sie sich im Normalbetrieb nicht berühren. Sie begrenzen jedoch den maximalen Verdrehwinkel, sodass eine Überlastung des Gummimantels vermieden wird.

Der Kupplung kann auch die Aufgabe zufallen, einerseits Winkel- und Axialversatz aufzunehmen, andererseits jedoch die Drehbewegung möglichst winkelgetreu bei maximaler Steifigkeit zu übertragen. Diese besondere Anforderung liegt beispielsweise beim Gewindeschneiden auf der Drehbank vor: Die Drehbewegung zwischen Werkzeug und Werkstück muss winkelgetreu mit der Vorschubbewegung synchronisiert werden, eine torsionsnachgiebige Kupplung würde dabei unerwünschte Geometriefehler hervorrufen. Ein Vertreter dieser Gruppe ist die sog. Membrankupplung nach Bild 11.8.

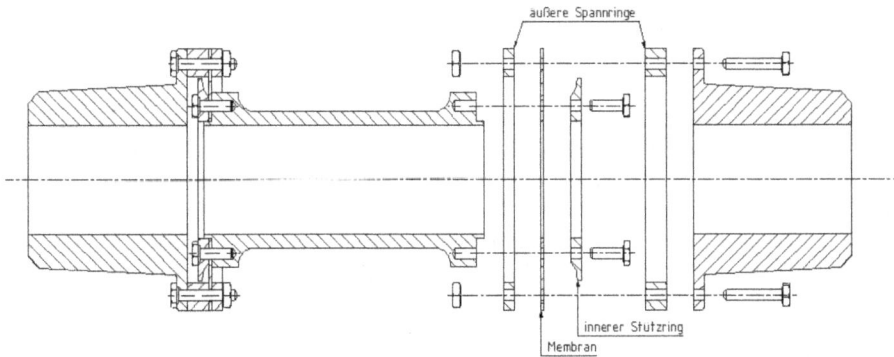

Bild 11.8: Membrankupplung

Die beiden identischen Kupplungshälften (links montiert, rechts vor der Montage) werden über je eine hier nicht dargestellt Welle-Nabe-Verbindung mit ihrer Welle verbunden. Die Nabe mündet in einen Flansch, auf dessen Lochkreis eine dünne kreisringförmige Membran mit Schrauben festgeklemmt wird. Diese Membran wird an ihren Innenrand über einen weiteren Lochkreis an das rohrförmige Verbindungsteil der beiden Kupplungshälften angeflanscht. Die beiden Membranen ermöglichen eine Einstellbarkeit des Biegewinkels für eine einzelne Kupplungshälfte und damit auch eine radiale Einstellbarkeit der gesamten Kupplung. Die mit dem inneren Lochkreis gleichzeitig festgeklemmte kreisringförmige Scheibe ist nicht mit dem Außenteil verbunden und dient lediglich dazu, die empfindliche, hier übertrieben dick dargestellte Membran vor unsachgemäßer Handhabung und Beschädigung zu schützen.

11.3   Schaltbare Kupplungen

Ähnlich wie bei Bremsen (s. Kap. 10.2) soll auch für die schaltbare Kupplung unabhängig von ihrer speziellen Bauform zunächst einmal geklärt werden, mit welchen Momenten, Reibarbeiten und Reibleistungen die Schaltkupplung belastet wird und wie lange der Einkuppelvorgang andauert. Die Wärmeabfuhr der Kupplung braucht an dieser Stelle nicht erneut aufgegriffen zu werden, da sie sich direkt aus der Wärmebelastung der Bremse ableiten lässt und in Anlehnung an Kap. 10.3 formuliert werden kann.

11.3.1   Kupplungsvorgang

Läuft ein bereits eingekuppelter Antriebsstrang bei konstanter Geschwindigkeit, so hat die Kupplung lediglich ein Lastmoment M_L zu übertragen. Da die Aufgabe der schaltbaren Kupplung aber im allgemeinen Fall darin besteht, eine zunächst ruhende Arbeitsmaschine in Bewegung zu setzen, ist mit dem Einkuppelvorgang meist ein Beschleunigungsvorgang mit einem zusätzlichen Beschleunigungsmoment M_a verbunden, welches das eigentliche Lastmoment deutlich übertreffen kann. Der Kupplungsvorgang muss also im allgemeinen Fall als dynamischer Vorgang betrachtet werden. Bild 11.9 stellt beispielhaft einen Antriebsstrang dar, der einen Motor über eine Reibkupplung mit einem Hubwerk verbindet. Die mit dem Seil verbundene Masse ruht zunächst auf einer festen Ebene und soll von dort aus durch Einkuppeln angehoben und auf eine Betriebsgeschwindigkeit beschleunigt werden. Bereits im Kapitel „Bremsen" (s. Bild 10.2) ist eine ähnliche Konstellation betrachtet worden. Aus der Gegenüberstellung dieser beiden Bilder kann geschlossen werden, dass eine Bremse eigentlich eine Schaltkupplung ist, von der ein Teil stets in Ruhe ist. Im Gegensatz zur Bremse mit einem einzigen Beschleunigungs- bzw. Verzögerungsvorgang bedeutet der Einkuppelvorgang einen Beschleunigungsvorgang auf der Abtriebsseite gepaart mit einem gleichzeitig ablaufenden Verzögerungsvorgang auf der Antriebsseite.

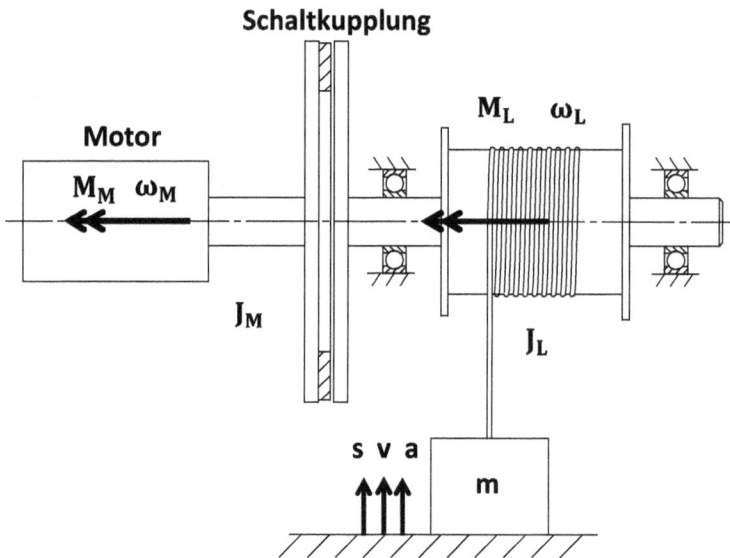

Bild 11.9: Hubwerk mit Schaltkupplung

Da das Hubwerk auch ein Getriebe enthalten kann (s. Übungsaufgaben), müssen ggf. die Massenträgheiten auf die der Kupplung zugewandten Seite reduziert werden. Der Einkuppelvorgang selber lässt sich nach Bild 11.10 analysieren:

Vor dem Beginn des Einkuppelvorganges (t < 0) ist nach dem mittleren Bilddrittel die Arbeitsmaschine noch in Ruhe ($\omega_L = 0$), während der Motor bereits mit Betriebswinkelgeschwindigkeit ω_M dreht. Nach dem Einrücken der Kupplung wird die Arbeitsmaschine beschleunigt, während sich der Motor vorübergehend langsamer wird. Nach dem Ende der Rutschzeit t_R haben Motor und Arbeitsmaschine gleiche Geschwindigkeit, sodass beide gemeinsam wieder beschleunigen können. Motor und Arbeitsmaschine drehen dann gemeinsam mit Betriebsge-

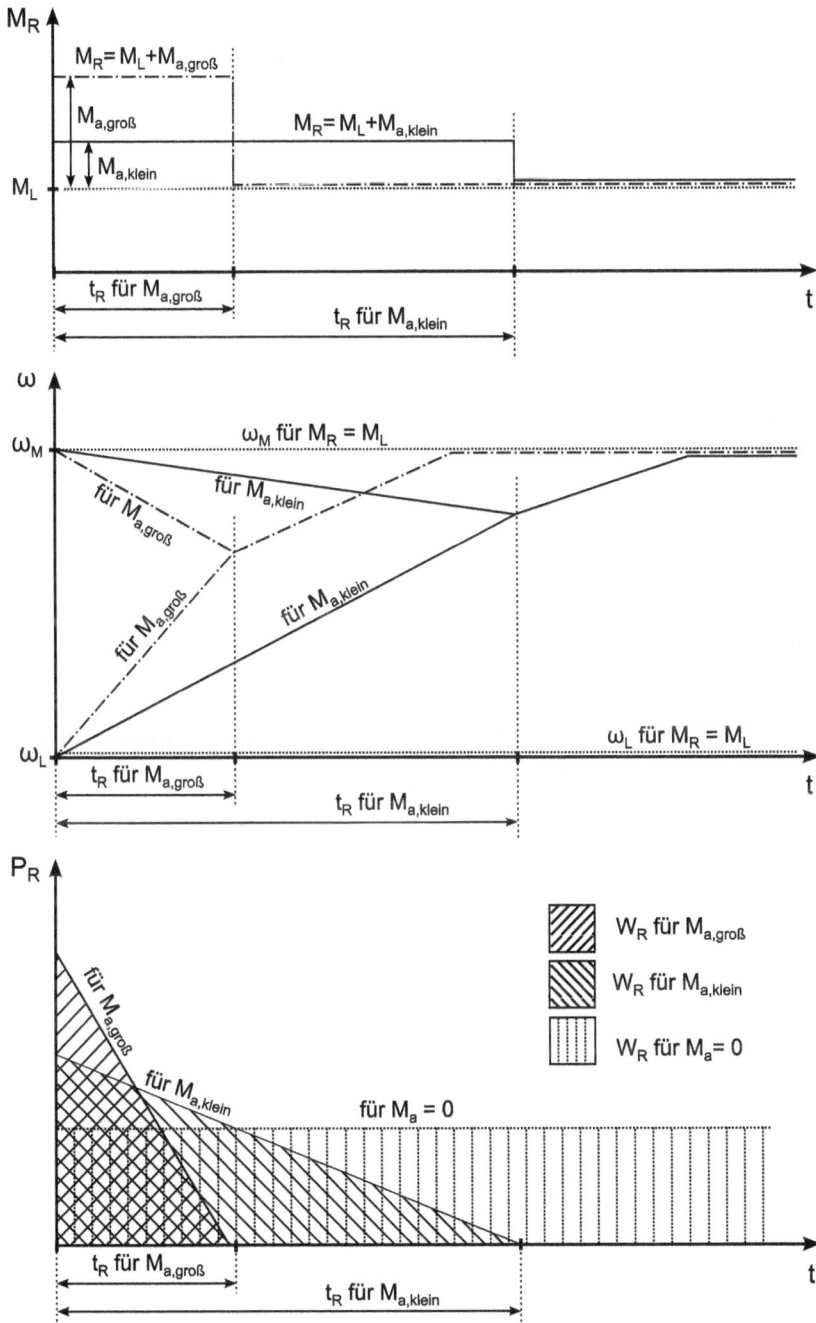

Bild 11.10: Momente, Winkelgeschwindigkeiten und Reibleistung während des Einkuppelvorganges

schwindigkeit, die nicht in jedem Fall wie hier dargestellt die Leerlaufdrehzahl des Motors erreichen muss. Für die Phase des Einkuppelvorganges kann für jede der beiden Wellen das Gleichgewicht der Torsionsmomente formuliert werden:

antriebsseitig	**abtriebsseitig**
Während der Rutschzeit ist der Einkuppelvorgang antriebsseitig ein **Bremsvorgang**. Das von der Kupplung übertragene Reibmoment M_R setzt sich zusammen aus dem Motormoment M_M und dem Drall, der durch die (vorübergehende) Verringerung der Motordrehzahl entsteht:	Während der Rutschzeit ist der Einkuppelvorgang abtriebsseitig ein **Beschleunigungsvorgang**. Das von der Kupplung übertragene Reibmoment setzt sich zusammen aus dem (als konstant angenommenen) Lastmoment und dem Drall, der durch die Erhöhung der Drehzahl der Arbeitsmaschine entsteht:

antriebsseitig:

$$M_R = M_M + J_M \cdot -\frac{d\omega_M}{dt}$$

$\frac{d\omega_M}{dt}$ ist negativ (Abbremsung)

$$J_M \cdot \frac{d\omega_M}{dt} = -M_R + M_M$$

$$d\omega_M = \frac{-M_R + M_M}{J_M} \cdot dt$$

Annahme: M_M ist drehzahl**un**abhängig.

$$\int_0^t d\omega_M = -\frac{M_R - M_M}{J_M} \cdot \int_0^t dt$$

$$[\omega_M]_0^t = -\frac{M_R - M_M}{J_M} \cdot [t]_0^t$$

$$\omega_{M(t)} - \omega_{M(0)} = -\frac{M_R - M_M}{J_M} \cdot t$$

Der Motor lief bei $t = 0$ mit $\omega_{M(0)}$

$$\omega_{M(t)} = \omega_{M(0)} - \frac{M_R - M_M}{J_M} \cdot t \quad \text{Gl. 11.2}$$

Gl. 11.2 beschreibt in Bild 11.10 eine **abfallende** Gerade.

abtriebsseitig:

$$M_R = M_L + J_L \cdot \frac{d\omega_L}{dt}$$

$\frac{d\omega_L}{dt}$ ist positiv (Beschleunigung)

$$J_L \cdot \frac{d\omega_L}{dt} = M_R - M_L$$

$$d\omega_L = \frac{M_R - M_L}{J_L} \cdot dt$$

Annahme: M_L ist drehzahl**un**abhängig.

$$\int_0^t d\omega_L = \frac{M_R - M_L}{J_L} \cdot \int_0^t dt$$

$$[\omega_L]_0^t = \frac{M_R - M_L}{J_L} \cdot [t]_0^t$$

$$\omega_{L(t)} - \omega_{L(0)} = \frac{M_R - M_L}{J_L} \cdot t$$

Die Lastseite stand bei $t = 0$ still: $\omega_{L(0)} = 0$

$$\omega_{L(t)} = \frac{M_R - M_L}{J_L} \cdot t \quad \text{Gl. 11.3}$$

Gl. 11.3 beschreibt in Bild 11.10 eine **ansteigende** Gerade.

Die Rutschzeit ist zu Ende ($t = t_R$), wenn die Winkelgeschwindigkeit des Motors nach Gl. 11.2 und die der Lastmaschine nach Gl. 11.3 gleich sind:

$$\omega_{M(t_R)} = \omega_{L(t_R)}$$

$$\omega_{M(0)} + \frac{M_M - M_R}{J_M} \cdot t_R = \frac{M_R - M_L}{J_L} \cdot t_R$$

Mit diesem Zusammenhang kann die Rutschzeit ermittelt werden:

$$t_R \cdot \left(\frac{M_R - M_L}{J_L} - \frac{M_M - M_R}{J_M} \right) = \omega_{M(0)}$$

$$t_R = \frac{\omega_{M(0)}}{\dfrac{M_R - M_L}{J_L} + \dfrac{M_R - M_M}{J_M}} = \frac{J_L \cdot J_M}{(M_R - M_L) \cdot J_M + (M_R - M_M) \cdot J_L} \cdot \omega_{M(0)} \quad \text{Gl. 11.4}$$

Bild 10.4 hatte die Rutschzeit beim Bremsvorgang eines Hubwerks nach Bild 10.2 grafisch dargestellt. Wird das Hubwerk nach Bild 11.9 mit der gleichen Last durch Einkuppeln aus dem Stillstand auf $\omega_0 = 3{,}33\,\text{s}^{-1}$. beschleunigt, so ergeben sich für die Rutschzeit nach Gl. 11.4 Hyperbeln entsprechend der Darstellung nach Bild 11.11.

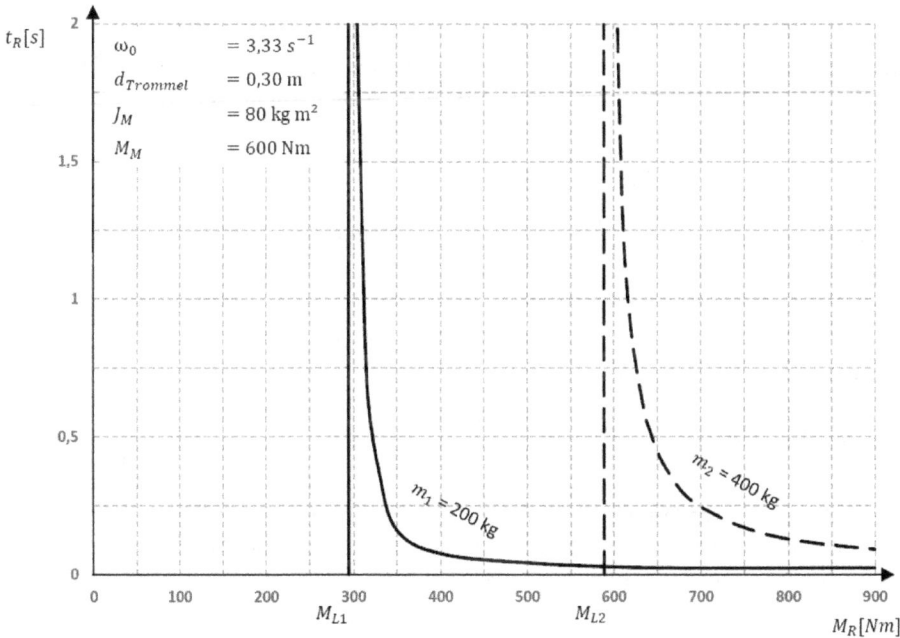

Bild 11.11: Rutschzeit einer Kupplung in Funktion des Reibmomentes

Damit lässt sich folgender Zielkonflikt erkennen:

- Um den beim Kupplungsvorgang erforderlichen Beschleunigungsvorgang überhaupt zustande zu bringen, muss das Reibmoment einerseits größer sein als das Lastmoment. Je größer der Momentenüberschuss ist, desto schneller ist der Kupplungsvorgang beendet.
- Andererseits hat ein hohes Reibmoment aber auch eine höhere mechanische Belastung nicht nur der Kupplung, sondern des gesamten Antriebstranges zur Folge.

Die Rutschzeit kann nur dann endliche (und damit verträgliche) Werte annehmen, wenn der Nenner von Gl. 11.4 positiv ist:

$$\frac{M_R - M_L}{J_L} + \frac{M_R - M_M}{J_M} > 0$$

Damit stellt sich die Frage, wie groß das Kupplungsmoment sein muss, damit ein realistischer Kupplungsvorgang zustande kommt.

$$\frac{M_R - M_L}{J_L} > \frac{M_M - M_R}{J_M}$$

$$M_R \cdot J_M - M_L \cdot J_M > M_M \cdot J_L - M_R \cdot J_L$$

$$M_R \cdot (J_M + J_L) > M_M \cdot J_L + M_L \cdot J_M$$

$$M_R > \frac{M_M \cdot J_L + M_L \cdot J_M}{J_M + J_L} \qquad\qquad \text{Gl. 11.5}$$

Eine differenziertere Betrachtung fragt nach dem Reibmoment, welches zur Erzielung einer geforderten Rutschzeit erforderlich ist. Dazu wird Gl. 11.4 nach M_R aufgelöst:

$$t_R = \frac{J_L \cdot J_M}{M_R \cdot J_M - M_L \cdot J_M + M_R \cdot J_L - M_M \cdot J_L} \cdot \omega_{M(0)}$$

$$M_R \cdot J_M - M_L \cdot J_M + M_R \cdot J_L - M_M \cdot J_L = \frac{J_L \cdot J_M}{t_R} \cdot \omega_{M(0)}$$

$$M_R \cdot J_M + M_R \cdot J_L = M_L \cdot J_M + M_M \cdot J_L + \frac{J_L \cdot J_M}{t_R} \cdot \omega_{M(0)}$$

$$M_R \cdot (J_M + J_L) = M_L \cdot J_M + M_M \cdot J_L + \frac{J_L \cdot J_M}{t_R} \cdot \omega_{M(0)}$$

$$M_R = \frac{M_L \cdot J_M + M_M \cdot J_L + \frac{J_L \cdot J_M}{t_R} \cdot \omega_{M(0)}}{J_M + J_L} \qquad\qquad \text{Gl. 11.6}$$

Die Schalt**leistung** (unteres Drittel von Bild 11.10) ergibt sich aus (konstantem) Reibmoment und der Relativgeschwindigkeit der beiden Kupplungshälften. Zu Beginn der Rutschzeit ist damit die Leistung maximal, am Ende der Rutschzeit geht sie mit der Relativgeschwindigkeit gegen null.

- Ein hohes Reibmoment führt zwar zu kurzen Rutschzeit, aber auch zu hohen Laststößen und den damit verbundenen hohen Reib**leistungen** und Oberflächentemperaturen. In diesem Falle wäre es ratsam, das Kupplungsmoment z. B. durch Verminderung der Schaltkraft zu reduzieren, die Kupplung „langsam kommen zu lassen".

- Ein geringes Reibmoment (Grenzfall $M_R = M_L$) führt durch lange Rutschzeiten zu einer hohen Reib**arbeit**. In diesem Fall müsste das Kupplungsmoment gesteigert werden, was möglicherweise durch eine Erhöhung der Schaltkraft zu erzielen ist, man sollte die Kupplung nicht „schleifen lassen".
- Zwischen diesen beiden Extremen liegt das Optimum ($M_R > M_L$), welches möglichst geringe Wärmebelastung mit einem moderaten Laststoß verbindet.

Die während der Rutschzeit generierte Reib**arbeit** lässt sich als schraffierte Fläche im unteren Drittel von Bild 11.10 darstellen, wird als Wärme freigesetzt und belastet die Kupplung thermisch.

$$W_R = \int_0^{t_R} M_R \cdot \left(\omega_{M(t)} - \omega_{L(t)}\right) \cdot dt$$

Unter der Annahme des konstanten Reibmomentes vereinfacht sich dieser Ausdruck zu

$$W_R = M_R \cdot \int_0^{t_R} \left(\omega_{M(t)} - \omega_{L(t)}\right) \cdot dt$$

Da nach den Gleichungen 11.2 und 11.3 die Winkelgeschwindigkeiten einen linearen Verlauf nehmen, kann die zwischen den beiden Geraden liegende Dreieckfläche auch als die halbe Fläche des umschriebenen Rechtecks gesehen werden (vgl. auch Federungsarbeit nach Gl. 2.14):

$$W_R = M_R \cdot \frac{1}{2} \cdot \omega_{M(0)} \cdot t_R \qquad\qquad \text{Gl. 11.7}$$

Aufgabe A.11.1

11.3.2 Fremdbetätigte Kupplungen

11.3.2.1 Scheibenkupplung

Die Scheibenkupplung kann als axialer Klemmverband (6.3.1.1) verstanden werden, dessen Momentenfluss wahlweise unterbrochen oder wiederhergestellt werden kann. Dabei muss allerdings dem Umstand Rechnung getragen werden, dass durch die vorübergehende Relativbewegung der Kontaktflächen Verschleiß entsteht. Bild 11.12 stellt die wesentlichen Informationen zur Berechnung einer Einscheibenkupplung zusammen.

Die beiden gegenüber liegenden Wellen werden an ihrem jeweiligen Ende mit einer Scheibe ausgestattet, zwischen denen das Torsionsmoment M_t über einen kreisringförmigen Reibbelag übertragen wird, der in diesem Fall auf der Stirnfläche der linken Scheibe fest aufgebracht ist und mit der rechten Scheibe in reibschlüssigen Kontakt gebracht werden kann. Dazu ist eine geringfügige Axialbewegung erforderlich, die in der Regel durch eine hier nicht dargestellt

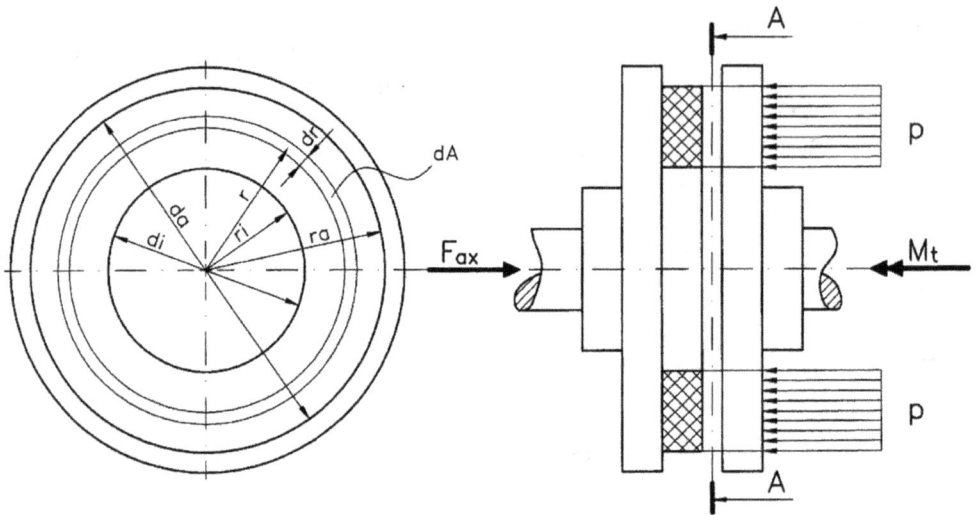

Bild 11.12: Einscheibenkupplung Neuzustand

längsverschiebbare Welle-Nabe-Verbindung zwischen Scheibe und Welle ausgeführt wird. Der Reibschluss wird durch eine Axialkraft F_{ax} aufgebracht, die ihrerseits eine Pressung p zwischen der rechten Seite des Reibbelages und der gegenüberliegenden Scheibe hervorruft.

M_t = Reibkraft · Hebelarm

    = Normalkraft · Reibwert · Hebelarm

    = Pressung · Fläche · Reibwert · Hebelarm

Da die einzelnen Flächenanteile unterschiedliche Hebelarme aufweisen, muss integriert werden:

$$M_t = \int_{r_i}^{r_a} p \cdot dA \cdot \mu \cdot r \quad \text{mit} \quad dA = 2 \cdot \pi \cdot r \cdot dr$$

$$M_t = \int_{r_i}^{r_a} p \cdot 2 \cdot \pi \cdot r \cdot dr \cdot \mu \cdot r = 2 \cdot \pi \cdot \mu \cdot \int_{r_i}^{r_a} p \cdot r^2 \cdot dr \qquad \text{Gl. 11.8}$$

Da die Reibflächen der Kupplung im **Neuzustand** eben sind, kann eine konstante Flächenpressung angenommen werden, sodass p in Gl. 11.8 von der Integration nicht betroffen ist und deshalb als Konstante vorgezogen werden kann:

$$M_t = 2 \cdot \pi \cdot \mu \cdot p \cdot \int_{r_i}^{r_a} r^2 \cdot dr = 2 \cdot \pi \cdot \mu \cdot p \cdot \left[\frac{r^3}{3}\right]_{r_i}^{r_a}$$

$$M_t = \frac{2}{3} \cdot \pi \cdot \mu \cdot (r_a^3 - r_i^3) \cdot p \qquad\qquad\qquad \text{Gl. 11.9}$$

Wie bei reibschlüssigen Welle-Nabe-Verbindungen und Bremsen wird auch die Dimensionierung von reibschlüssigen Kupplungen übersichtlicher, wenn die Gleichungen in einem dreieckförmigen Dimensionierungsschema angeordnet werden (vgl. auch Bild 6.12, 6.13, 6.17, 6.37). Gl. 11.9 stellt einen Zusammenhang zwischen Flächenpressung und übertragbarem Torsionsmoment her und kann im Schema von Bild 11.13 als rechte Dreieckseite angeordnet werden:

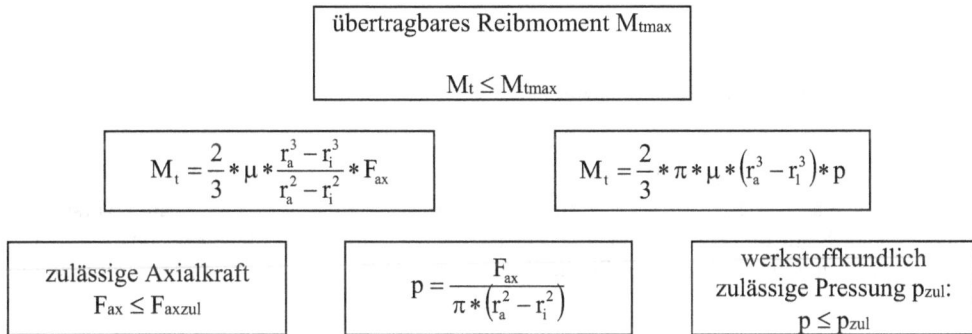

übertragbares Reibmoment M_{tmax}
$M_t \le M_{tmax}$

$M_t = \frac{2}{3} * \mu * \frac{r_a^3 - r_i^3}{r_a^2 - r_i^2} * F_{ax}$		$M_t = \frac{2}{3} * \pi * \mu * \left(r_a^3 - r_i^3\right) * p$
zulässige Axialkraft $F_{ax} \le F_{axzul}$	$p = \frac{F_{ax}}{\pi * \left(r_a^2 - r_i^2\right)}$	werkstoffkundlich zulässige Pressung p_{zul}: $p \le p_{zul}$

Bild 11.13: Dimensionierungsschema Einscheibenkupplung Neuzustand

Der in der unteren Dreieckseite dokumentierte Zusammenhang zwischen Axialkraft F_{ax} und (gleichmäßiger) Flächenpressung p ergibt sich zu:

$$p = \frac{F_{ax}}{A} = \frac{F_{ax}}{\pi \cdot (r_a^2 - r_i^2)} \qquad\qquad\qquad \text{Gl. 11.10}$$

Setzt man Gl. 11.10 in Gl. 11.9 ein, so wird ein Zusammenhang zwischen Betätigungskraft und übertragbarem Moment hergestellt und damit die linke Dreieckseite belegt:

$$M_t = \frac{2}{3} \cdot \pi \cdot \mu \cdot (r_a^3 - r_i^3) \cdot \frac{F_{ax}}{\pi \cdot (r_a^2 - r_i^2)} = \frac{2}{3} \cdot \mu \cdot \frac{r_a^3 - r_i^3}{r_a^2 - r_i^2} \cdot F_{ax} \qquad \text{Gl. 11.11}$$

Ist die Kupplung **eingelaufen** (Bild 11.14), so ist die Flächenpressung nicht mehr gleichmäßig, weil im Gegensatz zum Axialklemmverband (vgl. Bild 6.11) die Einscheibenkupplung während des Einkuppelvorganges Relativbewegungen an der Reibpaarung unterliegt. Da dabei am Außenrand des ringförmigen Reibbelages eine größere Relativgeschwindigkeit vorliegt

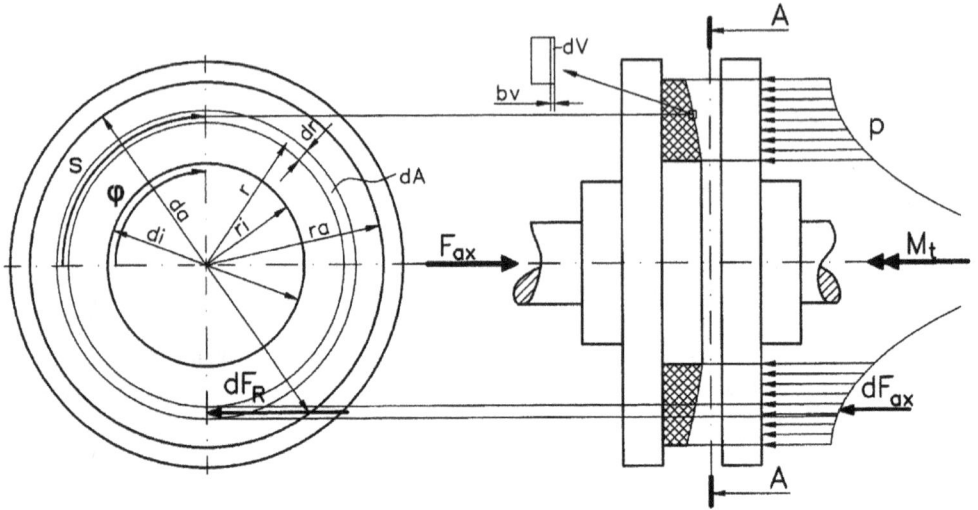

Bild 11.14: Einscheibenkupplung Einlaufzustand

als weiter innen, unterliegt der Reibbelag außen einem größeren Verschleiß als innen. Die weiter außen liegenden Bereiche des Reibbelages müssen also erst einmal den durch Verschleiß entstandenen Spalt durch geringförmige elastische Verformung überbrücken, bevor sie sich an der Momentenübertragung beteiligen. Aus diesem Grund ist die Flächenpressung außen geringer als innen.

Zur Quantifizierung dieses Sachverhaltes kann zunächst einmal geschlossen werden, dass am einzelnen Element der Belagoberfläche ein Volumenelement dV durch Verschleiß verloren geht und dass sich dieser Volumenverlust proportional zur dort verrichteten Reibarbeit dW_R verhält:

$$dV \sim dW_R \quad \rightarrow \quad dV = q_V \cdot dW_R \qquad\qquad \text{Gl. 11.12}$$

Diese Proportionalität lässt sich durch den materialspezifischen Verschleißbeiwert q_V ausdrücken. Einerseits ergibt sich das Verschleißvolumen dV geometrisch als Hohlzylindervolumen aus der Grundfläche dA und der Verschleißtiefe b_V, andererseits lässt sich die Reibarbeit dW_R aber auch als Produkt aus Reibkraft dF_R und dem insgesamt zwischen den beiden Reibflächen zurückgelegten Relativweg s erfassen:

$$dA \cdot b_V = q_V \cdot dF_R \cdot s$$

Dabei ist der Reibweg s der Bogen, der am Ort r durch die Drehung φ der beiden Kupplungshälften zueinander entstanden ist.

$$dA \cdot b_V = q_V \cdot dF_R \cdot \varphi \cdot r \qquad\qquad \text{Gl. 11.13}$$

Die am Ringelement dA wirkende Reibkraft dF_R ist über die Coulomb'sche Reibung an deren Axialkraftanteil gekoppelt:

$$\mu = \frac{dF_R}{dF_{ax}} \quad \rightarrow \quad dF_R = \mu \cdot dF_{ax} \qquad \text{Gl. 11.14}$$

Die Flächenpressung ist zwar in radialer Richtung nicht konstant, bleibt aber auf einem bestimmten Radius r in Umfangsrichtung, also für das hier skizzierte Flächenelement dA gleich:

$$p_{(r)} = \frac{dF_{ax}}{dA} \quad \Rightarrow \quad dF_{ax} = p_{(r)} \cdot dA \qquad \text{Gl. 11.15}$$

Wird Gl. 11.15 in Gl. 11.14 und diese wiederum in Gl. 11.13 eingesetzt, so ergibt sich:

$$dA \cdot b_V = q_V \cdot \mu \cdot p_{(r)} \cdot dA \cdot \varphi \cdot r$$

Durch Kürzen von dA wird man unabhängig von der speziellen Wahl von dA. Mit diesem Ansatz lässt sich die Flächenpressung in Funktion des Ortes r ausdrücken:

$$p_{(r)} = \frac{b_V}{q_V \cdot \mu \cdot \varphi} \cdot \frac{1}{r} \qquad \text{Gl. 11.16}$$

Weil der erste Quotient auf der rechten Gleichungsseite eine Konstante ist, ergibt sich der in Bild 11.14 skizzierte hyperbelförmige Pressungsverlauf. Die am Innenrand des Reibbelages vorliegende maximale Pressung darf die werkstoffkundlich zulässige Pressung nicht überschreiten. Aus diesem Grund kann im eingelaufenen Zustand insgesamt weniger Axialkraft aufgebracht und damit auch weniger Torsionsmoment übertragen werden als im Neuzustand. Das Kräftegleichgewicht in Axialrichtung liefert:

$$F_{ax} = \int_{r_i}^{r_a} p_{(r)} \cdot dA \qquad \text{Gl. 11.17}$$

Führt man Gl. 11.16 in Gl. 11.17 ein und setzt auch hier $dA = 2 \cdot \pi \cdot r \cdot dr$, so ergibt sich

$$F_{ax} = \int_{r_i}^{r_a} \frac{b_V}{q_V \cdot \mu \cdot \varphi} \cdot \frac{1}{r} \cdot 2 \cdot \pi \cdot r \cdot dr = \frac{b_V \cdot 2 \cdot \pi}{q_V \cdot \mu \cdot \varphi} \cdot \int_{r_i}^{r_a} dr = \frac{b_V \cdot 2 \cdot \pi}{q_V \cdot \mu \cdot \varphi} \cdot [r]_{r_i}^{r_a}$$

$$F_{ax} = \frac{b_V \cdot 2 \cdot \pi}{q_V \cdot \mu \cdot \varphi} \cdot (r_a - r_i)$$

$$\frac{b_V}{q_V \cdot \mu \cdot \varphi} = \frac{F_{ax}}{2 \cdot \pi \cdot (r_a - r_i)} \qquad \text{Gl. 11.18}$$

Setzt man Gl. 11.18 in Gl. 11.16 ein, so kann die Flächenpressung mit der Axialkraft für den eingelaufenen Zustand in Zusammenhang gebracht werden:

$$p_{(r)} - \frac{F_{ax}}{2 \cdot \pi \cdot (r_a - r_i)} \cdot \frac{1}{r} \qquad \text{Gl. 11.19}$$

Daraus ergibt sich die maximale Pressung unabhängig von den Materialkennwerten μ und q_V am Innenrand des Reibbelages zu

$$p_{max} = \frac{F_{ax}}{2 \cdot \pi \cdot (r_a - r_1) \cdot r_i} \qquad \text{Gl. 11.20}$$

Damit wird zunächst einmal die untere Dreieckseite im Schema von Bild 11.15 belegt.

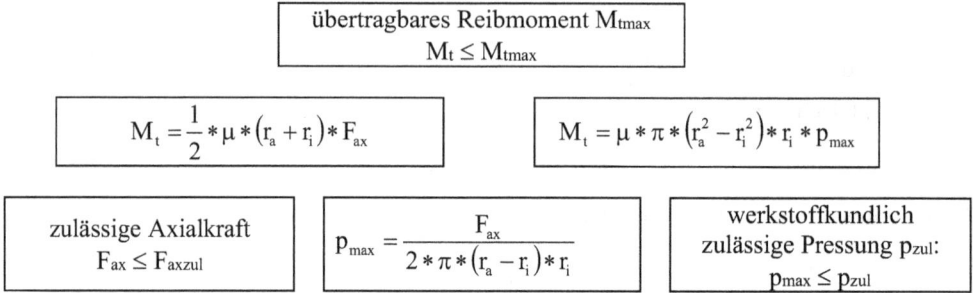

Bild 11.15: Dimensionierungsschema Einscheibenkupplung eingelaufen

Wird weiterhin Gl. 11.19 in Gl. 11.8 eingesetzt, so kann das Moment in Funktion der Axial-kraft für den eingelaufenen Zustand beschrieben werden:

$$M_t = 2 \cdot \pi \cdot \mu \cdot \int_{r_i}^{r_a} p_{(r)} \cdot r^2 \cdot dr = 2 \cdot \pi \cdot \mu \cdot \int_{r_i}^{r_a} \frac{F_{ax}}{2 \cdot \pi \cdot (r_a - r_1)} \cdot \frac{1}{r} \cdot r^2 \cdot dr$$

$$M_t = \frac{\mu \cdot F_{ax}}{r_a - r_1} \cdot \int_{r_i}^{r_a} r \cdot dr = \frac{\mu \cdot F_{ax}}{r_a - r_1} \cdot \left[\frac{r^2}{2} \right]_{r_i}^{r_a} = \frac{\mu \cdot F_{ax}}{r_a - r_1} \cdot \frac{r_a^2 - r_i^2}{2}$$

$$M_t = \frac{\mu \cdot F_{ax}}{r_a - r_1} \cdot \frac{(r_a + r_i) \cdot (r_a - r_1)}{2}$$

$$M_t = \frac{1}{2} \cdot \mu \cdot (r_a + r_i) \cdot F_{ax} \qquad \text{Gl. 11.21}$$

Diese Gleichung kann als linke Dreieckseite im Schema von Bild 11.15 übernommen werden. Die rechte Dreieckseite ergibt sich durch Einsetzen der Axialkraft nach Gl. 11.20 in Gl. 11.21:

$$M_t = \frac{1}{2} \cdot \mu \cdot (r_a + r_i) \cdot F_{ax} = \frac{1}{2} \cdot \mu \cdot (r_a + r_i) \cdot p_{max} \cdot 2 \cdot \pi \cdot (r_a - r_i) \cdot r_i$$

$$M_t = \mu \cdot \pi \cdot (r_a^2 - r_i^2) \cdot r_i \cdot p_{max} \qquad \text{Gl. 11.22}$$

Die Gleichungen für den Neuzustand nach Schema Bild 11.13 und die für den eingelaufenen Zustand nach Bild 11.15 lassen sich schließlich in einem einzigen Schema nach Bild 11.16 zusammenfassen:

$$\boxed{\text{übertragbares Reibmoment } M_{tmax}}$$
$$M_t \le M_{tmax}$$

neu:
$$M_t = \frac{2}{3} * \mu * \frac{r_a^3 - r_i^3}{r_a^2 - r_i^2} * F_{ax}$$
eingelaufen: $M_t = \frac{1}{2} * \mu * (r_a + r_i) * F_{ax}$

neu:
$$M_t = \frac{2}{3} * \pi * \mu * (r_a^3 - r_i^3) * p$$
eingelaufen:
$$M_t = \mu * \pi * (r_a^2 - r_i^2) * r_i * p_{max}$$

zulässige Axialkraft
$F_{ax} \le F_{axzul}$

neu: $p = \dfrac{F_{ax}}{\pi * (r_a^2 - r_i^2)}$
eingelaufen:
$$p_{max} = \frac{F_{ax}}{2 * \pi * (r_a - r_i) * r_i}$$

werkstoffkundlich
zulässige Pressung p_{zul}:
$p_{max} \le p_{zul}$

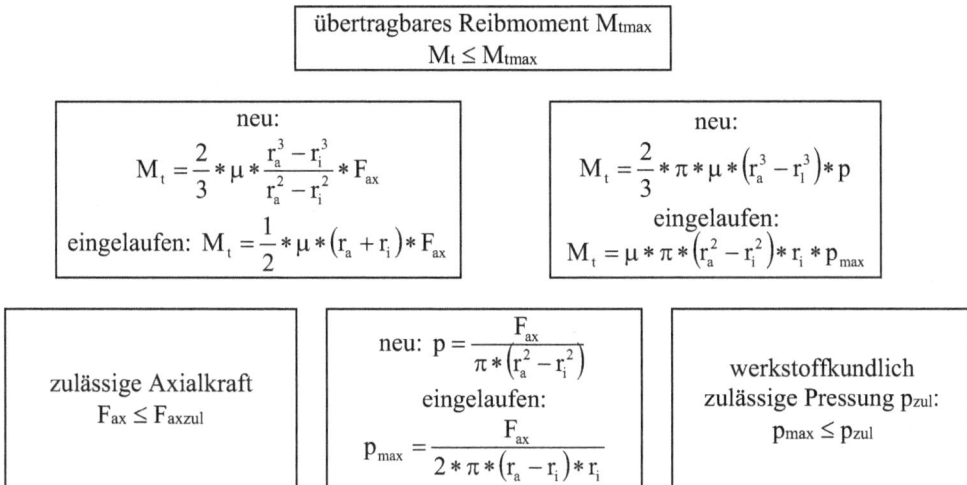

Bild 11.16: Dimensionierungsschema Einscheibenkupplung

Tabelle 11.1: Mechanische und thermische Kennwerte von Reibbelägen

Werkstoffpaarung	Schmierungs-zustand	μ	p_{zul} [N/mm²]	spez. Reib-leistung q_{Grenz} [W/mm²]	Temperatur ϑ_{zul} [°C]
Stahl/Stahl	ölgeschmiert	0,05–0,09	1,0	0,005	120
Sinterbronze/Stahl	trocken	0,25	1,2–1,5	0,007	
Sinterbronze/Stahl	ölgeschmiert	0,06–0,09	1,0–3,0	0,018	120
Sintereisen/Stahl	trocken	0,3–0,4			250
Sintereisen/Stahl	ölgeschmiert	0,06–0,10	3,0		120
organischer Belag/Stahl	trocken	0,25–0,40	0,05–0,3		
organischer Belag/Stahl	ölgeschmiert	0,06–0,15	0,6–2,0	0,007	120
organischer Belag/GG	trocken	0,30–0,35	0,05–0,3	0,003–0,02	

Aufgabe A.11.2

Die Baugröße der Kupplung wird normalerweise in radialer Richtung durch den Außenradius r_a begrenzt. Dann stellt sich die Frage, wie groß bei vorgegebenem r_a der Innenradius r_i werden soll, um ein möglichst großes Moment übertragen zu können. Dabei sind zwei Grenzfälle denkbar:

- Rückt einerseits r_i an r_a heran, so steht immer weniger Pressungsfläche zur Verfügung, wodurch das übertragbare Moment reduziert wird.
- Wird andererseits r_i immer weiter nach innen platziert, so wird zwar die Fläche vergrößert, aber die Ungleichmäßigkeit der Flächenpressung gesteigert. Es kann zunehmend weniger Axialkraft aufgebracht und weniger Moment übertragen werden.

Dazwischen muss ein Maximum an übertragbarem Moment liegen. Zur Optimierung von r_i wird Gl. 11.22 durch Ausmultiplizieren für die Differentiation vorbereitet:

$$M_t = \mu \cdot \pi \cdot r_a^2 \cdot p_{max} \cdot r_i - \mu \cdot \pi \cdot p_{max} \cdot r_i^3$$

$$\frac{dM}{dr_i} = \mu \cdot \pi \cdot r_a^2 \cdot p_{max} - \mu \cdot \pi \cdot p_{max} \cdot 3 \cdot r_i^2$$

Wenn dieser Differentialquotient zu Null gesetzt wird, dann nimmt r_i den Wert für das maximale Moment an:

$$0 = \mu \cdot \pi \cdot r_a^2 \cdot p_{max} - \mu \cdot \pi \cdot p_{max} \cdot 3 \cdot r_{iopt}^2$$

$$\mu \cdot \pi \cdot r_a^2 \cdot p_{max} = \mu \cdot \pi \cdot p_{max} \cdot 3 \cdot r_{iopt}^2$$

$$r_a^2 = 3 \cdot r_{iopt}^2$$

$$r_{iopt} = \sqrt{\frac{1}{3}} \cdot r_a = 0{,}577 \cdot r_a \qquad\qquad \text{Gl. 11.23}$$

Aufgabe A.11.3

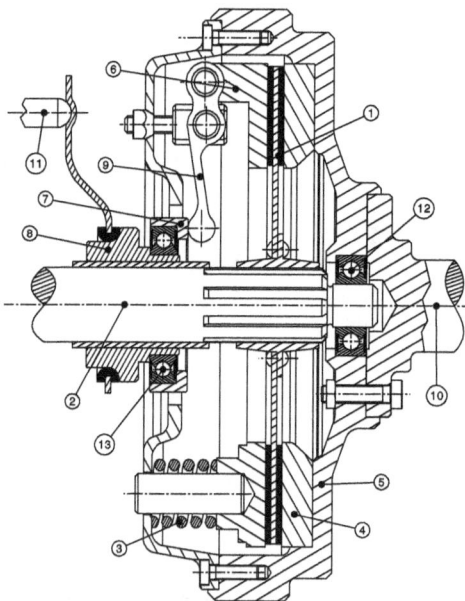

Bild 11.17: Mechanisch betätigte Scheibenkupplung

Ausgehend von der vorstehenden modellhaften Betrachtung dokumentieren die nachfolgenden Bilder einige konstruktiv ausgeführte Beispiele: Bild 11.17 zeigt eine fremdbetätigte Kupplung, wie sie auch bei Kraftfahrzeugen mit Verbrennungsmotor verwendet wird.

Zur Momentenübertragung pressen die Federn (3) die beiden momenteneinleitenden Ringscheiben (4) und (6) auf die momentenableitende Scheibe (1), die ihrerseits mit einer längsverschiebbaren Keilwellenverbindung mit der Welle (2) verbunden ist. Durch die Ausnutzung von zwei gegenüberliegenden Reibpaarungen wird das übertragbare Moment verdoppelt und die Axialkraft nach außen hin ausgeglichen. Soll der Momentenfluss unterbrochen werden, so werden die Federn (3) über den Hebelmechanismus (9) zusätzlich zusammengedrückt, sodass die Federkraft nicht mehr auf die Reibbeläge wirken kann. Zum Ausrücken der Kupplung wird eine Axialverschiebung vom (nicht rotierenden) Betätigungsstift (11) über das Bauteil (8) und das Wälzlager (13) auf den rotierenden Ring (7) und damit auf den Hebelmechanismus (9) eingeleitet. Das Lager (12) dient zur Zentrierung der Wellen (2) und (10).

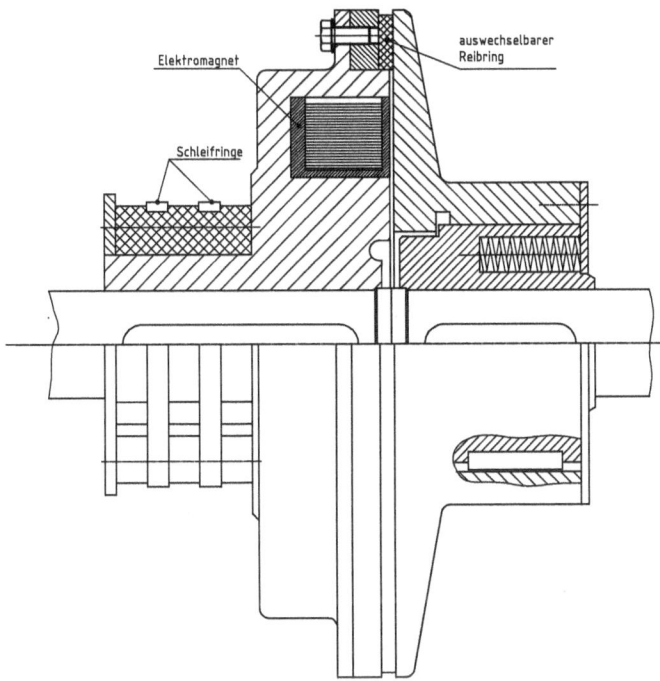

Bild 11.18: Elektrisch betätigte Scheibenkupplung

Der Reibbelag der nebenstehenden Konstruktion wird auf die Trägerplatte aufgeklebt, die ihrerseits mit der linken Kupplungsscheibe verschraubt ist. Die Schaltkraft wird durch den darin eingebetteten ringförmigen Elektromagneten aufgebracht, der über die Schleifringe gespeist wird. Die rechte Kupplungsscheibe ist über eine Welle-Nabe-Verbindung (Teilschnitt unten rechts) längsverschiebbar auf einem Innenteil angebracht, welches seinerseits über eine Passfeder mit der rechten Welle verbunden ist. Die Rückstellbewegung der rechten Kupplungshälfte wird über Federn eingeleitet.

11.3.2.2   Lamellenkupplung

Wird zur Steigerung des übertragbaren Momentes die Reibpaarung axial mehrfach angeordnet, so entsteht die sog. Lamellenkupplung nach Bild 11.19.

Die weiteren Reibpaarungen werden axial verschiebbar angeordnet, sodass ein Lamellenpaket entsteht, welches wechselweise aus Außen- und Innenlamellen besteht. Die Außenlamellen ragen mit einem formschlüssigen Außenmitnehmer als längsverschiebbare Welle-Nabe-Verbindung in ein glockenförmiges Außenteils ein, während die Innenlamellen in ähnlicher Weise mit einem Innenteil in Verbindung stehen. Diese Anordnung hat den Vorteil, dass alle Reibpaarungen gemeinsam mit einer einzigen Axialkraft (hier Zylinder-Kolben-System) betätigt werden können. Eine Rückstellfeder rückt die Kupplung wieder aus, wenn die Betätigungskraft aufgehoben wird.

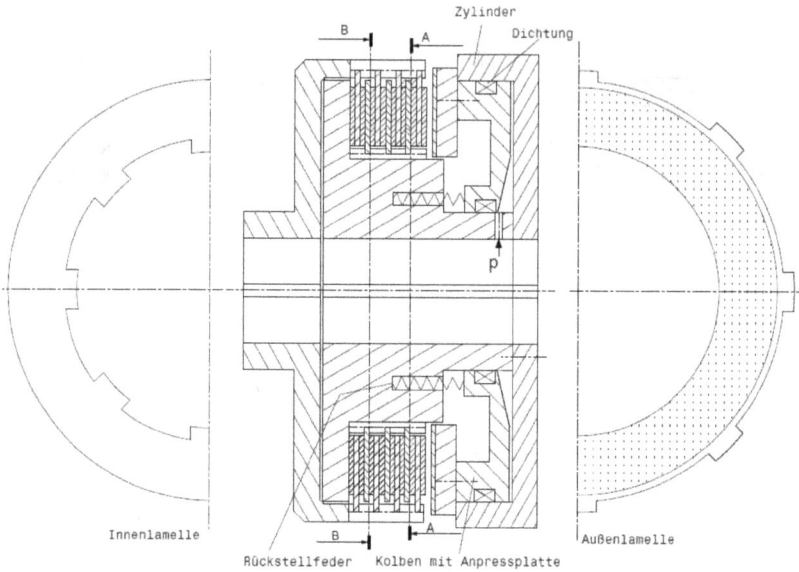

Bild 11.19: Druckmittelbetätigte Lamellenkupplung

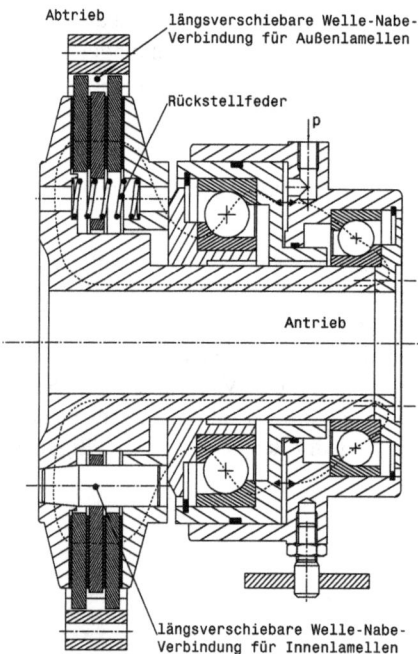

Bild 11.20: Druckmittelbetätigte Lamellenkupplung

Die Schaltbewegung der nebenstehenden druck-
mittelbetätigten Lamellenkupplung wird durch
einen ortsfesten, also nicht umlaufenden Druck-
mittelzufluss eingeleitet (oben rechts). An der
ringförmigen Kolbenfläche entsteht daraus eine Schaltkraft, deren Kraftfluss hier angedeutet
ist: Er wird über das linke Axiallager auf die
Reibbeläge übertragen und am rechten Axiallager auf der drehenden Welle abgestützt. Die
an beiden Lagern auftretende geringfügige Reibung wird nach außen abgeleitet (unten rechts).
Der Abtrieb erfolgt wie zuvor an der Außenseite über eine längsverschiebbare Keilwellenverbindung der beiden Außenlamellen, während die
Innenlamelle das Torsionsmoment über Stifte an
der Nabe des innenliegenden Antriebs abstützt.
Die Rückholfeder trennt nicht nur die Kupplung,
sondern spannt auch die beiden Axiallager vor.

Wird die Lamellenkupplung mechanisch betätigt, so ist es zweckmäßig, die Schaltkraft durch
einen doppelarmigen Hebel nach Bild 11.21 zu
reduzieren, dessen senkrechter Arm das Lamel-

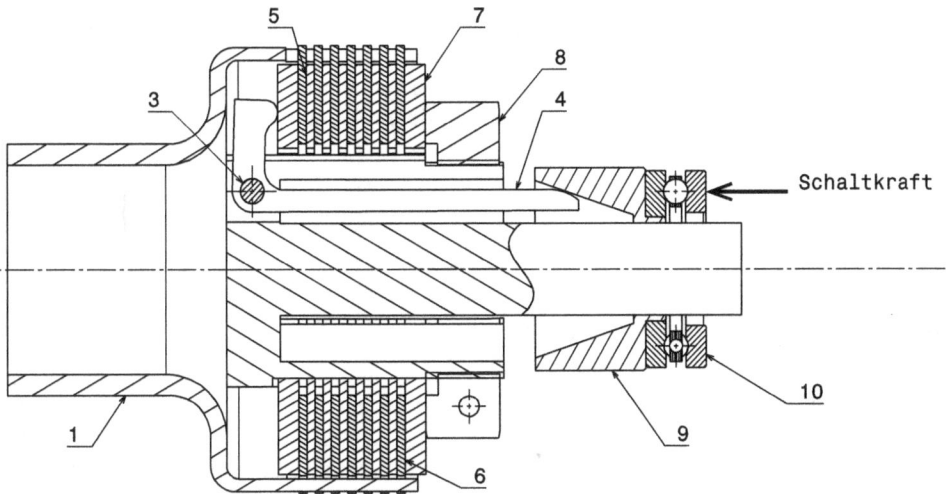

Bild 11.21: Mechanisch betätigte Lamellenkupplung

lenpaket zusammenpresst und dessen horizontaler Arm 4 am rechten Ende über eine schiefe Ebene von einer axial verschiebbaren Muffe 9 betätigt wird. Rechts neben dem Lamellenpaket befindet sich eine klemmbare Mutter 8, mit der eine Voreinstellung vorgenommen werden kann und mit der der Kupplungsverschleiß ausgeglichen werden kann.

Bei der Dimensionierung der Lamellenkupplung können grundsätzlich die Gleichungen der Scheibenkupplung verwendet werden. Die Hintereinanderschaltung mehrerer Reibpaarungen führt jedoch zu einem Schaltkraftverlust: Die von außen eingebrachte, axial gerichtete Schaltkraft kann zwar für die erste Reibpaarung in voller Höhe genutzt werden, aber an den Mitnehmerstegen tritt ein Reibeinfluss in axialer Richtung auf, der die Schaltkraft an der zweiten Reibpaarung reduziert. Es kommt zu einer Kettenreaktion ähnlich wie bei der Anordnung Kegelpressverbindungen mit Zwischenelementen (vgl. Kap. 6.3.4.2). Die weiter von der Einleitungsstelle der Betätigungskraft angeordneten Reibpaarungen verlieren an Schaltkraft, sodass sich deren Moment in gleicher Weise reduziert (vgl. Tabelle 6.12 und Bild 6.41). Jede weitere Reibpaarung trägt zwar einen weiteren Summanden zum Gesamtmoment bei, aber dieser weitere Summand wird immer kleiner, sodass sich schließlich die Frage stellt, ob weitere Reibpaarungen das Gesamtmoment noch sinnvoll erhöhen.

11.3.2.3   Kegelkupplung

Die Kegelkupplung kann als eine Kegelbremse verstanden werden, deren Außenteil nicht mit dem Gestell, sondern selber drehbar angeordnet und mit einer Abtriebswelle verbunden ist. Die Betrachtung nach Bild 10.25 und das Dimensionierungsschema nach Bild 10.27 können dabei unverändert übernommen werden. Die radiale Erstreckung des Reibbelages ist relativ gering, sodass im Gegensatz zur Scheibenkupplung auch im eingelaufenen Zustand von einer gleichmäßigen Flächenpressung ausgegangen werden kann. Sowohl bei der Doppelkegelkupplung nach Bild 11.22 als auch bei der Doppelkonuskupplung nach Bild 11.23 werden zwei in ihren Wirkflächen gleiche Kupplungshälften symmetrisch zueinander angeordnet, um das übertragbare Moment zu verdoppeln und um deren Axialkräfte gegeneinander abstützen zu können.

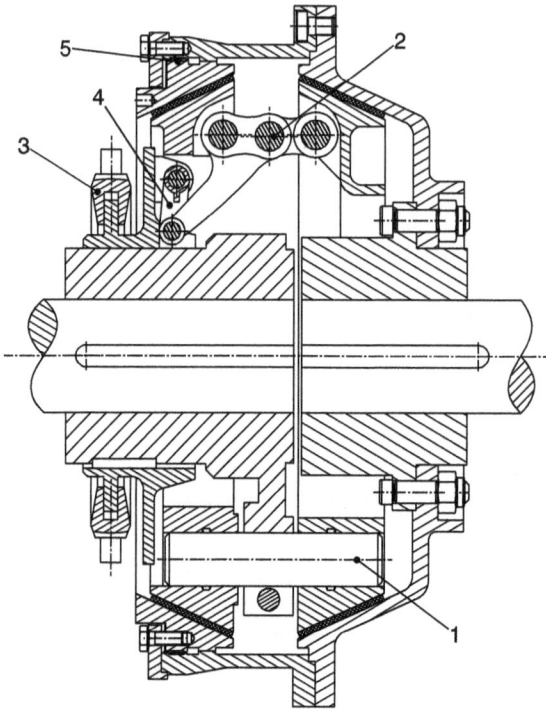

Die beiden Innenkegel der Doppelkegelkupplung nach Bild 11.22 sind axial beweglich über den Bolzen 1 mit der linken Welle verbunden, während das glockenförmige Außenteil an die rechte Welle angeflanscht ist. Die Schaltbewegung selber wird durch eine Axialbewegung vom nichtdrehenden Schaltgestänge 3 auf die drehende Schaltmuffe 4 übertragen, über deren beide Gelenke dann der Kniehebel 2 betätigt wird. Gewinde 5 erlaubt eine Verdrehung des linken gegenüber dem rechten glockenförmigen Außenteil, wodurch die Kupplung nachgestellt werden kann. Die Verdrehstellung der beiden Glockenhälften wird durch die daneben liegenden Schrauben formschlüssig gesichert.

Bild 11.22: Doppelkegelkupplung

Bei der Doppelkonuskupplung nach Bild 11.23 wird das Moment zunächst vom den beiden Kegelscheiben auf den Keilreibring und dann von diesem auf das mit der linken Welle verbundenen Außenteil übertragen. Beide hintereinander geschaltete Reibpaarungen sind auf Momentenübertragbarkeit zu überprüfen, schließlich ist die Kette nur so stark wie ihr schwächstes Glied. Der Keilreibring ist geteilt, damit er der Verformung keinen unnötigen Widerstand entgegensetzt. Da er sich axial einstellt, kann die axiale Position der beiden Wellen zueinander relativ grob toleriert werden.

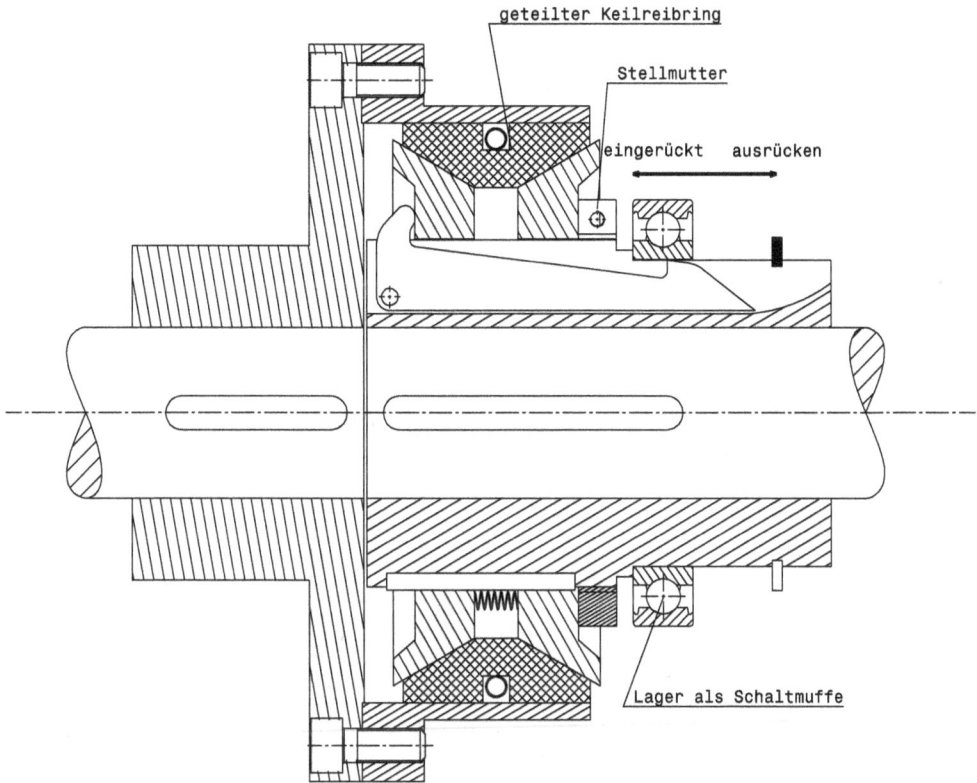

Bild 11.23: Doppelkonuskupplung

Aufgaben A.11.4–A.11.6

11.3.3 Selbsttätig schaltende Kupplungen

Selbsttätig schaltende Kupplungen lösen den Kupplungsvorgang selber aus, sei es in Abhängigkeit des Momentes (Sicherheitskupplung, Überlastkupplung), der Drehzahl (Fliehkraftkupplung) oder der Drehrichtung (Freilaufkupplung). In vielen Fällen werden die bereits zuvor betrachteten fremdbetätigten Kupplungen nur um einen selbsttätig wirkenden Betätigungsmechanismus erweitert.

11.3.3.1 Momentenbetätigte Kupplung (Sicherheitskupplung)

Die momentenbetätigte Kupplung übernimmt die Funktion einer Sicherheitskupplung: Sie unterbricht den Momentenfluss, wenn ein zuvor eingestelltes Maximalmoment überschritten wird und soll damit eine Beschädigung oder sogar eine Zerstörung des gesamten Antriebsstranges verhindern. Viele schaltbare, reibschlüssige Kupplungen können diese Aufgabe übernehmen, wenn die Anpresskraft des Reibschlusses nicht fremdbetätigt eingeleitet, sondern mittels definierter Federvorspannung aufgebracht wird. Die folgenden Bilder zeigen einige Beispiele:

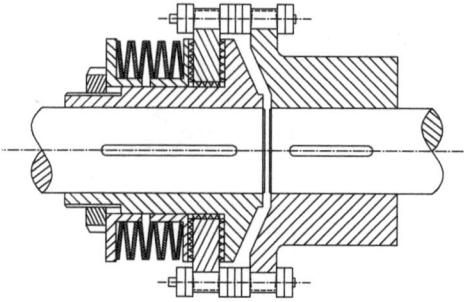

Bild 11.24: Rollenkettenkupplung mit Rutschnabe

Die auf die beiden Kupplungsflansche aufgelegte Rollenkette macht die Verbindung zunächst einmal zur Ausgleichskupplung, die sowohl einen Radial- als auch einen Winkelversatz der beiden Kupplungsflansche aufnehmen kann. Die im linken Kupplungsflansch integrierte Scheibenkupplung übernimmt darüber hinaus die Aufgabe einer Sicherheitskupplung, deren übertragbares Moment durch die Vorspannung eines Tellerfederpakets vorgewählt werden kann.

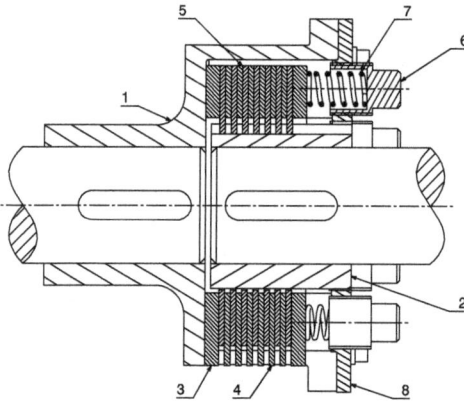

Bild 11.25: Sicherheitslamellenkupplung, federbelastet

Die bereits in Bild 11.21 vorgestellte, fremdbetätigte Lamellenkupplung wird in Bild 11.25 zur Sicherheitskupplung: Die Betätigungskraft wird von der Feder 7 aufgebracht, die in eine topfförmige Schraube 6 eingebettet ist, mit der sie definiert vorgespannt werden kann. Die Außenlamellen 4 greifen mit ihren nach außen gerichteten Vorsprüngen in die Nuten des glockenförmigen Außenteils 1 ein, während die Innenlamellen 5 in ähnlicher Weise mit dem Innenteil 2 in Kontakt stehen.

Die vorgenannten Sicherheitskupplungen setzen die während des Rutschvorgangs freiwerdende Leistung in Wärme um, was bei längerem Rutschbetrieb der Kupplung zu einer erheblichen thermischen Belastung führen kann. Die sogenannte Brechbolzenkupplung vermeidet diesen Nachteil.

Bolzen mit
Sollbruchstelle

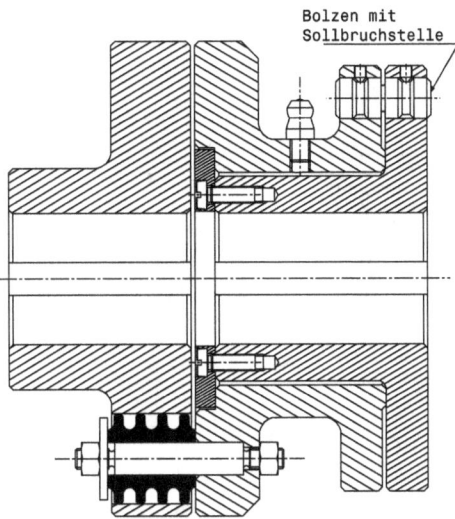

Das linke Flanschpaar der in Bild 11.26 vorgestellten Kupplung dient als Ausgleichskupplung, während der rechte Teil die Funktion der Sicherheitskupplung übernimmt. Die beiden im Kraftfluss liegende Flansche werden am Umfang durch gekerbte Brechbolzen miteinander verbunden, deren Schubbelastbarkeit nach dem größten zu übertragenden Drehmoment dimensioniert wird. Wird dieses überschritten, so werden die Bolzen im Kerbquerschnitt abgeschert, wodurch der Kraftfluss vollständig unterbrochen wird. Tritt dieser Fall ein, so müssen sich die innere und die äußere Nabe gegeneinander verdrehen können, wobei die dazwischen liegende zylindrische Kontaktfläche als fettgeschmiertes Festkörpergleitlager dient.

Bild 11.26: Brechbolzenkupplung

In diesem Zustand können sich die beiden Kupplungshälften zwar ohne mechanische und thermische Belastung bewegen, aber vor erneuter Inbetriebnahme des Antriebsstranges müssen die gebrochenen Brechbolzen ersetzt werden. Oft bereitet es Probleme, die Brechbolzen so zu dimensionieren, dass sie bei genau definiertem Moment zwar brechen, andererseits aber knapp unterhalb dieses Grenzmomentes noch sicher und dauerfest übertragen.

Aufgaben A.11.7 – A.11.8

11.3.3.2 Drehzahlbetätigte Kupplung (Fliehkraftkupplung)

Eine drehzahlbetätigte Kupplung oder Fliehkraftkupplung stellt den Momentenfluss her, wenn eine vorgegebene Drehzahl überschritten wird und wird häufig verwendet, um ein unbelastetes Anlaufen des Motors zu ermöglichen (z. B. bei einer mit Verbrennungsmotor angetriebenen Kettensäge).

Ein besonders einfaches Beispiel stellt die Füllgutkupplung nach Bild 11.27 dar. Die linke Antriebwelle ist mit einem Flügelzellenrad verbunden, in dessen Freiräume Kugeln eingebracht worden sind. Mit steigender Drehzahl werden sie einer zunehmenden Zentrifugalkraft ausgesetzt, die sie so gegen die hohlzylindrische Ummantelung pressen, dass eine reibschlüssige Momentenübertragung zur rechten Abtriebswelle ermöglicht wird.

Die Fliehgewichte 1 der Fliehkörperkupplung nach Bild 11.28 werden in radialen Aussparungen der rechten Antriebsscheibe geführt. Die am Bolzen 2 mit einer Schraube vorgespannte Feder 4 zieht die Fliehgewichte 1 zunächst einmal nach innen, sodass sie im Stillstand und bei geringer Drehzahl die sie umgebende Abtriebshülse **nicht** berühren. Bei steigender Drehzahl wird die Zentrifugalkraft der Fliehgewichte zunehmend größer, sodass die Federkraft

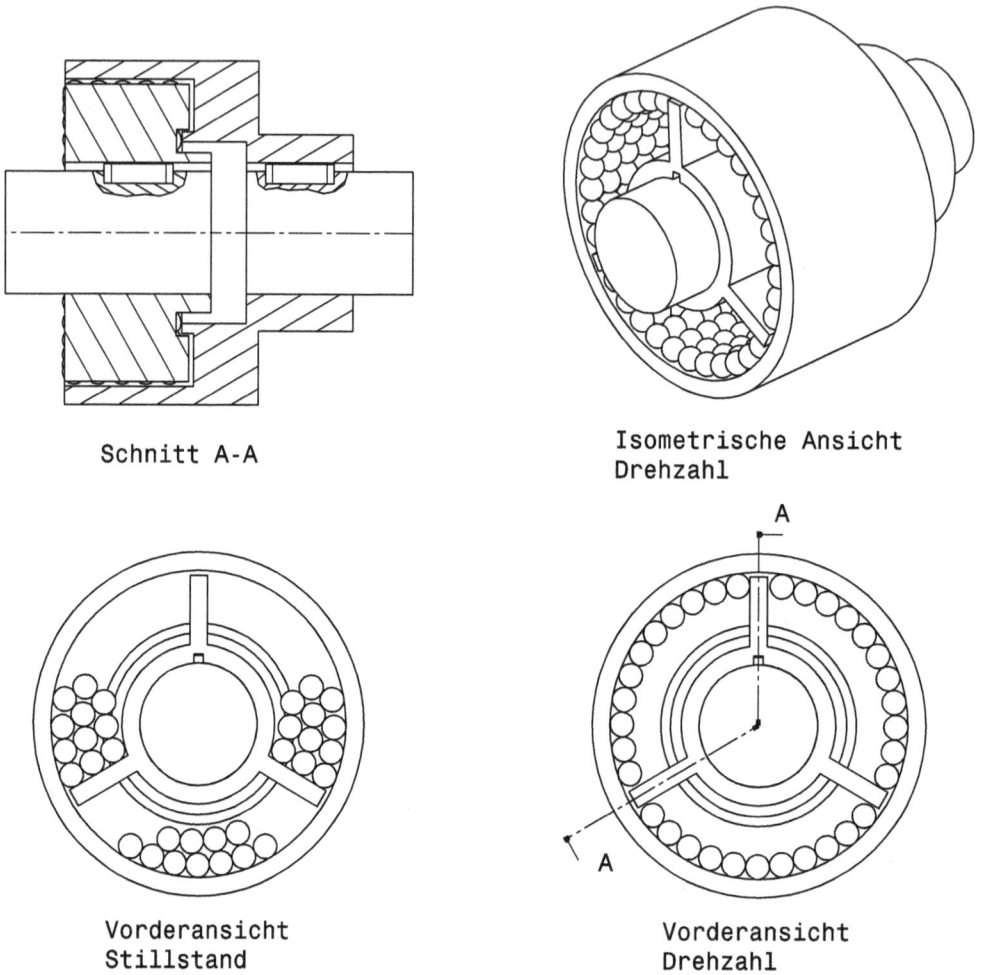

Schnitt A-A

Isometrische Ansicht
Drehzahl

Vorderansicht
Stillstand

Vorderansicht
Drehzahl

Bild 11.27: Füllgutkupplung

überwunden wird und sie mit der sie umgebenden Abtriebshülse 5 in Kontakt kommen. Mit steigender Drehzahl kann zunehmend mehr Drehmoment übertragen werden.

Die Fliehkrafttrommelkupplung nach Bild 11.29 ist als erweiterte Bauform der unter 10.5.2.2 vorgestellten Trommelbremse zu verstehen. Ausgangspunkt der weiteren Überlegungen ist die auflaufende Bauform der Trommelbremse nach Bild 10.18 unten rechts. Während bei einer Trommelbremse die Backen im festen Gestell angelenkt sind, sind die Gelenke einer Fliehkrafttrommelkupplung beide über einen gemeinsamen Hebel mit der Antriebswelle verbunden und rotieren mit ihr.

Steigt deren Drehzahl, so wird die Backe als Fliehgewicht mit der Zentrifugalkraft F_{Zt} gegen die Innenmantelfläche der sie umgebenden Trommel gedrückt, sodass die dadurch zwischen

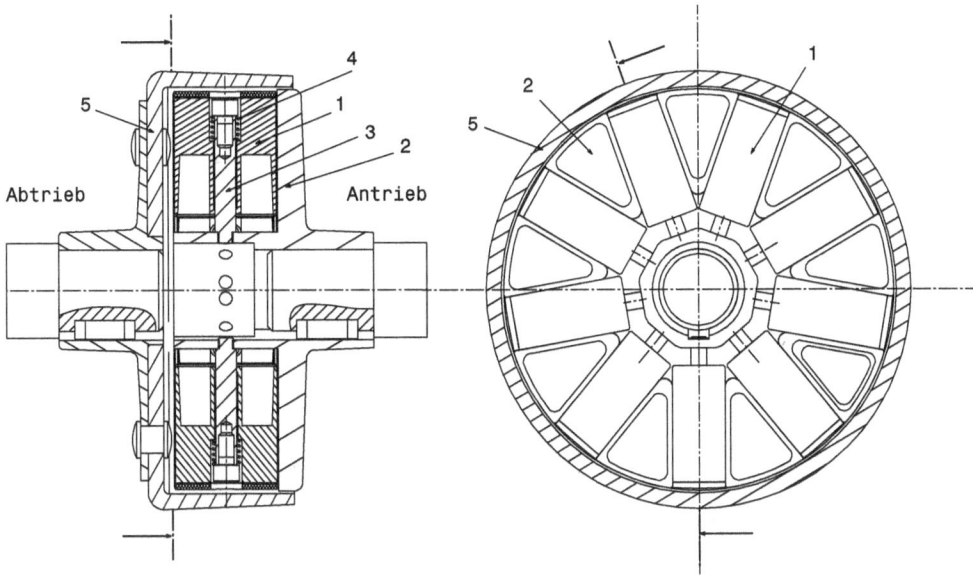

Bild 11.28: Fliehkörperkupplung

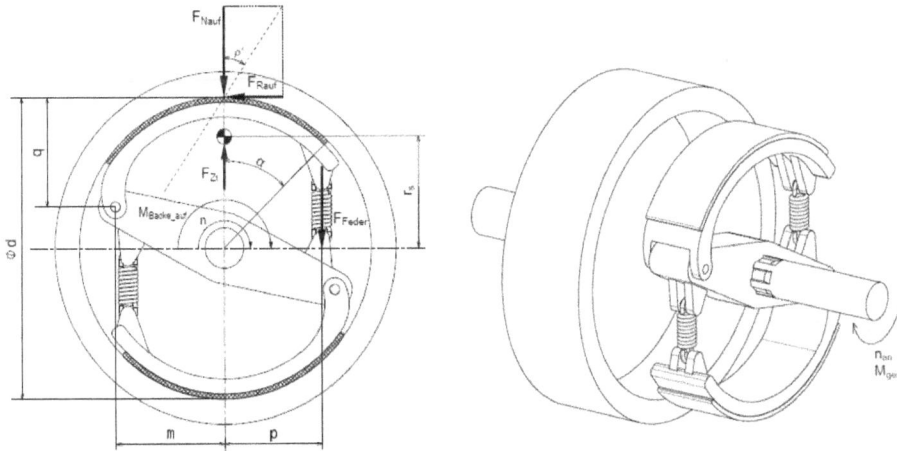

Bild 11.29: Fliehkrafttrommelkupplung

Backe und Trommel entstehende Flächenpressung eine Momentenübertragung auf die Trommel und der damit verbundenen Abtriebswelle ermöglicht. Um der Fliehkraft möglichst viel Wirkung zu verschaffen, werden in der Regel zwei auflaufende Backen in Duplexanordnung in Anlehnung an Bild 10.20 unten links bevorzugt. Während die nach außen gerichtete Fliehkraft

$$F_{Zt} = m_{Backe} \cdot r_S \cdot \omega^2 \qquad\qquad \text{Gl. 11.24}$$

quadratisch mit der Drehzahl ansteigt, wirkt die nahezu konstante Federkraft nach innen und sorgt dafür, dass die Backe bei geringer Drehzahl zuverlässig abhebt. In Erweiterung zu Gl. 10.34 für die auflaufenden Backe nach Bild 10.18 unten rechts ergibt sich hier um den Anlenkpunkt der Backe das folgende Momentengleichgewicht:

$$F_{Rauf} \cdot q - F_{Nauf} \cdot m + F_{Zt} \cdot m - F_{Feder} \cdot (m + p) = 0 \qquad \text{Gl. 11.25}$$

Dabei bedeutet m den Abstand des Gelenks und p den Abstand der Feder von der Symmetrielinie der Kupplung. Ähnlich wie bei Backenbremsen sind die am Scheitelpunkt der Backe auftretenden Normalkraft und Reibkraft über die Coulomb'sche Reibung untereinander gekoppelt, sodass in Gl. 11.25 eine Unbekannte eliminiert werden kann:

$$\mu' = \frac{F_{Rauf}}{F_{Nauf}} \quad (\text{Gl. 10.33}) \qquad \rightarrow \qquad F_{Nauf} = \frac{F_{Rauf}}{\mu'}$$

$$F_{Rauf} \cdot q - \frac{F_{Rauf}}{\mu'} \cdot m = -F_{Zt} \cdot m + F_{Feder} \cdot (m + p)$$

$$F_{Rauf} \cdot \left(q - \frac{m}{\mu'} \right) = -F_{Zt} \cdot m + F_{Feder} \cdot (m + p)$$

$$F_{Rauf} \cdot \frac{q \cdot \mu' - m}{\mu'} = -F_{Zt} \cdot m + F_{Feder} \cdot (m + p)$$

$$F_{Rauf} = \frac{-F_{Zt} \cdot m + F_{Feder} \cdot (m + p)}{\frac{q \cdot \mu' - m}{\mu'}} = \frac{\mu' \cdot [-F_{Zt} \cdot m + F_{Feder} \cdot (m + p)]}{q \cdot \mu' - m} \qquad \text{Gl. 11.26}$$

Das von der einzelnen Backe reibschlüssig übertragbare Moment ergibt sich schließlich zu

$$M_{Backe\_auf} = F_{Rauf} \cdot \frac{d}{2} = \frac{\mu' \cdot [F_{Zt} \cdot m - F_{Feder} \cdot (m + p)]}{m - q \cdot \mu'} \cdot \frac{d}{2} \qquad \text{Gl. 11.27}$$

Ordnet man diese Gleichung, die einen Zusammenhang zwischen der Betätigungskraft und dem übertragbarem Moment herstellt, in ein Schema ähnlich wie in Bild 10.19 in die linke Dreieckseite ein, so ergibt sich die folgende Darstellung:

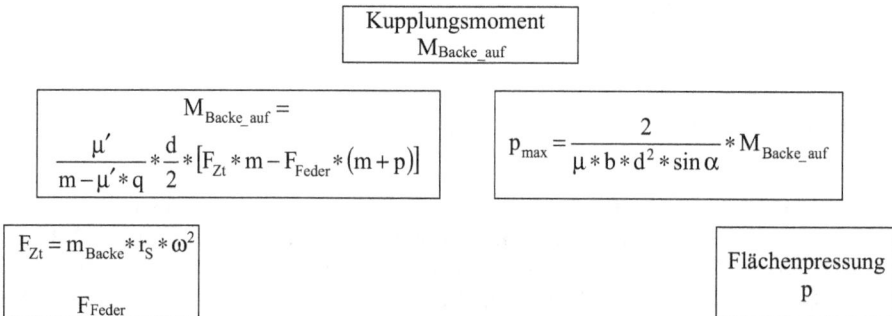

$$\boxed{\begin{array}{c} \text{Kupplungsmoment} \\ M_{Backe\_auf} \end{array}}$$

$$\boxed{\begin{array}{c} M_{Backe\_auf} = \\ \frac{\mu'}{m - \mu' * q} * \frac{d}{2} * [F_{Zt} * m - F_{Feder} * (m + p)] \end{array}} \qquad \boxed{p_{max} = \frac{2}{\mu * b * d^2 * \sin \alpha} * M_{Backe\_auf}}$$

$$\boxed{\begin{array}{c} F_{Zt} = m_{Backe} * r_S * \omega^2 \\ \\ F_{Feder} \end{array}} \qquad \boxed{\begin{array}{c} \text{Flächenpressung} \\ p \end{array}}$$

Bild 11.30: Dimensionierungsschema Fliehkrafttrommelkupplung

Der auf der rechten Dreieckseite dokumentierte Zusammenhang zwischen dem Moment und der Flächenpressung ist identisch mit dem der Trommelbremse (Gl. 10.25) und wird von Bild 10.17 bzw. 10.14 übernommen. Während bei allen bisherigen Schemata dieser Art unten links im Dreieck eine einzige von außen eingeleitete Betätigungskraft steht, wird hier sowohl die einmal eingestellte Federkraft als auch die drehzahlabhängige Fliehkraft nach Gl. 11.25 wirksam. Es macht hier keinen Sinn, einen Zusammenhang zwischen diesen beiden Betätigungskräften (unten links) und Flächenpressung (unten rechts) herstellen zu wollen, die untere Dreieckseite bleibt also in diesem Fall unbesetzt. Ähnlich wie bei Backenbremsen sei darauf hingewiesen, dass für die rechte Dreieckseite der Reibwert μ, für die linke Dreieckseite allerdings der Reibwert μ' zu benutzen ist, der den Umstand berücksichtigt, dass für die ungleichmäßige Flächenpressung ersatzweise Kräfte am Scheitelpunkt der Backe angesetzt werden. Dieser Zusammenhang wurde bereits mit Gl. 10.31 abgeleitet zu

$$\mu' = \mu \cdot \frac{4 \cdot \sin\alpha}{2 \cdot \widehat{\alpha} + \sin 2\alpha} \qquad \widehat{\alpha} \text{ in Bogenmaß} \qquad\qquad \text{Gl. 10.31}$$

Um mit der vorhandenen Fliehkraft das geforderte Moment auch tatsächlich übertragen zu können, ist durch entsprechende Positionierung des Gelenks ein eher kleiner Nenner $m - \mu' \cdot q$ anzustreben. Andererseits darf er aber nicht in die Nähe von Null rücken, da bei Überschreiten der Nulllinie eine unerwünschte Selbsthemmung eintreten würde. Das Zusammenspiel zwischen Fliehkraft und Federkraft lässt sich beispielhaft nach Bild 11.31 darstellen:

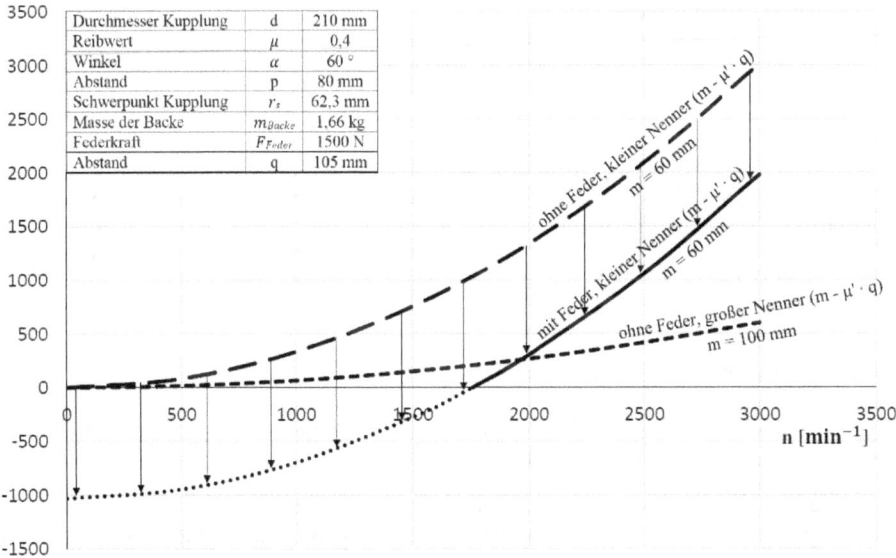

Durchmesser Kupplung	d	210 mm
Reibwert	μ	0,4
Winkel	α	60 °
Abstand	p	80 mm
Schwerpunkt Kupplung	r_s	62,3 mm
Masse der Backe	m_{Backe}	1,66 kg
Federkraft	F_{Feder}	1500 N
Abstand	q	105 mm

Bild 11.31: Übertragbares Moment Fliehkrafttrommelkupplung

Lässt man zunächst einmal die Federkraft außer Acht, so ergibt sich wegen der nach Gl. 11.24 quadratisch mit der Winkelgeschwindigkeit ansteigenden Zentrifugalkraft in Gl. 11.27 ein parabelförmiger Verlauf des übertragbaren Momentes. Die Parabel wird umso steiler, je kleiner der Nenner $m - \mu' \cdot q$ ist.

Ohne Federkraft würde die Kupplung bereits bei geringen Drehzahlen greifen und deshalb ständig schleifen. Die Federkraft verschiebt diese Parabel nach unten, sodass jetzt die Kupplung bei geringen Drehzahlen tatsächlich trennt und erst bei einer gewissen Einschaltdrehzahl zu greifen beginnt. Unterhalb dieser Einschaltdrehzahl ist das Moment formal negativ und damit nicht übertragbar. Diese Einschaltwinkelgeschwindigkeit lässt sich ermitteln, wenn Gl. 11.27 zu null gesetzt wird.

$$M_{Backe\_auf} = \frac{\mu' \cdot [F_{ZT\_ein} \cdot m - F_{Feder} \cdot (m + p)]}{m - q \cdot \mu'} \cdot \frac{d}{2} = 0$$

Da weder der Nenner $m - q \cdot \mu'$ noch der Durchmesser d zu null werden können, vereinfacht sich die Gleichung zu:

$$F_{Zt\_ein} \cdot m - F_{Feder} \cdot (m + p) = 0 \quad \rightarrow \quad F_{Zt\_ein} = \frac{m + p}{m} \cdot F_{Feder} \qquad \text{Gl. 11.28}$$

Wird Gl. 11.24 in Gl. 11.28 eingesetzt, so folgt:

$$m_{Backe} \cdot r_S \cdot \omega_{ein}^2 = \frac{m + p}{m} \cdot F_{Feder}$$

Aus diesem Zusammenhang kann die Winkelgeschwindigkeit ω_{ein} ermittelt werden, bei der die Kupplung beginnt zu greifen:

$$\omega_{ein} = \sqrt{\frac{\frac{m+p}{m} \cdot F_{Feder}}{m_{Backe} \cdot r_S}} \qquad \text{Gl. 11.29}$$

Wird die umgebende Trommel nicht mit einer abtreibenden Welle verbunden, sondern an der Umgebung abgestützt, so ergibt sich eine Fliehkraftbremse, die dazu genutzt werden kann, um gefährlich hohe Drehzahlen zu vermeiden.

Aufgaben A.11.9 – A.11.10

11.3.3.3 Drehrichtungsbetätigte Kupplung (Freilauf)

11.3.3.3.1 Anwendungsbereiche Die vielfältigen Einsatzmöglichkeiten von Freiläufen lassen sich grundsätzlich nach folgenden Anwendungen unterscheiden:

- **Rücklaufsperre**: Eine Rückwärtsdrehung wird verhindert (Freilauf als Bremse).
- **Überholkupplung**: Die Drehmomentenübertragung wird automatisch unterbrochen, wenn die Abtriebseite der Kupplung schneller umläuft als das angetriebene Teil. Sobald sich die Verhältnisse wieder umkehren, kann wieder ein Drehmoment übertragen werden.
- **Schaltelement**: Von einer Drehbewegung, die immer wieder ihre Drehrichtung ändert, wird nur die Vorwärtsbewegung übertragen, während die Rückwärtsbewegung automatisch entkoppelt wird.

Einige übersichtliche Beispiele sollen diese Differenzierung erläutern. Die in Klammern angegebenen Buchstaben spielen hier noch keine Rolle, werden aber später für eine Einordnung
in Bild 11.42 benötigt.

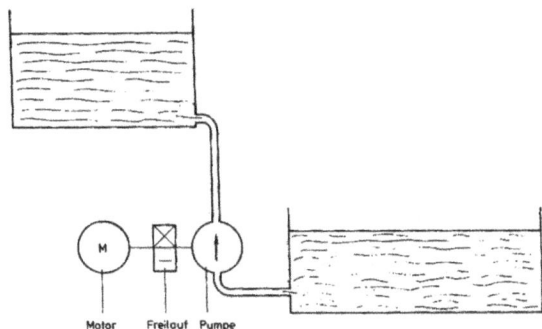

Bild 11.32: Rücklaufsperre Pumpe

Rücklaufsperre Pumpe (a): Soll eine
Pumpe entsprechend nebenstehender
Anordnung eine Flüssigkeit von einem
tiefer gelegenen Behälter in einen höher gelegenen befördern, so würde bei
Abschalten bzw. Ausfall der Pumpe die
Flüssigkeit in den unteren Behälter zu-
rückströmen, wenn nicht ein Freilauf
als Rücklaufsperre die Pumpenwelle
automatisch blockieren würde.

Rücklaufsperre Förderband (b): Ein
ähnlicher Anwendungsfall liegt vor,
wenn sich ein bergauf transportieren-
des Förderband (oder Skilift) beim Ab-
schalten des Antriebsmotors nicht unter der Schwerkraftwirkung des Fördergutes zurückdre-
hen darf.

Rücklaufsperre Aufzug- oder Krananlagen (c): Mit Aufzug- oder Krananlagen wird zunächst
aufwärts befördert. Nach dem Abschalten des Antriebes wird eine Rückwärtsbewegung durch
einen Freilauf verhindert. Soll die Abwärtsbewegung gezielt eingeleitet werden, so ist die
feststehende Seite des Freilaufs als Rücklaufsperre mit einer Bremse an die feste Umgebung
anzubinden, die mit dosiertem Reibmoment gelöst werden kann.

Überholkupplung Fahrrad (d): Beim Ausrollen oder bei der Bergabfahrt eines Fahrrades wird
kein Moment benötigt. Da dann auch die Bewegung des Antriebes überflüssig ist, wird er
durch einen Freilauf als Überholkupplung automatisch entkoppelt.

Überholkupplung Anlasser Verbrennungsmotor (e): Ein Verbrennungsmotor wird in der Regel mit einem elektrischen Anlassmotor gestartet. Nach den ersten Zündungen wird der Verbrennungsmotor jedoch erheblich schneller und droht den Anlasser möglicherweise sogar zu
zerstören, wenn dieser nicht durch eine Überholkupplung getrennt wird.

Überholkupplung Trudelantrieb Turbine (f): Soll sich eine Gas- oder Dampfturbine auch nach
dem Lastbetrieb langsam weiterdrehen, um eine Durchbiegung der noch heißen Welle durch
das Gewicht des Rotors zu verhindern, so wird ein leistungsschwacher, hochuntersetzender
Hilfsantrieb installiert, der bei Wiederaufnahme des Lastbetriebes durch einen Freilauf selbsttätig überholt wird.

Überholantrieb Hubschrauberrotor (g): Der Rotor eines Helikopters muss „Autorotation" prak-
tizieren können: Bei Ausfall oder Blockade des Antriebes muss sich der Rotor unter dem Einfluss seiner Massenträgheit und seiner Anströmung weiter drehen können, um eine Notladung
zu ermöglichen. Diese Anforderung erfüllt ein Überholfreilauf automatisch.

Überholkupplung Mehrmotorenantrieb (h): Treiben mehrere Motoren auf einen Antrieb (z. B. mehrere Motoren auf die gemeinsame Schraube eines Schiffes), so entkoppelt sich ein im Teillastbetrieb abgeschaltetes Einzelaggregat durch einen Überholfreilauf von selbst und braucht nicht mit gedreht zu werden.

Schaltelement Ratsche (i): Eine Ratsche zum Festdrehen oder Lösen von Schrauben oder Muttern soll das ständigen Umsetzen oder Umgreifen vermeiden. Zu diesem Zweck wird zwischen dem momenteneinleitenden Hebelarm und dem Abtrieb ein Freilauf platziert, der von der hin- und hergehende Eingangsbewegung nur die Hinbewegung überträgt und die Rückwärtsbewegung überholt.

Schaltelement Materialvorschub (j, Bild 11.33): Der Blechstreifen in Bildmitte soll schrittweise nach rechts bewegt werden, um nach jedem Schritt einen kurzen Abschnitt abtrennen zu können (hier nicht dargestellt). Diese Bewegung lässt sich mit Hilfe eines Freilaufs einfach verwirklichen: Über den Kurbeltrieb unten im Bild wird eine oszillierende Drehbewegung um den Winkel α in die unteren Transportwalze eingeleitet, die gemeinsam mit der oberen Transportwalze den dazwischen geklemmten Blechstreifen reibschlüssig nach rechts bewegt. Nach Überschreiten des Totpunktes würde der Blechstreifen wieder zurück befördert werden, was aber durch den Freilauf an der unteren Transportwalze als Schrittschaltelement überholt wird. Um eine Rückwärtsbewegung auch tatsächlich zuverlässig zu verhindern, ist die obere Transportwalze mit einem weiteren Freilauf als Rücklaufsperre ausgestattet.

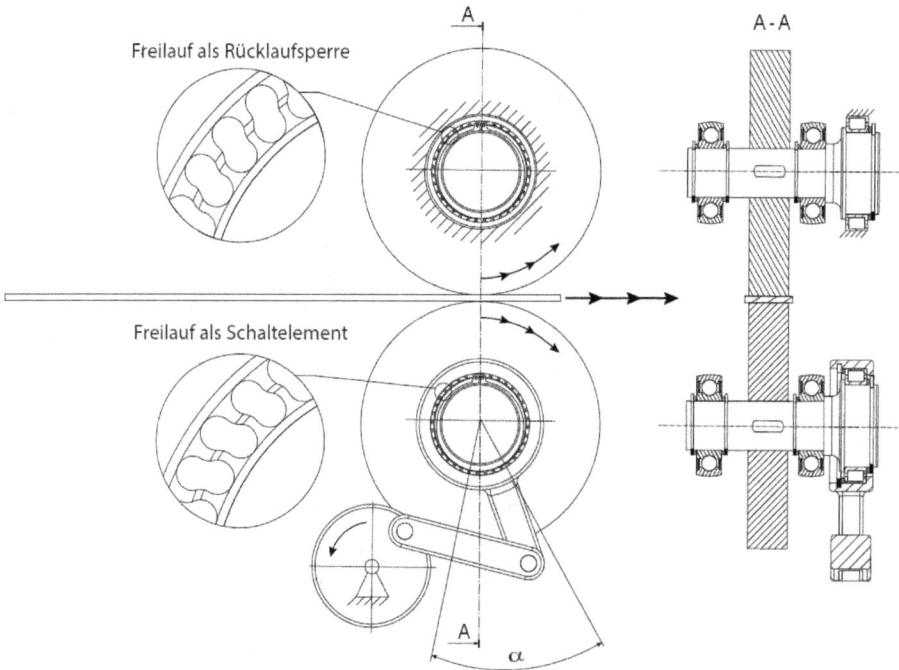

Bild 11.33: Schaltelement Materialvorschub

Schaltelement Automatikuhr (k): Bei mechanischen Armbanduhren mit Automatikaufzug wird eine Art Pendel benutzt, welches unabhängig von der Stellung des Handgelenks immer nach unten weist. Bei Bewegung der Hand bewegt sich das nach unten hängende Pendel stets relativ zum Uhrengehäuse, sodass damit eine Miniaturfeder aufgezogen werden kann. Um ein Entspannen der Feder bei Rückwärtsbewegung zu verhindern, wird sie durch einen Miniaturfreilauf entkoppelt bzw. überholt, wobei auch hier eine Kombination von Schaltfreilauf und Rücklaufsperre zur Anwendung kommt.

11.3.3.3.2 Übersicht Bauformen Die Bauformen von Freiläufen lassen sich zunächst einmal nach dem Schema von Bild 11.34 zeilenweise nach „formschlüssig" und „reibschlüssig" unterscheiden. Für den Fahrradfreilauf wird meist das radial wirkende Klinkengesperre (oben links) angewendet. dessen Überholvorgang von einem klackenden Geräusch der formschlüssigen Sperrklinken begleitet wird. Bei der axialen Bauweise eines formschlüssigen Freilaufs wird eine als Mutter ausgebildete Schiebemuffe zunächst durch ein geringes Schleppmoment, welches hier durch eine Blattfeder angedeutet wird, an der Drehung gehindert, sodass sie sich in axialer Richtung bewegt. In Sperrrichtung greift eine stirnseitige Verzahnung an der Mutter in eine entsprechende gegenüberliegende Verzahnung ein und kann Torsionsmoment übertragen. Bei der reibschlüssigen Variante wird die Axialkraft der Schraube zum Anpressen einer reibschlüssigen Scheibenkupplung genutzt. Band- und Trommelfreiläufe sind Bremsen (vgl. Kap. 10.5.4.4 und 10.5.2.2), deren Selbstverstärkungseffekt in eine Drehrichtung durch Verlagerung des Anlenkpunktes so verstärkt wird, dass Selbsthemmung eintritt. Klemmrollen- und Klemmkörperfreiläufe verdienen eine differenzierte Betrachtung (s. u.). Formschlüssige Freiläufe haben im Maschinenbau nur eine untergeordnete Bedeutung, weil sie nur in diskreten Stellungen schalten können und weil eine gleichmäßige Lastverteilung auf mehrere Formelemente wegen der unvermeidlichen Teilungsfehler problematisch ist.

Klemmrollen- und Klemmkörperfreilauf Das Verständnis der Funktionsweise von Klemmrollen- und Klemmkörperfreiläufen wird erleichtert, wenn zunächst einmal von der oberen mittleren Darstellung nach Bild 11.35 ausgegangen wird:

- Ein Stab im Sinne der Mechanik wird an seinem unteren Endpunkt gelenkig am Gestell angebunden, während das oberen Ende ebenfalls gelenkig an einer horizontal verschiebbaren Platte befestigt wird, die ihrerseits über die hier angedeuteten Rollen gegenüber an der oberen festen Ebene anliegt. Wird eine horizontal nach links gerichtete Kraft F_T in die Platte eingeleitet, so wird im Stab eine Druckkraft F_{res} hervorgerufen, von der F_T aber nur eine Komponente ist. Da der Stab um den Winkel α geneigt ist, wird eine weitere Komponenten F_N erzwungen, die am Gestell in vertikaler Richtung abgestützt werden muss. Der durch die geometrische Anordnung vorgegebene Winkel α bestimmt den Zusammenhang der Kräfte:

$$F_N = \frac{F_T}{\tan \alpha} \quad \text{und} \quad F_{res} = \frac{F_T}{\sin \alpha} \qquad \text{Gl. 11.30}$$

Am unteren Ende des Stabes treten die Kräfte als Reaktion in gleicher Weise auf.

radial		axial
Sperrklinkenfreilauf		Axialfreilauf formschlüssig

formschlüssig

stirnseitige Verzahnung

| Bandfreilauf | Trommelfreilauf | Axialfreilauf reibschlüssig |

reibschlüssig

reibschlüssige
Axialkupplung

| Klemmrollenfreilauf | Klemmkörperfreilauf | |

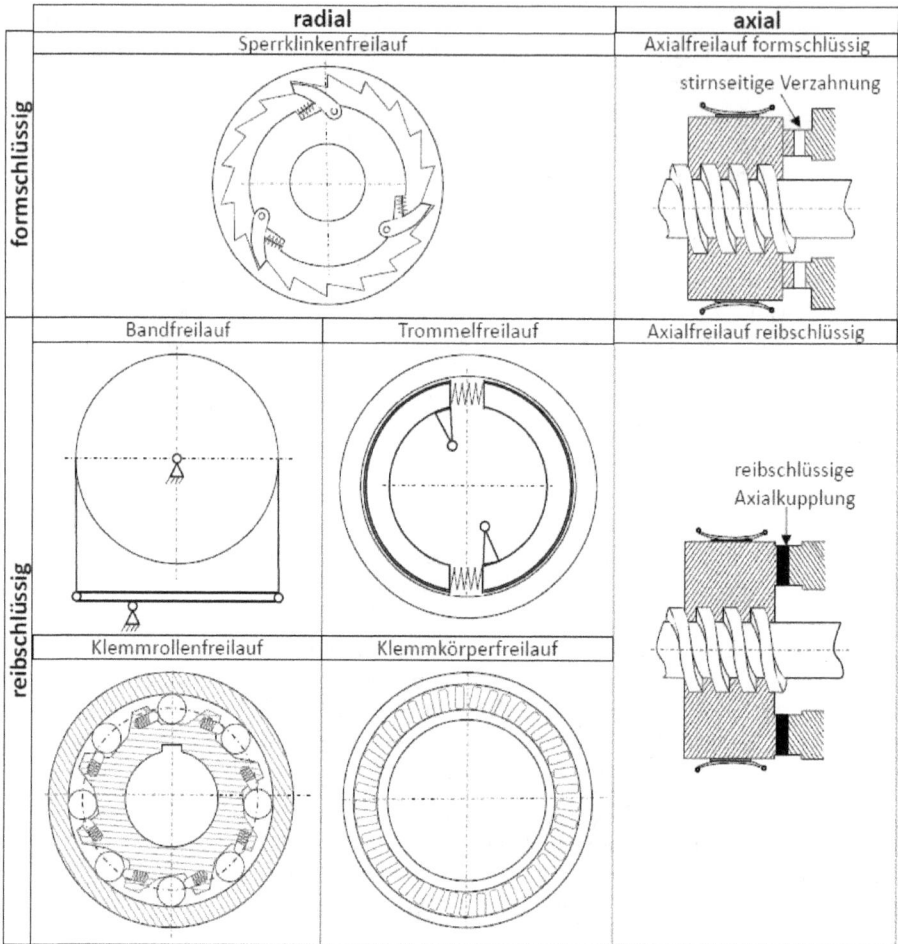

Bild 11.34: Freilaufbauformen schematisch

• Unter der Voraussetzung, dass

$$\tan\alpha \leq \mu \quad \text{bzw.} \quad \alpha \leq \rho \qquad\qquad \text{Gl. 11.31}$$

ist, können die beiden Gelenke durch Reibkontakte ersetzt werden (zweite Bildzeile). Der Winkel α gewinnt dadurch die Bedeutung des „Klemmwinkels", der an beiden hintereinander geschalteten Reibkontakten wirksam wird. Er ist hier übertrieben groß dargestellt, um die Zusammensetzung der Kräfte besser sichtbar machen zu können. Während die linke Darstellung in der zweiten Bildzeile dem zuvor vorgestellten Formschluss entspricht, dreht die rechte Darstellung die Richtung der Reibwirkung um und neigt die untere Ebene um den Winkel 2α.

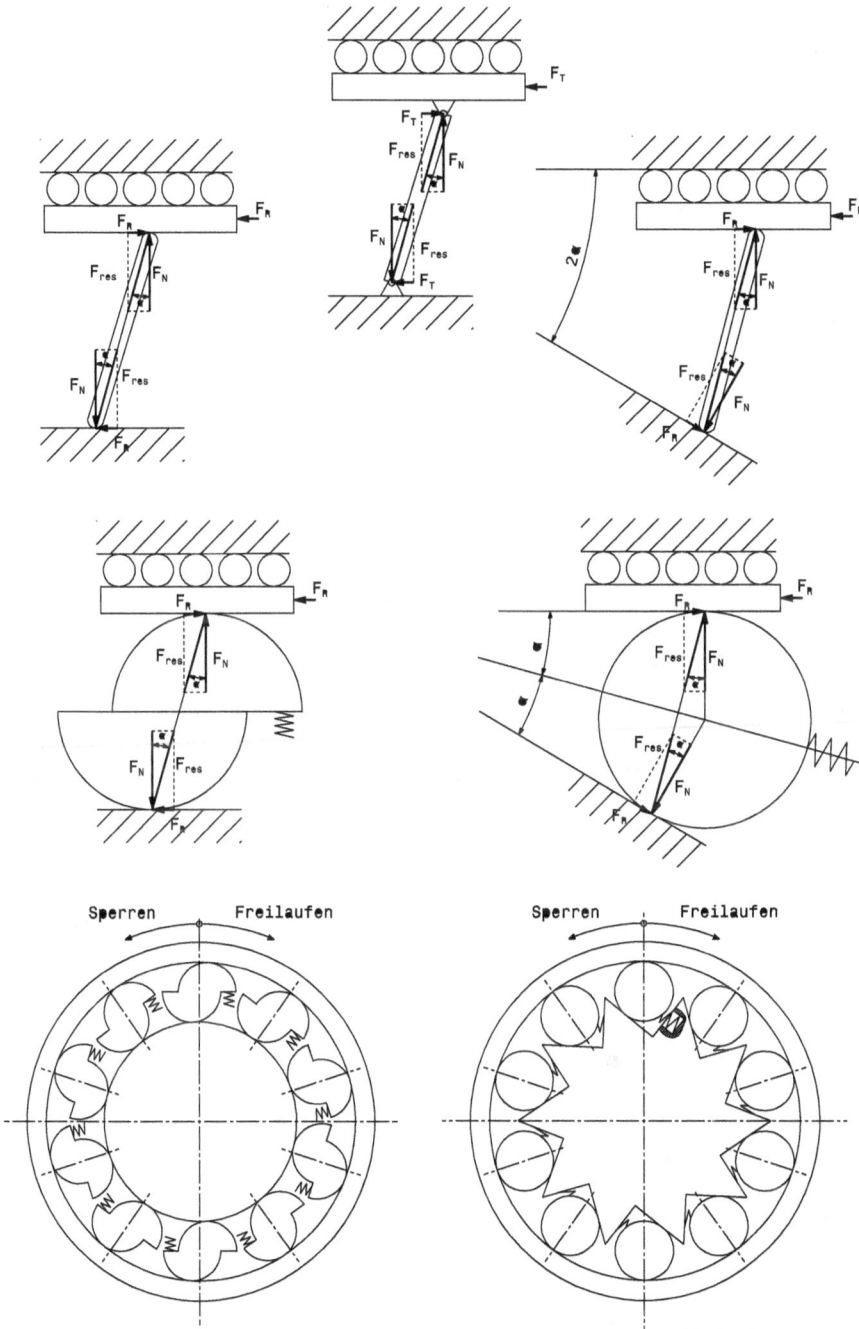

Bild 11.35: Klemmkörper-Klemmrollenfreilauf

- In der dritten Bildzeile wird der modellhafte Stab durch das reale Bauteil des Freilaufes ersetzt. Im rechten Fall wird aus dem Stab eine „Klemm"-Rolle, die sich im Klemmspalt verkeilen kann. Im linken Fall wird die Rolle modellhaft in zwei Zylinderhälften zerlegt, die so weit gegeneinander versetzt und wieder zueinander fixiert werden, dass der Klemmwinkel α entsteht. In beiden Fällen muss jedoch sichergestellt werden, dass an den Berührpunkten auch tatsächlich ein Kontakt zustande kommt, was durch eine Feder bewirkt wird, deren Kraft aber so gering ist, dass sie für das oben angegebene Zusammenspiel der Kräfte praktisch keine Rolle spielt.

- Links unten im Bild wird der Klemmkörper in Vielfachanordnung ähnlich wie beim Zylinderrollenlager zwischen zwei konzentrische Ringe platziert. Die Summe aller Reibkräfte ergibt dann am jeweiligen Ringradius als Hebelarm ein Moment, welches zwischen Innen- und Außenring übertragen werden kann. In den dadurch entstandenen Klemmkörperfreilauf kann am Außenring ein Moment im Gegenuhrzeigersinn eingeleitet werden, während es im Uhrzeigersinn zu einer „Überhol"-Bewegung kommt.

- Werden rechts unten im Bild die Klemmrollen in Vielfachanordnung platziert, so entsteht der Klemmrollenfreilauf, der vom Außenring gesehen im Gegenuhrzeigersinn sperrt und im Uhrzeigersinn überholt. Im vorliegenden Fall wird die obere Ebene zum Außenring, während die Schiefstellung der unteren Ebene durch zyklische Wiederholung auf dem Innenteil wiederholt werden muss, wodurch der „Innenstern" entsteht. In ähnlicher Weise kann auch der Kontakt innen auf einem Kreis stattfinden, während die schiefe Ebene am Außenrand durch einem „Außenstern" realisiert wird (weiteres Bild 11.43). Werden die Klemmrollen oder Klemmkörper in gleichmäßiger Teilung angeordnet, so heben sich sämtliche Normalkräfte sowohl innen als auch außen auf, sodass der Freilauf weitgehend querkraftfrei bleibt.

Bei der konstruktiven Ausführung des Klemmkörpers ging Bild 11.35 von der Modellvorstellung zweier Halbzylinder aus, deren Versatz unrealistisch groß war, um ihn deutlich darzustellen. Diese Modellvorstellung wird im oberen linken Viertel von Bild 11.36 noch einmal aufgegriffen, wobei hier ein einzelner, zwischen zwei planparallele Platten gefasster Klemmkörper in Bildmitte einem vollständigen Freilauf mit Innenring und konzentrisch dazu angeordneten Außenring gegenübergestellt wird. Der Klemmwinkel α ist in dieser Darstellung aber noch unrealistisch groß. Wird er auf den realen Wert von wenigen Grad abgesenkt, so entsteht eine ähnliche Darstellung oben rechts in Bild 11.36.

Tatsächlich wird von dem Halbzylinder aber nur ein eher schmaler Abschnitt für die Klemmkörperkontur ausgenutzt, sodass der Klemmkörper deutlich schmaler ausgeführt werden kann, was die Packungsdichte und damit die Momentenkapazität des Freilaufs erhöht (Darstellung unten links). Schließlich muss noch ein Käfig installiert werden, der die Klemmkörper wie die Zylinder eines Zylinderrollenlagers führt und es ist noch eine Anfederung erforderlich, die den Klemmkörper in ständiger Schaltbereitschaft hält (unten rechts). Neben dem hier angedeuteten Federdraht können auch Blattfedern oder bei größeren Klemmkörpern Schenkelfedern verwendet werden. Zur rationellen Fertigung kann zunächst einmal eine lange Stange mit dem entsprechenden Profil wie ein Draht gezogen und dann in einzelne Klemmkörper aufgeteilt werden.

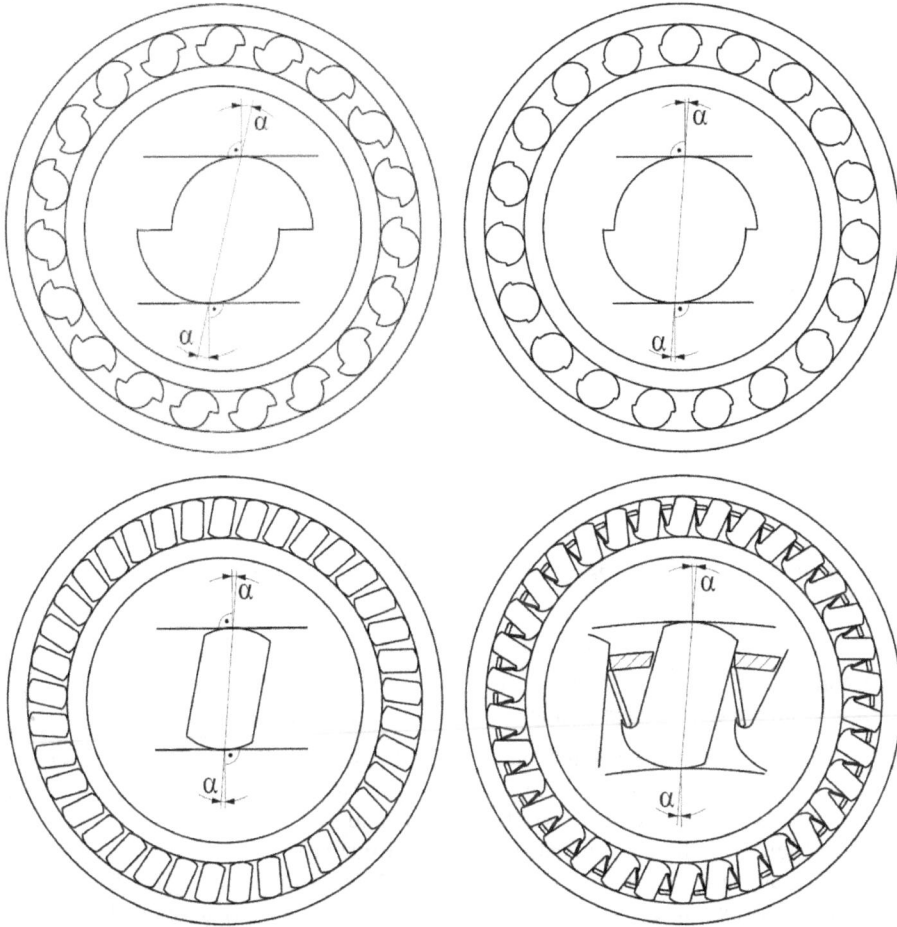

Bild 11.36: Klemmkörperfreilauf

Der Klemmrollenfreilauf benötigt keinen Käfig, weil die Teilung ja bereits durch die zyklisch sich wiederholende Rampe am Innen- oder Außenstern vorgegeben ist. Klemmkörperfreiläufe haben eine besonders hohe Packungsdichte und lassen sich deshalb besonders kompakt bauen. Formschlüssige Sperrklinkenfreiläufe können wegen unvermeidlicher Fertigungsfehler ihre Last nicht gleichmäßig auf mehrere Sperrklinken verteilen und beanspruchen deshalb wesentlich mehr Bauraum. Das Bild 11.37 zeigt einen beispielhaften Größenvergleich von Klemmrollenfreilauf, Klemmkörperfreilauf und Sperrklinkenfreilauf gleicher Momemtenkapazität.

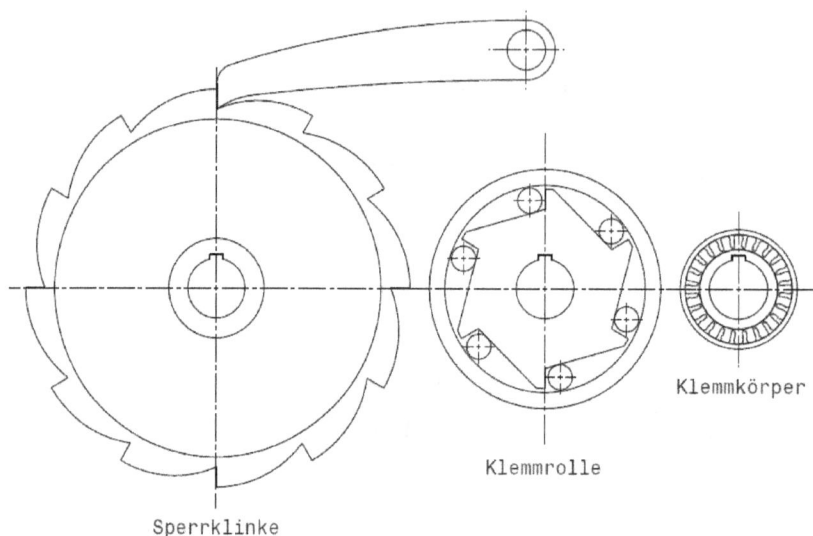

Bild 11.37: Größenvergleich zwischen Sperrklinken-, Klemmrollen- und Klemmkörperfreilauf gleicher Momentenkapazität

Der Klemmwinkel wird durch die konstruktive Anordnung der Bauteile festgelegt. Dabei sind folgende Überlegungen erforderlich (s. auch [11.8], [11.11], [11.20], [11.22]–[11.24]):

- Da sich alle Bauteile des Freilaufs mit zunehmender Belastung verformen, bleiben Klemm- rollen und Klemmkörper nicht in Ruhe, sondern rollen in die Laststellung hinein. Diese Verformung führt zur Verdrehung zwischen Innen- und Außenring, was schließlich die Verdrehfedersteifigkeit des Freilaufs als Kupplung ausmacht.
- Durch die Verformung aller im Kraftfluss liegenden Bauteile ändert sich im allgemeinen Fall auch der Klemmwinkel und muss als „Klemmwinkelverlauf" (Klemmwinkel in Ab- hängigkeit des Abstandes zwischen Innen- und Außenring) verstanden werden.

Im allgemeinen Fall wird ein ansteigender Klemmwinkelverlauf angestrebt: Bei geringem Lastmoment ist ein eher geringer Klemmwinkel von Vorteil, da die damit verbundene große Normalkraft das Einschalten begünstigt. Bei großem Lastmoment ist die große Normalkraft jedoch unerwünscht, weil sie die Bauteile des Freilaufs unnötig hoch belastet. Aus diesem Grunde wird dann der Klemmwinkel α durch konstruktive Gestaltung der beteiligten Bautei- le so weit gesteigert, wie es Gl. 11.31 als zentrales Funktionskriterium zulässt. Es ist nicht ganz unproblematisch, dafür konkrete Zahlenwerte anzugeben, weil das Optimum von den Betriebs- und Schmierbedingungen abhängt. Bild 11.38 versucht, diese Einflüsse qualitativ zusammen zu stellen.

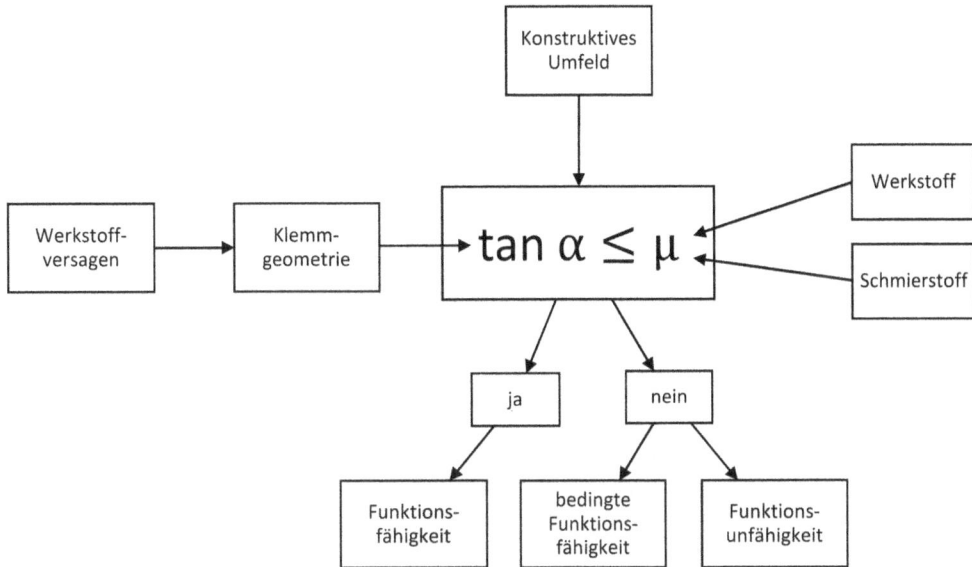

Bild 11.38: Ursachen und Folgen eines Klemmelementeausfalls

Im Laufe der Gebrauchsdauer wird die zunächst einmal durch Konstruktion festgelegte Geometrie zunehmend durch belastungsbedingte Werkstoffschädigung beeinträchtigt. Ist die zentrale Ungleichung erfüllt, so ist der Freilauf funktionsfähig. Wird die Ungleichung aber überschritten, so wird die Funktionsfähigkeit zumindest eingeschränkt: Der Freilauf sperrt nicht mehr eindeutig, sondern er unterliegt einem gewissen Schlupf, was zu Schaltungenauigkeiten führt, die je nach Einsatzzweck noch geduldet werden können. In vielen Fällen muss der Freilauf dann jedoch als funktionsunfähig gelten.

Steigt der Klemmwinkelverlauf mit zunehmender Last an, so läuft er Gefahr, die Rutschgrenze zu überschreiten. Dazu versucht Bild 11.39 eine Modellvorstellung. Wird ein an der Mantellinie geschlitztes Rohr so in einen Schraubstock gelegt, dass die Mitte des Rohres geringfügig über der Backenoberkante liegt (links), so mag der durch die geometrische Lage entstehende Klemmwinkel α zunächst noch kleiner sein als der Reibwinkel ρ, sodass das Rohr beim Spannen des Schraubstocks reibschlüssig eingeklemmt wird. Bei zunehmender Verspannung wird α jedoch größer, weil sich die Achse des Rohres in Folge der Verformung nach oben verlagert. Dabei wird dem Rohr Verformungsenergie aufgezwungen. Überschreitet α schließlich den Wert von ρ (rechts), so wird die bis dahin im Rohr gespeicherte Verformungsenergie plötzlich frei und das Rohr schießt mit großer Wucht nach oben aus dem Schraubstock. Ähnliches vollzieht sich im Freilauf, wenn bei zu stark ansteigendem Klemmwinkelverlauf die Reibschlussbedingung (Gl. 11.31) unter zunehmender Last überschritten wird.

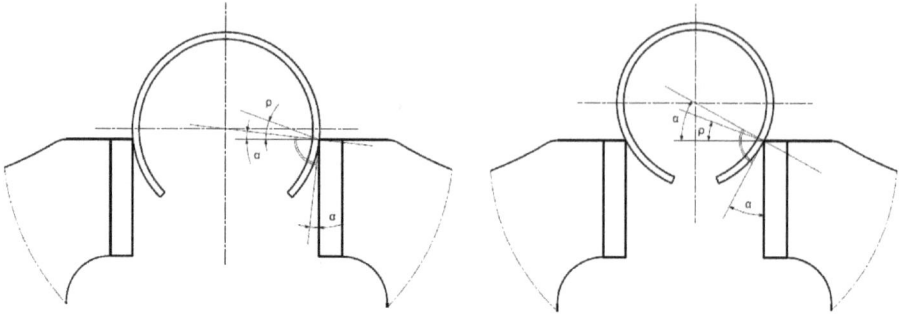

Bild 11.39: Modellvorstellung abrutschendes Klemmelement

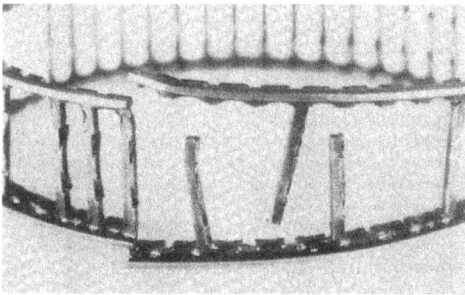

Bild 11.40: Pop-out-Schäden am Käfig

Der Klemmkörper rutscht ab und wird auf das nächstbeste Hindernis geschleudert, was wegen des schlagenden Geräuschs als „Pop-out" bezeichnet wird und häufig zur Beschädigung oder sogar Zertrümmerung des Käfigs des Klemmkörperfreilaufs führt.

Die Frage nach der Reibzahl von Klemmfreiläufen wird in den Arbeiten von [11.3] und [11.15] weiter verfolgt.

11.3.3.3.3 Freilaufbeanspruchung Bei dem Versuch, die mechanische Beanspruchung des Freilaufs zu beschreiben, ist zunächst einmal die (eindimensionale) Unterscheidung nach Leerlaufbeanspruchung bzw. Leerlaufverschleiß einerseits und Schaltbeanspruchung bzw. Schaltverschleiß andererseits sinnvoll: Der Leerlaufverschleiß kommt durch die Gleitbewegung beim Überholen zustande, während der Schaltverschleiß ähnlich wie beim Zylinderrollenlager auf die beim Schalten vollzogene Abwälzbewegung der Klemmelemente zurückzuführen ist. Diese alternative Unterscheidung ist jedoch nicht vollständig, denn es tritt der dauernde Eingriff als dritte Beanspruchungsart hinzu. Jeder praktische Anwendungsfall unterliegt einer Beanspruchung, die sich aus Schaltbeanspruchung, Leerlaufbeanspruchung sowie einer statischen Dauerlast zusammensetzt, was sich (zweidimensional) nach Bild 11.41 darstellen lässt:

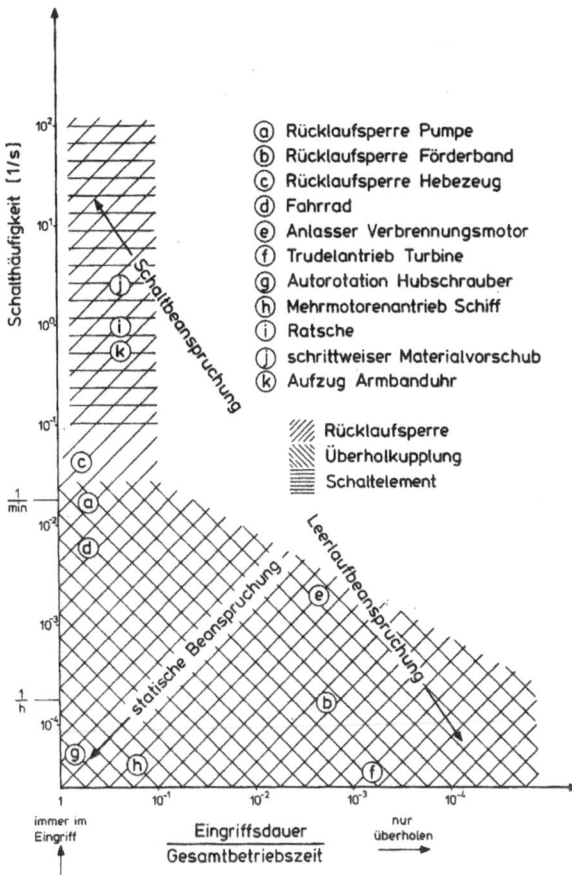

Bild 11.41: Schema Freilaufbeanspruchung

Die bereits oben erläuterten und gekennzeichneten Anwendungsfälle sind exemplarisch in dieses Diagramm eingetragen. Die klassische Unterscheidung nach Schalt- und Leerlaufbeanspruchung reduziert alle Praxisfälle in unvollständiger Weise auf den oberen linken und den unteren rechten Eckpunkt des Diagramms. Die prinzipiellen Anwendungsmöglichkeiten eines Freilaufs als Rücklaufsperre, Überholkupplung und Schaltelement lassen sich in dieser Darstellung als Bereiche wiedergeben, die naturgemäß nicht streng gegeneinander abgegrenzt werden können.

- Der Schaltfreilauf ist gekennzeichnet durch eine relativ hohe Schalthäufigkeit. Seine Überholphasen sind nicht sehr lang, aber andererseits ist er auch nicht ständig im Eingriff, da er in diesem Fall ja nicht schalten würde.

- Der Überholfreilauf schaltet relativ selten, die Überholphasen sind sehr lang und die Eingriffsdauer entsprechend ziemlich kurz.

- Die Rücklaufsperre hat je nach Einsatzfall eine verschieden lange Eingriffsdauer. Die Schalthäufigkeit variiert von „fast nie", was z. B. bei der Rücklaufsperre eines Förderbandes (Beispiel b) der Fall sein kann bis zu sehr hohen Schalthäufigkeiten, wenn die Rücklaufsperre die Rückwärtsbewegung eines Schaltfreilaufs verhindern soll (Beispiel j).

Für die genaue Beschreibung der Beanspruchung sind i. a. noch weitere Angaben erforderlich. Will man aber die Tauglichkeit eines Freilaufes ganz allgemein charakterisieren, so sind demnach die drei Kenndaten

- Leerlaufbeanspruchung
- Schaltbeanspruchung und
- statische Dauerlast

anzugeben. Die Frage der statischen Belastbarkeit wurde erstmals von [11.31] betrachtet und schließlich in [11.8] und [11.22] parametrisiert. Die Frage der Leerlaufbeanspruchung wurde von [11.8] und [11.19] untersucht.

11.3.3.3.4 Dimensionierung Klemmrollenfreilauf Bereits im Zusammenhang mit Bild 11.35 wurde darauf hingewiesen, dass der Klemmrollenfreilauf entweder mit Innenstern oder mit Außenstern ausgeführt werden kann (s. Bild 11.42).

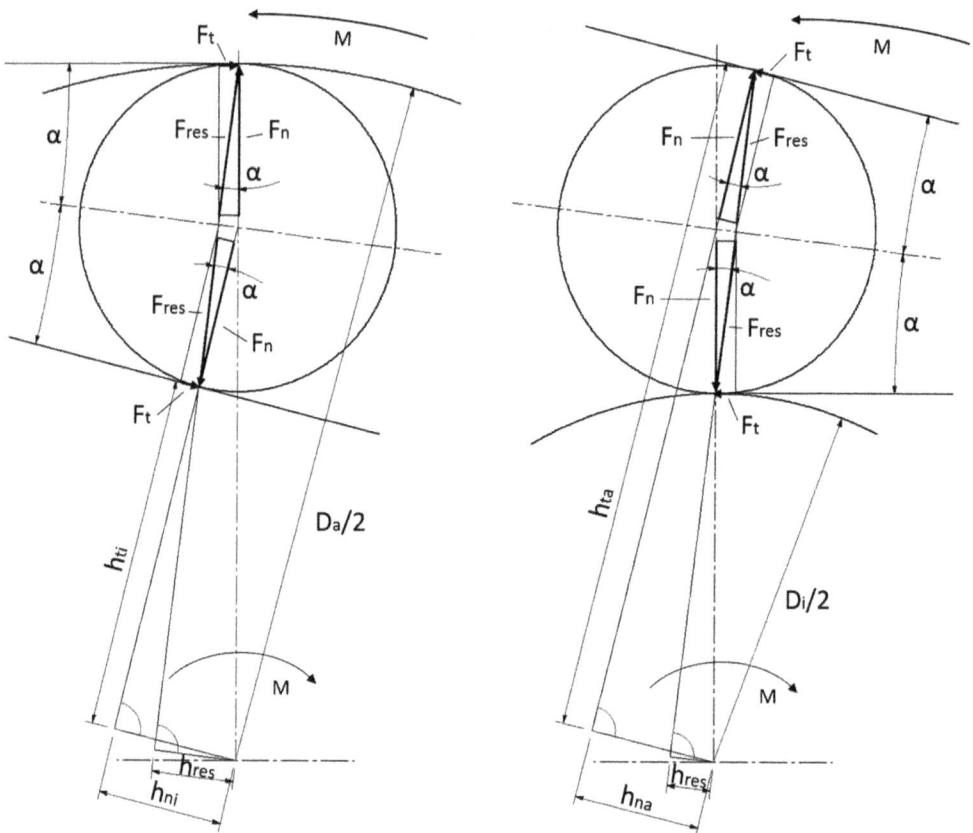

Bild 11.42: Klemmrollenfreilauf mit Innenstern (links) und Außenstern (rechts)

Wird die für den Klemmwinkel erforderliche schiefe Ebene durch den Innenteil des Freilaufs ausgeführt, so entsteht durch die Vielfachanordnung ein sog. „Innenstern". Die äußere Ebene kann als fertigungstechnisch einfacher zylindrischer Freilaufaußenring verwirklicht werden.

Wird hingegen das Innenteil als Ringkonstruktion ausgeführt, so ergibt sich durch die Vielfachanordnung der Rampe am Außenteil der sog. „Außenstern".

Wird zwischen Innen- und Außenteil ein Moment M übertragen, so entstehen zwischen der Klemmrolle und den Nachbarbauteilen Kräfte, die diese Kontaktstellen mit Hertz'scher Pressung belasten. In beiden Fällen wird auf der Verbindungslinie zwischen Innenteil/Klemmrolle einerseits und Klemmrolle/Außenteil andererseits die gleiche Kraft F_{res} wirksam. Der Hebelarm h_{res}, auf dem sich das Moment mit Kraft F_{res} abstützt, ist aber nicht so ohne weiteres zu ermitteln. Die Berechnung wird übersichtlicher, wenn statt der Kraft F_{res} jeweils deren Normalkraftkomponente F_n und deren Reibkraftkomponente F_t an ihrem jeweiligen Hebelarm betrachtet werden:

Konstruktionsvariante Innenstern: Die Betrachtung wird am Außenring besonders einfach, da dort F_n keinen Hebelarm bezüglich des Momentes hat (z: Anzahl der Klemmrollen):

$$M = z \cdot F_t \cdot \frac{D_a}{2} \quad \rightarrow \quad F_t = \frac{2 \cdot M}{z \cdot D_a}$$

Konstruktionsvariante Außenstern: In diesem Fall ist die Abstützung des Momentes am Innenring übersichtlicher:

$$M = z \cdot F_t \cdot \frac{D_i}{2} \quad \rightarrow \quad F_t = \frac{2 \cdot M}{z \cdot D_i}$$

Wird der Reibschluss nach Gl. 11.30 ausgenutzt, so kann das Lastmoment direkt mit der für die Hertz'sche Pressung maßgebliche Kraft F_n in Zusammenhang gebracht werden:

$$F_n = \frac{F_t}{\tan \alpha} = \frac{2 \cdot M}{z \cdot D_a \cdot \tan \alpha} \quad \text{Gl. 11.32}$$

$$F_n = \frac{F_t}{\tan \alpha} = \frac{2 \cdot M}{z \cdot D_i \cdot \tan \alpha} \quad \text{Gl. 11.33}$$

Der Versuch, eine ähnliche Formulierung für die jeweils gegenüber liegende Kontaktstelle aufzustellen, gestaltet sich ungleich viel schwieriger, weil die Hebelarme h_t und h_n erst aus der Geometrie abgeleitet werden müssten. Dieser Aufwand ist jedoch überflüssig, weil die von innen und von außen auf die Klemmrolle einwirkenden Kräfte nach dem Reaktionsprinzip untereinander gleich sein müssen. Aus dieser Gegenüberstellung wird auch deutlich, dass die Konstruktion des Innensterns zu geringeren Kräften führt und deshalb zu bevorzugen ist. Darüber hinaus ist die Fertigung eines Innensterns mit den klassischen Fertigungsverfahren wirtschaftlicher als die eines Außensterns. Bild 11.42 stellt diesen Zusammenhang allerdings übertrieben dar: Sowohl der Klemmwinkel als auch der Klemmrollendurchmesser relativ zu den Ringdurchmessern sind in der Realität wesentlich kleiner.

Diese Normalkräfte belasten den Kontakt zwischen Klemmrolle und Ring ähnlich wie bei einem Zylinderrollenlager mit einer Hertz'schen Pressung in Anlehnung an Gl. 5.4:

$$\sigma_{Hz} = \sqrt{\frac{F_n \cdot E}{\pi \cdot d_0 \cdot L \cdot (1 - \nu^2)}} \qquad \text{Gl. 11.34}$$

E: Elastizitätsmodul (für Stahl $2,1 \cdot 10^5$ N/mm^2)
ν: Querkontraktionszahl (für Stahl ca. 0,3)
L: Kontaktlänge zwischen Klemmrolle und Ring
d_0: Ersatzkrümmungsdurchmesser; d: Durchmesser der Klemmrolle

$$d_0 = \frac{d_1 \cdot d_2}{d_1 \pm d_2} \qquad + \text{für konvex} - \text{konvex}, - \text{für konvex} - \text{konkav}$$

hier:

$$d_0 = d \qquad\qquad \text{Klemmrolle} - \text{Rampe}$$

$$d_0 = \frac{D_i \cdot d}{D_i + d} \qquad \text{Klemmrolle} - \text{Innenring für Außenstern (konvex} - \text{konvex)}$$

$$d_0 = \frac{D_a \cdot d}{D_a - d} \qquad \text{Klemmrolle} - \text{Außenring für Innenstern (konvex} - \text{konkav)}$$

Konstruktionsvariante Innenstern: Die Hertz'sche Pressung ist am inneren Kontakt (Rolle – Rampe) größer, weil außen ein konvex-konkaver Kontakt vorliegt. Damit ergibt sich die Hertz'sche Pressung unter Einbeziehung von Gl. 11.32 zu:

$$\sigma_{Hz} = \sqrt{\frac{\dfrac{2 \cdot M}{z \cdot D_a \cdot \tan\alpha} \cdot E}{\pi \cdot d \cdot L \cdot (1 - \nu^2)}}$$

$$= \sqrt{\frac{2 \cdot E}{z \cdot D_a \cdot \tan\alpha \cdot \pi \cdot d \cdot L \cdot (1 - \nu^2)} \cdot M}$$

Gl. 11.35

Konstruktionsvariante Außenstern: Die Hertz'sche Pressung ist am inneren Kontakt (Rolle – Innenring, konvex – konvex) größer als an der äußeren Kontakt Rolle – Rampe). Damit ergibt sich die Hertz'sche Pressung unter Einbeziehung von Gl. 11.33 zu:

$$\sigma_{Hz} = \sqrt{\frac{\dfrac{2 \cdot M}{z \cdot D_i \cdot \tan\alpha} \cdot E}{\pi \cdot \dfrac{D_i \cdot d}{D_i + d} \cdot L \cdot (1 - \nu^2)}}$$

$$= \sqrt{\frac{2 \cdot (D_i + d) \cdot E}{z \cdot \tan\alpha \cdot \pi \cdot D_i^2 \cdot d \cdot L \cdot (1 - \nu^2)} \cdot M}$$

Gl. 11.36

Aufgabe A.11.11

11.3.3.3.5 Dimensionierung Klemmkörperfreilauf In der linken Spalte von Bild 11.35 ist von einem Klemmwinkel α die Rede, der sich durch die versetzte Anordnung zweier Zylinderhälften ergab. Dieser Winkel wird zwischen zwei planparallelen Platten in der linken Hälfte von Bild 11.43 nochmals aufgeführt, was aber dem unrealistischen Fall eines Freilaufs mit unendlich großem Durchmesser entsprechen würde.

Wird aber der Klemmkörper realistischerweise zwischen zwei konzentrische Ringe gefasst, so ändert sich der Klemmwinkel zunehmend. Während [11.8] und [11.22] eine exakte Analyse anstellen, versucht Bild 11.43 eine überschaubare Näherungsbetrachtung: Das Moment wird sowohl zwischen Innenring und Klemmkörper als $M_i = F_{ti} \cdot r_i$ als auch zwischen Klemmkörper und Außenring als $M_a = F_{ta} \cdot r_a$ übertragen:

$$M_i = M = M_a$$

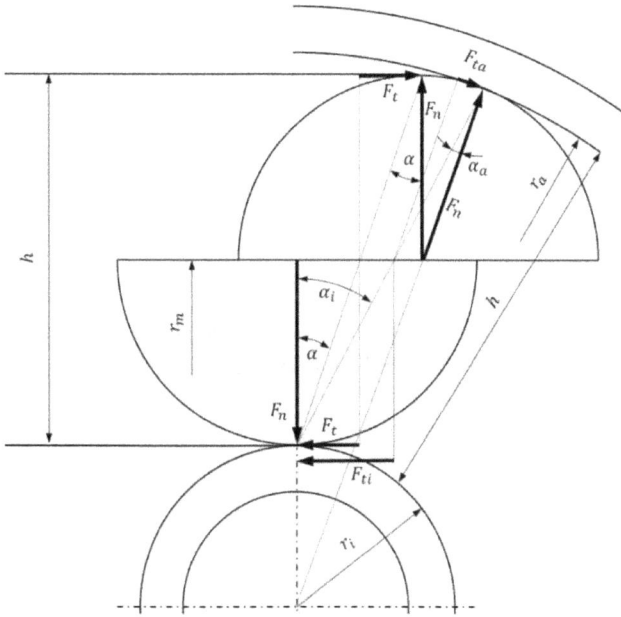

Bild 11.43: Klemmwinkel innen und außen

Wäre der Freilauf unendlich groß, so würden die beiden Ringe als planparallele Platten wahrgenommen werden und das Moment würde sich mit einer fiktiven Tangentialkraft F_t auf dem mittleren Hebelarm r_m abstützen:

$$F_{ti} \cdot r_i = F_t \cdot r_m = F_{ta} \cdot r_a \qquad \text{Gl. 11.37}$$

Der jeweilige Radius als Hebelarm des Momentes kann einheitlich auf den Radius des Innenringes r_i und die Klemmspalthöhe h bezogen werden:

$$F_{ti} \cdot r_i = F_t \cdot \left(r_i + \frac{h}{2} \right) = F_{ta} \cdot (r_i + h) \qquad \text{Gl. 11.38}$$

Der Klemmwinkel setzt jeweils die Tangentialkraft mit der näherungsweise gleichgroßen Normalkraft ins Verhältnis:

$$\tan \alpha_i = \frac{F_{ti}}{F_n} \qquad \tan \alpha = \frac{F_t}{F_n} \qquad \tan \alpha_a = \frac{F_{ta}}{F_n}$$

$$F_{ti} = F_n \cdot \tan \alpha_i \qquad F_t = F_n \cdot \tan \alpha \qquad F_{ta} = F_n \cdot \tan \alpha_a$$

$$\qquad \text{Gl. 11.39}$$

Werden die Gleichungen 11.39 in Gl. 11.38 eingesetzt, so ergibt sich:

$$F_n \cdot \tan \alpha_i \cdot r_i = F_n \cdot \tan \alpha \cdot \left(r_i + \frac{h}{2} \right) = F_n \cdot \tan \alpha_a \cdot (r_i + h)$$

Aus dieser Gleichung kann F_n heraus gekürzt werden, diese Betrachtung ist also unabhängig vom Lastniveau:

$$\tan \alpha_i \cdot r_i = \tan \alpha \cdot \left(r_i + \frac{h}{2} \right) = \tan \alpha_a \cdot (r_i + h) \qquad \qquad \text{Gl. 11.40}$$

Die linke Gleichung kann für α_i und die rechte für α_a ausgewertet werden:

$$\tan \alpha_i = \frac{r_i + \frac{h}{2}}{r_i} \cdot \tan \alpha \qquad \qquad \tan \alpha_a = \frac{r_i + \frac{h}{2}}{r_i + h} \cdot \tan \alpha$$

Da die Winkel klein sind, kann der Winkel mit guter Näherung seinem Tangens gleichgesetzt werden. Durch Erweiterung mit 2 werden aus den Radien Durchmesser:

$$\alpha_i = \frac{d_i + h}{d_i} \cdot \alpha \qquad \qquad \alpha_a = \frac{d_i + h}{d_i + 2 \cdot h} \cdot \alpha \qquad \qquad \text{Gl. 11.41}$$

Die Bilder 11.44 und 11.45 stellen diesen Zusammenhang dar.

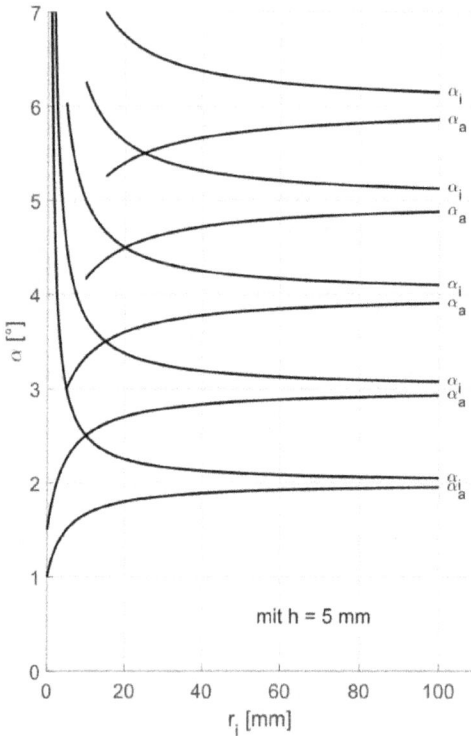

Bild 11.44: Innerer und äußerer Klemmwinkel in Funktion der Freilaufgröße

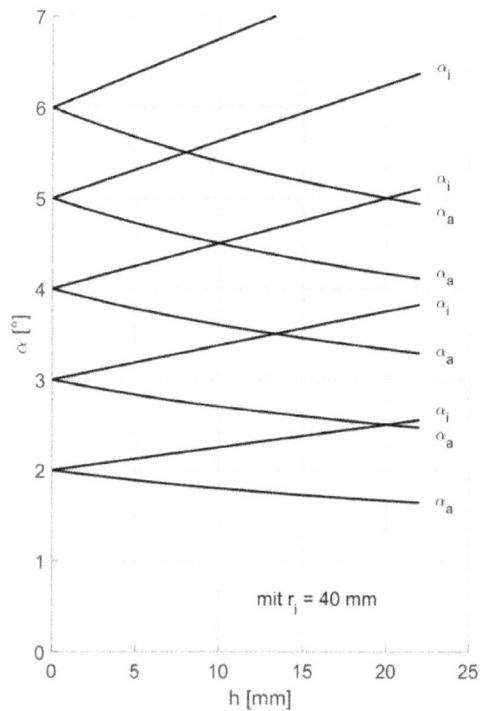

Bild 11.45: Innerer und äußerer Klemmwinkel in Funktion der Klemmkörperhöhe

Ist der Freilauf unendlich groß, so befindet sich der Klemmkörper praktisch zwischen planparallelen Platten, sodass nicht nach innerem und äußerem Klemmwinkel unterschieden werden braucht. Bei kleiner werdendem Freilauf wird der innere Klemmwinkel aber zunehmend größer und der äußere Klemmwinkel zunehmend kleiner. Dieser Einfluss steigt bei größerem Klemmwinkel an.

Wird bei vorgegebener Freilaufgröße der Klemmkörper immer kleiner, so nimmt er die Freilaufringe zunehmend als planparallele Platten wahr, was eine Differenzierung nach innerem und äußerem Klemmwinkel überflüssig macht. Bei großem Klemmkörper wird der Unterschied aber immer deutlicher.

Aus beiden Darstellungen wird aber deutlich, dass der Klemmwinkel innen immer größer ist als außen. Aus diesem Grunde ist die Rutschgefährdung am Innenring stets größer als am Außenring.

Die Freilaufbeanspruchung ist selbst dann ein komplexes Problem, wenn die Belastung statisch aufgebracht wird: Die auf den Freilauf einwirkenden Belastungen haben Verformungen zur Folge, die ihrerseits die Klemmgeometrie geringfügig verändern und damit Einfluss auf den Klemmwinkel nehmen. Der Klemmwinkel ist im allgemeinen Fall also keine Konstante, sondern ändert sich mit dem Lastmoment, sodass man von einem „Klemmwinkelverlauf" spricht. Dieser Sachverhalt ist sehr komplex, lässt sich aber übersichtlich erläutern, wenn der Klemmwinkel nach Bild 11.46 in Funktion des Spalts zwischen zwei planparallelen Platten betrachtet wird (exakte Analyse s. [11.8] und [11.22]).

Ausgangspunkt dieser Überlegungen ist das mittlere Detailbild in der mittleren Bildzeile, welches den bisherigen Darstellungen entspricht, bei der der Klemmwinkel α modellhaft durch die versetzte Anordnung zweier Zylinderhälften zustande kommt. Die darüber liegende Darstellung des Klemmwinkelverlaufs ist eigentlich überflüssig: Wenn sich durch die Belastung die ursprüngliche Spalthöhe h_0 geringfügig auf h vergrößert, so rollt zwar der Klemmkörper geringfügig im Gegenuhrzeigersinn in seine neue Position (untere Bildzeile), aber der horizontale Abstand der Berührpunkte des Klemmkörpers zu den Platten e bleibt gegenüber dem unbelasteten Zustand e_0 weitgehend erhalten und der Klemmwinkel α ändert sich kaum.

Zu Vergleichszwecken geht der Klemmkörper in der rechten Bildspalte für die hier dargestellte Ausgangshöhe h_0 vom gleichen Klemmwinkel aus, allerdings sind hier die beiden Zylinderhälften geringfügig größer, sodass der Klemmkörper etwas im Uhrzeigersinn gedreht werden muss, damit er an den beiden planparallelen Platten anliegt. Wird er von dort aus belastet, so rollt er geringfügig im Gegenuhrzeigersinn und vergrößert dabei die Ausgangsspalthöhe h_0 auf h. Bei dieser Abrollbewegung vergrößert sich aber der horizontale Abstand der beiden Kontaktpunkte zu den planparallelen Platten von e_0 auf e (wiederum untere Bildzeile), was eine Vergrößerung des Klemmwinkels zur Folge hat. Wird dieser Zusammenhang für eine kontinuierlich ansteigende Spalthöhe h vollzogen, so ergibt sich der ansteigende Klemmwinkelverlauf in der oberen Bildzeile. Dieser Sachverhalt wird häufig gezielt ausgenutzt: Beim Einschalten des Freilaufs, also bei Spalthöhe h_0 wird ein geringer Klemmwinkel und die damit verbundene große Normalkraft bevorzugt, um das Durchstoßen des trennenden Schmierfilm zu unterstützen. Bei hohen Lasten ist dieser Vorgang längst abgeschlossen und ein höherer Klemmwinkel

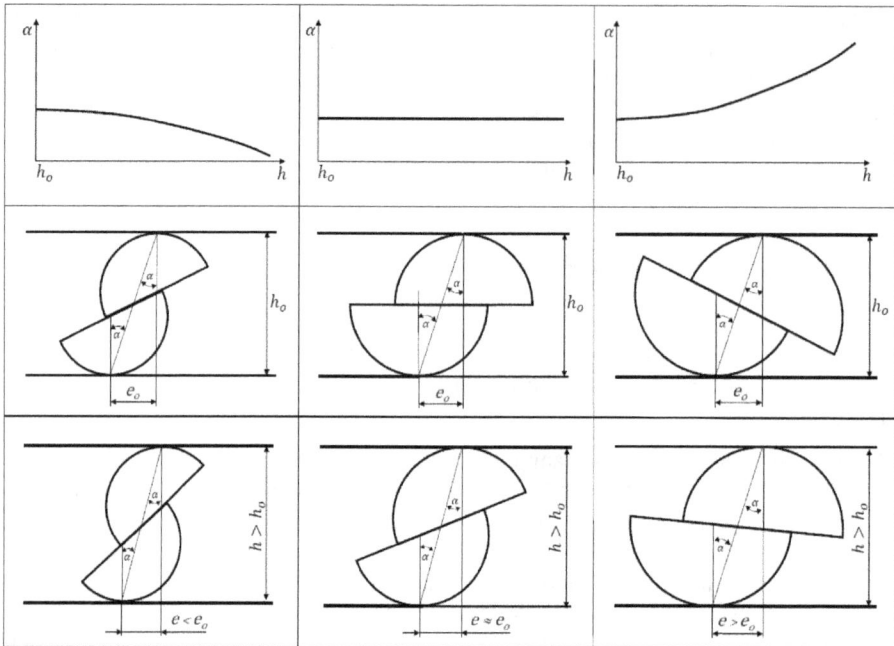

Bild 11.46: Klemmwinkelverlauf

wird vorteilhaft, um die Normalkraft und die damit verbundenen Belastungen der Bauteile zu minimieren. Im Gegensatz zur vergleichenden Darstellung von Bild 11.46 wird aber durch geometrische Formgebung des Klemmkörpers der Einschaltklemmwinkel tiefer angesetzt als in der mittleren Bildspalte.

Die linke Bildspalte dokumentiert den umgekehrten Fall: Wegen des geringfügig geringeren Durchmessers der Zylinderhälften kommt der Klemmkörper in der dargestellten Lage lastlos bei der Spalthöhe h_0 zur Anlage. Wird eine Belastung eingeleitet und dabei die Spalthöhe von h_0 auf h vergrößert, so verringert sich der anfängliche horizontale Abstand e_0 der beiden Kontaktpunkte zu den planparallelen Platten in der unteren Bildzeile zu e, was eine Verkleinerung des Klemmwinkels nach sich zieht. Der daraus entstehende abfallende Klemmwinkelverlauf in der oberen Bildzeile ist zwar theoretisch vorstellbar, wird aber praktisch nicht angewendet, weil damit keine Vorteile verbunden sind.

Die bisherige Betrachtung sieht für jede der beiden Kontaktstellen einen einzigen Kreisbogen vor. Tatsächlich kann die Klemmkörperkontur aber auch aus mehreren Kreisbögen nach [11.8] und [11.22] zusammengesetzt werden, womit der Klemmwinkelverlauf in weiten Grenzen variiert werden kann. Ein Freilaufhersteller benutzt für die Klemmkörperkontur die „logarithmische Spirale", weil damit ein konstanter Klemmwinkelverlauf nicht nur in einem abgegrenzten Bereich (mittlere Bildspalte), sondern über den gesamten Arbeitsbereich verbunden ist.

Unter der vereinfachenden Annahme eines konstanten Klemmwinkelverlaufs lassen sich am linken Klemmkörper von Bild 11.47 erste Ansätze für die im Freilauf auftretenden Spannungen und Pressungen formulieren.

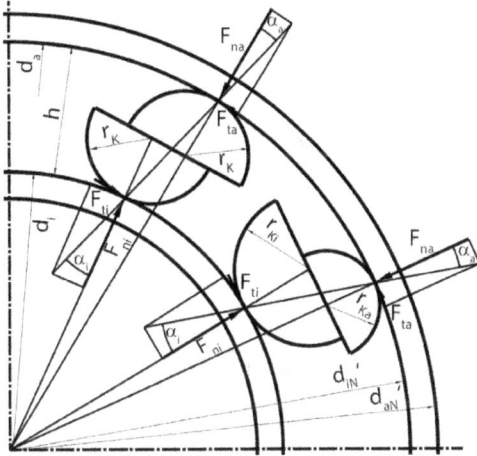

Bild 11.47: Belastungen am Klemmkörper

Die am Kontaktpunkt zum Innenringe auftretende Kraftresultierende muss aus Gleichgewichtsgründen in gleicher Größe auch am Kontaktpunkt zum Außenring wirksam werden. Beide Resultierenden zerlegen sich in eine Tangentialkomponente F_t, die zur Momentenübertragung genutzt wird und in eine weitaus größere Komponente F_n, die im Wesentlichen die Festigkeit der Bauteile belastet. Die Belastung am Kontakt Klemmkörper – Innenring ist für den linken Klemmkörper höher als am Außenring, weil nach Gl. 11.41 der Klemmwinkel innen kleiner ist als außen. Das am Freilauf anliegende Moment ruft also an jedem Klemmkörper (z: Anzahl der Klemmkörper) eine Tangentialkraft F_{ti} hervor:

$$M = F_{ti} \cdot \frac{d_i}{2} \cdot z \quad \rightarrow \quad F_{ti} = \frac{2 \cdot M}{d_i \cdot z} \qquad \text{Gl. 11.42}$$

Diese Tangentialkraft kann aber nur dann übertragen werden, wenn die über die Klemmgeometrie mit dem Klemmwinkel α hervorgerufene Normalkraft F_{ni} anliegt:

$$\tan \alpha_i = \frac{F_{ti}}{F_{ni}} \quad \rightarrow \quad F_{ti} = F_{ni} \cdot \tan \alpha_i \qquad \text{Gl. 11.43}$$

Werden die Gleichungen 11.42 und 11.43 gleichgesetzt, so ergibt sich für F_{ni}:

$$F_{ni} = \frac{2 \cdot M}{d_i \cdot z \cdot \tan \alpha_i} \qquad \text{Gl. 11.44}$$

Analog dazu ergibt sich die am Außenring wirkende Normalkraft zu

$$F_{na} = \frac{2 \cdot M}{d_a \cdot z \cdot \tan \alpha_a} \qquad \text{Gl. 11.45}$$

Diese Kräfte sind in zweierlei Hinsicht maßgebend für die Dimensionierung des Freilaufs:

Die dadurch an den Kontaktstellen zwischen Klemmkörper und Ring hervorgerufene Hertz'sche Pressung lässt sich ähnlich wie für den Klemmrollenfreilauf (s. Gl. 11.34) formulieren zu

$$\sigma_{Hz} = \sqrt{\frac{F_n \cdot E}{\pi \cdot d_0 \cdot L \cdot (1 - \nu^2)}}$$

Sind die beiden Zylinderhälften des Klemmkörpers wie im linken Beispiel von Bild 11.47 gleich, so kann für den Ersatzkrümmungsdurchmesser d_0 gesetzt werden:

$$d_0 = \frac{d_i \cdot h}{d_i + h} \quad \text{konvex – konvex, Kontakt am Innenring}$$

$$d_0 = \frac{d_a \cdot h}{d_a - h} \quad \text{konvex – konkav, Kontakt am Außenring}$$

Unter Einbeziehung der Gleichungen 11.44 und 11.45 liegen dann folgende Hertz'sche Pressungen vor:

für den Kontakt Klemmkörper – Innenring   für den Kontakt Klemmkörper – Außenring

$$\sigma_{Hzi} = \sqrt{\frac{\dfrac{2 \cdot M}{d_i \cdot z \cdot \tan \alpha_i} \cdot E}{\pi \cdot \dfrac{d_i \cdot h}{d_i + h} \cdot L \cdot (1 - \nu^2)}}$$

$$= \sqrt{\frac{2 \cdot E \cdot (d_i + h)}{d_i^2 \cdot z \cdot \tan \alpha_i \cdot \pi \cdot h \cdot L \cdot (1 - \nu^2)} \cdot M}$$

Gl. 11.46

$$\sigma_{Hza} = \sqrt{\frac{\dfrac{2 \cdot M}{d_a \cdot z \cdot \tan \alpha_a} \cdot E}{\pi \cdot \dfrac{d_a \cdot h}{d_a - h} \cdot L \cdot (1 - \nu^2)}}$$

$$= \sqrt{\frac{2 \cdot E \cdot (d_a - h)}{d_a^2 \cdot z \cdot \tan \alpha_a \cdot \pi \cdot h \cdot L \cdot (1 - \nu^2)} \cdot M}$$

Gl. 11.47

Wenn der Klemmspalt h in gleich große Zylinder innen und außen aufgeteilt wird (linker Klemmkörper in Bild 11.47), so ist die Hertz'sche Pressung am Innenring immer größer als die am Außenring. Wenn allerdings der Klemmspalt h in einen größeren Radius r_{Ki} innen und einen kleineren Radius r_{Ka} nach dem rechten Klemmkörper in Bild 11.47 aufgeteilt wird, so wird die Belastung innen kleiner und außen größer. Idealerweise wird die Aufteilung von h in r_{Ki} und r_{Ka} so vorgenommen, dass die Pressungen innen und außen gleich groß sind. Dieses Optimum kann aber nur für eine einzige Freilaufgröße perfekt erfüllt werden. In der industriellen Praxis wird dabei ein Kompromiss angestrebt, der einen gleichen Klemmkörpertyp für einen ganzen Bereich von Freilaufgrößen verwendet.

Diese Klemmkörperkräfte F_{na} verursachen Spannungen im Außenring, die sich mit den Spannungen vergleichen lassen, die in der Nabe eines Querpressverbandes hervorgerufen wird (Gl. 6.42):

$$\sigma_{VN} = \frac{2}{1 - \rho_N^2} \cdot p \quad \text{mit} \quad \rho_N = \frac{d_{iN}}{d_{aN}} \quad \text{hier:} \quad \rho_N = \frac{d_a}{d_{aN}} \qquad \text{Gl. 11.48}$$

Um diese Gleichung nutzen zu können, werden die am Innenrand der Nabe wirkenden Normalkräfte der Klemmkörper F_{na} formal zu einem Druck p umgerechnet, in dem sie auf die Innenmantelfläche des Außenringes bezogen werden:

$$p = \frac{z \cdot F_{na}}{d_a \cdot \pi \cdot L}$$

Bei der hohen Packungsdichte des Klemmkörperfreilaufs ist dieser Ansatz durchaus angebracht, bei Klemmrollenfreiläufen mit geringerer Packungsdichte hingegen wird der Außenring polygonartig verformt, was die Wirksamkeit des Ansatzes einschränkt. Mit Hilfe von Gl. 11.49 kann dieser Druck mit dem zu übertragenden Moment in Zusammenhang gebracht werden.

$$p = \frac{z \cdot \frac{2 \cdot M}{d_a \cdot z \cdot \tan \alpha_a}}{d_a \cdot \pi \cdot L} = \frac{2 \cdot M}{d_a^2 \cdot \pi \cdot L \cdot \tan \alpha_a} \qquad \text{Gl. 11.49}$$

Wird Gl. 11.49 in Gl. 11.48 eingesetzt, so ergibt sich schließlich für die im Außenring vorliegende Vergleichsspannung folgender Ausdruck:

$$\sigma_{VN} = \frac{2}{1 - \left(\frac{d_a}{d_{aN}}\right)^2} \cdot \frac{2}{d_a^2 \cdot \pi \cdot L \cdot \tan \alpha_a} \cdot M$$

$$\sigma_{VN} = \frac{4}{\left[1 - \left(\frac{d_a}{d_{aN}}\right)^2\right] \cdot d_a^2 \cdot \pi \cdot L \cdot \tan \alpha_a} \cdot M \qquad \text{Gl. 11.50}$$

Sowohl die Hertzsche Pressung nach Gl. 11.46 als auch die Ringspannung nach Gl. 11.50 dürfen zulässige Werkstoffkennwerte nicht überschreiten.

Aufgaben A.11.12 und A.12.13

11.3.3.3.6 Klemmkörper- und Klemmrollenfreilauf im Schaltbetrieb Die zulässige Lastwechselzahl eines Klemmkörperfreilaufs im Schaltbetrieb ist in jedem Fall ein Zeitfestigkeitsproblem, welches im Wöhlerdiagramm dargestellt werden kann. Dieser Sachverhalt wird in Bild 11.48 beispielhaft an einem handelsüblichen Freilauf dargestellt. Die Gebrauchsdauer dieses Freilaufs wird durch folgende Kriterien begrenzt:

• Unterhalb eines Lastmomentes von 402 Nm liegt ein konstanter Klemmwinkel von 3,2° an der kritischen Lastübertragungsstelle zwischen Innenring und Klemmkörper vor, der sich unterhalb der Rutschgrenze befindet. Dabei tritt der Ausfall schließlich aufgrund der Wälzpressung ein, die im Laufe der Betriebsdauer zu Verschleiß führt und damit die Klemmgeometrie so verändert, dass $\tan \alpha \leq \mu$ nicht mehr gewährleistet ist. Die daraufhin eintretenden Abrutscher sind stets von Pop-out begleitet, die bei geringem Lastniveau akustisch kaum wahrnehmbar waren, messtechnisch aber eindeutig erfasst werden können. Der Ausfall wird im Wesentlichen dadurch herbeigeführt, dass die **linke** Seite der Ungleichung $\tan \alpha < \mu$ gestört wird.

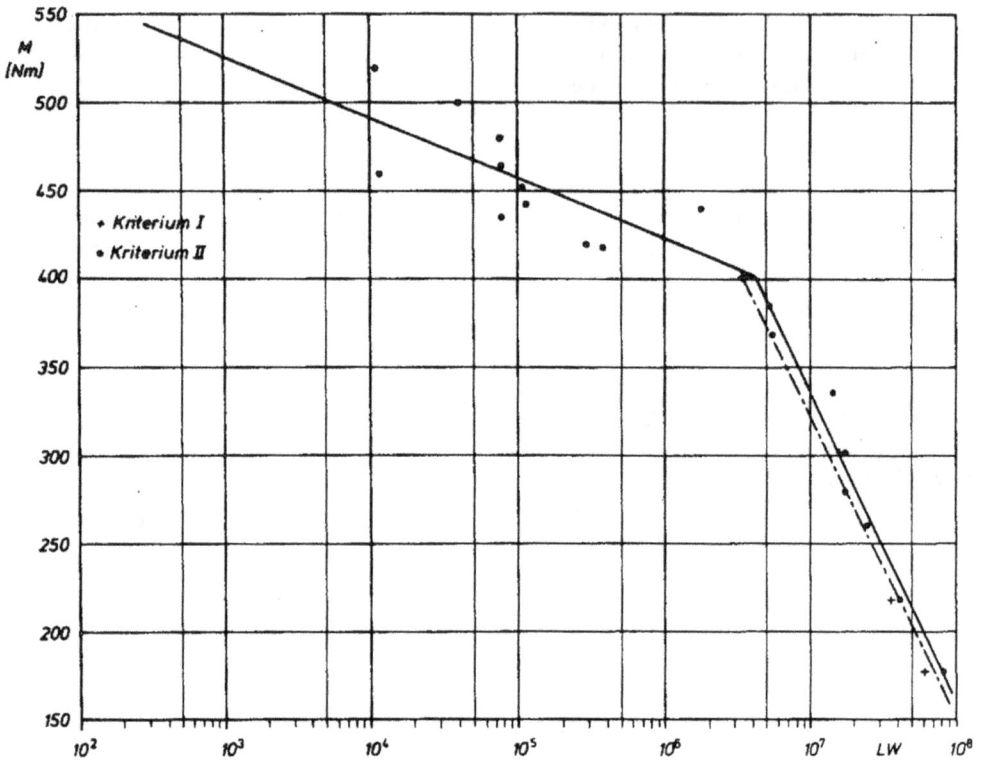

Bild 11.48: Wöhlerlinie Klemmkörperfreilauf

- Im oberen Lastbereich steigt der Klemmwinkel sehr stark an, weil bei der Einrollbewegung das Ende der konstruktiv vorgesehenen Klemmkörperkontur erreicht wurde. In diesem Bereich ist der Ausfall des Klemmkörpers darauf zurück zu führen, dass der ursprünglich durch das abschließende Schleifen der Laufbahn bedingte relativ hohe Reibwert durch die ständigen Überrollungen in einen prägepolierten Zustand mit etwas geringerem Reibwert überführt wird. Die der Wälzpressung ausgesetzten Kontaktflächen haben trotz der hohen Belastung gar nicht die Zeit, die Verschleißgrenze zu erreichen. Der Ausfall wird im Wesentlichen durch eine unvorteilhafte Änderung der **rechten** Seite der Ungleichung $\tan \alpha \leq \mu$ herbeigeführt.

Die Begutachtung des Innenringes des ausgefallenen Freilaufs unterstützt diese Schlussfolgerung: Der ursprünglich geschliffene Ring (Mitte) wird bei geringer Last (rechts) so lange beansprucht, bis er aufgrund von Verschleiß ausfällt. Bei hoher Last (links) ist der Verschleiß zwar größer, aber für den Ausfall nicht verantwortlich, weil der Freilauf zuvor wegen der belastungsbedingt glatter werdenden Oberfläche funktionsunfähig wird.

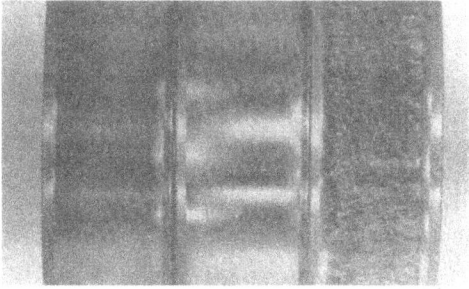

Bild 11.49: Ausgefallener Innenring

In beiden Fällen lassen sich die Versuchsergebnisse in Form einer Gleichung

$$M = -a \cdot \ln LW + b \quad \text{bzw.} \quad LW = e^{\frac{b-M}{a}} \qquad \text{Gl. 11.51}$$

darstellen, wobei M das Lastmoment und LW die Lastwechselzahl bedeutet, bei der der Freilauf ausfällt. Die Koeffizienten a und b können für jeden beliebigen Freilauf versuchstechnisch ermittelt werden. Die Arbeiten von [11.5], [11.12], [11.17] und [11.35] haben diese Fragestellung eingehend untersucht. Die Frage nach der Schaltfähigkeit in Folge des Leerlaufverschleißes ist Gegenstrand der Arbeiten von [11.18] und [11.19].

11.4   Literatur

[11.1]   Beisel, W.: Untersuchungen zum Betriebsverhalten nasslaufender Lamellenkupplungen, Dissertation TU Berlin 1983

[11.2]   Bunte, P.: Reibung bei Beschleunigung am Beispiel von Sicherheitskupplungen Fortschrittsberichte, VDI Reihe 1 Nr. 118, Düsseldorf 1985

[11.3]   Czymek, G.: Reibwerte in Klemmkörperfreiläufen im dynamischen Schaltbetrieb; Dissertation RWTH Aachen 1995

[11.4]   Daners, D.: Lastverhalten von Außensternfreiläufen im Vergleich mit anderen Bauformen; Dissertation RWTH Aachen 2004

[11.5]   Deppenkemper, P.: Klemmkörperfreiläufe: Praktische Gebrauchsdauer und theoretische Lebensdauer im dynamischen Schaltbetrieb; Dissertation RWTH Aachen 1993

[11.6]   Dittrich, O.; Schumann, R.: Anwendungen der Antriebstechnik, Band 2: Kupplungen; Verlag Krausskopf, Mainz 1974

[11.7]   Duminy: Beurteilung des Betriebsverhaltens schaltbarer Reibkupplungen Dissertation TU Berlin 1979

[11.8]   Hinzen, H.: Funktionsfähigkeit und Gebrauchsdauer von Klemmkörperfreiläufen im Schaltbetrieb; Dissertation RWTH Aachen 1985

[11.9]   Hinzen, H.: Freilauf unter extremen dynamischen Betriebsbedingungen Konstruktion 39 (1987) Nr. 9, S. 347–351

[11.10] Hinzen, H.: Zylinderpressverband, die optimale Welle-Nabe-Verbindung für hochbelastete Klemmkörperfreiläufe; Konstruktion 41 (1989) Nr. 6, S. 173–181

[11.11] Hinzen, H.: Funktionsfähigkeit und Gebrauchsdauer von Klemmkörperfreiläufen im Schaltbetrieb; VDI-Berichte Nr. 649, S. 399–418

[11.12] Hüllenkremer, M.: Einfluss von Teilentlastung auf die Lebensdauer von Klemmrollenfreiläufen; Dissertation RWTH Aachen 2010

[11.13] Japs, D.: Eine Beitrag zur analytischen Bestimmung des statischen und dynamischen Verhaltens gummielastischer Wulstkupplungen unter Berücksichtigung von auftretenden Axialkräfte Dissertation Universität Dortmund 1979

[11.14] Kickbusch, E.: Föttinger-Kupplungen und Föttinger-Getriebe Konstruktionsbücher Band 21, Berlin-Heidelberg-New York 1963

[11.15] Kretschmer, T.: Einfluss von Schmierstoff und Betriebsbedingungen auf die Reibungszahl von Klemmrollenfreiläufen; Dissertation RWTH Aachen 2010

[11.16] Künne, B.: Konstruktive Einflüsse auf Reibvorgänge unter reversierender Belastung am Beispiel von Sicherheitskupplungen; Dissertation Uni-GH Paderborn 1984

[11.17] Lohrengel, A.: Lebensdauerorientierte Dimensionierung von Klemmrollenfreiläufen; Dissertation RWTH Aachen 2001

[11.18] Neubert, S.: Leerlaufverschleißlebensdauer und Schaltverhalten reibschlüssiger Freiläufe; Dissertation RWTH Aachen 2014

[11.19] Overberg, M.: Leerlaufverschleiß von Klemmkörperfreiläufen; Dissertation RWTH Aachen 2003

[11.20] Peeken, H.; Faber, M.; Amort, R.; Hinzen, H.: Entwicklung eines neuartigen Klemmwinkelmessgerätes; Antriebstechnik 23 (1984) Nr. 8, S. 38–42

[11.21] Peeken, H.; Hinzen, H.: Entwicklung eines Prüfstandes zur hochfrequenten Dauerbelastung von Klemmkörperfreiläufen Antriebstechnik 22 (1983) Nr. 10, S. 41–46

[11.22] Peeken, H.; Hinzen, H.: Systematik zur konstruktiven Gestaltung von Klemmkörperfreiläufen; Konstruktion 37 (1985) Nr. 9, S. 343–348

[11.23] Peeken, H.; Hinzen, H.: Funktionsfähigkeit und Gebrauchsdauer von Klemmkörperfreiläufen im Schaltbetrieb; Antriebstechnik 25 (1986) Nr. 1, S. 35–40

[11.24] Peeken, H.; Hinzen, H.; Welter, R.; Czymek, G.: Klemmwinkelmessung von Klemmkörperfreiläufen – Die Suche nach der optimalen Messmethode VDI-Z 132 (1990) Nr. 4, S. 116–121

[11.25] Peeken, H.; Troeder, Ch.: Elastische Kupplungen: Ausführungen, Eigenschaften, Berechnungen; Springer; Berlin 1986; ISBN 3-540-13933-8

[11.26] Peeken, H.; Troeder, Ch.; Hinzen, H.: Konstruktive Umgebung als Ausfallursache bei Freiläufen mit Klemmkörpern; Maschinenmarkt 37 (1985) Nr. 6, S. 947–950

[11.27] Schalitz, A.: Kupplungs-Atlas: Bauarten und Auslegung von Kupplungen und Bremsen; 4., geänderte und erweiterte Auflage; A.G.T-Verlag Thum; Ludwigsburg 1975

[11.28] Schmelz, F.; Graf v. Seherr-Thoss, H.; Auchtor, E.: Gelenke und Gelenkwellen Springer-Verlag Berlin 1988

[11.29] Stölzle, K.; Hart, S.: Freilaufkupplungen; Springer-Verlag Berlin 1961

[11.30] Stübner, K.; Rüggen, W.: Kupplungen – Einsatz und Berechnung Hanser-Verlag München 1980

[11.31] Timtner, K. H.: Berechnung der Drehfederkennlinie und zulässiger Drehmomente bei Freilaufkupplungen mit Klemmkörpern; Dissertation TH Darmstadt, 1974

[11.32] VDI Richtlinie 2240: Wellenkupplungen; Systematische Einteilung nach ihren Eigenschaften

[11.33] VDI Richtlinie 2241, Bl. 1: Schaltbare fremdbetätigte Reibkupplungen und -bremsen; Begriffe, Bauarten, Kennwerte, Berechnungen

[11.34] VDI Richtlinie 2241, Bl. 2: Schaltbare fremdbetätigte Reibkupplungen und -bremsen; Systembezogene Eigenschaften, Auswahlkriterien, Berechnungsbeispiele

[11.35] Welter, R.: Die Lebensdauer von Klemmkörperfreiläufen; Dissertation RWTH Aachen 1990

[11.36] Winkelmann, S.; Hartmuth, H.: Schaltbare Reibkupplungen: Grundlagen, Eigenschaften, Konstruktionen; Springer-Verlag Berlin 1985

11.5   Normen

[11.37] DIN 115: Antriebselemente; Schalenkupplungen

[11.38] DIN 116: Antriebselemente; Scheibenkupplungen

[11.39] DIN 740: Antriebstechnik; Nachgiebige Wellenkupplungen

[11.40] DIN 808: Wellengelenke; Anschlussmaße, Befestigung, Beanspruchbarkeit, Einbau

[11.41] DIN E 28155: Kupplungen für Rührwellen aus unlegiertem und nichtrostendem Stahl; Kupplungen im Rührbehälter; Maße

[11.42] DIN 73451: Kupplungsbeläge; Maße

11.6   Aufgaben: Kupplungen

A.11.1   Bremsen und Kuppeln eines Hubwerks

Es ist der unten skizzierte Antriebsstrang eines Hubwerkes gegeben. Das Massenträgheitsmoment der Arbeitsmaschine ist die anzuhebende Masse am Trommelradius, andere Massenträgheiten (Getriebe, Wellen, Kupplung, Freilauf, Bremse) können in dieser Betrachtung vernachlässigt werden. Am Ende des Hubvorganges wird der Motor ausgekuppelt, während die Last durch einen Freilauf gehalten wird. Zum Absenken der Last wird die den Freilaufaußenring haltende Bremse gelöst.

Maximale Last: 1,2 t
Trommeldurchmesser: 360 mm
Übersetzungsverhältnis Getriebe: 1:96

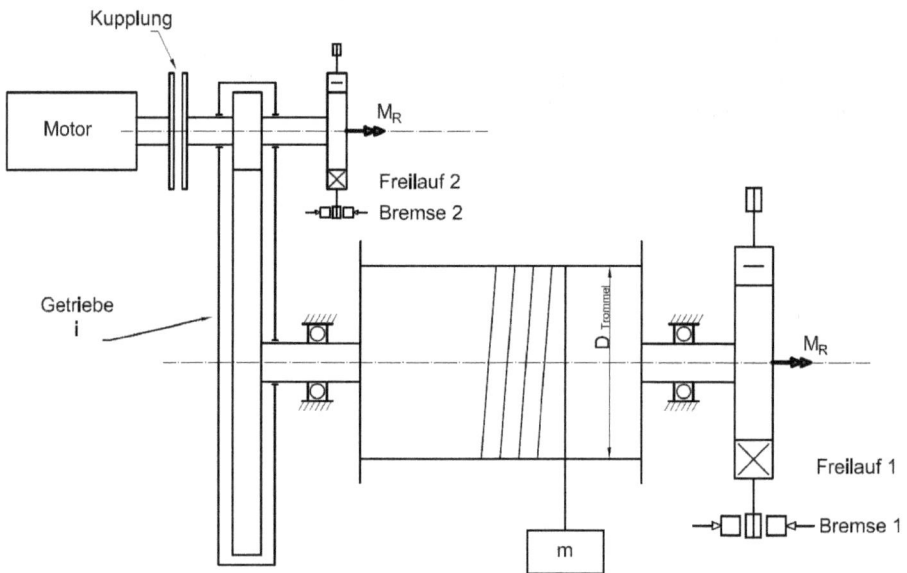

A.11.1.1   Bremsvorgang

In dieser gegenüberstellenden Betrachtung wird die Bremse entweder an der Hubwerkwelle (Freilauf 1 und Bremse 1) oder an der Motorwelle (Freilauf 2 und Bremse 2) installiert. Der Bremsvorgang wird aus einer Sinkgeschwindigkeit von 0,5 m/s heraus bei ausgekuppeltem Motor eingeleitet.

			an der Hubwerkwelle	an der Motorwelle
Wie groß ist die Winkelgeschwindigkeit zu Beginn des Bremsvorganges?	ω_0	s^{-1}		
Wie groß ist das Lastmoment?	M_L	Nm		
Welches Massenträgheitsmoment liegt vor?	J	$kg\,m^2$		
Welches Reibmoment ist erforderlich, wenn der Bremsvorgang innerhalb von 0,4 s abgeschlossen sein muss?	M_R	Nm		

A.11.1.2   Kupplungsvorgang

Der Verbrennungsmotor leistet 8 kW bei einer Drehzahl von 2.800 min^{-1} und verfügt über ein Massenträgheitsmoment von 0,25 kg m^2.

Wie groß ist die Winkelgeschwindigkeit des Motors?	s^{-1}	
Wie groß ist die Hubgeschwindigkeit der anzuhebenden Masse?	m/s	
Wie groß ist das Motormoment?	Nm	

Das Kupplungsmoment muss auf jeden Fall größer sein als das Lastmoment und wird in den unten aufgeführten Stufen variiert. Wie lange dauert die Rutschzeit und welche Reibarbeit fällt bei einem Kupplungsvorgang an?

Kupplungsmoment M_R	Nm	$1,2 \cdot M_L =$	$1,4 \cdot M_L =$	$1,6 \cdot M_L =$
Rutschzeit t_R	s			
Reibarbeit W_R	Nm			

A.11.2   Trocken laufende Scheibenkupplung

Eine trocken laufende (nicht mit Öl geschmierte) Scheibenkupplung mit der Materialpaarung organischer Reibbelag/Stahl weist einen Reibwert von $\mu = 0,35$ auf. Bei der Berechnung der Fläche des Reibbelages können die Durchbrüche für die Montage der Schrauben vernachlässigt werden. Berechnen Sie die jeweils beiden anderen Kenndaten der Kupplung, wenn

- die Flächenpressung von p = 0,2 N/mm^2 nicht überschritten werden darf. Wie groß sind dann die Schaltkraft und das maximal übertragbare Moment?
- die Schaltkraft auf 1,6 kN begrenzt ist. Wie groß sind dann die Flächenpressung und das übertragbare Moment?
- ein maximales Torsionsmoment von 20 Nm übertragen werden soll. Wie groß sind dann die Flächenpressung und die erforderliche Schaltkraft?

Unterscheiden Sie jeweils nach fabrikneuem und eingelaufenem Zustand.

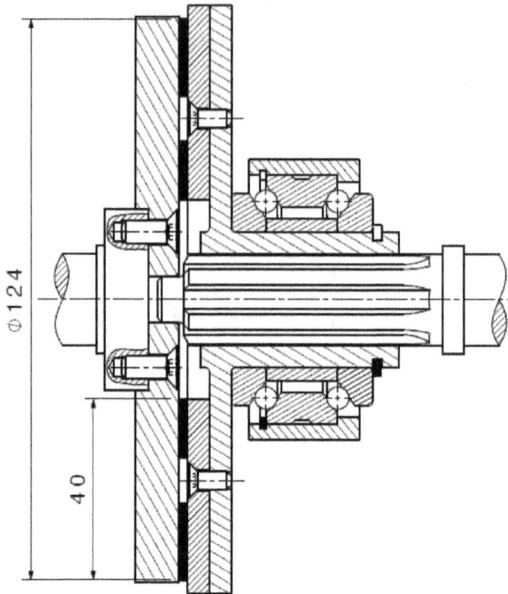

		neu	eingelaufen	neu	eingelaufen	neu	eingelaufen
p_{max}	N/mm^2		**0,2**				
F_{ax}	kN				**1,6**		
M_{tmax}	Nm						**20**

A.11.3   Scheibenkupplung, Optimierung der Reibbelagabmessungen

Eine im Öl laufende Scheibenkupplung mit der Materialpaarung Sinterbronze/Stahl weist einen Reibwert von $\mu = 0,07$ auf. Der Außendurchmesser des Reibbelages der Kupplung d_a beträgt 182 mm.

Legen Sie zunächst den Innendurchmesser des Reibbelages im Hinblick auf ein maximal zu übertragendes Moment fest.	d_{iopt}	mm	

Für den weiteren Verlauf der Betrachtungen wird die Kupplung tatsächlich mit diesem Durchmesser ausgeführt. Dimensionieren Sie die Kupplung nach unten stehendem Schema, wenn

- die Flächenpressung mit $p = 1,4 \, N/mm^2$ begrenzt ist
- eine maximale Axialkraft von 20 kN aufgebracht werden kann
- ein maximales Torsionsmoment von 80 Nm übertragen werden soll.

Unterscheiden Sie jeweils nach fabrikneuem und eingelaufenem Zustand.

		neu	eingelaufen	neu	eingelaufen	neu	eingelaufen
p_{max}	N/mm^2		1,4				
F_{ax}	kN				20		
M_{tmax}	Nm						80

A.11.4   Kegelkupplung

Der Belag der unten stehenden Kegelkupplung darf mit einer maximalen Flächenpressung von $0,18\,\text{N/mm}^2$ belastet werden und weist einen Reibwert von 0,35 auf.

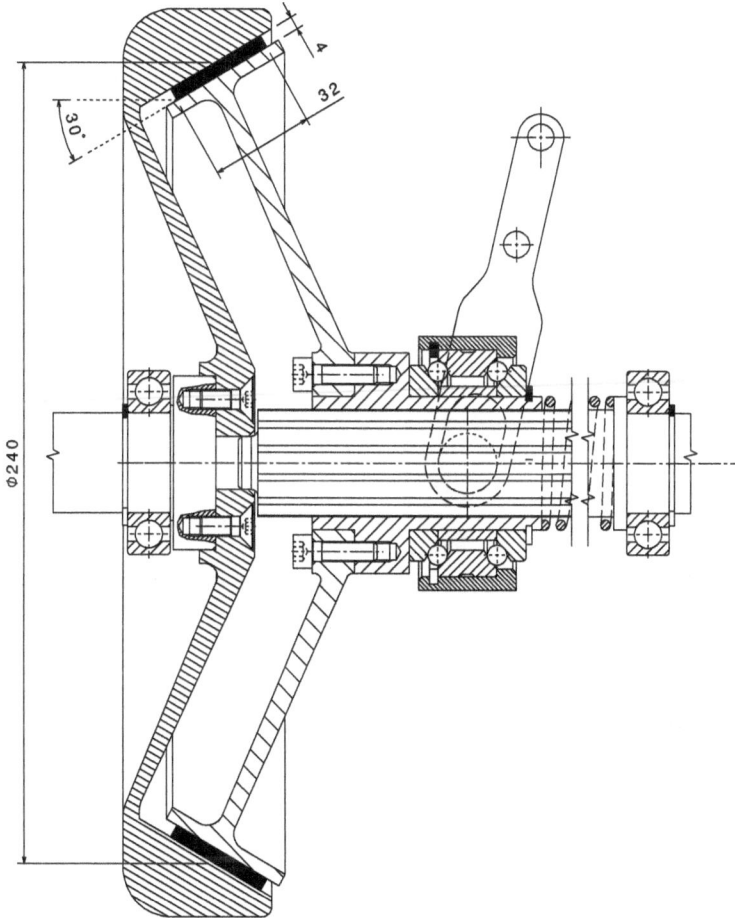

Welches maximale Moment kann mit dieser Kupplung übertragen werden?	Nm	
Welche axial gerichtete Schaltkraft muss durch die Feder aufgebracht werden, um die Kupplung bei maximalem Moment einzurücken.	N	
Welche axial gerichtete Schaltkraft muss mit dem Hebel in die Kupplungsachse eingeleitet werden, um sie bei maximalem Moment wieder zu lösen?	N	
Welche Kraft muss dann über den Hebel in die Schaltmuffe eingeleitet werden?	N	

A.11.5   Kegelkupplung, Variation der Belastungskriterien

Die unten stehende Kegelkupplung wird mit einem Reibbelag mit einem Reibwert von 0,32 ausgestattet

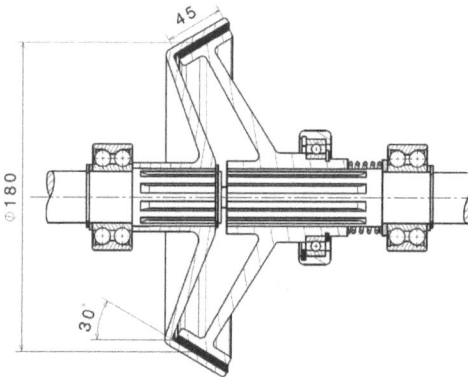

Diese Konstruktion soll für drei verschiedene Anwendungsfälle dimensioniert werden, die jeweils durch verschiedene Kriterien begrenzt sind:

- Anwendungsfall I ist durch eine maximale Pressung an der Kegelmantelfläche von $0,2\,\mathrm{N/mm^2}$ begrenzt.
- Bei Anwendungsfall II sollen 280 Nm übertragen werden.
- Im Anwendungsfall III kann eine maximale Schaltkraft von 8 kN aufgebracht werden.

Ermitteln Sie für jeden der drei Anwendungsfälle die jeweils anderen Daten.

		I	II	III
p	$\mathrm{N/mm^2}$	0,2		
M_{tmax}	Nm		280	
F_{ax}	N			8.000

A.11.6   Doppelkegelkupplung als fremdbetätigte Kupplung

Die linke Nabe der nachfolgend dargestellten Doppelkegelkupplung trägt an ihrem rechten Ende eine Scheibe, an deren äußeren Umfang Bolzen eingepresst sind. Die beiden inneren Kupplungskegel sind ihrerseits gegenüber diesem Bolzen axial verschiebbar. Sowohl dieser Führungsbolzen als auch der in Detail B dargestellte Schaltmechanismus ist mehrfach auf dem Umfang angebracht. Zur Vereinfachung der Betrachtung werden die Kräfte aller beteiligten Schaltmechanismen allerdings in einem einzigen Mechanismus zusammen gefasst. Der Reibbelag darf mit einer Flächenpressung von $2\,\text{N/mm}^2$ belastet werden und weist eine Reibzahl von 0,3 auf. Die durch Belagverschleiß bedingten Lageänderungen bleiben bei den folgenden Betrachtungen unberücksichtigt.

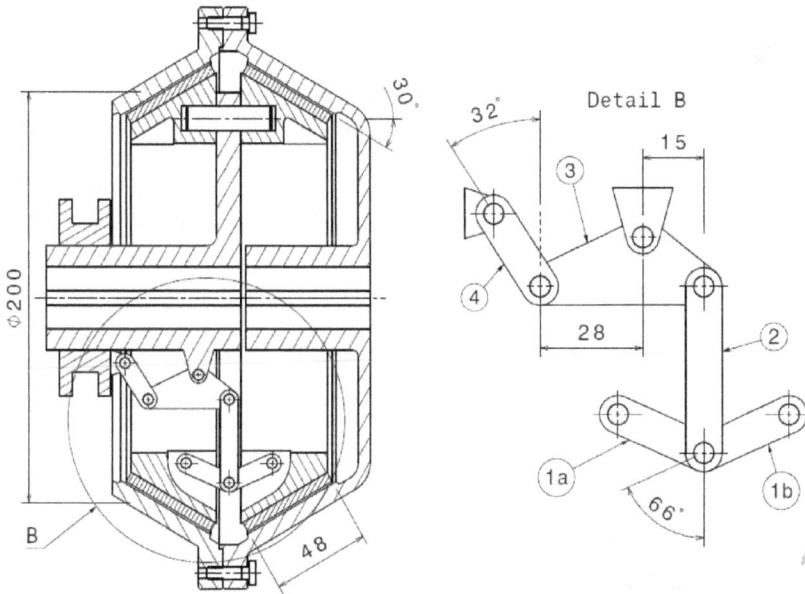

Wie groß ist das übertragbare Moment einer einzelnen Kupplungshälfte?	Nm	
Wie groß ist das insgesamt von der Kupplung insgesamt übertragbare Moment?	Nm	
Mit welcher axial gerichteten Schaltkraft muss jede einzelne der beiden Kupplungshälften beim Einrücken der Kupplung beaufschlagt werden?	N	
Wie groß ist die Druckkraft in jedem der beiden Teile 1?	N	
Wie groß ist die Zugkraft in Teil 2?	N	
Welche Druckkraft liegt in Teil 4 vor, wenn näherungsweise angenommen werden kann, dass die drei Gelenkpunkte von Hebel 3 auf einer gemeinsamen horizontalen Linie liegen?	N	
Welche Axialkraft muss auf die längsverschiebbare Muffe der linken Nabe aufgebracht werden?	N	

A.11.7   Doppelkegelkupplung als Sicherheitskupplung

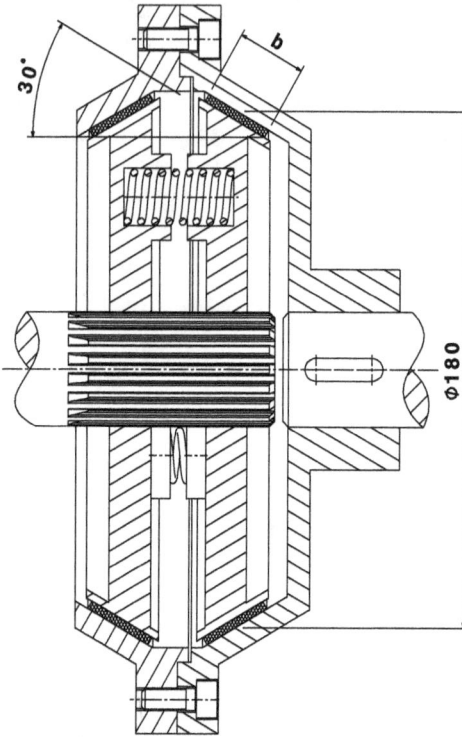

Eine trocken laufende Doppelkegelkupplung nach nebenstehender Skizze ist eine Sicherheitskupplung, die bei einem Torsionsmoment von 1.000 Nm auslösen soll. Dazu werden zwischen die beiden Kupplungshälften drei Federn mit je einer Steifigkeit von 80 N/mm montiert. Der Reibbelag kann mit einer Pressung von 0,6 N/mm² belastet werden und weist eine Reibzahl von 0,32 auf.

Wenn die mit 1.500 min⁻¹ drehende Kupplung auslöst, soll sicherheitshalber angenommen werden, dass der Abtrieb völlig blockiert, während der Antrieb mit unverminderter Geschwindigkeit weiterläuft. Das mit der rechten Welle verbundene glockenförmige Teil der Kupplung, welches die Reibungswärme aufnimmt, wiegt 14 kg und besteht aus Guss.

Welche Breite b muss der Kupplungsbelag mindestens aufweisen?	mm	
Welche Schaltkraft muss vorliegen, damit die Kupplung tatsächlich beim geforderten Moment auslöst?	N	
Welche Federkraft F_{Feder} ist dazu erforderlich?	N	
Um welchen Federweg müssen die Feder vorgespannt werden?	mm	
Wie lange wird es dauern, bis sich die Kupplung von einer Umgebungstemperatur von 20 °C auf 400 °C erwärmt hat?	s	

A.11.8 Scheibenkupplung als Sicherheitskupplung

Eine trocken laufende (nicht mit Öl geschmierte) Scheibenkupplung mit der Materialpaarung Sintereisen/Stahl weist einen Reibwert von $\mu = 0{,}35$ auf, darf mit einer Flächenpressung von $0{,}25\,\text{N/mm}^2$ belastet werden und verträgt eine maximale Temperatur von $250\,°\text{C}$. Die Umgebungstemperatur beträgt $20\,°\text{C}$. Jede einzelne der 6 Federn weist eine Steifigkeit von $40\,\text{N/mm}$ auf.

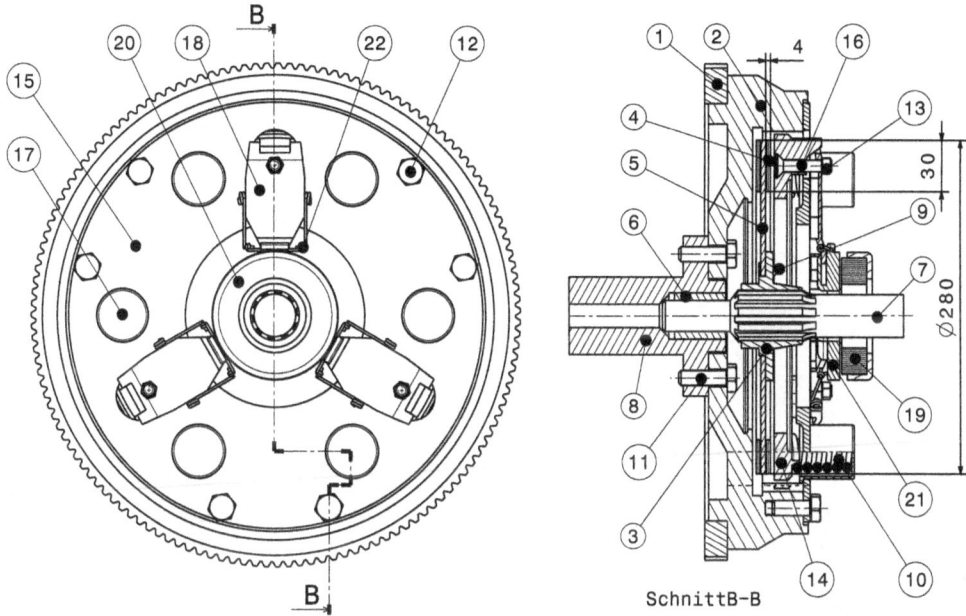

SchnittB-B

Unterscheiden Sie bei der Beantwortung der unten stehenden Fragen nach fabrikneuem Zustand, nach eingelaufenem Zustand ohne nennenswerten Verschleiß und nach einer gewissen Gebrauchsdauer, wenn jeder der beiden Beläge um 3 mm verschlissen ist.

Das Außenteil der Kupplung, welches die Reibungswärme aufnimmt, hat eine Masse von 12 kg und besteht aus Guss. Die Kupplung dreht mit $1.200\,\text{min}^{-1}$ und löst aus, wobei sicherheitshalber angenommen wird, dass der Abtrieb völlig blockiert, während der Antrieb mit unverminderter Geschwindigkeit weiter läuft.

Die größte Flächenpressung ist im Betriebszustand „eingelaufen, aber noch ohne Verschleiß" zu erwarten. Um welchen Federweg müssen dann die Federn vorgespannt werden, wenn die maximale Flächenpressung nicht überschritten werden darf? Die Federn der Kupplung werden während der gesamten Gebrauchsdauer nicht nachgestellt.

			fabrikneu	eingelaufen, aber noch ohne Verschleiß	3 mm Belagver- schleiß
Wie groß ist die maxi- male Pressung an den Reibflächen?	p_{max}	N/mm^2		0,25	
Wie groß ist die Axi- alkraft auf die Kupp- lung?	F_{ax}	N			
Wie groß ist der Vor- spannweg der Federn?	f	mm			
Wie groß ist das über- tragbare Moment?	M_{tmax}	Nm			
Welche Reibleistung wird beim Auslösen der Kupplung hervor- gerufen?	P_R	kW			
Wie lange kann die Kupplung diesen Be- triebszustand ertra- gen?	t_E	s			

A.11.9 Fliehkraftbremse

Das unten skizzierte Hubwerk wird von einem Elektromotor über ein Getriebe angetrieben. Auf der Motorwelle ist zunächst eine Kranbremse zum Halten und Abbremsen der Last an- gebracht. Aus Sicherheitsgründen wird zusätzlich eine weitere Trommelbremse installiert, die als Fliehkraftbremse ausgebildet ist und bei Ausfall aller anderen Systeme die Sinkgeschwin- digkeit begrenzt.

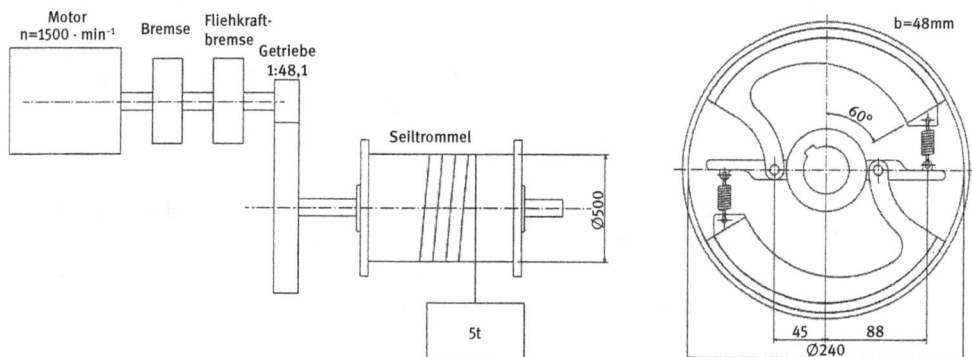

Welches Moment tritt bei Maximallast an der Hubtrommel auf?	M_{Hub}	Nm	
Welches Bremsmoment muss die Fliehkraftbremse bei stationärer Sinkgeschwindigkeit aufbringen?	M_{Brges}	Nm	
Welches Bremsmoment ist dann von jeder einzelnen der beiden auflaufenden Backen aufzunehmen?	M_{Brauf}	Nm	
Welche Flächenpressung entsteht am Bremsbelag?	p	N/mm^2	

Die Masse einer einzelnen Bremsbacke kann mit 1,6 kg angenommen werden und die damit verbundene Fliehkraftwirkung wird im Schwerpunkt wirksam, der auf der senkrechten Symmetrielinie liegt und 92 mm vom Mittelpunkt der Bremse entfernt liegt. Der Bremsbelag weist gegenüber der Trommel einen Reibwert von 0,3 auf.

Welche Reibzahl μ' wird wirksam, wenn anstatt der Flächenpressungsverteilung Einzelkräfte am Scheitelpunkt der backe angenommen werden?	μ'	–	
Welche Fliehkraft wird an jeder der beiden Bremsbacken wirksam, wenn aus Sicherheitsgründen eine maximale Sinkgeschwindigkeit von 1 m/s nicht überschritten werden soll?	F_{Fl}	N	
Welche Federkraft muss eingestellt werden, damit bei dieser Drehzahl das Maximalmoment wirksam wird?	F_{Feder}	N	
Bei geringer Sinkgeschwindigkeit ist die Bremse völlig unwirksam. Bei welcher minimalen Sinkgeschwindigkeit fängt die Bremse (mit zunächst sehr geringem Moment) an zu greifen?	$v_{Sinkmin}$	$\frac{m}{s}$	

A.11.10 Fliehkraftkupplung Kettensäge

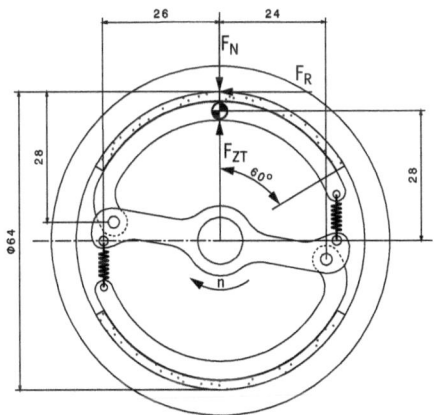

Eine in der Forstwirtschaft gebräuchliche, benzingetriebene Kettensäge wird bei stillstehender Sägekette mit einem Seilzugstarter angelassen. Durch Steigerung der Motordrehzahl wird schließlich über eine Fliehkraftkupplung nach nebenstehender Skizze die Sägekette eingekuppelt.

Breite Kupplungsbelages: 12,5 mm
Reibwert Kupplungsbelag: 0,3
Masse Kupplungsbacke: 55 g
Federvorspannkraft: 100 N
zulässige Flächenpressung: 3,0 N/mm^2

Die Fliehkraftkupplung ist mit zwei Backen ausgestattet, die mit auflaufender Wirkung betrieben werden.

Welcher Reibwert μ' ergibt sich, wenn stellvertretend für die Pressungsverteilung zwischen Kupplungsbacke und Trommel eine einzelne Normalkraft am Scheitelpunkt der Backe angenommen werden soll?	μ'	–	

Zur Vermeidung von Missverständnissen wird in unten stehendem Schema nach dem Moment pro Backe und dem vollständigen Kupplungsmoment unterschieden.

- Berechnen Sie zunächst die Winkelgeschwindigkeit bzw. die Drehzahl, bei der die Kupplung zu greifen beginnt, ohne dass ein Moment übertragen wird oder eine Flächenpressung hervorgerufen wird (erste Zeile des unten stehenden Schemas).
- Welches Moment ist übertragbar, wenn eine Drehzahl von $8.000\,\text{min}^{-1}$ vorliegt (zweite Zeile des unten stehenden Schemas)? Welche Flächenpressung stellt sich dann ein?
- Welches Moment ist übertragbar, wenn die Flächenpressung vollständige ausgenutzt wird (dritte Zeile des unten stehenden Schemas)? Welche Drehzahl bzw. Winkelgeschwindigkeit muss dabei vorliegen?

Betriebspunkt	ω s^{-1}	n min^{-1}	M_{Backe} Nm	M_{ges} Nm	p N/mm^2
Einschaltpunkt: Kupplung beginnt zu greifen			0	0	0
vorliegende Drehzahl		8.000			
zulässige Flächenpressung ausgenutzt					3,0

A.11.11 Klemmrollenfreilauf mit Innenstern/Außenstern

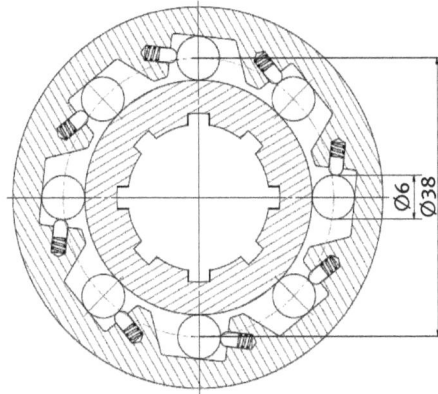

Ein Klemmrollenfreilauf wird bei ansonsten gleichen Abmessungen mit Innenstern und mit Außenstern ausgeführt und in seiner Belastbarkeit verglichen. Die Klemmrollen sind 6 mm breit und an den Kontaktstellen darf eine maximale Hertz'sche Pressung von 4.000 N/mm² zugelassen werden. Die Klemmrampe ist so angelegt, dass sich ein Klemmwinkel α von 3° ergibt. Die Querkontraktionszahl kann zu $\nu = 0,3$ gesetzt werden.

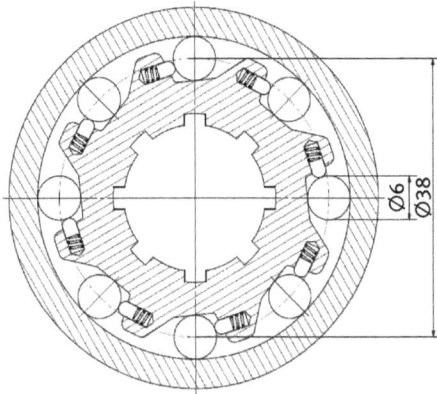

(a)   Klemmrollenfreilauf mit Innenstern   (b)   Klemmrollenfreilauf mit Außenstern

			Innenstern	Außenstern
Wie groß ist der Ersatzkrümmungsdurchmesser an der inneren Kontaktstelle?	$d_{o\ innen}$	mm		
Wie groß ist der Ersatzkrümmungsdurchmesser an der äußeren Kontaktstelle?	$d_{o\ aussen}$	mm		
Mit welcher Normalkraft kann die Klemmrolle maximal belastet werden?	$F_{n\ zul}$	N		
Welches maximale Moment kann der gesamte Freilauf übertragen?	$M_{t\ zul}$	Nm		

A.11.12 Baureihe Klemmrollenfreilauf

Der Klemmrollenfreilauf mit Innenstern nach vorheriger Aufgabe wird zu einer Baureihe erweitert. Die Klemmrollen sind 8 mm breit und an den Kontaktstellen darf eine maximale Hertz'sche Pressung von 4.000 N/mm² zugelassen werden. Die Klemmrampe ist so angelegt, dass sich ein Klemmwinkel α von 3° ergibt. Die Querkontraktionszahl kann zu $\nu = 0,3$ gesetzt werden.

Hinweis: Die kritische Hertz'sche Pressung tritt an der inneren Kontaktstelle auf.

I. Ermitteln Sie in der ersten Spalte zunächst die Belastbarkeit dieses einen Freilaufs, indem Sie den Ersatzkrümmungsdurchmesser an der inneren Kontaktstelle $d_{o\,innen}$, den Durchmesser der äußeren Laufbahn D_a, die maximal auf eine einzelne Rolle zulässige Normalkraft $F_{n\,zul}$ und schließlich das für den gesamten Freilauf zulässige Moment $M_{t\,zul}$ berechnen.

II. Wenn dieser Freilauf bei gleichem Teilkreisdurchmesser mit Rollen des Durchmessers 8 mm bestückt wird, so können in der Konstruktion nur noch 6 Rollen untergebracht werden. Berechnen Sie dessen Belastbarkeit in der zweiten Spalte.

III. Der Freilauf der ersten Spalte mit 6 mm-Klemmrollen wird in seinem Teilkreis für die Klemmrollen von 38 mm auf 57 mm vergrößert, so dass nun 12 Klemmrollen untergebracht werden können. Wie groß ist dessen Belastbarkeit (dritte Spalte)?

IV. Beide Maßnahmen werden in der vierten Spalte miteinander kombiniert. Mit welchem Moment kann der Freilauf nun belastet werden?

			I	II	III	IV
Teilkreisdurchmesser Klemmrollen	$D_a - d$	mm	38	38	57	57
Klemmrollendurchmesser	d	mm	6	8	6	8
Anzahl Klemmrollen	z	–	8	6	12	9
Ersatzkrümmungsdurchmesser an der inneren Kontaktstelle	$d_{o\,innen}$	mm				
Durchmesser Kontaktstelle außen	D_a	mm				
Mit welcher Normalkraft kann die Klemmrolle maximal belastet werden?	$F_{n\,zul}$	N				
Welches maximale Moment kann der gesamte Freilauf aufnehmen?	$M_{t\,zul}$	Nm				

A.11.13 Klemmkörperfreilauf

Ein Klemmkörperfreilauf wird mit 48 Klemmkörpern bestückt, die sowohl 4 mm hoch als auch 4 mm breit sind. Sie weisen über die gesamte verformungsbedingte Höhenzunahme einen konstanten Klemmwinkel von $3°$ auf. Da hier relativ kleine Klemmkörper mit relativ großen Ringen kombiniert werden braucht noch nicht zwischen innerem und äußerem Klemmwinkel gemäß Gl. 11.45 unterschieden zu werden. Die Krümmungen an der Innenseite und an der Außenseite des Klemmkörpers sind gleich. Es kann davon ausgegangen werden, dass dieser Klemmwinkel stets innerhalb der Rutschgrenze verbleibt.

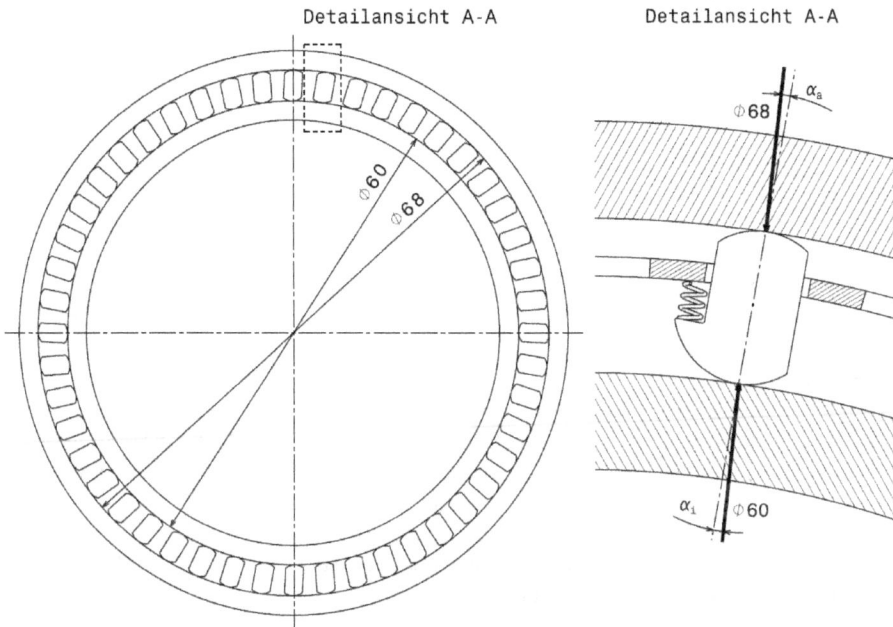

Die für den Freilauf verwendeten Werkstoffe weisen folgende Belastungsgrenzen auf:

- Die Hertz'schen Kontakte können mit einer Pressung von $3.000 \, N/mm^2$ belastet werden.
- Die Ringe können eine maximale Vergleichsspannung von $800 \, N/mm^2$ aufnehmen.

Welches Moment kann an der Kontaktstelle **Innen**ring – Klemmkörper maximal übertragen werden, wenn die Hertz'sche Pressung vollständig ausgenutzt werden soll?	Nm	
Welches Moment kann an der Kontaktstelle **Außen**ring – Klemmkörper maximal übertragen werden, wenn die Hertz'sche Pressung vollständig ausgenutzt werden soll?	Nm	
Welchen Außenring**außen**durchmesser muss der Freilauf mindestens aufweisen?	mm	

A.11.14   Baureihe Klemmkörperfreilauf

Ein Klemmkörperfreilauf wird mit Klemmkörpern ausgestattet, die eine Ausgangsspalthöhe von 5 mm und eine Breite von ebenfalls 5 mm aufweisen. Der Klemmwinkelverlauf ist ansteigend und durch die Nachgiebigkeit der beteiligten Bauteile so ausgelegt, dass bei Volllast ein Klemmwinkel von 4,5° (bezogen auf planparallele Platten) vorliegt. Die Reibkontakte sowohl am Innen- als auch am Außenring dürfen mit einer Hertz'schen Pressung von 3.200 N/mm^2 belastet werden. Aufgrund des Bauraumes und unter Berücksichtigung einer etwa gleichmäßigen Teilung lässt sich eine Anzahl von z Klemmkörpern unterbringen. Die Krümmungsradien am Klemmkörper sind innen und außen gleich.

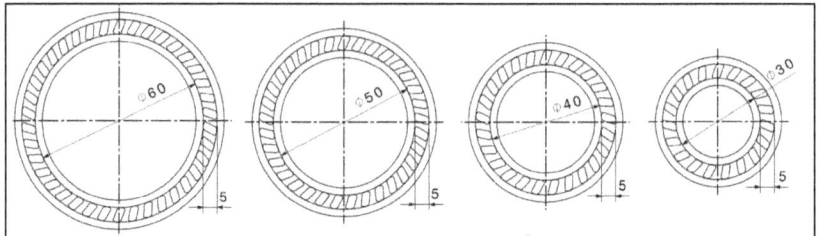

z	–	38	32	25	19
α_i	°				
α_a	°				
M_{max}	Nm				

- Berechnen Sie zunächst die Klemmwinkel, die dadurch entstehen, dass die Klemmkörper nicht zwischen planparallele Platten (also unendlich große Ringe) gefasst werden, sondern mit den angegebenen Ringen kombiniert werden.
- Wie groß ist das übertragbare Moment, wenn die zulässige Hertz'sche Pressung vollständig ausgenutzt wird und angenommen werden kann dass der Außenring die dadurch hervorgerufene Vergleichsspannung aufnehmen kann?

Aufgrund der Betriebsbedingungen und des verwendeten Schmierstoffs muss mit einem Versagen des Reibkontaktes („Pop-out") bei einem Reibwert von 0,09 gerechnet werden. Wie klein darf dann der Außendurchmesser des Innenringes werden?	d_{i_min}	mm	

12 Getriebe als Bestandteil des Antriebes

Die Vorstellung der Grundtypen gleichförmig übersetzender Getriebe in Kapitel 7 machte bereits deutlich, dass ein Getriebe mehr ist als nur ein einzelnes Element: Neben dem eigentlichen Räderpaar als Maschinenelement im engeren Sinne werden auch Wellen (Kapitel 1), Lager (Kapitel 5) und fast immer auch Welle-Nabe-Verbindungen (Kapitel 6) benötigt. Darüber hinaus sind in aller Regel noch weitere Komponenten (z. B. Schrauben, Kapitel 4) erforderlich, wodurch wieder einmal die Frage nach einer sinnvollen Abgrenzung der Maschinenelemente aufgeworfen wird. Die Maschinenelemente fangen bei Statik und Festigkeitslehre an, aber wo hören sie auf bzw. gehen sie in die Konstruktionslehre und andere weiterführende Fächer über? Diese Frage stellt sich erst recht, wenn das Getriebe als Bestandteil eines Antriebssystems gesehen wird. Dann treten eine ganze Reihe weiterer Aspekte in Erscheinung, von denen die Folgenden nur die wichtigsten sind:

- Ein einzelnes Räderpaar stößt aus zweierlei Gründen bald an seine Grenzen: Bereits in Kapitel 7 wurde festgehalten, dass das Übersetzungsverhältnis einer einzigen Räderpaarung nicht beliebig gesteigert werden kann, sodass ein hohes Übersetzungsverhältnisse durch **Hintereinanderschaltung** mehrerer Stufen verwirklicht werden muss. Werden mehrere verschiedene Gesamtübersetzungsverhältnisse gefordert, so sind verschiedene Einzelübersetzungen in **Parallelschaltung** anzuordnen, von denen dann wahlweise eins in Eingriff gebracht wird. Die sich daraus ergebenden Fragen werden in Kapitel 12.1 weiter fortgeführt.
- In Kapitel 3 (Verbindungselemente und Verbindungstechniken) wurde das Problem der **Lastverteilung** zunächst am einfachen Beispiel der Nietverbindung vorgestellt und schließlich in Kapitel 8 (Verspannung und Verformung) auf komplexere Anwendungen erweitert. Das Problem der Lastverteilung kann aber auch bei sich bewegenden Systemen eine Rolle spielen und führt damit z. B. auf das **Planetengetriebe**, welches in Kapitel 12.2 vorgestellt wird.
- In manchen Fällen bedient das Getriebe entweder **mehrere Arbeitsmaschinen** oder wird seinerseits von **mehreren Motoren** angetrieben. Das dabei auftretende Lastverteilungsproblem macht weitere Überlegungen nach Kapitel 12.3 erforderlich.
- In einer ersten Betrachtung wird das Getriebe als Wandler von Drehzahl oder Moment verstanden, wobei sich das Übersetzungsverhältnis als der Quotient von Drehzahlen oder Momenten ergibt. In vielen weiteren Fällen geht es aber darum, die Leistungsfähigkeit eines Motors durch Festlegung eines optimalen Übersetzungsverhältnisses für eine Arbeitsmaschine auszunutzen, wobei beide Drehzahl-Drehmomenten-Kennlinien zu berücksichtigen sind. Die sich dabei ergebenden Problemstellungen werden in Kapitel 12.4 weiter ausgeführt.

https://doi.org/10.1515/9783110747393-005

12.1   Gestufte Getriebe

Ein reibschlüssiges Getriebe kann zwar je nach Bauform mit stufenlos verstellbarem Übersetzungsverhältnis ausgeführt werden, weist aber gegenüber dem formschlüssigen Getriebe
hinsichtlich Bauraum (s. Kap. 7) und Wirkungsgrad (s. Kap. 9) systembedingte Nachteile auf.
In vielen Fällen wird deshalb ein formschlüssigen Getriebe bevorzugt, welches zwar nicht
stufenlos, aber immerhin mit mehreren Übersetzungsverhältnissen ausgeführt werden kann,
sodass sich die gestuften Ausgangsdrehzahlen von n_1 bis n_z ergeben.

12.1.1   Definition der Abstufung

Ausgehend von einer konstanten Eingangsdrehzahl können die Ausgangsdrehzahlen eines Getriebes sowohl „arithmetisch" als auch „geometrisch" gestuft werden:

arithmetische Stufung	geometrische Stufung
mit Stufensprung a	mit Stufensprung q
n_1	n_1
$n_2 = n_1 + a$	$n_2 = n_1 \cdot q$
$n_3 = n_2 + a = n_1 + 2a$	$n_3 = n_2 \cdot q = n_1 \cdot q^2$
$n_4 = n_3 + a = n_1 + 3a$	$n_4 = n_3 \cdot q = n_1 \cdot q^3$
allgemein:	allgemein:

$$n_z = n_1 + (z-1) \cdot a \qquad \text{Gl. 12.1} \qquad\qquad n_z = n_1 \cdot q^{(z-1)} \qquad \text{Gl. 12.2}$$

Von wenigen Ausnahmen abgesehen wird die geometrische Stufung bevorzugt. Nach DIN 323
bzw. DIN 804 sind folgende Grundreihen standardisiert:

R20 $q = 1{,}12$
R10 $q = 1{,}25$
R20/3 $q = 1{,}4$
R5 $q = 1{,}6$
R10/3 $q = 2{,}0$

12.1.2   Getriebe- und Drehzahlplan

Besonders bei geometrisch gestuften Getrieben machen zwei sich ergänzende schematische
Darstellungen das Drehzahlverhalten deutlich. Das Eingangsbeispiel eines Getriebes mit einem einzigen Übersetzungsverhältnis in der oberen Zeile von Bild 12.1 möge zunächst einmal
nur die Begriffe erläutern:

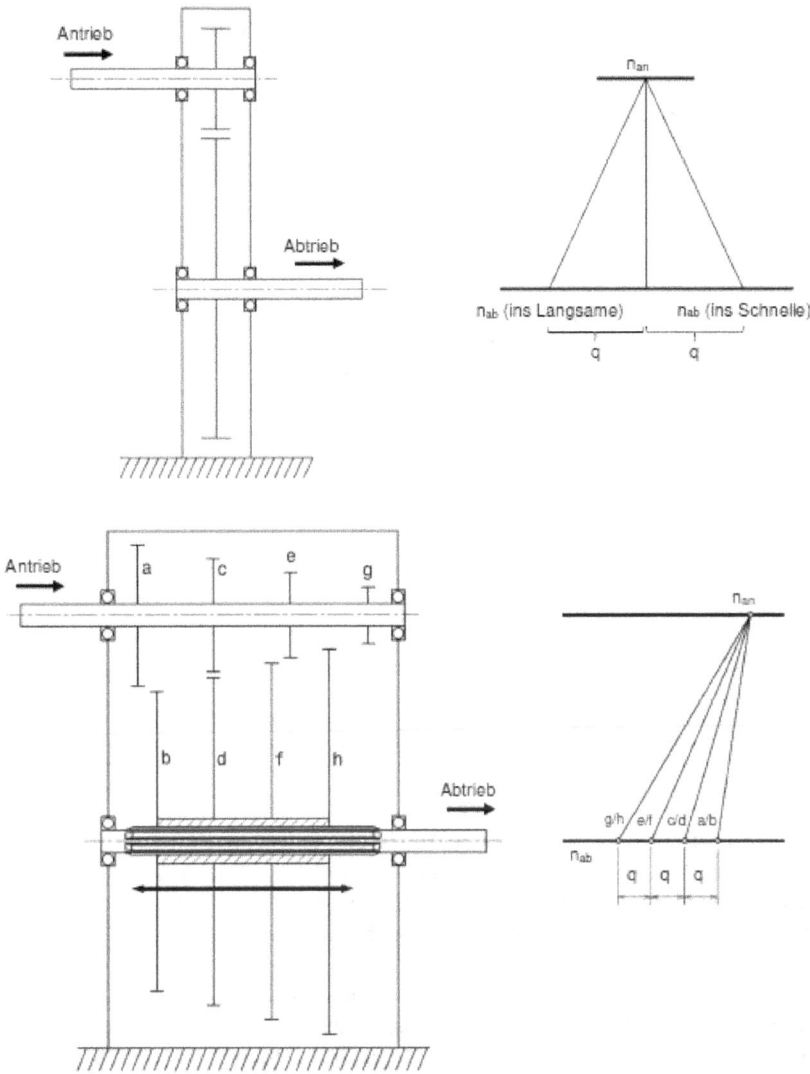

Bild 12.1: Getriebe- und Drehzahlplan

Die schematische Anordnung der Räder im Getriebe wird im „Getriebeplan" (links oben) verdeutlicht. Für die Darstellung von Drehzahlen und Stufensprüngen dient der „Drehzahlplan" (oben rechts).

Während der Sachverhalt in diesem Eingangsbeispiel noch zu einer trivialen Darstellung führt, wird die Übersichtlichkeit für ein zunächst einstufiges Getriebe mit mehreren Übersetzungsverhältnissen am Beispiel der unteren Bildzeile klar. Der Getriebeplan (links) deutet an, dass verschiedene Übersetzungsverhältnisse schaltbar sind, in dem eine längsverschiebbare Welle-Nabe-Verbindung wahlweise verschiedene Zahnradpaare in Eingriff bringt. Auch ohne konstruktive Details verdeutlicht diese Skizze, dass nicht beliebig viele verschiedene Zahnradpaare angeordnet werden können, weil sonst der Lagerabstand und damit die Biegebelastung der Welle zu groß werden würde. Bei dem hier dargestellten Getriebe handelt es sich um ein II-4-Getriebe: Die vorangestellte römische Ziffern „II" weist auf zwei Wellen hin und die angehängte „4" steht für 4 Geschwindigkeiten an der Abtriebswelle. Werden im rechten Drehzahlplan die Drehzahlen logarithmisch aufgetragen, so haben gleiche Stufensprünge q auch gleiche Abstände.

Soll z. B. ein Motor mit einer Drehzahl von $1.400\,min^{-1}$ eine Arbeitsspindel antreiben, deren Abtriebsdrehzahl zwischen $n_{max} = 1.000\,min^{-1}$ und $n_{min} = 180\,min^{-1}$ 6-fach geometrisch gestuft werden soll, so errechnet sich zunächst der Stufensprung q zu

$$q = \sqrt[6-1]{\frac{n_{max}}{n_{min}}} = \sqrt[5]{\frac{1.000\,min^{-1}}{180\,min^{-1}}} = 1,40911 \approx 1,4 \qquad\qquad \text{Gl. 12.3}$$

Daraus ergeben sich die geforderten Abtriebsdrehzahlen zu

$n_1 = 180\,min^{-1}$

$n_2 = n_1 \cdot q = 250\,min^{-1}$

$n_3 = n_2 \cdot q = n_1 \cdot q^2 = 355\,min^{-1}$

$n_4 = n_3 \cdot q = n_1 \cdot q^3 = 500\,min^{-1}$

$n_5 = n_4 \cdot q = n_1 \cdot q^4 = 710\,min^{-1}$

$n_6 = n_5 \cdot q = n_1 \cdot q^5 = 1.000\,min^{-1}$

Im einfachsten Fall besteht ein Getriebe aus zwei Wellen und einer Stufe (nicht zu verwechseln mit dem zuvor erläuterten Begriff der „Abstufung"). Der Drehzahlplan eines solchen einstufigen Getriebes lässt sich mit seinen Stufensprüngen besonders anschaulich am Beispiel des Fahrradantriebes nach Bild 12.2 darstellen. Der bereits in Kap. 7.4 vorgestellte und in Kap. 9.4.1 in seinem Wirkungsgrad erläuterte Kettentrieb übernimmt nicht nur die Aufgabe, die Leistung vom Tretlager auf das Hinterrad zu übertragen, sondern fungiert dabei häufig auch als Schaltgetriebe, dessen Drehzahlen und Stufensprünge es zu betrachten gilt. Das dargestellte Getriebe eines Trekkingrades weist am Tretlager drei Kettenblätter mit 28, 38 und 48 Zähnen auf, die 8 Ritzel des Hinterrades sind mit 12, 13, 14, 16, 18, 21, 24 und 28 Zähnen ausgestattet. Aus ergonomischen Gründen erbringt der Radfahrer seine maximale Leistung bei einer Tretkurbeldrehzahl („Trittfrequenz") von etwa $70\,min^{-1}$, die hier als konstantes Optimum gesetzt werden soll (näheres s. Abschnitt 12.4). Für eine übersichtliche Darstellung ist es vorteilhaft, für jedes der drei Kettenblätter einen getrennten Drehzahlplan zu erstellen. Es handelt sich hier also um ein dreifaches II-8-Getriebe.

• Im oberen Diagramm wird das kleine Kettenblatt von 28 Zähnen mit allen möglichen Ritzeln gekoppelt, was eine Hinterraddrehzahl von $70\,min^{-1}$ bis $163\,min^{-1}$ ermöglicht. Wird das Hinterrad mit einem üblichen Reifenradius von $334\,mm$ ausgeführt, so fährt das Fahrrad mit der am unteren Bildrand angegebenen Geschwindigkeit zunächst in m/s und dann

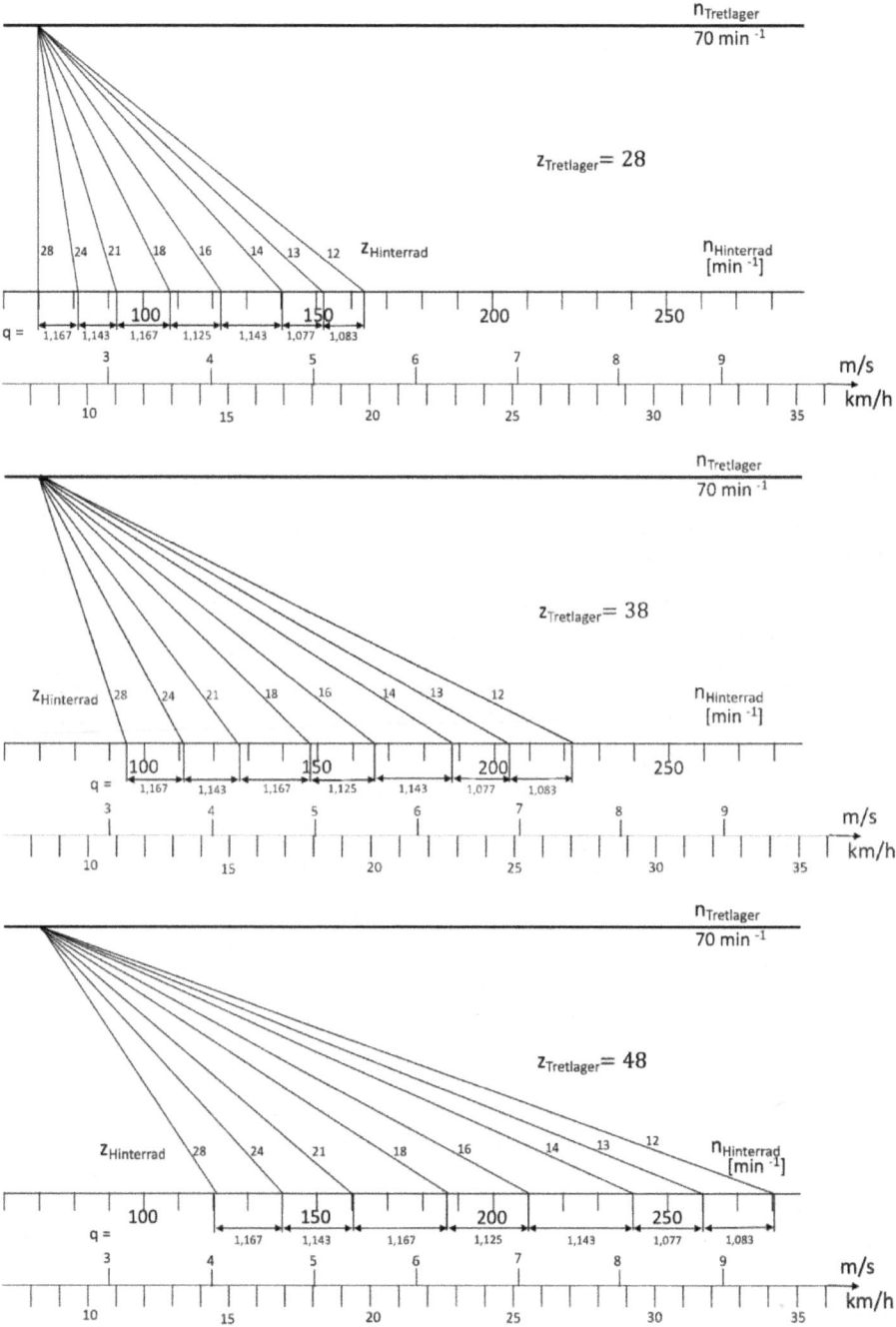

Bild 12.2: Drehzahlplan Fahrradantrieb

in der üblicheren Einheit km/h (hier zwischen knapp 9 und gut 20 km/h). Die Stufensprünge q errechnen sich aus dem Quotienten zweier benachbarter Drehzahlen und damit der Zähnezahlen der entsprechenden Ritzel. Für kleine Ritzel ergibt der minimale Unterschied von einem Zahn einen Stufensprung von knapp 1,1. Im Bestreben nach etwa gleich großen Stufensprüngen wird bei größeren Ritzeln zunächst einen Zähnezahlunterschied von 2 und dann von 3 praktiziert. Für den Übergang zum größten Ritzel („Rettungsring") wird möglicherweise eine Zähnezahldifferenz von 4 mit dem damit verbundenen relativ großen Stufensprung geduldet.

- Im mittleren Bilddrittel wird das gleiche Ritzelpaket mit dem Kettenblatt von 38 Zähnen kombiniert. Dadurch werden Hinterraddrehzahlen zwischen 95 min^{-1} und 221 min^{-1} und Geschwindigkeiten von 12 km/h bis gut 27 km/h gefahren. Die Stufensprünge bleiben erhalten.
- Wird im unteren Bilddrittel das große Kettenblatt mit 48 Zähnen geschaltet, so dreht sich das Hinterrad bei gleichen Stufensprüngen mit Drehzahlen von 120 min^{-1} bis 280 min^{-1} und die Fahrgeschwindigkeit beträgt 15 km/h bis 35 km/h.
- Der alleinige Wechsel von einem Ketten**blatt** (am Tretlager) zum anderen würde einen relativ großen Stufensprung bedeuten (q = 38/28 = 1,36 und q = 48/38 = 1,26) und wird deshalb häufig in Kombination mit einem Ritzelwechsel praktiziert.

Für noch höhere Fahrgeschwindigkeiten benutzt das Rennrad sowohl größere Kettenblätter (Standard 52 Zähne) als auch noch kleinere Ritzel (Grenzzähnezahl 11). Die für Spitzengeschwindigkeiten erforderliche hohe Leistung geht dann nicht mehr nur mit einer Anpassung des Übersetzungsverhältnisses einher, sondern wird auch mit einer Erhöhung der Trittfrequenz weit über 70 min^{-1} hinaus generiert (P = M·ω). Werden bei Bergaufpassagen besonders kleine Geschwindigkeiten gefahren, so wird die Zähnezahl des Ritzels eines Mountainbikes bis auf 34 gesteigert.

Aufgaben A.12.1 und A.12.2

12.1.3   Getriebe mit 2 Stufen und 3 Wellen

Da bei einem Getriebe mit mehr als zwei Wellen Parallel- und Hintereinanderschaltung kombiniert werden, ist die Darstellung mit Getriebe- und Drehzahlplan besonders hilfreich. Am folgenden Beispiel eines III-6-Getriebes nach den Bildern 12.3 und 12.4 sollen diese Zusammenhänge erläutert werden. Beide Darstellungen führen im jeweils oberen Bildteil zunächst einmal den Getriebeplan auf, der in Bild 12.3 zwei alternativ schaltbare Übersetzungsverhältnisse in der Eingangsstufe A und drei Übersetzungsverhältnisse in der Endstufe B ausweist. Bild 12.4 vertauscht diese Varianz und verfügt über drei Übersetzungsverhältnisse in der Eingangsstufe und über zwei Übersetzungsverhältnissen in der Endstufe. Die Drehzahlpläne müssen in jedem Fall 3 Wellen (Eingangswelle, Zwischenwelle, Ausgangswelle) und insgesamt 7 Drehzahlen (eine Eingangsdrehzahl und 6 Ausgangsdrehzahlen) darstellen. Die Bilder 12.3 und 12.4 versuchen, die in Frage kommenden Varianten systematisch darzustellen:

- Wird für Variante 1 Stufe A mit den beiden Übersetzungsverhältnissen 1 und q belegt, so muss in Stufe II zunächst einmal zur Erreichung der Enddrehzahl $1.000\,\text{min}^{-1}$ von der hohen Zwischenwellendrehzahl das Übersetzungsverhältnis q vorgesehen werden. Von der niedrigen Zwischenwellendrehzahl gelangt man dann mit q^5 zur geringsten Ausgangsdrehzahl von $180\,\text{min}^{-1}$. Das Übersetzungsverhältnis q ist aber auch mit der hohen Zwischenwellendrehzahl kombinierbar und führt auf die Ausgangsdrehzahl von $710\,\text{min}^{-1}$ und anderseits ergibt die hohe Zwischenwellendrehzahl in Verbindung mit q^5 die Ausgangsdrehzahl $250\,\text{min}^{-1}$. Mit einem weiteren Übersetzungsverhältnis q^3 in der Endstufe sind dann auch die Ausgangsdrehzahlen von $355\,\text{min}^{-1}$ und $500\,\text{min}^{-1}$ realisierbar, sodass das gesamte Spektrum an Ausgangsdrehzahlen verwirklicht wird.
- Wird in Variante 2 die Eingangsstufe mit q und q^2 belegt, so können sämtliche geforderten Ausgangsdrehzahlen mit den Übersetzungsverhältnissen 1, q^2 und q^4 in der Endstufe erreicht werden.
- Wird die Eingangsstufe mit q und q^2 ausgestattet, so wird mit $i_{II} = q$ die Ausgangsdrehzahlen $1.000\,\text{min}^{-1}$ und $500\,\text{min}^{-1}$ erreicht und das Übersetzungsverhältnis q^4 führt zu den Ausgangsdrehzahlen $180\,\text{min}^{-1}$ und $355\,\text{min}^{-1}$. Mit $i_{II} = q^2$ wird in Kombination mit der hohen Zwischenwellendrehzahl die Ausgangsdrehzahl $710\,\text{min}^{-1}$ erreicht, aber die Verbindung mit niedrigen Zwischenwellendrehzahl führt zu einer Doppelbelegung der Ausgangsdrehzahl $355\,\text{min}^{-1}$ min. Andererseits wird die Ausgangsdrehzahl von $250\,\text{min}^{-1}$ nicht ausgeführt.
- Wird in Variante 4 die Eingangsstufe mit q und q^3 belegt, so kommt es ebenfalls zu einer Doppelbelegung der Ausgangsdrehzahl $355\,\text{min}^{-1}$, während $250\,\text{min}^{-1}$ unerreicht bleibt.
- Bei Variante 5 und 6 werden wiederum alle Ausgangsdrehzahlen ohne Doppelbelegung praktiziert.
- Wird hingegen in Bild 12.4 die Eingangsstufe mit drei und die Ausgangsstufe mit zwei Übersetzungsverhältnissen ausgeführt, so erreichen nur die Varianten 7 und 8 sämtliche geforderten Ausgangsdrehzahlen.

Bei der konstruktiven Ausführung sind folgende Aspekte zu berücksichtigen:

- Doppelbelegungen sind überflüssig und fehlende Übersetzungsverhältnisse können nicht akzeptiert werden. Deshalb sind die Varianten 3 und 4 sowie 7–12 unbrauchbar.
- Die Endstufe ist mit einem höheren Moment belastet und deshalb konstruktiv aufwendiger und teurer als die Eingangsstufe. Aus diesem Grund ist ein Getriebe mit drei Übersetzungen in der Eingangsstufe und zwei Übersetzungen in der Endstufe günstiger als ein Getriebe mit zwei Übersetzungen in der Eingangsstufe und drei Übersetzungen in der Endstufe. Die Möglichkeiten nach Bild 12.4 sind also denen von Bild 12.3 vorzuziehen.
- Hohe Übersetzungsverhältnisse in einer einzigen Stufe sollten vermieden werden, besonders wenn sie in der Endstufe platziert sind. Von den verbleibenden Varianten 7 und 8 ist also die Variante 8 zu favorisieren.

Bei der Festlegung der Zähnezahlen für die einzelnen Räder muss folgende Aspekte berücksichtigt werden:

- Die am Ritzel des Räderpaares mit dem größten Übersetzungsverhältnisses auftretende kleinste Zähnezahl darf die Mindestzähnezahl nach Kap. 7.5.2.9 nicht unterschreiten. In der folgenden Betrachtung wird beispielhaft von einer Mindestzähnezahl von 19 ausgegangen.

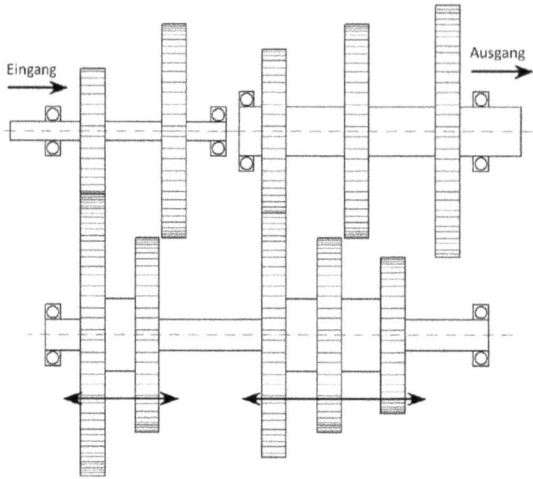

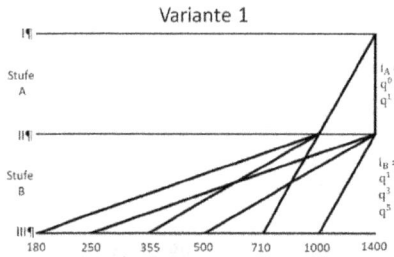

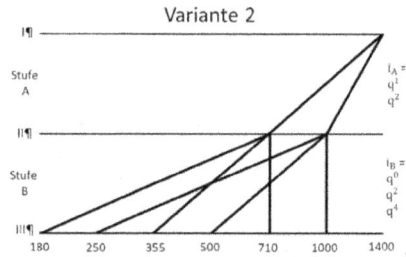

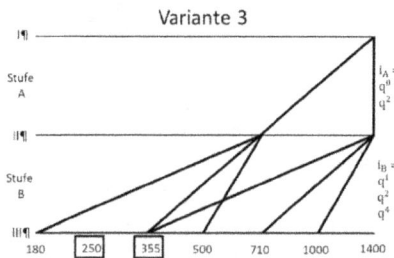

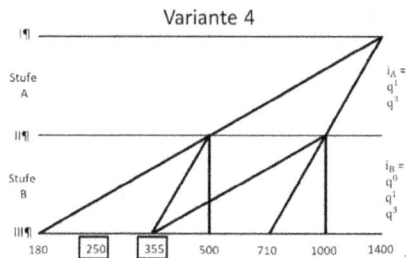

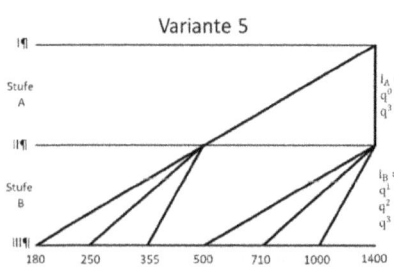

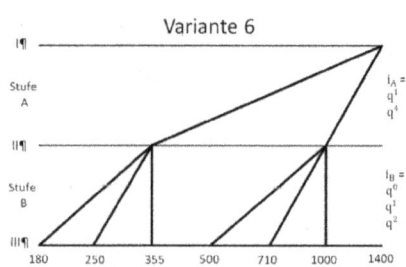

Bild 12.3: Getriebeplan und Drehzahlpläne für III/6-Getriebe mit 2 Übersetzungsmöglichkeiten in der Eingangsstufe und 3 Übersetzungsmöglichkeiten in der Endstufe

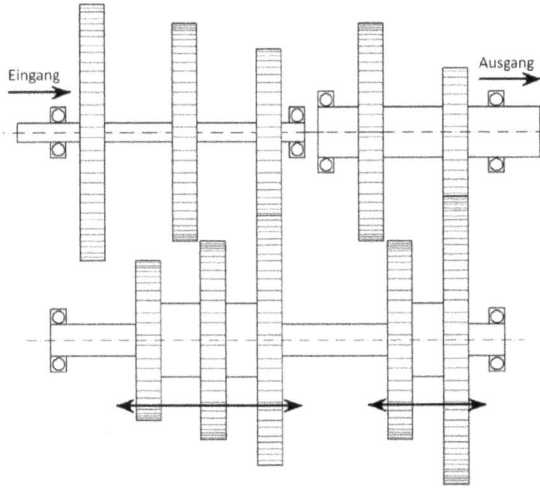

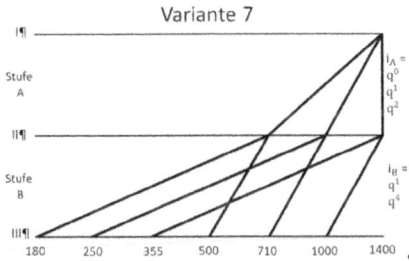

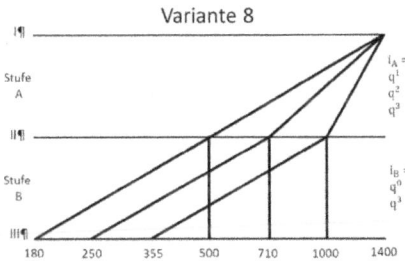

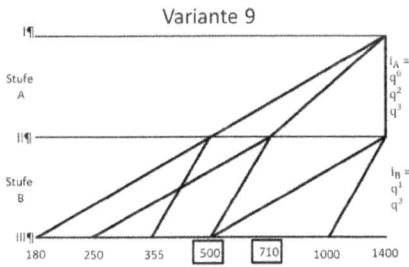

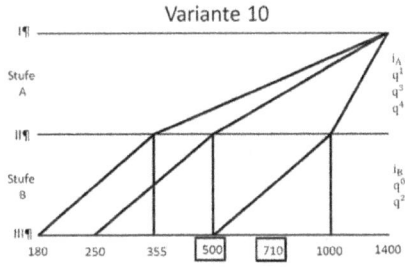

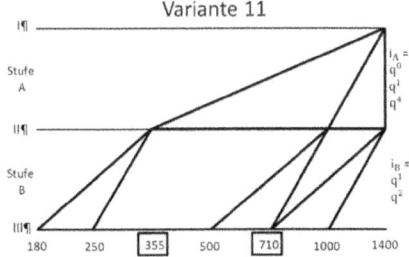

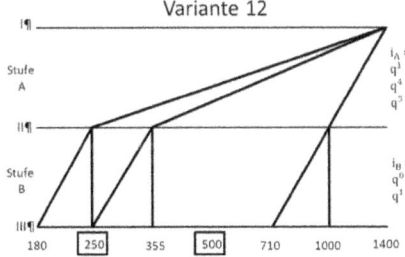

Bild 12.4: Getriebeplan und Drehzahlpläne für III/6-Getriebe mit 3 Übersetzungsmöglichkeiten in der Eingangsstufe und 2 Übersetzungsmöglichkeiten in der Endstufe

- Der Achsabstand der Räderpaarungen einer Stufe muss aus konstruktiven Gründen gleich bleiben. Wird auf eine Profilverschiebung (Kap. 7.5.2.10) verzichtet, so ist der Achsabstand die Summe der beiden Wälzkreisradien: $a = r_1 + r_2 = $ const. Dann müssen auch die Umfänge der beiden Wälzkreise konstant sein: $2 \cdot \pi \cdot r_1 + 2 \cdot \pi \cdot r_2 = $ const. Die Umfänge der Wälzkreise werden aber mit Zähnen belegt, die untereinander die Teilung p aufweisen: $p \cdot z_1 + p \cdot z_2 = $ const. bzw. $p \cdot (z_1 + z_2) = $ const. Folglich müssen auch die Summe der Zähnezahlen konstant bleiben: $z_1 + z_2 = $ const.

Für die hier bevorzugte Variante 8 ergibt sich dann folgendes Bild:

	Stufe A				Stufe B	
z_1	30	24	**19** (Mindestzähnezahl)	z_1	35	**19** (Mindestzähnezahl)
i_A	$q^1 = 1{,}4$	$q^2 = 1{,}96$	$q^3 = 2{,}74$	i_B	$q^0 = 1{,}0$	$q^3 = 2{,}74$
z_2	41	47	52	z_2	36	52
$z_1 + z_2$	71	71	71	$z_1 + z_2$	71	71

Stufe A:

für $\quad i_A = q^3 = 2{,}74 = \dfrac{z_2}{z_1}\quad$ und $\quad z_1 = 19:\quad \rightarrow \quad z_2 = 2{,}74 \cdot z_1 = 2{,}74 \cdot 19 = 52{,}06 \approx 52$

$$z_1 + z_2 = 19 + 52 = 71$$

für $\quad i_A = q^2 = 1{,}96 = \dfrac{z_2}{z_1}\quad$ und $\quad z_1 + z_2 = 71\quad$ zwei Gleichungen mit 2 Unbekannten

$$z_2 = 71 - z_1 \quad \rightarrow \quad 1{,}96 = \frac{71 - z_1}{z_1}$$

$$1{,}96 \cdot z_1 = 71 - z_1 \qquad 2{,}96 \cdot z_1 = 71$$

$$z_1 = 24 \quad \text{und} \qquad z_2 = 47$$

für $\quad i_A = q^1 = 1{,}4 = \dfrac{z_2}{z_1}\quad$ und $\quad z_1 + z_2 = 71 \qquad z_2 = 71 - z_1 \quad \rightarrow \quad 1{,}4 = \dfrac{71 - z_1}{z_1}$

$$1{,}4 \cdot z_1 = 71 - z_1$$

$$2{,}4 \cdot z_1 = 71$$

$$z_1 = 30 \quad \text{und} \qquad z_2 = 41$$

Stufe B:

für $\quad i_B = q^3 = 2{,}74 = \dfrac{z_2}{z_1}\quad$ und $\quad z_1 = 19:\quad \rightarrow\quad$ wie Stufe A:

$$z_2 = 52 \quad \text{und} \quad z_1 + z_2 = 19 + 52 = 71$$

für $\quad i_B = q^0 = 1{,}0 = \dfrac{z_2}{z_1}\quad$ und $\quad z_1 + z_2 = 71 \qquad z_1 \approx 35 \quad \text{und} \quad z_2 \approx 36$

Grundsätzlich können Getriebe auch mehr als zwei Stufen umfassen, wobei die Anzahl der Wellen immer die Anzahl der Stufen um eins übertrifft.

Aufgaben A.12.3–A.12.6

12.2   Planetengetriebe

Das Planetengetriebe wird mit Bild 12.5 zunächst einmal in seiner wohl übersichtlichsten
Bauform vorgestellt:

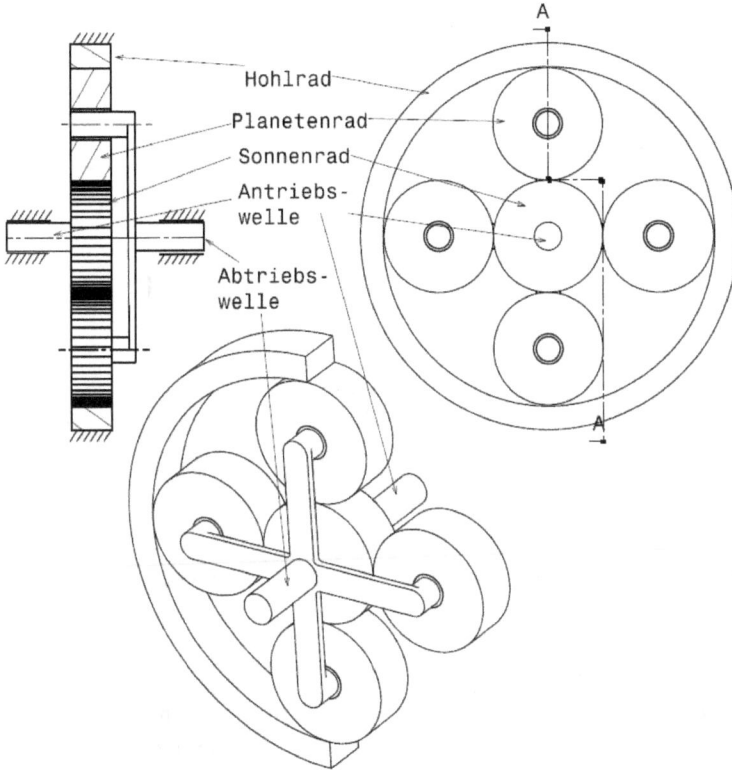

Bild 12.5: Planetengetriebe

Das Sonnenrad dreht mit der Antriebswelle um. Wenn das Hohlrad festgehalten wird, drehen sich die Planetenräder nicht nur um sich selbst, sondern bewegen sich auch im kreisringförmigen Zwischenraum zwischen Sonnenrad und Hohlrad in Umfangsrichtung. Aufgrund
dieser Umlaufbewegung werden Planetengetriebe zuweilen auch als „Umlaufrädergetriebe"
bezeichnet. Werden die Achsen der Planetenräder über einen Planetenträger oder Steg mit
der Abtriebswelle verbunden, so führt diese eine wesentlich geringere Drehzahl aus als die
Antriebswelle. In aller Regel wird ein Planetengetriebe mit mehreren Planetenrädern bestückt,
sodass sich eine vorteilhafte Lastverteilung ergibt, die ihrerseits zu einer kompakten Konstruktion führt.

12.2.1   Geschwindigkeiten

Zur Klärung der Geschwindigkeiten wird das Planetengetriebe zweckmäßigerweise in einem Geschwindigkeitsplan nach Bild 12.6 dargestellt, was auch eine Differenzierung nach den drei Grundtypen erlaubt.

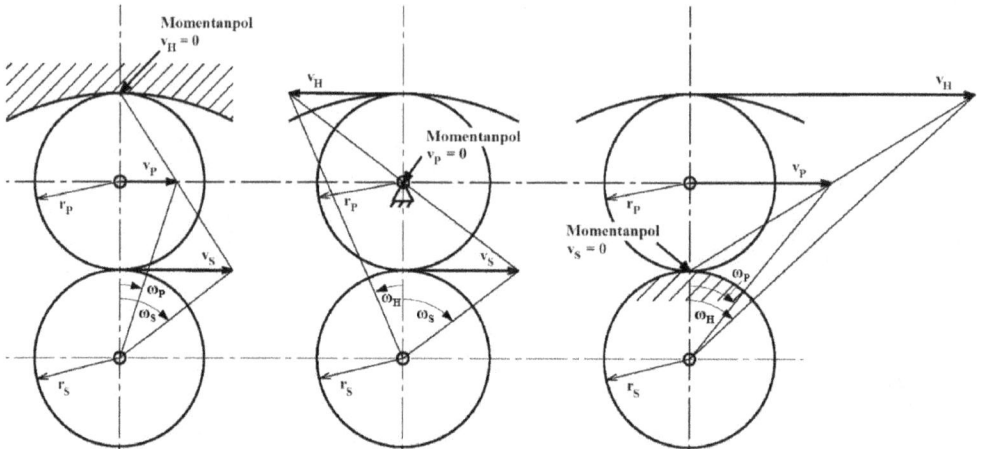

Bild 12.6: Geschwindigkeitsplan Planetengetriebe

Entsprechend den drei Grundtypen ergeben sich folgende Geschwindigkeiten:

feststehendes Hohlrad $v_H = 0$	feststehender Planetenträger $v_P = 0$	feststehendes Sonnenrad $v_S = 0$
Wird das Sonnenrad mit der Winkelgeschwindigkeit ω_S angetrieben, so entsteht an dessen Umfang die Geschwindigkeit v_S:		Wird das Hohlrad mit der Winkelgeschwindigkeit ω_H angetrieben, so liegt an dessen Wirkkreis eine Umfangsgeschwindigkeit v_H vor:

$$v_S = \omega_S \cdot r_S \qquad \qquad \text{Gl. 12.4}$$

$$v_H = \omega_H \cdot (r_S + 2 \cdot r_P)$$
$$\text{Gl. 12.5}$$

Der Abtrieb erfolgt über den Planetenträger. Da der Momentanpol am Kontaktpunkt zwischen Planetenrad und Hohlrad liegt, ist die Umfangsgeschwindigkeit am Planetenträger v_P halb so groß wie die Umfangsgeschwindigkeit des Sonnenrades v_S:

$$v_P = \frac{v_S}{2}$$

und mit v_S nach Gl. 12.4:

$$v_P = \frac{r_S}{2} \cdot \omega_S \quad \text{Gl. 12.6}$$

Die Winkelgeschwindigkeit des Planetenträger ω_P resultiert dann aus der Umfangsgeschwindigkeit am Planetenträger v_P:

$$\omega_P = \frac{v_P}{r_S + r_P}$$

und mit v_P nach Gl. 12.6:

$$\omega_P = \frac{\frac{r_S}{2} \cdot \omega_S}{r_S + r_P}$$

$$\omega_P = \frac{r_S}{2 \cdot (r_S + r_P)} \cdot \omega_S$$

Der Abtrieb erfolgt über das Hohlrad. Der Momentanpol ist die Achse des Planetenrades, sodass die Geschwindigkeit am Hohlrad v_H identisch ist mit der Umfangsgeschwindigkeit des Sonnenrades v_S. Unter Berücksichtigung des Vorzeichens folgt also

$$v_H = -v_S$$

und mit v_S nach Gl. 12.4:

$$v_H = -\omega_S \cdot r_S \quad \text{Gl. 12.7}$$

Die Winkelgeschwindigkeit des Hohlrades ω_H resultiert dann aus der Umfangsgeschwindigkeit des Hohlrades v_H:

$$\omega_H = \frac{v_H}{r_S + 2 \cdot r_P}$$

und mit v_H nach Gl. 12.7:

$$\omega_H = \frac{-\omega_S \cdot r_S}{r_S + 2 \cdot r_P}$$

$$\omega_H = -\frac{r_S}{r_S + 2 \cdot r_P} \cdot \omega_S$$

Der Abtrieb erfolgt am Planetenträger. Da sich der Momentanpol am Kontaktpunkt zwischen Sonnenrad und Planetenrad befindet, ist die Umfangsgeschwindigkeit des Planetenträgers v_P halb so groß wie die des Hohlrad:

$$v_P = \frac{v_H}{2}$$

und mit v_H nach Gl. 12.5:

$$v_P = \frac{\omega_H \cdot (r_S + 2 \cdot r_P)}{2}$$

$$\text{Gl. 12.8}$$

Die Winkelgeschwindigkeit des Planetenträgers ω_P resultiert dann aus der Umfangsgeschwindigkeit des Planetenträgers:

$$\omega_P = \frac{v_P}{r_S + r_P}$$

und mit v_P nach Gl. 12.8:

$$\omega_P = \frac{\frac{\omega_H \cdot (r_S + 2 \cdot r_P)}{2}}{r_S + r_P}$$

$$\omega_P = \frac{r_S + 2 \cdot r_P}{2 \cdot (r_S + r_P)} \cdot \omega_H$$

12.2.2   Übersetzungsverhältnis

Das Übersetzungsverhältnis des Getriebes i ergibt sich schließlich als Quotient von Antriebs- und Abtriebswinkelgeschwindigkeit:

$$i = \frac{\omega_S}{\omega_P} = \frac{2 \cdot (r_S + r_P)}{r_S}$$
Gl. 12.9

$$i = \frac{\omega_S}{\omega_H} = -\frac{r_S + 2 \cdot r_P}{r_S}$$
Gl. 12.10

Das Minuszeichen deutet auf die Drehrichtungsumkehr hin.

$$i = \frac{\omega_H}{\omega_P} = \frac{2 \cdot (r_S + r_P)}{r_S + 2 \cdot r_P}$$
Gl. 12.11

Setzt man für einen ersten Vergleich den in Bild 12.5 aufgeführten Fall $r_S = r_P$ ein, so folgt

$$i = \frac{2 \cdot (1 + 1)}{1} = 4$$

$$i = -\frac{1 + 2 \cdot 1}{1} = -3$$

$$i = \frac{2 \cdot (1 + 1)}{1 + 2 \cdot 1} = \frac{4}{3} = 1,33$$

Wie Bild 12.7 in der unteren Bildzeile zeigt, kann das Radienverhältnis konstruktiv sinnvoll im Bereich von etwa $0,5 \leq r_S/r_P \leq 3$ variiert werden. Daraus ergeben sich nach Gl. 12.9 – 12.11 die Übersetzungsverhältnisse im Diagramm von Bild 12.7. Das bei feststehendem Planetenträger wegen der Drehrichtungsumkehr negative Übersetzungsverhältnis wird in dieser Darstellung nur als Zahlenwert wiedergegeben.

Für praktische Belange muss allerdings meist ein vorgegebenes Übersetzungsverhältnis durch ein entsprechendes Verhältnis r_S/r_P realisiert werden. Dazu müssen die Gleichungen 12.9 – 12.11 umgestellt werden:

Gl. 12.9:

$$i \cdot r_S = 2 \cdot r_S + 2 \cdot r_P$$
$$r_S \cdot (i - 2) = 2 \cdot r_P$$

Gl. 12.10:

$$i \cdot r_S = -r_S - 2 \cdot r_P$$
$$r_S \cdot (i + 1) = -2 \cdot r_P$$

Gl. 12.11:

$$i \cdot (r_S + 2 \cdot r_P) = 2 \cdot (r_S + r_P)$$
$$i \cdot r_S + i \cdot 2 \cdot r_P = 2 \cdot r_S + 2 \cdot r_P$$
$$r_S \cdot (i - 2) = 2 \cdot r_P \cdot (1 - i)$$

$$\frac{r_S}{r_P} = \frac{2}{i - 2} \quad \text{Gl. 12.12}$$

$$\frac{r_S}{r_P} = \frac{-2}{i + 1} \quad \text{Gl. 12.13}$$

$$\frac{r_S}{r_P} = \frac{2 \cdot (1 - i)}{i - 2} \quad \text{Gl. 12.14}$$

Der Radius des Hohlrades ergibt sich in allen drei Spalten als die Summe vom Radius des Sonnenrades und dem Durchmesser des Planetenrades:

$$r_H = r_S + 2 \cdot r_P$$

Gl. 12.15

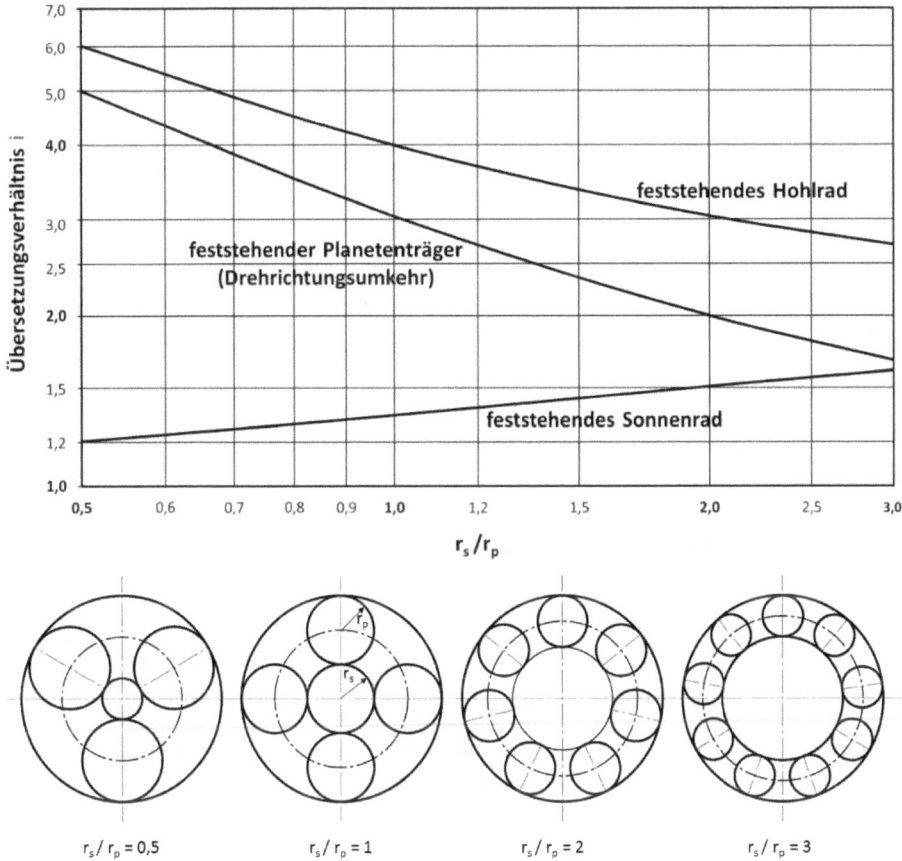

Bild 12.7: Übersetzungsverhältnis Planetengetriebe

12.2.3 Zähnezahlen

Bei formschlüssigen Planetengetrieben ist zu berücksichtigen, dass der Kreisumfang nicht beliebig gewählt werden kann, sondern mit einer natürlichen Zahl von Zähnen belegt werden muss. In Anlehnung an Gl. 7.104 kann formuliert werden:

$$2 \cdot \pi \cdot r = p \cdot z \quad \text{bzw.} \quad r = \frac{p}{2 \cdot \pi} \cdot z \qquad \text{Gl. 12.16}$$

Wegen der Proportionalität zwischen Radius und Zähnezahl können die o. g. Gleichungen auch auf die Zähnezahl bezogen werden:

Gl. 12.12:   Gl. 12.13:   Gl. 12.14:

$$\frac{z_S}{z_P} = \frac{2}{i-2} \quad \text{Gl. 12.17} \qquad \frac{z_S}{z_P} = \frac{-2}{i+1} \quad \text{Gl. 12.18} \qquad \frac{z_S}{z_P} = \frac{2 \cdot (1-i)}{i-2} \quad \text{Gl. 12.19}$$

Werden die Zähnezahlen auf natürliche Zahlen gerundet, so müssen zur Festlegung des endgültigen Übersetzungsverhältnisses die Gleichungen 12.9–12.11 erneut aufgegriffen werden:

Gl. 12.9:   Gl. 12.10:   Gl. 12.11:

$$i_{tats} = \frac{\omega_S}{\omega_P} = \frac{2 \cdot (z_S + z_P)}{z_S} \qquad i_{tats} = \frac{\omega_S}{\omega_H} = -\frac{z_S + 2 \cdot z_P}{z_S} \qquad i_{tats} = \frac{\omega_H}{\omega_P} = \frac{2 \cdot (z_S + z_P)}{z_S + 2 \cdot z_P}$$
$$\text{Gl. 12.20} \qquad\qquad\qquad \text{Gl. 12.21} \qquad\qquad\qquad \text{Gl. 12.22}$$

In Anlehnung an Gl. 12.15 ergibt sich dann die Zähnezahl des Hohlrades zu

$$z_H = z_S + 2 \cdot z_P \qquad\qquad\qquad\qquad\qquad\qquad\qquad\qquad \text{Gl. 12.23}$$

Für die praktische Ermittlung der Zähnezahlen sind weiterhin die folgenden Aspekte zu berücksichtigen:

- Bereits in Kapitel 7.5.2.12 (Festigkeit der Evolventenverzahnung) wurde darauf hingewiesen, dass die Belegung eines vorgegebenen Radumfanges mit wenigen Zähnen diese wenigen Zähne groß werden lässt, was die Belastbarkeit des Zahnes als Biegebalken begünstigt. Allerdings dürfen kinematische Mindestzähnezahlen nicht unterschritten werden. Für eine praktische Dimensionierung ist es also zunächst einmal vorteilhaft, das kleinste Rad (Sonnenrad oder Planetenrad) mit dieser Mindestzähnezahl zu belegen und mit dem geforderten Übersetzungsverhältnis die Zähnezahlen der anderen Räder zu ermitteln.
- Höhere Zähnezahlen sind vorteilhaft, wenn die Forderung nach einem vorgegebenen Übersetzungsverhältnis möglichst genau ausgeführt werden soll, weil dann die Rundungsfehler nicht so sehr ins Gewicht fallen.
- Weiterhin ist es vorteilhaft, wenn die einzelnen Planeten im gleichen Teilungswinkel angeordnet sind. Neben fertigungstechnischen Vereinfachungen ist damit auch der Vorteil verbunden, dass sich die radial gerichteten Kräfte der einzelnen Planeten untereinander ausgleichen und damit das Getriebe in seiner Gesamtheit querkraftfrei ist. Bei der bevorzugten Zahl von drei Planeten beispielsweise bedeutet dies, dass sowohl die Zähnezahl des Sonnenrades als auch die des Hohlrades durch 3 teilbar sein sollte.

Aufgaben A.12.7–A.12.10

In der bisherigen Beschreibung wurde stets davon ausgegangen, dass entweder das Hohlrad, der Planetenträger oder das Sonnenrad still steht. Tatsächlich kann aber auch das jeweils dritte Glied bewegt werden, was einen „Dreiwellenantrieb" ermöglicht und zu einer Geschwindigkeitsüberlagerung der drei Konstruktionsvarianten führt. Eine solche Erörterung würde aber den hier vorgegebenen Rahmen sprengen.

Nabengetriebe von Fahrrädern werden fast immer mit Planetengetrieben ausgestattet. Die traditionelle „Torpedo-Dreigangnabe" verwendete ein einziges Planetengetriebe, welches untersetzend („Berggang") oder übersetzend („Schnellgang") betrieben werden konnte, während die Umgehung des Getriebes den 2., direkten Gang bediente. Bild 12.8 zeigt ein besonders raffiniertes Beispiel, bei dem 3 Planetenstufen so miteinander kombiniert werden können, dass dabei ein Gesamtgetriebe mit 14 Gängen entsteht.

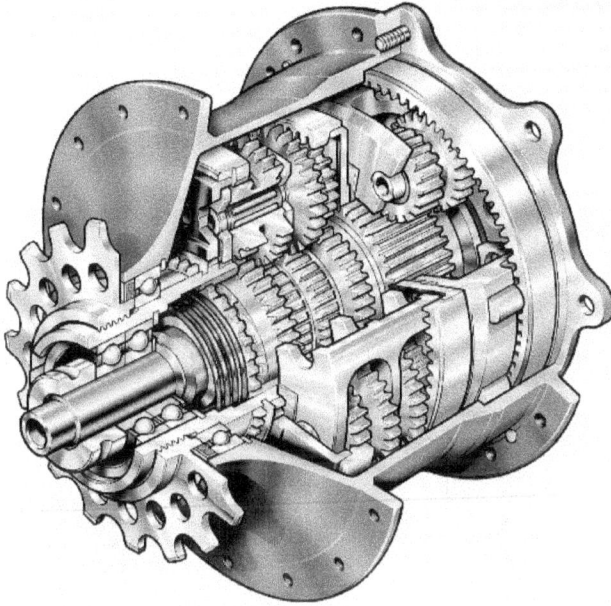

Bild 12.8: Fahrradnabengetriebe mit Planetengetrieben (Werksbild Rohloff)

12.2.4 Reibschlüssiges Planetengetriebe

Das Planetengetriebe kann neben der zuvor erläuterten formschlüssigen Betriebsweise auch reibschlüssig ausgeführt werden. Bei der reibschlüssigen Variante ist die Aufbringung einer gezielten Anpresskraft in der oben erläuterten ebenen Bauweise nicht so ohne weiteres möglich, weil dann die Räder selber als Federn ausgebildet werden müssten oder mit einer parallel verschiebbaren Welle ausgestattet werden müssten (s. Bild 7.13a). Aus diesem Grunde werden die Planetenachsen meist nicht parallel zur Antriebs- und Abtriebswelle, sondern räumlich angeordnet, was aus der beispielhaften Prinzipdarstellung nach Bild 12.9 hervorgeht.

An- und Abtriebswelle sind koaxial angeordnet und jeweils mit einem Rotationskörper ausgestattet, deren Mantellinien so ausgebildet sind, dass die senkrecht dazu schwenkbaren Planetenräder ungeachtet ihrer Stellung stets mit beiden Rotationskörpern in reibschlüssigem Kon-

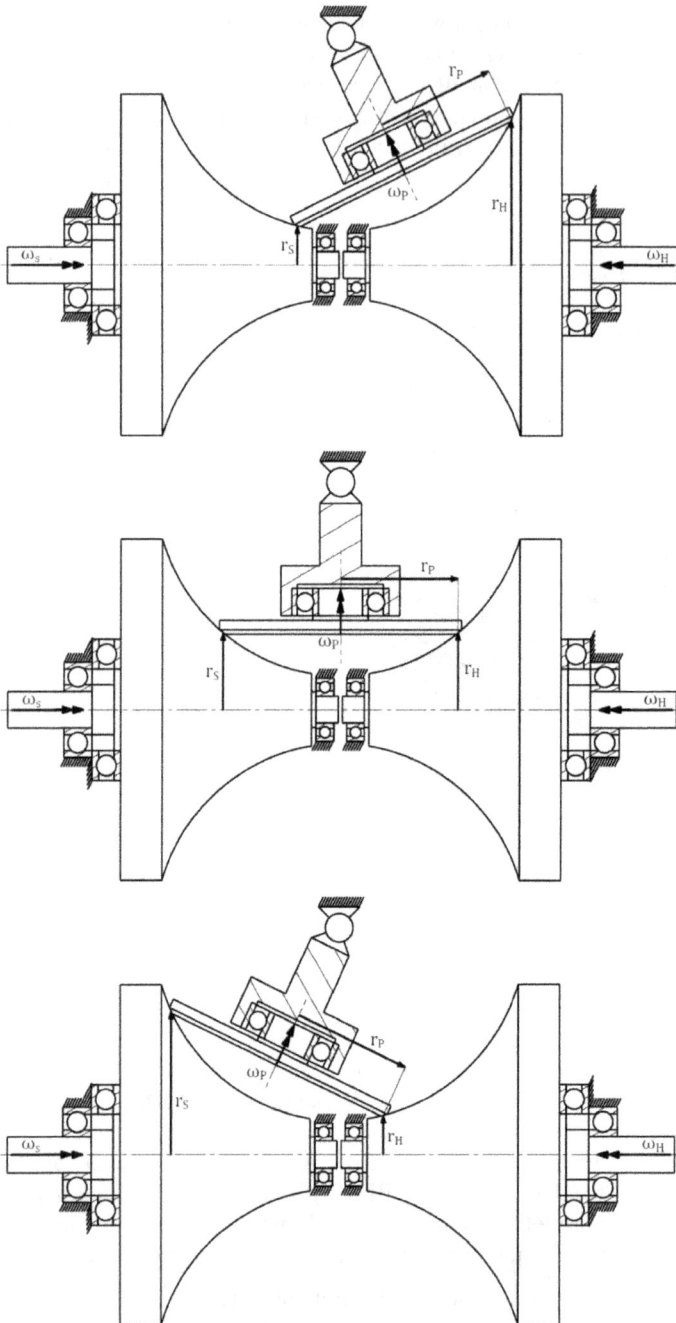

Bild 12.9: Reibschlüssiges Planetengetriebe

takt stehen. Über diese Darstellung hinaus wird auch hier eine Lastverteilung auf mehrere Planetenräder praktiziert, die synchron verschwenkt werden müssen. Aufgrund ihrer Komplexität ist die Konstruktion nur mit feststehendem Planetenträger sinnvoll, was in jedem Fall eine Drehrichtungsumkehr zur Folge hat. Aus Gründen der Übersichtlichkeit verzichtet dieses Bild sowohl auf diesen Verstellmechanismus als auch auf den Anpressmechanismus, der alle Reibkontakte gleichermaßen mit der erforderlichen Normalkraft vorspannt und nach Kap. 7.2.3.6 mit einer axial gerichteten Federkraft oder mit einem selbstanpressenden Mechanismus ausgestattet wird. Im mittleren Bilddrittel ist das Planetenrad so eingestellt, dass der Radius des Sonnenrades r_S auf der linken Antriebsseite mit dem des Hohlrades r_H auf der rechten Abtriebsseite gleich ist, sodass das Übersetzungsverhältnis genau 1 ist. Im oberen Bilddrittel ist das Sonnenrad kleiner als das Hohlrad, sodass ins Langsame untersetzt wird. Im unteren Bilddrittel werden die Verhältnisse umgekehrt: Das Sonnenrad ist größer als das Hohlrad, sodass ins Schnelle übersetzt wird.

12.3 An- und Abtrieb mehrerer Wellen

Die bisherigen Betrachtungen sahen das Getriebe stets als Bindeglied zwischen einem einzigen Motor und einer einzigen Arbeitsmaschine. Zuweilen tritt jedoch der Fall auf, dass es in einem Antriebssystem entweder mehrere Motoren oder mehrere Arbeitsmaschinen gibt:

- Ausgehend von einem einzigen Motor werden mehrere Arbeitsmaschinen angetrieben. Diese Anordnung wird vor allen Dingen dann bevorzugt, wenn viele gleichartige Arbeitsmaschinen unter Einsparung von Motoren bedient werden. Bei Textilmaschinen treibt beispielsweise ein Motor über einen Riementrieb eine ganze Reihe von Garnspulen an.
- Andererseits kann auch das Problem auftreten, dass zum Antrieb einer Arbeitsmaschine mehrere Motoren erforderlich werden. Bei einem Gurtförderer (Förderband) ist beispielsweise der Leistungsbedarf so groß, dass der Antrieb über einen einzigen Motor nicht mehr sinnvoll ist. Aus diesem Grunde wird das Förderband um mehrere angetriebene Antriebswalzen geführt.

Bild 12.10 versucht, diese Problematik systematisch darzustellen, wobei hier beispielhaft vom ersten der beiden oben aufgeführten Fälle ausgegangen wird. In Anlehnung an Kap. 7 wird hier zeilenweise nach Reibschluss und Formschluss sowie spaltenweise nach „ohne Zwischenglied" und „mit Zwischenglied" unterschieden. Die Momente werden so angetragen, wie sie von der Welle auf die Verbindungsstelle zum benachbarten Rad oder auf das Zwischenglied wirken.

Der in der linken Spalte dargestellte, zentrale Antrieb, der hier drei Abtriebe bedient, ist unproblematisch: Jede einzelne Leistungsübertragung vom zentralen Antrieb zu seinem Abtrieb wird getrennt für sich nach den Festigkeitskriterien von Kap. 7 betrachtet. Dabei spielt es keine vorrangige Rolle, ob die Leistungsübertragung ins Langsame nach Abtrieb 1, bei gleicher Geschwindigkeit nach Abtrieb 2 oder ins Schnelle nach Abtrieb 3 erfolgt. Im Falle des Reibschlusses (oben) muss die Anpresskraft in jedem Kontakt zum Nachbarrad getrennt aufgebracht werden, ggf. kann die übertragene Leistung durch die Anpressung begrenzt werden.

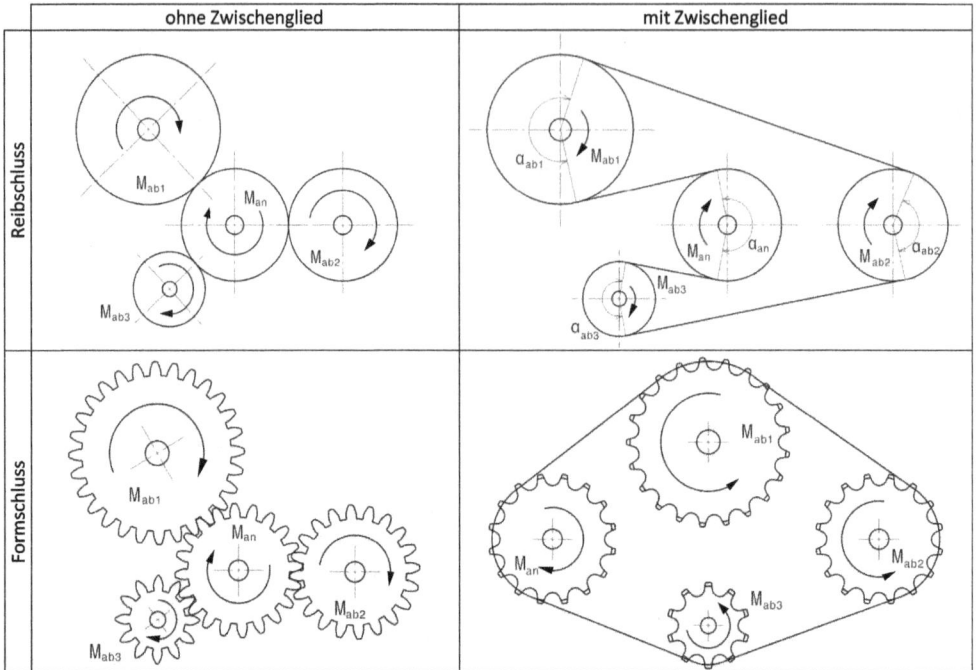

Bild 12.10: Mehrwellenabtrieb

Auch die Leistungsaufteilung mittels formschlüssigen Zwischengliedes (unten rechts) lässt sich in drei voneinander unabhängige Einzelprobleme aufteilen, wobei die Anordnung der drei Kettenräder in weiten Grenzen variiert werden kann, weil der Umschlingungswinkel keine wesentliche Rolle spielt.

Bei reibschlüssiger Übertragung mit Zwischenglied (oben rechts) wird das Lastübertragungs- verhalten einer einzelnen Scheibe weiterhin durch die Eytelwein'sche Gleichung (Gl. 7.47) beschrieben. Das gesamte Lastverhalten wird jedoch deutlich komplexer, weil die Zug- und Leertrumkräfte der einzelnen Lastübertragungsstellen sich gegenseitig beeinflussen und da- mit deren Lastübertragungsverhalten bestimmen. Bei mehreren lastübertragenden Scheiben lassen sich die Betriebsbedingungen so optimieren, dass sich der Umschlingungswinkel α_{ges} aus den Umschlingungswinkeln mehrerer Scheiben zusammensetzt (s. auch Aufgabe A.7.10, Treibscheibe Förderkorb):

$$\alpha_{ges} = \alpha_1 + \alpha_2 + \alpha_3 + \ldots + \alpha_n \qquad \qquad \text{Gl. 12.24}$$

Bei der Abstimmung der einzelnen Scheiben untereinander treten jedoch noch weitere Fragen auf, die in den drei folgenden Abschnitten betrachtet werden.

12.3.1 Gleiche Umschlingungswinkel für An- und Abtriebe

Die Problematik wird zunächst am Beispiel des Zweiwellenabtriebes nach Bild 12.11 betrachtet. In den Bildern 12.11–12.13 wird der Sachverhalt für einen Reibwert von $\mu = 0{,}3$ ausgeführt, weil sich daraus eine besonders übersichtliche Gegenüberstellung ergibt. Grundsätzlich gelten diese Aussagen aber für beliebige Reibwerte.

Im Beispiel von Bild 12.11 sind alle drei Scheiben (eine Antriebs- und zwei Abtriebsscheiben) gleich groß und ihre Wellen in Form eines gleichseitigen Dreiecks angeordnet, sodass sich an jeder Scheibe ein Umschlingungswinkel von 120° ergibt, wobei der Antrieb durch die obere Scheibe erfolgt. Im S_Z–S_L-Diagramm wird die Vorspannung von S_2 so angelegt, dass eine maximale Umfangskraft U_{an} übertragen werden kann, die optimalerweise bis an die Festigkeitsgrenze des Zugorgans heranreicht (vgl. auch Kap. 7.3.4.1).

Der Abtrieb vollzieht sich an den beiden unteren Scheiben, wobei hier zunächst einmal beispielhaft angenommen wird, dass sich die am Antrieb eingebrachte Umfangskraft U_{an} zu gleichen Anteilen auf den Abtrieb 1 als Umfangskraft U_1 und auf den Abtrieb 2 als Umfangskraft U_2 aufteilt. Im Zugtrum-Leertrumkraft-Diagramm wird die Umfangskraft U_{an} treppenförmig in U_1 und U_2 zerlegt, wobei der Ausgangspunkt für das Gesamtsystem und Abtrieb 2 über eine gemeinsame Leertrumkraft gekoppelt sind:

$$S_{Lan} = S_{L2} \qquad\qquad \text{Gl. 12.25}$$

Im Abtrieb 2 kommt es zu einer Addition von Leertrumkraft und Umfangskraft zur Zugtrumkraft:

$$S_{Z2} = S_{L2} + U_2 \qquad\qquad \text{Gl. 12.26}$$

Die Zugtrumkraft im Abtrieb 2 ist aber gleichzeitig Leertrumkraft im Abtrieb 1:

$$S_{L1} = S_{Z2} \qquad\qquad \text{Gl. 12.27}$$

Im Abtrieb 1 ergibt sich dann analog zu Abtrieb 2:

$$S_{Z1} = S_{L1} + U_1 \qquad\qquad \text{Gl. 12.28}$$

Die Zugtrumkraft von Abtrieb 1 ist dann wieder identisch mit der Zugtrumkraft des Antriebes:

$$S_{Z1} = S_{Zan} \qquad\qquad \text{Gl. 12.29}$$

Während die gleichmäßige Aufteilung der Umfangskraft gleich hohe Treppenstufen ergibt, führt eine ungleichmäßige Aufteilung der Umfangskraft zu ungleichen Treppenstufen, was hier an einem beliebigen Beispiel $U_{an} = U_2^* + U_1^*$ dargestellt ist. In Fall von Bild 12.11 sind alle beliebigen Kombinationen möglich, weil sich alle daraus ergebenden Betriebspunkte unterhalb der Rutschgrenze $e^{\mu\alpha}$ befinden.

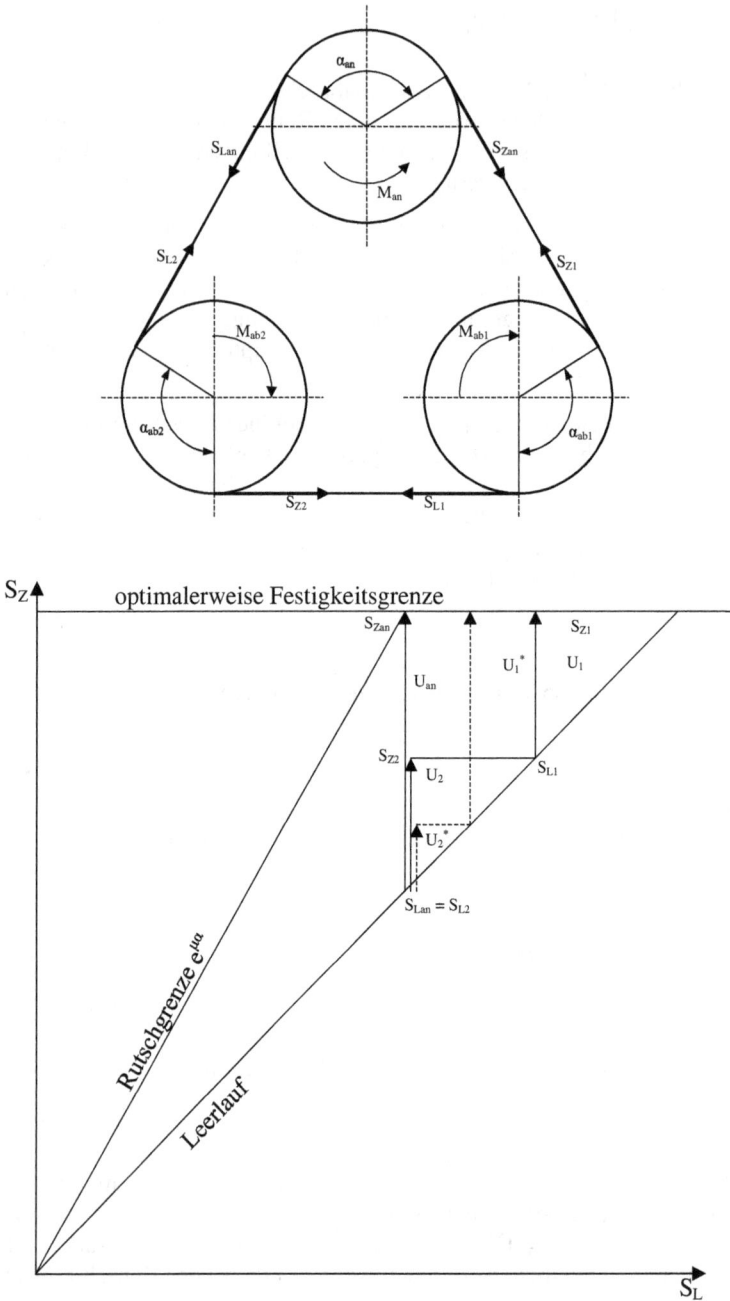

Bild 12.11: Zweiwellenabtrieb; An- und Abtrieb mit gleichen Umschlingungswinkeln

12.3.2 Gleichmäßige Aufteilung des optimierten Antriebsumschlingungswinkels auf mehrere Abtriebe

Die Anordnung von Bild 12.11 ist am Antrieb rutschgefährdet. Wird dessen Umschlingungswinkel so weit gesteigert, dass auch die Rutschgrenze des Abtriebs ausgenutzt wird, so liegt es auf der Hand, die Summe der Abtriebsumschlingungswinkel von jeweils 120° auch am Antrieb auszuführen, was sich durch die Verwendung von 2 Umlenkrollen in Bild 12.12 realisieren lässt:

$$\alpha_{an} = \alpha_{ab1} + \alpha_{ab2} \hspace{4cm} \text{Gl. 12.30}$$

Nun müssen zwei Rutschgrenzen unterschieden werden: Der verdoppelte Antriebsumschlingungswinkel weist eine deutlich steilere Rutschgrenze auf, wodurch sich bei gleicher Festigkeitsgrenze wesentlich mehr Umfangskraft U_{an} übertragen lässt, während die Rutschgrenze am Abtrieb vom bisherigen Beispiel übernommen wird. Die Aufteilung von $U_{an} = U_1 + U_2$, unterliegt jetzt aber folgenden Besonderheiten:

- Die Höhe der einzelnen Umfangskräfte ist nur dann voll nutzbar, wenn sich die Aufteilung in dem hier aufgezeigten Verhältnis vollzieht: Beide Vektoren enden auf der Rutschgrenze des Abtriebes. In diesem Fall ist U_1 wegen des höheren Vorspannungsniveaus deutlich größer als U_2.
- Wenn ausgehend von diesem maximalen Lastzustand U_1 reduziert wird, so resultiert daraus nicht nur eine Verkleinerung der oberen Treppenstufe, sondern auch eine Verringerung von U_{an}. Dabei bleiben jedoch sowohl der An- als auch der Abtrieb unterhalb der Rutschgrenze.
- Wenn allerdings ausgehend von diesem maximalen Lastzustand U_2 reduziert wird, so rutscht die obere Treppenstufe auf der Leerlaufgeraden nach unten und U_1 überschreitet die Rutschgrenze. Der Antrieb bleibt zwar intakt, aber der Abtrieb 1 versagt, was diesen Betriebszustand unmöglich macht.
- Aufgrund der zuvor getroffenen Feststellung kann der Abtrieb 1 erst dann seine volle Last übertragen, wenn zuvor Abtrieb 2 seinen Betriebszustand erreicht hat.

12.3.3 Gleichmäßige Aufteilung der Umfangskräfte bei optimiertem Antriebsumschlingungswinkel

Eine gleichmäßige Aufteilung der Umfangskraft des Antriebes U_{an} auf mehrere Abtriebe lässt sich dann erreichen, wenn die Umschlingungswinkel der einzelnen Abtriebe nach Bild 12.13 entsprechend angepasst werden.

Das Zugtrumkraft-Leertrumkraft-Diagramm ist am Antrieb identisch mit dem von Bild 12.12: Die Umfangskraft U_{an} nutzt sowohl die Rutschgrenze des Antriebes als auch die Festigkeitsgrenze aus. In Fall von Bild 12.13 wird jedoch diese Umfangskraft gleichmäßig in U_1 und U_2 aufgeteilt, was allerdings nur unter Berücksichtigung der jeweiligen Rutschgrenzen möglich ist:

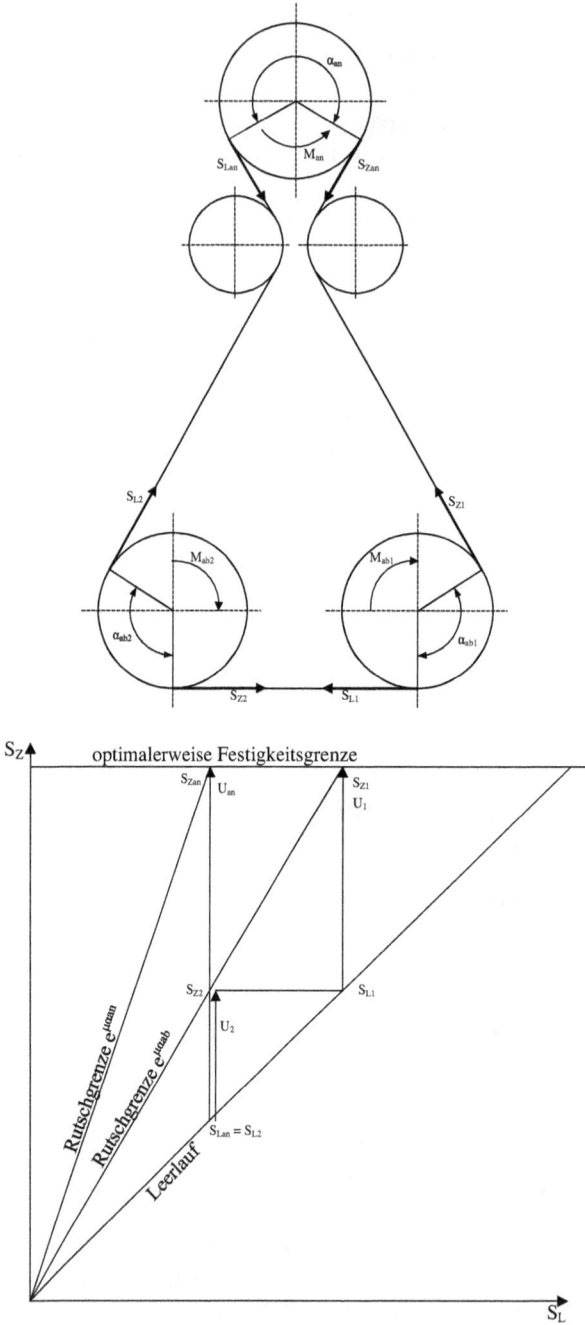

Bild 12.12: Zweiwellenabtrieb; Antriebsumschlingungswinkel verteilt sich gleichmäßig auf die Abtriebe

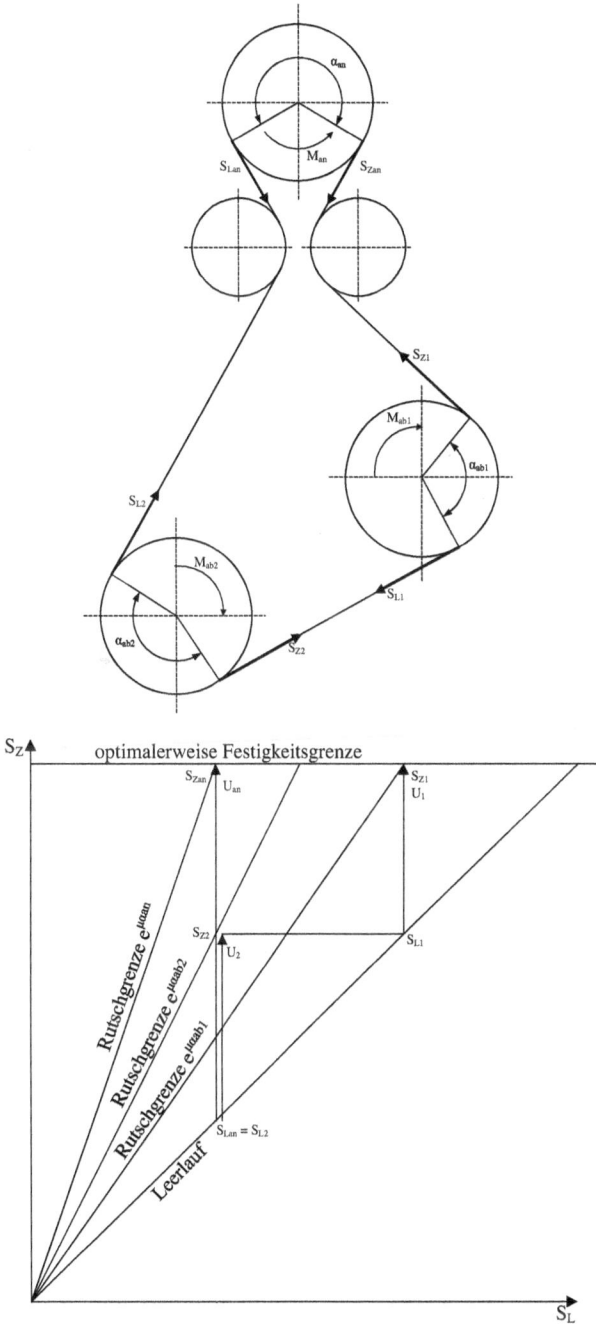

Bild 12.13: Zweiwellenantrieb; Umfangskraft des Antriebes verteilt sich gleichmäßig auf die Abtriebe

- Damit U_2 nicht die Rutschgrenze überschreitet, muss diese so angehoben werden, dass sie im Grenzfall durch die Spitze des Vektors von U_2 verläuft, was durch eine Vergrößerung des Umschlingungswinkels realisiert wird.
- Andererseits kann die Rutschgrenze für den Abtrieb 1 durch Verringerung des Umschlingungswinkels so abgesenkt werden, dass sie im Grenzfall genau durch die Spitze des Vektors für U_1 verläuft.

In der Konstruktionsskizze muss also der Abtrieb 1 so verlagert werden, dass sich der Umschlingungswinkel von ursprünglich 120° vergrößert, während der Umschlingungswinkel von Abtrieb 2 abgesenkt werden kann.

Die Lösung wird besonders anschaulich, wenn sie **graphisch** ausgeführt wird: Der Steigungswinkel β der Geraden $e^{\mu\alpha}$ wird aus der Zeichnung abgelesen, womit sich eine Geradengleichung $\tan\beta = e^{\mu\alpha}$ ergibt, deren Unbekannte α ist:

$$\tan\beta = e^{\mu\alpha} \quad \rightarrow \quad \ln(\tan\beta) = \mu\cdot\alpha \quad \rightarrow \quad \alpha = \frac{\ln(\tan\beta)}{\mu} \qquad \text{Gl. 12.31}$$

In diesem vorliegenden Fall ergibt sich mit $\mu = 0{,}3$ für

Abtrieb 1: $\beta_1 = 66° \quad \rightarrow \quad e^{\mu\alpha_1} = \tan 66° = 2{,}24$

$$\alpha_1 = \frac{\ln 2{,}24}{0{,}3} = 2{,}69 \quad \text{entspricht} \quad 154°$$

Abtrieb 2: $\beta_2 = 57° \quad \rightarrow \quad e^{\mu\alpha_2} = \tan 57° = 1{,}54$

$$\alpha_1 = \frac{\ln 1{,}54}{0{,}3} = 1{,}44 \quad \text{entspricht} \quad 83°$$

Für die rein **rechnerische** Auswertung des Sachverhaltes muss zunächst einmal das Gesamtsystem betrachtet werden. Die Steigung der Rutschgeraden für den Antrieb kann als Gegenkathete zu Ankathete formuliert werden:

$$e^{\mu\alpha_{an}} = \frac{U_{an} + S_L}{S_L} \quad \rightarrow \quad U_{an} + S_L = S_L \cdot e^{\mu\alpha_{an}}$$

$$U_{an} = S_L \cdot (e^{\mu\alpha_{an}} - 1) \qquad \text{Gl. 12.32}$$

Für die Rutschgerade der Abtriebe ergibt sich dann:

Abtrieb 1: $e^{\mu\alpha_1} = \dfrac{U_{an} + S_L}{\frac{U_{an}}{2} + S_L} = \dfrac{S_L \cdot (e^{\mu\alpha_{an}} - 1) + S_L}{\frac{S_L\cdot(e^{\mu\alpha_{an}}-1)}{2} + S_L} = \dfrac{(e^{\mu\alpha_{an}} - 1) + 1}{\frac{(e^{\mu\alpha_{an}}-1)}{2} + 1}$

$$e^{\mu\alpha_1} = \frac{2\cdot(e^{\mu\alpha_{an}} - 1) + 2}{(e^{\mu\alpha_{an}} - 1) + 2} = \frac{2\cdot e^{\mu\alpha_{an}} - 2 + 2}{e^{\mu\alpha_{an}} - 1 + 2} = \frac{2\cdot e^{\mu\alpha_{an}}}{e^{\mu\alpha_{an}} + 1} \qquad \text{Gl. 12.33}$$

hier: $e^{\mu\alpha_1} = \dfrac{2\cdot e^{0,3\cdot 240°\cdot\frac{\pi}{180°}}}{e^{0,3\cdot 240°\cdot\frac{\pi}{180°}} + 1} = \dfrac{2\cdot 3{,}514}{3{,}514 + 1} = 1{,}557$

Abtrieb 2: $\quad e^{\mu\alpha_2} = \dfrac{\frac{U_{an}}{2} + S_L}{S_L} = \dfrac{\frac{S_L}{2} \cdot (e^{\mu\alpha_{an}} - 1) + S_L}{S_L} = \dfrac{1}{2} \cdot (e^{\mu\alpha_{an}} - 1) + 1$

$$e^{\mu\alpha_2} = \dfrac{(e^{\mu\alpha_{an}} - 1) + 2}{2} = \dfrac{e^{\mu\alpha_{an}} + 1}{2} \qquad \text{Gl. 12.34}$$

hier: $\quad e^{\mu\alpha_2} = \dfrac{e^{0,3 \cdot 240° \cdot \frac{\pi}{180°}} + 1}{2} = \dfrac{3,514 + 1}{2} = 2,257$

Damit lassen sich dann die Gleichungen nach den gesuchten Umschlingungswinkeln auflösen:

Abtrieb 1: $\quad e^{\mu\alpha_1} = 1,557 \quad \rightarrow \quad \mu \cdot \alpha_1 = \ln 1,557$

$$\alpha_1 = \dfrac{\ln 1,557}{0,3} = 1,476 \quad \text{entspricht} \quad 85°$$

Abtrieb 2: $\quad e^{\mu\alpha_2} = 2,257 \quad \rightarrow \quad \mu \cdot \alpha_2 = \ln 2,257$

$$\alpha_2 = \dfrac{\ln 2,257}{0,3} = 2,713 \quad \text{entspricht} \quad 155°$$

Die geringfügigen Unterschiede zu der zuvor ermittelten zeichnerischen Lösung ergeben sich aus den Ablesungenauigkeiten. Auch hier gelten die gleichen Vorbehalte wie im Beispiel zuvor: Der Lastzustand am Abtrieb 1 kann sich erst in dem Maße aufbauen wie Abtrieb 2 unter Last gegangen ist.

In dieser Betrachtung wurde beispielhaft eine gleichmäßige Lastverteilung auf die beiden Abtriebe praktiziert. Mit der gleichen Vorgehensweise kann allerdings auch jede beliebige andere Lastverteilung vorgenommen werden.

Weiterhin wurde im Zusammenhang von Bild 12.12 und 12.13 stets der Grenzfall an der Rutschgrenze markiert. Größere Umschlingungswinkel (möglicherweise unter Zuhilfenahme weiterer Umlenkrollen) erhöhen jedoch stets die Rutschsicherheit.

12.3.4 Antrieb Gurtförderer

Die vorstehenden Betrachtungen konzentrierten sich auf den Fall, dass ein einzelner Motor mehrere Arbeitsmaschinen antreibt. Grundsätzlich lassen sich alle diese Überlegungen auch umkehren und damit die Frage klären, wie die Lastverteilung zu bewerkstelligen ist, wenn mehrere Motoren einen gemeinsamen Riemen antreiben. Das Beispiel von Bild 12.14 stellt diese Problematik am Beispiel eines Gurtförderers dar.

Bei größeren Anlagen sind die Antriebsmomente so groß, dass ein einziger Motor mit einer einzigen Antriebstrommel nicht mehr sinnvoll ist, sodass die Antriebswirkung auf mehrere Wellen verteilt wird. Der hier schematisch dargestellte Zweiwellenantrieb ist in diesem Eingangsbeispiel so angeordnet, dass jeweils Umschlingungswinkel von 180° mit dazwischen liegender Umlenkrolle entstehen. Im Trum S_2 wird mit einer konstanten Kraft vorgespannt, wobei der Vorspannmechanismus selber hier nicht dargestellt ist. Die riementriebspezifischen Überlegungen beschränken sich hier nur auf den Antrieb, das Förderband selber als Arbeitsmaschine kennt das Kriterium der Rutschgrenze nicht.

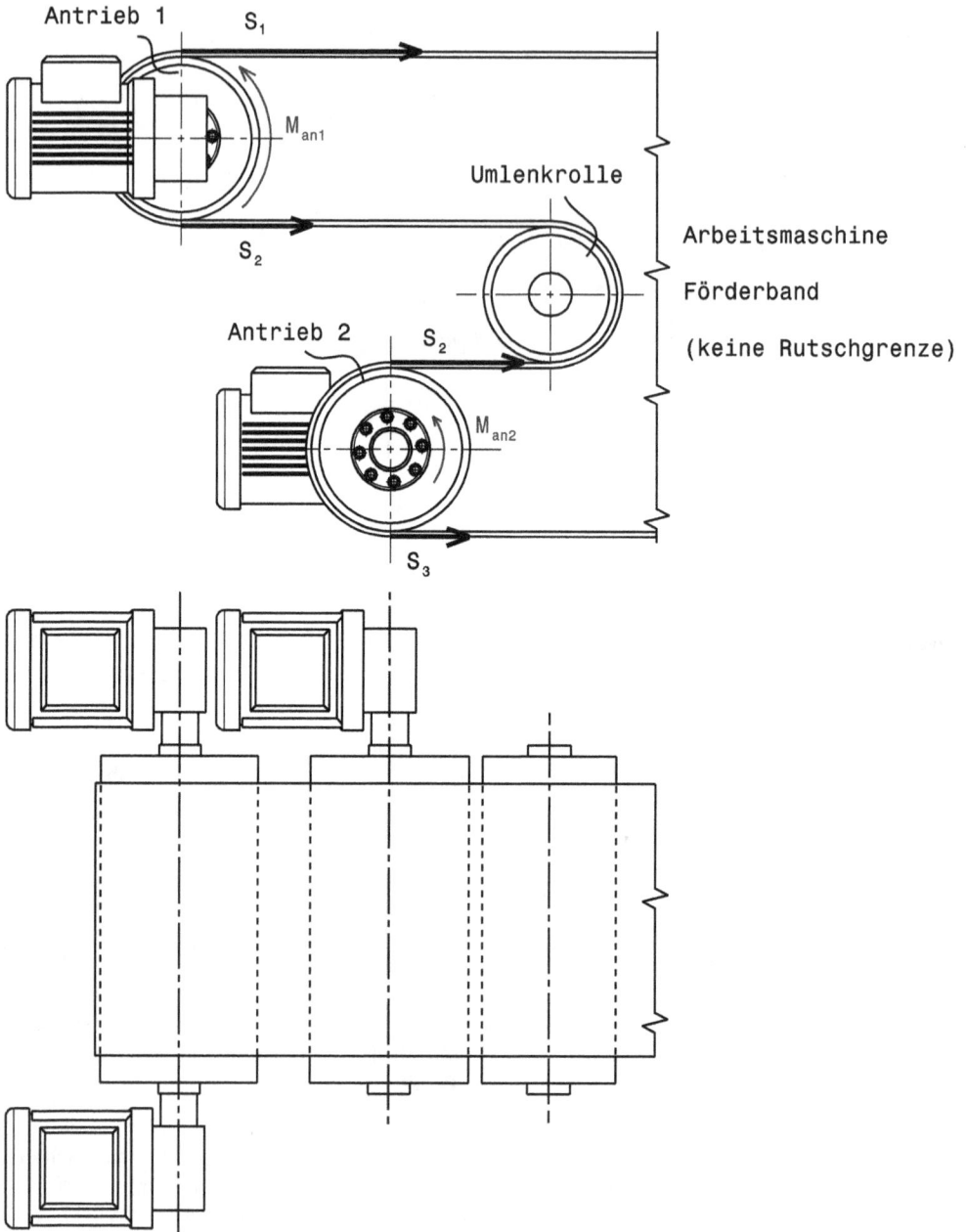

Bild 12.14: Zweiwellenantrieb Gurtförderer

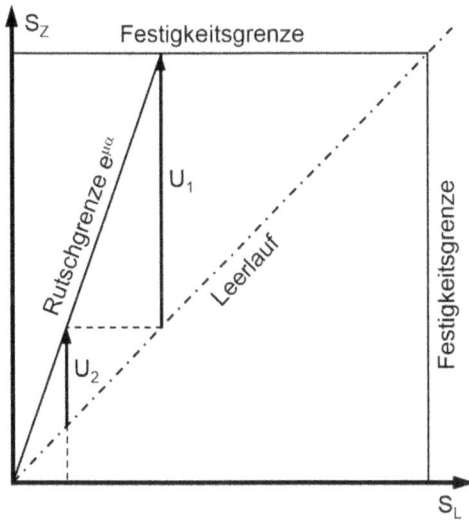

Bild 12.15: Zugtrum-Leertrumkraft-Diagramm
Zweiwellenantrieb Gurtförderer

Wegen der gleichen Umschlingungswinkel sind die Steigungen in beiden Zugtrum-Leertrumkraft-Diagrammen gleich. Wird das Förderband bis an die Festigkeitsgrenze beansprucht, so lässt sich die hier eingezeichnete Umfangskraft U_1 am Antrieb 1 aufbringen. Dieser Betriebszustand erfordert jedoch, dass zuvor Antrieb 2 unter Last gesetzt worden ist, denn nur dann wird Antrieb 1 mit der ausreichenden Vorspannkraft versorgt. Im hier vorliegenden Fall ist U_1 gut doppelt so groß wie U_2. Nach Bild 12.14 wird das Problem dadurch gelöst, dass für den Antrieb insgesamt drei Motoren verwendet werden, wobei zwei auf den Antrieb 1 und der dritte auf den Antrieb 2 wirken.

Würde man die beiden Antriebswellen mit gleich großen Momenten betreiben wollen, so muss der Umschlingungswinkel entsprechend angepasst werden. Dazu kann folgender Ansatz formuliert werden:

$$U_1 = U_2 \quad \text{mit} \quad U_1 = S_1 - S_2 \quad \text{und} \quad U_2 = S_2 - S_3 \qquad \text{Gl. 12.35}$$
$$S_1 - S_2 = S_2 - S_3 \qquad \text{Gl. 12.36}$$
$$S_1 - 2 \cdot S_2 + S_3 = 0 \qquad \text{Gl. 12.37}$$

Beide Antriebe sollen die Rutschgrenze optimal ausnutzen:

$$\frac{S_1}{S_2} = e^{\mu \alpha_1} \quad \Rightarrow \quad S_1 = S_2 \cdot e^{\mu \alpha_1} \qquad \text{Gl. 12.38}$$

$$\frac{S_2}{S_3} = e^{\mu \alpha_2} \quad \Rightarrow \quad S_3 = \frac{S_2}{e^{\mu \alpha_2}} \qquad \text{Gl. 12.39}$$

Zweckmäßigerweise werden die Ausdrücke für S_1 nach Gl. 12.38 und S_3 nach Gl. 12.39 in Gl. 12.37 eingesetzt:

$$S_2 \cdot e^{\mu \alpha_1} - 2 \cdot S_2 + \frac{S_2}{e^{\mu \alpha_2}} = 0$$

$$e^{\mu \alpha_1} - 2 + \frac{1}{e^{\mu \alpha_2}} = 0 \qquad \text{Gl. 12.40}$$

Wie bereits oben erörtert worden ist, muss an der Stelle des niedrigeren Vorspannungsniveaus (hier Index 2) ein höherer Umschlingungswinkel α vorgesehen werden. Es liegt also nahe, hier den Umschlingungswinkel α_2 konstruktiv zu maximieren und den Umschlingungswinkel α_1

entsprechend anzupassen. Löst man Gl. 12.40 nach α_1 auf, so ergibt sich:

$$e^{\mu\alpha_1} = 2 - \frac{1}{e^{\mu\alpha_2}} \quad \rightarrow \quad \mu \cdot \alpha_1 = \ln\left(2 - \frac{1}{e^{\mu\alpha_2}}\right)$$

$$\alpha_1 = \frac{\ln\left(2 - \frac{1}{e^{\mu\alpha_2}}\right)}{\mu} \qquad\qquad\qquad\qquad\qquad \text{Gl. 12.41}$$

Aufgaben A.12.11–A.12.15

12.4   Übersetzungsverhältnis für optimale Leistungsübertragung

Die Betrachtungen in Kapitel 7 (Grundformen gleichförmig übersetzender Getriebe) konzentrierten sich darauf, am Ausgang des Getriebes entweder ein gewünschtes Moment oder aber eine gewünschte Drehzahl bereitzustellen. Aus dem Quotienten der Momente (M_{ab}/M_{an}) oder Drehzahlen (n_{an}/n_{ab}) ergibt sich dann ein ganz bestimmtes Übersetzungsverhältnis, welches durch das Getriebe selber konstruktiv ausgeführt wurde.

Die Frage nach dem optimalen Übersetzungsverhältnis kann sich aber auch aus einer ganz anderen Perspektive stellen, wozu die folgende Betrachtung animieren soll:

	Das Laufrad ist zwar auch schon ein Fahrzeug, aber das „Übersetzungsverhältnis" von Fußgeschwindigkeit zu Fahrgeschwindigkeit ist konstruktionsbedingt 1:1, wodurch die Geschwindigkeit der Füße wie beim Läufer unnötig hoch ist, die mögliche Vortriebskraft der Füße aber nicht ausgenutzt werden kann. Die Leistung als das Produkt aus Kraft und Geschwindigkeit ist nicht optimal, die Leistungsfähigkeit der menschlichen Muskulatur als Motor wird nur unzureichend ausgenutzt.
	Beim Hochrad wird das Übersetzungsverhältnis durch das Verhältnis von Vorderradradius zu Tretkurbelradius bestimmt, wodurch sich ein einfaches Getriebe ergibt. Der Hebelarm des Abtriebs wird durch ein großes Vorderrad vergrößert, wodurch die Effizienz der Fortbewegung erheblich verbessert wird. Die Leistung des Motors wird besser ausgenutzt, was zu erheblich höheren Fahrgeschwindigkeiten führt. Die hohe und weit nach vorne gerückte Schwerpunktlage ist jedoch fahrzeugtechnisch ungünstig (vgl. auch Kap. 10.4).

Beim Fahrrad, so wie wir es heute nutzen, wird das Übersetzungsverhältnis nicht nur durch den Tretkurbelradius und den Laufradradius, sondern auch durch die Zähnezahl von Kettenblatt und Ritzel bestimmt. Durch die Verwendung des Kettentriebes wird das übergroße Vorderrad des Hochrades vermieden. In der Regel ist es dann vorteilhaft, das Hinterrad anzutreiben (Ausnahme s. Aufgabe A.9.8). Wird dieses Getriebe mit einem variablen Übersetzungsverhältnis (Ketten- oder Nabenschaltung) ausgestattet, so lässt sich eine Anpassung an wechselnde Fahrwiderstände (Steigung – Gefälle, Gegenwind – Rückenwind) vornehmen.

Wenn es darum geht, die Leistungsfähigkeit eines Motors für eine bestimmte Antriebsaufgabe möglichst optimal auszunutzen, so muss das Übersetzungsverhältnis so ausgelegt werden, dass die maximale Leistung des Motors als Produkt von Moment und Winkelgeschwindigkeit einerseits von der Arbeitsmaschine als Produkt von deren Moment und deren Winkelgeschwindigkeit andererseits auch optimal genutzt werden kann. Es wäre aber purer Zufall, wenn die Momente und Drehzahlen von Motor und Arbeitsmaschine bereits übereinstimmen würden. Bei einer Kaffeemühle ist das näherungsweise der Fall: Der Mahlprozess als Arbeitsmaschine erfordert nur ein geringes Moment und ist bei hoher Drehzahl besonders produktiv. Der antreibende Elektromotor stellt seine Leistung aber in ungefähr dieser Form zur Verfügung, sodass auf ein Getriebe verzichtet werden kann.

Im allgemeinen Fall muss aber das den Motor und die Arbeitsmaschine verbindende Getriebe diese Anpassung vornehmen und bezüglich seines Übersetzungsverhältnisses optimiert werden. Diese Überlegung wird dadurch erschwert, dass sowohl für den Motor als auch für die Arbeitsmaschine das Moment normalerweise nicht konstant ist, sondern seinerseits wiederum von der Drehzahl abhängt. Dieser Sachverhalt soll im Folgenden am Beispiel des Fahrradfahrens erläutert werden, weil die menschliche Muskulatur als Motor für den Antrieb des Fahrrades für jedermann besonders leicht erfahrbar ist. Zunächst soll der Radfahrer als Motor eine Hubtrommel nach Bild 12.16 antreiben, weil deren Momentenbedarf im Gegensatz zum Radfahren unabhängig von der Geschwindigkeit ist.

Der Zahnriemen- oder Kettentrieb, welcher hier wegen des Übersetzungsverhältnisses 1:1 lediglich die Funktion einer Kupplung übernimmt, treibt eine Seiltrommel mit dem Radius r an, mit deren Hilfe ein Gewicht mit beliebiger, aber konstanter Geschwindigkeit angehoben wird. Das Lastmoment ergibt sich hier besonders übersichtlich als Produkt aus Gewichtskraft und dem Trommelradius als Hebelarm: $M = G \cdot r$.

Der Radfahrer bringt sein Motormoment an der Tretlagerwelle ein, wobei hier allerdings vereinfachend vorausgesetzt wird, dass dieses Moment von der Winkelstellung der Tretkurbel unabhängig ist, was sich durch eine Schwungscheibe (z. B. Seiltrommel mit großem Massenträgheitsmoment) realisieren ließe (s. auch Band 2, Abschnitt 7.1.5). Selbst dann ist aber das Motormoment des Radfahrers nicht konstant, sondern von der Winkelgeschwindigkeit ω abhängig und lässt sich durch den Kurvenzug M_M (Motormoment) in Diagrammform nach Bild 12.17 beschreiben.

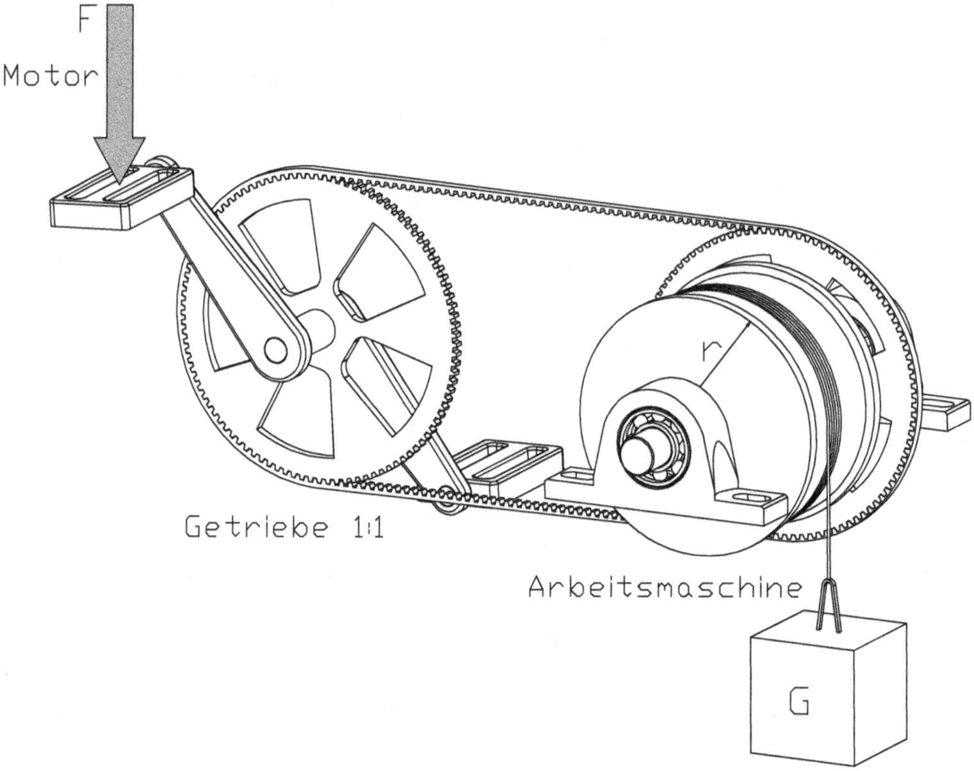

Bild 12.16: Radfahrer als Motor für Hubtrommel

Grundsätzlich sinkt das Moment M mit zunehmender Winkelgeschwindigkeit ω ab, über einen Maximalwert hinaus (hier $12\,s^{-1}$, entspricht einer „Trittfrequenz" von 115 Umdrehungen pro Minute) ist gar kein sinnvoller Betrieb mehr möglich. Bei geringer werdender Geschwindigkeit kann er zunehmend mehr Moment aufbringen, bei ganz langsamem Betrieb kommt es allerdings wegen mangelnder Durchblutung wieder zu einem Momentenabfall. Dieser Zusammenhang kann in der dargestellten Weise als „Motorkennlinie" oder auch „Drehzahl-Drehmomenten-Kennlinie" sowohl für den Radfahrer als auch für jeden beliebigen Motor erstellt werden. Für die nachstehenden Betrachtungen wird modellhaft angenommen, dass der Radfahrer sich stets an diesen einmal festgehaltenen Zusammenhang zwischen Moment M und Winkelgeschwindigkeit ω hält und keinen subjektiven Einflüssen (Müdigkeit, besonderer Leistungswille) unterliegt.

Weiterhin kann in diesem Diagramm auch die Leistung P dargestellt werden, die sich ja bekanntlich als Produkt aus Moment M und Winkelgeschwindigkeit ω ergibt: Die Leistung für einen bestimmten Betriebspunkt auf der Drehmomentenkennlinie z. B. B_1 oder B_2 lässt sich also als Rechteckfläche in Form des Produktes aus Länge mal Breite (Moment mal Winkelgeschwindigkeit) markieren. Diese Rechteckkonstruktion ist zwar für alle Betriebspunkte mög-

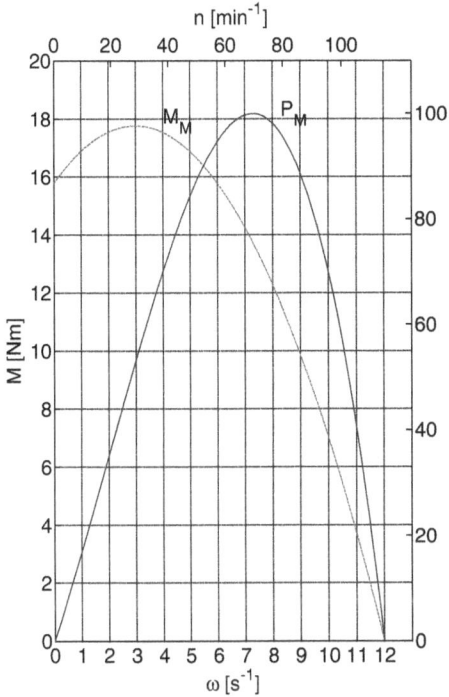

Bild 12.17: Radfahrer als Motor

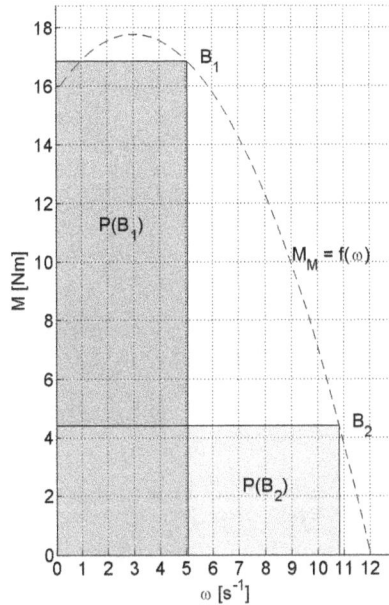

Bild 12.18: Konstruktion der Leistungskennlinie

lich, aber es ist übersichtlicher, die vom Betriebszustand abhängige Leistung als Kurvenzug mit entsprechender Skalierung entsprechend Bild 12.18 darzustellen. In dem hier zitierten Beispiel wird übrigens angenommen, dass der Radfahrer bei optimaler Tretkurbeldrehzahl eine Leistung von 100 W abgibt, die auch für einen untrainierten Radfahrer möglich ist. Bild 12.19 stellt die Momenten- und Leistungskennlinie des Radfahrers als Motor der Momentenkennlinie des Hubwerks als Arbeitsmaschine gegenüber.

Die Momentenkennlinie des hier vorliegenden Hubwerks ist besonders einfach, da das Lastmoment unabhängig von der Geschwindigkeit ist, sich also als horizontale Gerade darstellen lässt. In Bild 12.19 wird ein Moment der Arbeitsmaschine von 5 Nm, in Bild 12.20 von 17,2 Nm gefordert. Die Leistungskennlinie der Arbeitsmaschine $P_A = f(M_A)$ ergibt sich dabei einfach als Geradengleichung $P_A = M_A \cdot \omega_A$. In beiden Fällen stellt sich jeweils ein Betriebszustand ein, in dem folgende drei Bedingungen erfüllt sein müssen:

- **Gleichheit der Momente**: An der gemeinsamen, nur über einen Zahnriementrieb mit $i = 1:1$ gekoppelten Welle von Motor und Arbeitsmaschine muss Momentengleichgewicht herrschen, im ersten Fall $M_M = M_A = 5\,Nm$, im zweiten Fall $M_M = M_A = 17,2\,Nm$.
- **Gleichheit der Winkelgeschwindigkeit**: Durch die direkte Kopplung müssen aber auch die Winkelgeschwindigkeit des Motors ω_M und die der Arbeitsmaschine ω_A gleich sein: Im

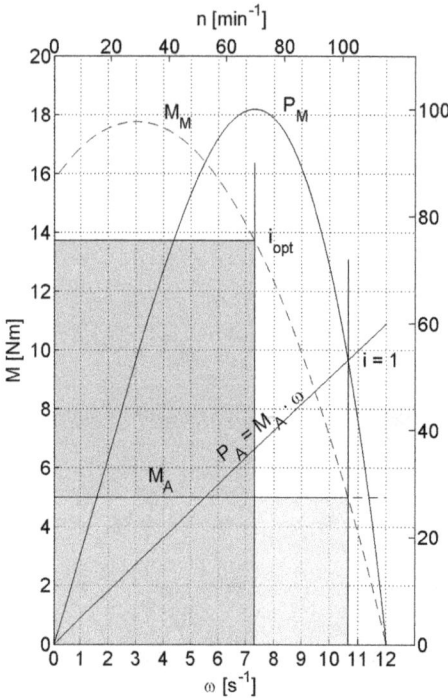

Bild 12.19: Hubwerk 5 Nm

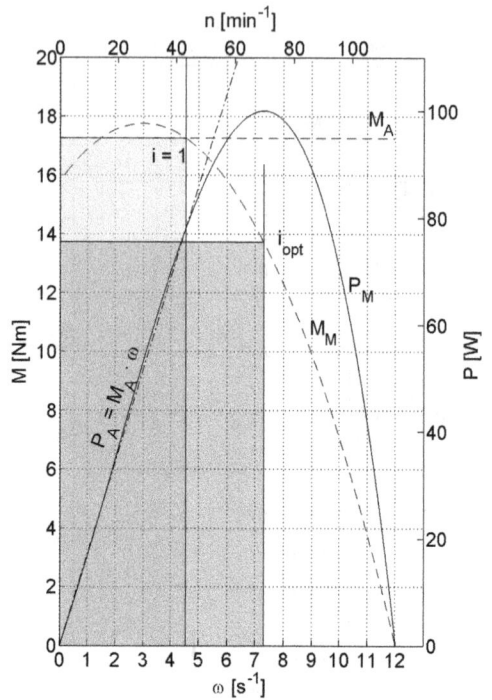

Bild 12.20: Hubwerk 17,2 Nm

Fall von 5 Nm ergibt sich dadurch eine Winkelgeschwindigkeit von $\omega_M = \omega_A \approx 10,6\,\mathrm{s}^{-1}$, was einer Drehzahl von $103\,\mathrm{min}^{-1}$ entspricht und vom Radfahrer als „zu schnell und zu leicht" empfunden wird. Bei einem Lastmoment von 17,2 Nm hingegen würde sich eine Winkelgeschwindigkeit von $\omega_M = \omega_A \approx 4,5\,\mathrm{s}^{-1}$ einstellen, was einer Drehzahl von $45\,\mathrm{min}^{-1}$ entspricht und für den Radfahrer „zu langsam und zu schwer" ist.

- **Gleichheit der Leistungen**: Die momentan vom Motor erbrachte Leistung wird vollständig von der Arbeitsmaschine aufgenommen, im ersten Fall $P_M = P_A \approx 52\,\mathrm{W}$, im zweiten Fall $P_M = P_A \approx 78\,\mathrm{W}$. Tatsächlich ist der Radfahrer aber in der Lage, 100 W zu leisten, er kann also in beiden Betriebspunkten nicht seine volle Leistung entwickeln.

Soll seine maximale Leistungsfähigkeit ausgenutzt werden, so müssen Momente und Winkelgeschwindigkeiten entsprechend angepasst werden, was sich hier auf dreierlei Art realisieren ließe:

- Anpassen der anzuhebenden Masse
- Anpassen des Trommeldurchmessers des Hubwerks
- Anpassen des Übersetzungsverhältnisses des Zahnriementriebes

Da die beiden ersten Parameter aber in aller Regel durch die Konstruktion und die Betriebsbedingungen bereits festgelegt sind und nicht mehr verändert werden können, bleibt für die

Optimierung des Antriebes nur noch die letztgenannte Möglichkeit: Die durch das Übersetzungsverhältnis 1:1 bedingte Gleichheit der Drehzahlen und Momente muss aufgehoben werden. Im vorliegenden Beispiel wird die maximale Motorleistung $P_M = 100\,W$ bei einem Motormoment von etwa 13,7 Nm erbracht.

Im ersten Fall liegt das tatsächliche Lastmoment M_A bei 5 Nm. Das optimierte Übersetzungsverhältnis i_{opt} beträgt dann

$$i_{opt} = \frac{M_A}{M_{M(P=P\,max)}} = \frac{5\,Nm}{13,7\,Nm} \approx 0,365 \qquad \text{Gl. 12.42}$$

Im zweiten Fall führt die gleiche Überlegung bei einem Lastmoment von M_A von 17,2 Nm zu einem optimierten Übersetzungsverhältnis von

$$i_{opt} = \frac{M_A}{M_{M(P=P\,max)}} = \frac{17,2\,Nm}{13,7\,Nm} \approx 1,255 \qquad \text{Gl. 12.43}$$

Werden diese Übersetzungsverhältnisse konstruktiv ausgeführt, so kann die maximal mögliche Motorleistung 100 W vollständig ausgenutzt werden.

Benutzt man nun den Radfahrer nicht als Antrieb für ein Hubwerk, sondern tatsächlich als Motor für ein Fahrrad, so wird noch eine weitere Überlegung erforderlich: Das Fahrrad als Arbeitsmaschine verlangt ein **Moment**, welches **nicht konstant** ist, sondern von der Geschwindigkeit und weiteren Betriebsbedingungen abhängig ist. Die Bewegungswiderstände eines Fahrzeuges steigen mit zunehmender Geschwindigkeit überproportional, da der Luftwiderstand besonders bei höheren Geschwindigkeiten den wesentlichen Anteil des Fahrwiderstandes F_{Fahr} ausmacht. Entsprechend ergibt sich der Momentenbedarf am Hinterrad M_A als Produkt aus Fahrwiderstand F_{Fahr} und Hinterradradius r_{Rad}:

$$M_A = F_{Fahr} \cdot r_{Rad} \qquad \text{Gl. 12.44}$$

Daraus lässt sich der in Bild 12.21 dokumentierte Kurvenverlauf $M_A = f_{(\omega)}$ ermitteln. Da sich die Geschwindigkeit des Fahrrades v_{Rad} als Produkt aus der Winkelgeschwindigkeit des Hinterrades ω_{Rad} und dem Radius des Hinterrades r_{Rad} ergibt, kann die Winkelgeschwindigkeitsachse um eine parallele Fahrgeschwindigkeitsachse in v [km/h] ergänzt werden, womit man die funktionale Abhängigkeit von der Fahrgeschwindigkeit v gewinnt: $M_A = f_{(v)}$. Aus diesem Kurvenzug lässt sich dann auch leicht der Leistungsbedarf des Fahrrades in Abhängigkeit von der Fahrgeschwindigkeit als $P_A = M_A \cdot \omega_A$ darstellen. Bild 12.22 stellt schließlich die Momenten- und Leistungskennlinien des Radfahrers als Motor (Index M) und des Fahrrades als Arbeitsmaschine (Index A) gegenüber.

Wenn man zunächst ein Übersetzungsverhältnis von 1:1 annimmt, so stellt sich entsprechend der obigen Überlegung ein Gleichgewicht von Drehzahl (bzw. Winkelgeschwindigkeit) einerseits und Moment und Leistung zwischen Tretkurbelwelle und Hinterradachse andererseits ein. Die Geschwindigkeit an der Tretlagerwelle ist dann aber viel zu hoch, um dem Radfahrer als Motor die optimale Leistung abzuverlangen, in diesem Fall werden nur etwa 32 W von den möglichen 100 W ausgenutzt und das Fahrrad bewegt sich lediglich mit einer Geschwindigkeit von etwa 14 km/h. Um die Leistungsausnutzung zu optimieren, muss das ursprüng-

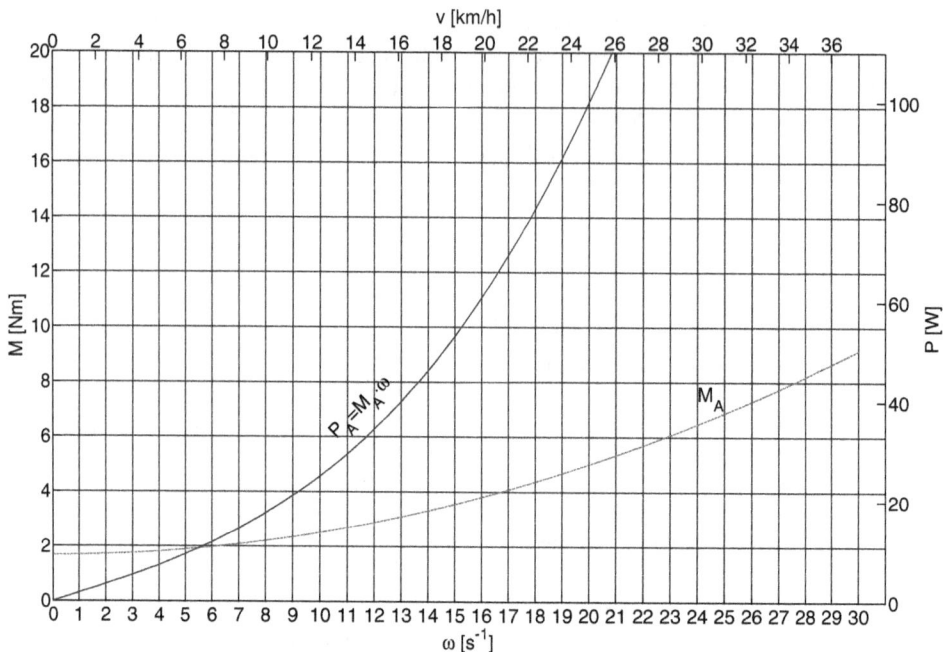

Bild 12.21: Momenten- und Leistungsbedarf Fahrrad

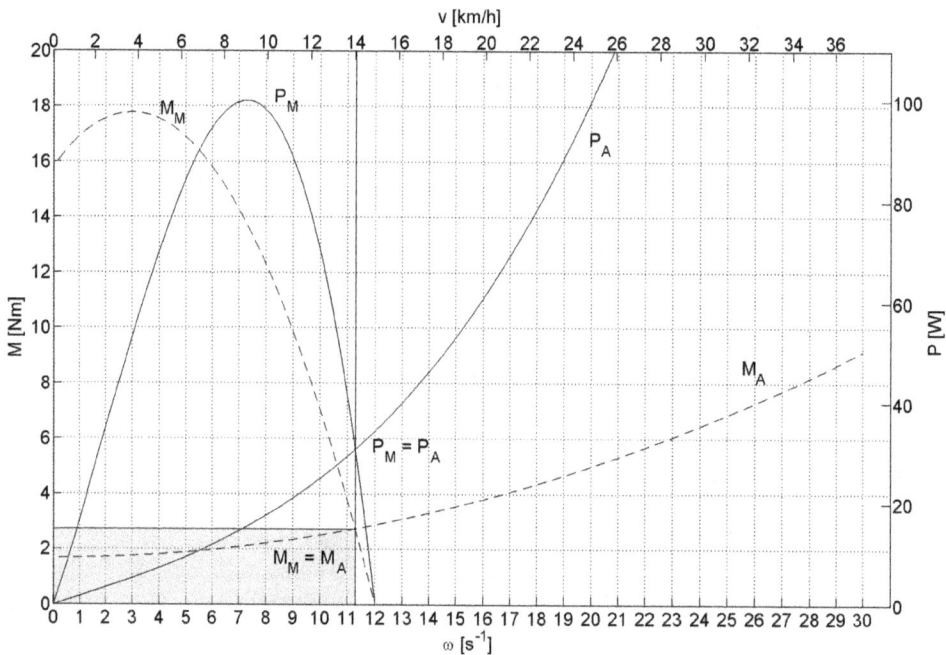

Bild 12.22: Fahrrad bei der Fahrt in der Ebene und bei i = 1:1

liche Übersetzungsverhältnis von 1:1 entsprechend angepasst werden. In der geschichtlichen Entwicklung des Fahrrades wurde zunächst einmal die Welle des Vorderrades direkt mit der Tretkurbel bestückt und der Radius des Vorderrades entsprechend vergrößert, was vorübergehend zu der fahrzeugtechnisch problematischen Konstruktion des bereits zuvor erwähnten Hochrades führte. Inzwischen wird diese Getriebefunktion durch einen Kettentrieb (manchmal auch durch einen Zahnriementrieb und in Ausnahmefällen auch durch einen Kardantrieb) ausgeführt, was in Bild 12.23 näher erläutert wird.

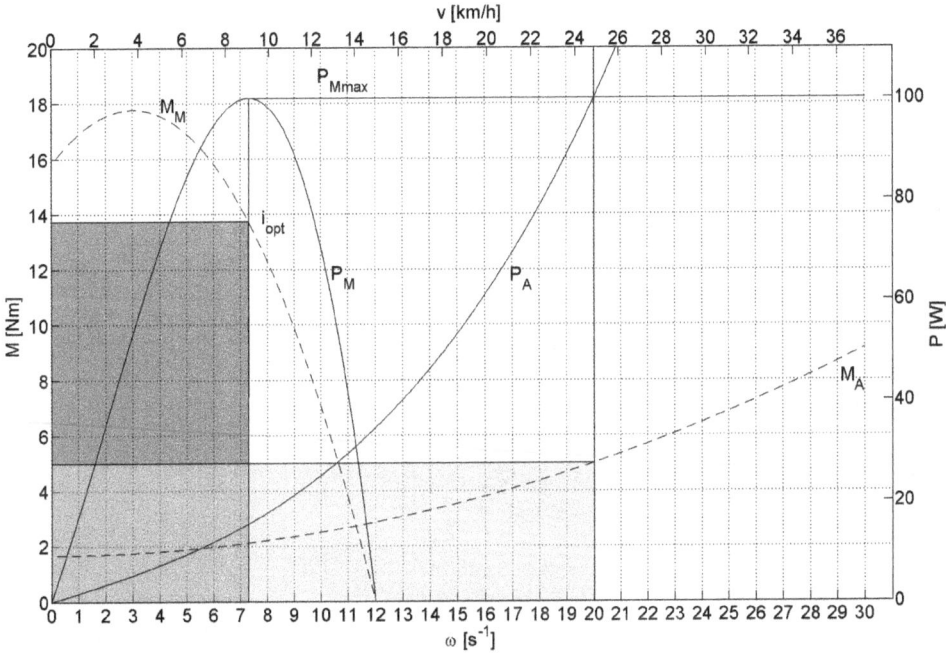

Bild 12.23: Optimierung des Übersetzungsverhältnisses für Fahrt in der Ebene

Wird die maximale Leistung des Motors von $P_M = 100\,\text{W}$ vollständig an die Arbeitsmaschine abgegeben (waagerechte Linie P_{Mmax} vom Maximalwert der Motorleistung nach rechts zur Leistungskennlinie P_A), so fährt der Radfahrer mit einer Geschwindigkeit von ca. 25 km/h. In diesem Zustand dreht der Motor mit $\omega_M = 7{,}2\,\text{s}^{-1}$ und die Arbeitsmaschine mit $20{,}0\,\text{s}^{-1}$. Setzt man diese beiden Winkelgeschwindigkeiten ins Verhältnis, so ergibt sich das optimale Übersetzungsverhältnis:

$$i_{opt} = \frac{\omega_{M(P=P\,max)}}{\omega_{A(P=P\,max)}} = \frac{7{,}2\,\text{s}^{-1}}{20{,}0\,\text{s}^{-1}} \approx 0{,}36 \qquad \text{Gl. 12.45}$$

Zum gleichen Ergebnis gelangt man, wenn der Quotient der im jeweiligen Arbeitspunkt vorliegenden Momente gebildet wird. Der Motor liefert seine maximale Leistung von 100 W bei einem Moment von $M_M = 13,7\,\text{Nm}$, während die Arbeitsmaschine die gleiche Leistung bei einem Moment $M_A = 5,0\,\text{Nm}$ aufnimmt:

$$i_{opt} = \frac{M_A}{M_{M(P=P\,max)}} = \frac{5,0\,\text{Nm}}{13,7\,\text{Nm}} \approx 0,36 \qquad\qquad \text{Gl. 12.46}$$

Das Übersetzungsverhältnis wird durch ein entsprechendes Zähnezahlverhältnis realisiert, wobei das Schema nach Bild 12.24 mit den im Radsport gebräuchlichen Zähnezahlkombinationen als Orientierung dienen soll.

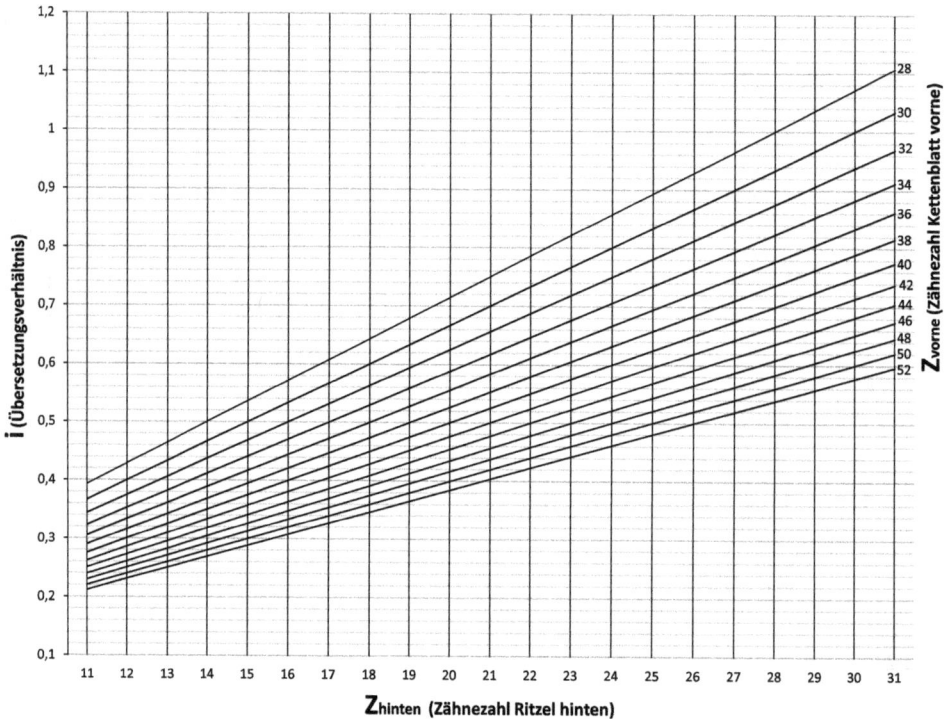

Bild 12.24: Zähnezahlen und Übersetzungsverhältnisse Fahrradantrieb mit Kettenschaltung

Wird vorne ein Kettenblatt mit 52 Zähnen benutzt, so muss hinten ein Ritzel mit 19 Zähnen geschaltet werden:

$$z_{hinten} = z_{vorne} \cdot i_{opt} = 52 \cdot 0,36 = 18,72 \approx 19 \qquad\qquad \text{Gl. 12.47}$$

Bild 12.23 lässt auch noch eine weitere Sichtweise zu: Die Motorleistung P_M als Produkt aus Motormoment M_M und Winkelgeschwindigkeit des Motors ω_M lässt sich als dunkelgraue Rechteckfläche darstellen. Die von der Arbeitsmaschine aufgenommene Leistung P_A als Produkt aus Moment der Arbeitsmaschine M_A und Winkelgeschwindigkeit der Arbeitsmaschine ω_A (hellgraue Fläche) weist den gleichen Flächeninhalt auf, allerdings muss das Seitenverhältnis dieses Rechteckes entsprechend dem optimierten Übersetzungsverhältnis modifiziert werden.

Die obige Betrachtung gilt näherungsweise nur für den Fall, dass sich der Radfahrer bei Windstille in der Ebene bewegt. Im folgenden Beispiel wird der gleiche Radfahrer bei einer Steigung von 2 % (also 0,02) beobachtet. Die dadurch bedingte Erhöhung des Momentenbedarfs lässt sich durch eine Betrachtung an der schiefen Ebene ermitteln: Die Hangabtriebskraft F_{HA} ergibt sich für eine Gesamtmasse m von 80 kg (Fahrer und Fahrrad) zu

$$F_{HA} = m \cdot g \cdot 0,02 = 15,7 \, N \qquad\qquad \text{Gl. 12.48}$$

Dadurch ergibt sich am Hinterrad als Arbeitsmaschine ein zusätzlicher Momentenbedarf für die Steigungsfahrt M_{steig} als Produkt aus F_{HA} und dem Radius r_{Rad} des Hinterrades:

$$M_{steig} = F_{HA} \cdot r_{Rad} = 15,7 \, N \cdot 0,345 \, m = 5,42 \, Nm \qquad\qquad \text{Gl. 12.49}$$

Dieser zusätzliche Momentenbedarf der Arbeitsmaschine macht sich bei allen Drehzahlen und Geschwindigkeiten in gleicher Weise bemerkbar, die Lastkennlinie muss also gegenüber der vorherigen Darstellung um 5,42 Nm nach oben verschoben werden (s. Bild 12.25).

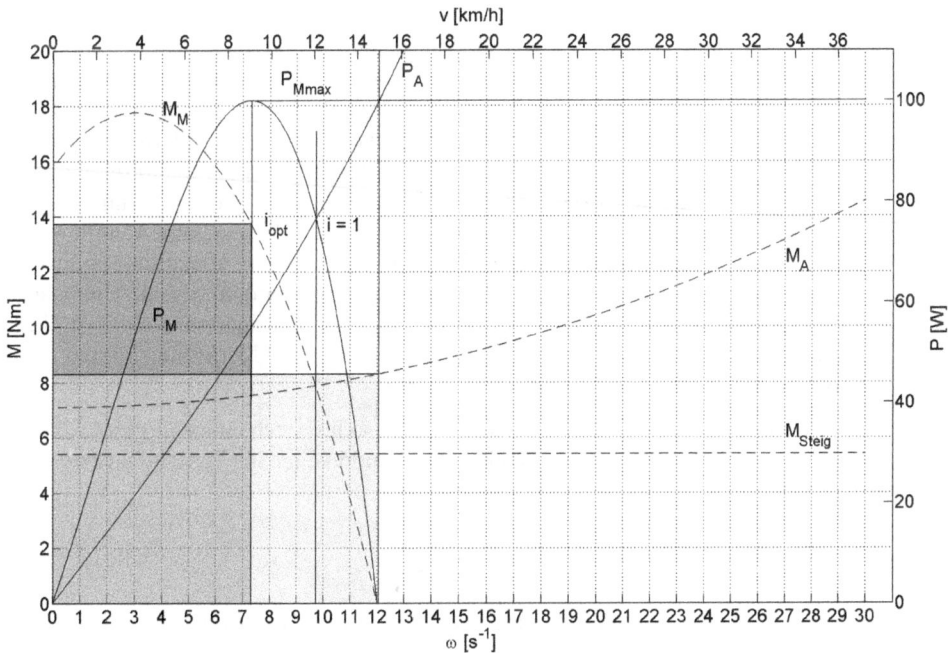

Bild 12.25: Fahrrad bei Bergauffahrt mit 2 % Steigung

Die Leistungskennlinie der Arbeitsmaschine P_A ergibt sich wieder aus der nunmehr geänderten Momentenkennlinie punktweise als Produkt aus jeweiligem Lastmoment M_A und der dazugehörenden Winkelgeschwindigkeit ω_A. Bei einem Übersetzungsverhältnis von 1:1 wären hier immerhin schon ca. 76 W ausnutzbar, was einer Fahrgeschwindigkeit von etwa 12 km/h entspricht, bei optimaler Leistungsübertragung wäre aber eine Fahrgeschwindigkeit von 15 km/h möglich (waagerechte Gerade von $P_{Mmax} = 100$ W). Wird das Übersetzungsverhältnis nach obiger Überlegung optimiert, so ergibt sich bei der Gegenüberstellung der Winkelgeschwindigkeiten ein Wert von

$$i_{opt} = \frac{\omega_{M(P=P\,max)}}{\omega_{A(P=P\,max)}} = \frac{7{,}2\,s^{-1}}{12{,}0\,s^{-1}} \approx 0{,}60 \qquad\qquad\qquad \text{Gl. 12.50}$$

und bei der Gegenüberstellung der Momente

$$i_{opt} = \frac{M_{A(P=P\,max)}}{M_{M(P=P\,max)}} = \frac{8{,}3\,Nm}{13{,}7\,Nm} \approx 0{,}61 \qquad\qquad\qquad \text{Gl. 12.51}$$

Wird vorne ein Kettenblatt mit 39 Zähnen benutzt, so muss hinten das Ritzel mit 23 Zähnen geschaltet werden:

$$z_{hinten} = z_{vorne} \cdot i_{opt} = 39 \cdot 0{,}61 = 23{,}4 \approx 23 \qquad\qquad \text{Gl. 12.52}$$

Fährt der Radfahrer bei einem Gefälle von 2 % bergab, so ist der Momentenbedarf für alle Geschwindigkeiten um M_{steig} kleiner, die Lastkennlinie muss also in Bild 12.26 um M_{steig} nach unten verschoben werden.

Dabei schneidet die Momentenkennlinie der Arbeitsmaschine die Abszisse bei etwa 26,3 km/h, d. h. dass das Fahrrad ohne jedes Antriebsmoment mit dieser Geschwindigkeit bergab rollt. Höhere Fahrgeschwindigkeiten erfordern ein Antriebsmoment M_A. Ist hingegen eine geringere Fahrgeschwindigkeit beabsichtigt, so muss ein negatives Moment M_A als Bremsmoment aufgebracht werden. Für das Übersetzungsverhältnis 1:1 ergibt sich kein Schnittpunkt zwischen der Momentenkennlinie des Motors M_M und der des Antriebes M_A, ein Antrieb wäre also bei diesem Übersetzungsverhältnis überhaupt nicht möglich. Die Leistungskennlinie der Arbeitsmaschine wird entsprechend der obigen Überlegung punktweise konstruiert und weist bei ca. 15 km/h ein Minimum auf. In diesem Betriebspunkt wird eine maximale Bremsleistung von 32 W fällig, die zur Erwärmung der Bremse führt. Bei kräftigerem Gefälle ist diese Leistung entsprechend höher und kann ggf. zu einer thermischen Überlastung führen (vgl. Aufgaben A.10.3 und A.10.4).

Soll jedoch die Motorleistung von 100 W genutzt werden, so lässt sich eine Fahrgeschwindigkeit von ca. 37 km/h erzielen. Werden die Winkelgeschwindigkeiten ins Verhältnis gesetzt, so ergibt sich

$$i_{opt} = \frac{\omega_{M(P=P\,max)}}{\omega_{A(P=P\,max)}} = \frac{7{,}2\,s^{-1}}{29{,}3\,s^{-1}} \approx 0{,}25 \qquad\qquad\qquad \text{Gl. 12.53}$$

Mit den entsprechenden Momenten folgt ein nahezu identischer Zahlenwert

$$i_{opt} = \frac{M_{A(P=P\,max)}}{M_{M(P=P\,max)}} = \frac{3{,}5\,Nm}{13{,}7\,Nm} \approx 0{,}26 \qquad\qquad\qquad \text{Gl. 12.54}$$

Dieses Übersetzungsverhältnis wird wiederum durch die Wahl eines entsprechenden Ritzels verwirklicht:

$$z_{hinten} = z_{vorne} \cdot i_{opt} = 52 \cdot 0{,}25 = 13 \qquad\qquad\qquad \text{Gl. 12.35}$$

Beim Radfahren ändert sich aber nicht nur die Lastkennlinie durch Steigung und Gefälle, sondern auch durch Gegen- und Rückenwind. Dieser Sachverhalt ist jedoch wegen der damit

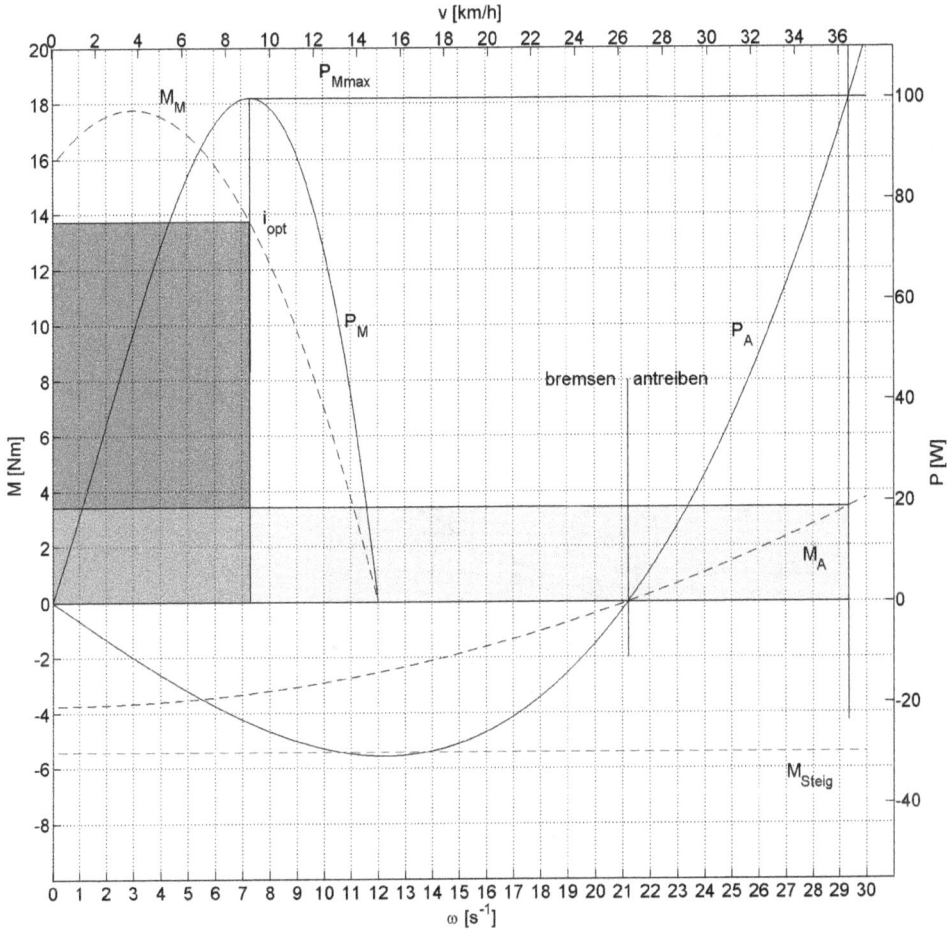

Bild 12.26: Fahrrad bei Talfahrt mit 2 % Gefälle

verbundenen nicht-linearen strömungstechnischen Einflüsse auf den Fahrwiderstand schwieriger zu erfassen. Weiterhin hängt die Motorkennlinie auch vom Fahrer und dessen Kondition, vom Gewicht, vom aktuellen Ermüdungszustand und von der momentanen Leistungsbereitschaft ab. Geht der Radfahrer beispielsweise aus dem Sattel, um stehend in die Pedale zu treten („Wiegetritt"), so erhöht er damit das Motormoment. Um die Leistungsfähigkeit des Radfahrers optimal auszunutzen, müsste das Übersetzungsverhältnis ständig angepasst werden können, was in jedem Fall eine Gangschaltung erfordert. Aber auch ohne Gangschaltung ist das Fahrrad ein sehr hilfreiches Getriebe, schließlich ist der Radfahrer schneller als ein Fußgänger oder Läufer mit gleichem Motor. Das Fahrrad ist eben nicht nur ein Fahrzeug, sondern auch ein Getriebe zur optimalen Leistungsanpassung.

Aufgabe A.12.16

Mit dieser Betrachtungsweise lässt sich das leistungsoptimale Übersetzungsverhältnis von Getrieben für jede beliebige Kombination von Motor und Arbeitsmaschine bestimmen. Die Motorkennlinie kann im Modellfall waagerecht verlaufen (konstantes Moment) oder aber senkrecht angeordnet sein („drehzahlsteif"). Der reale Motor befindet sich irgendwo zwischen diesen beiden theoretischen Grenzfällen. In der Regel setzt sich eine Motorkennlinie aus mehreren Abschnitten zusammen. Bild 12.27 nach [12.4] zeigt beispielsweise die in der Elektrotechnik übliche Darstellungsweise von Drehmoment, Strom und Leistungsfaktor über der Drehzahl eines Asynchronmotors. Um zu einer allgemeingültigen Darstellung zu kommen, wird das Drehmoment auf das Nenndrehmoment bezogen (M/M_N), die Drehzahl hingegen auf die Synchrondrehzahl (n/n_S).

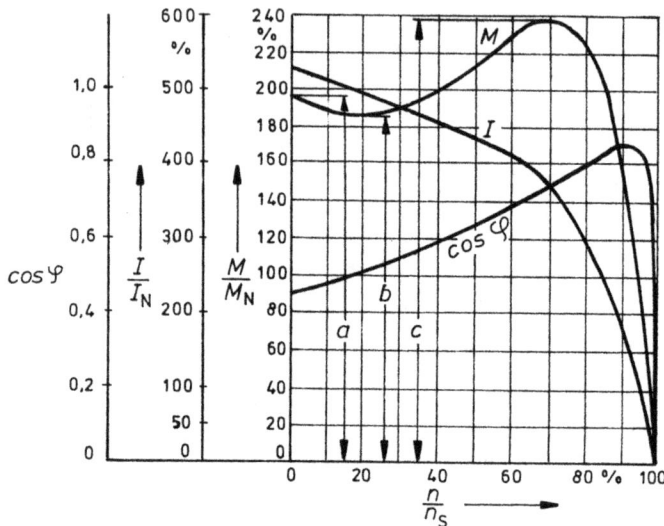

Bild 12.27: Kennlinie von Strom I, Drehmoment M und Leistungsfaktor φ eines Drehstromkäfigläufermotors (a Anzugsmoment, b Sattelmoment, c Kippmoment)

Die oben diskutierte optimale Leistungsentnahme des Motors ist hier allerdings nur kurzzeitig möglich, da es sonst durch die dabei auftretenden hohen Ströme zu einer thermischen Überlastung des Motors kommen würde. Außerdem ist man bestrebt, den Motor längerfristig mit einem optimalen Leistungsfaktor cos φ zu betreiben. Der Nennbetrieb wird also durch $M/M_N = 1$ und $I/I_N = 1$ bestimmt, tatsächlich kann der Motor aber kurzfristig eine wesentlich höhere Leistung aufbringen. Dies lässt sich z. B. beim Anfahren eines Eisenbahnzuges sinnvoll einsetzen.

Bei Gleichstrommotoren unterscheidet die Elektrotechnik grundsätzlich nach Gleichstromnebenschlussmotor (Bild 12.28) und Gleichstromreihenschlussmotor (Bild 12.29) nach [12.4], die grundverschiedene Drehzahl-Drehmomentenkennlinien aufweisen. Bei Letzterem kann es zu gefährlichen Betriebszuständen kommen, wenn das Lastmoment sehr gering wird: Dann werden die Drehzahlen so hoch, dass der Motor wegen der Zentrifugalkräfte zerstört werden kann. Dem kann durch eine Fliehkraftbremse entgegen gewirkt werden (s. Aufgabe A.11.9).

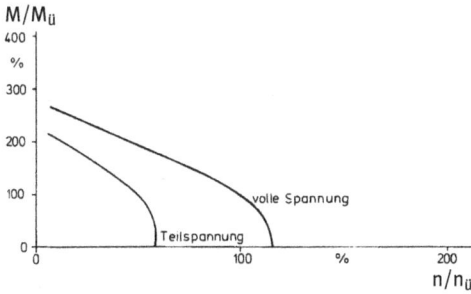

Bild 12.28: Drehzahl-Drehmomentenkennlinie
Gleichstromnebenschlußmotor

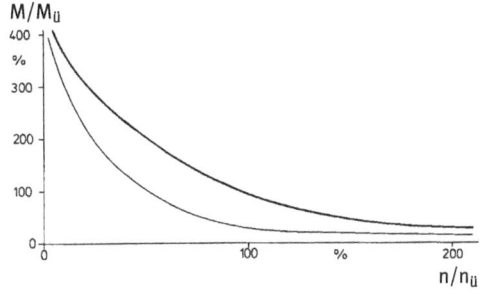

Bild 12.29: Drehzahl-Drehmomentenkennlinie
Gleichstromreihenschlußmotor

Bei Verbrennungsmotoren ist es üblich, die Drehzahl-Drehmomentenkennlinie durch Angaben zum Brennstoffverbrauch zu ergänzen, woraus sich ein sog. Verbrauchskennfeld nach Bild 12.30 ergibt. Für die spezielle Betrachtung hinsichtlich der Getriebeoptimierung ist jedoch die obere Grenzkurve als Drehzahl-Drehmomentenkennlinie (Vollgas) maßgebend. Damit ist ein Betrieb bei maximaler Leistung unter Berücksichtigung der thermischen Belastung möglich. Andererseits arbeitet der Motor aber besonders wirtschaftlich, wenn er im Bereich des optimalen Brennstoffverbrauchs (hier 202 g Brennstoff pro kWh) betrieben wird.

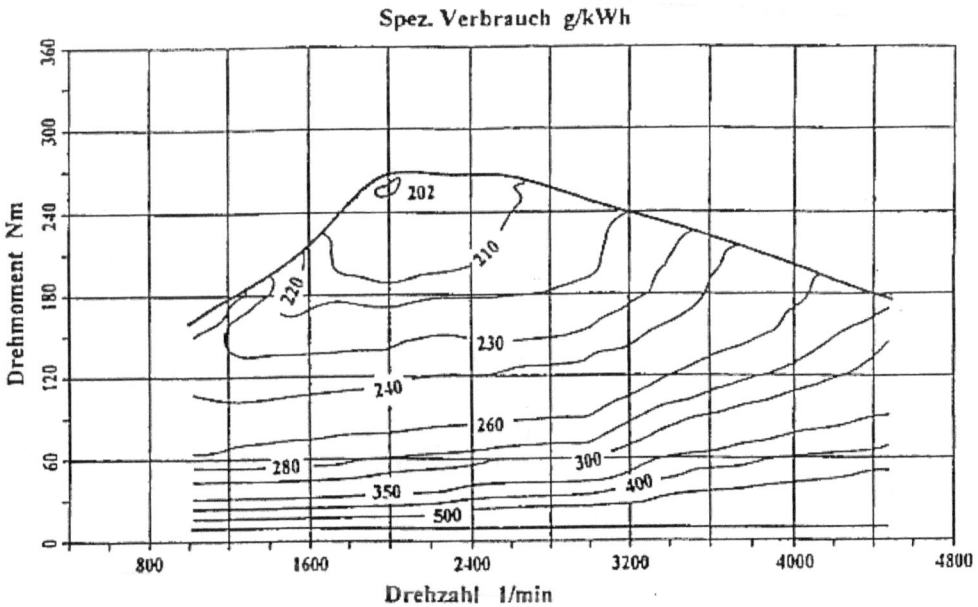

Bild 12.30: Verbrauchskennfeld Audi 2,5 ltr.

Die Lastkennlinie kann ein konstantes Lastmoment aufweisen (wie das eingangs erwähnte Hubwerk). In der Regel steigt aber das Lastmoment mit zunehmender Geschwindigkeit. Häufig lässt sich die Lastkennlinie als lineare Funktion oder als Parabel beschreiben.

Aufgaben A.12.17 und A.12.18

12.5   Literatur

[12.1]   Kremser, Andreas: Grundzüge elektrischer Maschinen und Antriebe Verlag B. G. Teubner, Stuttgart

[12.2]   Mack, F. J.: Getriebemotoren; Verlag Moderne Industrie Landsberg 1994

[12.3]   Müller, A. W.: Die Umlaufgetriebe; Springer-Verlag Berlin 1971

[12.4]   NN.: SEW Eurodrive: Handbuch der Antriebstechnik Carl Hanser Verlag München Wien 1980

[12.5]   VDI-Richtlinie 2157: Planetengetriebe; Begriffe, Symbole, Berechnungsgrundlagen

12.6 Aufgaben: Getriebe als Bestandteil des Antriebs

A.12.1 Getriebeabstufung Fahrradkettenschaltung

Die Kettenschaltung eines Fahrrades ist mit einem Kettenblatt von 44 Zähnen bestückt. Die Zähnezahlen der 8 Ritzel sollen so ausgelegt werden dass sich ein 8-fach gestuftes Getriebe ergibt. mit dem bei einer gleichbleibenden Eingangsdrehzahl von $70\,\text{min}^{-1}$ („Trittfrequenz") Fahrgeschwindigkeiten von 12 km/h bis 35 km/h optimal betrieben werden können. Größere und kleinere Fahrgeschwindigkeiten werden durch Kettenblattwechsel (hier nicht weiter betrachtet) bedient. Der Durchmesser des Reifens beträgt 668 mm.

Wie groß ist die Ritzeldrehzahl bei …		
… **minimaler** Fahrgeschwindigkeit von 12 km/h?	min^{-1}	
… **maximaler** Fahrgeschwindigkeit von 35 km/h?	min^{-1}	

Wie groß ist der Stufensprung?	

Berechnen Sie zunächst in der zweiten Spalte des unten stehenden Schemas die sich daraus ergebende theoretische Ritzeldrehzahl. Welche Zähnezahl müsste dann das Ritzel theoretisch haben? Runden Sie diese Zähnezahl auf eine natürliche Zahl und ermitteln Sie daraus die tatsächliche Ritzeldrehzahl.

Gang	$n_{\text{Ritzel theoretisch}}$ [min^{-1}]	Zähnezahl Ritzel theoretisch	Zähnezahl Ritzel ganzzahlig gerundet	$n_{\text{Ritzel tatsächlich}}$ [min^{-1}]
1				
2				
3				
4				
5				
6				
7				
8				

Welcher Gang ist optimal bei einer Fahrgeschwindigkeit von … km/h?	12	15	20	25	30	35
Ermitteln Sie dazu zunächst die bei der Fahrgeschwindigkeit vorliegende Ritzeldrehzahl [min^{-1}]!	—					—
Optimaler Gang	1					8

A.12.2   Getriebeabstufung Fahrradnabenschaltung

Der Antrieb eines Fahrrades mit Nabenschaltung ist eigentlich als ein zweistufiges Getriebe anzusehen: Die erste Stufe ist das Ketten- oder Riemengetriebe welches vom Tretlager auf das Ritzel überträgt und mit konstanter Übersetzung betrieben wird. Im vorliegenden Fall ist das Ketten- oder Zahnriemenrad an der Tretkurbel mit 46 und das Ritzel mit 22 Zähnen bestückt. Die zweite Getriebestufe befindet sich in der Hinterradnabe und wird in aller Regel mit einem oder mehreren Planetengetrieben (näheres s. Kap. 12.2) bestückt, die wechselweise geschaltet werden können. Diese zweite Getriebestufe ist ohne weitere Berücksichtigung der konstruktiven Ausführung so anzulegen, dass Fahrgeschwindigkeiten von 12 km/h bis 40 km/h bei einer gleichen Eingangsdrehzahl an der Tretkurbel („Trittfrequenz") von 70 min^{-1} optimal betrieben werden können. Der Durchmesser des Reifens beträgt 668 mm. Dieses Nabengetriebe ist fünffach geometrisch gestuft.

Ermitteln Sie zunächst die Eingangsdrehzahl des Nabengetriebes!	min^{-1}	146,4
Wie groß ist die Ausgangsdrehzahl des Nabengetriebes (des Hinterrades) …		
… bei **minimaler** Fahrgeschwindigkeit von 12 km/h?	min^{-1}	
… bei **maximaler** Fahrgeschwindigkeit von 40 km/h?	min^{-1}	

Wie groß ist der Stufensprung? [   ]

	Gang	1	2	3	4	5
Berechnen Sie für alle Gänge die Ausgangsdrehzahl!	min^{-1}					

Welcher Gang ist optimal bei einer Fahrgeschwindigkeit von … km/h?	12	15	20	25	30	35	40
Ermitteln Sie dazu zunächst die bei der Fahrgeschwindigkeit vorliegende Ritzeldrehzahl [min^{-1}]!							
Optimaler Gang	1						5

A.12.3   III-6-Getriebe

Ein III-6-Getriebe wird mit 1.500 min^{-1} angetrieben. Die Drehzahlen am Abtrieb sollen zwischen 100 min^{-1} und 1.500 min^{-1} geometrisch gestuft werden.

Wie groß ist der Stufensprung?   q [   ]

Welche Drehzahlen liegen am Abtrieb vor?

n_1 [min^{-1}]	n_2 [min^{-1}]	n_3 [min^{-1}]	n_4 [min^{-1}]	n_5 [min^{-1}]	n_6 [min^{-1}]
100					1.500

In der Eingangsstufe werden folgende Paarungen von Zähnezahlen ausgeführt:

z_1	20	29	39
z_2	59	50	40
i_A			

Berechnen Sie die einzelnen Übersetzungsverhältnisse und tragen Sie diese in den folgenden Drehzahlplan ein!

Welle I

Stufe A

Welle II

Stufe B

Welle III

100   1500 min⁻¹

Ergänzen Sie im Drehzahlplan die Übersetzungsverhältnisse der Endstufe, die erforderlich sind, um alle geforderten Ausgangsdrehzahlen zu erreichen. Notieren Sie in der ersten Zeile des folgenden Schemas die beiden Übersetzungsverhältnisse der Endstufe.

i_B		
z_1		
z_2		
$z_1 + z_2$		

Die Mindestzähnezahl von 20 soll auch hier nicht unterschritten werden. Welche Zähnezahlen müssen dann vorgesehen werden?

A.12.4 III-9-Getriebe

Ein zweistufiges Getriebe wird mit $500\,\text{min}^{-1}$ angetrieben und soll am Abtrieb 9 geometrisch gestufte Drehzahlen zwischen $201\,\text{min}^{-1}$ und $864\,\text{min}^{-1}$ aufweisen.

Wie groß ist der Stufensprung?	q	

Welche Drehzahlen (jeweils in min^{-1}) ergeben sich dann am Abtrieb (erste Zeile der nachstehenden Tabelle)?

	n_1	n_2	n_3	n_4	n_5	n_6	n_7	n_8	n_9
theoretisch	201								864
tatsächlich									

- Tragen Sie die Eingangsdrehzahl und die Ausgangsdrehzahlen in den unten stehenden Drehzahlplan ein.
- Die Eingangsstufe wird mit den Übersetzungsverhältnissen q^3, 1 und q^{-3} ausgeführt. Markieren Sie im Drehzahlplan, welche Zwischenwellendrehzahlen sich daraus ergeben.

Welle I

Eingangstufe

Welle II

Endstufe

Welle III

201   864 min^{-1}

Mit welchen Übersetzungsverhältnissen muss die Endstufe ausgestattet werden?

$i_{Endstufe}$			

Ermitteln Sie für beide Stufen die Zähnezahlen, wobei die Mindestzähnezahl 19 betragen soll.

Eingangsstufe

i_A	q^3	1	q^{-3}
z_1			
z_2			
$z_1 + z_2$			

Endstufe

i_B			
z_1			
z_2			
$z_1 + z_2$			

Tragen Sie in die oben stehende Drehzahltabelle ein, welche tatsächlichen Ausgangsdrehzahlen sich durch die rundungsbedingten Abweichungen der Zähnezahlen ergeben.

A.12.5   IV-8-Getriebe

Ein dreistufiges Getriebe wird mit $1.304\,\text{min}^{-1}$ angetrieben und soll am Abtrieb 8 geometrisch gestufte Drehzahlen zwischen $100\,\text{min}^{-1}$ und $2.000\,\text{min}^{-1}$ aufweisen.

Wie groß ist der Stufensprung?	q	

Welche Drehzahlen (jeweils in min^{-1}) liegen am Abtrieb vor?

n_1	n_2	n_3	n_4	n_5	n_6	n_7	n_8
100							2.000

- Tragen Sie die Eingangsdrehzahl und die Ausgangsdrehzahlen in den unten stehenden Drehzahlplan ein.
- Stufe A wird mit den Übersetzungsverhältnissen q^3 und q^{-1} ausgeführt. Tragen Sie die Drehzahlen der Zwischenwelle zwischen Stufe I und Stufe II ein.
- Stufe C verfügt über die Übersetzungsverhältnisse 1 und q^2. Markieren Sie die Drehzahlen der Welle zwischen Stufe B und Stufe C.

Mit welchen Übersetzungsverhältnissen muss Stufe B ausgestattet werden?	i_B		

Ermitteln Sie für alle drei Stufen die Zähnezahlen, wobei die Mindestzähnezahl 17 betragen soll.

Stufe A

i_A		
z_1		
z_2		
$z_1 + z_2$		

Stufe B

i_B		
z_1		
z_2		
$z_1 + z_2$		

Stufe C

i_C		
z_1		
z_2		
$z_1 + z_2$		

A.12.6   III-4-Getriebe, optimale Kombination beider Getriebestufen

Ein gestuftes Getriebe soll als III-4-Getriebe ausgeführt werden, welches mit $2.180\,\text{min}^{-1}$ angetrieben wird. Die Abtriebsdrehzahlen sollen von $200\,\text{min}^{-1}$ bis $1.200\,\text{min}^{-1}$ geometrisch gestuft werden.

| Wie groß ist der Stufensprung? | q | |

Ermitteln Sie die vier geforderten Ausgangsdrehzahlen und tragen Sie diese in das unten stehende Schema ein (auf volle Umdrehungen auf- bzw. abrunden). Diese Drehzahlen sind für alle Konstruktionsvarianten gleich.

| $n_1 = 200\,\text{min}^{-1}$ | $n_2 = \quad \text{min}^{-1}$ | $n_3 = \quad \text{min}^{-1}$ | $n_4 = 1200\,\text{min}^{-1}$ |

Wenn Teilübersetzungen ins Schnelle und Doppelbelegungen einer Ausgangsdrehzahl als konstruktiv unvernünftig ausgeschlossen werden, so ergeben sich vier verschiedene Konstruktionsvarianten, die in den folgenden Drehzahlplänen dargestellt werden sollen. Markieren Sie zunächst die Zwischenwellendrehzahlen in Abhängigkeit der angegebenen Stufensprünge der Eingangsstufe und ergänzen Sie dann die Stufensprünge der Endstufe.

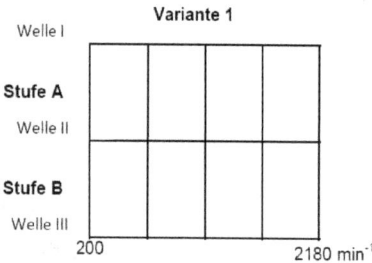

Variante 1

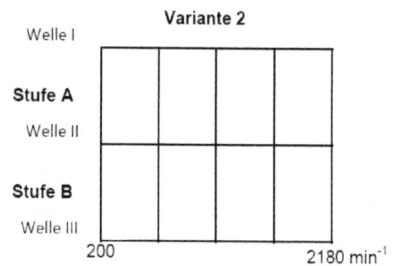

Variante 2

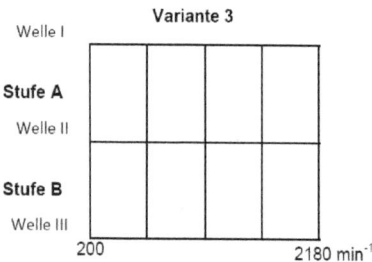

Variante 3

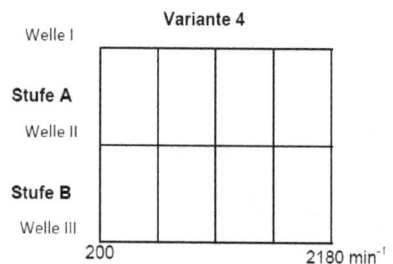

Variante 4

Vervollständigen Sie die folgende Tabelle:

- Tragen Sie zunächst die beiden Übersetzungsverhältnisse der Endstufe ein.
- Wie groß sind dann die beiden Drehzahlen der Zwischenwelle?
- Zwei der vier Varianten müssen als wenig vorteilhaft ausgeschlossen werden. Markieren Sie den bzw. die Gründe durch Ankreuzen (Mehrfachnennung möglich und ggf. auch erforderlich).

Variante	1	2	3	4
i_A	$1, q$	q, q^2	$1, q^2$	q, q^3
i_B				
niedrige Drehzahl Zwischenwelle [min^{-1}]				
hohe Drehzahl Zwischenwelle [min^{-1}]				
Variante ist wenig vorteilhaft, weil das Übersetzungsverhältnis in einer einzelnen Stufe übermäßig hoch ist.				
Variante wenig vorteilhaft, weil die Drehzahl der Zwischenwelle gering und deshalb deren Belastung unnötig hoch ist.				

Für die beiden verbleibenden Konstruktionsvarianten sind die Zähnezahlen zu ermitteln. Aus Gründen der Verzahnungskinematik muss die Mindestzähnzahl 19 betragen. Innerhalb einer Stufe soll der gleiche Modul verwendet werden und der Achsabstand ist konstant zu halten. Tragen Sie in das folgende Schema die sich daraus ergebenden Zähnezahlen für beide Konstruktionsvarianten ein (Konstruktionsvariante markieren!).

	Konstruktionsvariante 1-2-3-4			
	Eingangsstufe A		Endstufe B	
Übersetzungsverhältnis				
z_1				
z_2				
$z_1 + z_2$				

	Konstruktionsvariante 1-2-3-4			
	Eingangsstufe A		Endstufe B	
Übersetzungsverhältnis				
z_1				
z_2				
$z_1 + z_2$				

A.12.7   Planetengetriebe mit vorgegebenen Zähnezahlen

Für die folgenden sechs Varianten eines Planetengetriebes sind jeweils zwei Zähnezahlen nach unten stehendem Schema gegeben.

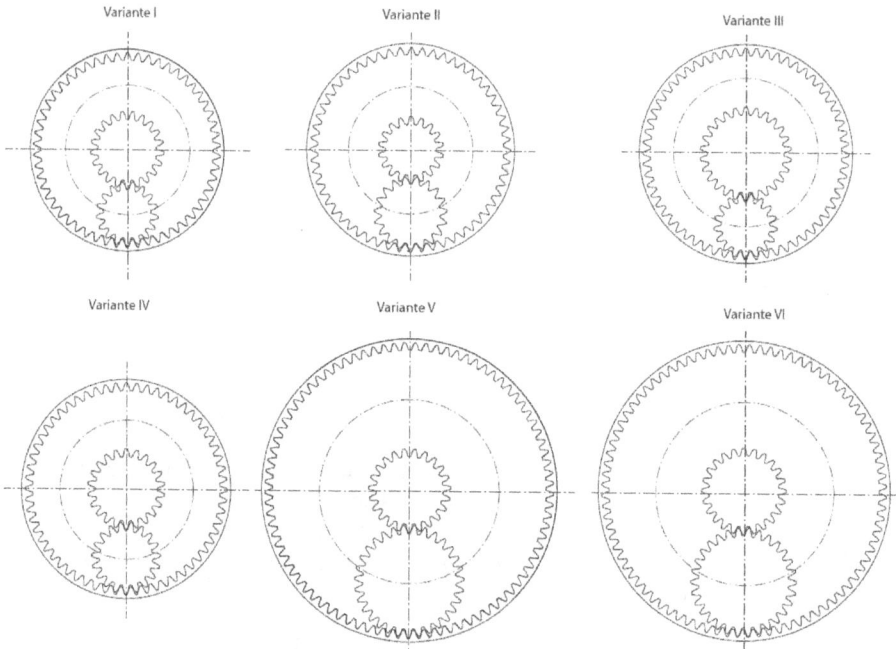

- Vervollständigen Sie zunächst auch die dritten Zähnezahlen!
- Berechnen Sie dann das Übersetzungsverhältnis für die drei verschiedenen Bauformen (auf drei Stellen hinter dem Komma genau)! Markieren Sie die Übersetzungsverhältnisse, die eine Drehrichtungsumkehr zur Folge haben, mit einem negativen Vorzeichen!
- In der oben stehenden Prinzipdarstellung ist jedes Getriebe mit nur einem Planeten bestückt. Klären Sie, ob sich für die unten aufgeführte Anzahl an Planeten eine gleichmäßige Teilung für den Planetenträger ergibt.

	I	II	III	IV	V	VI
Zähnezahl Sonnenrad z_S	21	18			23	24
Zähnezahl Planetenrad z_P	17	19	17	19		
Zähnezahl Hohlrad z_H			60	60	85	84
i für feststehendes Hohlrad						
i für feststehenden Planetenträger						
i für feststehendes Sonnenradrad						
Ergibt sich eine gleichmäßige Teilung des Planetenträgers für …						
… 2 Planeten?	○ ja ○ nein	○ ja ○ nein	○ ja ○ nein	○ ja ○ nein	○ ja ○ nein	○ ja ○ nein
… 3 Planeten?	○ ja ○ nein	○ ja ○ nein	○ ja ○ nein	○ ja ○ nein	○ ja ○ nein	○ ja ○ nein
… 4 Planeten?	○ ja ○ nein	○ ja ○ nein	○ ja ○ nein	○ ja ○ nein	○ ja ○ nein	○ ja ○ nein

A.12.8 Planetengetriebe, Suche nach der Zähnezahl

Ein Planetengetriebe soll ein Übersetzungsverhältnis von i = 4,2 aufweisen. Die Räder sollen mindestens mit 17 Zähnen bestückt werden und die drei Planetenträger sollen zum Ausgleich der Querkräfte in gleichmäßiger Teilung angeordnet werden. Eine Drehrichtungsumkehr ist zulässig.

- Überprüfen Sie zunächst, welche Getriebevarianten in Frage kommen.
- Welche Zähnezahlen sind für die konstruktiv sinnvollen Getriebevarianten vorzusehen?
- Welches tatsächliche Übersetzungsverhältnis ergibt sich dann?

	feststehendes Hohlrad	feststehender Planetenträger	feststehendes Sonnenrad
z_S			
z_P			
z_H			
i_{tats}			

A.12.9 Baureihe Planetengetriebe mit i = 1,200 bis 1,500

Eine Baureihe von vier Planetengetrieben soll zwischen dem Übersetzungsverhältnis 1,200 und 1,500 vierfach geometrisch gestuft werden. Die Mindestzähnezahl beträgt 18, die drei Planeten sollen in gleichmäßiger Teilung angebracht werden.

Welche der drei Konstruktionsvarianten kommt in Frage?

○ feststehendes Hohlrad
○ feststehender Planetenträger
○ feststehendes Sonnenrad

- Ermitteln Sie weiterhin die beiden dazwischen liegenden theoretischen Übersetzungsverhältnisse (aufs Promille genau).
- Berechnen Sie die Zähnezahlen und die tatsächlichen Übersetzungsverhältnisse.

i_{theor}	1,200			1,500
z_S				
z_P				
z_H				
i_{tats}				

A.12.10 Baureihe Planetengetriebe mit i = 1,200 bis 6,000

Eine Baureihe von Planetengetrieben soll zwischen dem Übersetzungsverhältnis 1,200 und 6,000 fünffach geometrisch gestuft werden. Selbst das kleinste Zahnrad soll mindestens 18 Zähne aufweisen, die drei Planeten müssen aber in gleichmäßiger Teilung angeordnet werden. Eine Drehrichtungsumkehr des Abtriebes ist zulässig.

- Ermitteln Sie zunächst die drei dazwischen liegenden theoretischen Übersetzungsverhältnisse (aufs Promille genau).
- Markieren Sie anschließend, welche der drei Konstruktionsvarianten möglich sind.
- Berechnen Sie die Zähnezahlen.
- Ermitteln Sie die tatsächlichen Übersetzungsverhältnisse.

i_{theor}	feststehend	möglich? ja nein	z_S	z_P	z_H	i_{tats}
1,200	Hohlrad	○ ○				
	Planetenträger	○ ○				
	Sonnenrad	○ ○				
	Hohlrad	○ ○				
	Planetenträger	○ ○				
	Sonnenrad	○ ○				
	Hohlrad	○ ○				
	Planetenträger	○ ○				
	Sonnenrad	○ ○				
	Hohlrad	○ ○				
	Planetenträger	○ ○				
	Sonnenrad	○ ○				
6.000	Hohlrad	○ ○				
	Planetenträger	○ ○				
	Sonnenrad	○ ○				

A.12.11   Mehrwellenantrieb Förderband

Ein Förderband („Gurtförderer") wird mit einer Geschwindigkeit von $v = 5{,}2\,\mathrm{m/s}$ betrieben. Der Durchmesser der Antriebstrommeln beträgt 1.730 mm, der Leistungsbedarf wird mit drei Motoren von jeweils 430 kW gedeckt. Die Zugfestigkeit des Fördergurtes von 300 kN soll vollausgenutzt werden und der Reibwert kann mit $\mu = 0{,}3$ angenommen werden.

Welche Umfangskraft muss insgesamt eingeleitet werden, wenn die installierte Leistung vollständig ausgenutzt werden soll?	U_{ges}	kN	
Welches Antriebsmoment muss insgesamt eingeleitet werden?	M_{ges}	kNm	
Welcher Umschlingungswinkel ist insgesamt erforderlich, um ein Durchrutschen der Antriebsrollen zu verhindern?	α_{ges}	°	

Da es konstruktiv nicht möglich ist, den erforderlichen Umschlingungswinkel mit einer einzigen Antriebswalze zur Verfügung zu stellen, werden die folgenden beiden Konstruktionsvarianten vorgeschlagen:

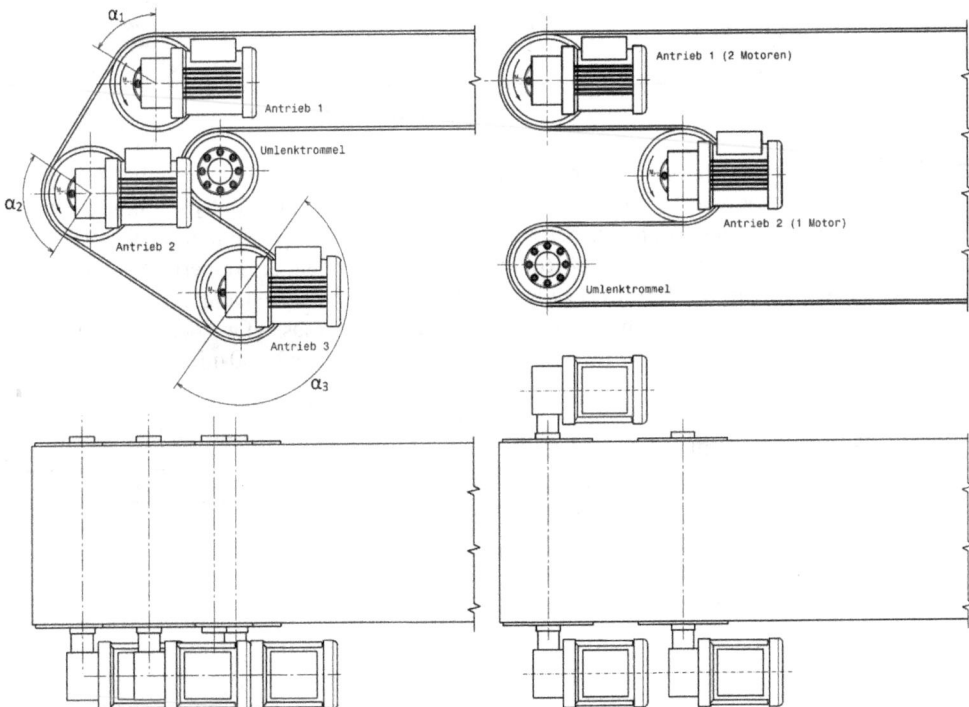

Jeder der drei Motoren wird mit einer einzelnen Antriebswalze gekoppelt (Bild unten links). Wie muss dann der zuvor ermittelte Gesamtumschlingungswinkel auf die drei Antriebswalzen aufgeteilt werden?	α_1 α_2 α_3	° ° °
Die Anzahl der Antriebswalzen wird auf zwei reduziert, wobei zwei Motoren auf die erste und ein Motor auf die zweite Antriebswalze treiben (Bild unten rechts). Wie muss dann der zuvor ermittelte Gesamtumschlingungswinkel auf die beiden Antriebswalzen aufgeteilt werden?	α_1 α_2	° °

A.12.12 Mehrwellenabtrieb Textilmaschine

Fünf parallel angeordnete Abtriebswellen einer Textilmaschine werden von einem gemeinsamen Flachriemen angetrieben.

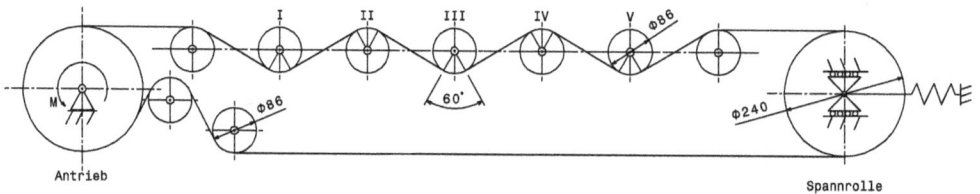

Durch die konstruktive Anordnung der Wellen ergibt sich ein Umschlingungswinkel an jeder Abtriebsriemenscheibe von 60°. Im Betrieb stellen sich die Trumkräfte S_1–S_6 ein. Links ist der ortsfeste Antrieb installiert, rechts befindet sich die Spannrolle, die mit einer einzelnen Feder vorgespannt wird. Die weiteren vier Rollen sind Umlenkrollen, die keinerlei Umfangskraft in den Riemen einleiten. Der Reibwert zwischen Riemen und Scheibe kann mit $\mu = 0,3$ angenommen werden. Biege- und Fliehkrafteinflüsse können vernachlässigt werden. Jeder einzelne Abtrieb erfordert ein Moment von 1,5 Nm bei einer Drehzahl von 2.400 min^{-1}.

Welche Umfangskraft tritt an jedem einzelnen der Abtriebe auf?	N	
Welche Umfangskraft tritt am Antrieb auf?	N	
Wie viel Antriebsleistung muss installiert werden?	W	

Welche Trumkräfte ergeben sich, ...

		wenn das Vorspannungsniveau so weit abgesenkt werden soll wie es die Rutschgrenze des Abtriebs zulässt	wenn die Festigkeitsgrenze des Riemens voll ausgenutzt werden soll
S_1	N		500
S_2	N		
S_3	N		
S_4	N		
S_5	N		
S_6	N		
F_{Feder}	N		
α_{antr}	°		

Welche Vorspannkraft muss dann durch die Feder eingeleitet werden und welcher Umschlingungswinkel wird dann am Antrieb erforderlich?

A.12.13   Rollengang Paketbeförderung

Ein Rollengang zur Beförderung von Paketen besteht aus parallel angeordneten Walzen, die jeweils an einem Kopfende mit einer Riemenscheibe ausgestattet sind. Fünf dieser Mechanismen werden nach unten stehender Skizze von einem gemeinsamen Flachriemen angetrieben, wobei an jeder der Walzen ein maximales Moment von 0,5 Nm übertragen werden soll. Die darunter angeordneten Rollen dienen nur der Umlenkung des Riemens und nehmen kein Moment ab.

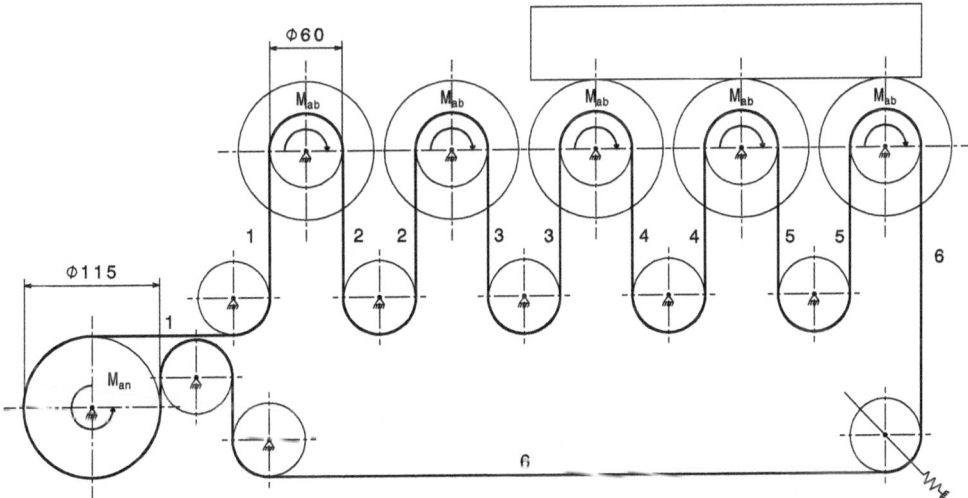

Der Reibwert zwischen Riemen und Riemenscheibe kann mit $\mu = 0{,}4$ angenommen werden. Biege- und Fliehkrafteinflüsse können vernachlässigt werden. Der Umschlingungswinkel am Antrieb wird durch zwei weitere Umlenkrollen auf den maximal möglichen Wert von 270° gesteigert. Die Spannrolle am rechten unteren Ende der Konstruktion ist mit einer einzelnen Feder vorgespannt.

Welche Umfangskraft tritt an jedem einzelnen der fünf Abtriebe auf?	N	
Wie groß ist dann die maximale gesamte Umfangskraft?	N	
Welches Moment muss am Antrieb aufgebracht werden?	Nm	

Welche Trumkräfte sind erforderlich, wenn das Vorspannungsniveau so weit abgesenkt werden soll wie es die Rutschgrenze des ...

		... Antriebs zulässt?	... Abtriebs zulässt?
S_1	N		
S_2	N	———————	
S_3	N	———————	
S_4	N	———————	
S_5	N	———————	
S_6	N		

Mit welcher Federkraft muss dann vorgespannt werden?	N	
Auf welchen Wert könnte der Umschlingungswinkel an den Abtrieben reduziert werden, ohne das Gesamtsystem in seinem Reibschluss zu gefährden?	°	

A.12.14 Mehrwellenabtrieb Nebenaggregate eines KFZ-Motors

Gegeben sei der unten skizzierte Riementrieb, der ausgehend von der Kurbelwelle des Motors sowohl die Lichtmaschine als auch die Wasserpumpe antriebt. Der hier verwendete Poly-V-Riemen kann bezüglich seiner Reibschlüssigkeit wie ein Flachriemen mit der effektiven Reibzahl $\mu = 0{,}8$ betrachtet werden.

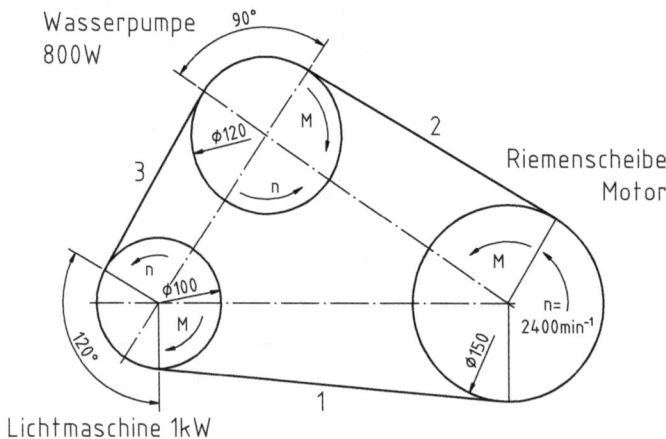

In der folgenden Tabelle sind die durch Konstruktion und Betrieb bereits bekannten Daten zusammengestellt:

		Motor	Lichtmaschine	Wasserpumpe
Leistung	W		1.000	800
Riemenscheibendurchmesser	mm	150	100	120
Drehzahl	min^{-1}	2.400		
Winkelgeschwindigkeit	s^{-1}			
Drehmoment	Nm			
Umfangskraft	N			
Umschlingungswinkel	°		120	90
$e^{\mu\alpha}$	–			

Welche Trumkräfte sind minimal erforderlich, wenn das …	S_1	S_2	S_3
… Moment am Motor rutschsicher übertragen werden soll?			———
… Moment an der Lichtmaschine rutschsicher übertragen werden soll?		———	
… Moment an der Wasserpumpe rutschsicher übertragen werden soll?	———		
… Gesamtsystem rutschsicher übertragen soll?			

A.12.15 Mehrwellenabtrieb Nebenaggregate Dieselmotor

Bei dem skizzierten Riemengetriebe zum Antrieb der Hilfsaggregate eines Dieselmotors wird ein sog. Poly-V-Riemen verwendet, der hier näherungsweise wie ein Flachriemen mit der Eytelwein'schen Gleichung beschrieben werden kann. Wegen der Keilwirkung kann der Reibwert mit 1,1 angenommen werden. Die Spannrolle wird wegen der Zugänglichkeit im Lasttrum angeordnet und mit einer Feder auf einem konstanten Wert gehalten.

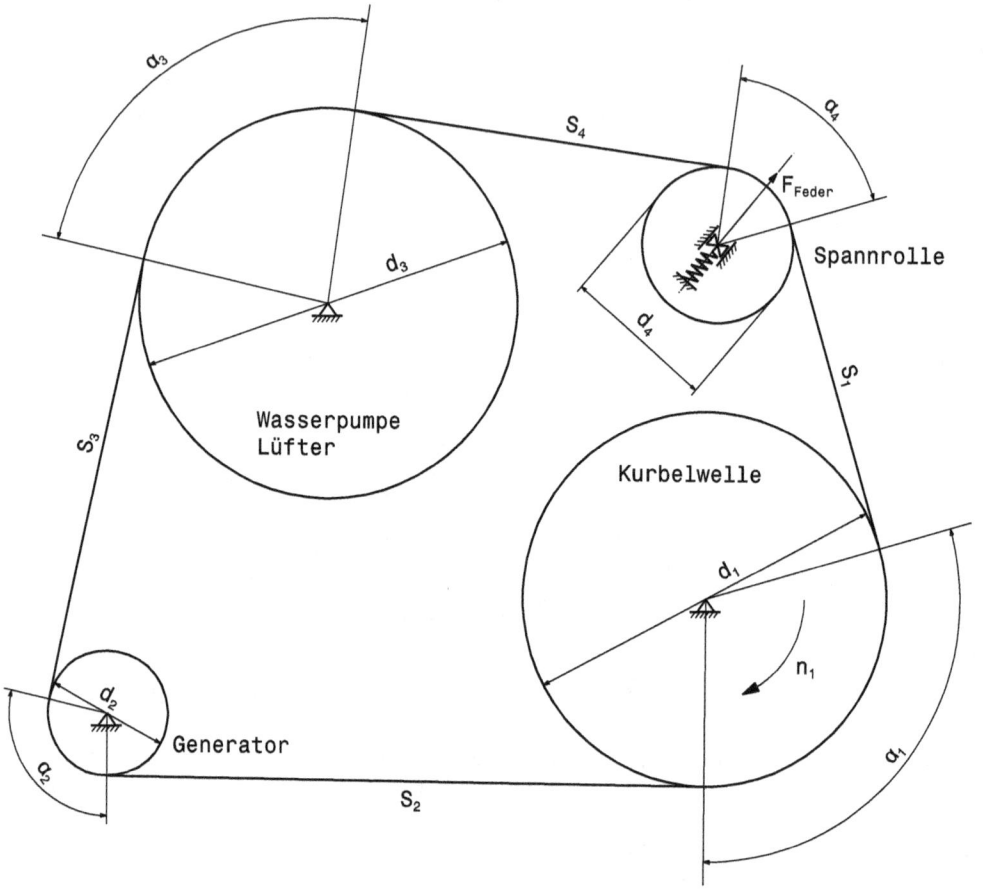

	Kurbelwelle	Generator	Wasserpumpe/ Lüfter	Spannrolle
Scheibendurchmesser d	145 mm	55 mm	160 mm	80 mm
Umschlingungswinkel α	102°	98°	92°	
Leistung P		1,8 kW	4,5 kW	————
Drehzahl n	3.600 min^{-1}			
Winkelgeschwindigkeit ω				————
Drehmoment M				————
Umfangskraft U				————
$e^{\mu\alpha}$				————

Welche Trumkräfte sind minimal erforderlich, wenn das ...	S_1	S_2	S_3	S_4
... Moment an der Kurbelwelle rutschsicher übertragen werden soll?			————	
... Moment am Generator rutschsicher übertragen werden soll?	————			————
... Moment an der Wasserpumpe/Lüfter rutschsicher übertragen werden soll?	————	————		
... Gesamtsystem durch Vorspannung an der Spannrolle rutschsicher übertragen soll?		————	————	————

Welche Kraft muss durch die Feder aufgebracht werden, um diesen Vorspannungszustand zu erzielen?	N

A.12.16   Leistungsanpassung Fahrrad

Das nachfolgende Diagramm dokumentiert zunächst einmal die auf die Tretlagerwelle bezogene Drehzahl-Drehmomenten-Kennlinie eines Radfahrers als Motor. Während das Moment auf der linken senkrechten Achse aufgetragen ist, gibt die waagerechte Achse des Diagramms sowohl die Drehzahl (oben) als auch die Winkelgeschwindigkeit (unten) an. Daraus wird die Drehzahl-Leistungs-Kennlinie mit der Skalierung auf der rechten Seite abgeleitet.

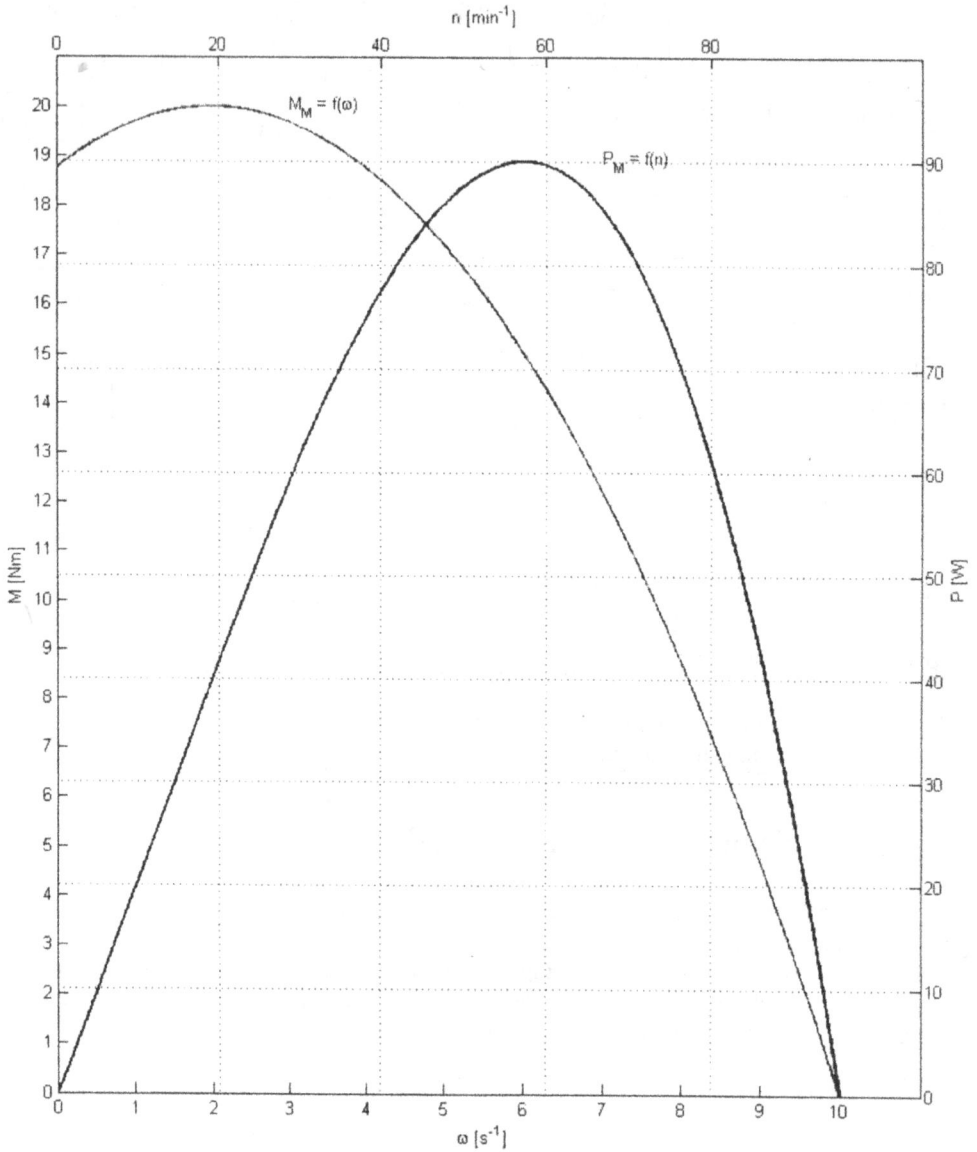

Das weitere Diagramm dokumentiert in ähnlicher Weise die auf das Hinterrad bezogene Drehzahl-Drehmomenten-Kennlinie und die daraus abgeleitete Drehzahl-Leistungs-Kennlinie des Fahrrades, wobei die Drehzahl hier direkt als Winkelgeschwindigkeit ausgedrückt wird (unten) und in Kombination mit dem hier vorliegenden Hinterraddurchmesser von 690 mm als Fahrgeschwindigkeit aufgetragen wird (oben). Beide Kennlinien sind sowohl für die Fahrt in der Ebene als auch bei Gegen- und Rückenwind markiert.

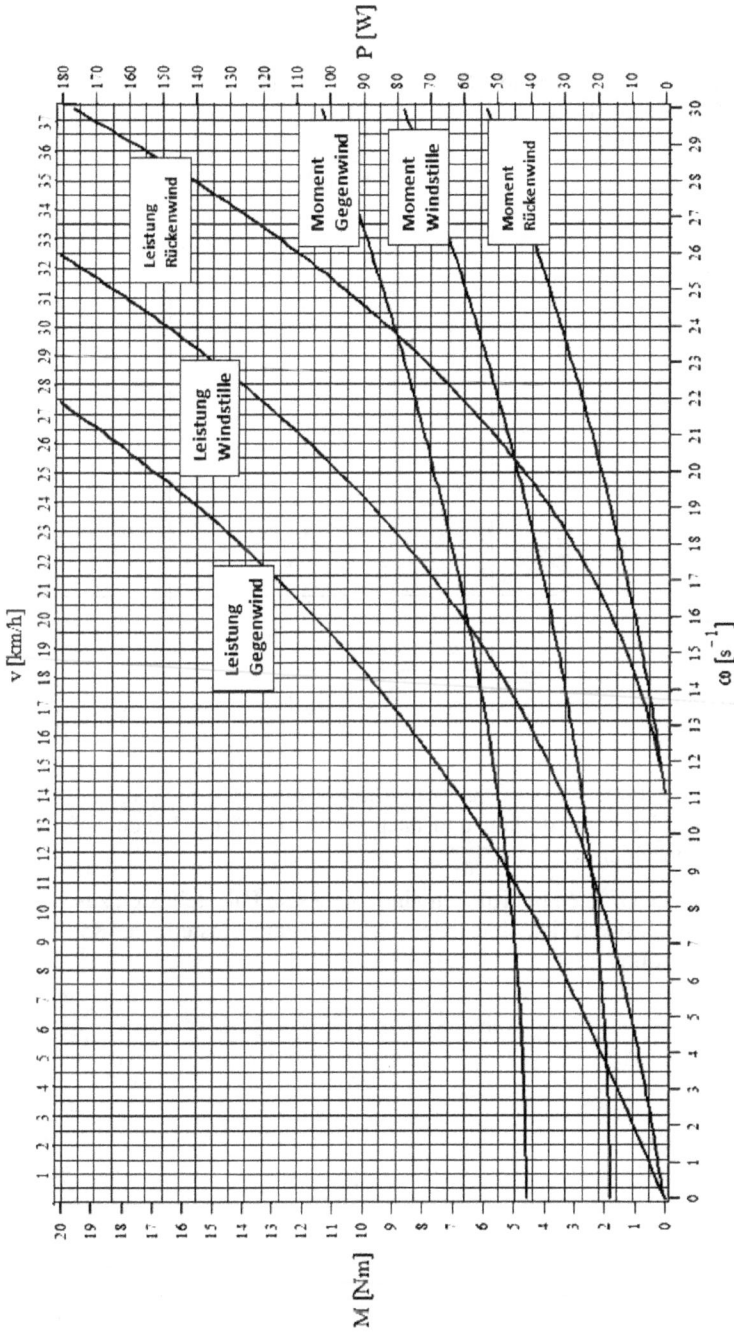

Der Radfahrer versucht, durch Auswahl einer geeigneten Übersetzung seine Muskelleistung optimal auszunutzen. Das Fahrrad ist mit zwei Kettenblätter mit 52 und 38 Zähnen bestückt. Untersuchen Sie zunächst die Fahrt bei Windstille und ermitteln Sie die erreichbare Fahrgeschwindigkeit sowie die Zähnezahlen von Kettenblatt und Ritzel.

			Gegenwind	Windstille	Rückenwind
Welche Fahrgeschwindigkeit wird erreicht, wenn die Leistungsfähigkeit des Radfahrers vollständig ausgenutzt werden soll?	v_{max}	$\frac{km}{h}$			
Welches optimale Übersetzungsverhältnis zwischen Tretkurbel und Hinterrad ist dazu erforderlich?	i_{opt}	–			
Welche Zähnezahlkombination (Kettenblatt z_1/Ritzel z_2) muss dann gewählt werden?	$\frac{z_1}{z_2}$	–			
Welche Fahrgeschwindigkeit stellt sich ein, wenn der Radfahrer keinerlei Antriebsleistung aufbringt und das Fahrrad nur rollen lässt?	$v_{P=0}$	$\frac{km}{h}$	————	————	

Untersuchen Sie anschließend die Fahrt bei Gegenwind und beantworten Sie dazu ebenfalls die Fragen nach erreichbarer Geschwindigkeit und nach der dazu erforderlichen optimaler Übersetzung sowie den Zähnezahlen.

Klären Sie weiterhin die gleichen Fragen bei Rückenwind. In diesem Fall stellt sich zusätzlich die Frage, welche Fahrgeschwindigkeit sich ohne jede Antriebsleistung einstellt, der Radfahrer also sein Fahrrad einfach nur rollen lässt.

A.12.17 Leistungsanpassung Gleichstromnebenschlussmotor – Kranhubwerk

Ein Gleichstromnebenschlussmotor mit untenstehender Drehzahl-Drehmomenten-Kennlinie treibt ein Kranhubwerk an.

Konstruieren Sie zunächst punktweise den Kurvenzug $P = f_{(n)}$ für den Motor! Füllen Sie dazu zweckmäßigerweise die folgende Wertetabelle aus:

n	min⁻¹	1.000	1.200	1.400	1.600	1.700	1.800	1.900	2.000
ω	s⁻¹								
M	Nm								
P	W								

Welche maximale Leistung P_{max} kann der Motor kurzzeitig, also ohne Rücksicht auf die thermische Belastbarkeit und den Wirkungsgrad erbringen?	kW	
Mit welcher Drehzahl dreht der Motor bei P_{max}?	min^{-1}	
Welches Moment gibt der Motor ab, wenn er P_{max} leistet?	Nm	
Die Last wiegt 3,0 t und der Trommeldurchmesser des Hubwerks beträgt 480 mm. Welches Torsionsmoment liegt an der Trommelwelle vor?	Nm	
Welches optimale Übersetzungsverhältnis i_{opt} müsste ein zwischengeschaltetes Getriebe aufweisen, wenn die Arbeitsmaschine mit maximaler Motorleistung P_{max} angetrieben werden soll?	–	
Wie lange würde es dauern, wenn mit dieser Anordnung die Last von 3.000 kg um 12 m angehoben wird?	s	
Welches Moment tritt am Motor auf, wenn eine Last von 500 kg befördert wird?	Nm	
Mit welcher Drehzahl läuft der Motor, wenn eine Last von 500 kg befördert wird?	min^{-1}	
Welche Leistung gibt der Motor ab, wenn eine Last von 500 kg befördert wird?	W	
Wie lange würde es dauern, wenn mit dieser Anordnung eine Last von 500 kg um 12 m angehoben wird?	s	
Wie lange würde es dauern, wenn das Hubwerk im Leerlauf um 12 m aufwärts fährt?	s	

A.12.18   Leistungsanpassung Asynchronmotor – Gebläse

Ein Gebläse soll mit einem Asynchronmotor angetrieben werden. Das Diagramm auf der nächsten Seite gibt die Drehzahl-Drehmomenten-Kennlinien sowohl des Motors und der Arbeitsmaschine wieder.

Konstruieren Sie zunächst graphisch die Kurvenzüge $P = f_{(n)}$ für Motor und Arbeitsmaschine! Zur Erleichterung der Konstruktion sollen die folgenden Wertetabellen dienen.

Wertetabelle zur Erstellung der Leistungs-Drehzahl-Kennlinie des Motors

n	min^{-1}	1.000	1.100	1.150	1.200	1.250	1.300	1.400
ω	s^{-1}							
M	Nm							
P	W							

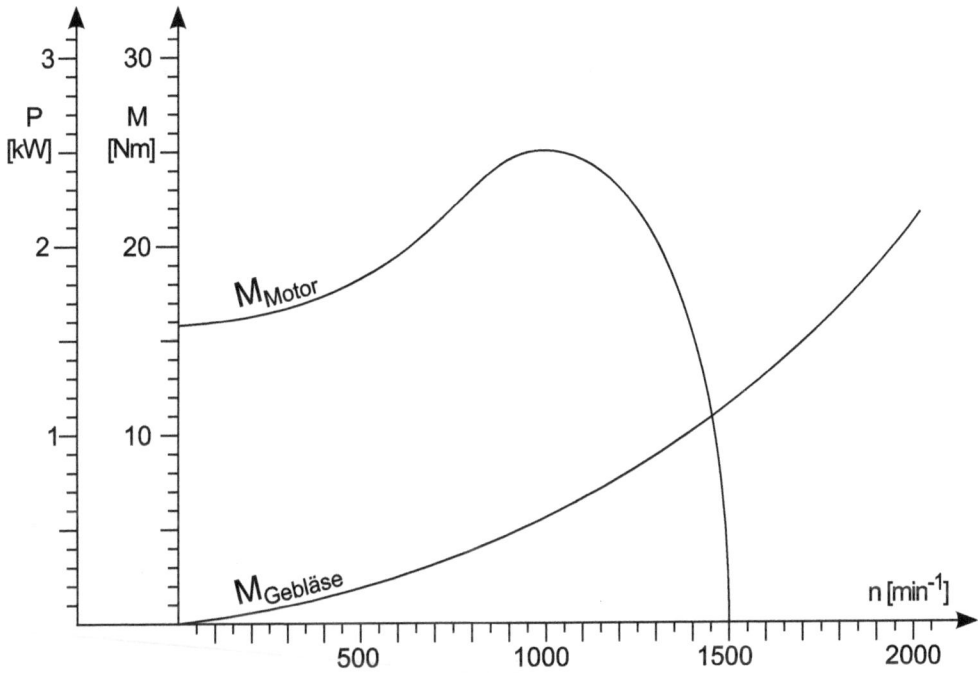

Wertetabelle zur Erstellung der Leistungs-Drehzahl-Kennlinie des Gebläses

n	min^{-1}	1.000	1.200	1.400	1.600	1.800
ω	s^{-1}					
M	Nm					
P	W					

Welche Antriebsleistung P würde die Arbeitsmaschine aufnehmen, wenn der Motor und die Arbeitsmaschine direkt (also ohne Getriebe) gekoppelt werden?	kW	
Welche maximale Leistung P_{max} kann der Motor kurzzeitig, also ohne Berücksichtigung seiner thermischen Belastbarkeit erbringen?	kW	
Welches optimale Übersetzungsverhältnis i_{opt} müsste ein zwischengeschaltetes Getriebe aufweisen, wenn das Gebläse kurzzeitig mit maximaler Motorleistung P_{max} angetrieben werden soll?	–	

A   Lösungsanhang

Dieser Anhang fasst die Lösungen der zuvor gestellten Aufgaben zusammen, wobei hier lediglich die in der Aufgabenstellung aufgeführten Lösungsschemata mit den endgültigen Zahlenwerten ausgefüllt werden. Die ausführlichen Lösungen mit allen Rechenansätzen, Zwischenergebnissen, weiteren Erläuterungen und Hinweisen auf die Gleichungen des Vorlesungsstoffs nehmen sehr viel mehr Platz in Anspruch und sind deshalb unter folgender Internetadresse abrufbar:

https://www.degruyter.com/books/9783110645460

A.8.1   Verformung Aufhängevorrichtung

	Federlänge [mm]	Verformung [mm]
Federweg aufgrund der Biegung des waagerechten Balkens	600	1,045
Federweg aufgrund des Zuges im senkrechten Balken	800	0,0268
Federweg aufgrund der Biegung des senkrechten Balkens	800	4,181
Gesamtfederweg		5,253

A.8.2   Verformung Rohr und Flacheisen

	Flächenmoment [mm^4]	Federlänge [mm]	Verformung [mm]
Federweg aufgrund der Biegung der Flacheisen	209.952	800	3,87
Federweg aufgrund der Torsion des Rohres	630.078	600	7,62
Federweg aufgrund der Biegung des Rohres	315.039	600	1,09
Gesamtfederweg			12,58

A.8.3   Sicherheitsnadel

Wie groß ist die Torsionssteifigkeit der Feder (Abmessungen mittlere Darstellung unten), wenn nur der Windungsanteil berücksichtigt wird?	Nmm	486,1
Wie groß ist die auf die Drehung der Feder bezogene Torsionssteifigkeit eines einzelnen Schenkels?	Nmm	1.030.8
Wie groß ist die Steifigkeit der Feder, wenn alle Verformungsanteile einbezogen werden?	Nmm	250,2

https://doi.org/10.1515/9783110747393-006

		Feder geöffnet	Feder geschlossen	Feder maximal belastet
φ	°	0	12,79	21,42
M	Nmm	0	55,84	93,51
σ_b	N/mm²	0	692,6	1.159,8
F	N	0	1,86	3,12

A.8.4 Schenkelfeder mit elastischen Schenkeln

		ohne Schenkel	mit Schenkel
M_{max}	Nm	3,362	3,362
c	Nm	8,000	6,887
V	mm³	4.145	6.154
W_{ideal}	Nm	0,7064	0,821
W_{real}	Nm	3,553	5,227
η_W	–	0,199	0,156

A.8.5 Verformung Gestell Schwenkbohrmaschine I

Der waagerechte Ausleger und die senkrechte Säule stellen zwei hintereinander geschaltete Federn dar. Die Gesamtverformung (sowohl hinsichtlich des Federweges als auch bezüglich der Neigung) an der Krafteinleitungsstelle setzt sich also aus der Verformung beider Anteile zusammen.	Wird die senkrechte Stütze als starrer Körper angenommen, so kommt es am rechten Ende des als elastisch angenommenen waagerechten Biegebalkens zu einer Verformung als Federweg $f_{Ausleger}$ und Neigung $f'_{Ausleger}$.	Wird umgekehrt der waagerechte Ausleger als starrer Körper angenommen und die Verformung der elastischen senkrechten Stütze betrachtet, so kommt es an deren oberen Ende zu einem Federweg $f_{Säule}$ und einer Neigung $f'_{Säule}$, die ihrerseits eine weitere senkrechte Auslenkung am Kraftangriffspunkt bewirkt.

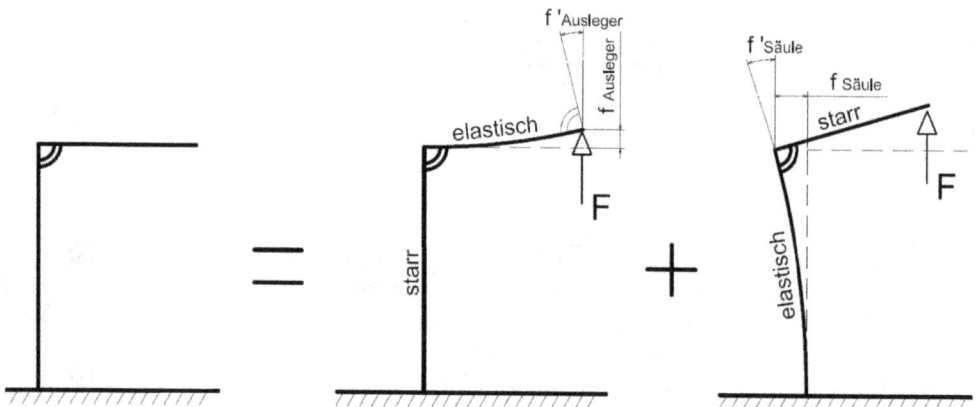

Stahlgestell $(E = 210.000\,\text{N/mm}^2)$		aufgrund der Verformung		
		des waagerechten Auslegers	der senkrechten Säule	Summe
die Verlagerung des Kraftangriffspunktes in y-Richtung?	μm	11,4	47,5	58,9
die Verlagerung des Kraftangriffspunktes in x-Richtung?	μm	0	32,7	32,7
die Winkelverlagerung des Kraftangriffspunktes?	10^{-3} Grad	2,97	8,26	11,23

Die beiden Konstruktionsvarianten unterscheiden sich nur durch den Werkstoff, also durch den Elastizitätsmodul:

$$\frac{E_{\text{Stahl}}}{E_{\text{Guß}}} = \frac{210.000\frac{\text{N}}{\text{mm}^2}}{85.000\frac{\text{N}}{\text{mm}^2}} = 2,47$$

Da der Elastizitätsmodul bei allen Verformungsgleichungen im Nenner steht, müssen die Stahlverformungen mit diesem Quotienten multipliziert werden.

Gussgestell $(E = 85.000\,\text{N/mm}^2)$		aufgrund der Verformung		
		des waagerechten Auslegers	der senkrechten Säule	Summe
die Verlagerung des Kraftangriffspunktes in y-Richtung?	μm	28,2	117,4	145,5
die Verlagerung des Kraftangriffspunktes in x-Richtung?	μm	0	80,8	80,8
die Winkelverlagerung des Kraftangriffspunktes?	10^{-3} Grad	7,34	20,41	27,75

A.8.6   Verformung Gestell Schwenkbohrmaschine II

		für linke Variante aufgrund der Verformung			für rechte Variante aufgrund der Verformung		
		des waagerechten Auslegers	der senkrechten Säule	Summe	des waagerechten Auslegers	der senkrechten Säule	Summe
die Verlagerung an der Bohrstelle in y-Richtung?	μm	12,03	31,26	43,29	7,26	29,78	37,04
die Verlagerung an der Bohrstelle in x-Richtung?	μm	0	12,51	12,51	0	18,61	18,61
die Winkelverlagerung an der Bohrstelle?	10^{-3} Grad	0,689	1,19	1,88	0,5197	1,422	1,942

A.8.7   Einlippenbohrer

	F_{ax}	F_{tan}
Verformung der Bohrstange ⌀ 60	⊗ ja ◯ nein	◯ ja ⊗ nein
Verformung des Schneidebalkens ☐ 24	◯ ja ⊗ nein	◯ ja ⊗ nein

	F_{ax}	F_{tan}
Verformung der Bohrstange ⌀ 60 in μm	37,4	0
Verformung des Schneidebalken ☐ 24 in μm	0	0
Gesamtverformung in μm	37,4	

Um welchen Betrag wird dadurch der Durchmesser d des Bohrloches verändert?	Δd	μm	74,9

A.8.8   Verformung Fräsmaschinengestell I

	Verlagerung des Kraftangriffspunktes in		
	x-Richtung	y-Richtung	z-Richtung
F_x auf waagerechten Ausleger	14,92	0	0
F_z auf waagerechten Ausleger	0	0	0
F_x auf senkrechten Säule	46,38 + 4,42 = 50,80	0	0
F_z auf senkrechte Säule	0	5,60	2,49
Summe der Verformungen	65,72	5,60	2,49

A.8.9   Verformung Fräsmaschinengestell II

a. Bohrbearbeitung: Kraft 1200 N nur in y-Richtung (greift am Hebelarm 520 mm an)

Verformung an der Kraftangriffsstelle	Δx [μm]	Δy [μm]	Δz [μm]
Verformungsanteil waagerechter Balken	0	13,70	0
Verformungsanteil senkrechte Säule	0	17,06	6,23
Summe	0	30,76	6,23

b. Fräsbearbeitung: Kraft 1200 N nur in x-Richtung (greift am Hebelarm 520 mm an)

Verformung an der Kraftangriffsstelle	Δx [μm]	Δy [μm]	Δz [μm]
Verformungsanteil waagerechter Balken	13,70	0	0
Verformungsanteil senkrechte Säule	4,41+33,7	0	0
Summe	51,82	0	0

c. Fräsbearbeitung Kraft 1200 N nur in z-Richtung

Verformung an der Kraftangriffsstelle	Δx [µm]	Δy [µm]	Δz [µm]
Verformungsanteil waagerechter Balken	0	0	0
Verformungsanteil senkrechte Säule	0	6,23	3,04
Summe	0	6,23	3,04

A.8.10 Schwimmbadsprungbrett

		vordere Endstellung der Walze	hintere Endstellung der Walze
Steifigkeit	N/mm	13,65	7,02
Arbeit	Nm	7.840	7.840
Kraft auf die vordere Brettkante	N	14.637	10.497
max. Biegemoment	Nm	31.180	31.180
max. Biegespannung	N/mm²	124	124

A.8.11 Verformung Spindelwelle

Welche Verformung ergibt sich an der Bearbeitungsstelle, wenn eine Bearbeitungskraft von 100 N eingeleitet wird?	f	µm	1,902
Welche Steifigkeit (Bearbeitungskraft pro Federweg) ergibt sich dann für die Fräsbearbeitung?	$c_{\text{Spindel Welle}}$	$\frac{\text{N}}{\text{µm}}$	52,58

A.8.12 Belastung und Verformung einer Stahlbaukonstruktion

I_{ax}	mm⁴	115.857	I_t	mm⁴	231.713
W_{ax}	mm³	4.797	W_t	mm³	9.595

Biegespannung im rechten Rohr	208
Torsionsspannung im mittleren Verbindungsrohr	52
Biegespannung in den beiden linken Rohren	208

			Doppelrohr links	Einzelrohr rechts
Absenkung am rechten Rohrende aufgrund der …	… dreieckförmigen Biegemomentenfläche	f_A	1,71	3,42
	… rechteckförmigen Biegemomentenfläche	f_B	2,57	0
Neigung am rechten Rohrende aufgrund der …	… dreieckförmigen Biegemomentenfläche	f'_A	0,005138	0,01028
	… rechteckförmigen Biegemomentenfläche	f'_B	0,010275	0
Gesamtverformung an der Krafteinleitungsstelle		f_{ges}		15,41

A.8.13 Belastung und Verformung eines Biegebalkens mit zwei Abschnitten

I_{ax_links}	mm^4	2.542.313	I_{ax_rechts}	mm^4	1.412.500
W_{ax_links}	mm^3	57.780	W_{ax_rechts}	mm^3	35.312

Wie groß ist die Biegespannung am linken Ende des linken Abschnitts?	N/mm^2	339,6
Am linken Ende des rechten Abschnitts soll die gleiche Biegespannung vorliegen. Wie lang muss dann die Länge des aufgeschweißten Flacheisens sein?	mm	388,7

			linker Abschnitt	rechter Abschnitt
Absenkung am rechten Ende des Abschnitts aufgrund der ...	... dreieckförmigen Biegemomentenfläche	f_A	0,719	5,033
	... rechteckförmigen Biegemomentenfläche	f_B	1,697	0
Neigung am rechten Ende des Abschnitts aufgrund der ...	... dreieckförmigen Biegemomentenfläche	f'_A	0,002676	0,0124
	... rechteckförmigen Biegemomentenfläche	f'_B	0.008731	0
Gesamtverformung an der Krafteinleitungsstelle		f_{ges}	14,482	

A.8.14 Durchbiegung einer Achse

	F_{max} [N]	f_{max} [μm]	α_{max} [°]
Stahlachse	2.029	3.250	0,857
Aluminiumachse	631	2.948	0,777

A.8.15 Abgestufte Rohrfeder

$$f_1 = \frac{5.822 \frac{N}{mm}}{E} \qquad f_2 = \frac{3.883 \frac{N}{mm}}{E} \qquad f_3 = \frac{9.395 \frac{N}{mm}}{E}$$

$$f_1 + f_2 + f_3 = \frac{5.822 \frac{N}{mm}}{E} + \frac{3.883 \frac{N}{mm}}{E} + \frac{9.395 \frac{N}{mm}}{E} = \frac{19.100 \frac{N}{mm}}{E} = 265\,\mu m$$

$$E = \frac{19.100 \frac{N}{mm}}{0,265\,mm} = 72.075\,\frac{N}{mm^2}$$

Damit lässt sich der Werkstoff als Aluminium mit $E = 72.000\,N/mm^2$ identifizieren.

Die maximale Biegespannung kann nur an zwei Stellen auftreten:

im Abschnitt 1 am Ende des Rundstabes:

$$\sigma_{b1} = \frac{M_{b1}}{W_{ax1}} = \frac{F \cdot L_1}{\frac{\pi \cdot D^3}{32}} = \frac{200\,N \cdot 35\,mm}{\frac{\pi \cdot (10\,mm)^3}{32}} = 71\,\frac{N}{mm^2}$$

in der Mitte der Gesamtkonstruktion:

$$\sigma_{b3} = \frac{M_{b3}}{W_{ax3}} = \frac{F \cdot (L_1 + L_2 + L_3)}{\frac{\pi}{32} \cdot \frac{D^4 - d^4}{D}} = \frac{200\,N \cdot (35 + 35 + 30)\,mm}{\frac{\pi}{32} \cdot \frac{18^4 - 10^4}{18}\,mm^3} = 38\,\frac{N}{mm^2}$$

Wenn das Rohr in seinem Außendurchmesser reduziert wird, so steigt zwar die Biegespannung in der Mitte der Konstruktion an, bleibt aber zunächst unter dem Wert am Ende des Rundstabes. Dadurch wird die Verformung und damit das Arbeitsaufnahmevermögen der gesamten Feder gesteigert.

A.8.16   Verspannung Dreischeibenspindelpresse

Wie groß ist die Gesamtsteifigkeit des Gussgestells bezüglich der Prozesskraft?	c_{GG}	$\frac{N}{\mu m}$	921,6
Wie groß ist die Gesamtsteifigkeit beider Zuganker bezüglich der Prozesskraft?	c_{ZA}	$\frac{N}{\mu m}$	7.944
Wie groß ist die zulässige Prozesskraft, wenn keine Zuganker montiert sind?	$F_{Prozess}$	MN	1,659
Die Prozesskraft soll nun auf 5 MN gesteigert werden. Mit welcher Vorspannung F_V muss jeder einzelne der beiden Zuganker vorgespannt werden, damit auch bei Auftreten dieser Prozesskraft das Graugussgestell nicht auf Zug beansprucht wird?	F_V	kN	259,9
Wie hoch kann die Druckbeanspruchung im Graugussgestell werden?	σ_{DGG}	$\frac{N}{mm^2}$	37,6
Wie hoch kann die maximale Zugspannung im Zuganker werden?	σ_{ZA}	$\frac{N}{mm^2}$	110,1
Wie groß ist die Steifigkeit der verspannten Konstruktion bezüglich der Bearbeitungskraft?	$c_{Prozess}$	$\frac{N}{\mu m}$	8.866
Welcher Vorspannweg ist insgesamt (also von Gussgestell und Zuganker) bei der Montage zu überbrücken?	f_{Vges}	μm	629,5
Um die beim mechanischen Anziehen der Zuganker zu erwartenden hohen Anzugmomente zu vermeiden und um eine Torsionsbelastung der Zuganker auszuschließen, soll thermisch vorgespannt werden. Um wie viel Grad muss dabei der Zuganker gegenüber dem Gussgestell erwärmt werden? Die Wärmeausdehnungszahl für Stahl beträgt $\alpha = 12 \cdot 10^{-6}\,1/grd$.	$\Delta\vartheta$	°C	43,7

A.8.17   Verspannung Pressengestell

Wie groß ist die zulässige Prozesskraft, wenn keine Zuganker montiert sind?	F_{zulGG}	kN	1.176
Mit welcher Gesamtkraft können die vier Zuganker belastet werden?	F_{zulZA}	kN	7.439
Wie groß ist die Gesamtsteifigkeit des Gussgestells ohne Zuganker?	c_{GG}	kN/μm	2,817
Wie groß ist die Gesamtsteifigkeit der stählernen Zuganker?	c_{ZA}	kN/μm	7,513
Das Gestell wird nun optimal vorgespannt. Bei der darauffolgend eingeleiteten Betriebskraft kann auch das Gussgestell bis an seine Zugfestigkeitsgrenze beansprucht werden. Wie groß darf die Prozesskraft maximal werden, wenn weder die Zuganker noch die gusseisernen Portalstützen überlastet werden dürfen? Der Festigkeitsnachweis ist sowohl die maximale Betriebskraft als auch für den Vorspannungszustand zu führen.	F_{Presse}	kN	8,615
Um welchen Weg muss die Säule vorgespannt werden?	f_{Vges}	μm	573
Mit welcher Kraft muss dann jeder einzelne der vier Zuganker vorgespannt werden?	F_{VZA}	kN	293,5
Wie groß ist die Steifigkeit der vorgespannten Konstruktion bezüglich der Prozesskraft?	c_{ges}	kN/μm	10,330
Um wie viel Grad muss der Zuganker erwärmt werden, damit dieser Vorspannungszustand erreicht wird?	$\Delta\vartheta$	grd	92,7

A.8.18   Piezokorrektur Umfangsschleifscheibe I

Wie groß ist die Gesamtsteifigkeit der Stützen bezüglich einer horizontal gerichteten Auslenkung?	$c_{Stützen}$	N/μm	10,122
Wie groß ist die Steifigkeit des Gesamtsystems bezüglich der Schleifkraft?	c_{ges}	N/μm	50,122
Welche Deformation tritt an der Kontaktstelle zwischen Schleifscheibe und Werkstück durch die maximale Bearbeitungskraft auf?	$\Delta f_{Schleif}$	μm	1,995
Welche Auslenkung wird an der Kontaktstelle zwischen Schleifscheibe und Werkstück wirksam, wenn nicht geschliffen wird und der Piezo voll ausgesteuert wird?	Δx_{SW}	μm	83,0
Welche Vorspannkraft erfährt dabei der Piezo?	F_V	N	840
Welche Kraft kann der Piezo maximal erfahren?	F_{Piezo_max}	N	920

A.8.19   Piezokorrektur Umfangsschleifscheibe II

Wie groß muss dann die federnde Länge der Blattfeder L_{ges} sein, wenn b = h = 12 mm ist?	L_{ges}	mm	64,8
Wie groß ist die Steifigkeit des Gesamtsystems bezüglich der Schleifkraft?	c_{ges}	N/μm	128
Welche Deformation tritt an der Kontaktstelle zwischen Schleifscheibe und Werkstück durch die maximale Bearbeitungskraft von 80 N auf?	$\Delta f_{Schleif}$	μm	0,625
Welche Auslenkung wird an der Kontaktstelle zwischen Schleifscheibe und Werkstück wirksam, wenn nicht geschliffen wird und der Piezo voll ausgesteuert wird?	Δx_{SW}	μm	42
Welche Vorspannkraft erfährt dabei der Piezo?	F_V	N	2.688
Welche Kraft wirkt maximal auf den Piezo ein?	F_{Piezo_max}	N	2.728

A.8.20   Piezokorrektur Rotationsschleifen

Piezo und Tellerfederpaket werden zunächst ohne jede Vorspannung montiert. Anschließend wird der Piezo um 28 μm ausgesteuert. Um welche Strecke wird die Spindel auf der Linie Piezoaktuator – Feder horizontal verschoben?	$\Delta x_{Einstell}$	μm	23,3
Um welchen Winkel kann daraufhin die Spindelachse geneigt werden?	$\Delta \varphi_{Einstell}$	10^{-3} °	4,691
Wie groß ist die Kraft, mit der sowohl Piezo als auch Feder durch die Einstellbewegung belastet wird?	$F_{Einstell}$	N	1.398
Die maximale Schleifkraft wird eingeleitet. Welche Betriebskraft wird daraufhin auf der Linie Piezo – Feder wirksam?	F_{BL}	N	177.6
Um welche Kraft muss die Kombination Piezo – Feder vorgespannt werden, damit selbst bei maximaler Schleifkraft die Feder stets anliegt?	F_V	N	29,6
Welche horizontale Verlagerung auf der Linie Piezo – Feder hat die Schleifkraft zur Folge?	$\Delta x_{Schleif}$	μm	0,4933
Um welchen Winkel verstellt sich daraufhin die Schleifspindel?	$\Delta \varphi_{Schleif}$	10^{-3} °	0,09918
Mit welcher maximalen Kraft kann dann der Piezo belastet werden?	$F_{Piezomax}$	N	1.576

A.8.21   Vorgespannte Axialwälzlagerung mit zwei gleichen Lagern

grafische Lösung:

Vorspannweg durch Abschleifen der Distanzscheibe	μm	0	2	4	6	8
Steifigkeit der gesamten Lagerung	N/μm	0	120	160	200	230
durch die Vorspannung entstehende Lagerlast	N	0	40	110	200	300

rechnerische Lösung:

Vorspannweg durch Abschleifen der Distanzscheibe	μm	0	2	4	6	8
Steifigkeit der gesamten Lagerung	N/μm	0	115,8	163,8	199,9	231,6
durch die Vorspannung entstehende Lagerlast	N	0	38,6	109,2	200,6	308,8

A.8.22   Vorgespannte Axialwälzlagerung mit zwei unterschiedlichen Lagern

grafische Lösung:

Vorspannweg durch Abschleifen der Distanzscheibe	μm	0	2	4	6	8
Federweg am linken Lager	μm	0	1,2	2,4	3,6	4,8
Federweg am rechten Lager	μm	0	0,8	1,6	2,4	3,2
Steifigkeit des linken Lagers im Arbeitspunkt	N/μm	0	65	90	110	125
Steifigkeit des rechten Lagers im Arbeitspunkt	N/μm	0	95	135	165	190
Steifigkeit der gesamten Lagerung	N/μm	0	160	225	275	315
durch die Vorspannung entstehende Lagerlast	N	0	50	145	265	405

rechnerische Lösung:

Vorspannweg durch Abschleifen der Distanzscheibe	μm	0	2	4	6	8
Federweg am linken Lager	μm	0	1,200	2,400	3,600	4,800
Federweg am rechten Lager	μm	0	0,800	1,600	2,400	3,200
Steifigkeit des linken Lagers im Arbeitspunkt	N/μm	0	63,4	89,7	109,9	126,9
Steifigkeit des rechten Lagers im Arbeitspunkt	N/μm	0	95,3	134,7	165,0	190,5
Steifigkeit der gesamten Lagerung	N/μm	0	158,7	224,4	274,9	317,4
durch die Vorspannung entstehende Lagerlast	N	0	50,7	143,6	263,8	406,2

A.8.23   Vorgespannte Axialwälzlagerung einer Feinbohrspindel

Um welchen Betrag muss das oben bezeichnete Bauteil abgeschliffen werden, damit gerade Spielfreiheit eintritt?	μm	4
Wie groß ist die (linearisierte) axiale Steifigkeit in diesem Zustand?	N/μm	465
Das Bauteil wird um weitere 6 μm abgeschliffen. Wie groß ist dann die axiale Steifigkeit?	N/μm	3.332

A.8.24   Steifigkeit vorgespannte Axialwälzlagerung

Vorspannweg gesamt	Vorspannweg für jeden einzelnen Hertz'schen Kontakt	Steifigkeit für jeden einzelnen Hertz'schen Kontakt (aus Diagramm abgelesen)	Gesamtsteifigkeit der Lagerung
0 μm	0 μm	$1,0\dfrac{N}{\mu m}$	$1,0\dfrac{N}{\mu m} \cdot \dfrac{8}{2} = 4,0\dfrac{N}{\mu m}$
2 μm	$\dfrac{2\mu m}{4} = 0,5\mu m$	$6,5\dfrac{N}{\mu m}$	$6,5\dfrac{N}{\mu m} \cdot \dfrac{8\cdot 2}{2} = 52\dfrac{N}{\mu m}$
4 μm	$\dfrac{4\mu m}{4} = 1,0\mu m$	$10,0\dfrac{N}{\mu m}$	$10,0\dfrac{N}{\mu m} \cdot \dfrac{8\cdot 2}{2} = 80\dfrac{N}{\mu m}$
6 μm	$\dfrac{6\mu m}{4} = 1,5\mu m$	$12,5\dfrac{N}{\mu m}$	$12,5\dfrac{N}{\mu m} \cdot \dfrac{8\cdot 2}{2} = 100\dfrac{N}{\mu m}$
8 μm	$\dfrac{8\mu m}{4} = 2,0\mu m$	$14,0\dfrac{N}{\mu m}$	$14,0\dfrac{N}{\mu m} \cdot \dfrac{8\cdot 2}{2} = 112\dfrac{N}{\mu m}$
10 μm	$\dfrac{10\mu m}{4} = 2,5\mu m$	$16,5\dfrac{N}{\mu m}$	$16,5\dfrac{N}{\mu m} \cdot \dfrac{8\cdot 2}{2} = 132\dfrac{N}{\mu m}$

A.8.25   Steifigkeit vorgespanntes Radialwälzlager

	Innenringlaufbahndurchmesser				
	2 μm unter Nennmaß (Spiel)	genau Nennmaß (spielfrei)	2 μm über Nennmaß	4 μm über Nennmaß	6 μm über Nennmaß	8 μm über Nennmaß
c_{rad} [N/μm]	2,0	3,4	13,1	19,9	24,5	28,6

A.8.26   Steifigkeit rollengelagerte Spindel

Nummer der Zylinderrolle	Gesamtdeformation der Zylinderrolle in [μm]	Reaktionskraft bezüglich der Gesamtverformung in [N]
1	4,000	579,7
2	3,707	529,8
3	3,000	412,4
4	2,293	300,1
5	2,000	255,2
6	2,293	300,1
7	3,000	412,4
8	3,707	529,8

c_{Lager} [N/μm] = 649,3

$c_{Spindel}$ [N/μm] = 228,5

A.8.27   Steifigkeit Spindel (Kugellager und Welle)

a. Steifigkeit eines einzelnen Lagers

Kugel 8 Gesamtdeformation der Kugel: 2,293 μm Reaktionskraft bezüglich der Gesamtverformung: 87,8 N	Kugel 1 Gesamtdeformation der Kugel: 2,000 μm Reaktionskraft bezüglich der Gesamtverformung: 72,9 N	Kugel 2 Gesamtdeformation der Kugel: 2,293 μm Reaktionskraft bezüglich der Gesamtverformung: 87,8 N
Kugel 7 Gesamtdeformation der Kugel: 3,000 μm Reaktionskraft bezüglich der Gesamtverformung: 126,6 N		Kugel 3 Gesamtdeformation der Kugel: 3,000 μm Reaktionskraft bezüglich der Gesamtverformung: 126,6 N
Kugel 6 Gesamtdeformation der Kugel: 3,707 μm Reaktionskraft bezüglich der Gesamtverformung: 168,8 N	Kugel 5 Gesamtdeformation der Kugel: 4,000 μm Reaktionskraft bezüglich der Gesamtverformung: 187,2 N	Kugel 4 Gesamtdeformation der Kugel: 3,707 μm Reaktionskraft bezüglich der Gesamtverformung: 168,8 N

c_{Lager} [N/μm] = 228,9

b. Steifigkeit an der Angriffsstelle der Bearbeitungskraft aufgrund der Steifigkeit der Lager

$c_{\text{Spindel Lager}}\ [\text{N}/\mu\text{m}] = 91{,}56$

c. Steifigkeit der Spindel aufgrund der Durchbiegung der Welle

$c_{\text{Spindel Welle}}\ [\text{N}/\mu\text{m}] = 70{,}07$

d. Gesamtsteifigkeit

$c_{\text{Spindel}}\ [\text{N}/\mu\text{m}] = 39{,}68$

A.8.28 Steifigkeit von drei wälzgelagerte Spindeln

Spindel a	linkes Lager	rechtes Lager	Spindelnase
Kraft	53,3 N	253,3 N	200 N
Verformung	1,067 μm	2,533 μm	3,493 μm
Steifigkeit Lager(ung)	50 N/μm	100 N/μm	57,3 N/μm
Steifigkeit Welle			47,7 N/μm
Gesamtsteifigkeit Spindel			26,0 N/μm

Spindel b	linkes Lager	rechtes Lager	Spindelnase
Kraft	66,7 N	266,7 N	200 N
Verformung	1,333 μm	2,667 μm	4,000 μm
Steifigkeit Lager(ung)	50 N/μm	100 N/μm	50,0 N/μm
Steifigkeit Welle			29,0 N/μm
Gesamtsteifigkeit Spindel			18,4 N/μm

Spindel c	linkes Lager	rechtes Lager	Spindelnase
Kraft	100,0 N	300,0 N	200 N
Verformung	2,000 μm	3,000 μm	5,500 μm
Steifigkeit Lager(ung)	50 N/μm	100 N/μm	36,360 N/μm
Steifigkeit Welle			38,6 N/μm
Gesamtsteifigkeit Spindel			18,7 N/μm

A.8.29   Steifigkeit hydrostatische Spindel

Lagertasche	Lagerspalt im Bereich der Lagertasche [μm]	Kraft der einzelnen Lagertasche [N]
1	$35 - 10 = 25$	1.320
2	$35 - 10 \cdot \cos 60° = 30$	1.160
3	$35 + 10 \cdot \cos 60° = 40$	840
4	$35 + 10 = 45$	740
5	$35 + 10 \cdot \cos 60° = 40$	840
6	$35 - 10 \cdot \cos 60° = 30$	1.160

$$F_{Lager} = 1.320\,N + 2 \cdot 1.160\,N \cdot \cos 60° - 2 \cdot 840\,N \cdot \cos 60° - 740\,N = 900\,N$$

$$c_{Lager} = \frac{900N}{10\,\mu m} = 90\,\frac{N}{\mu m}$$

F_{Lager} [N]	900
c_{Lager} [N/μm]	90

$c_{Spindel}$ [N/μm]	28,7

A.8.30   Axiales Luftlager

Welcher Außenradius für das Elementarlager ergibt sich aufgrund der Kreisringgeometrie des Axiallagers?	R	mm	12
Wie viele Elementarlager werden sinnvollerweise in einem Spurlager angeordnet? Runden Sie auf eine natürliche Zahl.	z	–	14
Welche Tragzahl weist ein einzelnes Elementarlager auf?	c_S	–	0,3275
Welche Tragfähigkeit hat ein einzelnes Elementarlager?	F_{max}	N	74,1
Welche Tragfähigkeit hat das gesamte, nicht vorgespannte Spurlager?	F_{maxges}	N	1.037

Wie groß muss der Lagerspalt gewählt werden, damit das Lager bei optimaler Steifigkeit betrieben wird?	h^+	μm	16,1
Die Spaltweite wird mit h^+ ausgeführt und aus Sicherheitsgründen darf eine minimale Spaltweite von 5 μm nicht unterschritten werden. Welche Tragfähigkeit hat dann die gesamte, aus zwei gegeneinander angestellten Spurlagern bestehende Axiallagerung?	F_{maxges}	N	842
Welche über den gesamten Arbeitsbereich linearisierte Steifigkeit weist die aus zwei Spurlagern bestehende Axiallagerung auf?	S_{lin}	$\frac{N}{\mu m}$	75,8
Welche linearisierte Steifigkeit weist die aus zwei Spurlagern bestehende Axiallagerung in der Nähe der Nulllage auf?	$S_{ges(f=0)}$	$\frac{N}{\mu m}$	135,3

A.8.31   Radiales Luftlager

a. h^+ [μm] $= 19{,}6$

b. F_{max}[N] $= 885{,}5$

c. F_{radmax}[N] $= 2.576$

d. S_{rad_lin} [N/μm] $= 176$

e. $S_{rad(f=0)}$ [N/μm] $= 277$

f.

Die Spaltweite wird geringfügig vergrößert. Wie verhält sich dabei die Tragfähigkeit?

○ Die Tragfähigkeit wird kleiner
○ Die Tragfähigkeit bleibt gleich
⊗ Die Tragfähigkeit wird größer

Die Spaltweite wird geringfügig verkleinert. Wie verhält sich dabei die Tragfähigkeit?

⊗ Die Tragfähigkeit wird kleiner
○ Die Tragfähigkeit bleibt gleich
○ Die Tragfähigkeit wird größer

g.

Die Spaltweite wird geringfügig vergrößert. Wie verhält sich dann die Steifigkeit?

⊗ Die Steifigkeit wird kleiner
○ Die Steifigkeit bleibt gleich
○ Die Steifigkeit wird größer

Die Spaltweite wird geringfügig verkleinert. Wie verhält sich dann die Steifigkeit?

⊗ Die Steifigkeit wird kleiner
○ Die Steifigkeit bleibt gleich
○ Die Steifigkeit wird größer

A.9.1   Verschraubung mit differenzierter Haft- und Gleitreibung I

	Regelgewinde M 12 × 1,75 $\varphi = 2,936°$ $d_2 = 10,86\,\text{mm}$	Feingewinde M 12 × 1,00 $\varphi = 1,606°$ $d_2 = 11,35\,\text{mm}$
Wie groß sind Gleitreibwert und Gleitreibwinkel, wenn angenommen werden kann, dass sie um 6 % **kleiner** sind als die einheitlichen Fixwerte?		
μ_{gleit} ρ'_{gleit}	0,1128 7,421	
μ_{fix} ρ'_{fix}	0,120 7,889	
Wie groß sind Haftreibwert und Haftreibwinkel, wenn angenommen werden kann, dass sie um 6 % **größer** sind als die einheitlichen Fixwerte?		
μ_{haft} ρ'_{haft}	0,127 8,356	
Welches Gewindemoment ist erforderlich, um ...		
... eine Axialkraft von 12,0 kN hervorzurufen?	11,912	10,819
... die mit 12,0 kN vorgespannte Schraube wieder zu lösen?	−6,182	−8,060
... aus dem Vorspannungszustand 12,0 kN heraus nachzuziehen?	13,011	11,961
... die Vorspannung von 12,0 kN auf 13,2 kN zu erhöhen? Ist ein Nachziehen möglich?	13,099 ⊗ ja ◯ nein	11,901 ◯ ja ⊗ nein
... die Vorspannung von 12,0 kN auf 13,4 kN zu erhöhen? Ist ein Nachziehen möglich?	13,297 ⊗ ja ◯ nein	12,081 ⊗ ja ◯ nein
Wie hoch ist der Wirkungsgrad der Schraube η_{gleit} unter Berücksichtigung der Tatsache, dass sich der Anziehvorgang im Wesentlichen bei Gleitreibung vollzieht?	28,06	17,64
Wie hoch ist der Wirkungsgrad der Schraube η_{haft}, wenn er sich an der Haftreibung orientieren würde?	25,69	15,96

A.9.2   Verschraubung mit differenzierter Haft- und Gleitreibung II

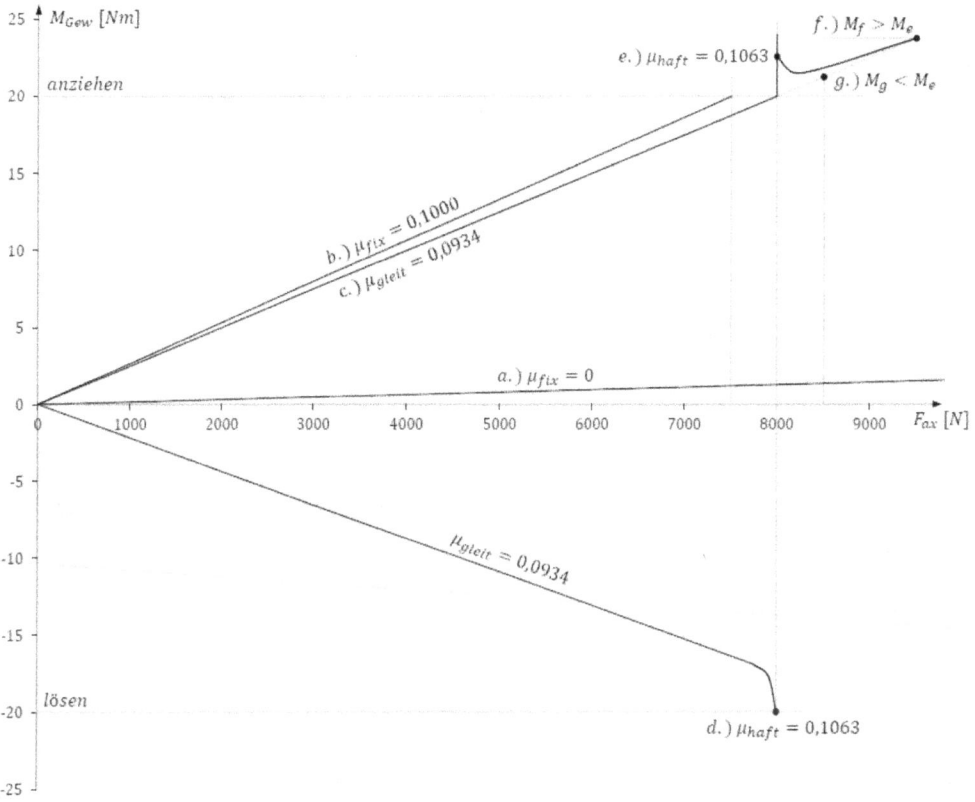

a	Die Verschraubung wird mit einem Gewindemoment von 20 Nm angezogen. Welche Vorspannkraft wäre zu erwarten, wenn zunächst einmal (unrealistischerweise) die Reibung vernachlässigt wird?	$F_{ax\,\mu=0}$	N	125.665
b	Welche Vorspannkraft ist zu erwarten, wenn der Reibwert (ohne Differenzierung nach Haft- und Gleitreibung) vorläufig mit 0,1000 angenommen wird?	$F_{ax\,\mu\,fix}$		7.507
c	Eine messtechnische Untersuchung ergibt jedoch, dass beim zügigen Anziehen (also ohne zwischenzeitlichen Stillstand) eine Vorspannkraft von 8.000 N hervorgerufen wird. Wie groß sind der Reibwinkel und der Reibwert, der dann als Gleitreibwert zu verstehen ist?	ρ'_{gleit} μ_{gleit}	° –	6,1587 0,0934
d	Zum Lösen der Verschraubung ist (zufällig) das gleiche Gewindemoment von 20 Nm erforderlich. Wie groß ist der Reibwert, der dann als der Haftreibwert gesehen werden muss?	ρ'_{haft} μ_{haft}	° –	6,9979 0,1063
e	Die Vorspannkraft soll von 8.000 N aus erhöht werden. Mit welchem Gewindemoment muss dieser Nachziehvorgang aus der Haftreibung heraus starten?	$M_{nachziehstart}$	Nm	22,58
f	Die Vorspannkraft soll durch den Nachziehvorgang auf 9.500 N erhöht werden. Welches Gewindemoment ist dafür erforderlich, wenn der Anziehvorgang zügig, also ohne zwischenzeitlichen Stillstand erfolgt?	$M_{nachzieh9.500}$	Nm	23,75
g	Die Vorspannkraft soll durch den Nachziehvorgang auf 8.500 N erhöht werden. Welches Gewindemoment ist dafür erforderlich?	$M_{nachzieh8.500}$	Nm	21,25
h	Wie hoch ist der Wirkungsgrad der Schraube unter Berücksichtigung der Tatsache, dass sich der Anziehvorgang im Wesentlichen bei Gleitreibung vollzieht?	η_{gleit}	%	6,37
i	Wie hoch wäre der Wirkungsgrad der Schraube, wenn er sich an der Haftreibung orientieren würde?	η_{haft}	%	5,64

A.9.3   Rollreibung Fahrrad

		Reibmoment [Nmm]			Reibleistung [W]		
		20 km/h	25 km/h	30 km/h	20 km/h	25 km/h	30 km/h
1	Nabenlagerung	v: 2,10 h: 5,23	v: 2,10 h: 5,23	v: 2,10 h: 5,23	v: 0,0348 h: 0,0867	v: 0,0436 h: 0,1086	v: 0,0522 h: 0,1300
2	Reifen auf trockener Straße bei 6 bar	——	v: 290 h: 578	——	——	v: 6,03 h: 12,02	——
3	Reifen auf trockener Straße bei 7 bar	v: 259 h: 518	v: 274 h: 548	v: 281 h: 562	v: 4,30 h: 8,60	v: 5,70 h: 11,40	v: 7,00 h: 14,00
4	Reifen auf trockener Straße bei 8 bar	——	v: 263 h: 525	——	——	v: 5,47 h: 10,94	——
5	Reifen bei 7 bar auf Gummibelag	——	v: 294 h: 589	——	——	v: 6,12 h: 12,23	——
6	Reifen bei 7 bar auf „geölter" Straße	——	v: 247 h: 494	——	——	v: 5,14 h: 10,30	——

A.9.4   Rollreibung Reibradgetriebe

		Stahl-Stahl	Stahl-Gummi
Antriebsmoment	Nm	24,18	
Umfangskraft an der Kraftübertragungsstelle	N	431,8	
Normalkraft an der Kraftübertragungsstelle	N	14.392	616,8
Resultierende aus Umfangs- und Normalkraft	N	14.398	752,9
Reibmoment von beiden Lagern einer Welle	Nmm	475,1	24,85
Reibleistung beide Lager Antriebswelle	W	20,63	1,08
Reibleistung beide Lager Abtriebswelle	W	8,87	0,464
Reibleistung aller Lager des Getriebes	W	29,50	0,544
Wirkungsgrad bezüglich der Lagerung	%	97,2	99,9
Rollreibungsbedingte Reibleistung Reibräder	W	93,25	22,50
Rollreibungsbedingter Wirkungsgrad Reibräder	%	96,8	97,9
Rollreibungsbedingter Gesamtwirkungsgrad	%	94,0	97,8

Der Rollreibungsbeiwert von Stahl-Stahl ist zwar vorteilhaft niedrig, aber die wegen des gleichzeitig niedrigen Festkörperreibwertes erforderliche hohe Anpresskraft lässt die Reibverluste stark anwachsen.

A.9.5 Wirkungsgrad Fahrradkettenantrieb, Variation der Leistung

das lastunabhängige Reibmoment eines Kettengelenks M_{Rlu}.	M_{Rlu}	Nmm	6,9
das lastabhängige Reibmoment eines Kettengelenks in Funktion der Kettenkraft $M_{Rla} = \mu_B \cdot \frac{d_B}{2} \cdot F_{Kette} = C_{la} \cdot F_{Kette}$.	C_{la}	mm	0,3849

Laststufe	M_{TL} [Nm]	F_{Kette} [N]
50 W	6,82	73,3
100 W	13,64	146,7
200 W	27,92	293,3

	Reibmoment [Nmm]				
	Zugtrumseite		Leertrumseite		Summe
	M_{Rlu}	M_{Rla}	M_{Rlu}	M_{Rla}	
Leerlauf	6,9	0	6,9	0	13,8
50 W	6,9	28,2	6,9	0	42,0
100 W	6,9	56,5	6,9	0	70,3
200 W	6,9	112,9	6,9	0	126,7

	Reibleistung [mW]			η [%]
	Kettenblatt	Ritzel	gesamt	
Leerlauf	101	291	392	0
50 W	308	885	1.193	97,61
100 W	515	1.481	1.996	98,00
200 W	929	2.670	3.599	98,20

A.9.6 Wirkungsgrad Kettentrieb Fahrrad, Variation der Kettenradgröße

Wie groß ist das Torsionsmoment an der Tretlagerwelle?	M_{TL}	Nm	16,37

		Ketten-blatt	Ritzel	Schalt-rädchen	Ketten-blatt	Ritzel	Schalt-rädchen
Zähnezahl		38	11	9	52	15	9
F_{Kette} [N]		213,1			155,8		
Einlaufseite	M_{Rlu} [Nmm]	6,9	6,9	6,9	6,9	6,9	6,9
	M_{Rla} [Nmm]	82,02	0	0	59,97	0	0
Auslaufseite	M_{Rlu} [Nmm]	6,9	6,9	6,9	6,9	6,9	6,9
	M_{Rla} [Nmm]	0	82,02	0	0	59,97	0
	Summe	95,82	95,82	13,8	73,77	73,77	13,8
	ω_{Gelenk} [s^{-1}]	7,33	25,32	30,95	7,33	25,41	42,35
	P_R [mW]	702	2.426	427	541	1.875	584
mit Schalträdchen	η_{ges}	96,68			97,01		
ohne Schalträdchen	η_{ges}	97,39			97,99		

A.9.7 Wirkungsgrad Fahrradkettenschaltung, Variation des Übersetzungsverhältnisses

Wie groß ist das Torsionsmoment an der Tretlagerwelle?	M_{TL}	Nm	13,64
Wie groß ist die Kettenkraft?	F_{Kette}	N	140,6

		Ketten-blatt 48 Zähne	Ritzel 11 Zähne	Ritzel 19 Zähne	Ritzel 27 Zähne	Schalt-rädchen 9 Zähne
Einlauf-seite	M_{Rlu} [Nmm]	6,9	6,9	6,9	6,9	6,9
	M_{Rla} [Nmm]	54,1	0	0	0	0
Auslauf-seite	M_{Rlu} [Nmm]	6,9	6,9	6,9	6,9	6,9
	M_{Rla} [Nmm]	0	54,1	54,1	54,1	0
	Summe	67,9	67,9	67,9	67,9	27,6
	ω_{Gelenk} [s^{-1}]	7,33	31,99	18,52	13,03	39,09
	P_R [mW]	498	2.172	1.258	885	1.079

η_{ges} für Ritzel mit 11 Zähnen	96,25
η_{ges} für Ritzel mit 19 Zähnen	97,16
η_{ges} für Ritzel mit 27 Zähnen	97,54

A.9.8 Rekord-Liegerad mit Frontantrieb

Wie groß ist das Torsionsmoment an der Tretlagerwelle?	M_{TL}	Nm	22,84
Wie groß ist die Kettenkraft?	F_{Kette}	N	141,25

		Ketten-blatt z = 80	Umlenk-ritzel z = 23	Antriebs-ritzel z = 15	Laufrolle Schalt-werk z = 9	Laufrolle Schalt-werk z = 9
Einlauf-seite	M_{Rlu} [Nmm]	6,9	6,9	6,9	6,9	6,9
	M_{Rla} [Nmm]	54,4	54,4	0	0	0
Auslauf-seite	M_{Rlu} [Nmm]	6,9	6,9	6,9	6,9	6,9
	M_{Rla} [Nmm]	0	54,4	54,5	0	0
	Summe	68,2	122,6	68,2	13,8	13,8
	ω_{Gelenk} [s^{-1}]	9,634	33,51	51,38	85,64	85,64
	P_R [mW]	657,0	4.108,3	3.504,1	1.181,8	1.181,8

Wie groß ist der Gesamtwirkungsgrad?	η	%	95,2

A.9.9   Lastunabhängige Verluste Riemenspannrolle

		Antrieb/Abtrieb	Spannrolle	Spannrolle	Spannrolle	Spannrolle
$\varnothing d$	mm	120	60	50	40	30
ω	s^{-1}	314,2	628,3	754,1	942,5	1.256,6
M_{iR}	Nmm	42,0	84,0	100,8	126,0	168,0
P_{iR}	W	13,2	52,8	76,0	118,8	211,1

Die Reibleistung steigt

- proportional mit der Winkelgeschwindigkeit und
- umgekehrt proportional mit dem Scheibendurchmesser,

also quadratisch mit sinkendem Scheibendurchmesser. Vor kleinen Scheibendurchmessern muss gewarnt werden: Scheinbar harmlose Verlustverursacher erweisen sich dann als zerstörerische Hitzequellen! Im Betrieb mag das wegen der geschwindigkeitsbedingt guten Wärmeabfuhr noch keine Schäden verursachen, aber ausgerechnet beim anschließenden Stillstand läuft der Riemen Gefahr, thermisch zerstört zu werden.

A.9.10   Lastunabhängige Verluste Flachriementrieb Schleifmaschine

		Antrieb	Abtrieb	Summe
$\varnothing d$	mm	80	120	200
ω	s^{-1}	157	104,6	—
M_{iR}	Nmm	80,0	53,3	—
P_{iR}	W	12,56	5,58	18,14
$\varnothing d$	mm	100	100	200
ω	s^{-1}	157	157	—
M_{iR}	Nmm	64,0	64,0	—
P_{iR}	W	10,0	10,0	20,0
$\varnothing d$	mm	120	80	200
ω	s^{-1}	157	235,5	—
M_{iR}	Nmm	53,3	80,0	—
P_{iR}	W	8,37	18,84	27,21

A.9.11   Verspannung Riementrieb – Kettentrieb

Die Belastbarkeit des Riementriebes soll voll ausgenutzt werden. Wie groß ist dann die Zugtrumkraft?	S_Z	N	720
Welche Leertrumkraft muss dann durch die Spannrolle aufgebracht werden?	S_L	N	109
Wie groß wird dann die Umfangskraft?	U	N	611
Welches Moment kann übertragen werden?	M	Nm	73,3
Welche Leistung kann mit diesem Riementrieb maximal übertragen werden?	P_{max}	W	9.211
Welcher maximale Schlupf kann am Riementrieb eingestellt werden, ohne dass das System Gleitschlupf erfährt?	ψ	10^{-3}	10,6
Welches maximale Übersetzungsverhältnis darf dann eingestellt werden?	i_{max}	–	1,0107
Welcher schlupfbedingte Wirkungsgrad stellt sich ein?	η_S	%	98,94

A.9.12   Gesamtwirkungsgrad Flachriemenantrieb in Funktion der Leistung

		100 W	1.000 W	10.000 W
$M_{Scheibe}$	Nm	0,6366	6,366	63,66
U	N	6,366	66,31	663,1
ψ	10^{-3}	0,1151	1,151	11,51
η_S	%	99,99	99,88	98,85
M_{iR}	Nmm	250	250	250
P_{iR}	W	39,28	39,28	39,28
η_R	%	60,18	96,07	99,61
η_{ges}	%	60,17	95,95	98,46

Aus diesen Rechenergebnissen lassen sich folgende Schlussfolgerungen ableiten:

- Der (hier lastabhängige) Schlupfwirkungsgrad η_S wird mit abnehmender Leistung besser, weil der Geschwindigkeitsverlust geringer wird.
- Der reibungsbedingte Wirkungsgrad η_R wird mit abnehmender Leistung immer schlechter, weil die lastunabhängigen, also konstanten Reibungsanteile an Bedeutung gewinnen.
- Der Gesamtwirkungsgrad η_{ges} wird bei abnehmender Leistung schlechter.

A.9.13   Verspannung Riementrieb – Kettentrieb, Suche nach Reibwert μ und dynamischem Elastizitätsmodul E_{dyn}

d_1	mm	150,0	150,0	150,0	150,0	150,0	150,0	150,0	150,0	150,0
d_2	mm	150,0	150,3	150,6	150,9	151,2	151,5	151,8	152,1	152,4
ψ	10^{-3}	0,0	2,0	4,0	6,0	8,0	10,0	12,0	14,0	16,0
M	Nm	0,0	7,5	15,0	22,5	30,0	37,5	45,0	52,5	52,5
U	N	0	100	200	300	400	500	600	700	700

Wie groß ist die Reibzahl μ?	–	0,479
Wie groß ist der dynamische Elastizitätsmodul E_{dyn}?	N/mm²	1.389

A.9.14   Doppelter Riementrieb, Suche nach Reibwert μ und dynamischem Elastizitätsmodul E_{dyn}

Durchmesser der ausgetauschten Scheibe	mm	180	179	178	177	176	175	174
Gesamtschlupf ψ_{ges}	10^{-3}	0	5,56	11,11	16,67	22,22	27,78	33,33
Schlupf pro Riementrieb $\psi_{einzeln}$	10^{-3}	0	2,78	5,56	8,33	11,11	13,89	16,67
Moment M	Nm	0	40	80	120	160	200	200
Umfangskraft U	N	0	444	889	1.332	1.776	2.220	2.220

Wie groß ist die Reibzahl μ?	–	0,677
Wie groß ist der dynamische Elastizitätsmodul E_{dyn}?	N/mm²	5.550

A.9.15   Dehnschlupf – Gleitschlupf, Variation der Leistung

		P = 0 kW	P = 1 kW	P = 2 kW	P = 4 kW	P = 8 kW
Dehnschlupf?		◯ ja ⊗ nein	⊗ ja ◯ nein	⊗ ja ◯ nein	⊗ ja ◯ nein	⊗ ja ◯ nein
Gleitschlupf?		◯ ja ⊗ nein	◯ ja ⊗ nein	◯ ja ⊗ nein	◯ ja ⊗ nein	⊗ ja ◯ nein
S_Z	N	168	279	390	612	
S_L	N	168	168	168	168	168
U	N	0	111,2	222,5	443,5	
ψ	10^{-3}	0	1,931	3,863	7,700	∞
i_{tats}	–	1,000	1,0019	1,0039	1,0078	0
n_{ab}	min⁻¹	1.480	1.477,14	1.474,3	1.468,6	0

A.9.16 Dehnschlupf, Variation der Konstruktionsparameter

		E_{dyn} N/mm²	b mm	d_{an} mm	d_{ab} mm	M_{an} Nm	U N	ψ 10^{-3}	i_{tats} –	n_{ab} min^{-1}	η_S %
a	Leerlauf	1400	18	120,0	504,0	0	0	0	4,200	1.000,0	100,0
b	Volllast	1400	18	120,0	504,0	37,1	618,1	10,220	4,243	989,9	99,0
c	Teillast	1400	18	120,0	504,0	30,0	500,0	8,267	4,235	991,7	99,2
d	Teillast	1000	18	120,0	504,0	30,0	500,0	11,574	4,249	988,4	98,8
e	Teillast	1400	26	120,0	504,0	30,0	500,0	5,723	4,224	994,3	99,4
f	Teillast	1400	18	144,0	604,8	30,0	416,7	6,889	4,229	993,1	99,3

A.9.17 Schlupfkompensierender Riementrieb

		Leerlauf	$M_{ab} = 50$Nm	$M_{ab} = 100$Nm	$M_{ab} = 150$Nm
d_{an}	mm	116,000	116,000	116,000	116,000
U	N	0	431	862	1.293
S_L	N	0	113	226	339
S_Z	N	0	544	1.088	1.632
σ_Z	N/mm²	0	7,2	14,4	21,6
ψ	10^{-3}	0	3,56	7,32	10,69
η_S	%	100	99,64	99,27	98,93
d_{ab}	mm	232,000	231,173	230,302	229,520
i_{tats}	–	2,000	2,000	2,000	2,000

A.9.18 Wälzgetriebe, Ermittlung des Reibwertes I

d_1	mm	120,0	120,1	120,2	120,3	120,4	120,5
d_2	mm	120,0	119,9	119,8	119,7	119,6	119,5
ψ_{gesamt}	10^{-3}	0	1,667	3,333	5,000	6,666	8,332
$\psi_{einzeln}$	10^{-3}	0	0,833	1,667	2,500	3,333	4,166
M	Nm	0,0	3,0	6,0	9,0	12,0	12,0
U	N	0	50,0	100,0	150,0	200,0	200,0

Wie groß ist die Reibzahl μ?	0,625

A.9.19 Wälzgetriebe, Ermittlung des Reibwertes II

Übersetzungsverhältnis		1,000	1,010	1,020	1,030	1,040	1,050	1,060
Schlupf ψ	10^{-3}	0	10	20	30	40	50	60
Moment M	Nm	0	15	30	45	60	75	75
Umfangskraft U	N	0	250	500	750	1.000	1.250	1.250

Wie groß ist die Reibzahl μ?	–	0,568

A.9.20   Gleitlager mit Festkörperreibung

Axiallager

spezifische Lagerbelastung p	N/mm^2	0,711
Geschwindigkeit v	m/s	0,628
pv-Wert	N/mm^2 · m/s	0,44
nominelle Lebensdauer L$_h$	h	1012

Radiallager

		Punktlast	Umfangslast
spezifische Lagerbelastung p	N/mm^2	1,875	1,875
Geschwindigkeit v	m/s	0,419	0,419
pv-Wert	N/mm^2 · m/s	0,785	0,785
nominelle Lebensdauer L$_h$	h	513	1026

A.9.21   Lenkbares Laufrad

Axiallager

spezifische Lagerbelastung p	N/mm^2	4,97
Geschwindigkeit v	m/s	0,026
pv-Wert	N/mm^2 · m/s	0,130
nominelle Lebensdauer L$_h$	h	4.444

Radiallager

spezifische Lagerbelastung p	N/mm^2	4,167
Geschwindigkeit v	m/s	0,220
pv-Wert	N/mm^2 · m/s	0,917
nominelle Lebensdauer L$_h$	h	852

A.10.1   Bremsvorgang eines Hubwerks

Ermitteln Sie zunächst die Winkelgeschwindigkeit, die zu Beginn des Bremsvorganges vorliegt!	ω_0	s^{-1}	2,943

			m = 100 kg	m = 200 kg	m = 300 kg	m = 400 kg
	M$_L$	Nm	166,8	333,5	500,3	667.1
	J	kg m^2	2,886	5,772	8,659	11,546
M$_R$ = 500 Nm	t$_R$	s	0,0255	0,102	∞(M$_R$≈M$_L$)	∞(M$_R$<M$_L$)
	W$_R$	Nm	18,76	75,09	∞(M$_R$≈M$_L$)	∞(M$_R$<M$_L$)
M$_R$ = 1000 Nm	t$_R$	s	0,0102	0,0255	0,0510	0,102
	W$_R$	Nm	15,00	37,50	75,04	150,10

Der Gegenstand dieser Aufgabe lässt sich über die Aufgabenstellung hinaus noch deutlicher veranschaulichen, wenn auch Zwischenwerte berechnet und in Diagrammform lückenlos dokumentiert werden. Das folgende Diagramm konzentriert sich auf die Bremszeit:

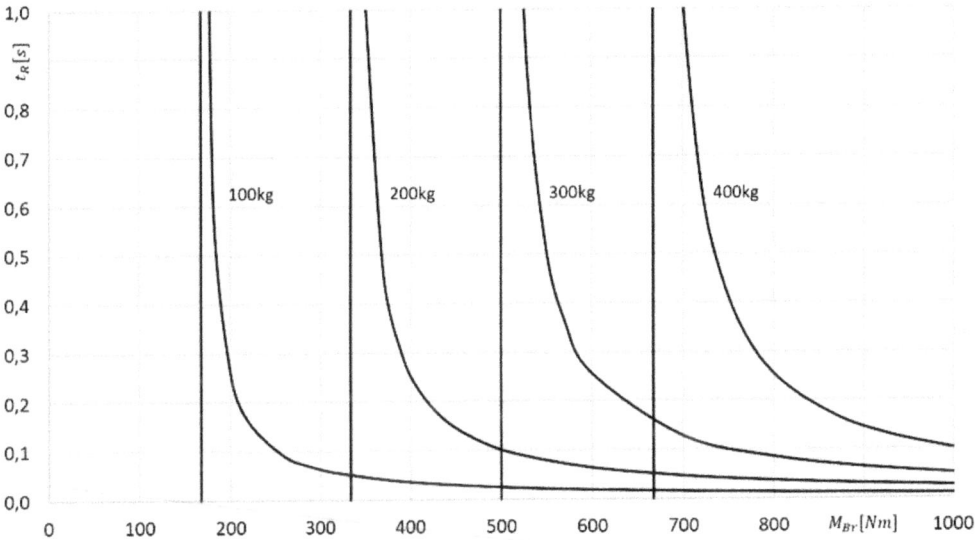

A.10.2   Bremsvorgang eines Fahrrades

Wie groß ist die Winkelgeschwindigkeit zu Beginn des Bremsvorganges?	ω_0	s^{-1}	24,95
Wie groß ist das auf die Bremswelle wirkende Massenträgheitsmoment?	J	$kg \cdot m^2$	11,16

	M_{Br}	Nm	100	200	300
	μ_{erf}	–	0,304	0,610	0,916
Steigung 5 %	t_R	s	2,392	1,287	0,880
	W_R	N	2.984	3.211	3.293
	$\Delta\vartheta$	°	10,8	11,6	11,9
Ebene	t_R	s	2,784	1,392	0,928
	W_R	Nm	3.473	3.473	3.473
	$\Delta\vartheta$	°	12,6	12,6	12,6
Gefälle 5 %	t_R	s	3,329	1,516	0,982
	W_R	Nm	4.152	3.782	3.675
	$\Delta\vartheta$	°	15,0	13,7	13,3
Gefälle 10 %	t_R	s	4,131	1,663	1,041
	W_R	Nm	5.153	4.149	3.896
	$\Delta\vartheta$	°	18,7	15,0	14,1
Gefälle 20 %	t_R	s	7,790	2,051	1,181
	W_R	Nm	9.718	5.117	4.420
	$\Delta\vartheta$	°	35,2	18.5	16,0

Auch in diesem Fall wird der Sachverhalt noch deutlicher, wenn der Gegenstand der Aufgabe über die zuvor vorgestellte Tabelle hinaus mit allen Zwischenwerten in Diagrammform dargestellt wird.

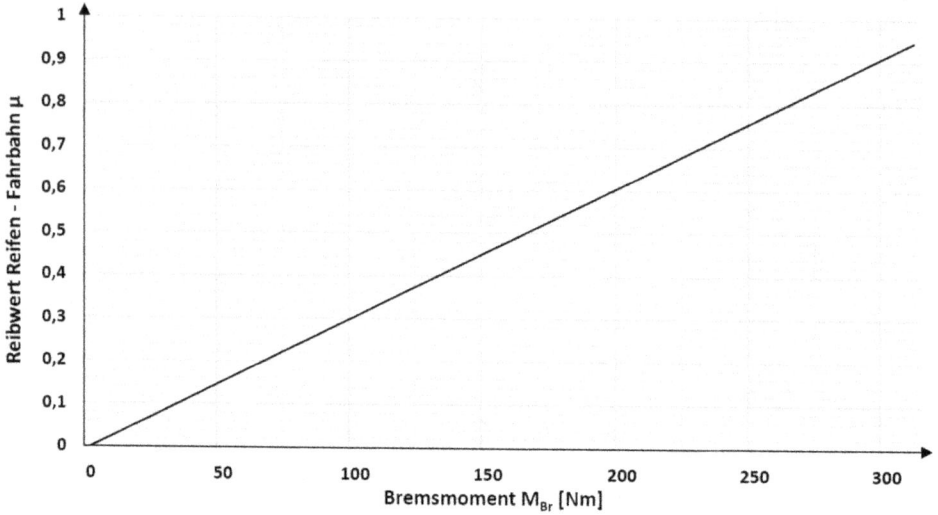

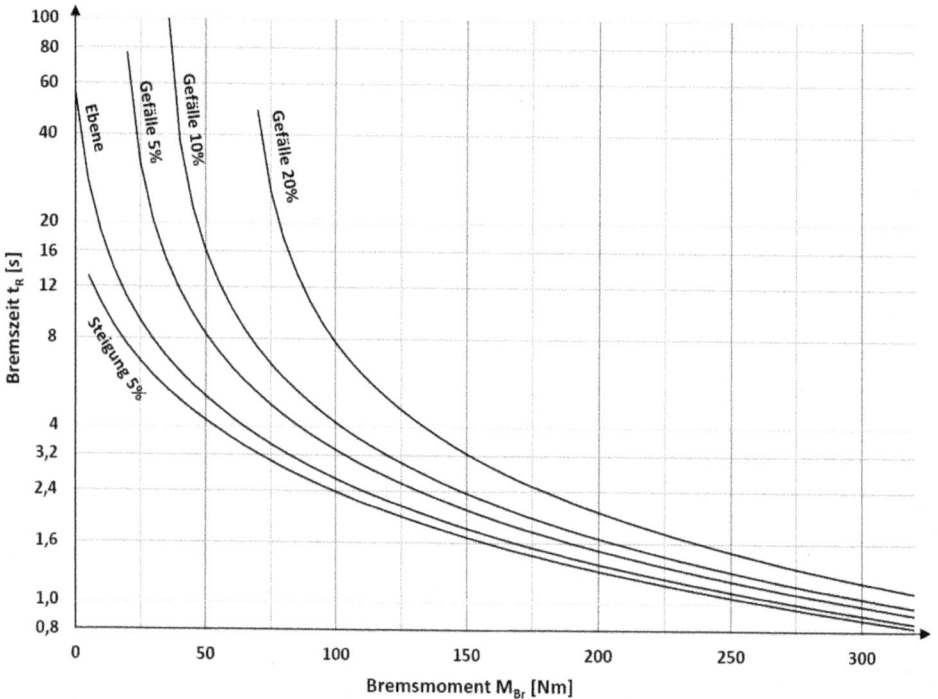

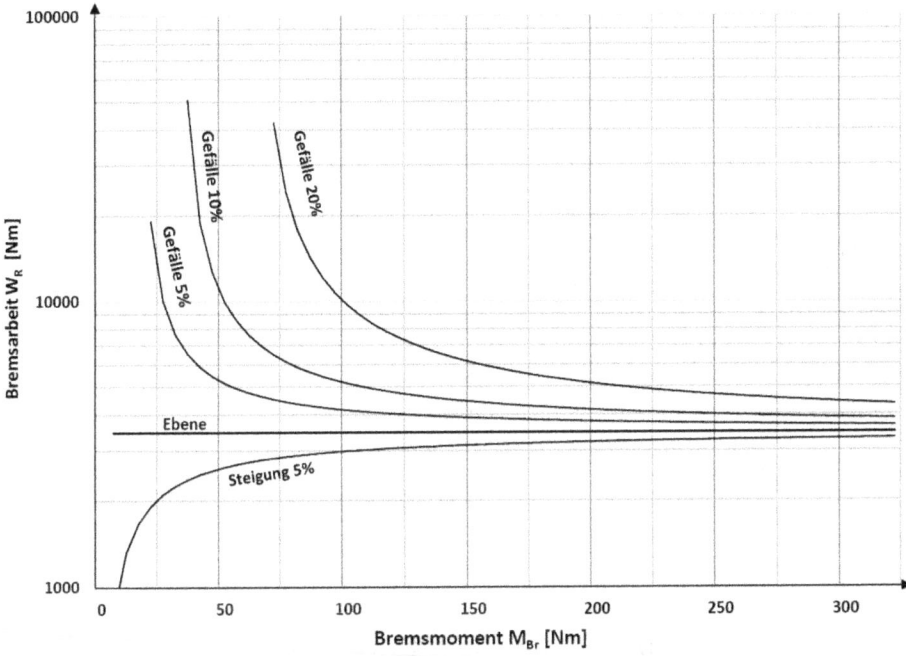

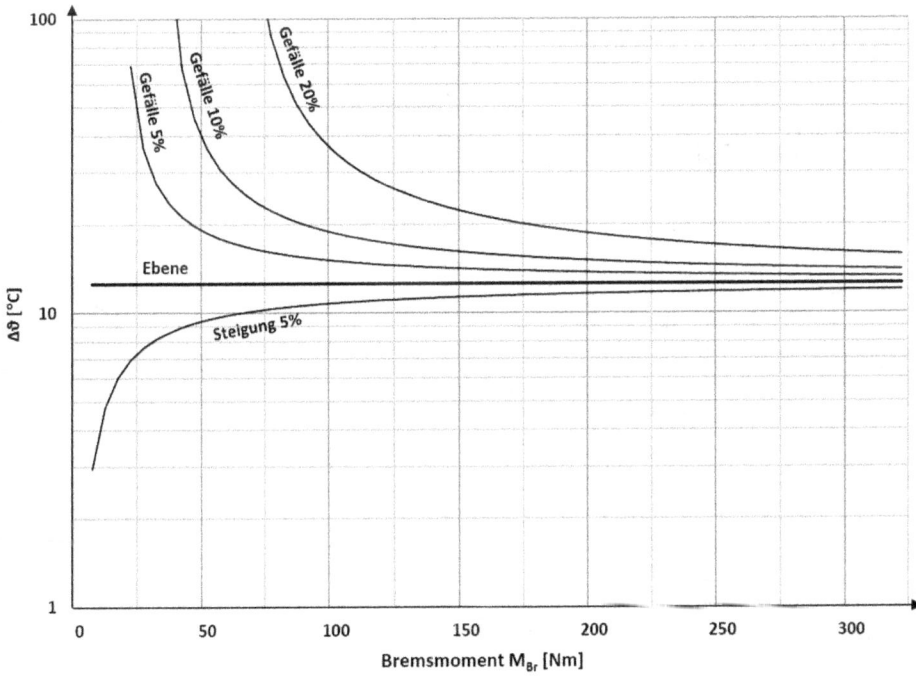

A.10.3   Felgenbremse Fahrrad

		Kontaktstelle Reifen – Fahrbahn	Bremse Bremsbelag – Felge
Durchmesser $\varnothing$	mm	**700**	**630**
Reibzahl μ	–	**1,0 (maximal)**	**0,2 (minimal)**
Normalkraft	N	1.177	3.270
Reibkraft	N	1.177	654
Bremsmoment	Nm	412	
Flächenpressung p	N/mm²	—————	7,43
Kraft im Seilzug	N	—————	3.114

Welche Energie muss bei einer einzigen Vollbremsung aus 30 km/h bis zum Stillstand von der Bremse aufgenommen werden, wenn sicherheitshalber angenommen wird, dass die Fahrwiderstände nicht an der Bremsung beteiligt sind?	Nm J Ws	4.166
Um welche Temperaturdifferenz erwärmt sich die Felge, wenn angenommen wird, dass während der Bremsung keine Wärme abgeführt wird?	°C	16,2

A.10.4   Scheibenbremse Mountainbike

Wie groß ist unter diesen Annahmen das größtmögliche Bremsmoment am Vorderrad?	Nm	396,5

Wie groß ist die maximale Reibkraft, die an jeder einzelnen der beiden Reibflächen übertragen werden muss?	N	2.403
Wie groß ist die maximale Normalkraft, die dazu aufgebracht werden muss?	N	6.009
Wie hoch ist die Flächenpressung zwischen Bremsbelag und Felge?	N/mm²	19,1

Wie hoch ist dann die Bremsleistung?	W	1.455
Es wird ausschließlich mit der Vorderradbremse gebremst. Auf welche Temperatur erwärmt sich die Bremse?	°C	903
Die Bremsleistung wird gleichmäßig auf Vorder- und Hinterradbremse verteilt. Auf welche Temperatur erwärmt sich die Bremse?	°C	461

A.10.5 Vorderradscheibenbremse Motorrad

			für optimale Bedingungen und μ = 1,0	für schlechte Bedingungen und μ = 0,3
Welche maximale Bremsverzögerung erfährt dann das Motorrad?	a	m/s^2	9,81	2,94
Wie lang ist die Bremsstrecke bei einer Fahrgeschwindigkeit von 160 km/h bis zum Stillstand?	s_{Brems}	m	100,7	335,6

Welche maximale Reibkraft ist am Umfang des Vorderrades zu übertragen?	F_{RRad}	N	2.453
Wie groß ist das gesamte Bremsmoment am Vorderrad?	M_{Rad}	Nm	701,2
Welches Bremsmoment muss dann von einer einzelnen Scheibenbremse aufgenommen werden?	M_{Bremse}	Nm	350,6

Welcher Betätigungskraft muss normal auf den Bremsbelag ausgeübt werden?	F_N	N	2.418
Wie groß ist die Flächenpressung zwischen dem als Rechteck angenommen Bremsbelag und der Bremsscheibe?	p	N/mm^2	1,07

Wie hoch ist die Bremsleistung für das Motorrad mit Fahrer?	P_{ges}	W	2.672
Wie hoch ist dann die Bremsleistung für jede einzelne Bremse, wenn ausschließlich am der Vorderrad gebremst wird?	$P_{einzeln}$	W	1.336
Wie groß ist die Wärmeübergangszahl?	α_K	$\frac{W}{m^2 \cdot grd}$	62,55
Auf welche Temperatur erwärmt sich die Bremse?	ϑ	°C	162
Das Hinterrad ist mit einer weiteren, einzelnen Scheibenbremse ausgestattet. Auf welche Temperatur erwärmt sich die Bremse, wenn die Bremsleistung gleichmäßig auf alle Bremsen verteilt wird?	ϑ	°C	115

A.10.6   Flugzeugbremse

Welche (konstante) Bremsverzögerung ist dafür erforderlich?	a_{Brems}	$\frac{m}{s^2}$	3,974
Welche gesamte Bremskraft muss dann auf das Flugzeug einwirken?	F_{Brems_ges}	kN	298
Sowohl unter dem Bug als auch unter den beiden Tragflächen befindet sich jeweils ein Räderpaar. Lediglich die letzteren sind mit je einer Bremse ausgestattet, sodass insgesamt 4 Bremsen zur Verfügung stehen. Welche Bremskraft muss am Umfang eines jeden der vier gebremsten Räder aufgebracht werden?	F_{Brems}	kN	74,5

Welches Bremsmoment tritt an jedem der vier gebremsten Räder auf?	M_{Brems}	kNm	40,98
Welche Reibzahl zwischen Reifen und Landebahn ist mindestens erforderlich, wenn vereinfachend angenommen werden kann, dass 70 % der Flugzeugmasse auf den gebremsten Rädern abgestützt wird und die restlichen 30 % über das Bugrad übertragen wird?	μ_{erf}	–	0,579

Wie groß ist die an einer einzelnen Reibpaarung wirkende Reibkraft?	F_R	kN	25,6
Welche axiale gerichtete Normalkraft muss aufgebracht werden, wenn ein Reibwert von 0,3 angenommen werden kann?	F_N	kN	85,4
Die Axialkraft wird durch 7 am Umfang angebrachte Hydraulikkolben aufgebracht. Welcher Hydraulikdruck muss eingeleitet werden, um die Bremswirkung zu erzielen?	$p_{Öl}$	bar	43,1
Die Flächenpressung der Bremslamellen darf maximal 1 N/mm² betragen. Welche Fläche muss an jeder einzelnen Reibpaarung zur Verfügung gestellt werden?	A_{Belag}	mm²	85.400
Welche (radiale) Breite muss der Bremsbelag aufweisen, wenn vereinfachend angenommen werden kann, dass der Umfang des Kreises mit dem Durchmesser 400 mm die große Rechteckseite und die radiale Erstreckung des Belages die kleine Rechteckseite ist?	b	mm	68,0

Welche mechanische Energie muss insgesamt bei der Bremsung umgesetzt werden?	E_{Brems}	MJ	208,7
Die Bremsenergie führt zu einer Erhitzung der Bremse, wobei bei der (zeitlich relativ kurzen) Bremsung sicherheitshalber der Wärmeübergang an die Umgebung vernachlässigt wird. Mit welcher Wärme speichernden Masse aus Aluminium muss jede der vier Bremsen mindestens ausgestattet werden, wenn eine Temperaturerhöhung von 800 °C nicht überschritten werden darf?	m_{Brems}	kg	70,8

A.10.7 Kranbremse mit Feder

Wie groß ist der effektive Reibwert μ', wenn stellvertretend für die Flächenpressung eine Normalkraft am Scheitelpunkt der Backe angenommen wird?	–	0,330
Welches maximale Bremsmoment kann an der rechten Backe hervorgerufen werden?	Nm	1.010
Welches maximale Bremsmoment kann an der linken Backe hervorgerufen werden?	Nm	1.010
Welches maximale Bremsmoment ergibt sich für die gesamte Bremse?	Nm	2.020
Welche Betätigungskraft muss für die maximale Bremswirkung am oberen Gelenk der beiden Bremshebel in horizontaler Richtung eingeleitet werden?	N	9.716
Mit welcher Kraft muss dann die Feder vorgespannt werden?	N	2.429
Welche Schubspannung liegt in der Feder vor?	$\frac{N}{mm^2}$	288
Welche Steifigkeit weist die Feder auf, wenn der Werkstoff einen Schubmodul von $85.000\,N/mm^2$ aufweist?	$\frac{N}{mm}$	76,6
Um welchen Weg muss die Feder vorgespannt werden?	mm	31,7
Welche Kraft muss der Bremslüfter aufbringen, um die Bremse wieder zu lösen?	N	1.700

A.10.8 Kranbremse mit Bremsvorgang

Wie groß ist das Lastmoment an der Hubtrommel?	Nm	14.715
Wie groß ist das Verzögerungsmoment an der Hubtrommel?	Nm	3.000
Wie groß ist das Gesamtmoment an der Bremse?	Nm	2.953

Wie groß ist der effektive Reibwert μ', wenn stellvertretend für die Flächenpressung eine Normalkraft am Scheitelpunkt der Backe angenommen wird?	–	0,4095
Wie groß ist das Bremsmoment für ein einzelne Bremsbacke?	Nm	1.476,5
Welche maximale Flächenpressung entsteht am Bremsbelag?	$\frac{N}{mm^2}$	2,05
Welche Betätigungskraft muss am oberen Gelenk der beiden Bremshebel in horizontaler Richtung eingeleitet werden?	N	15.676

A.10.9   Eisenbahnbremse

Mit welcher maximalen Kraft kann dann zur Erzielung einer maximalen Bremswirkung der Bremsbelag gegen das Rad gedrückt werden?	F	N	32.182
Welches maximale Bremsmoment ergibt sich für jede einzelne Bremsbacke?	M_{Backe}	Nm	1.379
Welches maximale Bremsmoment kann für die gesamte Achse erzielt werden?	M_{Achse}	Nm	5.516

Welche Reibzahl muss zwischen Rad und Schiene mindestens vorliegen, damit die Bremswirkung auch tatsächlich auf die Schiene übertragen werden kann?	μ_{erf}	0,0669

A.10.10   Vorderradtrommelbremse Motorrad I

Unter besonders günstigen Umständen (trockene Straße, haftfreudiges Reifenmaterial) kann eine Reibzahl von $\mu = 1,0$ angenommen werden. Wie lang ist der Bremsweg?	m	56,6
Unter ungünstigen Umständen (Nässe, Straßenbelag) wird eine Reibzahl von $\mu = 0,3$ wirksam. Wie lang ist dann der Bremsweg?	m	189,0

Wie groß kann die zwischen Vorderrad und Fahrbahn reibschlüssig übertragene Horizontalkraft F_{HB} werden?	N	2.943
Wie groß ist das Bremsmoment M_{BrV} am Vorderrad?	Nm	878,5

Wie groß ist der effektive Reibwert μ', wenn stellvertretend für die Flächenpressung eine Normalkraft am Scheitelpunkt der Backe angenommen wird?	–	0,458
Das Bremsmoment summiert sich aus den Momenten der auflaufenden und ablaufenden Backe. Wie groß ist das Verhältnis der Bremsmomente von auflaufender und ablaufender Backe?	–	3,693
Wie groß ist das Bremsmoment der auflaufenden, also stärker belasteten Backe M_{Brauf}?	Nm	691,3
Wie groß ist das Bremsmoment der ablaufenden, also weniger stark belasteten Backe M_{Brab}?	Nm	187,2
Wie groß ist die maximale Flächenpressung am Bremsbelag?	N/mm^2	3,10
Wie groß ist die Kraft, die vom Betätigungshebel auf die Bremsbacke ausgeübt werden muss?	N	3.020

A.10.11 Vorderradtrommelbremse Motorrad II

Wie lang ist die Bremsstrecke bei einer Fahrgeschwindigkeit von 160 km/h bis zum Stillstand?	m	137
Welche Reibzahl ist zwischen Reifen und Straße erforderlich, um diese Bremsverzögerung zu übertragen?	–	0,734
Wie groß ist die reibschlüssig übertragene Horizontalkraft F_{HB} zwischen Vorderrad und Fahrbahn, wenn nur mit der Vorderradbremse abgebremst wird?	N	1.944
Wie groß ist das Bremsmoment M_{BrV} am Vorderrad?	Nm	554

Wie groß ist der effektive Reibwert μ', wenn stellvertretend für die Flächenpressung eine Normalkraft am Scheitelpunkt der Backe angenommen wird?	–	0,458
Das Bremsmoment summiert sich aus den Momenten der auflaufenden und ablaufenden Backe. Wie groß ist das Verhältnis der Bremsmomente von auflaufender und ablaufender Backe?	–	3,683
Wie groß ist das Bremsmoment der auflaufenden, also stärker belasteten Backe M_{Brauf}?	Nm	435,7
Um eine gleichmäßige Flächenpressungsverteilung in axialer Richtung nicht zu gefährden, soll die Bremsbelagbreite ein Siebtel des wirksamen Trommeldurchmessers nicht übersteigen. Wie groß muss dann der Trommeldurchmesser sein?	mm	210
Welche Betätigungskraft muss auf die Bremsbacke eingeleitet werden?	N	1.935

Das Motorrad befährt dauernd eine Strecke mit 10 % Gefälle. Bei welcher Fahrgeschwindigkeit v_{krit} wird die Bremsleistung maximal?	km/h	61,4
Wie hoch ist dann die Bremsleistung?	W	2.994
Es wird ausschließlich mit der Vorderradbremse gebremst. Auf welche Temperatur erwärmt sich die Bremse?	°C	413
Die Bremsleistung wird gleichmäßig auf Vorder- und Hinterradbremse verteilt. Auf welche Temperatur erwärmt sich die Bremse?	°C	217

A.10.12 Kegelbremse

Wie groß ist das Lastmoment an der Hubtrommel?	Nm	1.530
Wie groß ist das Verzögerungsmoment an der Hubtrommel, wenn der Absenkvorgang mit einer Geschwindigkeit von 0,6 m/s innerhalb von 200 mm vollständig zum Stillstand gebracht werden muss?	Nm	140,4
Wie groß ist das Gesamtmoment an der Bremse?	Nm	397,7

Welchen mittleren Durchmesser muss die Bremse mindestens aufweisen?	mm	162
Wie groß muss die axial gerichtete Federkraft mindestens sein, damit das geforderte Bremsmoment aufgebracht werden kann?	N	10.364
Welche axial gerichtete Kraft muss die Wicklung des Motors aufbringen, um die Bremse bei weiterhin anliegendem Lastmoment und weiterhin wirksamer Federkraft zu lösen?	N	8.483

A.10.13   Rollgliss

	$\mu = 0,2$			$\mu = 0,4$		
	$e^{\mu\alpha}$	F_{Hand} [N]	M_{FL} [Nm]	$e^{\mu\alpha}$	F_{Hand} [N]	M_{FL} [Nm]
$\alpha = \pi$	1,874	523	18,3	3,514	279	28,1
$\alpha = \pi + 2\pi$	6,586	149	33,3	43,376	23	38,3
$\alpha = \pi + 2 \cdot 2\pi$	23,141	42	37,6	534,492	1,8	39,2

A.10.14   Schlagzeugfußmaschine

α	$180° (= \pi)$	$180° + 360° (= 3\pi)$	$180° + 2 \cdot 360° (= 5\pi)$
$e^{\mu\alpha}$	1,458	3,099	6,586
M_{Schlag} [Nmm]	12,46	27,08	33,93
$M_{Rückprall}$ [Nmm]	18,32	83,95	223,44

A.10.15   Seilbremse mit Feder

		Drehung im Uhrzeigersinn	Drehung im Gegenuhrzeigersinn
Federweg f an der Federwaage	mm	**17,15**	**44,01**
Welche Zugtrumkraft S_Z ist wirksam?	N	27,47	44,01
Wie groß ist die Leertrumkraft S_L?	N	17,15	27,47
Welche Umfangskraft ergibt sich?	N	10,32	16,54
Welches Bremsmoment M_{Brems} ergibt sich?	Nmm	1.135	1.819
Berechnen Sie $e^{\mu\alpha}$!	–	1,602	1,602
Wie groß ist die Reibzahl μ?	–	0,100	0,100

A.10.16 Kombination Bandbremse – Freilauf

Wie groß ist das Moment, welches an der Freilauf-Brems-Kombination anliegt?	M_{Brems}	Nm	549
Wie groß ist das Verhältnis von Zugtrumkraft zu Leertrumkraft, wenn sicherheitshalber der kleinstmögliche Reibwert angenommen wird?	$\dfrac{S_Z}{S_L}$	–	1,286
Das Bremsband ist 60 mm breit. Wie groß muss dann der Durchmesser der Bremsscheibe mindestens sein, wenn eine Flächenpressung von 0,3 N/mm² nicht überschritten werden darf?	$d_{Bremsscheibe}$	mm	741
Wie groß muss m sein, damit die Vorrichtung im Uhrzeigersinn blockiert?	m	mm	324
Welche negative (nach links gerichtete) Kraft muss aufgebracht werden, um die Freilaufbremse zu lösen und eine kontrollierte, gebremste Drehung im Uhrzeigersinn (Absenken einer Last) zu ermöglichen? Dazu wird sicherheitshalber der größtmögliche Reibwert angenommen.	$F_{lös}$	N	249

A.10.17 Seilbremse für Stirlingmotor

		I	II	III	IV
Scheibendurchmesser d	mm	300	150	300	300
Gewichtskraft G	N	beliebig	10	20	10
Umschlingungswinkel α	°	215°	215°	215°	575°
Reibwert μ	–	**0,0860**	**0,0860**	**0,0860**	**0,0860**
Auslenkung h	mm	24	**12**	**24**	**61**
Bremsmoment M	Nmm	——	**120**	**480**	**610**

A.10.18 Leistungsbremse Fahrrad

Unabhängig von der Höhe der Gewichtskraft stellt sich eine Auslenkung aus der Symmetrielage von h = 69,8 mm ein. Welcher Reibwert muss dann zwischen Bremsband und Rolle vorgelegen haben?	μ	–	0,100
Es wird ein Gewicht von 10 kg aufgebracht. Wie groß ist dann die zwischen Reifen und Rolle übertragene Umfangskraft?	U	N	20,50
Welche Leistung muss der Radfahrer in diesem Zustand erbringen, wenn seine Fahrgeschwindigkeit 25 km/h beträgt?	P	W	142
Bei gleicher Fahrgeschwindigkeit leistet der Radfahrer 250 W (Bergauffahrt). Welches Belastungsgewicht muss dann aufgebracht werden?	m	kg	17,6
Wie breit muss das Bremsband zwischen Band und Rolle mindestens sein, wenn eine Flächenpressung von 0,2 N/mm² nicht überschritten werden darf?	b	mm	2,9

A.10.19   Bandbremse

		I	II	III	IV
p_{zul}	N/mm^2	0,5	0,5	0,5	0,3
d	mm	100	172	122	222
b	mm	10	10	20	10
Uhr-zeiger-sinn	S_Z	N	250	431	610	333
	S_L	N	183	314	446	243
	M_{Br}	Nm	3,37	10	10	10
Gegenuhr-zeiger-sinn	S_Z	N	183	314	446	243
	S_L	N	134	229	326	177
	M_{Br}	Nm	2,47	7,31	7,32	7,33

A.10.20   Bandbremse für Seilwinde

Wie groß ist bei maximaler Belastung das Verhältnis von Zugtrumkraft zu Leertrumkraft, wenn sicherheitshalber der kleinstmögliche Reibwert angenommen wird?	$\dfrac{S_{Zmin}}{S_{Lmin}}$	–	3,74
Die Bandbremse soll im Uhrzeigersinn selbsttätig blockieren. Wie muss dann am Winkelhebel optimalerweise das Verhältnis von Leertrumhebel zu Zugrumhebel konstruktiv ausgeführt werden, wenn ein selbsttätiges Klemmen hervorgerufen werden soll?	$\dfrac{h_{Leer}}{h_{Zug}}$	–	3,74
Wie groß ist das maximale Moment, welches an der Bremse anliegt?	M_{Brems}	Nm	7.600
Wie breit muss das Bremsband mindestens sein, wenn die zulässige Flächenpressung nicht überschritten werden soll?	b	mm	130
Aus konstruktiven Gründen muss der Hebelarm am Zugtrum mindestens 20 mm betragen. Welcher Hebelarm ist dann für den Leetrum vorzusehen?	h_{Leer}	mm	74,8
Welches Moment muss am Gelenk des Winkelhebels eingeleitet werden, wenn die Bremse unter voller Last gelöst werden soll? Im ungünstigsten Fall kann dabei der größtmögliche Reibwert wirksam werden.	M_{WH}	Nm	426

A.10.21 Ankerwinde

Es wird zunächst einmal vereinfachend angenommen, dass die Kette senkrecht hängt und der Anker bei einer Wassertiefe von 10 m den Meeresboden berührt bzw. von ihm abhebt („aus dem Grund gebrochen wird"). Welche Zugkraft liegt dann in der Kette vor?	N	3.358
Tatsächlich treten jedoch Wind und Strömung auf, sodass die Kette nicht senkrecht hängt, sondern in einem weiten Bogen vom Meeresgrund zum Schiff geführt wird. Unter diesen Umständen muss gegenüber dem zuvor vereinfachend angenommenen Fall mit einer 2,5-fach größeren Kettenkraft gerechnet werden. Wie groß ist dann die maximale Zugkraft in der Kette?	N	8.395
Welches maximale Torsionsmoment kann dann an der Windenwelle auftreten?	Nm	1.259

Welche maximale Kraft tritt im Zugtrum des Bremsbandes auf?	N	11.972
Welche maximale Leertrumkraft muss (hier über eine Gewindespindel) eingeleitet werden?	N	5.677
Welche maximale Flächenpressung stellt sich dann zwischen Bremsband und Bremsscheibe ein?	$\dfrac{N}{mm^2}$	1,197

im Schnellgang	N	530
im Kriechgang	N	167

A.11.1 Bremsen und Kuppeln eines Hubwerks

			an der Hubwerkwelle	an der Motorwelle
Wie groß ist die Winkelgeschwindigkeit zu Beginn des Bremsvorganges?	ω_0	s^{-1}	2,778	266,7
Wie groß ist das Lastmoment?	M_L	Nm	2.119	22,07
Welches Massenträgheitsmoment liegt vor?	J	$kg\,m^2$	38,88	0,00422
Welches Reibmoment ist erforderlich, wenn der Bremsvorgang innerhalb von 0,4 s abgeschlossen sein muss?	M_R	Nm	2.389	24,88

Wie groß ist die Winkelgeschwindigkeit des Motors?	s^{-1}	293,2
Wie groß ist die Hubgeschwindigkeit der anzuhebenden Masse?	m/s	0,550
Wie groß ist das Motormoment?	Nm	27,285

Kupplungsmoment M_R	Nm	$1,2 \cdot M_L = 26,48$	$1,4 \cdot M_L = 30,90$	$1,6 \cdot M_L = 35,31$
Rutschzeit t_R	s	0,281	0,139	0,0925
Reibarbeit W_R	Nm	1.091	629,7	478,8

A.11.2   Trocken laufende Scheibenkupplung

		neu	eingelaufen	neu	eingelaufen	neu	eingelaufen
p_{max}	N/mm²	**0,2**		0,15	0,29	0,12	0,25
F_{ax}	kN	2,11	1,11	**1,6**		1,26	1,36
M_{tmax}	Nm	33,2	16,3	25,3	23,5	**20**	

A.11.3   Scheibenkupplung, Optimierung der Reibbelagabmessungen

Legen Sie zunächst den Innendurchmesser des Reibbelages im Hinblick auf ein maximal zu übertragendes Moment fest.	d_{iopt}	mm	105,0

		neu	eingelaufen	neu	eingelaufen	neu	eingelaufen
p_{max}	N/mm²	**1,4**		1,15	1,58	0,90	1,26
F_{ax}	kN	24,30	17,78	**20**		15,55	15,93
M_{tmax}	Nm	124,97	89,30	102,86	100,45	**80**	

A.11.4   Kegelkupplung

Welches maximale Moment kann mit dieser Kupplung übertragen werden?	Nm	182
Welche axial gerichtete Schaltkraft muss über die Feder in die Schaltmuffe eingeleitet werden, um die Kupplung bei maximalem Moment einzurücken?	N	3.488
Auf welchen Betrag muss die axial gerichtete Schaltkraft mindestens reduziert werden, damit die Kupplung unter maximalem Moment löst?	N	855
Welche Kraft muss dann über den Hebel in die Schaltmuffe eingeleitet werden?	N	2.633

A.11.5   Kegelkupplung, Variation der Belastungskriterien

		I	II	III
p	N/mm²	**0,2**	0,382	0,405
M_{tmax}	Nm	146,6	**280**	296,5
F_{ax}	N	3.955	7.555	**8.000**

A.11.6 Doppelkegelkupplung als fremdbetätigte Kupplung

Wie groß ist das übertragbare Moment einer einzelnen Kupplungshälfte?	Nm	1.810
Wie groß ist das insgesamt von der Kupplung insgesamt übertragbare Moment?	Nm	3.620
Mit welcher axial gerichteten Schaltkraft muss jede einzelne der beiden Kupplungshälften beim Einrücken der Kupplung beaufschlagt werden?	N	45.861
Wie groß ist die Druckkraft in jedem der beiden Teile 1?	N	50.168
Wie groß ist die Zugkraft in Teil 2?	N	40.810
Welche Druckkraft liegt in Teil 4 vor?	N	25.780
Welche Axialkraft muss auf die längs verschiebbare Muffe der linken Nabe aufgebracht werden?	N	15.661

A.11.7 Doppelkegelkupplung als Sicherheitskupplung

Welche Breite b muss der Kupplungsbelag mindestens aufweisen?	mm	51,2
Welche Schaltkraft muss vorliegen, damit die Kupplung tatsächlich beim geforderten Moment auslöst?	N	3.869
Welche Federkraft F_{Feder} ist dazu erforderlich?	N	1.290
Um welchen Federweg müssen die Feder vorgespannt werden?	mm	16,1
Wie lange wird es dauern, bis sich die Kupplung von einer Umgebungstemperatur von 20 °C auf 400 °C erwärmt hat.	s	18,5

A.11.8 Scheibenkupplung als Sicherheitskupplung

			fabrikneu	eingelaufen, aber noch ohne Verschleiß	3 mm Belag-verschleiß
Wie groß ist die maximale Pressung an den Reibflächen?	p_{max}	N/mm²	0,22	**0,25**	0,18
Wie groß ist die Axialkraft auf die Kupplung?	F_{ax}	N	5.184	5.184	3.744
Wie groß ist der Vorspannweg der Federn?	f	mm	21,6	21,6	15,6
Wie groß ist das übertragbare Moment?	M_{tmax}	Nm	455,8	453,6	327,6
Welche Reibleistung wird beim Auslösen der Kupplung hervorgerufen?	P_R	kW	57,3	57,0	41,2
Wie lange kann die Kupplung diesen Betriebszustand ertragen?	t_E	s	26,2	26,4	36,5

A.11.9   Fliehkraftbremse

Welches Moment tritt bei Maximallast an der Hubtrommel auf?	M_{Hub}	Nm	12.263
Welches Bremsmoment muss die Fliehkraftbremse bei stationärer Sinkgeschwindigkeit aufbringen?	M_{Brges}	Nm	249,7
Welches Bremsmoment ist dann von jeder einzelnen der beiden auflaufenden Backen aufzunehmen?	M_{Brauf}	Nm	124,9
Welche Flächenpressung entsteht am Bremsbelag?	p	$\dfrac{N}{mm^2}$	0,348

Welche Reibzahl μ' wird wirksam, wenn anstatt der Flächenpressungsverteilung Einzelkräfte am Scheitelpunkt der backe angenommen werden?	μ'	–	0,3511
Welche Fliehkraft wird an jeder der beiden Bremsbacken wirksam, wenn aus Sicherheitsgründen eine maximale Sinkgeschwindigkeit von 1 m/s nicht überschritten werden soll?	F_{Fl}	N	5.678
Welche Federkraft muss eingestellt werden, damit bei dieser Drehzahl das Maximalmoment wirksam wird?	F_{Feder}	N	1.857
Bei geringer Sinkgeschwindigkeit ist die Bremse völlig unwirksam. Bei welcher minimalen Sinkgeschwindigkeit fängt die Bremse (mit zunächst sehr geringem Moment) an zu greifen?	$v_{Sinkmin}$	$\dfrac{m}{s}$	0,989

Über die Aufgabenstellung hinaus wird der Zusammenhang noch übersichtlicher, wenn das Bremsmoment über die Drehzahl in Diagrammform aufgetragen wird.

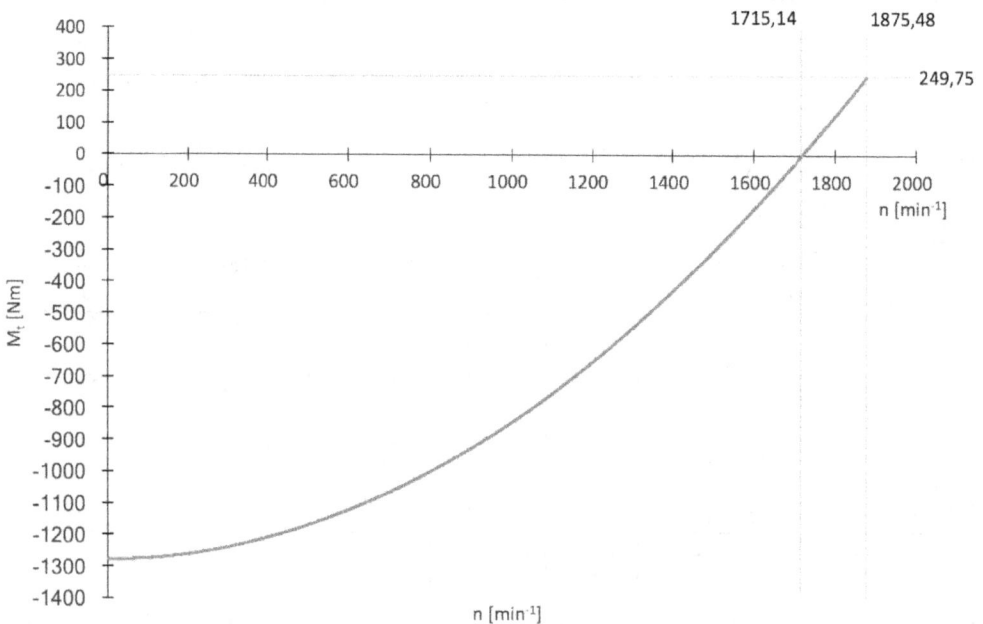

A.11.10 Fliehkraftkupplung Kettensäge

Welcher Reibwert μ' ergibt sich, wenn stellvertretend für die Pressungsverteilung zwischen Bremsbacke und Trommel eine einzelne Normalkraft am Scheitelpunkt der Backe angenommen werden soll?	μ'	–	0,351

Betriebspunkt	ω s^{-1}	n min^{-1}	M_{Backe} Nm	M_{ges} Nm	p N/mm^2
Einschaltpunkt: Kupplung beginnt zu greifen	367,8	3.512	**0**	**0**	**0**
vorliegende Drehzahl	838	**8.000**	16,61	33,22	2,50
zulässige Flächenpressung ausgenutzt	903,5	8.628	19,95	39,91	**3,0**

A.11.11 Klemmrollenfreilauf mit Innenstern/Außenstern

			Innenstern	Außenstern
Wie groß ist der Ersatzkrümmungsdurchmesser an der inneren Kontaktstelle?	$d_{o\ innen}$	mm	6,00	5,05
Wie groß ist der Ersatzkrümmungsdurchmesser an der äußeren Kontaktstelle?	$d_{o\ aussen}$	mm	6,95	6,00
Mit welcher Normalkraft kann die Klemmrolle maximal belastet werden?	$F_{n\ zul}$	N	7.841	6.600
Welches maximale Moment kann der gesamte Freilauf übertragen?	$M_{t\ zul}$	Nm	72,3	44,3

A.11.12 Baureihe Klemmrollenfreilauf

			I	II	III	IV
Teilkreisdurchmesser Klemmrollen	$D_a - d$	mm	38	38	57	57
Klemmrollendurchmesser	d	mm	6	8	6	8
Anzahl Klemmrollen	z	–	8	6	12	9
Ersatzkrümmungsdurchmesser an der inneren Kontaktstelle	$d_{o\ innen}$	mm	6	8	6	8
Durchmesser Kontaktstelle außen	D_a	mm	44	46	63	65
Mit welcher Normalkraft kann die Klemmrolle maximal belastet werden?	$F_{n\ zul}$	N	10.455	13.940	10.455	13.940
Welches maximale Moment kann der gesamte Freilauf aufnehmen?	$M_{t\ zul}$	Nm	96,4	100,8	207,1	213,7

A.11.13   Klemmkörperfreilauf

Welches Moment kann an der Kontaktstelle **Innen**ring – Klemmkörper maximal übertragen werden, wenn die Hertz'sche Pressung vollständig ausgenutzt werden soll?	Nm	138,7
Welches Moment kann an der Kontaktstelle **Außen**ring – Klemmkörper maximal übertragen werden, wenn die Hertz'sche Pressung vollständig ausgenutzt werden soll?	Nm	178,1
Welchen Außenring**außen**durchmesser muss der Freilauf mindestens aufweisen?	mm	77,4

A.11.14   Baureihe Klemmkörperfreilauf

d_i	mm	**60**	**50**	**40**	**30**
z	–	**38**	**32**	**25**	**19**
α_i	°	4,88	4,95	5,06	5,25
α_a	°	4,18	4,13	4,05	3,94
M_{max}	Nm	313	220	137	78,2

Aufgrund der Betriebsbedingungen und des verwendeten Schmierstoffs muss mit einem Versagen des Reibkontaktes ("Pop-out") bei einem Reibwert von 0,09 gerechnet werden. Wie klein darf dann der Außendurchmesser des Innenringes werden?	d_{i_min} mm	35,2

A.12.1   Getriebeabstufung Fahrradkettenschaltung

Wie groß ist die Ritzeldrehzahl bei …		
… **minimaler** Fahrgeschwindigkeit von 12 km/h?	min^{-1}	95,30
… **maximaler** Fahrgeschwindigkeit von 35 km/h?	min^{-1}	277,97

Wie groß ist der Stufensprung?	1,165

Gang	$n_{Ritzel\ theoretisch}$ [min^{-1}]	Zähnezahl Ritzel theoretisch	Zähnezahl Ritzel ganzzahlig gerundet	$n_{Ritzel\ tatsächlich}$ [min^{-1}]
1	95,23	32,34	32	96,25
2	110,97	27,76	28	110,00
3	129,30	23,82	24	128,33
4	150,67	20,44	20	154,00
5	175,56	17,54	18	171,11
6	204,57	15,06	15	205,33
7	238,37	12,92	13	236,92
8	277,76	11,09	11	280,00

Welcher Gang ist optimal bei einer Fahrgeschwindigkeit von … km/h?	12	15	20	25	30	35
Ermitteln Sie dazu zunächst die bei der Fahrgeschwindigkeit vorliegende Ritzeldrehzahl [min^{-1}]!	——	119,1	158,9	198,5	238,2	——
Optimaler Gang	1	2/3	4	6	7	8

A.12.2 Getriebeabstufung Fahrradnabenschaltung

Ermitteln Sie zunächst die Eingangsdrehzahl des Nabengetriebes!	min^{-1}	146,4
Wie groß ist die Ausgangsdrehzahl des Nabengetriebes (des Hinterrades) …		
… bei **minimaler** Fahrgeschwindigkeit von 12 km/h?	min^{-1}	95,30
… bei **maximaler** Fahrgeschwindigkeit von 40 km/h?	min^{-1}	317,7

Wie groß ist der Stufensprung?	1,351

	Gang	1	2	3	4	5
Berechnen Sie für alle Gänge die Ausgangsdrehzahl!	min^{-1}	95,2	128,7	173,9	234,9	317,5

Welcher Gang ist optimal bei einer Fahrgeschwindigkeit von … km/h?	12	15	20	25	30	35	40
Ermitteln Sie dazu zunächst die bei der Fahrgeschwindigkeit vorliegende Ritzeldrehzahl [min^{-1}]!	95,2	119,1	158,9	198,5	238,2	278,0	317,5
Optimaler Gang	1	2	3	3	4	5	5

A.12.3 III-6-Getriebe

Wie groß ist der Stufensprung?	q	1,719

n_1 [min^{-1}]	n_2 [min^{-1}]	n_3 [min^{-1}]	n_4 [min^{-1}]	n_5 [min^{-1}]	n_6 [min^{-1}]
100	172	295	508	873	1.500

z_1	20	29	39
z_2	59	50	40
i_A	2,95	1,72	1,03

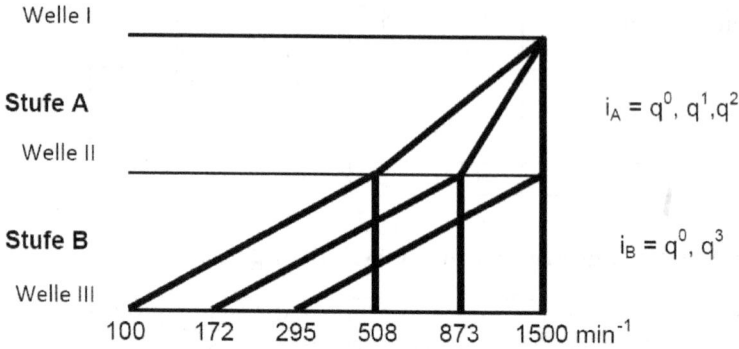

i_B	1	$q^3 = 5{,}08$
z_1	61	20
z_2	61	102
$z_1 + z_2$	122	122

A.12.4   III-9-Getriebe

Wie groß ist der Stufensprung?	q	1,200

	n_1	n_2	n_3	n_4	n_5	n_6	n_7	n_8	n_9
theoretisch	201	241	289	347	418	500	600	720	864
tatsächlich	202	242	288	352	420	500	611	729	868

i_B	1	q	q^2

	i_A	q^3	1	q^{-3}
Eingangs-	z_1	**19 (e)**	26 (c)	33 (a)
stufe A	z_2	33 (f)	26 (d)	19 (b)
	$z_1 + z_2$	52	52	52

	i_B	1	q	q^2
End-	z_1	23 (g)	21 (h)	**19 (i)**
stufe B	z_2	23 (j)	25 (k)	27 (l)
	$z_1 + z_2$	46	46	46

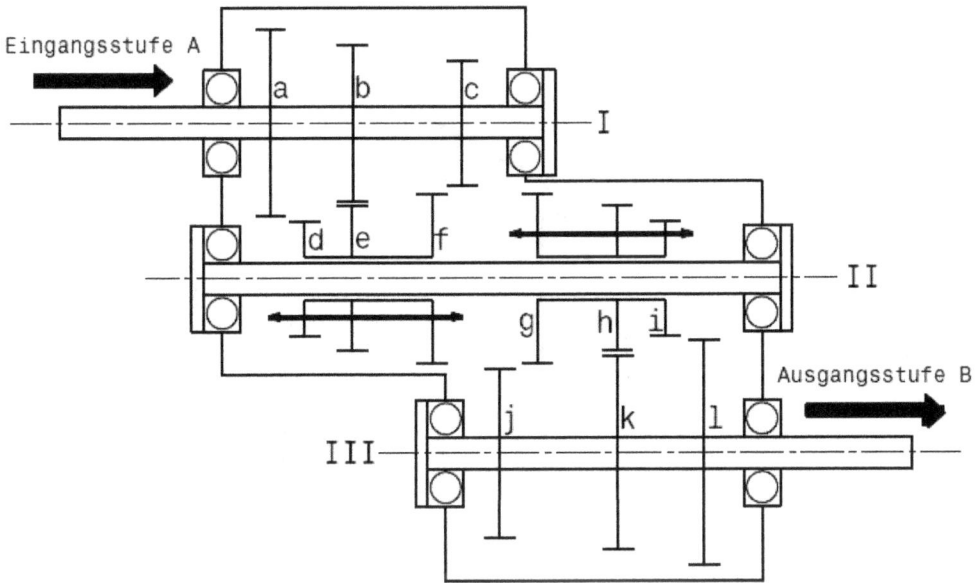

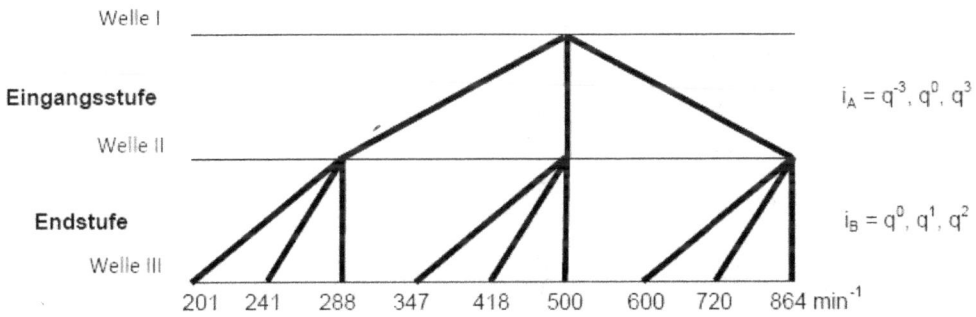

$$i_A = q^{-3}, q^0, q^3$$

$$i_B = q^0, q^1, q^2$$

201 241 288 347 418 500 600 720 864 min^{-1}

A.12.5   IV-8-Getriebe

Wie groß ist der Stufensprung?	q	1,534

n_1	n_2	n_3	n_4	n_5	n_6	n_7	n_8
100	153	235	361	554	850	1.304	2.000

i_B	$q^0 = 1$	$q^1 = 1,534$

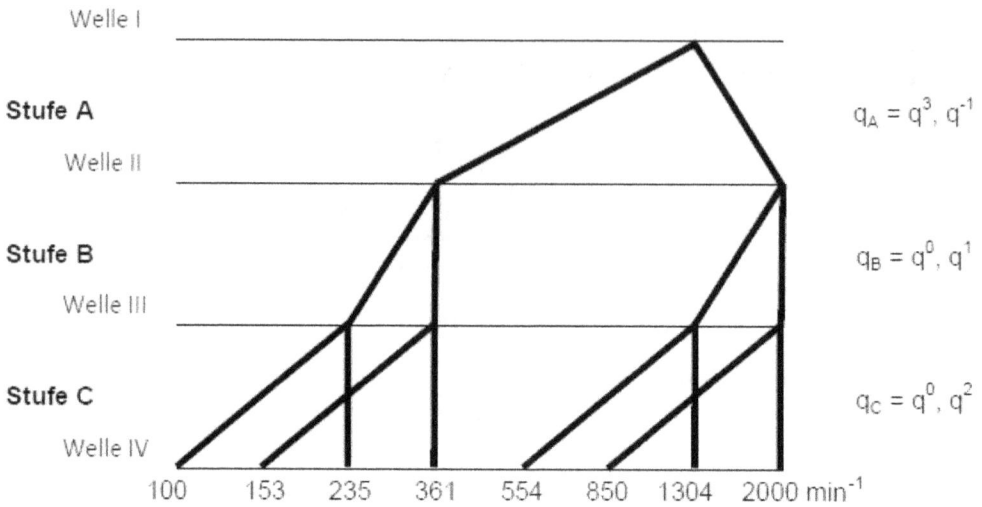

Welle I

Stufe A $q_A = q^3, q^{-1}$

Welle II

Stufe B $q_B = q^0, q^1$

Welle III

Stufe C $q_C = q^0, q^2$

Welle IV

100   153   235   361   554   850   1304   2000 min^{-1}

Stufe A	i_A	$q^3 = 3{,}611$	$q^{-1} = 0{,}651$
	z_1	**17**	47
	z_2	61	31
	$z_1 + z_2$	78	78

Stufe B	i_B	$q^0 = 1$	$q^1 = 1{,}534$
	z_1	22	**17**
	z_2	21	26
	$z_1 + z_2$	43	43

Stufe C	i_C	$q^0 = 1$	$q^2 = 2{,}353$
	z_1	29	**17**
	z_2	28	40
	$z_1 + z_2$	57	57

A.12.6   III-4-Getriebe, optimale Kombination beider Getriebestufen

Wie groß ist der Stufensprung?	q	1,817

$n_1 = 200\,\text{min}^{-1}$	$n_2 = 363\,\text{min}^{-1}$	$n_3 = 660\,\text{min}^{-1}$	$n_4 = 1200\,\text{min}^{-1}$

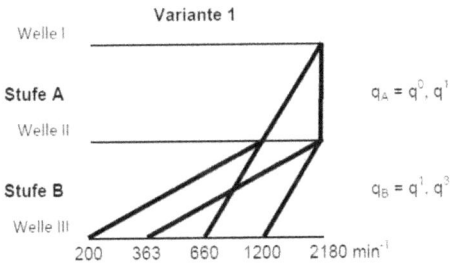

Variante 1

Welle I

Stufe A $q_A = q^0, q^1$

Welle II

Stufe B $q_B = q^1, q^3$

Welle III
200   363   660   1200   2180 min^{-1}

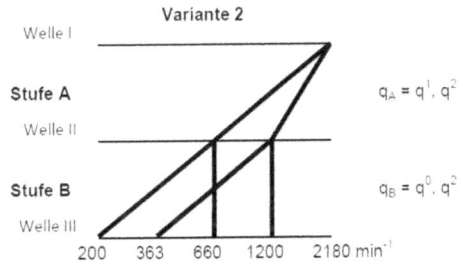

Variante 2

Welle I

Stufe A $q_A = q^1, q^2$

Welle II

Stufe B $q_B = q^0, q^2$

Welle III
200   363   660   1200   2180 min^{-1}

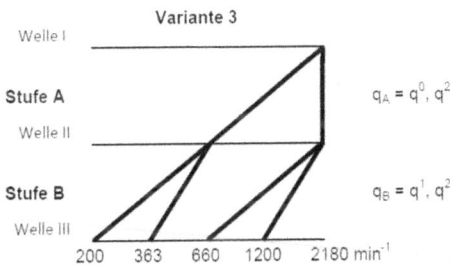

Variante 3

Welle I

Stufe A $q_A = q^0, q^2$

Welle II

Stufe B $q_B = q^1, q^2$

Welle III
200   363   660   1200   2180 min^{-1}

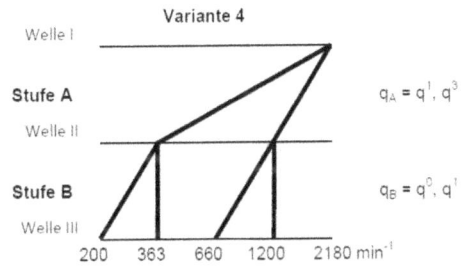

Variante 4

Welle I

Stufe A $q_A = q^1, q^3$

Welle II

Stufe B $q_B = q^0, q^1$

Welle III
200   363   660   1200   2180 min^{-1}

Variante	1	2	3	4
i_A	$1, q$	q, q^2	$1, q^2$	q, q^3
i_B	q, q^3	$1, q^2$	q, q^2	$1, q$
niedrige Drehzahl Zwischenwelle [min^{-1}]	1.200	660	660	363
hohe Drehzahl Zwischenwelle [min^{-1}]	2.180	1.200	2.180	1.200
Variante ist wenig vorteilhaft, weil das Übersetzungsverhältnis in einer einzelnen Stufe übermäßig hoch ist.	✕			✕
Variante wenig vorteilhaft, weil die Drehzahl der Zwischenwelle gering und deshalb deren Belastung unnötig hoch ist.				✕

	Konstruktionsvariante 1-**2**-3-4			
	Eingangsstufe		Endstufe	
Übersetzungsverhältnis	$q = 1,817$	$q^2 = 3,300$	1	$q^2 = 3,300$
z_1	29	**19**	41	**19**
z_2	53	63	41	63
$z_1 + z_2$	82	82	82	82

	Konstruktionsvariante 1-2-**3**-4			
	Eingangsstufe		Endstufe	
Übersetzungsverhältnis	1	$q^2 = 3{,}300$	$q = 1{,}817$	$q^2 = 3{,}300$
z_1	41	**19**	29	**19**
z_2	41	63	53	63
$z_1 + z_2$	82	82	82	82

A.12.7   Planetengetriebe mit vorgegebenen Zähnezahlen

	I	II	III	IV	V	VI
Zähnezahl Sonnenrad z_S	**21**	**18**	26	22	**23**	**24**
Zähnezahl Planetenrad z_P	**17**	**19**	**17**	**19**	31	30
Zähnezahl Hohlrad z_H	55	56	**60**	**60**	**85**	**84**
i für feststehendes Hohlrad	3,619	4,111	3,308	3,727	4,696	4,500
i für feststehenden Planetenträger	−2,619	−3,111	−2,308	−2,727	−3,696	−3,500
i für feststehendes Sonnenradrad	1,382	1,321	1,433	1,367	1,271	1,286
Ergibt sich eine gleichmäßige Teilung des Planetenträgers für …						
… 2 Planeten?	◯ ja ⊗ nein	⊗ ja ◯ nein	⊗ ja ◯ nein	⊗ ja ◯ nein	◯ ja ⊗ nein	⊗ ja ◯ nein
… 3 Planeten?	◯ ja ⊗ nein	◯ ja ⊗ nein	◯ ja ⊗ nein	◯ ja ⊗ nein	◯ ja ⊗ nein	⊗ ja ◯ nein
… 4 Planeten?	◯ ja ⊗ nein	◯ ja ⊗ nein	◯ ja ⊗ nein	◯ ja ⊗ nein	◯ ja ⊗ nein	⊗ ja ◯ nein

A.12.8   Planetengetriebe, Suche nach der Zähnezahl

	feststehendes Hohlrad	feststehender Planetenträger	feststehendes Sonnenrad
z_S	18	18	−
z_P	21	30	−
z_H	60	78	−
i_{tats}	4,333	−4,333	−

A.12.9   Baureihe Planetengetriebe mit i = 1,200 bis 1,500

◯ feststehendes Hohlrad
◯ feststehender Planetenträger
⊗ feststehendes Sonnenrad

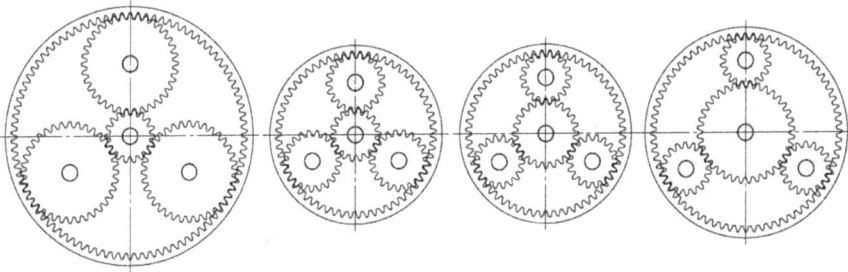

i_{theor}	1,200	1,293	1,392	1,500
z_S	18	18	24	36
z_P	36	21	18	18
z_H	90	60	60	72
i_{tats}	1,200	1,300	1,400	1,500

A.12.10   Baureihe Planetengetriebe mit i = 1,200 bis 6,000

i_{theor}	feststehend	möglich? ja nein	z_S	z_P	z_H	i_{tats}
1,200	Hohlrad	○ ⊗				
	Planetenträger	○ ⊗				
	Sonnenrad	⊗ ○	18	36	90	1,200
1,794	Hohlrad	○ ⊗				
	Planetenträger	⊗ ○	45	18	81	−1,800
	Sonnenrad	○ ⊗				
2,682	Hohlrad	○ ⊗				
	Planetenträger	⊗ ○	21	18	57	−2,714
	Sonnenrad	○ ⊗				
4,010	Hohlrad	⊗ ○	18	18	54	4,000
	Planetenträger	⊗ ○	18	27	72	−4,000
	Sonnenrad	○ ⊗				
6,000	Hohlrad	⊗ ○	18	36	90	6,000
	Planetenträger	○ ⊗				
	Sonnenrad	○ ⊗				

A.12.11   Mehrwellenantrieb Förderband

Welche Umfangskraft muss insgesamt eingeleitet werden, wenn die installierte Leistung vollständig ausgenutzt werden soll?	U_{ges}	kN	248,1
Welches Antriebsmoment muss insgesamt eingeleitet werden?	M_{ges}	kNm	214,6
Welcher Umschlingungswinkel ist insgesamt erforderlich, um ein Durchrutschen der Antriebsrollen zu verhindern?	α_{ges}	°	335

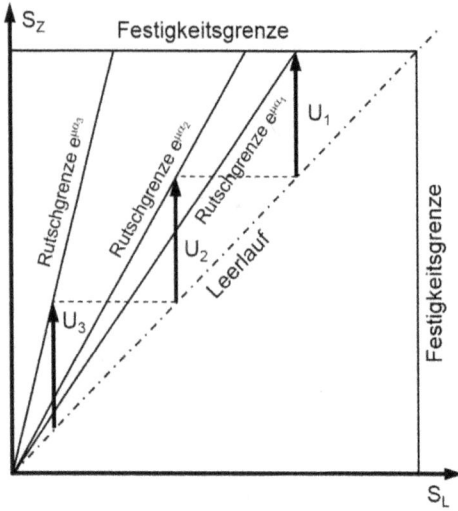

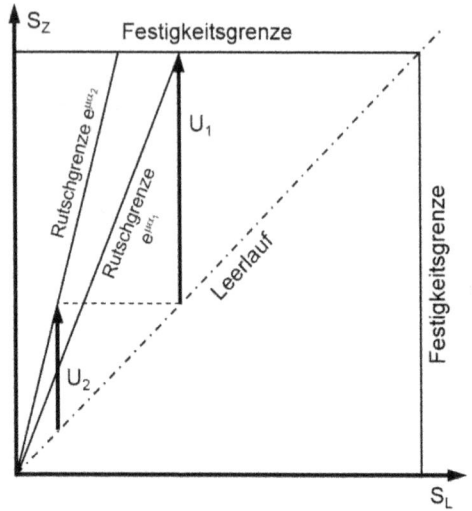

Drei Motoren auf drei Antriebe

Zwei Motoren auf Antrieb 1, ein Motor auf Antrieb 2

Jeder der drei Motoren wird mit einer einzelnen Antriebswalze gekoppelt. Wie muss dann der zuvor ermittelte Gesamtumschlingungswinkel auf die drei Antriebswalzen aufgeteilt werden?	α_1	°	61,6
	α_2	°	91,5
	α_3	°	182,0
Die Anzahl der Antriebswalzen wird auf zwei reduziert, wobei zwei Motoren auf die erste und ein Motor auf die zweite Antriebswalze treiben. Wie muss dann der zuvor ermittelte Gesamtumschlingungswinkel auf die beiden Antriebswalzen aufgeteilt werden?	α_1	°	153,1
	α_2	°	182,0

A.12.12 Mehrwellenabtrieb Textilmaschine

Welche Umfangskraft tritt an jedem einzelnen der Abtriebe auf?	N	34,88
Welche Umfangskraft tritt am Antrieb auf?	N	174,40
Wie viel Antriebsleistung muss installiert werden?	W	1.885

		wenn das Vorspannungsniveau so weit abgesenkt werden soll wie es die Rutschgrenze des Abtriebs zulässt	wenn die Festigkeitsgrenze des Riemens voll ausgenutzt werden soll
S_1	N	269,0	**500**
S_2	N	234,1	465,1
S_3	N	199,2	430,2
S_4	N	164,3	395,3
S_5	N	129,4	360,4
S_6	N	94,54	335,5
F_{Feder}	N	189,1	651,0
α_{antr}	°	199,7	76,2

A.12.13 Rollengang Paketbeförderung

Welche Umfangskraft tritt an jedem einzelnen der fünf Abtriebe auf?	N	16,67
Wie groß ist dann die maximale gesamte Umfangskraft?	N	83,33
Welches Moment muss am Antrieb aufgebracht werden?	Nm	4,79

		... Antriebs zulässt?	... Abtriebs zulässt?
S_1	N	98,25	89,98
S_2	N	——————	73,31
S_3	N	——————	56,64
S_4	N	——————	39,97
S_5	N	——————	23,30
S_6	N	14,92	6,63

Mit welcher Federkraft muss dann vorgespannt werden?	N	21,10
Auf welchen Wert könnte der Umschlingungswinkel an den Abtrieben reduziert werden, ohne das Gesamtsystem in seinem Reibschluss zu gefährden?	°	107,4

A.12.14 Mehrwellenabtrieb Nebenaggregate eines KFZ-Motors

		Motor	Lichtmaschine	Wasserpumpe
Leistung	W	1.800	**1.000**	**800**
Riemenscheiben-∅	mm	**150**	**100**	**120**
Drehzahl	min^{-1}	**2.400**	3.600	3.000
Winkelgeschwindigkeit	s^{-1}	251,3	377,0	314,2
Drehmoment	Nm	7,16	2,65	2,55
Umfangskraft	N	95,47	53,00	42,50
Umschlingungswinkel	°	150	**120**	**90**
$e^{\mu\alpha}$	–	8,12	5,34	3,51

Welche Trumkräfte sind minimal erforderlich, wenn das ...	S_1	S_2	S_3
... Moment am Motor rutschsicher übertragen werden soll?	108,88	13,41	———
... Moment an der Lichtmaschine rutschsicher übertragen werden soll?	65,21	———	12,21
... Moment an der Wasserpumpe rutschsicher übertragen werden soll?	———	16,93	59,43
... Gesamtsystem rutschsicher übertragen soll?	108,88	16,41	59,43

A.12.15 Mehrwellenabtrieb Nebenaggregate Dieselmotor

	Kurbelwelle	Generator	Wasserpumpe/ Lüfter	Spannrolle
Scheibendurchmesser d	**145 mm**	**55 mm**	**160 mm**	**80 mm**
Umschlingungswinkel α	**102°**	**98°**	**92°**	68°
Leistung P	6,3 kW	**1,8 kW**	**4,5 kW**	———
Drehzahl n	**3.600 min^{-1}**	9.491 min^{-1}	3.263 min^{-1}	6.525 min^{-1}
Winkelgeschwindigkeit ω	377 s^{-1}	994 s^{-1}	342 s^{-1}	683 s^{-1}
Drehmoment M	16,7 Nm	1,81 Nm	13,2 Nm	———
Umfangskraft U	230 N	65,9 N	165 N	———
$e^{\mu\alpha}$	7,09	6,56	5,85	———

Welche Trumkräfte sind minimal erforderlich, wenn das ...	S_1	S_2	S_3	S_4
... Moment an der Kurbelwelle rutschsicher übertragen werden soll?	267,77	37,77	———	———
... Moment am Generator rutschsicher übertragen werden soll?	———	11,85	77,75	———
... Moment an der Wasserpumpe/Lüfter rutschsicher übertragen werden soll?	———	———	34,02	199,02
... Gesamtsystem durch Vorspannung an der Spannrolle rutschsicher übertragen soll?	267,77	———	———	267,77

Welche Kraft muss durch die Feder aufgebracht werden, um diesen Vorspannungszustand zu erzielen?	N	355,91

A.12.16   Leistungsanpassung Fahrrad

			Gegenwind	Windstille	Rückenwind
Welche Fahrgeschwindig-keit wird erreicht, wenn die Leistungsfähigkeit des Radfahrers vollständig aus-genutzt werden soll?	v_{max}	$\dfrac{km}{h}$	18,2	24,2	30,5
Welches optimale Überset-zungsverhältnis zwischen Tretkurbel und Hinterrad ist dazu erforderlich?	i_{opt}	–	0,417	0,320	0,251
Welche Zähnezahlkombi-nation (Kettenblatt z_1 / Rit-zel z_2) muss dann gewählt werden?	$\dfrac{z_1}{z_2}$	–	$\dfrac{52}{22}$ oder $\dfrac{38}{16}$	$\dfrac{52}{17}$ oder $\dfrac{38}{12}$	$\dfrac{52}{13}$
Welche Fahrgeschwindig-keit stellt sich ein, wenn der Radfahrer keinerlei An-triebsleistung aufbringt und das Fahrrad nur rollen lässt?	$v_{P=0}$	$\dfrac{km}{h}$	————	————	13,5

A.12.17   Leistungsanpassung Gleichstromnebenschlussmotor – Kranhubwerk

Wertetabelle zur Erstellung der Leistungs-Drehzahl-Kennlinie des Motors

n	min^{-1}	1.000	1.200	1.400	1.600	1.700	1.800	1.900	2.000
ω	s^{-1}	105	126	147	168	178	188	199	209
M	Nm	51,5	48	44	40	38	36	30	22,5
P	W	5.407	6.032	6.451	6.702	6.764	6.789	5.969	4.712

Welche maximale Leistung P_{max} kann der Motor kurzzeitig, also ohne Rücksicht auf die thermische Belastbarkeit und den Wirkungsgrad erbringen?	kW	6,79
Mit welcher Drehzahl dreht der Motor bei P_{max}?	min^{-1}	1.800
Welches Moment gibt der Motor ab, wenn er P_{max} leistet?	Nm	36
Die Last wiegt 3,0 t und der Trommeldurchmesser des Hubwerks beträgt 480 mm. Welches Torsionsmoment liegt an der Trommelwelle vor?	Nm	7.063
Welches optimale Übersetzungsverhältnis i_{opt} müsste ein zwischengeschaltetes Getriebe aufweisen, wenn die Arbeitsmaschine mit maximaler Motorleistung P_{max} angetrieben werden soll?	–	196
Wie lange würde es dauern, wenn mit dieser Anordnung die Last von 3.000 kg um 12 m angehoben wird?	s	52,0
Welches Moment tritt am Motor auf, wenn eine Last von 500 kg befördert wird?	Nm	6,01
Mit welcher Drehzahl läuft der Motor, wenn eine Last von 500 kg befördert wird?	min^{-1}	2.150
Welche Leistung gibt der Motor ab, wenn eine Last von 500 kg befördert wird?	W	1.352
Wie lange würde es dauern, wenn mit dieser Anordnung eine Last von 500 kg um 12 m angehoben wird?	s	43,5
Wie lange würde es dauern, wenn das Hubwerk im Leerlauf um 12 m aufwärts fährt?	s	43,5

A.12.18　Leistungsanpassung Asynchronmotor – Gebläse

Wertetabelle zur Erstellung der Leistungs-Drehzahl-Kennlinie des Motors

n	min^{-1}	1.000	1.100	1.150	1.200	1.250	1.300	1.400
ω	s^{-1}	105	115	120	126	131	136	147
M	Nm	25,0	24,5	24,0	23,1	22,0	20,6	15,7
P	W	2.618	2.822	2.890	2.903	2.880	2.804	2.308

Wertetabelle zur Erstellung der Leistungs-Drehzahl-Kennlinie des Gebläses

n	min^{-1}	1.000	1.200	1.400	1.600	1.800
ω	s^{-1}	105	126	147	168	188
M	Nm	5,6	7,7	10,2	13,2	16,7
P	W	568	968	1.495	2.212	3.148

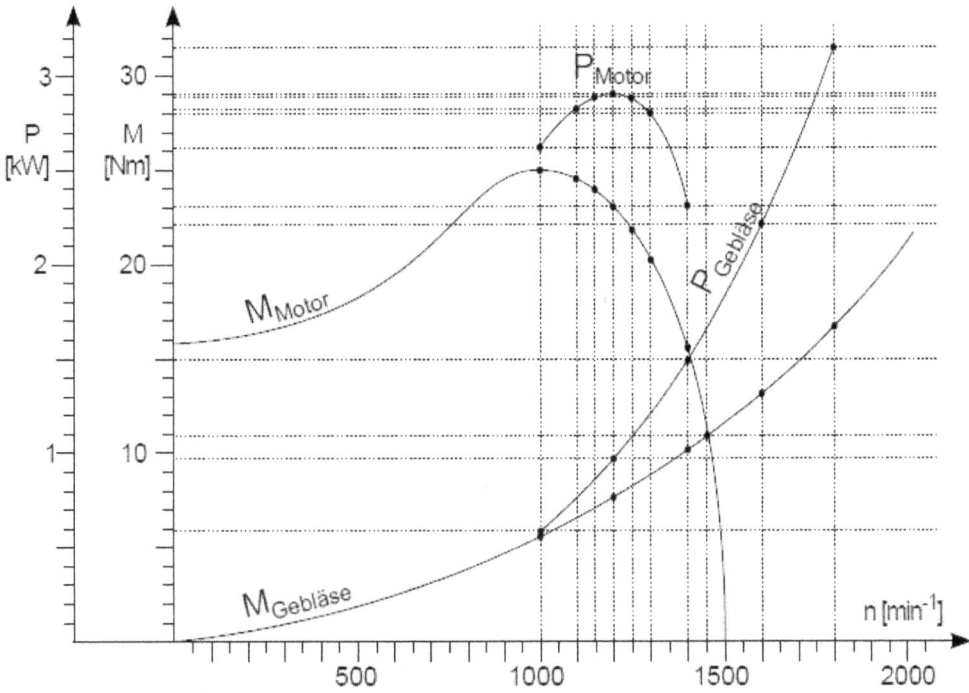

Welche Antriebsleistung P würde die Arbeitsmaschine aufnehmen, wenn der Motor und die Arbeitsmaschine direkt (also ohne Getriebe) gekoppelt werden?	kW	1,7
Welche maximale Leistung P_{max} kann der Motor kurzzeitig, also ohne Berücksichtigung seiner thermischen Belastbarkeit erbringen?	kW	2,9
Welches optimale Übersetzungsverhältnis i_{opt} müsste ein zwischengeschaltetes Getriebe aufweisen, wenn das Gebläse kurzzeitig mit maximaler Motorleistung P_{max} angetrieben werden soll?	–	0,69

Index

https://doi.org/10.1515/9783110747393-007